U0258691

“十三五”国家重点出版物
出版规划项目

Record of Mesozoic Megafossil Coniferophytes
from China

中国中生代
松柏植物
大化石记录

吴向午 王 冠/编著

科学技术部科技基础性工作专项
(2013FY113000)资助

中国科学技术大学出版社

内 容 简 介

本书是“中国植物大化石记录(1865—2005)”丛书的第Ⅴ分册，由内容基本相同的中、英文两部分组成，记录1865—2005年间正式发表的中国中生代松柏类、买麻藤类和一些分类位置尚难确定的球果和种子等植物大化石属名139个(含依据中国标本建立的新属名23个)、种名约830个(含依据中国标本建立的新种名约350个)。书中对每一个属的创建者、创建年代、异名表、模式种、分类位置以及种的创建者、创建年代和模式标本等原始资料做了详细编录；对归于每个种名下的中国标本的发表年代、作者(或鉴定者)，文献页码、图版、插图、器官名称，产地、时代、层位等数据做了收录；对依据中国标本建立的属、种名，种名的模式标本及标本的存放单位等信息也做了详细汇编。各部分附有属、种名索引，存放模式标本的单位名称及丛书属名索引(Ⅰ—Ⅵ分册)，书末附有参考文献。

本书在广泛查阅国内外古植物学文献和系统采集数据的基础上编写而成，是一份资料搜集较齐全、查阅较方便的文献，可供国内外古植物学、生命科学和地球科学的科研、教育及数据库等有关人员参阅。

图书在版编目(CIP)数据

中国中生代松柏植物大化石记录/吴向午，王冠编著. —合肥：中国科学技术大学出版社，2018.12

(中国植物大化石记录：1865—2005)

国家出版基金项目

“十三五”国家重点出版物出版规划项目

ISBN 978-7-312-04621-6

Ⅰ. 中…　Ⅱ. ① 吴… ② 王…　Ⅲ. 中生代—松柏类植物—植物化石—中国　Ⅳ. Q914.2

中国版本图书馆CIP数据核字(2018)第299164号

出版	中国科学技术大学出版社 安徽省合肥市金寨路96号 http://press.ustc.edu.cn https://zgkxjsdxcbs.tmall.com	开本	787 mm×1092 mm　1/16
		印张	34.5
		插页	1
		字数	1108千
印刷	合肥华苑印刷包装有限公司	版次	2018年12月第1版
发行	中国科学技术大学出版社	印次	2018年12月第1次印刷
经销	全国新华书店	定价	298.00元

总序

古生物学作为一门研究地质时期生物化石的学科，历来十分重视和依赖化石的记录，古植物学作为古生物学的一个分支，亦是如此。对古植物化石名称的收录和编纂，早在19世纪就已经开始了。在K. M. von Sternberg于1820年开始在古植物研究中采用林奈双名法不久后，F. Unger就注意收集和整理植物化石的分类单元名称，并于1845年和1850年分别出版了 *Synopsis Plantarum Fossilium* 和 *Genera et Species Plantarium Fossilium* 两部著作，对古植物学科的发展起了历史性的作用。在这以后，多国古植物学家和相关的机构相继编著了古植物化石记录的相关著作，其中影响较大的先后有：由大英博物馆主持，A. C. Seward等著名学者在19世纪末20世纪初编著的该馆地质分部收藏的标本目录；荷兰W. J. Jongmans和他的后继者S. J. Dijkstra等用多年时间编著的 *Fossilium Catalogus* Ⅱ：*Plantae*；英国W. B. Harland等和M. J. Benton先后主编的 *The Fossil Record* (*Volume 1*)和 *The Fossil Record* (*Volume 2*)；美国地质调查所出版的由H. N. Andrews Jr. 及其继任者A. D. Watt和A. M. Blazer等编著的 *Index of Generic Names of Fossil Plants*，以及后来由隶属于国际生物科学联合会的国际植物分类学会和美国史密森研究院以这一索引作为基础建立的"Index Nominum Genericorum (ING)"电子版数据库等。这些记录尽管详略不一，但各有特色，都早已成为各国古植物学工作者的共同资源，是他们进行科学研究十分有用的工具。至于地区性、断代的化石记录和单位库存标本的编目等更是不胜枚举：早年F. H. Knowlton和L. F. Ward以及后来的R. S. La Motte等对北美白垩纪和第三纪植物化石的记录，S. Ash编写的美国西部晚三叠世植物化石名录，荷兰M. Boersma和L. M. Broekmeyer所编的石炭纪、二叠纪和侏罗纪大化石索引，R. N. Lakhanpal等编写的印度植物化石目录，S. V. Meyen的植物化石编录以及V. A. Vachrameev的有关苏联中生代孢子植物和裸子植物的索引等。这些资料也都对古植物学成果的交流和学科的发展起到了积极的作用。从上述目录和索引不难看出，编著者分布在一些古植物学比较发达、有关研究论著和专业人员众多的国家或地区。显然，目录和索引的编纂，是学科发展到一定阶段的需要和必然的产物，因而代表了这些国家或地区古植物学研究的学术水平和学科发展的程度。

虽然我国地域广大，植物化石资源十分丰富，但古植物学的发展较晚，直到20世纪50年代以后，才逐渐有较多的人员从事研究和出版论著。随着改革开放的深化，国家对科学日益重视，从20世纪80年代开始，我国古植物学各个方面都发展到了一个新的阶段。研究水平不断提高，研究成果日益增多，不仅迎合了国内有关科研、教学和生产部门的需求，也越来越多地得到了国际同行的重视和引用。一些具有我国特色的研究材料和成果已成为国际同行开展相关研究的重要参考资料。在这样的背景下，我国也开始了植物化石记录的收集和整理工作，同时和国际古植物学协会开展的"Plant Fossil Record (PFR)"项目相互配合，编撰有关著作并筹建了自己的数据库。吴向午研究员在这方面是我国起步最早、做得最多的。早在1993年，他就发表了文章《中国中、新生代大植物化石新属索引(1865－1990)》，出版了专著《中国中生代大植物化石属名记录(1865－1990)》。2006年，他又整理发表了1990年以后的属名记录。刘裕生等(1996)则编制了《中国新生代植物大化石目录》。这些都对学科的交流起到了有益的作用。

由于古植物学内容丰富、资料繁多，要对其进行全面、综合和详细的记录，显然是不可能在短时间内完成的。经过多年的艰苦奋斗，现终能根据资料收集的情况，将中国植物化石记录按照银杏植物、真蕨植物、苏铁植物、松柏植物、被子植物等门类，结合地质时代分别编纂出版。与此同时，还要将收集和编录的资料数据化，不断地充实已经初步建立起来的"中国古生物和地层学专业数据库"和"地球生物多样性数据库(GBDB)"。

"中国植物大化石记录(1865－2005)"丛书的编纂和出版是我国古植物学科发展的一件大事，无疑将为学科的进一步发展提供良好的基础信息，同时也有利于国际交流和信息的综合利用。作为一个长期从事古植物学研究的工作者，我热切期盼该丛书的出版。

前言

在我国，对植物化石的研究有着悠久的历史。最早的文献记载，可追溯到北宋学者沈括（1031－1095）编著的《梦溪笔谈》。在该书第21卷中，详细记述了陕西延州永宁关（今陕西省延安市延川县延水关）的“竹笋”化石［据邓龙华（1976）考辨，可能为似木贼或新芦木髓模］。此文也对古地理、古气候等问题做了阐述。

和现代植物一样，对植物化石的认识、命名和研究离不开双名法。双名法系瑞典探险家和植物学家 Carl von Linné 于 1753 年在其巨著《植物种志》（*Species Plantarum*）中创立的用于现代植物的命名法。捷克矿物学家和古植物学家 K. M. von Sternberg 在 1820 年开始发表其系列著作《史前植物群》（*Flora der Vorwelt*）时率先把双名法用于化石植物，确定了化石植物名称合格发表的起始点（McNeill 等，2006）。因此收录于本丛书的现生属、种名以 1753 年后（包括 1753 年）创立的为准，化石属、种名则采用 1820 年后（包括 1820 年）创立的名称。用双名法命名中国的植物化石是从美国史密森研究院（Smithsonian Institute）的 J. S. Newberry［1865（1867）］撰写的《中国含煤地层化石的描述》（*Description of Fossil Plants from the Chinese Coal-bearing Rocks*）一文开始的，本丛书对数据的采集时限也以这篇文章的发表时间作为起始点。

我国幅员辽阔，各地质时代地层发育齐全，蕴藏着丰富的植物化石资源。新中国成立后，特别是改革开放以来，随着国家建设的需要，尤其是地质勘探、找矿事业以及相关科学研究工作的不断深入，我国古植物学的研究发展到了一个新的阶段，积累了大量的古植物学资料。据不完全统计，1865（1867）－2000 年间正式发表的中国古植物大化石文献有 2000 多篇［周志炎、吴向午（主编），2002］；1865（1867）－1990 年间发表的用于中国中生代植物大化石的属名有 525 个（吴向午，1993a）；至 1993 年止，用于中国新生代植物大化石的属名有 281 个（刘裕生等，1996）；至 2000 年，根据中国中、新生代植物大化石建立的属名有 154 个（吴向午，1993b，2006）。但这些化石资料零散地刊载于浩瀚的国内外文献之中，使古植物学工作者的查找、统计和引用极为不便，而且有许多文献仅以中文或其他文字发表，不利于国内外同行的引用与交流。

为了便于检索、引用和增进学术交流，编者从 20 世纪 80 年代开始,在广泛查阅文献和系统采集数据的基础上,把这些分散的资料做了系统编录,并进行了系列出版。如先后出版了《中国中生代大植物化石属名记录(1865—1990)》(吴向午,1993a)、《中国中、新生代大植物化石新属索引(1865—1990)》(吴向午,1993b)和《中国中、新生代大植物化石新属记录(1991—2000)》(吴向午,2006)。这些著作仅涉及属名记录,未收录种名信息,因此编写一部包括属、种名记录的中国植物大化石记录显得非常必要。本丛书主要编录1865—2005年间正式发表的中国中生代植物大化石信息。由于篇幅较大,我们按苔藓植物、石松植物、有节植物、真蕨植物、苏铁植物、银杏植物、松柏植物、被子植物等门类分别编写和出版。

本丛书以种和属为编写的基本单位。科、目等不立专门的记录条目,仅在属的"分类位置"栏中注明。为了便于读者全面地了解植物大化石的有关资料,对模式种(模式标本)并非产自中国的属(种),我们也尽可能做了收录。

属的记录:按拉丁文属名的词序排列。记述内容包括属(属名)的创建者、创建年代、异名表、模式种[现生属不要求,但在"模式种"栏以"(现生属)"形式注明]及分类位置等。

种的记录:在每一个属中首先列出模式种,然后按种名的拉丁文词序排列。记录种(种名)的创建者、创建年代等信息。某些附有"aff.""Cf.""cf.""ex gr.""?"等符号的种名,作为一个独立的分类单元记述,排列在没有此种符号的种名之后。每个属内的未定种(sp.)排列在该属的最后。如果一个属内包含两个或两个以上未定种,则将这些未定种罗列在该属的未定多种(spp.)的名称之下,以发表年代先后为序排列。

种内的每一条记录(或每一块中国标本的记录)均以正式发表的为准;仅有名单,既未描述又未提供图像的,一般不做记录。所记录的内容包括发表年代、作者(或鉴定者)的姓名,文献页码、图版、插图、器官名称,产地、时代、层位等。已发表的同一种内的多个记录(或标本),以文献发表年代先后为序排列;年代相同的则按作者的姓名拼音升序排列。如果同一作者同一年内发表了两篇或两篇以上文献,则在年代后加"a""b"等以示区别。

在属名或种名前标有"△"者,表示此属名或种名是根据中国标本建立的分类单元。凡涉及模式标本信息的记录,均根据原文做了尽可能详细的记述。

为了全面客观地反映我国古植物学研究的基本面貌,本丛书一律按原始文献收录所有属、种和标本的数据,一般不做删舍,不做修改,也不做评论,但尽可能全面地引证和记录后来发表的不同见解和修订意见,尤其对于那些存在较大问题的,包括某些不合格发表的属、种名等做了注释。

《国际植物命名法规》(《维也纳法规》)第 36.3 条规定:自 1996 年 1 月 1 日起,植物(包括孢粉型)化石名称的合格发表,要求提供拉丁文或英文的特征集要和描述。如果仅用中文发表,属不合格发表[McNeill 等,2006;周志炎,2007;周志炎、梅盛吴(编译),1996;《古植物学简讯》第 38 期]。为便于读者查证,本记录在收录根据中国标本建立的分类单元时,从 1996 年起注明原文的发表语种。

为了增进和扩大学术交流,促使国际学术界更好地了解我国古植物学研究现状,所有属、种的记录均分为内容基本相同的中文和英文两个部分。参考文献用英文(或其他西文)列出,其中原文未提供英文(或其他西文)题目的,参考周志炎、吴向午(2002)主编的《中国古植物学(大化石)文献目录(1865 — 2000)》的翻译格式。各部分附有 4 个附录:属名索引、种名索引、存放模式标本的单位名称以及丛书属名索引(I—VI分册)。

"中国植物大化石记录(1865 — 2005)"丛书的出版,不仅是古植物学科积累和发展的需要,而且将为进一步了解中国不同类群植物化石在地史时期的多样性演化与辐射以及相关研究提供参考,同时对促进国内外学者在古植物学方面的学术交流也会有诸多益处。

本书是"中国植物大化石记录(1865—2005)"丛书的第V分册,记录 1865—2005 年公开出版的中国中生代松柏类、买麻藤类和一些分类位置尚难确定的球果和种子等植物大化石属名 139 个(含依据中国标本建立的新属名 23 个)、种名约 830 个(含依据中国标本建立的种名约 350 个)。分散保存的化石花粉不属于当前记录的范畴,故未做收录。本记录在文献收录和数据采集中存在不足、错误和遗漏,请诸者多提宝贵意见。

本项工作得到了国家科学技术部科技基础性工作专项(2013FY113000)及国家基础研究发展计划项目(2012CB822003,2006CB700401)、国家自然科学基金项目(No. 41272010)、现代古生物学和地层学国家重点实验室项目(No. 103115)、中国科学院知识创新工程重要方向性项目(ZKZCX2-YW-154)及信息化建设专项(INF105-SDB-1-42),以及中国科学院科技创新交叉团队项目等的联合资助。

本书在编写过程中得到了中国科学院南京地质古生物研究所古植物学与孢粉学研究室主任王军等有关专家和同行的关心与支持,尤其是周志炎院士给予了多方面帮助和鼓励并撰写了总序;南京地质古生物研究所图书馆张小萍和冯曼等协助借阅图书和网上下载文献。此外,本书的顺利编写和出版与杨群所长以及现代古生物学和地层学国家重点实验室戎嘉余院士、沈树忠院士、袁训来主任的关心和帮助是分不开的。编者在此一并致以衷心的感谢。

编　者

目　　录

GENERAL FOREWORD | 233

INTRODUCTION | 235

SYSTEMATIC RECORDS | 239

系 统 记 录

奇叶杉属 Genus *Aethophyllum* Brongniart, 1828

1828 Brongniart, 455 页。

1979 周志炎、厉宝贤, 453 页。

1993a 吴向午, 50 页。

模式种: *Aethophyllum stipulare* Brongniart, 1828

分类位置: 松柏纲? 或分类位置未明(Coniferopsida? or incertae sedis)

有柄奇叶杉 *Aethophyllum stipulare* Brongniart, 1828

1828 Brongniart, 455 页, 图版 28, 图 1; 法国; 三叠纪。

1986 郑少林、张武, 180 页, 图版 3, 图 15; 枝叶; 辽宁西部喀喇沁左翼杨树沟; 早三叠世红砬组。

1993a 吴向午, 50 页。

△牛营子? 奇叶杉 *Aethophyllum*? *niuingziensis* Zhang et Zheng, 1987

1987 张武、郑少林, 313 页, 图版 30, 图 4—7; 插图 40; 果穗和果鳞; 采集号: 40; 登记号: SG110168, SG110169; 标本保存在沈阳地质矿产研究所; 辽宁北票牛营子; 中侏罗世海房沟组。(注: 原文未指定模式标本)

奇叶杉? (未定种) *Aethophyllum*? sp.

1979 *Aethophyllum*? sp., 周志炎、厉宝贤, 453 页, 图版 2, 图 16; 枝叶; 海南琼海九曲江塔岭村、上车村、海洋村; 早三叠世岭文群九曲江组。

1993a *Aethophyllum*? sp., 吴向午, 50 页。

阿尔贝杉属 Genus *Albertia* Schimper, 1837

1837 Schimper, 13 页。

1979 周志炎、厉宝贤, 450 页。

1993a 吴向午, 51 页。

模式种: *Albertia latifolia* Schimper, 1837

分类位置: 松柏纲杉科(Taxodiaceae, Coniferopsida)

阔叶阿尔贝杉 *Albertia latifolia* Schimper, 1837

1837 Schimper, 13 页。

1844 Schimper, Mougeot, 17 页, 图版 22; 法国阿尔萨斯 Soultz-les-Bains; 三叠纪。

1979 周志炎、厉宝贤,449页,图版1,图12,12a,13,13a;枝叶;海南琼海九曲江新华;早三叠世岭文群(九曲江组)。

1992a 孟繁松,180页,图版5,图4—8;枝叶;海南琼海九曲江海洋村、文山下村、文山上村、新华村;早三叠世岭文组。

1993a 吴向午,51页。

1995a 李星学(主编),图版63,图15;末次营养枝上部;海南琼海九曲江新华村;早三叠世岭文组。(中文)

1995b 李星学(主编),图版63,图15;末次营养枝上部;海南琼海九曲江新华村;早三叠世岭文组。(英文)

阔叶阿尔贝杉(比较种) *Albertia* cf. *latifolia* Schimper

1980 张武等,299页,图版186,图7,8;枝叶;辽宁本溪林家崴子;中三叠世林家组。

椭圆阿尔贝杉 *Albertia elliptica* Schimper,1844

1844 Schimper,Mougeot,18页,图版3,4;法国阿尔萨斯 Soultz-les-Bains;三叠纪。

1979 周志炎、厉宝贤,450页,图版1,图11,11a;枝叶;海南琼海九曲江新华;早三叠世岭文群九曲江组。

1992a 孟繁松,180页,图版5,图1—3;枝叶;海南琼海九曲江文山上村、文山下村;早三叠世岭文组。

1993a 吴向午,51页。

1995a 李星学(主编),图版63,图3—5;枝叶;海南琼海九曲江文山下村(图3,4)和文山上村(图5);早三叠世岭文组。(中文)

1995b 李星学(主编),图版63,图3—5;枝叶;海南琼海九曲江文山下村(图3,4)和文山上村(图5);早三叠世岭文组。(英文)

华丽阿尔贝杉 *Albertia speciosa* Schimper,1844

1844 Schimper,Mougeot,20页,图版5B;枝叶;法国孚日山脉;早三叠世。

华丽阿尔贝杉(比较种) *Albertia* cf. *speciosa* Schimper

1992a 孟繁松,180页,图版8,图23;枝叶;海南琼海九曲江新华村;早三叠世岭文组。

阿尔贝杉(未定多种) *Albertia* spp.

1983 *Albertia* sp.,张武等,82页,图版4,图10;叶;辽宁本溪林家崴子;中三叠世林家组。

1992a *Albertia* sp.,孟繁松,图版4,图1b,1d;枝叶;海南琼海九曲江海洋村;早三叠世岭文组。

阿尔贝杉?(未定种) *Albertia*? sp.

1986 *Albertia*? sp.,郑少林、张武,180页,图版3,图5,6;枝叶;辽宁西部喀喇沁左翼杨树沟;早三叠世红砬组。

△异麻黄属 Genus *Alloephedra* Tao et Yang,2003(中文和英文发表)

2003 陶君容、杨永,209,212页。

模式种:*Alloephedra xingxuei* Tao et Yang,2003
分类位置:买麻藤目麻黄科(Ephedraceae,Gnetales)

△星学异麻黄 *Alloephedra xingxuei* Tao et Yang,2003(中文和英文发表)

2003 陶君容、杨永,209,212 页,图版 1,2;草本状小灌木,带雌球花枝;标本号:No. 54018a, No. 54018b;模式标本:No. 54018a,No. 54018b(图版 1,图 1);标本保存在中国科学院植物研究所;吉林延边;早白垩世大拉子组。

△花穗杉果属 Genus *Amentostrobus* Pan,1983 (nom. nud.)

1983 潘广,1520 页。(裸名)(中文)
1984 潘广,958 页。(裸名)(英文)
1993a 吴向午,163,248 页。
1993b 吴向午,504,510 页。
模式种:(仅有属名)
分类位置:松柏纲(Coniferopsida)

花穗杉果(sp. indet.) *Amentostrobus* sp. indet.

(注:原文仅有属名,没有种名)
1983 *Amentostrobus* sp. indet.,潘广,1520 页;东北燕辽地区东段。(中文)
1984 *Amentostrobus* sp. indet.,潘广,958 页;东北燕辽地区东段。(英文)

拟安马特杉属 Genus *Ammatopsis* Zalessky,1937

1937 Zalessky,78 页。
1992a 孟繁松,181 页。
模式种:*Ammatopsis mira* Zalessky,1937
分类位置:松柏纲(Coniferopsida)

奇异拟安马特杉 *Ammatopsis mira* Zalessky,1937

1937 Zalessky,78 页,图 44;枝叶;苏联;二叠纪。

奇异拟安马特杉(比较属种) Cf. *Ammatopsis mira* Zalessky

1992a 孟繁松,181 页,图版 7,图 1—3;枝叶;海南琼海九曲江文山上村;早三叠世岭文组。

△疑麻黄属 Genus *Amphiephedra* Miki,1964

1964 Miki,19,21 页。
1970 Andrews,17 页。
1993a 吴向午,7,214 页。

1993b 吴向午,505,510 页。

模式种:*Amphiephedra rhamnoides* Miki,1964

分类位置:买麻藤纲麻黄科(Ephedraceae,Gnetopsida)

△鼠李型疑麻黄 *Amphiephedra rhamnoides* Miki,1964

1964 Miki,19,21 页,图版 1,图 F;枝叶;辽宁凌源;晚侏罗世狼鳍鱼层。

1970 Andrews,17 页。

1993a 吴向午,7,214 页。

1993b 吴向午,505,510 页。

南洋杉属 Genus *Araucaria* Juss.

1883 Schenk,262 页。

1993a 吴向午,56 页。

模式种:(现生属)

分类位置:松柏纲南洋杉科(Araucariaceae,Coniferopsida)

△早熟南洋杉 *Araucaria prodromus* Schenk,1883

1883 Schenk,262 页,图版 53,图 8;枝;湖北秭归;侏罗纪。[注:此标本后改定为*Pagiophyllum* sp.(斯行健、李星学等,1963)]

1993a 吴向午,56 页。

南洋杉型木属 Genus *Araucarioxylon* Kraus,1870

1870(1869—1874) Kraus,见 Schimper,381 页。

1944 Ogura,347 页。

1993a 吴向午,56 页。

模式种:*Araucarioxylon carbonceum* (Witham) Kraus,1870

分类位置:松柏纲木化石(wood of Coniferopsida)

石炭南洋杉型木 *Araucarioxylon carbonceum* (Witham) Kraus,1870

1833 *Pinites carbonceus* Witham,73 页,图版 11,图 6—9;木化石;英国;石炭纪。

1870(1869—1874) Kraus,见 Schimper,381 页。

1993a 吴向午,56 页。

△巴图南洋杉型木 *Araucarioxylon batuense* Duan,2000(中文和英文发表)

2000 段淑英,207,209 页,图 10—14;木化石;标本号:8445—8449;辽宁朝阳巴图营子和义县红墙子;中侏罗世蓝旗组,早白垩世沙海组。(注:原文未指明模式标本和标本保存地点)

△即墨南洋杉型木 *Araucarioxylon jimoense* Zhang et Wang,1987

1987 张善桢、王庆之,65,68 页,图版 1,图 1—4;图版 2,图 1—4;木化石;标本保存在中国科

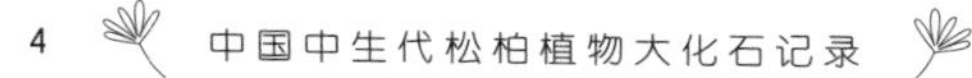

学院南京地质古生物研究所；山东青岛即墨；早白垩世青山组。

△热河南洋杉型木 *Araucarioxylon jeholense* Ogura，1944

［注：此种名后改定为 *Protosciadopityoxylon jeholense*（Ogura）Zhang et Zheng（张武等，2000b）］

1944 Ogura，347 页，图版 3，图 D—F，K，L；木化石；辽宁北票煤矿；晚三叠世（？Rhaetic）—早侏罗世（Lias）台吉系（Taichi Series）。

1993a 吴向午，56 页。

日本南洋杉型木 *Araucarioxylon japonicum*（Shimakura）ex Li et Cui，1995

1936 *Dadoxylon*（*Araucarioxylon*）*japonicum* Shimakura，268 页，图版 12（1），图 1—6；插图 1；木化石；日本高知；晚侏罗世（Torinosu Group）。

1995 李承森、崔金钟，93—95 页（包括图）；木化石；山东；早白垩世。

西都南洋杉型木 *Araucarioxylon sidugawaense*（Shimakura）ex Duan，2000

1936 *Dadoxylon*（*Araucarioxylon*）*sidugawaense* Shimakura，273 页，图版 12（1），图 7，8；图版 13（2），图 1—7；插图 2；木化石；日本；早—中侏罗世 Sizugawa 系。

2000 段淑英，208 页，图 4—9；木化石；日本，朝鲜和中国辽宁义县；晚侏罗世—早白垩世。

△新昌南洋杉型木 *Araucarioxylon xinchangense* Duan，2002（中文和英文发表）

2002 段淑英等，79，81 页，图版 1，图 1—6；木化石；标本号：新昌 4 号，新昌 10 号；正模：新昌 10（图版 1，图 1—4）；副模：新昌 4 号；标本保存在浙江省新昌县档案馆；浙江新昌王家坪；早白垩世馆头组。

△自贡南洋杉型木 *Araucarioxylon zigongense* Duan，1998（中文和英文发表）

（注：*zigongense* 原文为 *zigongensis*）

1998 *Araucarioxylon zigongensis* Duan，段淑英、彭光昭，675，676 页，图版 1，图 1—6；插图 2a，2b；木化石；标本号：8433—8435；四川自贡大山铺；中侏罗世下沙溪庙组、新田沟组。（注：原文未指明模式标本和标本保存地点）

似南洋杉属 Genus *Araucarites* Presl，1838

1838（1820—1838） Presl，见 Sternberg，204 页。

1923 周赞衡，82，140 页。

1993a 吴向午，56 页。

模式种：*Araucarites goepperti* Presl，1838

分类位置：松柏纲南洋杉科（Araucariaceae，Coniferopsida）

葛伯特似南洋杉 *Araucarites goepperti* Presl，1838

1838（1820—1838） Presl，见 Sternberg，204 页，图版 39，图 4；球果；奥地利（Tirol）；第三纪（？）。

1993a 吴向午，56 页。

△较小似南洋杉 *Araucarites minor* Sun et Zheng,2001(中文和英文发表)

2001　孙革、郑少林,见孙革等,98,201 页,图版 22,图 4;图版 59,图 10,11;雌球果;登记号:PB19117;正模:PB19117(图版 22,图 4);标本保存在中国科学院南京地质古生物研究所;辽宁西部;晚侏罗世尖山沟组。

微小似南洋杉 *Araucarites minutus* Bose et Maheshwari,1973

1973　Bose,Maheshwari,210 页,图版 1,图 10—15;图版 2,图 26,27;插图 1F—1J,2B,3B,3E;果鳞和角质层;印度贾巴尔普尔 Sehora 附近的 Sher 河;晚侏罗世(?)。

1993　周志炎、吴一民,122 页,图版 1,图 6,7;插图 4D,4E;果鳞;西藏南部定日普那;早白垩世普那组。

似南洋杉(未定多种) *Araucarites* spp.

1923　*Araucarites* sp.,周赞衡,82,140 页;枝叶;山东莱阳南务村;早白垩世莱阳组。[注:此标本后改定为 *Pagiophyllum* sp.(斯行健、李星学等,1963)]

1980　*Araucarites* sp.,黄枝高、周惠琴,109 页,图版 3,图 8;果鳞;陕西吴堡张家;中三叠世二马营组上部。

1983　*Araucarites* sp.,张武等,82 页,图版 4,图 27;插图 11;果鳞;辽宁本溪林家崴子;中三叠世林家组。

1990　*Araucarites* sp.,刘明渭,206 页,图版 33,图 5;果鳞;山东莱阳大明;早白垩世莱阳组 3 段。

1993a　*Araucarites* sp.,吴向午,56 页。

1999　*Araucarites* sp.,曹正尧,87 页,图版 26,图 7,8;果鳞;浙江临海山头许;早白垩世馆头组。

似南洋杉?(未定种) *Araucarites*? sp.

1986　*Araucarites*? sp.,叶美娜等,83 页,图版 52,图 8;球果;四川开县温泉;早侏罗世珍珠冲组。

似密叶杉属 Genus *Athrotaxites* Unger,1849

1849　Unger,346 页。

1982　郑少林、张武,324 页。

1993a　吴向午,58 页。

模式种:*Athrotaxites lycopodioides* Unger,1849

分类位置:松柏纲杉科(Taxodiaceae,Coniferopsida)

石松型似密叶杉 *Athrotaxites lycopodioides* Unger,1849

1849　Unger,346 页,图版 5,图 1,2;枝叶和球果;德国巴伐利亚;侏罗纪。

1993a　吴向午,58 页。

贝氏似密叶杉 *Athrotaxites berryi* Bell,1956

1956　Bell,115 页,图版 58,图 5;图版 60,图 5;图版 61,图 5;图版 62,图 2,3;图版 63,图 1;图

版 64,图 1—5;图版 65,图 7;加拿大;早白垩世。

1982 郑少林、张武,324 页,图版 23,图 13;图版 24,图 5,6;枝叶和雌球果;黑龙江宝清、虎林;晚侏罗世朝阳屯组;黑龙江双鸭山岭西,早白垩世城子河组。

1988 陈芬等,79 页,图版 69,图 4—4b,8;带叶枝和球果;辽宁铁法盆地、阜新盆地;早白垩世小明安碑组、阜新组。

1990 陈芬、邓胜徽,28 页,图版 1,图 2—10,12;图版 2,图 10;图版 3,图 2,3;插图 2:4—7;枝叶、球果和角质层;辽宁铁法盆地;早白垩世小明安碑组。

1993a 吴向午,58 页。

贝氏似密叶杉(比较种) *Athrotaxites* cf. *berryi* Bell

1985 商平,图版 5,图 6;图版 14,图 4,6;枝叶;辽宁阜新清河门;早白垩世海州组。

1987 商平,图版 2,图 3,4;枝叶和球果;辽宁阜新盆地;早白垩世。

△大叶似密叶杉 *Athrotaxites masgnifolius* Chen et Deng,1990

1988 *Athrotaxopsis*? sp.,陈芬等,80 页,图版 49,图 4,4a;长枝、短枝和叶;辽宁阜新海州矿;早白垩世阜新组。

1990 *Athrotaxites masgnifolius* (Chen et Meng) Chen et Deng,陈芬、邓胜徽,32,35 页,图版 1,图 1;图版 2,图 5,9,11,12;图版 3,图 1—3,10,11;插图 2:3,9,10;枝叶和角质层;标本号:FX223;标本保存在中国地质大学(北京);辽宁阜新盆地;早白垩世阜新组太平段。

△东方似密叶杉 *Athrotaxites orientalis* Deng et Chen,1990

1990 陈芬、邓胜徽,31,35 页,图版 1,图 11;图版 2,图 1—4,6—8;图版 3,图 7—9;插图 2:1,2,8;枝叶、球果和角质层;标本号:14a507-1,14a507-2;标本保存在中国地质大学(北京);内蒙古霍林河盆地;早白垩世霍林河组下煤段。(注:原文未指定模式标本)

1995 邓胜徽,58 页,图版 25,图 5—8;图版 26,图 1A—4;图版 27,图 1—4;图版 48,图 4—7;枝叶、球果和角质层;内蒙古霍林河盆地;早白垩世霍林河组下煤段。

1997 邓胜徽等,51 页,图版 30,图 11—14;图版 31,图 1—6;枝叶和角质层;内蒙古扎赉诺尔;早白垩世伊敏组。

拟密叶杉属 Genus *Athrotaxopsis* Fontaine,1889

1889 Fontaine,240 页。

1988 陈芬等,80 页。

1993a 吴向午,58 页。

模式种:*Athrotaxopsis grandis* Fontaine,1889

分类位置:松柏纲杉科(Taxodiaceae,Coniferopsida)

大拟密叶杉 *Athrotaxopsis grandis* Fontaine,1889

1889 Fontaine,240 页,图版 114,116,135;枝和球果;美国弗吉尼亚;早白垩世波托马克群。

1993a 吴向午,58 页。

膨胀密叶杉 *Athrotaxopsis expansa* Fontaine,1889

1889　Fontaine,241 页,图版 113,图 5,6;图版 115,图 2;图版 116,图 5;图版 117,图 6;图版 135,图 15,18,22;枝和球果;美国弗吉尼亚;早白垩世波托马克群。

2003　杨小菊,569 页,图版 3,图 2,3,6,7;营养枝和球果;黑龙江鸡西盆地;早白垩世穆棱组。

拟密叶杉(未定种) *Athrotaxopsis* sp.

2001　*Athrotaxopsis* sp.,孙革等,98,201 页,图版 26,图 7;图版 57,图 5,6;图版 68,图 15(?);雌球果;辽宁西部;晚侏罗世尖山沟组。

拟密叶杉?(未定种) *Athrotaxopsis*? sp.

1988　*Athrotaxopsis*? sp.,陈芬等,80 页,图版 49,图 4,4a;枝叶;辽宁阜新海州矿;早白垩世阜新组。[注:此标本后被改定为 *Athrotaxites masgnifolius* (Chen et Meng) Chen et Deng (陈芬、邓胜徽,2000)]

1993a　吴向午,58 页。

第聂伯果属 Genus *Borysthenia* Stanislavsky,1976

1976　Stanislavsky,77 页。

1984　张武、郑少林,389 页。

1993a　吴向午,60 页。

模式种:*Borysthenia fasciculata* Stanislavsky,1976

分类位置:松柏纲(Coniferopsida)

束状第聂伯果 *Borysthenia fasciculata* Stanislavsky,1976

1976　Stanislavsky,77 页,图版 36,图 5—7;图版 43,图 1—4;图版 44,45;图版 46,图 1—8;图版 47,图 1—3;插图 33—36;繁殖器官;乌克兰顿巴斯;晚三叠世。

1993a　吴向午,60 页。

△丰富第聂伯果 *Borysthenia opulenta* Zgang et Zheng,1984

1984　张武、郑少林,389 页,图版 3,图 10,10a,11;插图 6;果穗;登记号:Ch6-3,Ch6-4;标本保存在沈阳地质矿产研究所;辽宁朝阳石门沟;晚三叠世老虎沟组。(注:原文未指定模式标本)

1993a　吴向午,60 页。

短木属 Genus *Brachyoxylon* Hollick et Jeffrey,1909

1909　Hollick,Jeffrey,54 页。

1950　徐仁,35 页。

1993a　吴向午,60 页。

模式种:*Brachyoxylon notabile* Hollick et Jeffrey,1909

分类位置:松柏纲南洋杉科(Araucarian,Coniferopsida)

斑点短木 *Brachyoxylon notabile* Hollick et Jeffrey, 1909

1909 Hollick, Jeffrey, 54 页, 图版 13, 14; 木化石; 美国纽约附近; 白垩纪。

1993a 吴向午, 60 页。

△萨尼短木 *Brachyoxylon sahnii* Hsu, 1950 (nom. nud.)

1950 徐仁, 35 页; 木化石; 山东即墨马鞍山; 中生代。(裸名)[注:此标本后改定为 *Dadoxylon* (*Araucarioxylon*) cf. *japonicum* Shimakura(徐仁, 1953)]

1993a 吴向午, 60 页。

短木(未定种) *Brachyoxylon* sp.

1990 *Brachyoxylon* sp., Voznin-Serra, Pons, 121 页, 图版 6, 图 2—6; 木化石; 西藏洛隆; 早白垩世(Albian)。

短叶杉属 Genus *Brachyphyllum* Brongnirat, 1828

1828 Brongnirat, 109 页。

1923 周赞衡, 81, 137 页。

1963 斯行健、李星学等, 305 页。

1993a 吴向午, 61 页。

模式种: *Brachyphyllum mamillare* Brongnirat, 1828

分类位置: 松柏纲松柏目(Coniferales, Coniferopsida)

马咪勒短叶杉 *Brachyphyllum mamillare* Brongnirat, 1828

1828 Brongnirat, 109 页; 枝叶; 英国; 侏罗纪。

1993a 吴向午, 61 页。

2004 王五力等, 56 页, 图版 12, 图 1—4; 图版 13, 图 1—6; 插图 1-3-1A, B; 松柏类小枝和角质层; 辽宁北票长皋; 晚侏罗世土城子组。

北方短叶杉 *Brachyphyllum boreale* Heer, 1877

1877 Heer, 15 页, 图版 2, 图 1—9; 枝; 瑞士; 晚三叠世—早侏罗世。

1906 Krasser, 627 页, 图版 4, 图 7; 叶; 内蒙古扎赉诺尔; 侏罗纪。

厚叶短叶杉 *Brachyphyllum crassum* Lesquereux, 1891

1891 Lesquereux, 32 页, 图版 2, 图 5; 枝叶; 澳大利亚昆士兰; 早白垩世(Dakota Group)。

1980 张武等, 302 页, 图版 187, 图 5; 营养枝; 吉林延吉大拉子; 早白垩世大拉子组。

1986 张川波, 图版 2, 图 9; 枝叶; 吉林延吉智新大拉子; 早白垩世中—晚期大拉子组。

1990 刘明渭, 208 页, 图版 34, 图 1—4; 枝叶; 山东莱阳大明; 早白垩世莱阳组 3 段。

1992 孙革、赵衍华, 560 页, 图版 257, 图 4; 图版 258, 图 4; 枝叶; 吉林汪清罗子沟; 早白垩世大拉子组。

△雅致短叶杉 *Brachyphyllum elegans* Cao, 1989

1989 曹正尧, 439, 443 页, 图版 2, 图 8—11; 图版 3, 图 1—3; 枝叶和角质层; 登记号: PB14263; 正模: PB14263(图版 2, 图 8); 标本保存在中国科学院南京地质古生物研究所;浙江临安平山;早白垩世寿昌组。

1999 曹正尧,95页;浙江临安平山;早白垩世寿昌组。

扩张短叶杉 *Brachyphyllum expansum* (Sternberg) Seward,1919

1823 *Thuites expansum* Sternberg,XXXVIII页,图版38,图1,2;枝叶;英国牛津郡;侏罗纪。

1919 Seward,317页;插图754,755;枝叶;英国牛津郡;侏罗纪。

2004 王五力等,57页,图版12,图5—10;图版14,图1—3;插图1D;小枝;辽宁朝阳;晚侏罗世土城子组。

△湖北短叶杉 *Brachyphyllum hubeiense* Meng,1981

1981 孟繁松,101页,图版2,图20,20a,21;枝叶;标本号:HP7616,HP7617;正模:HP7616(图版2,图20);标本保存在宜昌地质矿产研究所;湖北大冶灵乡黑山、长坪湖;早白垩世灵乡群。

日本短叶杉 *Brachyphyllum japonicum* (Yokoyama) Ôishi,1940

1894 *Cyparissidium? japonicum* Yokoyama,229页,图版20,图3a,6,13;图版24,图4;枝叶;日本;早白垩世。

1940 Ôishi,391页,图版42,图2,3,3a;枝叶;日本;早白垩世。

1982a 刘子进,136页,图版75,图1—3;枝叶;甘肃康县李山、草坝,成县化垭、毛坝;早白垩世东河群化垭组、周家湾组。

日本短叶杉(比较种) *Brachyphyllum* cf. *japonicum* (Yokoyama) Ôishi

1999a 吴舜卿,20页,图版8,图2,2a;图版12,图3,3a;枝;辽宁北票上园黄半吉沟;晚侏罗世义县组下部黄半吉沟层。

△灵乡短叶杉 *Brachyphyllum lingxiangense* (Chen) Chen,1984

1977 *Cupressinocladus lingxiangense* Chen,陈公信,见冯少南等,242页,图版97,图6;营养枝;湖北大冶灵乡;晚侏罗世灵乡群。

1984 陈公信,608页,图版270,图3;枝叶;湖北大冶灵乡;早白垩世灵乡组。

△长穗短叶杉 *Brachyphyllum longispicum* Sun et Zheng,2001(中文和英文发表)

2001 孙革、郑少林,见孙革等,101,202页,图版19,图3,4;图版58,图1—9;图版67,图10;图版68,图8;带叶枝;登记号:PB18954,PB19009,PB19138,PB19139,PB19144,PB19203;正模:PB19138(图版19,图3);标本保存在中国科学院南京地质古生物研究所;辽宁西部;晚侏罗世尖山沟组。

2004 王五力等,235页,图版31,图4;枝叶;辽宁义县头道河子;晚侏罗世义县组下部砖城子层;辽宁北票上园尖山沟;晚侏罗世义县组尖山沟层。

△大短叶杉 *Brachyphyllum magnum* Chow,1923

1923 周赞衡,81,137页,图版1,图1;枝叶;山东莱阳南务村;早白垩世莱阳系。[注:此标本后被改定为 *Brachyphyllum obesum* Heer(斯行健、李星学等,1963)]

1993a 吴向午,61页。

敏氏短叶杉 *Brachyphyllum muensteri* Schenk,1867

1867 Schenk,187页,图版43,图1—12;弗兰哥尼亚;晚三叠世(Keuper)—早侏罗世(Lias)。

敏氏短叶杉(希默尔杉?)*Brachyphyllum* (*Hirmerella*?) *muensteri* Schenk ex Wang,1984

1984 王自强,289 页,图版 130,图 1—3;枝叶;山西大同;早侏罗世永定庄组。

△密枝短叶杉 *Brachyphyllum multiramosum* Chow,1923

1923 周赞衡,81,138 页,图版 2,图 1,2;枝叶;山东莱阳南务村;早白垩世莱阳系。[注:此标本后改定为 *Brachyphyllum obesum* Heer(斯行健、李星学等,1963)]

1993a 吴向午,61 页。

△南天门短叶杉 *Brachyphyllum nantianmense* Wang,1984

1984 王自强,289 页,图版 157,图 5—9;图版 158,图 1;图版 174,图 4—9;枝叶和角质层;登记号:P0407—P0411,P0456;正模:P0411(图版 158,图 1);标本保存在中国科学院南京地质古生物研究所;河北张家口;早白垩世青石砬组。

△宁夏短叶杉 *Brachyphyllum ningshiaense* Chow et Tsao,1977

1977 周志炎、曹正尧,165 页,图版 1,图 1—8;图版 2,图 18;枝叶;登记号:PB6254;正模:PB6254(图版 1,图 1,2);标本保存在中国科学院南京地质古生物研究所;宁夏泾源下杨南;早白垩世六盘山群 5 段。

1982a 刘子进,137 页,图版 75,图 9;枝叶;宁夏泾源下杨南、西吉火石寨;早白垩世六盘山群。

1992 孙革、赵衍华,560 页,图版 249,图 3,4;图版 257,图 2;枝叶;吉林汪清罗子沟;早白垩世大拉子组;吉林磐石太平屯;早白垩世黑崴子组。

宁夏短叶杉(比较种)*Brachyphyllum* cf. *ningshiaense* Chow et Tsao

1982 王国平等,291 页,图版 133,图 1,2;枝叶;安徽固镇、灵璧,浙江宁波;早白垩世馆头组。

1984 王自强,289 页,图版 153,图 9;枝叶;北京西山;早白垩世坨里组。

1984 陈其奭,图版 1,图 15,16,26,27;带叶枝;浙江宁波、新昌;早白垩世方岩组。

1989 丁保良等,图版 2,图 15,16;枝;浙江宁波;早白垩世馆头组。

粗肥短叶杉 *Brachyphyllum obesum* Heer,1881

1881 Heer,20 页,图版 17,图 1—4;葡萄牙;早白垩世。

1923 *Brachyphyllum multiramosum* Chow,周赞衡,81,137 页,图版 1,图 2—6;枝叶;山东莱阳南务村;早白垩世莱阳系。

1945 斯行健,50 页,图 3,4;叶枝;福建永安;白垩纪坂头系。

1954 徐仁,64 页,图版 56,图 1;枝叶;福建永安;早白垩世坂头组;山东莱阳;早白垩世莱阳组。

1958 汪龙文等,624 页(包括图);枝叶;山东,福建;早白垩世莱阳系和坂头系。

1963 斯行健、李星学等,306 页,图版 93,图 1—3(=*Brachyphyllum multiramosum* Chow,周赞衡,1923,81,137 页,图版 1,图 2—6);带叶枝;山东莱阳;晚侏罗世—早白垩世莱阳组;福建永安;晚侏罗世—早白垩世坂头组。

1964 李星学等,136 页,图版 89,图 4;枝叶;华南地区;晚侏罗世(?)—早白垩世。

1977 冯少南等,245 页,图版 97,图 7,8;枝叶;广东紫金,广西容县;早白垩世。

1979 何元良等,155 页,图版 77,图 9,10;营养枝;青海大柴旦云雾山;中侏罗世大煤沟组。

1982 王国平等,291 页,图版 133,图 8,9;枝叶;山东莱阳南务、马耳山;晚侏罗世莱阳组。

1983a 郑少林、张武,91 页,图版 7,图 10;带叶小枝;黑龙江密山大巴山;早白垩世中—晚期东山组。

1989 丁保良等,图版2,图7;枝;浙江建德寿昌大桥东;早白垩世寿昌组上段。

1990 刘明渭,208页,图版34,图5;枝叶;山东莱阳大明;早白垩世莱阳组3段。

1992 梁诗经等,图版2,图1,4;枝叶;福建沙县畔溪;早白垩世均口组。

1993a 吴向午,61页。

1994 曹正尧,图2o—2p;枝叶;浙江建德;早白垩世早期劳村组。

1995a 李星学(主编),图版112,图14,15;带叶枝;浙江建德;早白垩世早期劳村组。(中文)

1995b 李星学(主编),图版112,图14,15;带叶枝;浙江建德;早白垩世早期劳村组。(英文)

1998 张泓等,图版53,图5;枝叶;甘肃兰州窑街;中侏罗世窑街组上部。

1999 曹正尧,95页,图版27,图1—8;枝叶;浙江寿昌劳村;早白垩世劳村组;浙江诸暨下岭脚,丽水老竹,临安平山、盘龙桥;早白垩世寿昌组;浙江临海山头许、岭下陈;早白垩世馆头组。

粗肥短叶杉(比较种) *Brachyphyllum* cf. *obesum* Heer

1995 曹正尧等,10页,图版4,图7,8;营养枝;福建政和大溪村附近;早白垩世南园组。

△钝短叶杉 *Brachyphyllum obtusum* Chow et Tsao,1977

1977 周志炎、曹正尧,166页,图版1,图9—14;枝叶;登记号:PB6255;正型:PB6255(图版1,图9);标本保存在中国科学院南京地质古生物研究所;安徽灵璧、固镇;早白垩世(?)。

1982 王国平等,291页,图版132,图2,3;图版134,图3,4;枝叶;安徽灵璧、固镇;早白垩世(?)。

1990 刘明渭,208页,图版34,图10,11;枝叶;山东莱阳大明;早白垩世莱阳组3段。

钝短叶杉(比较种) *Brachyphyllum* cf. *obtusum* Chow et Tsao

1984 陈其奭,图版1,图34,35;带叶枝;浙江缙云双溪口;早白垩世永康群。

△钝头短叶杉 *Brachyphyllum obtusicapitum* Cao,1999(中文和英文发表)

1999 曹正尧,95,156页,图版27,图10—13;插图32;枝叶;采集号:ZH98;登记号:PB14541—PB14544;正模:PB14544(图版27,图13);标本保存在中国科学院南京地质古生物研究所;浙江诸暨下岭脚、临安盘龙桥;早白垩世寿昌组;浙江诸暨黄家坞;早白垩世寿昌组(?)。

稀枝短叶杉 *Brachyphyllum parceramosum* Fontaine,1889

1889 Fontaine,223页,图版110,图4;枝叶;美国弗吉尼亚;早白垩世波托马克群。

1980 张武等,303页,图版187,图1;枝;吉林延吉大拉子;早白垩世大拉子组。

1999 曹正尧,96页,图版27,图9;枝叶;浙江诸暨黄家坞;早白垩世寿昌组(?)。

△斜方短叶杉 *Brachyphyllum rhombicum* Wu S Q,1999(中文发表)

1999a 吴舜卿,19页,图版11,图4,4a;枝叶;采集号:AEO-209;登记号:PB18295;标本保存在中国科学院南京地质古生物研究所;辽宁北票上园;晚侏罗世义县组下部尖山沟层。

△菱突短叶杉 *Brachyphyllum rhombimaniferum* Guo,1979

1979 郭双兴,228页,图版1,图1,2;叶枝;采集号:YK1,YK2;登记号:PB6913,PB6914;正模:PB6914(图版1,图2);副模:PB6913(图版1,图1);标本保存在中国科学院南京地质古生物研究所;广西邕宁那晓村;晚白垩世把里组。

1992 梁诗经等,图版2,图3;枝叶;福建上杭兰田;晚白垩世官寨组。

菱突短叶杉(比较种) *Brachyphyllum* cf. *rhombimaniferum* Guo

1981　孟繁松,101页,图版2,图18,18a;枝叶;湖北大冶灵乡黑山、长坪湖;早白垩世灵乡群。

短叶杉(未定多种) *Brachyphyllum* spp.

1941　*Brachyphyllum* sp.,Ôishi,176页,图版38(3),图5,5a,6,6a,7,7a;枝;吉林汪清罗子沟;早白垩世罗子沟系下部。[注:此标本后被斯行键、李星学等改定为 *Brachyphyllum*? sp.(斯行健、李星学等,1963,306页)]

1979　*Brachyphyllum* sp.,周志炎、厉宝贤,图版2,图23;枝叶;海南琼海九曲江上车村;早三叠世岭文群九曲江组。

1980　*Brachyphyllum* sp.,何德长、沈襄鹏,28页,图版24,图5;枝;湖南宜章长策心田门、西岭;早侏罗世造上组。

1980　*Brachyphyllum* sp.,吴舜卿等,119页,图版16,图6,6a;枝叶;湖北秭归沙镇溪;早—中侏罗世香溪组。

1981　*Brachyphyllum* sp.,孟繁松,101页,图版2,图19,19a;枝叶;湖北大冶灵乡黑山、长坪湖;早白垩世灵乡群。

1982a　*Brachyphyllum* sp.,刘子进,137页,图版60,图8;枝叶;宁夏西吉火石寨;早白垩世六盘山群。

1982　*Brachyphyllum* sp.,张采繁,540页,图版351,图3,3a;枝叶;湖南浏阳跃龙;早侏罗世跃龙组。

1983　*Brachyphyllum* sp.,陈芬、杨关秀,134页,图版18,图4,4a;枝叶;西藏狮泉河地区;早白垩世日松群上部。

1984　*Brachyphyllum* sp.(sp. nov.?),陈其奭,图版1,图13,14,17—23;枝叶;浙江宁波;早白垩世方岩组。

1984　*Brachyphyllum* sp.,陈其奭,图版1,图30,31;带叶枝;浙江新昌;早白垩世方岩组。

1984　*Brachyphyllum* sp.,周志炎,53页,图版34,图2,3;枝叶;湖南祁阳观音滩、河埠塘,江永桃川;早侏罗世观音滩组冯家冲段。

1986b　*Brachyphyllum* sp. cf. *B. japonicum* (Yok.) Ôishi,李星学等,42页,图版42,图3—5;图版43,图1—3;带叶枝;吉林蛟河杉松;早白垩世晚期磨石砬子组。

1986　*Brachyphyllum* sp. 1,叶美娜等,76页,图版49,图1;枝叶;四川达县雷音铺;早侏罗世珍珠冲组。

1986　*Brachyphyllum* sp. 2,叶美娜等,76页,图版49,图2;枝叶;四川达县铁山金窝;中侏罗世新田沟组。

1988　*Brachyphyllum* sp.,陈芬等,88页,图版68,图5;枝叶;辽宁铁法;早白垩世小明安碑组上煤段。

1988　*Brachyphyllum* sp.,刘子进,95页,图版1,图18,19;枝叶;甘肃华亭;早白垩世志丹群环河—华池组上段。

1990　*Brachyphyllum* sp.,周志炎等,417,423页,图版1,图2,2a;图版4,图1—4;枝叶;香港坪洲岛;早白垩世晚期(Albian)。

1992a　*Brachyphyllum* spp.,孟繁松,图版7,图7—11;枝叶;海南琼海九曲江新华村;早三叠世岭文组。

1993　*Brachyphyllum* sp.,米家榕等,151页,图版48,图6,6a;枝叶;辽宁凌源;晚三叠世老虎沟组。

1993c *Brachyphyllum* sp.,吴向午,86 页,图版 5,图 7;图版 7,图 6—7b;枝叶;陕西商县凤家山至山倾村剖面;早白垩世凤家山组下段。

1995 *Brachyphyllum* sp.,曹正尧等,10 页,图版 4,图 9,10;插图 4;枝;福建政和大溪村附近;早白垩世南园组。

1995a *Brachyphyllum* sp.,李星学(主编),图版 63,图 16;末次营养枝;海南琼海九曲江新华村;早三叠世岭文群。(中文)

1995b *Brachyphyllum* sp.,李星学(主编),图版 63,图 16;末次营养枝;海南琼海九曲江新华村;早三叠世岭文群。(英文)

1995a *Brachyphyllum* sp.,李星学(主编),图版 110,图 13,14;图版 142,图 1;枝叶;吉林汪清罗子沟;早白垩世晚期大拉子组。(中文)

1995b *Brachyphyllum* sp.,李星学(主编),图版 110,图 13,14;图版 142,图 1;枝叶;吉林汪清罗子沟;早白垩世晚期大拉子组。(英文)

1995a *Brachyphyllum* sp.,李星学(主编),图版 115,图 2,3;枝叶;香港坪洲岛;早白垩世坪洲组。(中文)

1995b *Brachyphyllum* sp.,李星学(主编),图版 115,图 2,3;枝叶;香港坪洲岛;早白垩世坪洲组。(英文)

1998 *Brachyphyllum* sp.,黄其胜等,图版 1,图 13;枝叶;江西上饶清水缪源;早侏罗世林山组 3 段。

1998 *Brachyphyllum* sp. 1,张泓等,图版 52,图 6;枝叶;甘肃兰州窑街;中侏罗世窑街组上部。

1998 *Brachyphyllum* sp. 2,张泓等,图版 52,图 7;枝叶;甘肃兰州窑街;中侏罗世窑街组上部。

1999 *Brachyphyllum* sp. 1,曹正尧,96 页,图版 28,图 6;枝叶;浙江诸暨黄家坞;早白垩世寿昌组(?)。

1999a *Brachyphyllum* sp.,吴舜卿,20 页,图版 8,图 6,6a;图版 13,图 2,2a;枝叶;辽宁北票上园;晚侏罗世义县组下部尖山沟层。

2000 *Brachyphyllum* sp.,吴舜卿,图版 8,图 4,4a;枝;香港新界西贡嶂上;早白垩世浅水湾群。

?短叶杉(未定种) ?*Brachyphyllum* sp.

1984 ?*Brachyphyllum* sp.,顾道源,157 页,图版 79,图 2;枝叶;新疆阿克陶乌依塔克;中侏罗世杨叶组。

短叶杉?(未定多种) *Brachyphyllum*? spp.

1963 *Brachyphyllum*? sp.,斯行健、李星学等,306 页,图版 94,图 5—6a;图版 95,图 9,9a(=*Brachyphyllum* sp.,Ôishi,1941,176 页,图版 38(3),图 5,5a,6,6a,7a);枝叶;吉林汪清罗子沟;早白垩世大拉子组。

1991 *Brachyphyllum*? sp.,李佩娟、吴一民,289 页,图版 8,图 6—7a;图版 10,图 7,7a,9;图版 11,图 4;枝叶和球果;西藏改则(Gêrzê)弄弄巴;早白垩世川巴组。

1996 *Brachyphyllum*? sp.,吴舜卿、周汉忠,10 页,图版 3,图 6,6a;图版 8,图 5,6;枝叶和角质层;新疆库车;中三叠世克拉玛依组。

1999 *Brachyphyllum*? sp. 2,曹正尧,96 页,图版 26,图 12;图版 28,图 3—5;枝叶;浙江金华积道山;早白垩世磨石山组。

短叶杉(异形枝?)(未定种) *Brachyphyllum* (*Allocladus*?) sp.

1993 *Brachyphyllum* (*Allocladus*?) sp.,周志炎、吴一民,122 页,图版 1,图 9—11;插图 4B,4C;枝叶;西藏南部定日普那;早白垩世普那组。

心籽属 Genus *Cardiocarpus* Brongniart,1881

1881 Brongniart,20 页。

1984 王自强,297 页。

1993a 吴向午,62 页。

模式种:*Cardiocarpus drupaceus* Brongniart,1881

分类位置:裸子植物门(Gymnospermae)

核果状心籽 *Cardiocarpus drupaceus* Brongniart,1881

1881 Brongniart,20 页,图版 A,图 1,2;繁殖器官;英国;石炭纪。

1993a 吴向午,62 页。

△似丝兰型心籽 *Cardiocarpus yuccinoides* Wang Z Q et Wang L X,1990

1990a 王自强、王立新,137 页,图版 18,图 15;种子;标本号:Iso19-3;正模:Iso19-3(图版 18,图 15);标本保存在中国科学院南京地质古生物研究所;山西榆社屯村;早三叠世和尚沟组底部;山西和顺马坊;早三叠世和尚沟组底部。

心籽(未定多种) *Cardiocarpus* spp.

1984 *Cardiocarpus* sp.,王自强,297 页,图版 108,图 11;种子;山西榆社;早三叠世和尚沟组。

1988 *Cardiocarpus* sp.,陈芬等,93 页,图版 69,图 7;种子;辽宁铁法;早白垩世小明安碑组。

1989 *Cardiocarpus* sp.,王自强、王立新,35 页,图版 4,图 4a;种子;山西交城窑儿头;早三叠世刘家沟组中部。

1990b *Cardiocarpus* sp.,王自强、王立新,311 页,图版 6,图 6,7;种子;山西武乡司庄、平遥盘陀;中三叠世二马营组底部。

1993a *Cardiocarpus* sp.,吴向午,62 页。

1995 *Cardiocarpus* sp.,邓胜徽,65 页,图版 28,图 6;种子;内蒙古霍林河盆地;早白垩世霍林河组下煤段。

1997 *Cardiocarpus* sp.,邓胜徽等,55 页,图版 28,图 18;种子;内蒙古海拉尔大雁盆地;早白垩世伊敏组。

石籽属 Genus *Carpolithes* Schlothcim,1820 或 *Carpolithus* Wallerius,1747

1917 Seward,364,497 页。

1920 Nathorst,16 页。

1963 斯行健、李星学等,311 页。

1993a 吴向午,62 页。

模式种:不明(Seward,1917;斯行健、李星学等,1963)

分类位置:分类不明的古生代和中生代种子化石

△刺石籽 *Carpolithus acanthus* Wu,1988

1988 吴向午,见李佩娟等,142 页,图版 100,图 3,3a;种子;采集号:80DP$_1$F$_{28}$;登记号:PB13764;正模:PB13764(图版 100,图 3);标本保存在中国科学院南京地质古生物研究所;青海大煤沟;早侏罗世甜水沟组 *Ephedrites* 层。

△耳状石籽 *Carpolithus auritus* Wu,1988

1988 吴向午,见李佩娟等,143 页,图版 100,图 1,2;种子;采集号:80DP$_1$F$_{28}$;登记号:PB13765,PB13766;正模:PB13765(图版 100,图 1);标本保存在中国科学院南京地质古生物研究所;青海大煤沟;早侏罗世甜水沟组 *Ephedrites* 层。

布诺克石籽 *Carpolithus brookensis* Fontaine,1889

1889 Fontaine,268 页,图版 167,图 6;种子;美国弗吉尼亚;早白垩世波托马克群。

1990 陶君容、张川波,228 页,图 6;种子;吉林延吉盆地;早白垩世大拉子组。

围绕石籽 *Carpolithus cinctus* Nathorst,1878

1878 Nathorst,34 页,图版 4,图 17,18;52 页;图版 6,图 2,3;种子;瑞典;晚三叠世。

1982 郑少林、张武,328 页,图版 11,图 1b;种子;黑龙江双鸭山四方台;早白垩世城子河组。

1995 邓胜徽,64 页,图版 29,图 5;种子;内蒙古霍林河盆地;早白垩世霍林河组下煤段。

围绕石籽(比较种) *Carpolithus* cf. *cinctus* Nathorst

1976 张志诚,200 页,图版 101,图 6;种子;山西大同青瓷窑;中侏罗世大同组。

1988 陈芬等,92 页,图版 59,图 7;种子;辽宁阜新海州矿;早白垩世阜新组孙家湾段。

△蚕豆形石籽 *Carpolithus fabiformis* Zheng et Zhang,1982

1982 郑少林、张武,328 页,图版 25,图 13—15;种子;登记号:HDN163,HDN164;标本保存在沈阳地质矿产研究所;黑龙江鸡西滴道暖泉;晚侏罗世滴道组。(注:原文未指定模式标本)

1988 陈芬等,92 页,图版 59,图 4,5;种子;辽宁阜新海州矿;早白垩世阜新组。

2001 郑少林等,图版 1,图 32,33;种子;辽宁北票三宝营乡刘家沟;中—晚侏罗世土城子组 3 段。

△球状石籽 *Carpolithus globularis* Yokoyama,1906

(注:原文属名拼写为 *Carpolithes*)

1906 *Carpolithes globularis* Yokoyama,20 页,图版 5,图 1b;种子;四川巴县大石鼓;侏罗纪。

1963 斯行健、李星学等,312 页,图版 102,图 23;种子;四川巴县大石鼓;侏罗纪(?)。

1995 曾勇等,69 页,图版 20,图 1;种子;河南义马;中侏罗世义马组。

△鸡东石籽 *Carpolithus jidongensis* Zheng et Zhang,1982

1982 郑少林、张武,328 页,图版 23,图 14—16;种子;登记号:HYPI003,HYPI004;标本保存在沈阳地质矿产研究所;黑龙江鸡东平阳;晚侏罗世石河北组。(注:原文未指定模式

标本）

1992　曹正尧，222 页，图版 6，图 17，18；种子；黑龙江东部绥滨-双鸭山地区；早白垩世城子河组。

△厚缘刺石籽 ***Carpolithus latizonus*** **Li，1988**

1988　李佩娟等，143 页，图版 94，图 4，4a；种子；采集号：80DP$_1$F$_{89}$；登记号：PB13767；正模：PB13767（图版 94，图 4，4a）；标本保存在中国科学院南京地质古生物研究所；青海大煤沟；中侏罗世大煤沟组 *Tyrmia-Sphenobaiera* 层。

1995　曾勇等，69 页，图版 9，图 2；图版 21，图 3；种子；河南义马；中侏罗世义马组。

1998　张泓等，图版 50，图 4；种子；青海大柴旦大煤沟；中侏罗世大煤沟组。

△灵乡石籽 ***Carpolithus lingxiangensis*** **Chen，1977**

1977　陈公信，见冯少南等，248 页，图版 98，图 16；插图 83；种子；标本号：P5128；正模：P5128（图版 98，图 16）；标本保存在湖北省地质局；湖北大冶灵乡；晚侏罗世灵乡群。

1984　陈公信，614 页，图版 270，图 9；种子；湖北大冶灵乡；早白垩世灵乡群。

△长纤毛石籽 ***Carpolithus longiciliosus*** **Liu，1988**

1988　刘子进，97 页，图版 1，图 22；种子；标本号：Sy-15；正模：Sy-15（图版 1，图 22）；标本保存在西安地质矿产研究所；甘肃华亭神峪；早白垩世智丹群环河-华池组上段。

△多籽石籽 ***Carpolithus multiseminatlis*** **Sun et Zheng，2001**（中文和英文发表）

2001　孙革、郑少林，见孙革等，112，210 页，图版 17，图 8；图版 20，图 6；图版 21，图 6；图版 39，图 11；图版 53，图 8；图版 63，图 14，15；图版 67，图 9；种子和果枝；登记号：PB18986，PB19001，PB19004，ZY3025；正模：PB18986（图版 20，图 6）；标本保存在中国科学院南京地质古生物研究所；辽宁西部；晚侏罗世尖山沟组。

△肥瘤石籽 ***Carpolithus pachythelis*** **Sun et Zheng，2001**（中文和英文发表）

2001　孙革、郑少林，见孙革等，112，211 页，图版 25，图 8；图版 68，图 16；种子；登记号：PB19152；正模：PB19152（图版 25，图 8）；标本保存在中国科学院南京地质古生物研究所；辽宁西部；晚侏罗世尖山沟组。

△网状石籽 ***Carpolithus retioformus*** **Wu，1988**

1988　吴向午，见李佩娟等，143 页，图版 100，图 5B；图版 135，图 1，1a；种子和角质层；采集号：80DP$_1$F$_{28}$；登记号：PB13768；正模：PB13768（图版 100，图 5B）；标本保存在中国科学院南京地质古生物研究所；青海大煤沟；早侏罗世甜水沟组 *Ephedrites* 层。

△圆形石籽 ***Carpolithus rotundatus*** **（Fontaine）Zheng et Zhang，1983**

1889　*Cycadeospermum rotundatum* Fontaine，271 页，图 136，图 12；种子；美国弗吉尼亚；早白垩世。

1983a　郑少林、张武，92 页，图版 8，图 9—11；种子；黑龙江密山大巴山；早白垩世中—晚期东山组。

1997　邓胜徽等，54 页，图版 28，图 19，20；种子；内蒙古海拉尔大雁盆地；早白垩世伊敏组。

圆形石籽（比较种）***Carpolithus*** **cf.** ***rotundatus*** **（Fontaine）Zheng et Zhang**

1989　任守勤、陈芬，637 页，图版 1，图 12；种子；内蒙古海拉尔五九盆地；早白垩世大磨拐河组。

△寿昌石籽 *Carpolithus shouchangensis* Cao, 1999(中文和英文发表)

1999 曹正尧,101,159 页,图版 26,图 18,18a;种子;采集号:ZH49;登记号:PB14586;模式标本:PB14586(图版 26,图 18,18a);标本保存在中国科学院南京地质古生物研究所;浙江寿昌东村;早白垩世寿昌组。

△瘤状石籽 *Carpolithus strumatus* Wu, 1988

1988 吴向午,见李佩娟等,144 页,图版 100,图 4;种子;采集号:80DP$_1$F$_{28}$;登记号:PB13769;正模:PB13769(图版 100,图 4);标本保存在中国科学院南京地质古生物研究所;青海大煤沟;早侏罗世甜水沟组 *Ephedrites* 层。

弗吉尼亚石籽 *Carpolithus virginiensis* Fontaine, 1889

1889 Fontaine,266 页,图版 134,图 11—14;图版 135,图 1,5;图版 168,图 7;种子;美国弗吉尼亚;早白垩世。

1982 郑少林、张武,328 页,图版 23,图 17;种子;黑龙江鸡西滴道暖泉、双鸭山岭西;早白垩世城子河组。

△山下石籽 *Carpolithus yamasidai* Yokoyama, 1906

(注:原文属名拼写为 *Carpolithes*)

1906 *Carpolithes yamasidai* Yokoyama,14 页,图版 1,图 10,11(?);种子;云南宣威倘塘;三叠纪。[注:此标本层位后改为晚二叠世龙潭组(斯行健、李星学等,1963)]

石籽(未定多种) *Carpolithus* spp.

1885 *Carpolithes*, Schenk,176(14)页,图版 13(1),图 13a,13b;种子;陕西商县;侏罗纪。

1885 *Carpolithes*, Schenk,176(14)页,图版 14(2),图 5b;种子;四川雅安之南黄泥堡;侏罗纪。

1925 *Carpolithus* sp., Teilhard de Chardin, Fritel,539 页;陕西榆林油坊头;侏罗纪。

1933a *Carpolithus* sp.,斯行健,22 页,图版 2,图 12;种子;四川宜宾;晚三叠世—早侏罗世。

1933b *Carpolithus* sp.,斯行健,27 页;种子;内蒙古萨拉齐石拐子、小斗林沁;早侏罗世。

1933 *Carpolithus* sp. a, Yabe, Ôishi,234(40),图版 35(6),图 11;种子;辽宁沙河子;侏罗纪。

1933 *Carpolithus* sp. b, Yabe, Ôishi,234(40),图版 35(6),图 10;种子;吉林蛟河;侏罗纪。

1933 *Carpolithus* sp. c, Yabe, Ôishi,234(40),图版 35(6),图 9;种子;辽宁大堡;侏罗纪。

1949 *Carpolithus* sp. 1,斯行健,39 页;种子;湖北大峡口;早侏罗世香溪煤系。

1949 *Carpolithus* sp. 2,斯行健,39 页,图版 15,图 25,26;种子;湖北当阳曹家窑;早侏罗世香溪煤系。

1949 *Carpolithus* sp. 3,斯行健,39 页,图版 15,图 20,21;种子;湖北当阳曹家窑;早侏罗世香溪煤系。

1949 *Carpolithus* sp. 4,斯行健,39 页,图版 15,图 22,23;种子;湖北当阳崔家沟、白石岗;早侏罗世香溪煤系。

1949 *Carpolithus* sp. 5,斯行健,40 页,图版 15,图 24;种子;湖北秭归香溪;早侏罗世香溪煤系。

1949 *Carpolithus* sp. 6,斯行健,40 页,图版 15,图 27;种子;湖北秭归香溪;早侏罗世香溪煤系。

1952 *Carpolithus* sp.,斯行健,188 页,图版 1,图 8;种子;内蒙古扎赉诺尔;侏罗纪。

1956a *Carpolithus* spp.,斯行健,60,165 页,图版 56,图 8—14a;种子;陕西宜君四郎庙炭河沟;晚三叠世延长层。

1961 *Carpolithus* sp.,沈光隆,174 页,图版 1,图 5B;种子;甘肃徽成;中侏罗世沔县群。

1963 *Carpolithus* sp. 1,斯行健、李星学等,312 页,图版 102,图 4;种子;辽宁沙河子;中—晚侏罗世。

1963 *Carpolithus* sp. 2,斯行健、李星学等,312 页,图版 102,图 5;种子;吉林蛟河;中—晚侏罗世。

1963 *Carpolithus* sp. 3,斯行健、李星学等,312 页,图版 102,图 6;种子;辽宁大堡;中—晚侏罗世。

1963 *Carpolithus* sp. 4,斯行健、李星学等,312 页,图版 102,图 7;种子;四川宜宾;晚三叠世—早侏罗世。

1963 *Carpolithus* sp. 5,斯行健、李星学等,313 页,图版 102,图 8;种子;福建长汀;晚三叠世晚期—早侏罗世。

1963 *Carpolithus* sp. 6,斯行健、李星学等,313 页;种子;内蒙古萨拉齐;早—中侏罗世。

1963 *Carpolithus* sp. 7,斯行健、李星学等,313 页,图版 102,图 9,10;种子;湖北秭归香溪、当阳曹家窑;早侏罗世香溪群。

1963 *Carpolithus* sp. 8,斯行健、李星学等,313 页,图版 102,图 11;种子;湖北当阳白石岗;早侏罗世香溪群。

1963 *Carpolithus* sp. 9,斯行健、李星学等,313 页,图版 102,图 12;种子;湖北当阳崔家沟;早侏罗世香溪群。

1963 *Carpolithus* sp. 10,斯行健、李星学等,314 页,图版 102,图 13;种子;湖北秭归香溪;早侏罗世香溪群。

1963 *Carpolithus* sp. 11,斯行健、李星学等,314 页,图版 102,图 14;种子;湖北秭归香溪;早侏罗世香溪群。

1963 *Carpolithus* sp. 12,斯行健、李星学等,314 页,图版 95,图 3;种子;内蒙古扎赉诺尔;晚侏罗世扎赉诺尔群。

1963 *Carpolithus* sp. 13,斯行健、李星学等,314 页,图版 102,图 15;种子;湖北当阳曹家窑;早侏罗世香溪群。

1963 *Carpolithus* sp. 14,斯行健、李星学等,315 页,图版 52,图 10;种子;四川雅安黄泥堡;侏罗纪(?)。

1963 *Carpolithus* sp. 15,斯行健、李星学等,315 页,图版 52,图 8a;种子;陕西商县;侏罗纪(?)。

1963 *Carpolithus* sp. 16,斯行健、李星学等,315 页,图版 52,图 8b;种子;陕西商县;侏罗纪(?)。

1963 *Carpolithus* spp.,斯行健、李星学等,314 页,图版 101,图 3;图版 102,图 16—22;种子;陕西宜君四郎庙炭河沟;晚三叠世延长层。

1965 *Carpolithus* sp. 1,曹正尧,524 页,图版 5,图 10;图版 6,图 11;种子;广东高明河村水库;晚三叠世小坪组。

1965 *Carpolithus* sp. 2,曹正尧,524 页,图版 6,图 12;种子;广东高明河村水库;晚三叠世小坪组。

1968 *Carpolithus* sp.,《湘赣地区中生代含煤地层化石手册》,83 页,图版 31,图 9;种子;湖南资兴三都;晚三叠世杨梅垅组。

1976 *Carpolithus* spp.,李佩娟等,135 页,图版 43,图 8;图版 44,图 8,9;种子;云南禄丰渔坝村、一平浪;晚三叠世一平浪组干海子段。

1977 *Carpolithus* sp.,长春地质学院勘探系等,图版 4,图 10;种子;吉林浑江石人;晚三叠世小河口组。

1979 *Carpolithus* sp.,何元良等,156 页,图版 77,图 8;种子;青海刚察达日格;晚三叠世默勒(Muri)群下岩组。

1979 *Carpolithus* sp.,徐仁等,72 页,图版 72,图 7,7a;种子;四川永仁太平场;晚三叠世大箐组下部。

1979 *Carpolithus* sp.,叶美娜等,图版 2,图 4,4a;种子;湖北利川瓦窑坡;中三叠世巴东组。

1979 *Carpolithus* sp.,周志炎、厉宝贤,455 页,图版 2,图 19;种子;海南琼海九曲江新昌;早三叠世岭文群九曲江组。

1980 *Carpolithus* sp.,何德长、沈襄鹏,30 页,图版 20,图 2;图版 24,图 4;种子;湖南资兴三都同日垅沟;早侏罗世造上组。

1980 *Carpolithus* sp. 1,黄枝高、周惠琴,111 页,图版 4,图 7;种子;陕西铜川纸坊;中三叠世二马营组中部。

1980 *Carpolithus* sp. 2,黄枝高、周惠琴,111 页,图版 4,图 8;种子;陕西铜川纸坊;中三叠世二马营组中部。

1980 *Carpolithus* sp. 3,黄枝高、周惠琴,111 页,图版 4,图 10;种子;陕西铜川纸坊;中三叠世二马营组中部。

1980 *Carpolithus* sp. 4,黄枝高、周惠琴,111 页,图版 24,图 9;种子;陕西神木二十里墩;晚三叠世延长组中上部。

1980 *Carpolithus* sp.,吴舜卿等,120 页,图版 15,图 6;图版 27,图 7—10;种子;湖北秭归香溪、沙镇溪;早—中侏罗世香溪组。

1981 *Carpolithus* sp.,刘茂强、米家榕,28 页,图版 3,图 5;种子;吉林临江;早侏罗世义和组。

1982 *Carpolithus* sp.,李佩娟,96 页,图版 14,图 8;种子;西藏洛隆中一松多;早白垩世多尼组。

1982 *Carpolithus* sp.,李佩娟、吴向午,58 页,图版 13,图 3C;种子;四川稻城贡岭区木拉乡坎都村;晚三叠世喇嘛垭组。

1982 *Carpolithus* sp. 1,谭琳、朱家楠,156 页,图版 41,图 8;种子;内蒙古固阳毛忽洞;早白垩世固阳组。

1982 *Carpolithus* sp. 2,谭琳、朱家楠,156 页,图版 41,图 9;种子;内蒙古固阳毛忽洞;早白垩世固阳组。

1982b *Carpolithus* sp.,杨学林、孙礼文,40 页,图版 12,图 4;种子;大兴安岭万宝红旗一井;早侏罗世红旗组。

1982 *Carpolithus* sp. 1,张采繁,540 页,图版 341,图 10—12;种子;湖南怀化泸阳;晚三叠世。

1982 *Carpolithus* sp. 2,张采繁,541 页,图版 341,图 13,14;种子;湖南祁阳黄泥塘;早侏罗世高家田组。

1983a *Carpolithus* sp.,曹正尧,18 页,图版 2,图 5;种子;黑龙江虎林云山;中侏罗世龙爪沟群。

1983 *Carpolithus* sp.,张武等,85 页,图版 4,图 29;图版 5,图 11,12,16,26;种子;辽宁本溪

林家崴子；中三叠世林家组。

1984a *Carpolithus* sp.，曹正尧，16 页，图版 8，图 10；图版 9，图 9；种子；黑龙江密山裴德煤矿；中侏罗世七虎林组。

1984b *Carpolithus* sp. 1，曹正尧，41 页，图版 4，图 14；图版 5，图 10；种子；黑龙江密山大巴山；早白垩世东山组。

1984b *Carpolithus* sp. 2，曹正尧，41 页，图版 2，图 9；种子；黑龙江密山大巴山；早白垩世东山组。

1984 *Carpolithus* sp. 1，陈芬等，68 页，图版 34，图 5；种子；北京西山斋堂；早侏罗世下窑坡组。

1984 *Carpolithus* sp. 2，陈芬等，68 页，图版 34，图 6；种子；北京西山大台；早侏罗世下窑坡组。

1984 *Carpolithus* spp.，陈公信，614 页，图版 243，图 6b，6c；图版 262，图 1，2，10，11；种子；湖北荆门分水岭、蒲圻苦竹桥；晚三叠世九里岗组、鸡公山组；湖北当阳观音寺马头洒；早侏罗世桐竹园组。

1984 *Carpolithus* sp.，厉宝贤等，145 页，图版 1，图 10，11，11a；种子；山西大同永定庄华严寺；早侏罗世永定庄组。

1984 *Carpolithus* sp.，王喜富，302 页，图版 175，图 14；种子；河北承德下板城；早三叠世和尚沟组。

1984 *Carpolithus* sp.，张志诚，121 页，图版 3，图 10；种子；黑龙江嘉荫太平林场；晚白垩世太平林场组。

1985 *Carpolithus* sp.，曹正尧，282 页，图版 3，图 13；种子；安徽含山；晚侏罗世含山组。

1986 *Carpolithus* spp.，吴向午等，图版 2，图 1C；种子；青海柴达木盆地大柴旦小煤沟；早侏罗世小煤沟组。

1986 *Carpolithus* sp.，郑少林、张武，图版 3，图 11；种子；辽宁西部喀喇沁左翼杨树沟；早三叠世红砬组。

1987 *Carpolithus* sp.，陈晔等，137 页，图版 45，图 10—12a；种子；四川盐边箐河；晚三叠世红果组。

1987 *Carpolithus* sp.，何德长，79 页，图版 11，图 1b；种子；浙江遂昌靖居口；中侏罗世毛弄组 3 层。

1987 *Carpolithus* sp.，商平，图版 3，图 6—8；种子；辽宁阜新盆地；早白垩世。

1987 *Carpolithus* sp. 1，张武、郑少林，316 页，图版 24，图 3，4；种子；辽宁锦西南票；中三叠世后富隆山组。

1987 *Carpolithus* sp. 2，张武、郑少林，317 页，图版 24，图 9，9a；种子；辽宁北票常河营子大板沟；中侏罗世蓝旗组。

1988 *Carpolithus* sp. 1，陈芬等，92 页，图版 59，图 8；种子；辽宁阜新清河门；早白垩世阜新组。

1988 *Carpolithus* sp. 2，陈芬等，92 页，图版 59，图 9，10；种子；辽宁阜新艾友矿；早白垩世阜新组。

1988 *Carpolithus* sp. 3，陈芬等，93 页，图版 59，图 6；种子；辽宁阜新海州矿；早白垩世阜新组。

1988 *Carpolithus* sp. 1（Cf. *Swedenborgia cryptomerioides* Nathorst），李佩娟等，144 页，图版 99，图 13；图版 100，图 7；种子；青海大煤沟；早侏罗世甜水沟组 *Ephedrites* 层。

1988 *Carpolithus* sp. 2,李佩娟等,144 页,图版 100,图 20Aa;种子;青海大煤沟;早侏罗世甜水沟组 *Ephedrites* 层。

1988 *Carpolithus* sp. 3,李佩娟等,145 页,图版 69,图 6B;种子;青海大煤沟;早侏罗世甜水沟组 *Ephedrites* 层。

1988 *Carpolithus* sp. 4,李佩娟等,145 页,图版 98,图 6;图版 100,图 8;种子;青海大煤沟;早侏罗世甜水沟组 *Ephedrites* 层。

1988 *Carpolithus* sp. 5,李佩娟等,145 页,图版 100,图 9;图版 135,图 5,5a;种子和角质层;青海大煤沟;早侏罗世甜水沟组 *Ephedrites* 层。

1988 *Carpolithus* sp. 6,李佩娟等,146 页,图版 100,图 17;图版 135,图 2—4;种子和角质层;青海大煤沟;早侏罗世甜水沟组 *Ephedrites* 层。

1988 *Carpolithus* sp. 7,李佩娟等,146 页,图版 88,图 5,5a;种子;青海大煤沟;中侏罗世大煤沟组 *Tyrmia-Sphenobaiera* 层。

1988 *Carpolithus* sp. 8,李佩娟等,146 页,图版 100,图 23;种子;青海绿草山宽沟;中侏罗世石门沟组 *Nilssonia* 层。

1988 *Carpolithus* sp. 9,李佩娟等,146 页,图版 90,图 4,4a;种子;青海大煤沟;中侏罗世大煤沟组 *Tyrmia-Sphenobaiera* 层。

1988 *Carpolithus* spp.,李佩娟等,146 页,图版 77,图 4;图版 100,图 10—16A,16aA,18,19;种子;青海大煤沟;早侏罗世甜水沟组 *Ephedrites* 层。

1989 *Carpolithus* sp.,周志炎,157 页,图版 19,图 13;种子;湖南衡阳杉桥煤矿;晚三叠世杨柏冲组。

1990 *Carpolithus* sp.,宁夏回族自治区地质矿产局,图版 9,图 8;种子;宁夏平罗汝淇沟;中侏罗世延安组。

1990 *Carpolithus* sp. A,陶君容、张川波,图版 1,图 11b,12b;种子;吉林延吉盆地;早白垩世大拉子组。

1991 *Carpolithus* sp.,李洁等,56 页,图版 2,图 11;种子;新疆昆仑山乌斯腾塔格-喀拉米兰;晚三叠世卧龙岗组。

1991 *Carpolithus* sp.,赵立明、陶君容,图版 1,图 8;种子;内蒙古赤峰平庄盆地;早白垩世杏园组。

1992 *Carpolithus* sp.,孙革、赵衍华,561 页,图版 254,图 3;图版 256,图 8;图版 259,图 7;种子;吉林怀德刘房子煤矿;晚侏罗世沙河子组;吉林汪清鹿圈子村北山;晚三叠世马鹿沟组。

1992 *Carpolithus* sp. 1,王士俊,57 页,图版 23,图 13;种子;广东乐昌关春;晚三叠世。

1992 *Carpolithus* sp. 2,王士俊,57 页,图版 23,图 14;种子;广东乐昌关春、安口;晚三叠世。

1992 *Carpolithus* sp. 3,王士俊,57 页,图版 23,图 24;种子;广东乐昌关春;晚三叠世。

1992 *Carpolithus* sp. 4,王士俊,58 页,图版 23,图 18;种子;广东乐昌安口;晚三叠世。

1992 *Carpolithus* sp. 5,王士俊,58 页,图版 23,图 15;种子;广东乐昌安口;晚三叠世。

1992 *Carpolithus* sp. 6,王士俊,58 页,图版 23,图 19;种子;广东曲江红卫坑;晚三叠世。

1993 *Carpolithus* spp.,米家榕等,153 页,图版 48,图 15—17,20,21,26,31;种子;黑龙江东宁;晚三叠世罗圈站组;吉林双阳、浑江;晚三叠世大酱缸组、北山组(小河口组);河北承德;晚三叠世杏石口组。

1993 *Carpolithus* spp. 1—5,孙革,109 页,图版 20,图 1b,1c;图版 32,图 7;图版 51,图 10,11;图版 55,图 9;种子;吉林汪清天桥岭、马鹿沟、鹿圈子北山;晚三叠世马鹿沟组。

1993a *Carpolithus* sp.,吴向午,62 页。

1993c *Carpolithus* sp.,吴向午,87 页,图版 2,图 5A,5a;种子;陕西商县凤家山至山倾村剖面;早白垩世凤家山组下段。

1993c *Carpolithus* spp. 吴向午,87 页,图版 7,图 9;种子;陕西商县凤家山至山倾村剖面;早白垩世凤家山组下段。

1995 *Carpolithus* sp.,曹正尧等,11 页,图版 4,图 12,12a;种子;福建政和大溪村附近;早白垩世南园组。

1995 *Carpolithus* sp. 1,邓胜徽,64 页,图版 28,图 10;种子;内蒙古霍林河盆地;早白垩世霍林河组下煤段。

1995 *Carpolithus* sp. 2,邓胜徽,64 页,图版 27,图 6B;种子;内蒙古霍林河盆地;早白垩世霍林河组下煤段。

1995 *Carpolithus* sp. 3,邓胜徽,64 页,图版 29,图 4;种子;内蒙古霍林河盆地;早白垩世霍林河组下煤段。

1995 *Carpolithus* sp.,曾勇等,70 页,图版 11,图 3;种子;河南义马;中侏罗世义马组。

1996 *Carpolithus* sp.,米家榕等,147 页,图版 38,图 15,16;种子;辽宁北票,河北抚宁石门寨;早侏罗世北票组;辽宁北票海房沟;中侏罗世海房沟组。

1997 *Carpolithus* sp. 1,邓胜徽等,54 页,图版 16,图 23;种子;内蒙古海拉尔大雁盆地;早白垩世伊敏组。

1997 *Carpolithus* sp. 2,邓胜徽等,55 页,图版 16,图 18;种子;内蒙古海拉尔大雁盆地;早白垩世伊敏组。

1998 *Carpolithus* sp. 1,刘裕生,68 页,图版 1,图 7;种子;香港坪洲岛;晚白垩世坪洲组。

1998 *Carpolithus* sp. 2,刘裕生,68 页,图版 1,图 8;种子;香港坪洲岛;晚白垩世坪洲组。

1998 *Carpolithus* sp. 3,刘裕生,69 页,图版 1,图 9,10;图版 5,图 2;种子;香港坪洲岛;晚白垩世坪洲组。

1998 *Carpolithus* sp. 4,刘裕生,69 页,图版 1,图 12;种子;香港坪洲岛;晚白垩世坪洲组。

1998 *Carpolithus* sp. 5,刘裕生,69 页,图版 1,图 14;种子;香港坪洲岛;晚白垩世坪洲组。

1998 *Carpolithus* sp. 6,刘裕生,69 页,图版 1,图 15;种子;香港坪洲岛;晚白垩世坪洲组。

1998 *Carpolithus* sp. 7,刘裕生,69 页,图版 1,图 16;种子;香港坪洲岛;晚白垩世坪洲组。

1998 *Carpolithus* sp. 8,刘裕生,69 页,图版 2,图 1;种子;香港坪洲岛;晚白垩世坪洲组。

1998 *Carpolithus* sp. 9,刘裕生,69 页,图版 2,图 4,14,17;图版 3,图 5;种子;香港坪洲岛;晚白垩世坪洲组。

1998 *Carpolithus* sp. 10,刘裕生,70 页,图版 2,图 5,7;种子;香港坪洲岛;晚白垩世坪洲组。

1998 *Carpolithus* sp. 11,刘裕生,70 页,图版 2,图 9;种子;香港坪洲岛;晚白垩世坪洲组。

1998 *Carpolithus* sp. 12,刘裕生,70 页,图版 2,图 10;种子;香港坪洲岛;晚白垩世坪洲组。

1998 *Carpolithus* sp. 13,刘裕生,70 页,图版 2,图 12;种子;香港坪洲岛;晚白垩世坪洲组。

1998 *Carpolithus* sp. 14,刘裕生,70 页,图版 2,图 13;种子;香港坪洲岛;晚白垩世坪洲组。

1998 *Carpolithus* sp. 15,刘裕生,70 页,图版 2,图 15;种子;香港坪洲岛;晚白垩世坪洲组。

1998 *Carpolithus* sp. 16,刘裕生,70 页,图版 2,图 16;种子;香港坪洲岛;晚白垩世坪洲组。

1998 *Carpolithus* sp. 17,刘裕生,70 页,图版 2,图 18;图版 5,图 7;种子;香港坪洲岛;晚白垩世坪洲组。

1998 *Carpolithus* sp. 18,刘裕生,70 页,图版 2,图 19;种子;香港坪洲岛;晚白垩世坪洲组。

1998 *Carpolithus* sp. 19,刘裕生,71 页,图版 2,图 20;种子;香港坪洲岛;晚白垩世坪洲组。

1998 *Carpolithus* sp. 20,刘裕生,71 页,图版 3,图 1;种子;香港坪洲岛;晚白垩世坪洲组。

1998 *Carpolithus* sp. 21,刘裕生,71 页,图版 3,图 2;种子;香港坪洲岛;晚白垩世坪洲组。

1998 *Carpolithus* sp. 22,刘裕生,71 页,图版 3,图 3;种子;香港坪洲岛;晚白垩世坪洲组。

1998 *Carpolithus* sp. 24,刘裕生,71 页,图版 3,图 10—13;图版 5,图 6;种子;香港坪洲岛;晚白垩世坪洲组。

1998 *Carpolithus* sp. 26,刘裕生,71 页,图版 1,图 11;种子;香港坪洲岛;晚白垩世坪洲组。

1998 *Carpolithus* sp. 27,刘裕生,72 页,图版 1,图 13;种子;香港坪洲岛;晚白垩世坪洲组。

1998 *Carpolithus* sp. 28,刘裕生,72 页,图版 2,图 2;种子;香港坪洲岛;晚白垩世坪洲组。

1998 *Carpolithus* sp. 29,刘裕生,72 页,图版 2,图 3;种子;香港坪洲岛;晚白垩世坪洲组。

1998 *Carpolithus* sp. 30,刘裕生,72 页,图版 2,图 6;种子;香港坪洲岛;晚白垩世坪洲组。

1998 *Carpolithus* sp. 31,刘裕生,72 页,图版 2,图 8;种子;香港坪洲岛;晚白垩世坪洲组。

1998 *Carpolithus* sp. 32,刘裕生,73 页,图版 2,图 21;种子;香港坪洲岛;晚白垩世坪洲组。

1998 *Carpolithus* sp. 33,刘裕生,73 页,图版 3,图 4;种子;香港坪洲岛;晚白垩世坪洲组。

1998 *Carpolithus* sp. 34,刘裕生,73 页,图版 3,图 8,9;种子;香港坪洲岛;晚白垩世坪洲组。

1998 *Carpolithus* sp.,王仁农等,图版 27,图 4;种子;山东临沭中华山郯城-庐江断裂带;早白垩世。

1998 *Carpolithus* sp.,张泓等,图版 50,图 8;种子;青海大柴旦大煤沟;中侏罗世大煤沟组。

1999 *Carpolithus* sp. 1,曹正尧,101 页,图版 26,图 19;种子;浙江寿昌大桥;早白垩世寿昌组。

1999 *Carpolithus* sp. 2,曹正尧,101 页,图版 26,图 20;种子;浙江临安盘龙桥;早白垩世寿昌组。

1999 *Carpolithus* sp. 3,曹正尧,101 页,图版 34,图 11;种子;浙江建德寿昌中学附近;早白垩世寿昌组。

1999 *Carpolithus* sp.,商平等,图版 1,图 7;种子;新疆吐哈盆地;中侏罗世西山窑组。

1999a *Carpolithus* sp.,吴舜卿,25 页,图版 20,图 1,1a,3,3a;种子;辽宁北票上园;晚侏罗世义县组下部尖山沟层。

2002 *Carpolithus* sp.,吴向午等,171 页,图版 6,图 8;种子;甘肃金昌青土井;中侏罗世宁远堡组下段。

2004 *Carpolithus* sp. 1,孙革、梅盛吴,图版 5,图 7;种子;潮水盆地和雅布赖盆地;早—中侏罗世。

2004 *Carpolithus* sp. 2,孙革、梅盛吴,图版 5,图 8,8a;种子;潮水盆地和雅布赖盆地;早—中侏罗世。

2005 *Carpolithus* sp. 1,苗雨雁,528 页,图版 2,图 20,21;种子;新疆准噶尔盆地白杨河地区;中侏罗世西山窑组。

2005 *Carpolithus* sp. 2,苗雨雁,528 页,图版 2,图 4,14,14a;种子;新疆准噶尔盆地白杨河地区;中侏罗世西山窑组。

石籽?(未定多种)*Carpolithus*? spp.

1986 *Carpolithus*? sp.,郑少林、张武,图版 3,图 12—14;种子;辽宁西部喀喇沁左翼杨树沟;早三叠世红砬组。

1998 *Carpolithus*? sp.,王仁农等,图版 26,图 3;种子;北京西山斋堂;中侏罗世门头沟群。

?石籽(未定多种)?*Carpolithus* spp.

1998 ?*Carpolithus* sp. 23,刘裕生,71 页,图版 3,图 6,7;种子;香港坪洲岛;晚白垩世坪洲组。

1998 ?*Carpolithus* sp. 25,刘裕生,71 页,图版 3,图 14;种子;香港坪洲岛;晚白垩世坪洲组。

石籽(与三棱籽比较)(未定种) *Carpolithus* (Cf. *Trigonocarpus*) sp.

1933b *Carpolithus* (Cf. *Trigonocarpus*) sp.,斯行健,51 页,图版 5,图 9;种子;福建长汀;早侏罗世。[注:此标本后被斯行健、李星学等(1963)改定为 *Carpolithus* sp.]

雪松型木属 Genus *Cedroxylon* Kraus,1870

1870(1869—1874) Kraus,见 Schimper,370 页。

1995 何德长,12 页(中文),16 页(英文)。

模式种:*Cedroxylon withami* Kraus,1870

分类位置:松柏纲木化石(wood of Coniferopsida)

怀氏雪松型木 *Cedroxylon withami* Kraus,1870

1832(1831—1837) *Peuce withami* Lindley et Hutton,73 页,图版 23,24;英国;石炭纪。

1870(1869—1874) Kraus,见 Schimper,370 页;英国;石炭纪。

△金沙雪松型木 *Cedroxylon jinshaense* (Zheng et Zhang) He,1995

1982 *Protopodocarpoxylon jinshaense* Zheng et Zhang,郑少林、张武,331 页,图版 30,图 1—12;木化石;黑龙江密山;晚侏罗世云山组。

1995 何德长,12 页(中文),16 页(英文),图版 11,图 1—1e;丝炭化石;内蒙古扎鲁特旗霍林河煤田;晚侏罗世霍林河组 14 煤层;内蒙古鄂温克旗伊敏煤矿;早白垩世伊敏组 16 煤层。

拟粗榧属 Genus *Cephalotaxopsis* Fontaine,1889

1889 Fontaine,236 页。

1976 华北地质科学研究所五室,167 页。

1993a 吴向午,64 页。

模式种:*Cephalotaxopsis magnifolia* Fontaine,1889

分类位置:松柏纲杉科(Taxodiaceae,Coniferopsida)

大叶拟粗榧 *Cephalotaxopsis magnifolia* Fontaine,1889

1889 Fontaine,236 页,图版 104—108;枝叶;美国弗吉尼亚;早白垩世波托马克群。

1991 张川波等,图版 2,图 2;枝叶;吉林九台孟家岭;早白垩世大羊草沟组。

1993a 吴向午,64 页。

1996 郑少林、张武,图版 4,图 7—10;枝叶和角质层;辽宁昌图沙河子煤矿;早白垩世沙河子组。

大叶拟粗榧(比较种) *Cephalotaxopsis* cf. *magnifolia* Fontaine

1987 张志诚,379 页,图版 7,图 1—4;枝叶和角质层;辽宁阜新;早白垩世阜新组。

2003 杨小菊,570 页,图版 4,图 12;图版 5,图 13;枝和角质层;黑龙江鸡西盆地;早白垩世穆棱组。

△亚洲拟粗榧 *Cephalotaxopsis asiatica* HBDYS,1976

1976 华北地质科学研究所五室,167 页,图版 1;图版 2,图 1—11;插图 1—3;枝叶;标本号:D5-4509,D5-4511,D5-4512,D5-4517,D5-4518,D5-4522,D5-4528,D5-4532,D5-4537,D5-4541,D5-4553,D5-4581,D5-4588,D5-4611,D5-4613,D5-4616,D5-4618,D5-4627,D5-4631;标本保存在华北地质科学研究所;内蒙古;早白垩世。(原文未指定模式标本)

1989 梅美棠等,113 页,图版 57,图 3;枝叶;内蒙古;早白垩世。

1991 张川波等,图版 1,图 2—2b,3;枝叶和角质层;吉林九台六台;早白垩世大羊草沟组。

1993a 吴向午,64 页。

2003 杨小菊,570 页,图版 4,图 4,5,10;枝;黑龙江鸡西盆地;早白垩世穆棱组。

亚洲拟粗榧(比较种) *Cephalotaxopsis* cf. *asiatica* HBDYS

1983a 郑少林、张武,88 页,图版 7,图 1;插图 15;营养枝;黑龙江勃利万龙村;早白垩世中—晚期东山组。

△阜新拟粗榧 *Cephalotaxopsis fuxinensis* Shang,1984

1984 商平,63 页,图版 6,图 1—6;枝叶和角质层;登记号:HT06,HT77,HT85;标本保存在阜新矿业学院;辽宁阜新海州露天煤矿;早白垩世海州组太平段。[注:原文未指定模式标本;此种名后被改定为 *Podocarpus fuxinensis* (Shang) Wang et Shang(商平,1985)]

△海州拟粗榧 *Cephalotaxopsis haizhouensis* Shang,1984

1984 商平,62 页,图版 5;图 1—7;枝叶和角质层;登记号:HT02,HT04,HT71,HT83;标本保存在阜新矿业学院;辽宁阜新海州露天煤矿;早白垩世海州组太平段。[注:原文未指定模式标本;此种名后被改定为 *Torreya haizhouensis* (Shang) Wang et Shang(商平,1985)]

1988 陈芬等,79 页,图版 53,图 8—10;枝叶;辽宁阜新海州矿;早白垩世阜新组太平段。

△薄叶拟粗榧 *Cephalotaxopsis leptophylla* (Wu S Q),Sun et Zheng,2001(中文和英文发表)

1999a *Elatocladus leptophyllus* Wu S Q,吴舜卿,19 页,图版 11,图 1,5,8a;枝叶;辽宁北票上园;晚侏罗世义县组下部尖山沟层。(中文)

2001 孙革、郑少林,见孙革等,100,202 页,图版 21,图 1—2;图版 53,图 7;带叶小枝;辽宁西部;晚侏罗世尖山沟组。

△中国拟粗榧 *Cephalotaxopsis sinensis* Sun et Zheng,2001(中文和英文发表)

2001 孙革、郑少林,见孙革等,99,201 页,图版 20,图 5;图版 57,图 2,3;带雄花小枝;登记号:PB19120,PB19120A(正、反模);正模:PB19120(图版 20,图 5);标本保存在中国科学院南京地质古生物研究所;辽宁西部;晚侏罗世尖山沟组。

拟粗榧(未定多种) *Cephalotaxopsis* spp.

1976 *Cephalotaxopsis* sp.,华北地质科学研究所五室,170 页,图版 2,图 12—22;插图 4;枝叶

和角质层；内蒙古；早白垩世。

1982 *Cephalotaxopsis* sp. 1，谭琳、朱家楠，155 页，图版 41，图 1；营养小枝；内蒙古固阳小三分子村东；早白垩世固阳组。

1982 *Cephalotaxopsis* sp. 2，谭琳、朱家楠，155 页，图版 41，图 2，3；营养小枝；内蒙古固阳小三分子村东；早白垩世固阳组。

1985 *Cephalotaxopsis* sp.，商平，图版 2，图 3；图版 9，图 2；枝叶；辽宁阜新清河门、沙海村；早白垩世沙海组。

1988 *Cephalotaxopsis* sp.，陈芬等，79 页，图版 69，图 1；枝叶；辽宁铁法大隆矿；早白垩世小明安碑组上煤段。

1996 *Cephalotaxopsis* sp.，米家榕等，139 页，图版 34，图 15；枝叶；辽宁北票海房沟；中侏罗世海房沟组。

1997 *Cephalotaxopsis* sp.，邓胜徽等，50 页，图版 30，图 10；枝叶；内蒙古扎赉诺尔；早白垩世伊敏组。

?拟粗榧（未定多种）?*Cephalotaxopsis* spp.

1984 ?*Cephalotaxopsis* spp.，王自强，288 页，图版 157，图 3，4；河北张家口；早白垩世青石砬组。

拟粗榧?（未定种）*Cephalotaxopsis*? sp.

1982a *Cephalotaxopsis*? sp.，杨学林、孙礼文，594 页，图版 3，图 8；东北松辽盆地东南部刘房子；早白垩世营城组。

△朝阳序属 Genus *Chaoyangia* Duan，1998 (1997)（中文和英文发表）

1997 段淑英，519 页。（中文）

1998 段淑英，15 页。（英文）

2000 郭双兴、吴向午，83，88 页。

模式种：*Chaoyangia liangii* Duan，1998 (1997)（中文和英文发表）

分类位置：单子叶植物纲莎草科（Cyperaceae）[注：后认为此植物属于买麻藤类（Chlamydopsida 或 Gnetopsida）（郭双兴、吴向午，2000，83，88 页；吴舜卿，2001，2003）]

△梁氏朝阳序 *Chaoyangia liangii* Duan，1998 (1997)（中文和英文发表）

1997 段淑英，519 页，图 1—4；雌性生殖器官；标本号：9341；正模：9341；辽宁朝阳；晚侏罗世义县组。（中文）

1998 段淑英，15 页，图 1—4；雌性生殖器官；标本号：9341；正模：9341；辽宁朝阳；晚侏罗世义县组。（英文）

2001 吴舜卿，123 页，图 163；雌性生殖器官；辽宁朝阳；晚侏罗世义县组。

2003 吴舜卿，175 页，图 242；雌性生殖器官；辽宁朝阳；晚侏罗世义县组。

克拉松穗属 Genus *Classostrobus* Alvin, Spicer et Watson, 1978

1978 Alvin 等,850 页。

1983a 周志炎,805 页

1993a 吴向午,66 页。

模式种:*Classostrobus rishra* (Barnard) Alvin, Spicer et Watson, 1978

分类位置:松柏纲掌鳞杉科(Cheirolepidiaceae, Coniferopsida)

小克拉松穗 *Classostrobus rishra* (Barnard) Alvin, Spicer et Watson, 1978

1968 *Masculostrobus rishra* Barnard,168 页,图版 1,图 1,2,5,7,8;插图 1A—1E,2B,2C,2J;雄穗和原位孢子;伊朗艾尔博茨山;中侏罗世。

1978 Alvin 等,850 页。

1993a 吴向午,66 页。

△华夏克拉松穗 *Classostrobus cathayanus* Zhou, 1983

1983a 周志炎,805 页,图版 79,图 3—7;图版 80,图 1—7;插图 4A,4B;雄穗和原位孢子;登记号:PB10237;正模:PB10237(图版 80,图 4);标本保存在中国科学院南京地质古生物研究所;江苏南京栖霞;早白垩世葛村组。

1993a 吴向午,66 页。

似松柏属 Genus *Coniferites* Unger, 1839

1839 Unger,13 页。

1988 孙革、商平,图版 4,图 4。

1993a 吴向午,67 页。

模式种:*Coniferites lignitum* Unger, 1839

分类位置:松柏纲(Coniferopsida)

木质似松柏 *Coniferites lignitum* Unger, 1839

1839 Unger,13 页;奥地利施蒂里亚(Peggan, Styria);中新世。

1993a 吴向午,67 页。

马尔卡似松柏 *Coniferites marchaensis* Vachrameev, 1965

1965 Vachrameev,见 Lebedev,126 页,图版 31,图 2;图版 35,图 1;图版 36,图 1;俄罗斯境内阿穆尔河和勒拿河盆地;晚侏罗世。

1988 孙革、商平,图版 4,图 4;枝叶;内蒙古东部霍林河煤田;晚侏罗世—早白垩世。

1993a 吴向午,67 页。

松柏茎属 Genus *Coniferocaulon* Fliche, 1900

1900　Fliche,16 页。

1993　周志炎、吴一民,124 页。

模式种:*Coniferocaulon colymbeaeforme* Fliche,1900

分类位置:松柏纲(Coniferopsida)

鸟形松柏茎 *Coniferocaulon colymbeaeforme* Fliche, 1900

1900　Fliche,16 页,图 1—3;茎;法国;白垩纪。

拉杰马哈尔松柏茎 *Coniferocaulon rajmahalense* Gupta, 1954

1954　Gupta,22 页,图版 3,图 15,16;印度比哈尔拉杰马哈尔山 Khaibani;晚侏罗世拉杰马哈尔阶。

1993　周志炎、吴一民,124 页,图版 1,图 12,13;茎;西藏南部定日普那;早白垩世普那组。

松柏茎?(未定种) *Coniferocaulon*? sp.

1993　*Coniferocaulon*? sp.,周志炎、吴一民,124 页,图版 1,图 14;茎;西藏南部定日普那;早白垩世普那组。

似球果属 Genus *Conites* Sternberg, 1823

1823(1820—1838)　Sternberg,39 页。

1933　潘钟祥,537 页。

1933　Yabe,Ôishi,233(39)页。

1963　斯行健、李星学等,310 页。

1993a 吴向午,67 页。

模式种:*Conites bucklandi* Sternberg,1823

分类位置:不明或松柏类?(Coniferales?)

布氏似球果 *Conites bucklandi* Sternberg, 1823

1823(1820—1838)　Sternberg,39 页,图版 30。

1993a 吴向午,67 页。

△长齿似球果 *Conites longidens* Sun et Zheng, 2001(中文和英文发表)

2001　孙革等,111,210 页,图版 21,图 3;图版 68,图 7;果穗;登记号:PB19182,PB19182A(正、反模);正模:PB19182(图版 21,图 3);标本保存在中国科学院南京地质古生物研究所;辽宁西部;晚侏罗世尖山沟组。

△石人沟似球果 *Conites shihjenkouensis* Yabe et Ôishi, 1933

1933　Yabe,Ôishi,233(39)页,图版 35(6),图 8—8b;球果;辽宁西丰石人沟;侏罗纪。

1963　斯行健、李星学等,310 页,图版 100,图 2,2a;球果;辽宁西丰石人沟;中—晚侏罗世。

1980　张武等,305 页,图版 6,6a;球果;辽宁西丰石人沟;中—晚侏罗世。

似球果(未定多种) *Conites* spp.

1933　*Conites* sp.,潘钟祥,537 页,图版 1,图 13;球果;河北房山西中店;早白垩世。

1941　*Conites* sp.,Stockmans,Mathieu,53 页,图版 6,图 10,11;球果;山西大同;侏罗纪。

1949　*Conites* sp. 1,斯行健,36 页,图版 15,图 14;球果;湖北秭归香溪;早侏罗世香溪煤系。

1949　*Conites* sp. 2,斯行健,37 页,图版 10,图 1b;图版 15,图 15,16;球果;湖北当阳马头洒;早侏罗世香溪煤系。

1956a　*Conites* sp.,斯行健,59,164 页,图版 56,图 3;球果;陕西宜君四郎庙炭河沟,绥德沙滩坪、高家庵;晚三叠世延长层。[注:此标本后被改定为? *Strobilites* sp.(斯行健、李星学等,1963)]

1959　*Conites* sp.,斯行健,14,30 页,图版 5,图 6;球果;青海柴达木鱼卡;早—中侏罗世。[注:此标本后被改定为 *Strobilites* sp.(斯行健、李星学等,1963)]

1963　*Conites* sp. 1,斯行健、李星学等,310 页,图版 100,图 6;球果;河北房山西中店;晚侏罗世—早白垩世。

1963　*Conites* sp. 2,斯行健、李星学等,311 页,图版 101,图 4,5;球果;山西大同;早—中侏罗世大同群。

1963　*Conites* sp. 3,斯行健、李星学等,311 页,图版 101,图 6;图版 102,图 1,2;球果;湖北当阳马头洒;早侏罗世香溪群。

1963　*Conites* sp. 4,斯行健、李星学等,311 页,图版 102,图 3;球果;湖北秭归香溪;早侏罗世香溪群。

1964　*Conites* sp.,李佩娟,144 页,图版 17,图 5;球果;四川广元须家河;晚三叠世须家河组。

1976　*Conites* sp.,张志诚,200 页,图版 103,图 6;球果;内蒙古乌拉特中后联合旗昂根公社翁公苏木;早—中侏罗世石拐群。

1982　*Conites* sp.,李佩娟、吴向午,57 页,图版 20,图 5,6,7;球果;四川乡城三区;晚三叠世喇嘛垭组。

1982　*Conites* sp.,王国平等,293 页,图版 133,图 12,13;球果;安徽舒城晓天西冲湾;晚侏罗世黑石渡组。

1982　*Conites* sp.,杨贤河,480 页,图版 12,图 19;球果;四川长宁双河;晚三叠世须家河组。

1982　*Conites* sp.,张采繁,540 页,图版 352,图 3;球果;湖南浏阳文家市;早侏罗世高家田组。

1983a　*Conites* sp.,曹正尧,18 页,图版 1,图 3;图版 2,图 16;插图 2;球果;黑龙江虎林云山;中侏罗世龙爪沟群。

1984　*Conites* sp.,陈芬等,68 页,图版 36,图 4a;球果;北京西山斋堂;早侏罗世下窑坡组。

1984　*Conites* sp.,陈公信,613 页,图版 270,图 2;球果;湖北当阳观音寺马头洒;早侏罗世桐竹园组。

1984　*Conites* sp.,厉宝贤等,144 页,图版 3,图 17;球果;山西大同永定庄华严寺;早侏罗世永定庄组。

1984　*Conites* sp.,王自强,293 页,图版 157,图 11;球果;河北青龙;晚侏罗世后城组。

1985　*Conites* sp. 1,黄其胜,图版 1,图 6;球果;湖北大冶金山店;早侏罗世武昌组下部。

1985　*Conites* sp. 2,黄其胜,图版 1,图 7;球果;湖北大冶金山店;早侏罗世武昌组下部。

1987　*Conites* sp. 1,陈晔等,136 页,图版 45,图 5;球果;四川盐边箐河;晚三叠世红果组。

1987　*Conites* sp. 2,陈晔等,137 页,图版 45,图 6—8;球果;四川盐边箐河;晚三叠世红果组。

1987 *Conites* sp. 3，陈晔等，137 页，图版 45，图 9；球果；四川盐边箐河；晚三叠世红果组。

1988 *Conites* sp.，陈芬等，92 页，图版 48，图 17，18；球果；辽宁阜新海州和新丘；早白垩世阜新组。

1988 *Conites* sp. 1，李佩娟等，139 页，图版 100，图 20B；球果；青海大煤沟；早侏罗世甜水沟组 *Ephedrites* 层。

1988 *Conites* sp.，刘子进，96 页，图版 1，图 13；球果；甘肃崇信厢房沟；早白垩世志丹群环河-华池组上段。

1989 *Conites* sp.，周志炎，157 页，图版 19，图 16；球果；湖南衡阳杉桥煤矿；晚三叠世杨柏冲组。

1990 *Conites* sp. 1，刘明渭，209 页，图版 33，图 6；球果；山东莱阳大明；早白垩世莱阳组 3 段。

1990 *Conites* sp. 2，刘明渭，209 页，图版 34，图 9；球果；山东莱阳沐浴店；早白垩世莱阳组 3 段。

1992a *Conites* sp.，孟繁松，图版 8，图 17；球果；海南琼海九曲江新华村；早三叠世岭文组。

1993 *Conites* sp.，米家榕等，153 页，图版 48，图 2；球果；吉林汪清；晚三叠世马鹿沟组。

1993 *Conites* spp. 1—3，孙革，108 页，图版 52，图 1，9，12(?)；图版 31，图 9；球果；吉林汪清天桥岭；晚三叠世马鹿沟组。

1993a *Conites* sp.，吴向午，67 页。

1995a *Conites* sp.，李星学(主编)，图版 88，图 10；球果；安徽含山；晚侏罗世含山组。(中文)

1995b *Conites* sp.，李星学(主编)，图版 88，图 10；球果；安徽含山；晚侏罗世含山组。(英文)

2001 *Conites* sp.，孙革等，111，210 页，图版 20，图 2；图版 55，图 8；果穗；辽宁西部；晚侏罗世尖山沟组。

2005 *Conites* sp.，苗雨雁，528 页，图版 2，图 22，22a；球果；新疆准噶尔盆地白杨河地区；中侏罗世西山窑组。

似球果？(未定种) *Conites*? sp.

1988 *Conites*? sp. 2，李佩娟等，139 页，图版 83，图 5，6；球果；青海大煤沟；早侏罗世小煤沟组 *Zamites* 层、甜水沟组 *Ephedrites* 层。

柳杉属 Genus *Cryptomeria* Don D，1847

1982 谭琳、朱家楠，150 页。

1993a 吴向午，69 页。

模式种：(现生属)

分类位置：松柏纲杉科(Taxodiaceae，Coniferopsida)

△巴漠？柳杉 *Cryptomeria*? *bamoca* Wang，1984

1984 王自强，285 页，图版 158，图 9；枝叶；登记号：P0450；全模：P0450(图版 158，图 9)；标本保存在中国科学院南京地质古生物研究所；内蒙古巴音毛道；早白垩世。

长叶柳杉 *Cryptomeria fortunei* Hooibrenk ex Otto et Dietr.

(注：此种为现生种)

1982 谭琳、朱家楠,150 页,图版 37,图 1—3;枝叶和球果;内蒙古固阳小三分子村东;早白垩世固阳组。

1993a 吴向午,69 页。

杉木属 Genus *Cunninhamia* Br. R

1988 孟祥营等,650 页。

1993a 吴向午,70 页。

模式种:(现生属)

分类位置:松柏纲杉科(Taxodiaceae,Coniferopsida)

△亚洲杉木 *Cunninhamia asiatica* (Krassilov) Meng,Chen et Deng,1988

1967 *Elatides asiatica* Krassilov,200 页,图版 74,图 1—3;图版 75,图 1—7;图版 76,图 1—3;插图 28a—28r;枝叶和角质层;苏联远东南滨海区;早白垩世。

1988 孟祥营、陈芬、邓胜徽,650 页,图版 2,图 1—5;图版 3,图 1—5;枝叶、球果和角质层;辽宁阜新盆地和铁法盆地;早白垩世阜新组和小明安碑组。

1993a 吴向午,70 页。

1998 邓胜徽,图版 2,图 9;枝叶;内蒙古平庄-元宝山盆地;早白垩世元宝山组。

柏型枝属 Genus *Cupressinocladus* Seward,1919

1919 Seward,307 页。

1963 周志炎,见斯行健、李星学等,285 页。

1993a 吴向午,70 页。

模式种:*Cupressinocladus salicornoides* (Unger) Seward,1919

分类位置:松柏纲柏科(Cupressaceae,Coniferopsida)

柳型柏型枝 *Cupressinocladus salicornoides* (Unger) Seward,1919

1847 *Thuites salicornoides* Unger,11 页,图版 2;枝叶;克罗埃西亚;始新世。

1919 Seward,307 页,图 752;枝叶;克罗埃西亚;始新世。

1993a 吴向午,70 页。

△粗枝柏型枝 *Cupressinocladus crassirameus* Cao,1989

1989 曹正尧,439,443 页,图版 2,图 1—7;图版 3,图 4;枝叶和角质层;登记号:PB14261,PB14262;正模:PB14262(图版 2,图 2);标本保存在中国科学院南京地质古生物研究所;浙江建德劳村;早白垩世劳村组。

1999 曹正尧,88 页;浙江建德劳村;早白垩世劳村组。

△肖楠柏型枝 *Cupressinocladus calocedruformis* Chen,1982

1982 陈其奭,见王国平等,287 页,图版 133,图 10,11;枝;正模:A-浦长-2(图版 133,图 10);浙江江浦长盛;晚侏罗世寿昌组。

1989　丁保良等，图版 23，图 8；枝；浙江江浦长盛；晚侏罗世—早白垩世寿昌组。
1990　刘明渭，206 页，图版 33，图 7；枝叶；山东莱阳黄崖底；早白垩世莱阳组 3 段。
1995a 李星学（主编），图版 111，图 11；枝叶；浙江江浦长盛；晚侏罗世—早白垩世寿昌组。（中文）
1995b 李星学（主编），图版 111，图 11；枝叶；浙江江浦长盛；晚侏罗世—早白垩世寿昌组。（英文）

△雅致柏型枝 *Cupressinocladus elegans* (Chow) Chow, 1963

1923　*Sphenolepis elegans* Chow，周赞衡，81，139 页，图版 1，图 8；枝叶；山东莱阳南务村；早白垩世莱阳系。
1945　*Sphenolepidium elegans* (Chow) Sze，斯行健，51 页。
1945　Cf. *Sphenolepidium elegans* (Chow) Sze，斯行健，51 页，图 8—10；枝叶；福建永安；白垩纪坂头系。
1954　*Sphenolepidium elegans* (Chow) Sze，徐仁，65 页，图版 55，图 8；枝叶；山东莱阳；早白垩世莱阳组。
1963　周志炎，见斯行健、李星学等，285 页，图版 92，图 1，2；图版 94，图 13；枝叶；山东莱阳；晚侏罗世—早白垩世莱阳组；福建永安；晚侏罗世—早白垩世坂头组。
1964　李星学等，135 页，图版 89，图 5，6；枝叶；华南地区；晚侏罗世—早白垩世。
1977　冯少南等，242 页，图版 97，图 1，2；枝；广东海丰汤湖，广西平山；早白垩世；湖北大冶灵乡；晚侏罗世灵乡群。
1980　张武等，302 页，图版 187，图 3；枝；吉林延吉大拉子；早白垩世大拉子组。
1981　孟繁松，101 页，图版 2，图 10—12；枝叶；湖北大冶灵乡黑山、长坪湖；早白垩世灵乡群。
1982　王国平等，287 页，图版 133，图 17；枝；山东莱阳南务；晚侏罗世莱阳组。
1982a 刘子进，136 页，图版 75，图 4；枝叶；甘肃玉门昌马北；早白垩世新民堡群。
1984　陈公信，607 页，图版 270，图 5；枝叶；湖北大冶灵乡；早白垩世灵乡组。
1986　张川波，图版 2，图 7；枝叶；吉林延吉智新大拉子；早白垩世中—晚期大拉子组。
1989　丁保良等，图版 2，图 4，5；枝；福建崇安赤石下杜坝；早白垩世坂头组。
1990　刘明渭，206 页，图版 32，图 3—6；图版 33，图 1—4；枝叶；山东莱阳黄崖底等地；早白垩世莱阳组 3 段。
1993　冯少南、马洁，136 页；四川宣汉；早白垩世。（仅名单）
1993a 吴向午，70 页。
1994　曹正尧，图 2m；枝叶；浙江建德；早白垩世早期寿昌组。
1995　曹正尧等，9 页，图版 4，图 4；枝；福建政和大溪村附近；早白垩世南园组。
1995a 李星学（主编），图版 111，图 12；带叶枝；山东莱阳；早白垩世莱阳组。（中文）
1995b 李星学（主编），图版 111，图 12；带叶枝；山东莱阳；早白垩世莱阳组。（英文）
1999　曹正尧，88 页，图版 22，图 14；图版 23，图 2—11；图版 24，图 1；图版 25，图 2—4；枝和雄球花；浙江寿昌东村、建德女儿坑、诸暨下岭脚、丽水老竹；早白垩世寿昌组；浙江临海小岭、江山保安街；早白垩世馆头组；浙江诸暨黄家坞；早白垩世寿昌组(?)。

雅致柏型枝（比较种） *Cupressinocladus* cf. *elegans* (Chow) Chow

1983　陈芬、杨关秀，134 页，图版 18，图 6，7；枝叶；西藏狮泉河地区；早白垩世日松群上部。

△细小柏型枝 *Cupressinocladus gracilis* (Sze) Chow, 1963

1945　*Pagiophyllum gracile* Sze，斯行健，51 页，图 13，18；叶枝；福建永安；白垩纪坂头系。

1963 周志炎，见斯行健、李星学等，285页，图版91，图1—2a；带叶枝；福建永安；晚侏罗世—早白垩世坂头组。

1964 李星学等，135页，图版89，图7—9；枝叶；华南地区；晚侏罗世—早白垩世。

1977 冯少南等，242页，图版97，图5；营养枝；广东海丰汤湖；早白垩世

1981 孟繁松，101页，图版2，图13；枝叶；湖北大冶灵乡黑山；早白垩世灵乡群。

1982 王国平等，287页，图版132，图9；枝；福建永安坂头；早白垩世坂头组。

1989 丁保良等，图版2，图6；枝；福建永安吉山；早白垩世吉山组。

1994 曹正尧，图2n；营养枝；福建政和；早白垩世早期南园组。

1995 曹正尧等，9页，图版4，图5，5a；营养枝；福建政和大溪村附近；早白垩世南园组。

1995a 李星学（主编），图版111，图10；带叶枝；福建永安坂头；早白垩世坂头组。（中文）

1995b 李星学（主编），图版111，图10；带叶枝；福建永安坂头；早白垩世坂头组。（英文）

细小柏型枝（比较属种）Cf. *Cupressinocladus gracilis* (Sze) Chow

1992 李杰儒，343页，图版1，图17；营养枝；辽宁普兰店；早白垩世晚期普兰店组。

细小柏型枝（比较种）*Cupressinocladus* cf. *gracilis* (Sze) Chow

1992b 孟繁松，212页，图版3，图5，6；枝叶；海南乐东山荣美下村；早白垩世鹿母湾群。

△海丰柏型枝 *Cupressinocladus haifengensis* Feng，1977

1977 冯少南等，242页，图版97，图3，4；枝；标本号：P25290，P25291；合模：P25290（图版97，图3），P25291（图版97，图4）；标本保存在湖北省地质科学研究所；广东海丰汤湖；早白垩世。［注：依据《国际植物命名法规》（《维也纳法规》）第37.2条，1958年起，模式标本只能是1块标本］

△含山柏型枝 *Cupressinocladus hanshanensis* Cao，1985

1985 曹正尧，281页，图版3，图4—7a；枝；采集号：H25；登记号：PB11120—PB11123；安徽含山；标本保存在中国科学院南京地质古生物研究所；晚侏罗世含山组。（注：原文未指定模式标本）

1995a 李星学（主编），图版88，图7，8；枝；安徽含山；晚侏罗世含山组。（中文）

1995b 李星学（主编），图版88，图7，8；枝；安徽含山；晚侏罗世含山组。（英文）

△异叶柏型枝 *Cupressinocladus heterphyllus* Sun et Zheng，2001（中文和英文发表）

2001 孙革、郑少林，见孙革等，96，199页，图版19，图2（?）；图版20；图3；登记号：PB19111，PB19112；正模：PB19111（图版20，图3）；标本保存在中国科学院南京地质古生物研究所；辽宁西部；晚侏罗世尖山沟组。

△黄家坞柏型枝 *Cupressinocladus huangjiawuensis* Cao，1999（中文和英文发表）

1999 曹正尧，89，154页，图版24，图4，4a；枝叶；采集号：ZH89；登记号：PB14490；正模：PB14490（图版24，图4，4a）；标本保存在中国科学院南京地质古生物研究所；浙江诸暨黄家坞；早白垩世寿昌组（?）。

△莱阳柏型枝 *Cupressinocladus laiyangensis* Lan，1982

1982 蓝善先，见王国平等，288页，图版132，图11；枝；正模：HP538（图版132，图11）；山东莱阳沐浴店黄崖底；晚侏罗世莱阳组。

1990 刘明渭，205页，图版32，图1；枝叶；山东莱阳黄崖底等地；早白垩世莱阳组3段。

莱阳柏型枝(比较种) *Cupressinocladus* cf. *laiyangensis* Lan

1989　丁保良等,图版 3,图 11;枝;福建崇安赤石下杜坝;早白垩世坂头组。

△劳村柏型枝 *Cupressinocladus laocunensis* Cao,1999(中文和英文发表)

1999　曹正尧,89,154 页,图版 24,图 5,6,6a;插图 28;枝叶;采集号:ZH4;登记号:PB14491,PB14492;正模:PB14492(图版 24,图 6);标本保存在中国科学院南京地质古生物研究所;浙江寿昌劳村;早白垩世劳村组。

△李氏柏型枝 *Cupressinocladus lii* Cao,1999(中文和英文发表)

1999　曹正尧,89,155 页,图版 24,图 2,2a,3,3a;插图 29;枝叶;采集号:W-9062-H4,W-9062-H37;登记号:PB14488,PB14489;正模:PB14488(图版 24,图 3);标本保存在中国科学院南京地质古生物研究所;浙江文成花竹岭、永嘉章当;早白垩世磨石山组 C 段。

△灵乡柏型枝 *Cupressinocladus lingxiangensis* Chen,1977

1977　陈公信,见冯少南等,242 页,图版 97,图 6;营养枝;标本号:P5120;正模:P5120(图版 97,图 6);标本保存在湖北省地质局;湖北大冶灵乡;晚侏罗世灵乡群。[注:此标本后被改定为 *Brachyphyllum lingxiangense* (Chen) Chen(陈公信,1984)]

△钝圆柏型枝 *Cupressinocladus obtusirotundus* Meng,1981

1981　孟繁松,101 页,图版 1,图 11,11a;图版 2,图 14—17;枝叶;标本号:HP7603,HP7606—HP7609(均为合模);标本保存在宜昌地质矿产研究所;湖北大冶灵乡黑山,长坪湖;早白垩世灵乡群。[注:依据《国际植物命名法规》(《维也纳法规》)第 37.2 条,1958 年起,模式标本只能是 1 块标本]

△卵形柏型枝 *Cupressinocladus ovatus* Cao,1999(中文和英文发表)

1999　曹正尧,90,155 页,图版 24,图 9,9a;插图 30;枝叶;采集号:W-9103-H1;登记号:PB14495;正模:PB14495(图版 24,图 9);标本保存在中国科学院南京地质古生物研究所;浙江青田底半坑;早白垩世磨石山组 C 段。

△美形柏型枝 *Cupressinocladus pulchelliformis* (Saporta) Li,1982

1894　*Thuyites pulchelliformis* Saporta,55 页,图版 2,图 7;图版 4,图 21;图版 9,图 5,6;法国;侏罗纪。

1982　李佩娟,94 页。

美形柏型枝(比较种) *Cupressinocladus* cf. *pulchelliformis* (Saporta) Li

1982　李佩娟,94 页,图版 14,图 3,3a;枝;西藏拉萨澎布牛耳沟;早白垩世林布宗组。

△石壁柏型枝 *Cupressinocladus shibiense* Wu S Q,2000(中文发表)

2000　吴舜卿,223 页,图版 8,图 1,1a,5—5b;枝;采集号:SP-3,SP-4;登记号:PB18083,PB18084;正模:PB18084(图版 8,图 5);标本保存在中国科学院南京地质古生物研究所;香港大屿山石壁;早白垩世浅水湾群。

△简单柏型枝 *Cupressinocladus simplex* Cao,1999(中文和英文发表)

1999　曹正尧,90,156 页,图版 26,图 2,2a,3,3a;插图 31;枝叶;采集号:W-9104-H1;登记号:PB14497,PB14498;正模:PB14497(图版 26,图 2);标本保存在中国科学院南京地质古生物研究所;浙江寿昌劳村;早白垩世劳村组;浙江青田外半坑;早白垩世磨石山组

C段。

△美丽柏型枝 ***Cupressinocladus speciosus* Cao, 1999**(中文和英文发表)

1999 曹正尧,91,156 页,图版 24,图 8;枝叶;采集号:ZH271;登记号:PB14494;正模:PB14494(图版 24,图 8);标本保存在中国科学院南京地质古生物研究所;浙江丽水下桥;早白垩世寿昌组。

△缝鞘杉型柏型枝 ***Cupressinocladus suturovaginoides* Li, 1992**

1992 李杰儒,343 页,图版 1,图 20;枝;标本号:P8H16-93;标本保存在辽宁区测队;辽宁普兰店;早白垩世晚期普兰店组。

柏型枝(未定多种) *Cupressinocladus* spp.

1974b *Cupressinocladus* sp.,李佩娟等,377 页,图版 201,图 6,7;枝叶;四川广元白田坝;早侏罗世白田坝组。

1976 *Cupressinocladus* sp.,李佩娟等,133 页,图版 45,图 3—5;枝叶;云南思茅奴贵山;早白垩世曼岗组。

1978 *Cupressinocladus* sp.,杨贤河,532 页,图版 190,图 5;枝叶;四川广元白田坝;早侏罗世白田坝组。

1983 *Cupressinocladus* sp.,陈芬、杨关秀,134 页,图版 18,图 5—5b;枝叶;西藏狮泉河地区;早白垩世日松群上部。

1984 *Cupressinocladus* sp.,张志诚,120 页,图版 3,图 8,9;枝叶;黑龙江嘉荫太平林场;晚白垩世太平林场组。

1989 *Cupressinocladus* sp.,丁保良等,图版 3,图 13;枝;浙江诸暨王家坪;早白垩世馆头组。

1992b *Cupressinocladus* sp. [Cf. *C. elegans* (Chow) Chow],孟繁松,212 页,图版 3,图 7—9;枝叶;海南琼海合水水库、乐东山荣美下村;早白垩世鹿母湾群。

1995 *Cupressinocladus* sp.,曹正尧等,9 页,图版 4,图 6,6a;插图 3;枝;福建政和大溪村附近;早白垩世南园组。

1999 *Cupressinocladus* sp. 1 (? sp. nov.),曹正尧,91 页,图版 24,图 7;枝叶;浙江泰顺下庄;早白垩世馆头组。

1999 *Cupressinocladus* sp. 2,曹正尧,91 页,图版 26,图 1,1a;枝叶;浙江临海山头许;早白垩世馆头组。

1999a *Cupressinocladus* sp.,吴舜卿,19 页,图版 10,图 3,3a;图版 12,图 2,2a;营养枝;辽宁北票上园;晚侏罗世义县组下部尖山沟层。

柏型枝?(未定多种) *Cupressinocladus*? spp.

1963 *Cupressinocladus*? sp.,斯行健、李星学等,286 页;枝叶;福建永安;晚侏罗世—早白垩世早期坂头组。

1984 *Cupressinocladus*? sp.,王自强,287 页,图版 157,图 12;枝叶;北京西山;早白垩世夏庄组。

2000 *Cupressinocladus*? sp.,吴舜卿,图版 8,图 3;营养枝;香港新界西贡嶂上;早白垩世浅水湾群。

柏型木属 Genus *Cupressinoxylon* Goeppert, 1850

1850 Goeppert，202 页。

1931 Kubart，363 页。

1963 斯行健、李星学等，333 页。

1993a 吴向午，71 页。

模式种：*Cupressinoxylon subaequale* Goeppert，1850

分类位置：松柏纲柏科(Cupressaceae，Coniferopsida)

亚等形柏型木 *Cupressinoxylon subaequale* Goeppert, 1850

1850 Goeppert，202 页，图版 27，图 1—5；木化石；西欧；第三纪。

1993a 吴向午，71 页。

△宝密桥柏型木 *Cupressinoxylon baomiqiaoense* Zheng et Zhang, 1982

1982 郑少林、张武，329 页，图版 26，图 10；图版 27，图 1—10；木化石；薄片号：HP4；标本保存在沈阳地质矿产研究所；黑龙江宝清宝密桥；中—晚侏罗世朝阳屯组。

△辅仁柏型木 *Cupressinoxylon fujeni* Mathews et Ho, 1945

1945b Mathews，Ho(何佐治)，36 页，图版 2，图 5—8；插图 1—4；木化石；河北涿鹿夏家沟；晚侏罗世。

1963 斯行健、李星学等，334 页，图版 113，图 2，3；插图 64；木化石；河北涿鹿夏家沟；晚侏罗世。

△含山柏型木 *Cupressinoxylon hanshanense* Zhang et Cao, 1986

1986 张善桢、曹正尧，24 页，图版 1，2；木化石；采集号：2P43-H22-1；登记号：PB13898；标本保存在中国科学院南京地质古生物研究所；安徽含山彭庄；晚侏罗世含山组。

△嘉荫柏型木 *Cupressinoxylon jiayinense* Wang R F, Wang Y F et Chen, 1996(英文发表)

1995 王如峰、王宇飞、陈永喆，见李承森、崔金钟，100，101 页(包括图)；木化石；黑龙江省；晚白垩世。(裸名)

1996 王如峰等，319 页，图 1—7；木化石；黑龙江嘉荫；晚白垩世。

1997 王如峰等，974 页，图版 1，图 1—6；木化石；黑龙江嘉荫；晚白垩世。

柏型木(未定多种) *Cupressinoxylon* spp.

1931 *Cupressinoxylon* sp.，Kubart，363 页，图版 2，图 8—13；木化石；云南六合街；晚白垩世或第三纪。

1935—1936 *Cupressinoxylon* sp. (Cf. *C. McGeei* Knowlton)，Shimakura，295(29)页，图版 18(7)，图 4—6；插图 10；木化石；辽宁田师傅大堡；侏罗纪。

1963 *Cupressinoxylon* sp. (Cf. *C. McGeei* Knowlton)，斯行健、李星学等，325 页，图版 113，图 4—6；插图 65；木化石；辽宁田师傅大堡；中—晚侏罗世。

1993a *Cupressinoxylon* sp.，吴向午，71 页。

？柏型木(未定种)？*Cupressinoxylon* sp.

1933 ？*Cupressinoxylon* sp.,Gothan,斯行健,96 页;木化石;山东蒙阴附近;白垩纪(?)或新生代。

柏型木？(未定种) *Cupressinoxylon*? sp.

1963 *Cupressinoxylon*? sp.,斯行健、李星学等,336 页;木化石;山东蒙阴附近;白垩纪(?)或新生代。

柏木属 Genus *Curessus* L,1737

1982 *Curessus* sp.,谭琳、朱家楠,152 页。

1993a 吴向午,71 页。

模式种:(现生属)

分类位置:松柏纲柏科(Cupressaceae,Coniferopsida)

？柏木(未定种)？*Curessus* sp.

1982 ？*Curessus* sp.,谭琳、朱家楠,152 页,图版 40,图 3,4;枝;内蒙古固阳小三分子村东;早白垩世固阳组。

1993a ？*Curessus* sp.,吴向午,71 页。

准苏铁杉果属 Genus *Cycadocarpidium* Nathorst,1886

1886 Nathorst,91 页。

1933a 斯行健,22 页。

1963 斯行健、李星学等,288 页。

1993a 吴向午,72 页。

模式种:*Cycadocarpidium erdmanni* Nathorst,1886

分类位置:松柏纲苏铁杉目(Podozamitales,Coniferopsida)

爱德曼准苏铁杉果 *Cycadocarpidium erdmanni* Nathorst,1886

1886 Nathorst,91 页,图版 26,图 15—20;大孢子叶;瑞典 Bjuf;晚三叠世(Rhaetic)。

1933a 斯行健,22 页,图版 2,图 10,11;苞鳞;四川宜宾;晚三叠世—早侏罗世。

1963 斯行健、李星学等,289 页,图版 97,图 4,5;苞鳞;四川宜宾;晚三叠世晚期。

1968 《湘赣地区中生代含煤地层化石手册》,79 页,图版 31,图 5,6;插图 21;果鳞;湘赣地区;晚三叠世。

1974a 李佩娟等,361 页,图版 186,图 10,11;图版 192,图 8—11;果穗;四川峨眉荷叶湾;晚三叠世须家河组。

1977 冯少南等,244 页,图版 97,图 9;苞片;广东乐昌关春;晚三叠世小坪组;湖北秭归、兴山;晚三叠世香溪群下煤组;湖北蒲圻;晚三叠世武昌群下煤组。

1978 杨贤河,532 页,图版 183,图 5—7;种鳞复合体;四川渡口太平场;晚三叠世大箐组;四川达县铁山、峨眉荷叶湾；晚三叠世须家河组。

1978 张吉惠，485页，图版164，图4，5，12；种鳞复合体；贵州遵义山盆、纳雍大寨；晚三叠世；贵州大方新场；早一中侏罗世自流井群綦江段。

1978 周统顺，119页，图版28，图8，9；苞鳞；福建漳平大坑；晚三叠世大坑组上段；福建建阳焦坑；早侏罗世焦坑组。

1979 孙革，319页，图版1，图14；图版2，图19；插图6；果鳞；吉林汪清天桥岭；晚三叠世马鹿沟组。

1979 徐仁等，67页，图版71，图2—4；插图18；种鳞复合体；四川永仁；晚三叠世大乔地组上部。

1980 吴舜卿等，81页，图版4，图5—7a；湖北兴山耿家河、郑家河；晚三叠世沙镇溪组。

1981 周蕙琴，图版3，图8；果鳞；辽宁北票羊草沟；晚三叠世羊草沟组。

1982 段淑英、陈晔，508页，图版16，图7—10；种鳞复合体；四川合川炭坝、宣汉七里峡；晚三叠世须家河组。

1982 王国平等，289页，图版127，图2，3；果穗；福建南靖龙山；晚三叠世文宾山组；浙江义乌乌灶；晚三叠世乌灶组。

1982 杨贤河，484页，图版14，图7—12；图版4，图11—14；种鳞复合体；四川威远葫芦口、通江平溪坝；晚三叠世须家河组；四川新龙雄龙；晚三叠世喇嘛垭组。

1982 张采繁，538页，图版347，图11；种鳞复合体；湖南醴陵三长两石门口、浏阳澄潭江；晚三叠世安源组。

1982 张武，191页，图版2，图30，31；插图3；种鳞复合体；辽宁凌源；晚三叠世老虎沟组。

1983 段淑英等，图版11，图12；图版12，图5；种鳞复合体；云南宁蒗背箩山一带；晚三叠世。

1983 黄其胜，图版1，图2，3；果鳞；安徽怀宁拉犁尖；晚三叠世拉犁尖组。

1984 陈公信，610页，图版239，图2；图版269，图1—10；大孢子叶；湖北荆门、兴山、秭归、蒲圻；晚三叠世九里岗组、沙镇溪组和鸡公山组。

1986 叶美娜等，84页，图版51，图6A，6a；图版52，图11，11a，13，13a，15，15a；图版53，图8，8a；果鳞；四川达县铁山金窝、雷音铺、斌郎、金刚，宣汉大路沟煤矿，开县温泉；晚三叠世须家河组7段；四川达县白腊坪；晚三叠世须家河组5段。

1986 吴舜卿、周汉忠，643页，图版6，图7，7a；果穗；新疆吐鲁番盆地托克逊克尔；早侏罗世八道湾组。

1986a 陈其奭，451页，图版1，图10，11；果鳞；浙江衢县茶园里；晚三叠世茶园里组。

1987 陈晔等，129页，图版42，图1—3；图版45，图14；种鳞复合体；四川盐边箐河；晚三叠世红果组。

1987 何德长，82页，图版14，图4；鳞片；湖北蒲圻跑马岭；晚三叠世鸡公山组。

1989 梅美棠等，111页，图版57，图1，2；图版58，图6；插图3—73；种鳞复合体；中国，丹麦东格陵兰；晚三叠世一中侏罗世。

1989 周志炎，155页，图版1，图15C；图版19，图12，14；插图45，46；种鳞、种子和角质层；湖南衡阳杉桥；晚三叠世杨柏冲组。

1992 孙革、赵衍华，553页，图版250，图1；种鳞复合体；吉林汪清鹿圈子村北山；晚三叠世马鹿沟组。

1992 王士俊，53页，图版23，图6，6a，7，7a；种鳞复合体；广东乐昌安口、关春；晚三叠世。

1993 米家榕等，141页，图版41，图2—5，8；图版42，图1，1a；果穗和果鳞；辽宁北票凌源老虎沟；晚三叠世老虎沟组；河北承德；晚三叠世杏石口组。

1993 孙革,96页,图版39,图2—4,22;图版40,图19,20,22;果穗;吉林汪清天桥岭和鹿圈子村北山;晚三叠世马鹿沟组。

1993a 吴向午,72页。

1999b 吴舜卿,46页,图版19,图3a(c);图版39,图3;图版40,图2A,2a,3,4,5B,5a;图版41,图5—5c;果鳞;四川峨眉、合川、万源、达县;晚三叠世须家河组。

2002 张振来等,图版15,图9—11;种鳞复合体;湖北兴山耿家河煤矿;晚三叠世沙镇溪组。

爱德曼准苏铁杉果(比较种)*Cycadocarpidium* cf. *erdmanni* Nathorst

1982b 刘子进,96页,图版1,图C,1—3;图版2,图8—12a;苞片;甘肃靖远刀楞山四道沟;早侏罗世刀楞山组。

1985 米家榕、孙春林,图版1,图10,16;果鳞;吉林双阳八面石、磐石五家子;晚三叠世小蜂蜜顶子组上段。

1985 杨学林、孙礼文,108页,图版2,图8—13;果鳞;大兴安岭红旗一井;早侏罗世红旗组。

1993 米家榕等,142页,图版42,图2—17;图版44,图23,24;果鳞;吉林汪清、双阳;晚三叠世马鹿沟组、大酱缸组和小蜂蜜顶子组上段;辽宁北票;晚三叠世羊草沟组。

△狭小准苏铁杉果 *Cycadocarpidium angustum* G. X. Chen,1984

1984 陈公信,610页,图版269,图13,14;大孢子叶;标本号:EP308,EP309;标本保存在湖北省区测队陈列室或湖北省地质局陈列室;湖北鄂城碧石渡;晚三叠世鸡公山组。(注:原文未指明模式标本)

△短舌形准苏铁杉果 *Cycadocarpidium brachyglossum* Zhang,1982

1982 张武,191页,图版2,图18—18b;插图4;种鳞复合体;标本保存在沈阳地质矿产研究所;辽宁凌源;晚三叠世老虎沟组。

△雅致准苏铁杉果 *Cycadocarpidium elegans* Sun,1979

1979 孙革,316页,图版1,图6,7;插图3;果鳞;采集号:T8-33;登记号:77212,77213;正模:77212,77213(图版1,图6,7);标本保存在吉林省地质局区域地质调查大队;吉林汪清天桥岭;晚三叠世马鹿沟组。

1992 孙革、赵衍华,552页,图版250,图4;种鳞复合体;吉林汪清马鹿沟;晚三叠世三仙岭组。

1993 孙革,95页,图版39,图14,15;种鳞复合体;吉林汪清马鹿沟;晚三叠世三仙岭组。

△巨大准苏铁杉果 *Cycadocarpidium giganteum* Sun,1979

1979 孙革,316页,图版1,图1—5,8—13;图版2,图17,18,22,23;插图2;果鳞;采集号:T10-68,T10-102,T11-102,T11-104,T11-119,T11-121,T11-145,T12-358,T12-410;登记号:77201-5,77206-11,77219-20,77221-22;正模:77201-5(图版1,图1,2,11);标本保存在吉林省地质局区域地质调查大队;吉林汪清天桥岭;晚三叠世马鹿沟组。

1980 吴水波等,图版2,图2;种鳞复合体;吉林东部托盘地区;晚三叠世马鹿沟组。

1992 孙革、赵衍华,553页,图版250,图5—7,19;种鳞复合体;吉林汪清天桥岭;晚三叠世马鹿沟组。

1993 米家榕等,142页,图版37,图11b;图版42,图18,19;图版44,图30,31;果鳞;东宁罗圈站;晚三叠世罗圈站组;吉林汪清、双阳;晚三叠世马鹿沟组、小蜂蜜顶子组上段。

1993 孙革,97页,图版39,图16—21;图版43,图4;图版44,图2b;图版45,图2b;图版47,

图 4；图版 50，图 3，5－7；图版 51，图 1，2；果鳞和果穗；吉林汪清天桥岭；晚三叠世马鹿沟组。

1995a 李星学（主编），图版 79，图 5；种鳞复合体；吉林汪清天桥岭；晚三叠世马鹿沟组（Narian）。（中文）

1995b 李星学（主编），图版 79，图 5；种鳞复合体；吉林汪清天桥岭；晚三叠世马鹿沟组（Narian）。（英文）

△舌形准苏铁杉果 *Cycadocarpidium glossoides* Mi et Sun，1985

1985 米家榕、孙春林，4 页，图版 2，图 1b，16；插图 2；果鳞；标本号：SX0008，SX0009；正模：SX0008（图版 2，图 16）；标本保存在长春地质学院地史古生物教研室；吉林双阳八面石；晚三叠世小蜂蜜顶子组上段。

1993 米家榕等，143 页，图版 39，图 3b；图版 43，图 1；果鳞；吉林双阳；晚三叠世小蜂蜜顶子组上段。

△宽卵形准苏铁杉果 *Cycadocarpidium latiovatum* Mi，Sun C L，Sun Y W，Cui et Ai，1996（中文发表）

1996 米家榕等，144 页，图版 37，图 11－15；插图 21；果鳞；标本号：HF6013－HF6017；正模：HF6013（图版 37，图 15）；副模：HF6016（图版 37，图 14）；标本保存在长春地质学院地史古生物教研室；河北抚宁石门寨；早侏罗世北票组。

较小准苏铁杉果 *Cycadocarpidium minor* Turutanova-Ketova，1931

1931 Turutanova-Ketova，315 页，图版 3，图 1；图版 4，图 2；果鳞；吉尔吉斯斯坦；晚三叠世－早侏罗世。

1996 米家榕等，145 页，图版 37，图 20－28；果鳞；河北抚宁石门寨；早侏罗世北票组。

△极小准苏铁杉果 *Cycadocarpidium minutissimum* Liu，1982

1982b 刘子进，96 页，图版 1，图 C，4－6；图版 2，图 12b；苞片；标本号：D501；标本保存在西安地质矿产研究所；甘肃靖远刀楞山四道沟；早侏罗世刀楞山组。

卵形准苏铁杉果 *Cycadocarpidium ovatum* Kon'no，1961

1961 Kon'no，206 页，图版 23，图 1，2，3b，4；插图 2；球果；日本；晚三叠世。

卵形准苏铁杉果（比较种） *Cycadocarpidium* cf. *ovatum* Kon'no

1984 黄其胜，图版 1，图 4，4a；果鳞；安徽怀宁拉犁尖；晚三叠世拉犁尖组。

小准苏铁杉果 *Cycadocarpidium parvum* Kryshtofovich et Prynata，1932

1932 Kryshtofovich，Prynata，371 页；苏联远东南滨海区；晚三叠世。

小准苏铁杉果（比较种） *Cycadocarpidium* cf. *parvum* Kryshtofovich et Prynata

1979 孙革，320 页，图版 2，图 20c，21；插图 7；果鳞；吉林汪清天桥岭；晚三叠世马鹿沟组。

1985 米家榕、孙春林，图版 1，图 25；果鳞；吉林双阳八面石；晚三叠世小蜂蜜顶子组上段。

疏毛准苏铁杉果 *Cycadocarpidium pilosum* Grauvogel-Stamm，1978

1978 Grauvogel-Stamm，29，115－124 页，图版 1，图 4A；图版 40－42；插图 26，27；果鳞；法国；早三叠世。

疏毛准苏铁杉果(比较种) *Cycadocarpidium* cf. *pilosum* Grauvogel-Stamm

1986 郑少林、张武,180页,图版3,图9,10;种鳞复合体;辽宁西部喀喇沁左翼杨树沟;早三叠世红砬组。

△细小准苏铁杉果 *Cycadocarpidium pusillum* Yang et Sun,1982

1982b 杨学林、孙礼文,40页,图版11,图10—14;图版12,图5,6;苞鳞;标本号:H054,H114—H116,H116a—c;标本保存在吉林省煤田地质研究所;大兴安岭万宝红旗一井;早侏罗世红旗组。(注:原文未指明模式标本)

复活准苏铁杉果 *Cycadocarpidium redivivum* Nathorst,1911

1911 Nathorst,6页,图版1,图16—18;大孢子叶;瑞典 Pålsjö;晚三叠世(Rhaetic)—早侏罗世(Lias)。

1984 陈公信,610页,图版269,图15;大孢子叶;湖北蒲圻苦竹桥;晚三叠世鸡公山组。

1992 孙革、赵衍华,554页,图版250,图8,10;种鳞复合体;吉林汪清天桥岭;晚三叠世马鹿沟组。

1993 孙革,97页,图版39,图1;图版40(?),图18;果鳞;吉林汪清天桥岭;晚三叠世马鹿沟组。

索库特准苏铁杉果 *Cycadocarpidium sogutensis* Genkina,1964

1964 Genkina,73页,图版2,图1—15;果鳞;伊萨库尔;晚三叠世。

1985 米家榕、孙春林,图版2,图13,14;果鳞;吉林双阳八面石;晚三叠世小蜂蜜顶子组上段。

1993 米家榕等,143页,图版43,图3,4;果鳞;吉林汪清、双阳;晚三叠世马鹿沟组、小蜂蜜顶子组上段。

索库特准苏铁杉果(比较种) *Cycadocarpidium* cf. *sogutensis* Genkina

1984 陈公信,610页,图版269,图16—20;大孢子叶;湖北蒲圻苦竹桥、鸡公山;晚三叠世鸡公山组。

△双阳准苏铁杉果 *Cycadocarpidium shuangyangensis* Mi et Sun,1985

1985 米家榕、孙春林,5页,图版2,图15;插图3;果鳞;标本号:SX0004;正模:SX0004(图版2,图15);标本保存在长春地质学院地史古生物教研室;吉林双阳八面石;晚三叠世小蜂蜜顶子组上段。

1993 米家榕等,143页,图版43,图2,2a,10b;果鳞;吉林双阳;晚三叠世小蜂蜜顶子组上段。

斯瓦布准苏铁杉果 *Cycadocarpidium swabi* Nathorst,1911

1911 Nathorst,5页,图版1,图11—15;果鳞;瑞典(Bjuf);晚三叠世(Rhaetic)—早侏罗世(Lias)。

1979 孙革,318页,图版2,图1—5;插图5;果鳞;吉林汪清天桥岭;晚三叠世马鹿沟组。

1980 吴水波等,图版2,图3;种鳞复合体;吉林东部托盘沟地区;晚三叠世马鹿沟组。

1982 王国平等,289页,图版127,图6,7;苞鳞;浙江义乌乌灶;晚三叠世乌灶组。

1983 黄其胜,图版1,图1;果鳞;安徽怀宁拉犁尖;晚三叠世拉犁尖组。

1985 米家榕、孙春林,4页,图版2,图8,10,20,23;果鳞;吉林双阳八面石、磐石五家子;晚三叠世小蜂蜜顶子组上段。

1986 叶美娜等,85 页,图版 52,图 3,5,10,10a;图版 53,图 4—5a;果鳞;四川开江七里峡;晚三叠世须家河组 3 段;四川达县白腊坪、开江七里峡、开县水田;晚三叠世须家河组 5 段。

1986b 陈其奭,11 页,图版 2,图 10,11;果鳞;浙江义乌乌灶;晚三叠世乌灶组。

1992 孙革、赵衍华,553 页,图版 250,图 2;果鳞;吉林汪清天桥岭;晚三叠世马鹿沟组。

1993 米家榕等,144 页,图版 43,图 5—10a,11—37;图版 44,图 10—12,19—22,25,28,29,32—34,38—40;果鳞;黑龙江东宁罗圈站;晚三叠世罗圈站组;吉林汪清、双阳;晚三叠世马鹿沟组、小蜂蜜顶子组上段。

1993 孙革,98 页,图版 39,图 5—8,13(?);图版 41,图 4b;图版 50(?),图 4;果鳞;吉林汪清天桥岭;晚三叠世马鹿沟组。

2000 孙春林等,图版 1,图 14—22;果鳞;吉林白山红立;晚三叠世小营子组。

三胚珠准苏铁杉果 *Cycadocarpidium tricarpum* Prynada,1940

1940 Prynada,26 页,图 5,C,D,F,G,H;苏联东乌拉尔;晚三叠世。

三胚珠准苏铁杉果(广义) *Cycadocarpidium tricarpum* Prynada (s. l.)

1979 孙革,318 页,图版 2,图 6—14;插图 4;果鳞;吉林汪清天桥岭;晚三叠世马鹿沟组。

1980 吴水波等,图版 2,图 5;种鳞复合体;吉林东部托盘地区;晚三叠世马鹿沟组。

1982 杨贤河,484 页,图版 14,图 4—6;种鳞复合体;四川威远葫芦口;晚三叠世须家河组。

1982 张武,191 页,图版 2,图 19—29;插图 5;种鳞复合体;辽宁凌源;晚三叠世老虎沟组。

1984 陈公信,611 页,图版 269,图 11,12;大孢子叶;湖北荆门分水岭;晚三叠世九里岗组。

1992 孙革、赵衍华,553 页,图版 250,图 3;种鳞复合体;吉林汪清天桥岭;晚三叠世马鹿沟组。

1993 米家榕等,144 页,图版 43,图 38—43;图版 44,图 1—9,26b;果鳞;吉林汪清;晚三叠世马鹿沟组;辽宁北票羊草沟;晚三叠世羊草沟组。

1993 孙革,98 页,图版 39,图 10—12;图版 46,图 6,7;果鳞;吉林汪清天桥岭;晚三叠世马鹿沟组。

2000 孙春林等,图版 1,图 23,24;果鳞;吉林白山红立;晚三叠世小营子组。

准苏铁杉果(未定多种) *Cycadocarpidium* spp.

1976 *Cycadocarpidium* sp.,李佩娟等,132 页,图版 41,图 13,13a;球果;云南禄丰一平浪;晚三叠世一平浪组干海子段。

1979 *Cycadocarpidium* sp. 1,孙革,320 页,图版 2,图 15,16;插图 8;果鳞;吉林汪清天桥岭;晚三叠世马鹿沟组。

1979 *Cycadocarpidium* sp. 2,孙革,321 页,图版 2,图 20d;插图 9;果鳞;吉林汪清天桥岭;晚三叠世马鹿沟组。

1980 *Cycadocarpidium* sp.,张武等,306 页,图版 147,图 7—10;苞鳞;吉林洮安红旗煤矿;早侏罗世红旗组。

1982 *Cycadocarpidium* sp.,李佩娟、吴向午,56 页,图版 13,图 3A,3B;果鳞;四川稻城贡岭区木拉乡坎都村;晚三叠世喇嘛垭组。

1982 *Cycadocarpidium* sp.,张武,192 页,图版 2,图 32;插图 6;种鳞;辽宁凌源;晚三叠世老虎沟组。

1982b *Cycadocarpidium* sp.,刘子进,97 页,图版 1,图 C,7;图版 2,图 13;苞片;甘肃靖远刀楞

山四道沟;早侏罗世刀楞山组。

1983 *Cycadocarpidium* sp.,鞠魁祥等,图版3,图10;果鳞;南京龙潭范家场;晚三叠世范家塘组。

1985 *Cycadocarpidium* sp. 1,米家榕、孙春林,图版1,图24;果鳞;吉林双阳八面石;晚三叠世小蜂蜜顶子组上段。

1985 *Cycadocarpidium* sp. 2,米家榕、孙春林,图版1,图26;果鳞;吉林双阳八面石;晚三叠世小蜂蜜顶子组上段。

1985 *Cycadocarpidium* sp. 3,米家榕、孙春林,图版1,图23b;图版2,图9;果鳞;吉林双阳八面石;晚三叠世小蜂蜜顶子组上段。

1992 *Cycadocarpidium* sp.,王士俊,53页,图版23,图4;果鳞;广东乐昌安口;晚三叠世。

1992 *Cycadocarpidium* sp. Cf. *C. parvum* Krysht. et Pryn.,孙革、赵衍华,553页,图版250,图9;苞鳞;吉林汪清天桥岭;晚三叠世马鹿沟组。

1993 *Cycadocarpidium* sp. 1,米家榕等,145页,图版44,图18,18a;果鳞;吉林双阳;晚三叠世小蜂蜜顶子组上段。

1993 *Cycadocarpidium* sp. 2,米家榕等,145页,图版44,图27;果鳞;吉林双阳;晚三叠世小蜂蜜顶子组上段。

1993 *Cycadocarpidium* sp. 3,米家榕等,146页,图版44,图13,16;果鳞;吉林双阳;晚三叠世小蜂蜜顶子组上段。

1993 *Cycadocarpidium* sp. 4,米家榕等,146页,图版44,图37;果鳞;河北平泉围场;晚三叠世杏石口组。

1993 *Cycadocarpidium* sp. 5,米家榕等,146页,图版44,图15,16;果鳞;吉林双阳;晚三叠世小蜂蜜顶子组上段。

1993 *Cycadocarpidium* sp. 6,米家榕等,146页,图版44,图17;果鳞;吉林汪清;晚三叠世马鹿沟组。

1993 *Cycadocarpidium* sp. (Cf. *C. parvum* Krysht. et Pryn),孙革,97页,图版39,图9;果鳞;吉林汪清天桥岭;晚三叠世马鹿沟组。

1993 *Cycadocarpidium* sp. 1,孙革,99页,图版50,图2;果鳞;吉林汪清天桥岭;晚三叠世马鹿沟组。

1993 *Cycadocarpidium* sp. 2,孙革,99页,图版46,图5;果鳞;吉林汪清天桥岭;晚三叠世马鹿沟组。

1996 *Cycadocarpidium* sp. (Cf. *C. erdmanni* Nathorst),米家榕等,145页,图版35,图8a;图版37,图16—19;果鳞;辽宁北票,河北抚宁石门寨;早侏罗世北票组。

1998 *Cycadocarpidium* sp.,张泓等,图版47,图9;果鳞;新疆克拉玛依;早侏罗世八道湾组。

准苏铁杉果?(未定多种) *Cycadocarpidium*? spp.

1984 *Cycadocarpidium*? sp.,王自强,292页,图版120,图7;苞鳞;山西榆社;中—晚三叠世延长群。

1986 *Cycadocarpidium*? sp.,徐福祥,423页,图版1,图7—9;苞鳞;甘肃靖远刀楞山;早侏罗世。

?准苏铁杉果(未定多种) ?*Cycadocarpidium* spp.

1988a ?*Cycadocarpidium* sp.,黄其胜、卢宗盛,148页,图版2,图6;果鳞;河南卢氏双槐树;晚三叠世延长群下部6层。

1996　? *Cycadocarpidium* sp.，米家榕等，146 页，图版 37，图 6；插图 22；果鳞；河北抚宁石门寨；早侏罗世北票组。

准苏铁杉果(球果轴型) *Cycadocarpidium* (cone axis type)

1976　*Cycadocarpidium* (cone axis type)，李佩娟等，132 页，图版 41，图 8—11a；球果轴；云南禄丰一平浪；晚三叠世一平浪组干海子段。

1982　*Cycadocarpidium* (cone axis type)，段淑英、陈晔，508 页，图版 16，图 5；球果轴；四川合川炭坝；晚三叠世须家河组。

1983　*Cycadocarpidium* (cone axis type)，段淑英等，图版 6，图 8；球果轴；云南宁蒗背箩山一带；晚三叠世。

1987　*Cycadocarpidium* (cone axis type)，陈晔等，130 页，图版 42，图 4—7；球果轴；四川盐边箐河；晚三叠世红果组。

1989　*Cycadocarpidium* (cone axis type)，梅美棠等，111 页；球果轴；北半球；晚三叠世—中侏罗世。

轮松属 Genus *Cyclopitys* Schmalhausen, 1879

[注：此属名已废弃，模式种改定为 *Pityophyllum nordenskioeldi* Heer(斯行健、李星学等，1963)]

1879　Schmalhausen，41 页。

1903　Potonie，120 页。

1993a　吴向午，73 页。

模式种：*Cyclopitys nordenskioeldi* (Heer) Schmalhausen，1879

分类位置：松柏纲松科(Pinaceae，Coniferopsida)

诺氏轮松 *Cyclopitys nordenskioeldi* (Heer) Schmalhausen, 1879

1876　*Pinus nordenskioeldi* Heer，Heer，45 页，图版 9，图 1—6；挪威斯匹次卑尔根；晚侏罗世。

1879　Schmalhausen，41 页，图版 1，图 4b；图版 2，图 1c；图版 5，图 2d，3b，6b，10；营养枝叶；俄罗斯；二叠纪。

1903　Potonie，120 页，图 1(左)，2(右)，3(右)；叶；新疆天山吐拉溪(Turatschi)和哈密西北间；侏罗纪。[注：此标本后被改定为 *Pityophyllum longifolium* (Nathorst) Moeller(斯行健、李星学等，1963)]

1906　Krasser，625 页，图版 3，图 9；图版 4，图 1，3；叶；吉林蛟河、火石岭；侏罗纪。[注：此标本后被改定为 *Pityophyllum nordenskioeldi* Heer(斯行健、李星学等，1963)]

1993a　吴向午，73 页。

准柏属 Genus *Cyparissidium* Heer, 1874

1874　Heer，74 页。

1933 潘钟祥,535页。

1963 斯行健、李星学等,306页。

1993a 吴向午,74页。

模式种:*Cyparissidium gracile* Heer,1874

分类位置:松柏纲落羽松科(Taxodiaceae,Coniferopsida)

细小准柏 *Cyparissidium gracile* Heer,1874

1874 Heer,74页,图版17,图5b,5c;图版19—21;球果和枝叶;丹麦格陵兰;早白垩世。

1993a 吴向午,74页。

布拉克准柏 *Cyparissidium blackii* (Harris) Harris,1979

1952 *Haiburnia blackii* Harris,367页;插图3D,4,5;英国约克郡;中侏罗世。

1979 Harris,79页,图版4,图10—12,14;插图38,39;英国约克郡;中侏罗世。

2001 孙革等,97,200页,图版19,图6;图版55,图2—6;枝;辽宁西部;晚侏罗世尖山沟组。

△结实准柏 *Cyparissidium opimum* Zheng et Zhang,2004(中文和英文发表)

2004 郑少林、张武,见王五力等,233页(中文),492页(英文),图版31,图7;插图2-3-7;枝叶;正模:图版31,图7;辽宁北票;晚侏罗世[辽宁北票上园黄半吉沟(?);晚侏罗世义县组下部尖山沟层(?)]。(注:原文未注明模式标本的保存单位及地点)

鲁德兰特准柏 *Cyparissidium rudlandicum* Harris,1979

1979 Harris,78页,图版4,图9;插图36A—36D;枝叶;英国约克郡;中侏罗世。

2004 王五力等,234页,图版31,图3;枝叶;辽宁义县头道河子;晚侏罗世土城子组砖城子层。

准柏(未定多种) *Cyparissidium* spp.

1990 *Cyparissidium* sp.,刘明渭,206页;枝叶;山东莱阳山前店、大明和黄崖底;早白垩世莱阳组3段。

1999 *Cyparissidium* sp.,曹正尧,100页,图版28,图2;枝叶;浙江寿昌东村;早白垩世寿昌组。

1999a *Cyparissidium* sp.,吴舜卿,20页,图版12,图6A,6a;枝叶;辽宁北票上园;晚侏罗世义县组下部尖山沟层。

?准柏(未定种) ?*Cyparissidium* sp.

1933 ?*Cyparissidium* sp.,潘钟祥,535页,图版1,图6,6a,7;枝叶;河北房山西中店;早白垩世。[注:此标本后被改定为*Cyparissidium*? sp.(斯行健、李星学等,1963)]

1993a ?*Cyparissidium* sp.,吴向午,74页。

准柏?(未定多种) *Cyparissidium*? spp.

1963 *Cyparissidium*? sp.,斯行健、李星学等,306页,图版97,图7,8(=?*Cyparissidium* sp.,潘钟祥,1933,535页,图版1,图6,6a,7);枝叶;河北房山西中店;晚侏罗世—早白垩世。

2000 *Cyparissidium*? sp.,吴舜卿,图版7,图8,8a;营养枝;香港大屿山昂坪;早白垩世浅水湾群。

台座木属 Genus *Dadoxylon* Endlicher,1847

1847 Endlicher,298 页。

1953 徐仁,80 页。

1963 斯行健、李星学等,319 页。

1993a 吴向午,74 页。

模式种:*Dadoxylon withami* (Lindley et Hutton) Endlicher,1847

分类位置:松柏纲(Coniferopsida)

怀氏台座木 *Dadoxylon withami* (Lindley et Hutton) Endlicher,1847

1831—1837 *Pinite withami* Lindley et Hutton,9 页,图版 2;木化石;苏格兰克雷格利斯;晚石炭世。

1847 Endlicher,298 页;木化石;苏格兰克雷格利斯;晚石炭世。

1993a 吴向午,74 页。

日本台座木(南洋杉型木) *Dadoxylon* (*Araucarioxylon*) *japonicus* Shimakura,1935

1935 Shimakura,268 页,图版 12,图 1—6;插图 1;木化石;日本;晚侏罗世—早白垩世。

1963 斯行健、李星学等,320 页,图版 118,图 1—5;插图 59;木化石;山东即墨马鞍山;晚侏罗世—早白垩世。

日本台座木(南洋杉型木)(比较种) *Dadoxylon* (*Araucarioxylon*) cf. *japonicus* Shimakura

1953 徐仁,80 页,图版 1,图 1—5;插图 1—4;木化石;山东即墨马鞍山;晚侏罗世—早白垩世。[注:此标本后被改定为 *Dadoxylon* (*Araucarioxylon*) *japonicus* Shimakura(斯行健、李星学等,1963)]

1993a 吴向午,74 页。

镰鳞果属 Genus *Drepanolepis* Nathorst,1897

1897 Nathorst,21 页。

1998 张泓等,80 页。

模式种:*Drepanolepis angustior* Nathorst,1897

分类位置:不明(incertae sedis)

狭形镰鳞果 *Drepanolepis angustior* Nathorst,1897

1897 Nathorst,21 页,图版 1,图 16,17;果鳞;挪威斯匹次卑尔根 Boheman 角;中侏罗世。

△美丽镰鳞果 *Drepanolepis formosa* Zhang,1998(中文发表)

1998 张泓等,80 页,图版 50,图 1;图版 51,图 1,2;图版 53,图 2;果穗;标本号:MP-93979,MP-93980;标本保存在煤炭科学研究总院西安分院;青海德令哈旺尕秀;中侏罗世石门沟组;甘肃兰州窑街;中侏罗世窑街组。(注:原文未指明模式标本)

似枞属 Genus *Elatides* Heer,1876

1876 Heer,77 页。

1883 Schenk,249 页。

1963 斯行健、李星学等,282 页。

1993a 吴向午,80 页。

模式种:*Elatides ovalis* Heer,1876

分类位置:松柏纲杉科(Taxodiaceae,Coniferopsida)

卵形似枞 *Elatides ovalis* Heer,1876

1876 Heer,77 页,图版 14,图 2;枝叶和球果;俄罗斯伊尔库茨克盆地巴利河口;晚侏罗世。

1941 Stockmans,Mathieu,51 页,图版 7,图 3,4;枝叶和球果;山西大同高山;侏罗纪。[注:此标本后被改定为 *Elatides*? sp.(斯行健、李星学等,1963)]

1954 徐仁,63 页,图版 55,图 3,4;枝叶和球果;山西大同;中侏罗世(?)。

1993a 吴向午,80 页。

2005 苗雨雁,527 页,图版 2,图 27—28a;带球果枝;新疆准噶尔盆地白杨河地区;中侏罗世西山窑组。

卵形似枞(比较种) *Elatides* cf. *ovalis* Heer

1951 李星学,图版 1,图 4c;枝;山西大同;侏罗纪大同煤系。

1979 何元良等,154 页,图版 77,图 6—8;球果;青海乌兰;中侏罗世大煤沟组。

△南洋杉型似枞 *Elatides araucarioides* Tan et Shu,1982

1982 谭琳、朱家楠,152 页,图版 38,图 2—9;图版 39,图 1;枝叶和球果;登记号:GR90,GR91,GR93—GR95,GR97,GR103,GR195,GR960;正模:GR195(图版 38,图 2);副模:GR97(图版 38,图 3,3a);内蒙古固阳小三分子村东;早白垩世固阳组。

南洋杉型似枞(比较种) *Elatides* cf. *araucarioides* Tan et Shu

1988 陈芬等,78 页,图版 49,图 3;枝叶;辽宁阜新海州矿;早白垩世阜新组孙家湾段。

亚洲似枞 *Elatides asiatica* Krassilov,1967

1967 Krassilov,200 页,图版 74,图 1—3;图版 75,图 1—7;图版 76,图 1—3;插图 28a—28r;营养枝;苏联南滨海区;早白垩世。

1982 郑少林、张武,323 页,图版 23,图 1—10;图版 24,图 7—14,21;枝叶和雌球果;黑龙江鸡东、鸡西、双鸭山;晚侏罗世石河北组;黑龙江密山;晚侏罗世云山组。

1983 张志诚、熊宪政,61 页,图版 7,图 1,3—5;带叶小枝;黑龙江东部东宁盆地;早白垩世东宁组。

1983a 郑少林、张武,89 页,图版 7,图 9;图版 8,图 1—4;枝;黑龙江勃利万龙村;早白垩世中—晚期东山组。

1987 钱丽君等,85 页,图版 22,图 2;图版 32,图 4;图版 26,图 2;枝叶和球果;陕西神木考考乌素沟;中侏罗世延安组。

1987 商平,图版 2,图 2;枝叶和球果;辽宁阜新盆地;早白垩世。

薄氏似枞 *Elatides bommeri* Harris,1953

1953 Harris,23 页,图版 4,图 1—7;枝叶和球果;比利时;早白垩世(Wealden)。

1985 商平,图版 12,图 6,7;枝叶;辽宁阜新;早白垩世海州组太平段。

1987 商平,图版 3,图 5;枝叶;辽宁阜新盆地;早白垩世。

布兰迪似枞 *Elatides brandtiana* Heer,1876

1876 Heer,78 页,图版 14,图 3,4;枝叶;俄罗斯乌斯季巴列伊,伊尔库茨克盆地;侏罗纪。

布兰迪? 似枞 *Elatides*? *brandtiana* Heer

1996 米家榕等,138 页,图版 34,图 4b;枝叶;辽宁北票台吉;早侏罗世北票组下段。

△中国似枞 *Elatides chinensis* Schenk,1883

1883 Schenk,249 页,图版 49,图 6a;枝叶;内蒙古土木路;侏罗纪。[注:此标本后被改定为 ? *Elatocladus manchurica* (Yokoyama) Yabe(斯行健、李星学等,1963)]

1901 Krasser,148 页,图版 2,图 9,9a,10;枝叶;新疆东天山库鲁克塔格山南麓;侏罗纪。[注:此标本后被改定为 *Elatocladus* sp.(斯行健、李星学等,1963)]

1993a 吴向午,80 页。

中国"似枞""*Elatides*" *chinensis* Schenk

1990 郑少林、张武,221 页,图版 1,图 8—11;图版 5,图 7B;图版 6,图 5;枝叶和球果;辽宁本溪田师傅;早侏罗世长梁子组,中侏罗世大堡组。

弯叶似枞 *Elatides curvifolia* (Dunker) Nathorst,1897

1846 *Lycopodites curvifolia* Dunker,20 页,图版 7,图 9;枝叶;德国北部;早白垩世(Wealden)。

1897 Nathorst,35 页,图版 1,图 25—27;图版 2,图 3—5;图版 4,图 1—18;图版 6,图 6—8;生殖枝;斯匹次卑尔;早白垩世。

1977 段淑英等,117 页,图版 1,图 6,7;枝叶;西藏拉萨牛马沟及林布宗;早白垩世。

1980 张武等,299 页,图版 186,图 7,8;枝叶;吉林延吉大拉子;早白垩世大拉子组。

1982 李佩娟,95 页,图版 14,图 4,5;枝;西藏八宿上林卡区;早白垩世多尼组。

1986 张川波,图版 2,图 6;枝叶和球果;吉林延吉智新大拉子;早白垩世中一晚期大拉子组。

1989 梅美棠等,112 页,图版 62,图 6;枝叶;中国等地;早白垩世。

1990 刘明渭,205 页;枝叶;山东莱阳黄崖底、北泊子等处;早白垩世莱阳组 3 段。

1992 孙革、赵衍华,557 页,图版 259,图 9;枝叶;吉林汪清罗子沟;早白垩世大拉子组。

1996 郑少林、张武,图版 3,图 15;枝叶;吉林九台营城煤田;早白垩世沙河子组。

弯叶似枞(比较种) *Elatides* cf. *curvifolia* (Dunker) Nathorst

1999 曹正尧,85 页,图版 28,图 7—11;枝叶;浙江寿昌劳村;早白垩世劳村组;浙江诸暨斯宅;早白垩世磨石山组 C 段。

弯叶似枞(比较属种) Cf. *Elatides curvifolia* (Dunker) Nathorst

1982a 刘子进,136 页,图版 74,图 5;枝叶;甘肃玉门沈家湾;早白垩世新民堡群。

△圆柱似枞 *Elatides cylindrica* Schenk,1883

1883 Schenk,252 页,图版 50,图 8;果穗;北京西山八大处;侏罗纪。[注:此标本后被改定为

Strobilites sp.(斯行健、李星学等,1963)]

镰形似枞 *Elatides falcata* Heer,1876

1876 Heer,76 页,图版 14,图 6a—6d;枝叶;俄罗斯乌斯季巴列伊,伊尔库茨克盆地;晚侏罗世。

1901 Krasser,148 页,图版 2,图 11;枝叶;新疆东天山库鲁克塔格山南麓;侏罗纪。[注:此标本后被改定为 *Elatocladus* sp.(斯行健、李星学等,1963)]

△哈氏似枞 *Elatides harrisii* Zhou,1987

1985 商平,112 页,图版 12,图 1—5;枝叶和角质层;辽宁阜新;早白垩世海州组太平段。(裸名)

1987 周志炎,190 页,图版 1—4;插图 1;枝叶、角质层和雌、雄球果;登记号:PB11561,PB11562,PB11564—PB11568;模式标本:PB11561(图版 1,图 1);标本保存在中国科学院南京地质古生物研究所;辽宁阜新露天煤矿;早白垩世阜新组太平层。

1987 商平,图版 3,图 1,2;枝叶和球果;辽宁阜新盆地;早白垩世。

1988 陈芬等,78 页,图版 49,图 5;枝叶;辽宁阜新海州矿;早白垩世阜新组太平下段。

1997 邓胜徽等,49 页,图版 30,图 8,9;图版 32,图 7;枝叶;内蒙古扎赉诺尔;早白垩世伊敏组。

1998 邓胜徽,图版 2,图 1;枝叶;内蒙古平庄-元宝山盆地;早白垩世元宝山组。

△薄叶似枞 *Elatides leptolepis* Zheng,2001(中文和英文发表)

2001 郑少林等,73,80 页,图版 1,图 29—29b;雌球果;标本号:BST029,BST030;正模:BST030(图版 1,图 29b);标本保存在沈阳地质矿产研究所;辽宁北票三宝营乡刘家沟;中—晚侏罗世土城子组 3 段。

△马涧?似枞 *Elatides*? *majianensis* Huang et Qi,1991

1991 黄其胜、齐悦,605 页,图版 1,图 3,4,10,11;营养枝和球果;登记号:ZM84025—ZM84027,ZM84033;标本保存在中国地质大学(武汉)古生物教研室;浙江兰溪马涧;早—中侏罗世马涧组下段。(注:原文未指定模式标本)

△满洲似枞 *Elatides manchurensis* Ôishi et Takahasi,1938

1938 Ôishi,Takahasi,62 页,图版 5(1),图 8,8a,9,9a;营养枝和带球果枝;登记号:No. 7890;模式标本:No. 7890[图版 5(1),图 8,8a,9,9a];黑龙江穆棱梨树;晚侏罗世穆棱系。[注:此标本后被改定为 *Elatides*? *manchurensis* Ôishi et Takahasi(斯行健、李星学等,1963)]

1950 Ôishi,129 页,图版 40,图 9;枝叶;黑龙江穆棱;晚侏罗世。

1954 徐仁,63 页,图版 55,图 1,2;枝叶;吉林东宁;晚侏罗世。

1958 汪龙文等,618 页(包括图);枝叶;中国东北地区;晚侏罗世(?)。

1982 郑少林、张武,324 页,图版 24,图 15,15a;枝叶和雌球果;黑龙江宝清、虎林;中—晚侏罗世朝阳屯组、云山组。

满洲?似枞 *Elatides*? *manchurensis* Ôishi et Takahasi

1963 斯行健、李星学等,283 页,图版 92,图 3,4;枝叶和球果;黑龙江穆棱梨树;晚侏罗世。

1980 张武等,299 页,图版 185,图 4,5;枝叶;吉林营城九台;早白垩世营城组。

1994 高瑞祺等,图版 14,图 7;枝叶;吉林营城九台;早白垩世营城组。

威廉逊似枞 *Elatides williamsoni* (Brongniart) Nathorst, 1897

1828 *Lycopodites williamsoni* Brongniart,83 页;英国约克郡;中侏罗世。

1897 Nathorst,34 页(?)。

1984 王自强,286 页,图版 141,图 6—8;图版 174,图 1—3;枝叶和角质层;河北下花园;中侏罗世门头沟组。

威廉逊似枞(比较属种) Cf. *Elatides williamsoni* (Brongniart) Nathorst

1982c 吴向午,99 页,图版 19,图 7—7b;枝;西藏昌都吉塘东山坡;中—晚侏罗世察雅群。

△张家口似枞 *Elatides zhangjiakouensis* Wang, 1984

1984 王自强,286 页,图版 154,图 12,13;图版 155,图 10;图版 158,图 5—7;枝和球果;登记号:P0400—P0403,P0464,P0465;合模 1:P0464(图版 154,图 11);合模 2:P0465(图版 154,图 12);合模 3:P0400(图版 155,图 10);标本保存在中国科学院南京地质古生物研究所;河北张家口;早白垩世青石砬组。[注:依据《国际植物命名法规》(《维也纳法规》)第 37.2 条,1958 年起,模式标本只能是 1 块标本]

1994 萧宗正等,图版 15,图 8;枝叶;北京房山崇青水库;早白垩世芦尚坟组。

似枞(未定多种) *Elatides* spp.

1883 *Elatides* sp.,Schenk,255 页,图版 52,图 9;枝;北京西山斋堂;侏罗纪。[注:此标本后被改定为 *Elatocladus* sp.(斯行健、李星学等,1963)]

1982 *Elatides* sp.,郑少林、张武,324 页,图版 21,图 17;插图 16;枝叶和雌球果;黑龙江密山过山关;晚侏罗世云山组。

1983b *Elatides* sp.,曹正尧,40 页,图版 9,图 2,3;球果;黑龙江宝清;早白垩世珠山组。

1985 *Elatides* sp. 1,曹正尧,281 页,图版 4,图 7,8a;球果;安徽含山;晚侏罗世含山组。

1985 *Elatides* sp. 2,曹正尧,281 页,图版 3,图 12,12a;球果;安徽含山;晚侏罗世含山组。

1990 *Elatides* sp.,刘明渭,205 页,枝叶;山东莱阳留寺庄、黄崖底;早白垩世莱阳组 3 段。

1991 *Elatides* sp.,北京市地质矿产局,图版 17,图 14;枝叶;北京房山崇各庄;早白垩世芦尚坟组。

1995a *Elatides* sp.,李星学(主编),图版 88,图 2;球果;安徽含山;晚侏罗世含山组。(中文)

1995b *Elatides* sp.,李星学(主编),图版 88,图 2;球果;安徽含山;晚侏罗世含山组。(英文)

1997 *Elatides* sp.,邓胜徽等,50 页,图版 30,图 7;枝叶;内蒙古扎赉诺尔;早白垩世伊敏组。

1999 *Elatides* sp. 1,曹正尧,85 页,图版 26,图 13;图版 27,图 18;叶;浙江金华积道山;早白垩世磨石山组。

2005 *Elatides* sp. 1,苗雨雁,527 页,图版 2,图 26,26a;球果;新疆准噶尔盆地白杨河地区;中侏罗世西山窑组。

似枞?(未定多种) *Elatides*? spp.

1963 *Elatides*? sp.,斯行健、李星学等,284 页,图版 92,图 8,9(=*Elatides ovalis* Heer,Stockmans,Mathieu,1941,51 页,图版 7,图 3,4);枝叶和球果;山西大同高山;早—中侏罗世大同群。

1982b *Elatides*? sp.,杨学林、孙礼文,56 页,图版 24,图 8;枝叶;大兴安岭巴林左旗双窝堡;中侏罗世万宝组。

1993 *Elatides*? sp.,李杰儒等,236 页,图版 1,图 6;枝叶;辽宁丹东四道沟集贤;早白垩世小岭组。

1998　*Elatides*? sp.(*Elatocladus*? sp.),王仁农等,图版27,图1;枝叶;山东临沭中华山郯城-庐江断裂带;早白垩世。

1999　*Elatides*? sp. 2,曹正尧,86页,图版25,图7;图版26,图14;球果;浙江诸暨下岭脚;早白垩世寿昌组。

?似枞(未定种)?*Elatides* sp.

1996　?*Elatides* sp.,米家榕等,138页,图版34,图10,15;枝叶;辽宁北票台吉;早侏罗世北票组下段。

枞型枝属 Genus *Elatocladus* Halle,1913

1913　Halle,84页。

1922　Yabe,28页。

1963　斯行健、李星学等,296页。

1993a 吴向午,80页。

模式种:*Elatocladus heterophylla* Halle,1913

分类位置:松柏纲(Coniferopsida)

异叶枞型枝 *Elatocladus heterophylla* Halle,1913

1913　Halle,84页,图版8,图12—14,17—25;枝叶;南极洲(Hope Bay,Graham Lang);侏罗纪。

1993a 吴向午,80页。

异叶枞型枝(比较种)*Elatocladus* cf. *heterophylla* Hall

1949　斯行健,35页,图版14,图15;枝叶;湖北当阳观音寺白石岗;早侏罗世香溪煤系。[注:此标本后被改定为 *Elatocladus* sp.(斯行健、李星学等,1963)]

△狭叶枞型枝(拟粗榧?)*Elatocladus* (*Cephalotaxopsis*?) *angustifolius* Chang,1976

1976　张志诚,199页,图版102,图3,4;枝叶;登记号:N142,N143;内蒙古乌拉特中后联合旗红格尔敖包;早—中侏罗世石拐群。(注:原文未指明模式标本)

1982　郑少林、张武,326页,图版25,图7—9;枝叶;黑龙江双鸭山七星;早白垩世城子河组。

1990　郑少林、张武,222页,图版6,图1;枝叶;辽宁本溪宽甸邵家堡子;早侏罗世长梁子组。

短叶枞型枝 *Elatocladus brevifolius* (Fontaine) Bell,1956

1889　*Cephalotaxopsis brevifolius* Fontaine,238页,图版105,图3;图版106,图5;图版107,图5;枝叶;美国弗吉尼亚;早白垩世波托马克群。

1956　Bell,109页,图版53,图2;图版54,图2,7;图版57,图1;图版60,图7;枝叶;加拿大;早白垩世。

短叶枞型枝(比较种)*Elatocladus* cf. *brevifolius* (Fontaine) Bell

1992　曹正尧,221页,图版5,图8;枝叶;黑龙江东部绥滨-双鸭山地区;早白垩世城子河组。

粗榧型枞型枝 *Elatocladus cephalotaxoides* Florin,1958

1958　Florin,282页;插图2;枝叶;瑞典斯堪尼亚 Stabbarp;早侏罗世。

粗榧型枞型枝(比较种) *Elatocladus* cf. *cephalotaxoides* Florin

1974b 李佩娟等,377 页,图版 201,图 4;枝叶;四川广元宝轮院;早侏罗世白田坝组。

1978 杨贤河,533 页,图版 190,图 7;枝叶;四川广元宝轮院;早侏罗世白田坝组。

1982 张采繁,539 页,图版 348,图 8;枝叶;湖南茶陵洪山庙;早侏罗世高家田组。

△弯叶枞型枝(似枞) *Elatocladus* (*Elatides*) *curvifolia* (Dunker) Ôishi,1941

1941 Ôishi,174 页,图版 38(3),图 1,2;枝;吉林汪清罗子沟;早白垩世罗子沟系中部。[注:此标本后改定为 *Elatocladus* sp.(斯行健、李星学等,1963)]

董氏枞型枝 *Elatocladus dunii* Miller et Lapasha,1984

1984 Miller,Lapasha,12 页,图版 7,图 1—8;图版 8,图 1—3;枝叶和角质层;美国蒙大拿;早白垩世 Kootenai 组。

董氏枞型枝(比较种) *Elatocladus* cf. *dunii* Miller et Lapasha

1988 陈芬等,86 页,图版 58,图 5—9;枝叶和角质层;辽宁阜新新丘矿;早白垩世阜新组。

△岩井枞型枝 *Elatocladus iwaianus* (Ôishi) Li,Ye et Zhou,1986

1941 *Pityites iwaianus* Ôishi,173 页,图版 38(3),图 3,3a;枝;吉林汪清罗子沟;早白垩世罗子沟系下部。

1963 *Pityocladus iwaianus* (Ôishi) Chow,周志炎,见斯行健、李星学等,275 页,图版 90,图 9,9a;枝;吉林汪清罗子沟;早白垩世大拉子组上部。

1986b 李星学、叶美娜、周志炎,41 页,图版 42,图 2,2a;插图 12A,12B;枝叶和角质层;吉林蛟河杉松;早白垩世晚期磨石砬子组。

△侏罗枞型枝(拟三尖杉) *Elatocladus* (*Cephalotaxopsis*) *jurassica* Li,1988

1988 李佩娟等,130 页,图版 91,图 2—4a;图版 92,图 4,5;图版 133,图 7;枝叶和角质层;采集号:80DP$_3$F$_{2-3}$;登记号:PB13712—PB13716;正模:PB13714(图版 91,图 4);标本保存在中国科学院南京地质古生物研究所;青海大煤沟;中侏罗世饮马沟组 *Coniopteris murrayana* 层。

1995a 李星学(主编),图版 93,图 5;枝;青海大柴旦绿草山;中侏罗世石门沟组(Bothonian)。(中文)

1995b 李星学(主编),图版 93,图 5;枝;青海大柴旦绿草山;中侏罗世石门沟组(Bothonian)。(英文)

△克氏枞型枝(拟粗榧?) *Elatocladus* (*Cephalotaxopsis*?) *krasseri* (Yabe et Ôishi) Chow,1963

1933 *Pityophyllum krasseri* Yabe et Ôishi,230(36)页,图版 33(4),图 21;枝叶;辽宁沙河子;侏罗纪。

1933 *Pityophyllum krasseri* Ôishi,249(11)页,图版 38(3),图 10;角质层;吉林火石岭;侏罗纪。

1963 周志炎,见斯行健、李星学等,298 页,图版 94,图 14;图版 95,图 4;枝叶和角质层;辽宁沙河子,吉林火石岭;中—晚侏罗世。

1980 张武等,300 页,图版 150,图 8;图版 187,图 2;叶和角质层;辽宁昌图沙河子;早白垩世沙河子组。

△薄叶枞型枝 ***Elatocladus leptophyllus*** **Wu S Q,1999**(中文发表)

[注:此种曾被孙革、郑少林改定为 *Cephalotaxopsis leptophylla* (Wu S Q) Sun et Zheng(孙革等,2001,100,202 页)]

1999a 吴舜卿,19 页,图版 11,图 1,5,8,8a;枝叶;采集号:AEO-131,AEO-183,AEO-235;登记号:PB18288—PB18290;正模:PB18289(图版 11,图 5);标本保存在中国科学院南京地质古生物研究所;辽宁北票上园;晚侏罗世义县组下部尖山沟层。

2001 吴舜卿,122 页,图 159;枝叶;辽宁北票上园黄半吉沟;晚侏罗世义县组下部尖山沟层。

2003 吴舜卿,173 页,图 237;枝叶;辽宁北票上园黄半吉沟;晚侏罗世义县组下部尖山沟层。

△辽西枞型枝 ***Elatocladus liaoxiensis*** **Sun et Zheng,2001**(中文和英文发表)

2001 孙革、郑少林,见孙革等,104,205 页,图版 20,图 4;图版 59,图 1,2;带叶枝;登记号:PB19163;正模:PB19163(图版 20,图 4);标本保存在中国科学院南京地质古生物研究所;辽宁北票尖山沟;晚侏罗世尖山沟组。

△林东枞型枝 ***Elatocladus lindongensis*** **Zhang,1980**

1980 张武等,300 页,图版 149,图 1,2;枝叶;登记号:D541,D542;标本保存在沈阳地质矿产研究所;内蒙古昭乌达盟阿鲁克尔沁旗白音花;中侏罗世新民组。(注:原文未指定模式标本)

1990 郑少林、张武,222 页,图版 6,图 4;枝叶;辽宁本溪宽甸邵家堡子;早侏罗世长梁子组。

△满洲枞型枝 ***Elatocladus manchurica*** **(Yokoyama) Yabe,1922**

1906 *Palissya manchurica* Yokoyama,32 页,图版 8,图 2,2a;枝叶;辽宁赛马集碾子沟;侏罗纪。

1908 *Palissya manchurica* Yokoyama,Yabe,7 页,图版 1,图 1;枝叶;吉林陶家屯;侏罗纪。

1922 Yabe,28 页,图版 4,图 9;枝叶;吉林陶家屯;侏罗纪。

1933 Yabe,Ôishi,227(33)页,图版 34(5),图 3—7;营养枝;辽宁沙河子、大堡、碾子沟、魏家堡子、二道沟,吉林火石岭、陶家屯;侏罗纪。

1933 Ôishi,248(10)页,图版 38(3),图 7—9;图版 39(4),图 1;角质层;吉林火石岭;侏罗纪。

1933b 斯行健,20 页,图版 10,图 4,5;枝叶;山西大同张家湾;早侏罗世。

1933d 斯行健,83 页,图版 12,图 7;枝叶;陕西府谷河石岩石盘湾;早侏罗世。

1941 Stockmans,Mathieu,52 页,图版 7,图 2;枝叶;山西大同;侏罗纪。

1949 斯行健,35 页,图版 15,图 9;枝叶;湖北秭归香溪、当阳观音寺白石岗;早侏罗世香溪煤系。[注:此标本后被改定为 *Elatocladus* sp.(斯行健、李星学等,1963)]

1950 Ôishi,127 页,图版 39,图 6(辽宁本溪赛马集;侏罗纪);枝叶;中国东北地区;晚侏罗世;河北,北京,内蒙古;早侏罗世。

1954 徐仁,64 页,图版 55,图 6;枝叶;辽宁赛马集碾子沟;侏罗纪。

1958 汪龙文等,615 页,616 页(包括图);枝叶;华北,东北;早侏罗世—早白垩世。

1963 斯行健、李星学等,297,图版 95,图 1,2;图版 96,图 3,4;图版 97,图 10,11;带叶枝;辽宁凤城赛马集碾子沟,本溪田师傅魏家堡子、大堡东北、二道沟、沙河子;吉林陶家屯、火石岭;山东潍县坊子寿光局;山西大同高山及张家湾;陕西府谷河石岩石盘湾、沔县苏草湾;内蒙古萨拉齐石拐子、小斗林沁、土木路;河北桑峪;北京门头沟;早—晚侏罗世(?)。

1981 陈芬等,图版 4,图 1;枝叶;辽宁阜新海州矿;早白垩世阜新组太平层或中间层(?)。

1982 王国平等，290 页，图版 128，图 1；枝叶；浙江临安平越化龙；早一中侏罗世。

1982a 刘子进，136 页，图版 74，图 2；枝叶；陕西凤县户家窑；中侏罗世龙家沟组。

1982 谭琳、朱家楠，155 页，图版 41，图 4；枝叶；内蒙古固阳小三分子村东；早白垩世固阳组。

1983b 曹正尧，40 页，图版 8，图 1—4；图版 9，图 1；带叶枝；黑龙江宝清；早白垩世珠山组。

1984a 曹正尧，15 页，图版 2，图 8；图版 5，图 7；叶枝；黑龙江密山裴德；中侏罗世裴德组。

1984 陈芬等，65 页，图版 33，图 1；枝叶；北京西山门头沟、大台、千军台、大安山、斋堂、长沟峪；早侏罗世下窑坡组；中侏罗世上窑坡组、龙门组。

1984 顾道源，156 页，图版 77，图 7；枝叶；新疆阿克陶乌依塔克；中侏罗世杨叶组。

1986b 李星学等，39 页，图版 38，图 5；图版 40，图 3；图版 42，图 1；图版 43，图 5；插图 11A—11C；枝叶和角质层；吉林蛟河杉松；早白垩世晚期磨石砬子组。

1987 段淑英，59 页，图版 21，图 1，5；枝叶；北京西山斋堂；中侏罗世窑坡组。

1988 陈芬等，86 页，图版 49，图 6A，7，8；图版 50，图 1A，2，3A；图版 51，图 1，2，4—6；图版 52，图 1—3；图版 66，图 1—4；图版 68，图 3；枝叶和角质层；辽宁阜新、铁法；早白垩世阜新组、小明安碑组。

1989 段淑英，图版 2，图 4，7；枝叶；北京西山斋堂；中侏罗世窑坡组。

1992 孙革、赵衍华，558 页，图版 258，图 1；枝叶；吉林蛟河煤矿；早白垩世奶子山组。

1993a 吴向午，80 页。

1994 曹正尧，图 4j；枝叶；黑龙江双鸭山；早白垩世早期城子河组。

1994 高瑞祺等，图版 14，图 4；枝叶；吉林长春石碑岭；早白垩世沙河子组。

1994 萧宗正等，图版 14，图 5；枝叶；北京门头沟；中侏罗世龙门组。

2003 杨小菊，570 页，图版 4，图 1，11；图版 5，图 1—3，5，6；图版 6，图 6；图版 7，图 9，10；营养枝和角质层；黑龙江鸡西盆地；早白垩世穆棱组。

2003 袁效奇等，图版 19，图 6；图版 21，图 5—7；枝叶；内蒙古达拉特旗罕台川和高头窑柳沟；中侏罗世直罗组、延安组。

2004 孙革、梅盛吴，图版 10，图 7，7a；枝叶；中国西北地区潮水盆地和雅布赖盆地；早一中侏罗世。

满洲枞型枝（亲近种）*Elatocladus* aff. *manchurica* (Yokoyama) Yabe

1976 张志诚，199 页，图版 102，图 5；枝叶；内蒙古乌拉特前旗十一分子南；早一中侏罗世石拐群。

满洲枞型枝（比较种）*Elatocladus* cf. *manchurica* (Yokoyama) Yabe

1980 黄枝高、周惠琴，110 页，图版 59，图 8；图版 60，图 7；枝叶；陕西铜川焦坪；中侏罗世延安组中上部。

1980 张武等，301 页，图版 189，图 1，2；枝叶；辽宁北票泉巨勇公社；早白垩世孙家湾组。

1986 段淑英等，图版 1，图 7；枝叶；鄂尔多斯盆地南缘；中侏罗世延安组。

1988 李佩娟等，131 页，图版 92，图 1—2a；枝叶；青海大煤沟；中侏罗世大煤沟组 *Tyrmia-Sphenobaiera* 层、饮马沟组 *Coniopteris murrayana* 层。

细小枞型枝 *Elatocladus minutus* Doludenko，1976

1976 Doludenko，Orlovskaia，121 页，图版 88，图 1—13；枝叶；南哈萨克斯坦；晚侏罗世。

2005 苗雨雁，527 页，图版 2，图 12；枝叶；新疆准噶尔盆地白杨河地区；中侏罗世西山窑组。

开展枞型枝 *Elatocladus pactens* Harris,1935

1935 Harris,61 页,图版 11,图 4,10,11,16,19;图版 15,图 3;插图 29A—29C;枝叶和角质层;丹麦东格陵兰;早侏罗世(*Thaumatopteris* Zone),晚三叠世(*Lepidopteris* Zone)。

1996 米家榕等,147 页,图版 38,图 5,6,8;枝叶;辽宁北票海房沟、兴隆沟;中侏罗世海房沟组。

开展枞型枝(比较种) *Elatocladus* cf. *pactens* Harris

1984 陈芬等,66 页,图版 36,图 1;枝叶;北京西山大台;中侏罗世上窑坡组。

1988 李佩娟等,132 页,图版 16,图 5;图版 19,图 4B;图版 81,图 3—4a;图版 90,图 2,2a;枝叶;青海大煤沟;早侏罗世甜水沟组 *Hausmania* 层。

1998 张泓等,图版 51,图 4;枝叶;青海大柴旦大煤沟;早侏罗世饮马沟组。

△羽状枞型枝 *Elatocladus pinnatus* Sun et Zheng,2001(中文和英文发表)

2001 孙革等,105,205 页,图版 17,图 6;图版 21,图 4;图版 26,图 5;图版 53,图 9,12;图版 56,图 1;图版 59,图 3—9;图版 63,图 4,13;枝叶;登记号:PB18955,PB19121,PB19124,PB19125,PB19164,PB19186,PB19197,XY3022,XY3023;正模:PB19121(图版 59,图 5);标本保存在中国科学院南京地质古生物研究所;辽宁北票尖山沟;晚侏罗世尖山沟组。

△柴达木枞型枝 *Elatocladus qaidamensis* Wu,1988

1988 吴向午,见李佩娟等,132 页,图版 80,图 5,5a;图版 131,图 1—4;枝叶和角质层;采集号:$80DJ_{1x}DC$;登记号:PB13724;正模:PB13724(图版 80,图 5);标本保存在中国科学院南京地质古生物研究所;青海大煤沟;早侏罗世饮马沟组 *Eboracia* 层。

疏松枞型枝 *Elatocladus ramosus* (Florin) Harris,1979

1958 *Tomharrisia ramosa* Florin,297 页,图版 16,图 1—7;图版 18,图 1—6;图版 19,图 1—6。

1979 Harris,117 页,图 53;枝叶和角质层;英国约克郡;中侏罗世。

疏松枞型枝(比较种) *Elatocladus* cf. *ramosus* (Florin) Harris

1988 李佩娟等,133 页,图版 92,图 3,3a;图版 95,图 5;图版 133,图 1—5;图版 136,图 4;枝叶和角质层;青海大煤沟;早侏罗世饮马沟组 *Eboracia* 层。

斯密特枞型枝 *Elatocladus smittianus* (Heer) Seward,1926

1874 *Sequoa smittiana* Heer,82 页,图版 18,图 1b;图版 20,图 5b—7c;图版 23,图 1—6;枝叶;东格陵兰;白垩纪。

1926 Seward,103 页,图版 10,图 90—92;图版 12,图 119;插图 14B;枝叶;东格陵兰;白垩纪。

1983a 郑少林、张武,90 页,图版 7,图 2—4;枝;黑龙江勃利万龙村;早白垩世中—晚期东山组。

△华彩枞型枝 *Elatocladus splendidus* Li,1988

1988 李佩娟等,133 页,图版 95,图 3,3a;图版 96,图 5;图版 134,图 1—5;图版 137,图 3;枝叶和角质层;采集号:$80DJ_{2d}FL$;登记号:PB13727,PB13728;正模:PB13727(图版 95,图 3,3a);标本保存在中国科学院南京地质古生物研究所;青海大煤沟;中侏罗大煤沟组 *Tyrmia-Sphenobaiera* 层。

△亚满洲枞型枝 *Elatocladus submanchurica* Yabe et Ôishi, 1933

1933 Yabe, Ôishi, 228(34)页,图版 34(5),图 8;枝;吉林火石岭;侏罗纪。

1950 Ôishi, 127 页;中国东北地区;晚侏罗世。

1963 斯行健、李星学等,299 页,图版 96,图 1;枝叶;吉林火石岭;中一晚侏罗世。

1976 张志诚,199 页,图版 102,图 1;枝叶;内蒙古固阳大三分子;晚侏罗世一早白垩世固阳组。

1980 张武等,301 页,图版 188,图 1,2;图版 191,图 7;枝叶;辽宁昌图沙河子,吉林长春石碑岭;早白垩世沙河子组。

1985 商平,图版 13,图 5;枝叶;辽宁阜新;早白垩世海州组孙家湾段。

1986 张川波,图版 1,图 3;图版 2,图 8;枝叶;吉林延吉铜佛寺、智新大拉子;早白垩世中一晚期铜佛寺组、大拉子组。

1987 商平,图版 3,图 3;枝叶;辽宁阜新盆地;早白垩世。

1991 赵立明、陶君容,图版 1,图 10;枝叶;内蒙古赤峰平庄盆地;早白垩世杏圆组。

1995a 李星学(主编),图版 105,图 1,6;图版 106,图 4;枝叶;黑龙江鹤岗、鸡西青龙山;早白垩世石头河子组、穆棱组。(中文)

1995b 李星学(主编),图版 105,图 1,6;图版 106,图 4;枝叶;黑龙江鹤岗、鸡西青龙山;早白垩世石头河子组、穆棱组。(英文)

亚满洲枞型枝(比较种) *Elatocladus* cf. *submanchurica* Yabe et Ôishi

1984a 曹正尧,15 页,图版 4,图 1;枝叶;黑龙江密山;中侏罗世裴德组。

亚查米亚型枞型枝 *Elatocladus subzamioides* (Moeller) Krishtofovicth, 1916

1903 *Taxites*? *subzamioides* Moeller, 34 页,图版 6,图 4,5;图版 7,图 16;丹麦博恩霍尔姆;侏罗纪。

1916 Krichtofovich, 120 页,图版 2,图 4;俄罗斯远东南滨海区;早白垩世。

1941 Stockmans, Mathieu, 52 页,图版 7,图 1;枝叶;山西大同高山;侏罗纪。[注:此标本后改定为 *Elatocladus* sp.(斯行健、李星学等,1963)]

1954 徐仁,64 页,图版 55,图 5;带球果的枝叶;山西大同;中侏罗世(?)。

细弱枞型枝 *Elatocladus tenerrimus* (Feistmantel) Sahni, 1928

1928 Sahni, 14 页,图版 1,图 10—15;枝叶;印度中央邦(Sehora, Narsinghpur District);晚侏罗世(Jabalpur Stage)。

1993 周志炎、吴一民,122 页,图版 1,图 8,8a;插图 4A;枝叶;西藏南部定日地区普那县;早白垩世普那组。

△万全枞型枝 *Elatocladus wanqunensis* Wang X F, 1984

1984 王喜富,300 页,图版 177,图 1,2;枝叶;登记号:HB-72;河北万全黄家铺;早白垩世青石砬组或黄家堡组。

枞型枝(未定多种) *Elatocladus* spp.

1933 *Elatocladus* sp.,潘钟祥,536 页,图版 1,图 8—10;枝叶;河北房山西中店;早白垩世。

1933a *Elatocladus* sp.,斯行健,8 页;枝叶;陕西汧县苏草湾;早侏罗世。[注:此标本后被斯行健、李星学等(1963)改定为? *Elatocladus manchurica* (Yokoyama) Yabe]

1933b *Elatocladus* sp. (? n. sp),斯行健,22 页,图版 10,图 6,7;枝叶;山西大同张家湾;早侏

罗世。[注:此标本后被斯行健、李星学等(1963)改定为 ?*Elatocladus manchurica* (Yokoyama) Yabe]

1933b *Elatocladus* sp. a,斯行健,33 页;枝叶;内蒙古萨拉齐石拐子;早侏罗世。[注:此标本后被斯行健、李星学等(1963)改定为 ?*Elatocladus manchurica* (Yokoyama) Yabe]

1933b *Elatocladus* sp. b,斯行健,33 页;枝叶;内蒙古萨拉齐石拐子;早侏罗世。[注:此标本后被斯行健、李星学等(1963)改定为 ?*Elatocladus manchurica* (Yokoyama) Yabe]

1933c *Elatocladus* sp.,斯行健,68,70,71 页,图版 10,图 6;枝叶;甘肃武威小石门沟口、北达板、南达板;早—中侏罗世。

1933 *Elatocladus* sp.,Yabe,Ôishi,229(35)页,图版 33(4),图 20;营养枝;辽宁西丰石人沟;侏罗纪。

1949 *Elatocladus* (*Podocarpites*) sp.,斯行健,35 页,图版 5,图 4;营养枝;湖北秭归香溪;早侏罗世香溪煤系。[注:此标本后被改定为 *Elatocladus* sp.(斯行健、李星学等,1963)]

1963 *Elatocladus* sp. 1,斯行健、李星学等,299 页,图版 96,图 10;枝叶;北京西山斋堂;中—晚侏罗世。

1963 *Elatocladus* sp. 2,斯行健、李星学等,300 页,图版 96,图 7;枝叶;湖北秭归香溪;早侏罗世香溪群。

1963 *Elatocladus* sp. 3,斯行健、李星学等,300 页,图版 95,图 6;枝叶;湖北当阳观音寺;早侏罗世香溪群。

1963 *Elatocladus* sp. 4,斯行健、李星学等,300 页,图版 95,图 7;枝叶;辽宁西丰石人沟;早—中侏罗世。

1963 *Elatocladus* sp. 5,斯行健、李星学等,301 页,图版 95,图 8;枝叶;湖北秭归香溪、当阳白石岗;早侏罗世香溪群。

1963 *Elatocladus* sp. 6,斯行健、李星学等,301 页,图版 95,图 5;枝叶;甘肃武威北达板;早—中侏罗世。

1963 *Elatocladus* sp. 7,斯行健、李星学等,301 页,图版 96,图 2(=*Elatocladus subzamioides* (Moeller) Krishtofovicth,Stockmans,Mathieu,1941,52 页,图版 7,图 1);枝叶;山西大同高山;早—中侏罗世大同群。

1963 *Elatocladus* sp. 8,斯行健、李星学等,302 页,图版 96,图 5,6(=*Elatocladus* (*Elatides*) *curvifolia* (Dunker),Ôishi,1941,174 页,图版 38(3),图 1,2);枝叶;吉林汪清罗子沟;早白垩世大拉子组或罗子沟系。

1963 *Elatocladus* sp. 9,斯行健、李星学等,302 页,图版 96,图 8,9;枝叶;河北房山西中店;晚侏罗世—早白垩世。

1963 *Elatocladus* sp. 10,斯行健、李星学等,302 页,图版 97,图 2,3(=*Elatides chinensis* Schenk,Krasser,1901,148 页,图版 2,图 9,9a,10);枝叶;新疆东天山库鲁克塔克南麓;早—中侏罗世。

1963 *Elatocladus* sp. 11,斯行健、李星学等,303 页,图版 97,图 9(=*Elatides falcata* Heer,Krasser,1901,148 页,图版 2,图 11);枝叶;新疆东天山库鲁克塔克南麓;早—中侏罗世。

1963 *Elatocladus* sp. 12,斯行健、李星学等,303 页;甘肃武威小石门沟口;早—中侏罗世。

1963 *Elatocladus* sp. 13,斯行健、李星学等,303 页;陕西丁家沟;侏罗纪。

1976 *Elatocladus* sp. 1,张志诚,199 页,图版 103,图 2;枝叶;内蒙古武川东沟;晚侏罗世大青山组。

1976 *Elatocladus* sp. 3，张志诚，199 页，图版 102，图 6，7；图版 103，图 1；枝叶；内蒙古包头石拐沟；中侏罗世召沟组。

1979 *Elatocladus* sp.，何元良等，155 页，图版 76，图 7；枝；青海天峻木里；早—中侏罗世木里群江仓组。

1980 *Elatocladus* sp.，黄枝高、周惠琴，110 页，图版 52，图 7；枝叶；内蒙古准格尔旗五字湾；早侏罗世富县组。

1980 *Elatocladus* sp. 1，吴舜卿等，119 页，图版 32，图 4，5；图版 33，图 7—11；图版 39，图 5，6；叶；湖北秭归香溪、沙镇溪；早—中侏罗世香溪组。

1980 *Elatocladus* sp. 2，吴舜卿等，119 页，图版 25，图 9；枝叶；湖北秭归香溪；早—中侏罗世香溪组。

1980 *Elatocladus* sp.，张武等，301 页，图版 150，图 1，2；枝叶；内蒙古昭乌达盟阿鲁克尔沁旗温都花；中侏罗世新民组。

1981 *Elatocladus* sp.，陈芬等，47 页，图版 4，图 2；枝叶；辽宁阜新海州矿；早白垩世阜新组孙家湾层。

1982 谭琳、朱家楠，156 页，图版 41，图 5—7；枝叶；内蒙古固阳小三分子村东；早白垩世固阳组。

1982 *Elatocladus* sp.，张采繁，540 页，图版 351，图 9，10；枝叶；湖南醴陵柑子冲；早侏罗世高家田组。

1982a *Elatocladus* sp.，杨学林、孙礼文，594 页，图版 3，图 3；枝叶；松辽盆地东南部营城；晚侏罗世沙河子组。

1983 *Elatocladus* sp. 1，陈芬、杨关秀，134 页，图版 18，图 9；枝叶；西藏狮泉河地区；早白垩世日松群上部。

1983 *Elatocladus* sp. 2，陈芬、杨关秀，134 页，图版 18，图 8；枝叶；西藏狮泉河地区；早白垩世日松群上部。

1983 *Elatocladus* sp.，李杰儒，24 页，图版 4，图 7；枝叶；辽宁锦西后富隆山盘道沟；中侏罗世海房沟组 3 段。

1984a *Elatocladus* sp. 1，曹正尧，15 页，图版 9，图 8；叶枝；黑龙江密山裴德；中侏罗世七虎林组。

1984a *Elatocladus* sp. 2，曹正尧，15 页，图版 4，图 6；叶枝；黑龙江密山裴德；中侏罗世裴德组。

1984 *Elatocladus* sp.，陈芬等，66 页，图版 34，图 3；枝叶；北京西山门头沟；中侏罗世龙门组。

1984 *Elatocladus* sp. A，陈公信，612 页，图版 270，图 1；枝叶；湖北秭归沙镇溪；早侏罗世香溪组。

1984 *Elatocladus* sp. B，陈公信，612 页，图版 270，图 4；枝叶；湖北秭归沙镇溪；早侏罗世香溪组。

1984 *Elatocladus* sp. C，陈公信，613 页，图版 270，图 11；枝叶；湖北当阳观音寺；早侏罗世桐竹园组。

1984 *Elatocladus* sp.，陈其奭，图版 1，图 24，32；带叶枝；浙江宁波、新昌；早白垩世方岩组。

1984 *Elatocladus* spp.，顾道源，156 页，图版 79，图 6—8；枝叶；新疆和丰库鲁克塔克；中侏罗世西山窑组。

1984 *Elatocladus* sp.，周志炎，54 页，图版 34，图 1，1a；枝叶；广西西湾；早侏罗世石梯组底部。

1985 *Elatocladus* sp.,杨学林、孙礼文,107页,图版1,图9;枝叶;大兴安岭巴林左旗双窝堡;中侏罗世万宝组。

1986 *Elatocladus* sp.,段淑英等,图版2,图12;枝叶;内蒙古鄂尔多斯盆地南缘;中侏罗世延安组。

1986 *Elatocladus* sp. 1,叶美娜等,78页,图版49,图6,6a;枝叶;四川开江七里峡平硐;晚三叠世须家河组7段。

1986 *Elatocladus* sp. 2,叶美娜等,78页,图版49,图3;枝叶;四川达县雷音铺;晚三叠世须家河组7段。

1987 *Elatocladus* sp.,何德长,79页,图版11,图3;枝叶;浙江云和杨家山;中侏罗世毛弄组。

1988 *Elatocladus* sp.,陈芬等,87页,图版58,图1—3;枝叶;辽宁阜新海州矿;早白垩世阜新组太平上段。

1988 *Elatocladus* sp.,蓝善先等,图版1,图30;枝叶;浙江天台水南;早白垩世塘上组。

1988 *Elatocladus* sp. 1,李佩娟等,134页,图版89,图2,2a;图版90,图3,3a;图版94,图3;叶枝;青海大煤沟;早侏罗世甜水沟组 *Hausmannia* 层。

1988 *Elatocladus* sp. 2,李佩娟等,134页,图版89,图3—3b;叶枝;青海大煤沟;早侏罗世火烧山组 *Cladopchlebis* 层。

1988 *Elatocladus* (*Pagiophyllum*?) sp. 3,李佩娟等,135页,图版97,图6,6a;叶枝;青海大煤沟;中侏罗世石门沟组 *Nilssonia* 层。

1989 *Elatocladus* spp.,周志炎,156页,图版14,图7;图版16,图7;图版19,图3,4,15,18;叶和角质层;湖南衡阳杉桥煤矿;晚三叠世杨柏冲组。

1990 *Elatocladus* sp.,刘明渭,209页,图版34,图6;枝叶;山东莱阳瓦屋夼;早白垩世莱阳组1段。

1992 *Elatocladus* sp.,王士俊,56页,图版23,图9;枝叶;广东曲江红卫坑;晚三叠世。

1993 *Elatocladus* sp.,米家榕等,152页,图版48,图8,9,18;枝叶;吉林双阳;晚三叠世大酱缸组;辽宁凌源老虎沟;晚三叠世老虎沟组;北京房山;晚三叠世杏石口组。

1993 *Elatocladus* sp. 1,孙革,107页,图版30,图5;图版31,图8;枝叶;吉林汪清天桥岭;晚三叠世马鹿沟组。

1993 *Elatocladus* sp. 2,孙革,107页,图版51,图3;枝叶;吉林汪清鹿圈子村北山;晚三叠世马鹿沟组。

1995a *Elatocladus* sp.,李星学(主编),图版143,图4;枝叶;吉林汪清罗子沟;早白垩世大拉子组。(中文)

1995b *Elatocladus* sp.,李星学(主编),图版143,图4;枝叶;吉林汪清罗子沟;早白垩世大拉子组。(英文)

1996 *Elatocladus* sp. 1,米家榕等,147页,图版38,图1—4,7;图版39,图20;枝叶;辽宁北票海房沟、兴隆沟;中侏罗世海房沟组。

1996 *Elatocladus* sp. 2,米家榕等,147页,图版38,图17;枝叶;辽宁北票海房沟;中侏罗世海房沟组。

1998 *Elatocladus* sp. 1,张泓等,图版52,图1a,5;枝叶;青海大柴旦大煤沟;中侏罗世饮马沟组。

1998 *Elatocladus* sp. 2,张泓等,图版53,图1,3,4;枝叶;新疆乌恰康苏;中侏罗世杨叶组;甘肃兰州窑街;中侏罗世窑街组。

1998 *Elatocladus* sp. 3,张泓等,图版 54,图 4;枝叶;青海德令哈旺尕秀;中侏罗世石门沟组。

1998 *Elatocladus* sp. 4,张泓等,图版 55,图 2;枝叶;内蒙古阿拉善右旗长山子;中侏罗世青土井组。

1998 *Elatocladus* sp. 5,张泓等,图版 55,图 3;枝叶;青海大柴旦大煤沟;中侏罗世饮马沟组。

1998 *Elatocladus* sp. 6,张泓等,图版 55,图 4;枝叶;甘肃兰州窑街;中侏罗世窑街组。

1999 *Elatocladus* sp.,曹正尧,101 页,图版 22,图 15,15a;枝叶;浙江文成徐家山;早白垩世馆头组。

1999a *Elatocladus* sp.,吴舜卿,19 页,图版 11,图 2;营养枝;辽宁北票上园;晚侏罗世义县组下部尖山沟层。

2001 *Elatocladus* sp. 1,孙革等,105,206 页,图版 26,图 8;图版 43,图 13;图版 53,图 6;图版 54,图 5;带叶枝;辽宁西部;晚侏罗世尖山沟组。

2001 *Elatocladus* sp. 2,孙革等,105,206 页,图版 20,图 7;带叶小枝;辽宁西部;晚侏罗世尖山沟组。

2003 *Elatocladus* sp. 1,邓胜徽等,图版 74,图 6;带叶小枝;新疆哈密三道岭煤矿;中侏罗世西山窑组。

2003 *Elatocladus* sp. 2,邓胜徽等,图版 75,图 3;带叶小枝;新疆哈密三道岭煤矿;中侏罗世西山窑组。

2003 *Elatocladus* sp. 3,邓胜徽等,图版 75,图 4;带叶小枝;新疆哈密三道岭煤矿;中侏罗世西山窑组。

2003 *Elatocladus* sp.,孟繁松等,图版 4,图 10;带叶小枝;四川云阳水市口;早侏罗世自流井组东岳庙段。

2005 *Elatocladus* sp.,孙柏年等,图版 16,图 4;带叶小枝;甘肃窑街;中侏罗世窑街组。

枞型枝(拟粗榧?)(未定多种) *Elatocladus* (*Cephalotaxopsis*?) spp.

1976 *Elatocladus* (*Cephalotaxopsis*?) sp. 2,张志诚,199 页,图版 102,图 8;枝叶;内蒙古固阳锡林脑包;晚侏罗世—早白垩世固阳组。

1983a *Elatocladus* (*Cephalotaxopsis*?) sp.,曹正尧,18 页,图版 2,图 14;枝叶;黑龙江虎林云山;中侏罗世龙爪沟群。

1984b *Elatocladus* (*Cephalotaxopsis*?) sp.,曹正尧,41 页,图版 4,图 1,12;枝叶;黑龙江密山大巴山;早白垩世东山组。

枞型枝(?榧)(未定种) *Elatocladus* (?*Torreya*) sp.

1983 *Elatocladus* (?*Torreya*) sp.,张志诚、熊宪政,62 页,图版 7,图 8;带叶小枝;黑龙江东部东宁盆地;早白垩世东宁组。

△始水松属 Genus *Eoglyptostrobus* Miki,1964

1964 Miki,14,21 页。

1970 Andrews,83 页。

1993a 吴向午,14,219 页。

1993b 吴向午,504,512 页。

模式种:*Eoglyptostrobus sabioides* Miki,1964

分类位置:松柏纲松柏目(Coniferales,Coniferopsida)

△清风藤型始水松 *Eoglyptostrobus sabioides* Miki,1964

1964 Miki,14,21 页,图版 1,图 E;枝叶;辽宁凌源;晚侏罗世狼鳍鱼层。

1970 Andrews,83 页。

1993a 吴向午,14,219 页。

1993b 吴向午,504,512 页。

似麻黄属 Genus *Ephedrites* Goeppert,Berendt,1845

1845 Goeppert,Berendt,见 Berendt,105 页。

1891 Saporta,22 页。

1986 吴向午等,15,20 页。

1993a 吴向午,80 页。

模式种:*Ephedrites johnianus* Goeppert et Berendt,1845[注:此模式种被 Goeppert(1853)归于 *Ephedra*,以后又被 Conwentz(1886)归于被子植物桑寄生科(Loranthacea)]

候选模式种:*Ephedrites antiquus* Heer emend Saporta,1891

分类位置:买麻藤纲(Gnetinae)[盖子植物纲麻黄目麻黄科(Ephedraceae,Ephedrales,Chlamydosperminae)]

约氏似麻黄 *Ephedrites johnianus* Goeppert et Berendt,1845

1845 Goeppert,Berendt,见 Berendt,105 页,图版 4,图 8—10;图版 5,图 1;德国北部;中新世。

1993a 吴向午,80 页。

古似麻黄 *Ephedrites antiquus* Heer,1876 emend Saporta,1891

1876 Heer,82 页,图版 14,图 7,24—32;图版 15,图 1a,1b;茎和种子;东西伯利亚;侏罗纪。

1891 Saporta,22 页;东西伯利亚;侏罗纪。

1993a 吴向午,80 页。

△陈氏似麻黄 *Ephedrites chenii* (Cao et Wu S Q) Guo et Wu X W,2000(中文和英文发表)

1997 *Liaoxia chenii* Cao et Wu S Q,见曹正尧等,1764 页,图版 1,图 1,2,2a—2c;茎叶和雌球花;辽宁西部;晚侏罗世义县组。(中文)

1998 *Liaoxia chenii* Cao et Wu S Q,见曹正尧等,231 页,图版 1,图 1,2,2a—2c;茎叶和雌球花;辽宁西部;晚侏罗世义县组。(英文)

2000 郭双兴、吴向午,82,86 页,图版 1,图 1—7;图版 2,图 1—8;茎叶和雌球花;辽宁西部;晚侏罗世义县组。(中文和英文)

2001 孙革等,106,206 页,图版 24,图 2,4;图版 64,图 1—9;茎叶和雌球花;辽宁西部;晚侏罗世尖山沟组。

△雅致?似麻黄 *Ephedrites*? *elegans* Sun et Zheng,2001(中文和英文发表)

2001 孙革、郑少林,见孙革等,107,207页,图版24,图1,3;图版65,图12,13;图版67,图1,2;生殖小枝;登记号:PB19175,PB19175A(正、反面);正模:PB19175(图版24,图1);标本保存在中国科学院南京地质古生物研究所;辽宁西部;晚侏罗世尖山沟组。

△明显似麻黄 *Ephedrites exhibens* Wu,He et Mei,1986

1986 吴向午、何元良、梅盛吴,16,20页,图版1,图3A,3B(?);图版2,图1A,1a,2,3;插图3;枝、雌球花和种子;采集号:80DP$_1$F28,80DP$_1$F28-16-4,80DP$_1$F28-31-1;登记号:PB11358—PB11361;合模1:PB11360(图版2,图1A,1a);合模2:PB11358(图版1,图3A);合模3:PB11361(图版2,图22);标本保存在中国科学院南京地质古生物研究所;青海柴达木盆地大柴旦小煤沟;早侏罗世小煤沟组。[注:依据《国际植物命名法规》(《维也纳法规》)第37.2条,1958年起,模式标本只能是1块标本]

1988 李佩娟等,136页,图版101,图4—6;枝、雌球花和种子;青海大煤沟;早侏罗世甜水沟组 *Ephedrites* 层。

1993a 吴向午,80页。

△国忠似麻黄 *Ephedrites guozhongiana* Sun et Zheng,2001(中文和英文发表)

2001 孙革、郑少林,见孙革等,106,207页,图版24,图5;图版56,图1;带叶茎和小枝;登记号:PB19106,PB19106A(正、反模);正模:PB19174(图版24,图5);标本保存在中国科学院南京地质古生物研究所;辽宁西部;晚侏罗世尖山沟组。

△中国似麻黄 *Ephedrites sinensis* Wu,He et Mei,1986

1986 吴向午、何元良、梅盛吴,15,20页,图版1,图1—1b,2A;插图2;枝、雌球花和种子;采集号:80DP$_1$F28-19-2,80DP$_1$F28-31-2;登记号:PB11356,PB11357;合模1:PB11356(图版1,图1,1a);合模2:PB11357(图版1,图2A);标本保存在中国科学院南京地质古生物研究所;青海柴达木盆地大柴旦小煤沟;早侏罗世小煤沟组。[注:依据《国际植物命名法规》(《维也纳法规》)第37.2条,1958年起,模式标本只能是1块标本]

1988 李佩娟等,136页,图版101,图1,1a,2A,3A;枝、雌球花和种子;青海大煤沟;早侏罗世甜水沟组 *Ephedrites* 层。

1993a 吴向午,80页。

1995a 李星学(主编),图版93,图2;枝、雌球花和种子;青海柴达木盆地大柴旦小煤沟;早侏罗世小煤沟组(Toarcian)。(中文)

1995b 李星学(主编),图版93,图2;枝、雌球花和种子;青海柴达木盆地大柴旦小煤沟;早侏罗世小煤沟组(Toarcian)。(英文)

似麻黄(未定多种) *Ephedrites* spp.

1986 *Ephedrites* spp.,吴向午等,18页,图版1,图4—7;图版2,图4—8;插图4;种子;青海柴达木盆地大柴旦小煤沟;早侏罗世小煤沟组。

1988 *Ephedrites* sp.,李佩娟等,136页,图版101,图7—10,11(?);雌球花和种子;青海大煤沟;早侏罗世甜水沟组 *Ephedrites* 层。

1993a *Ephedrites* sp.,吴向午,80页。

1995 *Ephedrites* sp.,吴舜卿,472页,图版3,图1—3,5;枝叶;新疆塔里木北缘库车河;早侏罗世塔里奇克组。

△似画眉草属 Genus *Eragrosites* Cao et Wu S Q,1998(1997)

1997 *Eragrosites* Cao et Wu S Q,曹正尧、吴舜卿,见曹正尧等,1765 页。(中文)

1998 *Eragrosites* Cao et Wu S Q,曹正尧、吴舜卿,见曹正尧等,231 页。(英文)

模式种:*Eragrosites changii* Cao et Wu S Q,1998 (1997)

分类位置:单子叶植物纲禾本科(Gramineae,Monocotyledoneae)[注:后认为此植物属于买麻藤类(Chlamydopsida 或 Gnetopsida)(郭双兴、吴向午,2000,83,88 页;吴舜卿,1999a)]

△常氏似画眉草 *Eragrosites changii* Cao et Wu S Q,1998 (1997)

[注:此种后改定为 *Ephedrites chenii* (Cao et Wu S Q) Guo et Wu X W (Guo Shuangxing,Wu Xiangwu,2000)]

1997 曹正尧、吴舜卿,见曹正尧等,1765 页,图版 2,图 1—3;图 1;草本植物,花枝;登记号:PB17801,PB17802;正模:PB17803(图版 2,图 2);保存在中国科学院南京地质古生物研究所;辽西北票上园炒米店附近;晚侏罗世义县组下部尖山沟层。(中文)

1998 曹正尧、吴舜卿,见曹正尧等,231 页,图版 2,图 1—3;图 1;草本植物,花枝;登记号:PB17801,PB17802;正模:PB17803(图版 2,图 2);标本保存在中国科学院南京地质古生物研究所;辽西北票上园炒米店附近;晚侏罗世义县组下部尖山沟层。(英文)。

1999a 吴舜卿,21 页,图版 14,图 3,3a;图版 15,图 3,3a;辽西北票上园炒米店附近;晚侏罗世义县组下部尖山沟层。

费尔干杉属 Genus *Ferganiella* Prynada (MS.) ex Neuburg,1936

1936 Neuburg,151 页。

1974a 厉宝贤,见李佩娟等,362 页。

1980b Vackrameev,151 页。

1993a 吴向午,82 页。

模式种:*Ferganiella urjachaica* Neuburg,1936

分类位置:松柏纲苏铁杉目(Podozamitales,Coniferopsida)

乌梁海费尔干杉 *Ferganiella urjachaica* Neuburg,1936

1936 Neuburg,151 页,图版 4,图 5,5a;叶;图瓦地区;中侏罗世。

1980b Vackrameev,151 页。

1993a 吴向午,82 页。

乌梁海费尔干杉(比较种) *Ferganiella* cf. *urjachaica* Neuburg

1980 吴舜卿等,82 页,图版 5,图 8,9;枝叶;湖北兴山郑家河;晚三叠世沙镇溪组。

1984 陈公信,609 页,图版 267,图 2,3;叶;湖北兴山耿家河、郑家河;晚三叠世沙镇溪组。

披针形费尔干杉 *Ferganiella lanceolatus* Brick ex Turutanova-Ketova,1960

1960 Brick,见 Turutanova-Ketova,109 页,图版 21,图 6;叶;南费尔干;早侏罗世。

1987 钱丽君等,85 页,图版 26,图 5;叶;陕西神木永兴沟;中侏罗世延安组。

1988 李佩娟等,129 页,图版 94,图 1,1a;叶;青海大煤沟;中侏罗世大煤沟组 *Tyrmia-Sphenobaiera* 层。

1998 张泓等,图版 47,图 6;图版 48,图 2B;枝叶;陕西神木;中侏罗世延安组底部;新疆和布克赛尔和什托洛盖;早侏罗世八道湾组。

2002 张振来等,图版 15,图 12;枝;湖北秭归泄滩;晚三叠世沙镇溪组。

披针形费尔干杉(比较种) *Ferganiella* cf. *lanceolatus* Brick ex Turutanova-Ketova

2002 张振来等,图版 14,图 8;图版 15,图 13;叶;湖北秭归泄滩;晚三叠世沙镇溪组。

△间细脉费尔干杉 *Ferganiella mesonervis* Zhang,1982

1982 张采繁,539 页,图版 348,图 4;枝叶;标本号:HP352;正模:HP352(图版 348,图 4);标本保存在湖南省地质博物馆;湖南茶陵茅坪;早侏罗世高家田组。

△耳羽叶型?费尔干杉 *Ferganiella*? *otozamioides* Yang,1982

1982 杨贤河,485 页,图版 16,图 5,5a;叶;采集号:H20;登记号:Sp297;四川威远葫芦口;晚三叠世须家河组。

△疏脉费尔干杉 *Ferganiella paucinervis* Li,1976

1976 李佩娟等,129 页,图版 42,图 1a,5;枝叶;采集号:AARV7-9/99Y;登记号:PB5445,PB5446;正模:PB5446(图版 42,图 5);标本保存在中国科学院南京地质古生物研究所;云南禄丰渔坝村、一平浪;晚三叠世一平浪组干海子段。

1992 王士俊,55 页,图版 23,图 8;枝叶;广东乐昌关春;晚三叠世。

疏脉费尔干杉(比较种) *Ferganiella* cf. *paucinervis* Li

1984 陈芬等,65 页,图版 35,图 3;叶;北京西山门头沟;中侏罗世上窑坡组。

△苏铁杉型费尔干杉 *Ferganiella podozamioides* Lih,1974

1974a 厉宝贤,见李佩娟等,362 页,图版 193,图 4—9;叶;登记号:PB4851—PB4853,PB4870;标本保存在中国科学院南京地质古生物研究所;四川峨眉荷叶湾;晚三叠世须家河组;四川会理白果湾;晚三叠世白果湾组。(注:原文未指定模式标本)

1976 李佩娟等,130 页,图版 42,图 1—4;图版 43,图 7;枝叶;云南禄丰渔坝村、一平浪;晚三叠世一平浪组干海子段。

1978 杨贤河,533 页,图版 184,图 5;叶;四川新龙雄龙;晚三叠世喇嘛垭组。

1982 王国平等,290 页,图版 126,图 6;叶;江西高安西岭;晚三叠世安源组。

1982a 刘子进,138 页,图版 75,图 7;叶;陕西镇巴响洞子;晚三叠世须家河组。

1982 杨贤河,485 页,图版 16,图 1—4;叶;四川威远葫芦口;晚三叠世须家河组。

1983 段淑英等,图版 6,图 3—4;叶;云南宁蒗背箩山一带;晚三叠世。

1984 陈公信,609 页,图版 268,图 4;叶;湖北蒲圻苦竹桥;晚三叠世鸡公山组。

1986 叶美娜等,82 页,图版 52,图 1;枝叶;四川铁山金窝;晚三叠世须家河组 3 段。

1987 陈晔等,130 页,图版 39,图 3—5;枝叶;四川盐边箐河;晚三叠世红果组。

1992 孙革、赵衍华,557 页,图版 239,图 3;叶;吉林汪清天桥岭;晚三叠世马鹿沟组。

1993 孙革,105 页,图版 45,图 5;叶;吉林汪清天桥岭;晚三叠世马鹿沟组。

1993a 吴向午,82 页。

1996 米家榕等,144 页,图版 35,图 1;图版 37,图 1,32,33;枝叶;辽宁北票海房沟;中侏罗世海房沟组。

1999b 吴舜卿,49 页,图版 43,图 1,2,4(?);图版 44,图 8(?);插图 4,图 1,3—6;枝叶;重庆合川,四川旺苍、万源;晚三叠世须家河组。

2000 姚华舟等,图版 3,图 2;叶枝;四川新龙雄龙;晚三叠世喇嘛垭组。

苏铁杉型费尔干杉(比较种) *Ferganiella* cf. *podozamioides* Lih

1982 张采繁,539 页,图版 351,图 11;图版 352,图 12;叶;湖南长沙跳马涧;早侏罗世;湖南浏阳文家市;晚三叠世三丘田组。

1984 陈芬等,65 页,图版 35,图 4;叶;北京西山门头沟;早侏罗世下窑坡组。

1990 郑少林、张武,222 页,图版 1,图 7;叶;辽宁本溪田师傅;中侏罗世大堡组。

苏铁杉型费尔干杉(比较属种) *Ferganiella* cf. *F. podozamioides* Lih

1993 *Ferganiella* cf. *F. podozamioides* Lih,米家榕等,152 页,图版 48,图 1,2;叶;吉林双阳;晚三叠世小蜂蜜顶子组上段。

△威远费尔干杉 *Ferganiella weiyuanensis* Yang,1982

1982 杨贤河,485 页,图版 16,图 6—8;叶;采集号:H7;登记号:Sp298—Sp300;合模:Sp298—Sp300(图版 16,图 6—8);四川威远葫芦口;晚三叠世须家河组。[注:依据《国际植物命名法规》(《维也纳法规》)第 37.2 条,1958 年起,模式标本只能是 1 块标本]

费尔干杉(未定多种) *Ferganiella* spp.

1976 *Ferganiella* sp.,李佩娟等,130 页,图版 42,图 9;叶;云南禄丰渔坝村、一平浪;晚三叠世一平浪组干海子段。

1980 *Ferganiella* sp.,吴舜卿等,83 页,图版 5,图 7;叶;湖北兴山郑家河;晚三叠世沙镇溪组。

1980 *Ferganiella* sp.,吴舜卿等,118 页,图版 14,图 9;叶;湖北秭归沙镇溪;早—中侏罗世香溪组。

1984 *Ferganiella* sp.,陈公信,610 页,图版 268,图 2;叶;湖北鄂城碧石渡;晚三叠世鸡公山组。

1984 *Ferganiella* sp.,周志炎,53 页,图版 33,图 2(左);叶;湖南祁阳河埠塘;早侏罗世观音滩组搭坝口段。

1984 *Ferganiella* sp. cf. *F. lanceolata* Brick,周志炎,53 页,图版 33,图 3—6;叶;湖南祁阳河埠塘;早侏罗世观音滩组搭坝口段;湖南祁阳观音滩、衡南洲市;早侏罗世观音滩组排家冲段。

1986b *Ferganiella* sp.(*F.* cf. *lanceolata* Brick),陈其奭,12 页,图版 3,图 8;图版 5,图 10;叶;浙江义乌乌灶;晚三叠世乌灶组。

1993 *Ferganiella* sp.,米家榕等,152 页,图版 47,图 14;图版 5,图 5;叶;吉林浑江;晚三叠世北山组(小河口组)。

1996 *Ferganiella* sp.,米家榕等,144 页,图版 37,图 31;叶;辽宁北票海房沟;中侏罗世海房沟组。

1999b *Ferganiella* sp. 1,吴舜卿,49 页,图版 41,图 4;图版 42,图 4;叶;四川威远;晚三叠世

须家河组。

1999b *Ferganiella* sp. 2,吴舜卿,51 页,图版 42,图 6;叶;四川万源;晚三叠世须家河组。

2003 *Ferganiella* sp.,许坤等,图版 6,图 12;叶;辽宁北票海房沟;中侏罗世海房沟组。

费尔干杉?(未定多种) *Ferganiella*? spp.

1980 *Ferganiella*? sp.,吴舜卿等,118 页,图版 18,图 5;叶;湖北秭归沙镇溪;早—中侏罗世香溪组。

1984 *Ferganiella*? spp.,周志炎,53 页,图版 33,图 7,7a;叶;湖南零陵黄阳司王家亭子;早侏罗世观音滩组中下(?)部。

1992 *Ferganiella*? sp.,王士俊,56 页,图版 23,图 1;枝叶;广东乐昌关春;晚三叠世。

1997 *Ferganiella*? sp.,吴舜卿等,169 页,图版 3,图 4;叶;香港大澳;早—中侏罗世。

拟节柏属 Genus *Frenelopsis* Schenk,1869

1869 Schenk,13 页。

1977 周志炎、曹正尧,175 页。

1993a 吴向午,83 页。

模式种:*Frenelopsis hohenggeri* (Ettingshausen) Schenk,1869

分类位置:松柏纲掌鳞杉科(Cheirolepidiaceae,Coniferopsida)

霍氏拟节柏 *Frenelopsis hohenggeri* (Ettingshausen) Schenk,1869

1852 *Thuites hohenggeri* Ettingshausen,26 页,图版 1,图 6,7;前捷克斯洛伐克;早白垩世。

1869 Schenk,13 页,图版 4,图 5—7;图版 5,图 1,2;图版 6,图 1—6;图版 7,图 1;枝;前捷克斯洛伐克;早白垩世。

1993a 吴向午,83 页。

霍氏拟节柏(比较属种) Cf. *Frenelopsis hohenggeri* (Ettingshausen) Schenk

1979 何元良等,154 页,图版 77,图 1—5;枝和角质层;青海化隆扎巴;早白垩世河口群。[注:此标本后被归于 *Pseudofrenelopsis papillosa* (Chow et Tsao) Cao ex Zhou(杨小菊,2005)]

1982 李佩娟,94 页,图版 13,图 1(?),2—4;枝;西藏八宿上林卡区;早白垩世多尼组。

△雅致拟节柏 *Frenelopsis elegans* Chow et Tsao,1977

1977 周志炎、曹正尧,175 页,图版 4,图 8—11;插图 5;枝叶和角质层;登记号:PB6271;正模:PB6271(图版 4,图 8);标本保存在中国科学院南京地质古生物研究所;吉林延吉智新大拉子;早白垩世大拉子组。

1986 张川波,图版 2,图 12;枝叶;吉林延吉智新大拉子;早白垩世中—晚期大拉子组。

1993a 吴向午,83 页。

少枝拟节柏 *Frenelopsis parceramosa* Fontaine,1889

1889 Fontaine,218 页,图版 111,图 1—5;枝叶;美国弗吉尼亚(Dutch Cap Canal);早白垩世(Potomac Group)。

1977 冯少南等,243 页,图版 98,图 2,3;枝;湖南衡阳凤仙坳;早白垩世。

1993a 吴向午,83 页。

多枝拟节柏 *Frenelopsis ramosissima* Fontaine,1889

1889 Fontaine,215 页,图版 95—99;图版 100,图 1—3;图版 101,图 1;枝叶;美国弗吉尼亚联邦山弗雷德里克斯堡和巴尔的摩;早白垩世(Potomac Group)。

1977 冯少南等,243 页,图版 98,图 1;枝叶;广东海丰汤湖;早白垩世。

1993a 吴向午,83 页。

多枝拟节柏(比较种) *Frenelopsis* cf. *ramosissima* Fontaine

1982 王国平等,287 页,图版 132,图 14;枝;浙江临海小岭;晚侏罗世寿昌组。

1989 丁保良等,图版 3,图 14;枝;浙江临海小岭;晚侏罗世磨石山组 C-2 段。

1991 李佩娟、吴一民,289 页,图版 10,图 6,6a,8(?);枝叶;西藏改则麻米;早白垩世川巴组。

1993a 吴向午,83 页。

拟节柏(未定多种) *Frenelopsis* spp.

1980 *Frenelopsis* sp.,张武等,303 页,图版 186,图 5;枝;黑龙江新生;早白垩世城子河组。

1993 *Frenelopsis* sp.,冯少南、马洁,136 页;四川宣汉;早白垩世。(仅名单)

拟节柏?(未定多种) *Frenelopsis*? spp.

1982 *Frenelopsis*? sp.,郑少林、张武,325 页,图版 24,图 17;插图 17;枝;黑龙江鸡西滴道暖泉;晚侏罗世滴道组。

1999 *Frenelopsis*? sp.,曹正尧,91 页,图版 13,图 1;图版 26,图 4;枝叶;浙江临海岭下陈;早白垩世馆头组。

1993c *Frenelopsis*? sp.,吴向午,85 页,图版 5,图 6;枝叶;陕西商县凤家山至山倾村剖面;早白垩世凤家山组下段。

盖涅茨杉属 Genus *Geinitzia* Endlicher,1847

1847 Endlicher,280 页。

1990 刘明渭,207 页。

模式种:*Geinitzia cretacea* Endlicher,1847

分类位置:松柏纲(Coniferopsida)

白垩盖涅茨杉 *Geinitzia cretacea* Endlicher,1847

1842(1839—1842) *Araucarites rabenhorstii* Geinitz,97 页,图版 24,图 5;不育枝;德国萨克森;早白垩世。

1847 Endlicher,280 页。

盖涅茨杉(未定多种) *Geinitzia* spp.

1990 *Geinitzia* sp. 1,刘明渭,207 页;枝叶;山东莱阳黄崖底;早白垩世莱阳组 3 段。

1990 *Geinitzia* sp. 2,刘明渭,207 页;枝叶;山东莱阳黄崖底;早白垩世莱阳组 3 段。

1990 *Geinitzia* sp. 3,刘明渭,207 页;枝叶;山东莱阳黄崖底;早白垩世莱阳组 3 段。

格伦罗斯杉属 Genus *Glenrosa* Watson et Fisher,1984

1984　Watson,Fisher,219 页。

2000　周志炎等,562 页。

模式种:*Glenrosa texensis* (Fontiane) Watson et Fisher,1984

分类位置:松柏纲(Coniferopsida)

得克萨斯格伦罗斯杉 *Glenrosa texensis* (Fontiane) Watson et Fisher,1984

1893　*Brachyphyllum texensis* Fontiane,269 页,图版 38,图 5;图版 39,图 1,1a;美国得克萨斯;早白垩世格伦罗斯组。

1984　Watson,Fisher,219 页,图版 64;插图 1,2,4A;枝叶和角质层;美国得克萨斯;早白垩世格伦罗斯组。

△南京格伦罗斯杉 *Glenrosa nanjingensis* Zhou,Thévenart,Balale et Guignart,2000(英文发表)

2000　周志炎等,562 页,图版 1—3;插图 1,2;枝叶和叶角质层;登记号:PB17455—PB17463,PB18133—PB18135;正模:PB17456(图版 1,图 3);标本保存在中国科学院南京地质古生物研究所;江苏南京栖霞;早白垩世葛村组。

雕鳞杉属 Genus *Glyptolepis* Schimper,1870

1870(1869—1874)　Schimper,244 页。

1976　李佩娟等,133 页。

1993a　吴向午,86 页。

模式种:*Glyptolepis keuperiana* Schimper,1870

分类位置:松柏纲(Coniferopsida)

考依普雕鳞杉 *Glyptolepis keuperiana* Schimper,1870

1870(1869—1874)　Schimper,244 页,图版 76,图 1;枝叶;德国汉堡附近;晚三叠世(Keuper)。

1993a　吴向午,86 页。

长苞雕鳞杉 *Glyptolepis longbracteata* Florin,1944

1944　Florin,489 页,图版 181/182,图 16,17;插图 54b;果鳞;西欧;晚二叠世。

长苞雕鳞杉(比较属种) Cf. *Glyptolepis longbracteata* Florin

1979　周志炎、厉宝贤,452 页,图版 2,图 6;枝叶;海南琼海九曲江塔岭;早三叠世岭文群九曲江组。

1992a　孟繁松,181 页,图版 8,图 14—16;果鳞;海南琼海九曲江海洋村;早三叠世岭文组。

1995a　李星学(主编),图版 63,图 13;果鳞;海南琼海九曲江海洋村;早三叠世岭文群。(中文)

1995b 李星学(主编),图版63,图13;果鳞;海南琼海九曲江海洋村;早三叠世岭文群。(英文)

雕鳞杉(未定种) *Glyptolepis* sp.

1976 *Glyptolepis* sp.,李佩娟等,133页,图版46,图9—11a;枝叶;云南剑川石钟山;晚三叠世剑川组。

1993a *Glyptolepis* sp.,吴向午,86页。

水松型木属 Genus *Glyptostroboxylon* Conwentz,1885

1885 Conwentz,445页。

1982 郑少林、张武,329页。

1993a 吴向午,86页。

模式种:*Glyptostroboxylon goepperti* Conwentz,1885

分类位置:松柏纲(Coniferopsida)

葛伯特水松型木 *Glyptostroboxylon goepperti* Conwentz,1885

1885 Conwentz,445页;木化石;阿根廷;早渐新世。

1993a 吴向午,86页。

△西大坡水松型木 *Glyptostroboxylon xidapoense* Zheng et Zhang,1982

1982 郑少林、张武,329页,图版26,图1—9;木化石;薄片号:126;标本保存在沈阳地质矿产研究所;黑龙江鸡西大坡;早白垩世穆棱组。

1993a 吴向午,86页。

水松属 Genus *Glyptostrobus* Endl.,1847

1979 郭双兴、李浩敏,552页。

1993a 吴向午,87页。

模式种:(现生属)

分类位置:松柏纲杉科(Taxodiaceae,Coniferopsida)

欧洲水松 *Glyptostrobus europaeus* (Brongniart A) Heer

1855 Heer,51页,图版19;图版20,图1;枝叶和球果。

1979 郭双兴、李浩敏,552页,图版1,图1—1b,2,3;枝叶和球果;吉林珲春二道沟;晚白垩世珲春组。

1993a 吴向午,87页。

1995a 李星学(主编),图版121,图1,6;球果;吉林珲春二道沟;晚白垩世二道沟组。(中文)

1995b 李星学(主编),图版121,图1,6;球果;吉林珲春二道沟;晚白垩世二道沟组。(英文)

2000 郭双兴,230页,图版2,图9,15;营养枝;吉林珲春;晚白垩世珲春组下部。

棍穗属 Genus *Gomphostrobus* Marion,1890

1890 Marion,894 页。

1947—1948 Mathews,241 页。

1993a 吴向午,87 页。

模式种:*Gomphostrobus heterophylla* Marion,1890 [(注:此属最早描述的种是 *Gomphostrobus bifidus* (Geinitz) Zeiller et Potonie (Potonie,1890)]

分类位置:松柏纲?(Coniferopsida?)

异叶棍穗 *Gomphostrobus heterophylla* Marion,1890

1890 Marion,894 页;南洋杉似枝叶;法国洛代夫;二叠纪。(裸名)

1993a 吴向午,87 页。

分裂棍穗 *Gomphostrobus bifidus* (Geinitz) Zeiller et Potonie,1900

1900 Zeiller,Potonie,见 Potonie,620 页,图 387。

1947—1948 Mathews,241 页,图 5;生殖器官;北京西山;二叠纪(?)、三叠纪(?)双泉群。

1993a 吴向午,87 页。

古尔万果属 Genus *Gurvanella* Krassilov,1982,emend Sun,Zheng et Dilcher,2001

1982 Krassilov,31 页。

2001 孙革等,108,207 页。

模式种:*Gurvanella dictyoptera* Krassilov,1982,emend Sun,Zheng et Dilcher,2001

分类位置:被子植物亚门(Angiospermae)

网翅古尔万果 *Gurvanella dictyoptera* Krassilov,1982,emend Sun,Zheng et Dilcher,2001

1982 Krassilov,31 页,图版 18,图 229—237;插图 10A;种子;蒙古古尔万-艾林山地区;早白垩世。

2001 孙革等,108,207 页。

△优美古尔万果 *Gurvanella exquisites* Sun,Zheng et Dilcher,2001(中文和英文发表)

2001 孙革等,108,207 页,图版 24,图 7,8;图版 25,图 5;图版 65,图 2—11;具翅种子;登记号:PB19176—PB19181,PB19183,ZY3031;正模:PB19176(图版 24,图 8);标本保存在中国科学院南京地质古生物研究所;辽宁西部;晚侏罗世尖山沟组。

△哈勒角籽属 Genus *Hallea* Mathews,1947—1948

1947—1948 Mathews,241 页。

1993a 吴向午,17,221 页。

1993b 吴向午,505,513 页。

模式种:*Hallea pekinensis* Mathews,1947—1948

分类位置:不明(incertae sedis)

△北京哈勒角籽 *Hallea pekinensis* Mathews,1947—1948

1947—1948　Mathews,241 页,图 4;种子;北京西山;二叠纪(?)、三叠纪(?)双泉群。

1993a 吴向午,17,221 页。

1993b 吴向午,505,513 页。

希默尔杉属 Genus *Hirmerella* Hörhammer,1933,emend Jung,1968

[注:原名为 *Hirmeriella*,后经 Jung(1968)修订为 *Hirmerella*]

1933　*Hirmeriella* Hörhammer,29 页。

1968　Jung,80 页。

1982a 吴向午,57 页。

1993a 吴向午,90 页。

模式种:*Hirmerella rhatoliassica* Hörhammer,1933

分类位置:松柏纲希默尔杉科(Hirmerellaceae,Coniferopsida)

瑞替里阿斯希默尔杉 *Hirmerella rhatoliassica* Hörhammer,1933

1933　*Hirmeriella rhatoliassica* Hörhammer,29 页,图版 5—7;球果;法国;晚三叠世(Rhaetic)。

1968　Jung,80 页。

1993a 吴向午,90 页。

敏斯特希默尔杉 *Hirmerella muensteri* (Schenk) Jung,1968

1867　*Brachyphyllum muesteri* Schenk,187 页,图版 43,图 1—12;弗兰哥尼亚;晚三叠世(Keuper)—早侏罗世(Lias)。

1968　Jung,80 页,图版 15—19;插图 6,7,10;枝叶;瑞士;晚三叠世。

1993a 吴向午,90 页。

敏斯特希默尔杉(比较属种) Cf. *Hirmerella muensteri* (Schenk) Jung

1982a 吴向午,57 页,图版 8,图 2,2a;图版 9,图 3,3a,4,4A,4a,4b;枝叶;西藏安多土门;晚三叠世土门格拉组。

1982b 吴向午,99 页,图版 18,图 5,5a;图版 19,图 4B;枝叶;西藏昌都希雄煤田;晚三叠世巴贡组。

1993a 吴向午,90 页。

△湘潭希默尔杉 *Hirmerella xiangtanensis* Zhang,1982

1982　张采繁,538 页,图版 352,图 9,9a;图版 357,图 4—6;枝叶和角质层;标本号:HP490;正模:HP490(图版 352,图 9);标本保存在湖南省地质博物馆;湖南湘潭杨家桥;早侏罗世石康组。

1986　张采繁,200 页,图版 6,图 1—1e;插图 10;枝叶和角质层;湖南湘潭杨家桥;早侏罗世石康组。

拟落叶松属 Genus *Laricopsis* Fontaine, 1889

1889 Fontaine, 233 页。

1941 Stockmans, Mathieu, 56 页。

1993a 吴向午, 94 页。

模式种: *Laricopsis logifolia* Fontaine, 1889

分类位置: 松柏纲(Coniferopsida)

长叶拟落叶松 *Laricopsis logifolia* Fontaine, 1889

1889 Fontaine, 233 页, 图版 102, 103, 165, 168; 小枝; 美国弗吉尼亚(Dutch Cap Canal); 早白垩世(Potomac Group)。

1941 Stockmans, Mathieu, 56 页, 图版 4, 图 5; 小枝; 山西大同; 侏罗纪。[注: 此标本后被改定为 *Radicites* sp. (斯行健、李星学等, 1963)]

1993a 吴向午, 94 页。

△拉萨木属 Genus *Lhassoxylon* Vozenin-Serra et Pons, 1990

1990 Voznin-Serra, Pons, 110 页。

1993a 吴向午, 20, 224 页。

1993b 吴向午, 506, 514 页。

模式种: *Lhassoxylon aptianum* Vozenin-Serra et Pons, 1990

分类位置: 松柏纲? (Coniferopsida?)

△阿普特拉萨木 *Lhassoxylon aptianum* Vozenin-Serra et Pons, 1990

1990 Voznin-Serra, Pons, 110 页, 图版 1, 图 1—7; 图版 2, 图 1—8; 图版 3, 图 1—7; 图版 4, 图 1—3; 插图 2, 3; 木化石; 采集号: X/2, Pj/2(J. J. Jaeger 采集); 登记号: n°10468; 模式标本: n°10468; 标本保存在巴黎居里夫人大学古植物和孢粉实验室; 西藏林周附近(Lamba); 早白垩世(Aptian)。

1993a 吴向午, 20, 224 页。

1993b 吴向午, 506, 514 页。

△辽宁枝属 Genus *Liaoningocladus* Sun, Zheng et Mei, 2000(英文发表)

2000 孙革等, 202 页。

模式种: *Liaoningocladus boii* Sun, Zheng et Mei, 2000

分类位置: 松柏类(conifers)

△薄氏辽宁枝 *Liaoningocladus boii* Sun, Zheng et Mei, 2000(英文发表)

2000 孙革、郑少林、梅盛吴, 202 页, 图版 1, 图 1—5; 图版 2, 图 1—7; 图版 3, 图 1—5; 图版 4,

图1—5;带叶长、短枝和角质层;正模:YB001(图版1,图1);标本保存在中国科学院南京地质古生物研究所;辽宁北票;晚侏罗世义县组上部。

2001 孙革等,103,204页,图版23,图1—3;图版60,图1—7;图版61,图1;图版74,图1—5;带叶长、短枝和角质层;辽宁西部;晚侏罗世尖山沟组。

△辽西草属 Genus *Liaoxia* Cao et Wu S Q,1998 (1997)(中文和英文发表)

1997 *Liaoxia* Cao et Wu S Q,见曹正尧等,1765页。(中文)

1998 *Liaoxia* Cao et Wu S Q,见曹正尧等,231页。(英文)

模式种:*Liaoxia chenii* Cao et Wu S Q,1998 (1997)[注:后认为此种为 *Ephdrites chenii* (Cao et Wu S Q) Guo et Wu X W (Guo Shuangxing,Wu Xiangwu,2000)]

分类位置:单子叶植物纲莎草科(Cyperaceae,Monocotyledoneae)[注:后被认为是买麻藤类(郭双兴、吴向午,2000;吴舜卿,2003)]

△陈氏辽西草 *Liaoxia chenii* Cao et Wu S Q,1998 (1997)(中文和英文发表)

1997 曹正尧、吴舜卿,见曹正尧等,1765页,图版Ⅰ,图1,2—2c;草本植物,花枝;登记号:PB17800,PB17801;正模:PB17800(图版Ⅰ,图1);标本保存在中国科学院南京地质古生物研究所;辽西北票上园炒米店附近;晚侏罗世义县组下部尖山沟层。(中文)

1998 曹正尧、吴舜卿,见曹正尧等,231页,图版Ⅰ,图1,2—2c;草本植物,花枝;单子叶植物纲莎草科(Cyperaceae);登记号:PB17800,PB17801;正模:PB17800(图版Ⅰ,图1);标本保存在中国科学院南京地质古生物研究所;辽西北票上园炒米店附近;晚侏罗世义县组下部尖山沟层。(英文)

1999a 吴舜卿,21页,图版14,图3,3a;图版15,图3,3a;辽西北票上园炒米店附近;晚侏罗世义县组下部尖山沟层。

2001 吴舜卿,123页,图162;辽西北票上园炒米店附近;晚侏罗世义县组下部尖山沟层。

2003 吴舜卿,175页,图241;辽西北票上园炒米店附近;晚侏罗世义县组下部尖山沟层。

林德勒枝属 Genus *Lindleycladus* Harris,1979

1979 Harris,146页。

1984 厉宝贤等,143页。

1993a 吴向午,96页。

模式种:*Lindleycladus lanceolatus* (Lindley et Hutton) Harris,1979

分类位置:松柏纲(Coniferopsida)

披针林德勒枝 *Lindleycladus lanceolatus* (Lindley et Hutton) Harris,1979

1836 *Zamites lanceolatus* Lindley et Hutton,图版194;枝叶;英国约克郡;中侏罗世。

1843 *Podozmites lanceolatus* (Lindley et Hutton) Braun,36页;枝叶;英国约克郡;中侏罗世。

1979 Harris,146页;插图67,68;枝叶;英国约克郡;中侏罗世。

1984 厉宝贤等,143页,图版4,图12,13;枝叶;山西大同永定庄华严寺、七峰山大石头沟;早侏罗世永定庄组。

1984 王自强,292 页,图版 139,图 9;图版 173,图 10—12;枝叶;河北下花园;中侏罗世门头沟组。

1993a 吴向午,96 页。

1998 张泓等,图版 50,图 5;枝叶;新疆和布克赛尔和什托洛盖;早侏罗世八道湾组。

披针林德勒枝(比较属种) Cf. *Lindleycladus lanceolatus* (Lindley et Hutton) Harris

1984a 曹正尧,14 页,图版 2,图 7(?);图版 5,图 3;叶枝;黑龙江密山裴德;中侏罗世裴德组。

1986 叶美娜等,83 页,图版 52,图 9;枝叶;四川铁山金窝;晚三叠世须家河组 3 段。

1987 段淑英,60 页,图版 20,图 6;图版 22,图 1;枝叶;北京西山斋堂;中侏罗世窑坡组。

1988 孙革、商平,图版 2,图 6;枝叶;内蒙古东部霍林河煤田;晚侏罗世—早白垩世。

1989 郑少林、张武,31 页,图版 1,图 14;叶;辽宁新宾南杂木朝阳屯;早白垩世聂尔库组。

1992 孙革、赵衍华,557 页,图版 257,图 1;枝叶;吉林和龙松下坪;晚侏罗世长财组。

1993a 吴向午,96 页。

2001 孙革等,103,204 页,图版 23,图 4;图版 62,图 1—5,7,8,11,12;枝叶;辽宁西部;晚侏罗世尖山沟组。

△披针林德勒枝 *Lindleycladus podozamioides* Wu,1988

1988 吴向午,见李佩娟等,129 页,图版 95,图 4;图版 132,图 1—5;枝叶和角质层;采集号:80DP$_1$F$_{25}$;登记号:PB13710;正模:PB13710(图版 95,图 4);标本保存在中国科学院南京地质古生物研究所;青海大煤沟;早侏罗世火烧山组 *Cladophlebis* 层。

林德勒枝(未定种) *Lindleycladus* sp.

1992 *Lindleycladus* sp. (sp. nov.),曹正尧,220 页,图版 5,图 10;叶;黑龙江东部绥滨-双鸭山地区;早白垩世城子河组。

袖套杉属 Genus *Manica* Watson,1974

1974 Watson,428 页。

1977 周志炎、曹正尧,169 页。

1993a 吴向午,99 页。

模式种:*Manica parceramosa* (Fontaine) Watson,1974

分类位置:松柏纲掌鳞杉科(Cheirolepidiaceae,Coniferopsida)

希枝袖套杉 *Manica parceramosa* (Fontaine) Watson,1974

1889 *Frenilopsis parceramosa* Fontaine,218 页,图版 111,112,158;枝叶;美国弗吉尼亚;早白垩世。

1974 Watson,428 页;美国弗吉尼亚;早白垩世。

1982 张采繁,538 页,图版 347,图 12;图版 356,图 1,1a,10;枝叶;湖南衡阳凤仙坳、芷江燕子岩;早白垩世。

1993a 吴向午,99 页。

△袖套杉(长岭杉亚属) Subgenus *Manica* (*Chanlingia*) Chow et Tsao, 1977

1977 周志炎、曹正尧,172 页。

1993a 吴向午,23,225 页。

1993b 吴向午,505,515 页。

模式种:*Manica* (*Chanlingia*) *tholistoma* Chow et Tsao,1977

分类位置:松柏纲伏脂杉科希默杉亚科(Cheirolepidiaceae,Coniferopsida)

△穹孔袖套杉(长岭杉)*Manica* (*Chanlingia*) *tholistoma* Chow et Tsao, 1977

[注:此种后被改定为 *Pseudofrenelopsis tholistoma* (Chow er Tsao)(曹正尧,1989)]

1977 周志炎、曹正尧,172 页,图版 2,图 16,17;图版 5,图 1—10;插图 4;枝叶和角质层;登记号:PB6265,PB6272;正模:PB6272(图版 5,图 1,2);标本保存在中国科学院南京地质古生物研究所;吉林长岭孙文屯;早白垩世青山口组;吉林扶余五家屯;早白垩世泉头组;浙江兰溪沈店;晚白垩世衢江群。

1979 周志炎、曹正尧,219 页,图版 2,图 1—5;图版 3,图 1—12a;枝叶和角质层;浙江金华塘雅、兰溪沈店;晚白垩世早期衢江群 3 段;江西兴国高兴圩;晚白垩世赣州组上部;福建沙县沙溪河;晚白垩世沙县组上部。

1982 王国平等,286 页,图版 134,图 5—8;枝叶和角质层;浙江兰溪沈店;晚白垩世早期衢江群;浙江金华下金潭;早白垩世晚期—晚白垩世早期方岩组。

1984 陈其奭,图版 1,图 3,4,6,7;带叶枝;浙江金衢;晚白垩世衢江群;江西玉山;晚白垩世南雄群。

1993a 吴向午,23,225 页。

1993b 吴向午,505,515 页。

△疏孔袖套杉(长岭杉?) *Manica* (*Chanlingia*?) *sparsa* Zhou et Cao, 1979

[注:此种后改定为 *Pseudofrenelopsis sparsa* (Chow et Tsao) Cao(曹正尧,1989)]

1979 周志炎、曹正尧,220 页,图版 2,图 11,11a;枝叶;登记号:PB6281;正模:PB6281(图版 2,图 11);标本保存在中国科学院南京地质古生物研究所;福建沙县山坪峡东;早白垩世沙县组下部。

△袖套杉(袖套杉亚属) Subgenus *Manica* (*Manica*) Chow et Tsao, 1977

1977 周志炎、曹正尧,169 页。

1993a 吴向午,23,226 页。

1993b 吴向午,505,515 页。

亚属模式种:*Manica* (*Manica*) *parceramosa* (Fontaine) Chow et Tsao,1977

分类位置:松柏纲伏脂杉科希默杉亚科(Cheirolepidiaceae,Coniferopsida)

△希枝袖套杉(袖套杉) *Manica* (*Manica*) *parceramosa* (Fontaine) Chow et Tsao, 1977

1889 *Frenilopsis parceramosa* Fontaine,218 页,图版 111,112,158;枝叶;美国弗吉尼亚;早

白垩世。

1977 周志炎、曹正尧,169 页。

1979 周志炎、曹正尧,218 页。

1993a 吴向午,23,226 页。

1993b 吴向午,505,515 页。

希枝袖套杉(袖套杉)(比较种) *Manica* (*Manica*) cf. *parceramosa* (Fontaine) Chow et Tsao

1979 周志炎、曹正尧,218 页,图版 1,图 1—9;枝叶和角质层;浙江新昌苏秦;早白垩世馆头组;福建沙县山坪峡东;早白垩世沙县组下部;江西兴国牛尾坑;早白垩世赣州组下部;江苏泗洪塔河村、睢宁高作(钻孔);早白垩世葛村组。

1984 陈其奭,图版 1,图 9,10;枝叶;浙江宁波、新昌;早白垩世方岩组。

△大拉子袖套杉(袖套杉) *Manica* (*Manica*) *dalatzensis* Chow et Tsao,1977

[注:此种后被改定为 *Pseudofrenelopsis dalatzensis* (Chow et Tsao) Cao ex Zhou(周志炎,1995)]

1977 周志炎、曹正尧,171 页,图版 3,图 5—11;图版 4,图 13;插图 3;枝叶和角质层;登记号:PB6267,PB6268;正模:PB6267(图版 3,图 5);标本保存在中国科学院南京地质古生物研究所;吉林延吉智新大拉子;早白垩世大拉子组。

1993a 吴向午,23,226 页。

1993b 吴向午,505,515 页。

△窝穴袖套杉(袖套杉) *Manica* (*Manica*) *foveolata* Chow et Tsao,1977

[注:此种后被改定为 *Pseudofrenelopsis foveolata* (Chow et Tsao)(曹正尧,1989),*Pseudofrenelopsis papillosa* (Chow et Tsao) Cao ex Zhou(周志炎,1995)]

1977 周志炎、曹正尧,171 页,图版 4,图 1—7,14;枝叶和角质层;登记号:PB6269,PB6270;正模:PB6269(图版 4,图 1,2);标本保存在中国科学院南京地质古生物研究所;宁夏固原蒿店、西吉牵羊河;早白垩世六盘山群。

1993a 吴向午,23,226 页。

1993b 吴向午,505,515 页。

△乳突袖套杉(袖套杉) *Manica* (*Manica*) *papillosa* Chow et Tsao,1977

[注:此种后被改定为 *Pseudofrenelopsis papillosa* (Chow et Tsao) Cao ex Zhou(周志炎,1995)]

1977 周志炎、曹正尧,169 页,图版 2,图 15;图版 3,图 1—4;图版 4,图 12;插图 2;枝叶、角质层和球果;登记号:PB6264,PB6266;正模:PB6266(图版 4,图 1);标本保存在中国科学院南京地质古生物研究所;浙江新昌苏秦;早白垩世馆头组;宁夏固原青石咀;早白垩世六盘山群。

1979 周志炎、曹正尧,219 页,图版 2,图 6—10;枝叶、球果和角质层;浙江新昌苏秦、临海东塍;早白垩世馆头组。

1982a 刘子进,138 页,图版 75,图 8;枝叶;宁夏固原青石咀、西吉火石寨;早白垩世六盘山群。

1982 王国平等,286 页,图版 133,图 14;插图 84;球果和枝叶;浙江新昌苏秦;早白垩世馆头组。

1986 张川波,图版 2,图 10;带叶枝;吉林延吉智新大拉子;早白垩世中—晚期大拉子组。

1993a 吴向午,23,226 页。

1993b 吴向午,505,515 页。

乳突袖套杉(袖套杉)(比较种) *Manica* (*Manica*) cf. *papillosa* Chow et Tsao

1984 陈其奭,图版 1,图 11,12,36,37;枝叶;浙江宁波;早白垩世方岩组;浙江新昌苏秦,早白垩世馆头组;浙江武义;早白垩世朝川组。

马斯克松属 Genus *Marskea* Florin,1958

1958 Florin,301 页。

1988 陈芬等,89 页。

1993a 吴向午,100 页。

模式种:*Marskea thomasiana* Florin,1958

分类位置:松柏纲(Coniferopsida)

托马斯马斯克松 *Marskea thomasiana* Florin,1958

1958 Florin,301 页,图版 22,图 1—6;图版 23,图 1—7;图版 24,图 1—6;枝叶;英国约克郡;中侏罗世下三角洲系。

1993a 吴向午,100 页。

马斯克松(未定多种) *Marskea* spp.

1988 *Marskea* sp. 1,陈芬等,89 页,图版 55,图 4—8;插图 21;叶和角质层;辽宁阜新海州矿;早白垩世阜新组。

1988 *Marskea* sp. 2,陈芬等,89 页,图版 56,图 1—6;插图 22;叶和角质层;辽宁阜新海州矿和新丘矿;早白垩世阜新组。

1993a *Marskea* sp.,吴向午,100 页。

雄球穗属 Genus *Masculostrobus* Seward,1911

1911 Seward,686 页。

1979 周志炎、厉宝贤,454 页。

1993a 吴向午,101 页。

模式种:*Masculostrobus zeilleri* Seward,1911

分类位置:松柏纲(Coniferopsida)

蔡氏雄球穗 *Masculostrobus zeilleri* Seward,1911

1911 Seward,686 页,图 11;雄果穗;苏格兰萨瑟兰;侏罗纪。

1993a 吴向午,101 页。

△伸长?雄球穗 *Masculostrobus*? *prolatus* Zhou et Li,1979

1979 周志炎、厉宝贤,454 页,图版 2,图 24;雄性果穗;登记号:PB7621;标本保存在中国科学院南京地质古生物研究所;海南琼海九曲江新华村;早三叠世岭文群九曲江组。

1993a 吴向午,101 页。

水杉属 Genus *Metasequoia* Miki,1941 Hu et Cheng,1948

1941 Miki,262 页。

1948 胡先骕、郑万钧,153 页。

1979 郭双兴、李浩敏,553 页。

1970 Andrews,131 页。

1993a 吴向午,102 页。

模式种:*Metasequoia disticha* Miki,1941(化石种)

Metasequoia glyptostroboides Hu et Cheng,1948(现生种)

分类位置:松柏纲杉科(Taxodiaceae,Coniferopsida)

△水松型水杉 *Metasequoia glyptostroboides* Hu et Cheng,1948

1948 胡先骕、郑万钧,153 页;插图 1,2;四川万县磨刀溪;现生种。

1970 Andrews,131 页。

1993a 吴向午,102 页。

二列水杉 *Metasequoia disticha* Miki,1941

1876 *Sequoia disticha* Heer,63 页,图版 12,图 2a;图版 13,图 9—11;小枝和球果;北半球;白垩纪,右新世和始新世。

1941 Miki,262 页,图版 5,图 A—C;插图 8A—8G;小枝和球果;北半球北部;白垩纪—第三纪。

1984 张志诚,120 页,图版 2,图 4—7;图版 3,图 3;枝叶;黑龙江嘉荫永安屯;晚白垩世永安屯组。

1986 陶君容、熊宪政,图版 2,图 5;图版 4,图 5,7;图版 5,图 3;图版 6,图 2;枝叶;黑龙江嘉荫;晚白垩世乌云组。

1989 梅美棠等,112 页,图版 62,图 2;枝叶;中国东北;晚白垩世—第三纪。

1993a 吴向午,102 页。

楔形水杉 *Metasequoia cuneata* (Newberry) Chaney,1951

1863 *Taxodium cuneatum* Newberry,517 页。

1893 *Sequoia cuneata* (Newberry) Newberry,18 页,图版 14,图 3,4a。

1951 Chaney,229 页,图版 11,图 1—6;枝叶;北美西部;晚白垩世。

1979 郭双兴、李浩敏,553 页,图版 1,图 4;枝叶;吉林珲春;晚白垩世珲春组。

1990 张莹等,239 页,图版 1,图 1,2;枝叶;黑龙江汤原;晚白垩世富饶组。

1993a 吴向午,102 页。

1995a 李星学(主编),图版 121,图 2;叶枝;吉林珲春二道沟;晚白垩世二道沟组。(中文)

1995b 李星学(主编),图版 121,图 2;叶枝;吉林珲春二道沟;晚白垩世二道沟组。(英文)

2000 郭双兴,231 页,图版 1,图 11—14a;枝;吉林珲春;晚白垩世珲春组下部。

水杉(未定种) *Metasequoia* sp.

1986 *Metasequoia* sp.,陶君容、熊宪政,图版 2,图 6,7;图版 6,图 3;种子和球果;黑龙江嘉荫；晚白垩世乌云组。

长门果穗属 Genus *Nagatostrobus* Kon'no, 1962

1962 Kon'no,10 页。

1980 吴水波等,图版 2,图 4。

1984 陈公信,611 页。

1993a 吴向午,103 页。

模式种:*Nagatostrobus naitoi* Kon'no,1962

分类位置:松柏纲(Coniferopsida)

内藤长门果穗 *Nagatostrobus naitoi* Kon'no, 1962

1962 Kon'no,10 页,图版 5;图版 6,图 3—9;雄性果穗;日本山口地区;中三叠世(Momonoki Formation)。

1993a 吴向午,103 页。

△备中长门果穗? *Nagatostrobus bitchuensis*? (Ôishi) Sun, 1993

1932 *Stenorachis bitchuensis* Ôishi,357 页,图版 50,图 9;果穗;日本成羽(Nariwa);晚三叠世。

1992 孙革、赵衍华,556 页,图版 250,图 15,16;雄性果穗;吉林汪清鹿圈子村北山;晚三叠世马鹿沟组。(裸名)

1993 孙革,104 页,图版 40,图 21,23;图版 51,图 4—9;雄性果穗;吉林汪清天桥岭、鹿圈子村北山;晚三叠世马鹿沟组。

线形长门果穗 *Nagatostrobus linearis* Kon'no, 1962

1962 Kon'no,12 页,图版 4,图 1—7;插图 5A;雄性果穗;日本;中 Carnic。

1980 吴水波等,图版 2,图 4;雄性果穗;吉林汪清托盘沟地区;晚三叠世三仙岭组。

1984 陈公信,611 页,图版 262,图 6;雄性果穗;湖北蒲圻苦竹桥;晚三叠世鸡公山组。

1986 叶美娜等,86 页,图版 51,图 4,6,12,12a;图版 53,图 9—11;雄性果穗;四川达县铁山金窝、开江七里峡、开县温泉;晚三叠世须家河组 5 段;四川开县温泉;晚三叠世须家河组 7 段。

1992 孙革、赵衍华,556 页,图版 250,图 11—14;雄性果穗;吉林汪清鹿圈子村北山;晚三叠世三仙岭组。

1993 孙革,103 页,图版 40,图 1—17;插图 25;雄性果穗;吉林汪清鹿圈子村北山;晚三叠世三仙岭组。

1993a 吴向午,103 页。

1995a 李星学(主编),图版 79,图 4;雄性果穗;吉林汪清鹿圈子村北山;晚三叠世三仙岭组(Norian)。(中文)

1995b 李星学(主编),图版 79,图 4;雄性果穗;吉林汪清鹿圈子村北山;晚三叠世三仙岭组(Norian)。(英文)

拟竹柏属 Genus *Nageiopsis* Fontaine, 1889

1889　Fontaine，195 页。

1982　谭琳、朱家楠，154 页。

1993a 吴向午，103 页。

模式种：*Nageiopsis longifolia* Fontaine，1889

分类位置：松柏纲罗汉松科（Podocarpaceae，Coniferopsida）

长叶拟竹柏 *Nageiopsis longifolia* Fontaine, 1889

1889　Fontaine，195 页，图版 75，图 1；图版 76，图 2—6；图版 77，图 1，2；图版 78，图 1—5；枝叶；美国弗吉尼亚；早白垩世波托马克群。

1993a 吴向午，103 页。

狭叶拟竹柏 *Nageiopsis angustifolia* Fontaine, 1889

1889　Fontaine，202 页，图版 86，图 8，9；图版 87，图 2—6；图版 88，图 1，3，4，6—8；枝叶；美国弗吉尼亚；早白垩世波托马克群。

1982　谭琳、朱家楠，154 页，图版 40，图 6—8；营养小枝；内蒙古乌拉特前旗；早白垩世李三沟组。

1993a 吴向午，103 页。

查米亚型拟竹柏 *Nageiopsis zamioides* Fontaine, 1889

1889　Fontaine，196 页，图版 79，图 1，3；图版 80，图 1，2，4；图版 81，图 1—6；营养枝叶；美国弗吉尼亚；早白垩世波托马克群。

查米亚型拟竹柏（类群种） *Nageiopsis* ex gr. *zamioides* Fontaine

2001　曹正尧，215 页，图版 1，图 4—4c；枝叶；辽西北票上园；早白垩世义县组。

拟竹柏？（未定种） *Nageiopsis*? sp.

1988　*Nageiopsis*? sp.，刘子进，96 页，图版 1，图 14；枝叶；甘肃崇信厢房沟；早白垩世志丹群环河-华池组上段。

尾果穗属 Genus *Ourostrobus* Harris, 1935

1935　Harris，116 页。

1986　叶美娜等，87 页。

1993a 吴向午，109 页。

模式种：*Ourostrobus nathorsti* Harris，1935

分类位置：裸子植物（Gymnospermae）

那氏尾果穗 *Ourostrobus nathorsti* Harris, 1935

1935　Harris，116 页，图版 23，图 3，6，7，11；图版 27，图 11；带种子的果穗；东格陵兰；早侏罗

世 *Thaumatopteris* 带。

1993a 吴向午,109 页。

那氏尾果穗(比较属种) Cf. *Ourostrobus nathorsti* Harris

1986 叶美娜等,87 页,图版 53,图 1,1a;果穗;四川达县雷音铺;晚三叠世须家河组 7 段。

1993a 吴向午,109 页。

坚叶杉属 Genus *Pagiophyllum* Heer,1881

1881 Heer,11 页。

1923 周赞衡,82,139 页。

1963 斯行健、李星学等,303 页。

1993a 吴向午,109 页。

模式种:*Pagiophyllum circincum* (Saporta) Heer,1881

分类位置:松柏纲(Coniferopsida)

圆形坚叶杉 *Pagiophyllum circincum* (Saporta) Heer,1881

1881 Heer,11 页,图版 10,图 6;枝叶;葡萄牙 Sa Luiz 山;侏罗纪。

1993a 吴向午,109 页。

可疑坚叶杉 *Pagiophyllum ambiguum* (Heer) Seward,1926

1874 *Sequoia ambiguum* Heer,78 页,图版 21;东格陵兰;早白垩世。

1926 Seward,99 页,图版 9,图 68;图版 10,图 104;枝叶;东格陵兰;早白垩世。

1982 郑少林、张武,326 页,图版 24,图 1—4;枝叶;黑龙江宝清宝密桥;中一晚侏罗世朝阳屯组;黑龙江七台;早白垩世城子河组。

△北票坚叶杉 *Pagiophyllum beipiaoense* Sun et Zheng,2001(中文和英文发表)

2001 孙革、郑少林,见孙革等,102,203 页,图版 19,图 1,2(?);图版 56,图 2—5;图版 67,图 7;枝叶;登记号:PB18918,PB19145,PB19146,PB19162,ZY3026;正模:PB19145(图版 19,图 1);标本保存在中国科学院南京地质古生物研究所;辽宁西部;晚侏罗世尖山沟组。

2004 王五力等,58 页,图版 12,图 11;图版 14,图 4—6;插图 1-3-1C;小枝和角质层;辽宁北票长皋;晚侏罗世土城子组。

2004 王五力等,234 页,图版 31,图 5,6;枝叶;辽宁义县头道河子;晚侏罗世义县组下部砖城子层;辽宁北票上园黄半吉沟;晚侏罗世义县组尖山沟层。

厚叶坚叶杉 *Pagiophyllum crassifolium* (Schenk) Schenk,1884

1871 *Pachyphyllum crassifolium* Schenk,240(38)页,图版 40(19),图 6;德国;早白垩世(Wealden)。

1884 Schenk,见 Zittel,276 页;德国;早白垩世(Wealden)。

厚叶坚叶杉(比较种) *Pagiophyllum* cf. *crassifolium* (Schenk) Schenk

1982 王国平等,290 页,图版 132,图 12,13;枝叶;浙江临海小岭;晚侏罗世寿昌组。

1989　丁保良等，图版3，图13；枝；浙江临海小岭；晚侏罗世磨石山组C-2段。

1999　曹正尧，96页，图版27，图14，15；插图33；枝叶；浙江寿昌劳村；早白垩世劳村组。

△柔弱坚叶杉 *Pagiophyllum delicatum* Cao，1991

1991　曹正尧，595，597页，图版4，图8—10；枝叶和叶角质层；登记号：PB14264；正模：PB14264（注：原文指定为图版1，图6，可能为图版4，图8）；标本保存在中国科学院南京地质古生物研究所；浙江新昌苏秦；早白垩世馆头组。［注：此标本后被改定为 *Pagiophyllum stenopapillae* Cao（曹正尧，1999）］

镰形坚叶杉 *Pagiophyllum falcatum* Brongniart，1894

1894　Brongniart，100页，图版5（13），图4，5；营养枝叶；丹麦博恩霍尔姆（丹麦东海之岛）；侏罗纪。

镰形坚叶杉（比较种）*Pagiophyllum* cf. *falcatum* Brongniart

1933　Yabe，Ôishi，229（35）页，图版33（4），图14—19；枝；辽宁沙河子，吉林火石岭；侏罗纪。［注：此标本后被改定为 *Pagiophyllum* sp.（斯行健、李星学等，1963）］

法司曼达坚叶杉 *Pagiophyllum feistmanteli* Halle，1913

1913　Halle，76页，图版9，图17，17b；插图17；营养枝；南极格雷厄姆地；侏罗纪。

法司曼达氏坚叶杉（比较种）*Pagiophyllum* cf. *feistmanteli* Halle

1982　王国平等，291页，图版132，图1；枝叶；浙江临安盘龙桥；晚侏罗世寿昌组。

1989　丁保良等，图版3，图2；枝；浙江临安盘龙桥；晚侏罗世—早白垩世寿昌组。

1990　刘明渭，207页；枝叶；山东莱阳黄崖底；早白垩世莱阳组3段。

1995a　李星学（主编），图版112，图16；带叶枝；浙江临安盘龙桥；晚侏罗世寿昌组。（中文）

1995b　李星学（主编），图版112，图16；带叶枝；浙江临安盘龙桥；晚侏罗世寿昌组。（英文）

△纤细坚叶杉 *Pagiophyllum gracile* Sze，1945

［注：此种后被改定为 *Cupressinocladus gracilis*（Sze）Chow（斯行健、李星学等，1963）］

1945　斯行健，51页，图13，18；叶枝；福建永安；白垩纪坂头系。

1954　徐仁，65页，图版55，图7；枝叶；福建永安；早白垩世坂头组。

1958　汪龙文等，624页（包括图）；枝叶；福建；早白垩世。

纤细坚叶杉（比较种）*Pagiophyllum* cf. *gracile* Sze

1951a　斯行健，图版1，图5；枝叶；辽宁本溪工源；早白垩世。［注：此标本后改定为 *Pagiophyllum* sp.（斯行健、李星学等，1963）］

△劳村坚叶杉 *Pagiophyllum laocunense* Cao，1999（中文和英文发表）

1999　曹正尧，97，157页，图版27，图16，16a，17，17a；图版28，图12，12a（?）；枝叶；采集号：ZH4；登记号：PB14547，PB14548；正模：PB14548（图版27，图17）；标本保存在中国科学院南京地质古生物研究所；浙江寿昌劳村；早白垩世劳村组。

△临海坚叶杉 *Pagiophyllum linhaiense* Cao，1999（中文和英文发表）

1999　曹正尧，97，157页，图版34，图1—6，6a；枝叶；采集号：ZH408，ZH61127；登记号：PB14580—PB14585；正模：PB14584（图版34，图5）；标本保存在中国科学院南京地质古生物研究所；浙江临海山头许；早白垩世馆头组。

△钝头坚叶杉 *Pagiophyllum obtusior* Cao,1991

1991 曹正尧,595,598页,图版1,图1—7;枝叶和角质层;登记号:PB14265;正模:PB14265(图版1,图1);标本保存在中国科学院南京地质古生物研究所;浙江新昌苏秦;早白垩世馆头组。

1994 曹正尧,图3k;枝叶;浙江新昌;早白垩世馆头组。

1995a 李星学(主编),图版113,图11—13;图版114,图1;枝叶和角质层;浙江新昌苏秦;早白垩世馆头组。(中文)

1995b 李星学(主编),图版113,图11—13;图版114,图1;枝叶和角质层;浙江新昌苏秦;早白垩世馆头组。(英文)

1999 曹正尧,98页;浙江新昌苏秦;早白垩世馆头组。

奇异坚叶杉 *Pagiophyllum peregriun* (Lindley et Hutton) Seward,1904

1833—1837 *Araucarites peregriun* Lindley et Hutton,图版88;英国约克郡;中侏罗世。

1904 Seward,48页,图版5;英国约克郡;中侏罗世。

1958 汪龙文等,596页,596页图;枝叶;江苏南京;晚三叠世。

1998 张泓等,图版53,图7,8;枝叶;新疆乌恰康苏;早侏罗世康苏组上部。

奇异坚叶杉(比较种) *Pagiophyllum* cf. *peregriun* (Lindley et Hutton) Seward

1984 顾道源,156页,图版79,图1;枝叶;新疆阿克陶乌依塔克;中侏罗世杨叶组。

△细小坚叶杉 *Pagiophyllum pusillum* Cao,1999(中文和英文发表)

1999 曹正尧,98,157页,图版29,图1,1a;枝叶;采集号:ZH408;登记号:PB14563;正模:PB14563(图版29,图1);标本保存在中国科学院南京地质古生物研究所;浙江临海山头许;早白垩世馆头组。

△沙河子坚叶杉 *Pagiophyllum shahozium* Zhang,1980

1980 张武等,299页,图版185,图2,3;枝;登记号:D537,D538;标本保存在沈阳地质矿产研究所;辽宁昌图沙河子,吉林营城火石岭;早白垩世沙河子组、营城组。(注:原文未指明模式标本)

1984a 曹正尧,15页,图版5,图6;枝叶;黑龙江宝清;晚侏罗世云山组。

1992 曹正尧,221页,图版5,图7;枝叶;黑龙江东部绥滨-双鸭山地区;早白垩世城子河组。

1992 孙革、赵衍华,559页,图版258,图2;枝叶;吉林和龙松下坪;晚侏罗世长财组。

1994 高瑞祺等,图版15,图1;枝叶;辽宁昌都沙河子;早白垩世沙河子组、营城组。

△强乳突坚叶杉 *Pagiophyllum stenopapillae* Cao,1991

1991 曹正尧,595,598页,图版2,图1—7;图版3,图1—7;图版4,图1—7;枝叶和角质层;登记号:PB14266;正模:PB14266(图版2,图1);标本保存在中国科学院南京地质古生物研究所;浙江新昌苏秦;早白垩世馆头组。

1999 曹正尧,98页,图版25,图1;图版28,图13,13a;图版32,图1—8,8a;图版33,图4—12;图版34,图9,10;图版35;图版36;图版37,图1—7;图版38;图版39,图1—9;图版40,图1—7;枝叶和角质层;浙江新昌苏秦、镜岭;早白垩世馆头组。

△坨里坚叶杉 *Pagiophyllum touliense* Wang,1984

1984 王自强,290页,图版150,图6,7;枝叶;登记号:P0442,P0443;正模:P0442(图版150,

图 1);标本保存在中国科学院南京地质古生物研究所;北京西山;早白垩世辛庄组。

三角坚叶杉 *Pagiophyllum triangulare* Prynada,1938

1938 Prynada,55 页,图版 4,图 7—9;枝叶;科雷马河盆地;早白垩世。

1988 陈芬等,87 页,图版 57,图 1—7;枝叶和角质层;辽宁阜新新丘矿;早白垩世阜新组。

△爪形坚叶杉 *Pagiophyllum unguifolium* Cao,1999(中文和英文发表)

1999 曹正尧,99,158 页,图版 34,图 7,7a,8;枝叶;采集号:ZH408;登记号:PB14564,PB14565;正模:PB14565(图版 34,图 8);标本保存在中国科学院南京地质古生物研究所;浙江文成孔龙;早白垩世馆头组。(注:原文正模为 PB14585,应当为 PB14565)

△新昌坚叶杉 *Pagiophyllum xinchangense* Cao,1991

1991 曹正尧,596,599 页,图版 5,图 1—9;枝叶和角质层;登记号:PB14267;正模:PB14267(图版 5,图 1);标本保存在中国科学院南京地质古生物研究所;浙江新昌苏秦;早白垩世馆头组。[注:此标本后被改定为 *Pagiophyllum stenopapillae* Cao(曹正尧,1999)]

△浙江坚叶杉 *Pagiophyllum zhejiangense* Cao,1999(中文和英文发表)

1999 曹正尧,99,159 页,图版 29,图 4—9,9a;图版 31;枝叶和角质层;采集号:央弄-H1-2,C7;登记号:PB14566—PB14571;正模:PB14569(图版 29,图 7);标本保存在中国科学院南京地质古生物研究所;浙江寿昌劳村;早白垩世劳村组;浙江仙居央弄;早白垩世馆头组。

坚叶杉(未定多种) *Pagiophyllum* spp.

1923 *Pagiophyllum* sp.,周赞衡,82,139 页,图版 1,图 7;枝叶;山东莱阳南务村;早白垩世莱阳系。[此标本后被归于 *Cupressinocladus elegans* (Chow) Chow(斯行健、李星学等,1963)]

1931 *Pagiophyllum* sp. [? aff. *pergrinum* (L. and H.)],斯行健,41 页,图版 3,图 5;枝叶;江苏南京栖霞山;早侏罗纪(Lias)。

1963 *Pagiophyllum* sp.,顾知微等,图版 1,图 4;带叶枝;浙江寿昌大同石岭下;早白垩世建德群砚岭组上部。

1963 *Pagiophyllum* sp. 1,斯行健、李星学等,304 页,图版 94,图 11;带叶枝;江苏南京栖霞山;侏罗纪(?)。

1963 *Pagiophyllum* sp. 2,斯行健、李星学等,304 页,图版 94,图 2—4[=*Pagiophyllum* cf. *falcatum* Brongniart,Yabe et Ôishi,1933,229(35)页,图版 33(4),图 14—19];带叶枝;吉林火石岭,辽宁沙河子;中—晚侏罗世。

1963 *Pagiophyllum* sp. 3,斯行健、李星学等,304 页(=*Araucarites* sp.,周赞衡,1923,82,140 页);带叶枝;山东莱阳南务村;晚侏罗世—早白垩世莱阳群。

1963 *Pagiophyllum* sp. 4,斯行健、李星学等,305 页,图版 94,图 7(=*Araucaria prodromus* Schenk,1883,262 页,图版 53,图 8);带叶枝;湖北秭归;早侏罗世香溪群。

1963 *Pagiophyllum* sp. 5,斯行健、李星学等,305 页,图版 94,图 10(=*Pagiophyllum* cf. *gracile* Sze,斯行键,1951a,81,83 页,图版 1,图 5);带叶枝;辽宁本溪太子河南岸小东沟;早白垩世大明山群。

1976 *Pagiophyllum* sp.,张志诚,200 页,图版 102,图 2;枝叶;山西大同青瓷窑;中侏罗世大同组。

1979 *Pagiophyllum* sp.,何元良等,155 页,图版 76,图 8,8a;营养枝;青海化隆龙马大沙;早白垩世河口群。

1979 *Pagiophyllum* sp.,周志炎、厉宝贤,图版 2,图 13;枝叶;海南琼海九曲江海洋村;早三叠世岭文群九曲江组。

1981 *Pagiophyllum* sp.,陈芬等,图版 4,图 4;枝叶;辽宁阜新海州;早白垩世阜新组太平层。

1982 *Pagiophyllum* sp. 1,张采繁,540 页,图版 348,图 5;枝叶;湖南宜章长策下坪;早侏罗世唐垅组。

1982 *Pagiophyllum* sp. 2,张采繁,540 页,图版 351,图 7,8;枝叶;湖南宜章长策下坪;早侏罗世唐垅组。

1984a *Pagiophyllum* sp.,曹正尧,16 页,图版 7,图 6;枝叶;黑龙江宝清;晚侏罗世云山组。

1984 *Pagiophyllum* sp.,陈其奭,图版 1,图 25;带叶枝;浙江新昌;早白垩世方岩组。

1984 *Pagiophyllum* sp.,王自强,290 页,图版 150,图 9;枝叶;河北围场;晚侏罗世张家口组。

1985 *Pagiophyllum* sp. 1,曹正尧,282 页,图版 3,图 10;营养枝;安徽含山;晚侏罗世含山组。

1985 *Pagiophyllum* sp. 2,曹正尧,282 页,图版 3,图 9,9a;营养枝;安徽含山;晚侏罗世含山组。

1986 *Pagiophyllum* sp. 1,叶美娜等,76 页,图版 49,图 5,5a;枝叶;四川达县雷音铺;早侏罗世珍珠冲组。

1986 *Pagiophyllum* sp. 2,叶美娜等,77 页,图版 49,图 7,7a;枝叶;四川开县温泉;早侏罗世自流井组。

1990 *Pagiophyllum* sp.,刘明渭,207 页;枝叶;山东莱阳黄崖底;早白垩世莱阳组 3 段。

1992 *Pagiophyllum* sp.,黄其胜、卢宗盛,图版 1,图 8,8a;枝叶;陕西府谷新民;早侏罗世富县组。

1992a *Pagiophyllum* sp.,孟繁松,182 页,图版 7,图 4—6;枝叶;海南琼海九曲江新华村和海洋村;早三叠世岭文组。

1992 *Pagiophyllum* sp.,孙革、赵衍华,559 页,图版 257,图 3;枝叶;吉林汪清罗子沟;早白垩世大拉子组。

1993a *Pagiophyllum* sp.,吴向午,109 页。

1993c *Pagiophyllum* sp.,吴向午,86 页,图版 4,图 2;图版 6,图 1—3a;枝叶;陕西商县凤家山至山倾村剖面;早白垩世凤家山组下段。

1995 *Pagiophyllum* sp.,曹正尧等,11 页,图版 4,图 11;枝叶;福建政和大溪村附近;早白垩世南园组。

1995a *Pagiophyllum* sp.,李星学(主编),图版 63,图 1,2;枝叶;海南琼海九曲江新华村;早三叠世岭文群。(中文)

1995b *Pagiophyllum* sp.,李星学(主编),图版 63,图 1,2;枝叶;海南琼海九曲江新华村;早三叠世岭文群。(英文)

1995a *Pagiophyllum* sp.,李星学(主编),图版 88,图 3;枝;安徽含山;晚侏罗世含山组。(中文)

1995b *Pagiophyllum* sp.,李星学(主编),图版 88,图 3;枝;安徽含山;晚侏罗世含山组。(英文)

1996 *Pagiophyllum* sp.,孟繁松,图版 8,图 4;枝叶;湖南桑植芙蓉桥;中三叠世巴东组 2 段。

1998　*Pagiophyllum* sp.，张泓等，图版 52，图 1b—4；枝叶；新疆乌恰康苏；早侏罗世康苏组上部，中侏罗世杨叶组下部。

1999　*Pagiophyllum* sp. 1，曹正尧，99 页，图版 28，图 16；图版 29，图 10—13；插图 34；枝叶；浙江金华积道山；早白垩世磨石山组。

1999　*Pagiophyllum* sp. 2，曹正尧，100 页，图版 29，图 2，2a，3，3a；枝叶；浙江仙居央弄；早白垩世馆头组。

2000　*Pagiophyllum* sp.，吴舜卿，图版 8，图 2，2a；枝；香港大屿山昂坪；早白垩世浅水湾群。

2001　*Pagiophyllum* sp.，孙革等，102，203 页，图版 26，图 4；图版 56，图 8(?)；带叶枝；辽宁西部；晚侏罗世尖山沟组。

2003　*Pagiophyllum* sp.，杨小菊，570 页，图版 4，图 8，9，13；枝；黑龙江鸡西盆地；早白垩世穆棱组。

2005　*Pagiophyllum* sp.，孙柏年等，图版 16，图 2，3；带叶小枝；甘肃窑街；中侏罗世窑街组。

坚叶杉?（未定种）*Pagiophyllum*? sp.

1980　*Pagiophyllum*? sp.，黄枝高、周惠琴，110 页，图版 3，图 7；枝叶；内蒙古准格尔旗五字湾；中三叠世二马营组上部。

坚叶杉（似南羊杉?）（未定种）*Pagiophyllum* (*Araucarites*?) sp.

1992　*Pagiophyllum* (*Araucarites*?) sp.，李杰儒，343 页，图版 1，图 13—16，18；图版 3，图 1，7，8；枝叶；辽宁普兰店；早白垩世晚期普兰店组。

坚叶杉（?拟密叶杉）（未定种）*Pagiophyllum* (?*Athrotaxopsis*) sp.

1983　*Pagiophyllum* (?*Athrotaxopsis*) sp.，张志诚、熊宪政，62 页，图版 2，图 5；带叶小枝；黑龙江东部东宁盆地；早白垩世东宁组。

坚叶杉（楔鳞杉?）（未定种）*Pagiophyllum* (*Sphenolepis*?) sp.

1980　*Pagiophyllum* (*Sphenolepis*?) sp.，张武等，300 页，图版 191，图 8—10；枝叶；吉林汪清罗子沟，黑龙江甘南；早白垩世。

古柏属 Genus *Palaeocyparis* Saporta，1872

1872　Saporta，1056 页。

1923　周赞衡，82，140 页。

1993a　吴向午，110 页。

模式种：*Palaeocyparis expansus* (Sternberg) Saporta，1872

分类位置：松柏纲（Coniferopsida）

扩张古柏 *Palaeocyparis expansus* (Sternberg) Saporta，1872

1823(1820—1838)　*Thuites expansus* Sternberg，39 页，图版 38；枝叶；英国；侏罗纪。

1872　Saporta，1056 页。

1993a　吴向午，110 页。

弯曲古柏 *Palaeocyparis flexuosa* Saporta，1894

1894　Saporta，109 页，图版 19，图 19，20；图版 20，图 1—5；枝叶；南 Sebastiao；中生代。

弯曲古柏(比较种) *Palaeocyparis* cf. *flexuosa* Saporta

1923 周赞衡,82,140 页,图版 2,图 4;枝叶;山东莱阳南务村;早白垩世莱阳系。[此标本后归于 *Cupressinocladus elegans* (Chow) Chow(斯行健、李星学等,1963)]

1993a 吴向午,110 页。

帕里西亚杉属 Genus *Palissya* Endlicher, 1847

1847 Endlicher,306 页。

1874 Brongiart,408 页。

1993a 吴向午,110 页。

模式种:*Palissya brunii* Endlicher,1847

分类位置:松柏纲(Coniferopsida)

布劳恩帕里西亚杉 *Palissya brunii* Endlicher, 1847

1843(1839—1843) *Cunninghamites sphenolepis* Braun,24 页,图版 13,图 19,20;西欧;晚三叠世—早侏罗世。

1847 Endlicher,306 页;西欧;晚三叠世—早侏罗世。

1993a 吴向午,110 页。

△满洲帕里西亚杉 *Palissya manchurica* Yokoyama, 1906

(注:原文属名误拼为 *Palyssia*)

1906 *Palyssia manchurica* Yokoyama,Yokoyama,32 页,图版 8,图 2,2a;枝叶;辽宁赛马集碾子沟;侏罗纪。[注:此标本后被改定为 *Elatocladus manchurica* (Yokoyama) Yabe (Yokoyama,1922)]

1908 *Palyssia manchurica* Yokoyama,Yabe,7 页,图版 1,图 1;叶枝;吉林陶家屯;侏罗纪。[注:此标本后被改定为 *Elatocladus manchurica* (Yokoyama) Yabe (Yokoyama,1922)]

帕里西亚杉(未定种) *Palissya* sp.

1874 *Palissya* sp.,Brongiart,408 页;陕西丁家沟;侏罗纪。[注:此标本后被改定为 *Elatocladus* sp.(斯行健、李星学等,1963)]

1993a *Palissya* sp.,吴向午,110 页。

帕里西亚杉属 Genus *Palyssia*

[注:此属名见于 Yokoyama(1906,32 页)和 Yabe(1908,7 页),系 *Palissya* 之异名]

1906 Yokoyama,32 页。

1993a 吴向午,110 页。

△满洲帕里西亚杉 *Palyssia manchurica* Yokoyama, 1906

1906 Yokoyama,32 页,图版 8,图 2,2a;枝叶;辽宁赛马集碾子沟;侏罗纪。[注:此标本后被改定为 *Elatocladus manchurica* (Yokoyama) Yabe (Yokoyama,1922)]

1908 Yabe,7 页,图版 1,图 1;叶枝;吉林陶家屯;侏罗纪。[注:此标本后被改定为 *Elatocladus manchurica* (Yokoyama) Yabe (Yokoyama,1922)]

1993a 吴向午,110 页。

△副球果属 Genus *Paraconites* Hu,1984 (nom. nud.)

1984 胡雨帆,571 页。(裸名)

1993a 吴向午,27,229 页。

1993b 吴向午,504,516 页。

模式种:*Paraconites longifolius* Hu,1984

分类位置:松柏纲杉科(Taxodiaceae,Coniferopsida)

△伸长副球果 *Paraconites longifolius* Hu,1984 (nom. nud.)

1984 胡雨帆,571 页;球果;山西大同煤峪口;早侏罗世永定庄组。(裸名)

1993a 吴向午,27,229 页。

1993b 吴向午,504,516 页。

△拟斯托加枝属 Genus *Parastorgaardis* Zeng,Shen et Fan,1995

1995 曾勇、沈树忠、范炳恒,67 页。

模式种:*Parastorgaardis mentoukouensis* Zeng,Shen et Fan,1995

分类位置:松柏纲杉科(Taxodiaceae,Coniferopsida)

△门头沟拟斯托加枝 *Parastorgaardis mentoukouensis* (Stockmans et Mathieu) Zeng, Shen et Fan,1995

1941 *Podocarpites mentoukouensis* Stockmans et Mathieu,Stockmans,Mathieu,53 页,图版 7,图 5,6;枝叶;北京门头沟;侏罗纪。

1995 曾勇、沈树忠、范炳恒,67 页,图版 20,图 3;图版 23,图 1;图版 29,图 6—8;枝叶和角质层;河南义马;中侏罗世义马组下含煤段。

副落羽杉属 Genus *Parataxodium* Arnold et Lowther,1955

1955 Arnold,Lowther,522 页。

1982a 杨学林、孙礼文,594 页。

1993a 吴向午,112 页。

模式种:*Parataxodium wigginsii* Arnold et Lowther,1955

分类位置:松柏纲杉科(Taxodiaceae,Coniferopsida)

魏更斯副落羽杉 *Parataxodium wigginsii* Arnold et Lowther,1955

1955 Arnold,Lowther,522 页,图 1—12;枝叶和球果;美国阿拉斯加北部;白垩纪。

1993a 吴向午,112页。

雅库特副落羽杉 *Parataxodium jacutensis* Vachrameev,1958

1958 Vachrameev,121页,图版30,图4,5;苏联维尔霍扬斯克拗陷;早白垩世。

1982a 杨学林、孙礼文,594页,图版3,图4,5;带叶枝;松辽盆地东南部沙河子;晚侏罗世沙河子组。

1993a 吴向午,112页。

拟叶枝杉属 Genus *Phyllocladopsis* Fontaine,1889

1889 Fontaine,204页。

1952 斯行健,125,128页。

1963 斯行健、李星学等,308页。

1993a 吴向午,115页。

模式种:*Phyllocladopsis heterophylla* Fontaine,1889

分类位置:松柏纲罗汉松科(Podocarpaceae,Coniferopsida)

异叶拟叶枝杉 *Phyllocladopsis heterophylla* Fontaine,1889

1889 Fontaine,204页,图版84,图5;图版167,图4;枝;美国弗吉尼亚;早白垩世(Potomac Group)。

1993a 吴向午,115页。

异叶拟叶枝杉(比较种) *Phyllocladopsis* cf. *heterophylla* Fontaine

1955 *Phyllocladopsis* cf. *heterophylla* Fontaine (? sp. nov.),斯行健,125,128页,图版1,图1,1a;枝叶;山西大同永定庄;早侏罗世。

1963 *Phyllocladopsis* cf. *heterophylla* Fontaine (? sp. nov.),斯行健、李星学等,308页,图版98,图2,2a;枝叶;山西大同永定庄;早侏罗世。

1982a 刘子进,137页,图版75,图13;枝叶;甘肃康县田家坝;早白垩世东河群田家坝组。

1993a 吴向午,115页。

叶枝杉型木属 Genus *Phyllocladoxylon* Gothan,1905

1905 Gothan,55页。

1935—1936 Shimakura,285(19)页。

1963 斯行健、李星学等,337页。

1993a 吴向午,115页。

模式种:*Phyllocladoxylon muelleri* (Schenk) Gothan,1905

分类位置:松柏纲(Coniferopsida)

霍尔叶枝杉型木 *Phyllocladoxylon muelleri* (Schenk) Gothan,1905

1879—1890 *Phyllocladus muelleri* Schenk,见Zittel,873页,图424。

1905 Gothan,55 页。

1993a 吴向午,115 页。

△密轮叶枝杉型木 *Phyllocladoxylon densum* He,1995

1995 何德长,7 页(中文),9 页(英文),图版 3,图 1—1c;丝炭;标本号:91447;标本保存在煤炭科学研究总院西安分院;内蒙古鄂温克旗伊敏煤矿;早白垩世伊敏组 16 煤层。

象牙叶枝杉型木 *Phyllocladoxylon eboracense* (Holden) Krausel,1949

1913 *Paraphyllocladoxylon eboracense* Hoden,536 页,图版 39,图 7—9;木化石;英国约克郡;中侏罗世。

1949 Krausel,155 页。

1995 何德长,5 页(中文),7 页(英文),图版 2,图 1—1c,3;图版 4,图 2;图版 5,图 1,3;丝炭;内蒙古扎鲁特旗霍林河煤田;晚侏罗世霍林河组 14 煤层。

象牙叶枝杉型木(比较种) *Phyllocladoxylon* cf. *eboracense* (Holden) Krausel

1935—1936 Shimakura,285(19)页,图版 16(5),图 7;图版 18(7),图 1—3;插图 6;木化石;吉林火石岭;中侏罗世。

1963 斯行健、李星学等,337 页,图版 114,图 1—4;插图 66;木化石;吉林火石岭;中—晚侏罗世。

1993a 吴向午,115 页。

△海拉尔叶枝杉型木 *Phyllocladoxylon hailaerense* He,1995

1995 何德长,6 页(中文),8 页(英文),图版 3,图 2,2a;图版 4,图 1—1c;图版 5,图 4;丝炭;标本号:91374;标本保存在煤炭科学研究总院西安分院;内蒙古鄂温克旗伊敏煤矿;早白垩世伊敏组 16 煤层。

平壤叶枝杉型木 *Phyllocladoxylon heizyoense* Shimakura,1936

1935—1936 Shimakura,281(15)页,图版 16(5),图 4—6;图版 17(6),图 1—5;插图 5;木化石;朝鲜平安南道;早—中侏罗世(Daido Formation)。

1993a 吴向午,115 页。

1995 何德长,5 页(中文),6 页(英文),图版 1,图 1—1c,2;图版 2,图 2,4;丝炭;内蒙古鄂温克旗伊敏煤矿;早白垩世伊敏组 16 煤层。

△新丘叶枝杉型木 *Phyllocladoxylon xinqiuense* Cui et Liu,1992

1992 崔金钟、刘俊杰,883,884 页,图版 1,图 1—6;木化石;辽宁阜新新丘煤矿;早白垩世阜新组太平段。(注:原文未指定模式标本的存放地点)

1995 李承森、崔金钟,102—107 页(包括图);木化石;辽宁,内蒙古;早白垩世。

叶枝杉型木(未定多种) *Phyllocladoxylon* spp.

1995 *Phyllocladoxylon* sp. 1,崔金钟,638 页,图版 2,图 2—5;木化石;内蒙古霍林河煤田;早白垩世霍林河组。

1995 *Phyllocladoxylon* sp. 2,崔金钟,639 页,图版 2,图 6—8;木化石;内蒙古霍林河煤田;早白垩世霍林河组。

叶枝杉型木?(未定多种) *Phyllocladoxylon*? spp.

1935—1936 *Phyllocladoxylon*? sp.,Shimakura,287(21)页,图版 18(7),图 7—8;插图 7;木

化石;吉林火石岭;中侏罗世。

1963 *Phyllocladoxylon*? sp.,斯行健、李星学等,338 页;插图 67;木化石;吉林火石岭;中—晚侏罗世。

云杉属 Genus *Picea* Dietr.,1842

1982 谭琳、朱家楠,149 页。

1993a 吴向午,116 页。

模式种:(现生属)

分类位置:松柏纲杉科(Taxodiaceae,Coniferopsida)

?长叶云杉 ?*Picea smithiana* (Wall.) Boiss

1982 谭琳、朱家楠,149 页,图版 36,图 5;小枝;内蒙古固阳小三分子村东;早白垩世固阳组。

1993a 吴向午,116 页。

云杉(未定种) *Picea* sp.

1982 *Picea* sp.,谭琳、朱家楠,149 页,图版 36,图 6;球果;内蒙古固阳小三分子村东;早白垩世固阳组。

云杉型木属 Genus *Piceoxylon* Gothan,1906

1906 Gothan,见 Henry Potonié,1 页。

1951b 斯行健,443,447 页。

1963 斯行健、李星学等,331 页。

1993a 吴向午,116 页。

模式种:*Piceoxylon pseudotsugae* Gothan,1906

分类位置:松柏纲杉科(Taxodiaceae,Coniferopsida)

假铁杉云杉型木 *Piceoxylon pseudotsugae* Gothan,1906

1906 Gothan,见 Henry Potonié,1 页,图 1;木化石;美国加利福尼亚;第三纪。

1993a 吴向午,116 页。

△东莞云杉型木 *Piceoxylon dongguanensse* Cai et Jin,1996(中文发表)

1996 蔡重阳、金建华,见蔡重阳等,92 页,图版 1,2;木化石;广东东莞上桥沙岗岭;晚白垩世。(注:原文未指明标本的保存地点)

△满洲云杉型木 *Piceoxylon manchuricum* Sze,1951

1951b 斯行健,443,447 页,图版 2,图 1;图版 3,图 1—4;图版 4,图 1—4;图版 5,图 1;插图 2A—2E;木化石;黑龙江鸡西城子河;晚白垩世。

1963 斯行健、李星学等,332 页,图版 112,图 5—7;图版 113,图 1;插图 63;木化石;黑龙江鸡西城子河;晚白垩世(?)。

1993a 吴向午，116 页。

△原始云杉型木 *Piceoxylon priscum* He，1995

1995 何德长，13 页（中文），17 页（英文），图版 10，图 2，2a；图版 11，图 3，3a；图版 12，图 2，2a；图版 13，图 1—1e；图版 14，图 1—1d；图版 16，图 3；丝炭化石；标本号：9107，91319；模式标本：9107；标本保存在煤炭科学研究总院西安分院；内蒙古鄂温克旗伊敏煤矿、陈巴尔虎旗、陈旗矿；早白垩世伊敏组 16 煤层和 1 煤层。

△枣刺山云杉型木 *Piceoxylon zaocishanense* Ding，2000（英文发表）

2000a 丁秋红，210 页，图版 1，图 1—7；木化石；正模：Jg44-7；辽宁义县；义县组。（注：原文未指明标本的保存地点；和义县组的时代）

似松属 Genus *Pinites* Lindley et Hutton，1831

1831（1831—1837） Lindley，Hutton，1 页。

1911 Seward，26，54 页。

1993a 吴向午，116 页。

模式种：*Pinites brandlingi* Lindley et Hutton，1831

分类位置：松柏纲松科（Pinaceae，Coniferopsida）

勃氏似松 *Pinites brandlingi* Lindley et Hutton，1831

1831（1831—1837） Lindley，Hutton，1 页，图版 1；英国纽卡斯尔以北 5 英里 Gosforth 附近的 Wideopen；石炭纪。

1993a 吴向午，116 页。

△库布克似松 *Pinites kubukensis* Seward，1911

[注：此种后被改定为 *Pityocladus kukbukensis* Seward（Seward，1919）]

1911 Seward，26，54 页，图版 4，图 47—51，51A；图版 5，图 65；长枝、短枝和叶；新疆准噶尔盆地库布克河；早—中侏罗世。

1993a 吴向午，116 页。

林氏似松（松型叶）*Pinites*（*Pityophyllum*）*lindstroemi* Nathorst，1897

[注：此种后被改定为 *Pityophyllum lindstroemi* Nathorst（Seward，1919）]

1897 Nathorst，40，67 页，图版 5，图 13—15，18—31；图版 6，图 17，18；斯匹次卑尔根；晚侏罗世。

1906 Krasser，624 页，图版 4，图 1—3；叶；吉林蛟河、火石岭；侏罗纪。[注：此标本后被改定为 *Pityophyllum lindstroemi* Nathorst（斯行健、李星学等，1963）]

△蛟河似松（松型叶）*Pinites*（*Pityophyllum*）*thiohoense* Krasser，1906

[注：此种后被改定为 *Pityophyllum thiohoense* Krasser（Yabe，Ôishi，1933）]

1906 Krasser，625 页；叶；吉林蛟河；侏罗纪。

松木属 Genus *Pinoxylon* Knowlton, 1900

1900 Knowlton,见 Ward,420 页。

1937—1938 Shimakura,22 页。

1993a 吴向午,117 页。

模式种:*Pinoxylon dacotense* Knowlton,1900

分类位置:松柏纲松科(Pinaceae,Coniferopsida)

达科他松木 *Pinoxylon dacotense* Knowlton, 1900

[注:此种名曾拼为 *Pinoxylon dakotense* Knowlton (Shimakura,1937—1938);此种后被改定为 *Protopiceoxylon dacotense* (Knowlton) Sze(斯行健、李星学等,1963)]

1900 Knowlton,见 Ward,420 页,图版 179;木化石;美国南达科他州;侏罗纪。

1937—1938 *Pinoxylon dakotense* Knowlton,Shimakura,22 页,图版 5,图 1—6;插图 6;木化石;辽宁本溪;早白垩世(?)。

1993a 吴向午,117 页。

△矢部松木 *Pinoxylon yabei* Shimakura, 1936

1935—1936 Shimakura,289(23)页,图版 19(8),图 1—8;插图 8,9;木化石;吉林火石岭;中侏罗世。[注:此种后被改定为 *Protopiceoxylon yabei* (Shimakura) Sze(斯行健、李星学等,1963)]

1993a 吴向午,117 页。

松属 Genus *Pinus* Linné, 1753

1908 Yabe,7 页。

1993a 吴向午,117 页。

模式种:(现生属)

分类位置:松柏纲松科(Pinaceae,Coniferopsida)

诺氏松 *Pinus nordenskioeldi* Heer, 1876

1876 *Pinus nordenskioeldi* Heer,76 页,图版 4,图 4c;俄罗斯伊尔库茨克盆地乌斯基巴列伊。

1908 Yabe,7 页,图版 2,图 2;叶;吉林陶家屯;侏罗纪。[注:此标本后被改定为 *Pityophullum nordenskioeldi* Heer(斯行健、李星学等,1963)]

1993a 吴向午,117 页。

△滦平松 *Pinus luanpingensis* Wang, 1984

1984 王自强,282 页,图版 154,图 9;图版 156,图 5;枝叶;登记号:P0355;正模:P0355(图版 156,图 5);标本保存在中国科学院南京地质古生物研究所;河北滦平;早白垩世九佛堂组。

拟松属 Genus *Pityites* Seward,1919

1919 Seward,373 页。

1941 Ôishi,173 页。

1993a 吴向午,117 页。

模式种:*Pityites solmsi* Seward,1919

分类位置:松柏纲松科(Pinaceae,Coniferopsida)

索氏拟松 *Pityites solmsi* Seward,1919

1919 Seward,373 页,图 772,773;枝和球果;英国萨塞克斯(?);早白垩世(Wealden)。

1993a 吴向午,117 页。

△岩井拟松 *Pityites iwaiana* Ôishi,1941

1941 Ôishi,173 页,图版 38(3),图 3,3a;枝;吉林汪清罗子沟;早白垩世罗子沟系下部。[注:此种曾被改定为 *Pityocladus iwaianus* (Ôishi) Chow(斯行健、李星学等,1963)和 *Elatocladus iwaianus* (Ôishi) Li,Ye et Zhou(李星学等,1986)]

1993a 吴向午,117 页。

松型枝属 Genus *Pityocladus* Seward,1919

1919 Seward,378,379 页。

1963 斯行健、李星学等,274 页。

1993a 吴向午,117 页。

模式种:*Pityocladus longifolius* (Nathorst) Seward,1919

分类位置:松柏纲松科(Pinaceae,Coniferopsida)

长叶松型枝 *Pityocladus longifolius* (Nathorst) Seward,1919

1897 *Taxites longifolius* Nathorst,50 页;枝叶;瑞典斯堪尼亚;晚三叠世(Rhaetic)。

1919 Seward,378 页,图 775,776;枝叶;瑞典斯堪尼亚;晚三叠世(Rhaetic)。

1993a 吴向午,117 页。

△冷杉型松型枝 *Pityocladus abiesoides* Sun et Zheng,2001(中文和英文发表)

2001 孙革、郑少林,见孙革等,94,198 页,图版 17,图 3;图版 53,图 13;图版 68,图 10;带叶长枝和短枝;登记号:PB19106,PB19106A(正、反模);正模:PB19106(图版 17,图 3);标本保存在中国科学院南京地质古生物研究所;辽宁西部;晚侏罗世尖山沟组。

△针叶松型枝 *Pityocladus acusifolius* Zheng,1980

1980 郑少林,见张武等,295 页,图版 147,图 1;带叶长枝和短枝;登记号:D513;标本保存在沈阳地质矿产研究所;辽宁凌源;早侏罗世郭家店组。

△密叶松型枝 *Pityocladus densifolius* Wu S Q,1999(中文发表)

1999a 吴舜卿,18 页,图版 12,图 4,4a;枝叶;采集号:AEO-215;登记号:PB18300;标本保存在中国科学院南京地质古生物研究所;辽宁北票上园;晚侏罗世义县组下部尖山沟层。

2001 孙革等,92,197 页,图版 16,图 4;图版 17,图 4;图版 54,图 1;带叶长枝和短枝;辽宁西部;晚侏罗世尖山沟组。

费尔干松型枝 *Pityocladus ferganensis* Turtanova-Ketova,1963

1963 Turtanova-Ketova,276 页,图版 18,图 1;插图 145;枝叶;费尔干纳盆地;早侏罗世。

1982 郑少林、张武,322 页,图版 21,图 1;枝叶;黑龙江双鸭山七星;早白垩世城子河组。

△岩井松型枝 *Pityocladus iwaianus* (Ôishi) Chow,1963

[注:此种后被改定为 *Elatocladus iwaianus* (Ôishi) Li,Ye et Zhou(李星学等,1986)]

1941 *Pityites iwaiana* Ôishi,173 页,图版 38(3),图 3,3a;松柏类营养枝;吉林汪清罗子沟;早白垩世罗子沟系下部。

1963 周志炎,见斯行健、李星学等,275 页,图版 90,图 9,9a;松柏类营养枝;吉林汪清罗子沟;早白垩世大拉子组上部。

1980 张武等,295 页,图版 185,图 7;营养枝;吉林汪清;早白垩世大拉子组。

△尖山沟松型枝 *Pityocladus jianshangouensis* Sun et Zheng,2001(中文和英文发表)

2001 孙革、郑少林,见孙革等,93,197 页,图版 17,图 1;图版 55,图 1;图版 67,图 11;带叶长枝;登记号:PB19101,PB19102;正模:PB19101(图版 17,图 1);标本保存在中国科学院南京地质古生物研究所;辽宁北票尖山沟;晚侏罗世尖山沟组。

△库布克松型枝 *Pityocladus kobukensis* (Seward) Seward,1919

1911 *Pinites kobukensis* Seward,26,54 页,图版 4,图 47—51,51A;图版 5,图 65;长枝、短枝和叶;新疆准噶尔盆地库布克河;早一中侏罗世。

1919 Seward,379 页,图 777;长枝、短枝和叶;新疆准噶尔盆地库布克河;早一中侏罗世。

1963 斯行健、李星学等,275 页,图版 90,图 1—5a;图版 91,图 13;长枝、短枝和叶;新疆准噶尔盆地库布克河;早一中侏罗世。

1984 顾道源,155 页,图版 80,图 6—10;长枝和短枝;新疆和丰库布克河;早侏罗八道湾组。

1988 李佩娟等,119 页,图版 96,图 4,4a;带叶长枝和短枝;青海大煤沟;中侏罗世饮马沟组 *Eboracia* 层。

1993a 吴向午,117 页。

1995a 李星学(主编),图版 89,图 1;枝;青海大柴旦饮马沟;中侏罗世饮马沟组。(中文)

1995b 李星学(主编),图版 89,图 1;枝;青海大柴旦饮马沟;中侏罗世饮马沟组。(英文)

△岭东松型枝 *Pityocladus lingdongensis* Cao,1992

1992 曹正尧,220,228 页,图版 2,图 15;枝叶;登记号:PB16062;正模:PB16062(图版 2,图 15);标本保存在中国科学院南京地质古生物研究所;黑龙江东部绥滨-双鸭山地区;早白垩世城子河组。

△假金钱松型松型枝 *Pityocladus pseudolarixioides* Chen et Meng,1988

1988 陈芬、孟祥营,见陈芬等,75,160 页,图版 48,图 3,4;长枝、短枝和叶;标本号:Fx208,Fx209;标本保存在武汉地质学院北京研究生部;辽宁阜新海州矿和新丘矿;早白垩世阜新组。[注:原文未指定模式标本;此标本后被改定为 *Athrotaxites masgnifolius* (Chen et Meng) Chen et Deng(陈芬、邓胜徽,1990)]

△粗壮松型枝 ***Pityocladus robustus*** **Li, Ye et Zhou, 1986**

1986b 李星学、叶美娜、周志炎，29 页，图版 34，图 2—5；图版 35，图 1—2a；图版 37，图 1(左)；枝叶；登记号：PB11633—PB11639；模式标本：PB11638(图版 35，图 2，2a)；标本保存在中国科学院南京地质古生物研究所；吉林蛟河杉松；早白垩世磨石砬子组。

1992 曹正尧，220 页，图版 5，图 10；枝叶；黑龙江东部绥滨-双鸭山；早白垩世城子河组。

△山东松型枝 ***Pityocladus shantungensis*** **Yabe et Ôishi, 1928**

1928 Yabe，Ôishi，12 页，图版 4，图 2，3；枝；山东坊子煤田；侏罗纪。[注：此标本曾被改定为 *Radicites* sp.（斯行健、李星学等，1963）和 *Radicites shantungensis*（Yabe et Ôishi）Wang（王自强，1984）]

1933 Yabe，Ôishi，230(36)页，图版 33(4)，图 22；枝；辽宁魏家铺子；侏罗纪。[注：此标本后改定为 *Radicites* sp.（斯行健、李星学等，1963）]

△苏子河松型枝 ***Pityocladus suziheensis*** **Zheng et Zhang, 1989**

1989 郑少林、张武，30 页，图版 1，图 18，18a；带叶小枝；标本号：LN-20；标本保存在沈阳地质矿产研究所；辽宁新宾南杂木朝阳屯；早白垩世聂尔库组。

△台子山松型枝 ***Pityocladus taizishanensis*** **Zhang et Zheng, 1987**

1987 张武、郑少林，312 页，图版 28，图 5，6；插图 38；枝叶；采集号：25；登记号：SG110059，SG110060；标本保存在沈阳地质矿产研究所；辽宁北票长皋子山南沟；中侏罗世蓝旗组。（注：原文未指定模式标本）

△矢部松型枝 ***Pityocladus yabei*** **(Toyama et Ôishi) Chang, 1976**

1935 *Strobilites yabei* Toyama et Ôishi，Toyama，Ôishi，75 页，图版 5，图 1，1a；果穗；内蒙古扎赉诺尔；侏罗纪。

1976 张志诚，197 页，图版 100，图 3；枝叶；内蒙古固阳大三分子、锡林脑包；晚侏罗世—早白垩世固阳组。

1980 张武等，295 页，图版 185，图 1；带叶长枝和短枝；内蒙古扎赉诺尔；晚侏罗世兴安岭群。

1982 谭琳、朱家楠，150 页，图版 36，图 7；图版 37，图 7；小枝；内蒙古固阳小三分子村东；早白垩世固阳组。

1982 郑少林、张武，322 页，图版 21，图 16；图版 22，图 6；枝叶；黑龙江密山裴德、双鸭山岭西；晚侏罗世云山组，早白垩世城子河组。

1983a 曹正尧，16 页，图版 1，图 14；长枝和短枝；黑龙江虎林云山；中侏罗世龙爪沟群。

1984a 曹正尧，13 页，图版 8，图 4B；图版 9，图 7；枝；黑龙江密山裴德煤矿；中侏罗世七虎林组。

1995 邓胜徽，57 页，图版 27，图 1a；枝叶；内蒙古霍林河盆地；早白垩世霍林河组下煤段。

1995a 李星学(主编)，图版 105，图 5；枝叶；内蒙古霍林河盆地；早白垩世霍林河组。（中文）

1995b 李星学(主编)，图版 105，图 5；枝叶；内蒙古霍林河盆地；早白垩世霍林河组。（英文）

矢部松型枝(比较种) ***Pityocladus*** **cf.** ***yabei*** **(Toyama et Ôishi) Chang**

1982a 杨学林、孙礼文，593 页，图版 2，图 7；枝；松辽盆地东南部营城；晚侏罗世沙河子组。

△营城松型枝 ***Pityocladus yingchengensis*** **Chang, 1980**

1980 张志诚，见张武等，295 页，图版 184，图 3；带叶长枝和短枝；登记号：D514；标本保存在沈阳地质矿产研究所；吉林营城九台；早白垩世营城组。

1994　高瑞祺等，图版 15，图 5；枝叶；吉林营城九台；早白垩世营城组。

△扎赉诺尔松型枝 *Pityocladus zalainorense* Chang，1980

1980　张志诚，见张武等，295 页，图版 185，图 8；带叶长枝和短枝；登记号：D515；标本保存在沈阳地质矿产研究所；内蒙古扎赉诺尔；晚侏罗世兴安岭群。

2001　孙革等，93，197 页，图版 15，图 8；图版 16，图 5；图版 53，图 16；图版 63，图 1；图版 67，图 8；带叶长枝和短枝；辽宁凌源大王杖子；晚侏罗世尖山沟组。

松型枝（未定多种）*Pityocladus* spp.

1980　*Pityocladus* sp.（Cf. *Peudolarix dorofeevii* Samylina），张武等，296 页，图版 184，图 6，6a；带叶长枝和短枝；内蒙古扎赉诺尔；晚侏罗世兴安岭群。

1981　*Pityocladus* sp.，陈芬等，47 页，图版 4，图 7；枝叶；辽宁阜新海州；早白垩世阜新组太平层或中间层（?）。

1984　*Pityocladus* spp.，王自强，285 页，图版 125，图 8；图版 130，图 4；图版 157，图 1；枝叶；山西怀仁；中侏罗世大同组。

1984　*Pityocladus* sp.，陈芬等，64 页，图版 34，图 2；枝叶；北京西山大安山；早侏罗世下窑坡组。

1985　*Pityocladus* sp.，商平，图版 11，图 3；图版 13，图 1—4；枝叶；辽宁阜新；早白垩世海州组。

1995　*Pityocladus* sp. 1，邓胜徽，58 页，图版 27，图 5，6；枝叶；内蒙古霍林河盆地；早白垩世霍林河组下煤段。

1995　*Pityocladus* sp. 2，邓胜徽，58 页，图版 28，图 9；枝叶；内蒙古霍林河盆地；早白垩世霍林河组下煤段。

1997　*Pityocladus* sp.，邓胜徽等，47 页，图版 32，图 8；枝叶；内蒙古扎赉诺尔、大雁盆地；早白垩世伊敏组。

1999a　*Pityocladus* sp.，吴舜卿，18 页，图版 9，图 1，1a；枝叶；辽宁北票上园乡；晚侏罗世义县组下部尖山沟层。

2001　*Pityocladus* sp.，孙革等，94，198 页，图版 17，图 2；图版 54，图 3，7；图版 57，图 4；长枝和短枝；辽宁西部；晚侏罗世尖山沟组。

松型枝？（未定种）*Pityocladus*? sp.

1988　*Pityocladus*? sp.，刘子进，96 页，图版 1，图 12；枝叶；甘肃崇信厢房沟；早白垩世志丹群环河-华池组上段。

松型果鳞属 Genus *Pityolepis* Nathorst，1897

1897　Nathorst，64 页。

1935　Toyama，Ôishi，73 页。

1963　斯行健、李星学等，273 页。

1993a　吴向午，118 页。

模式种：*Pityolepis tsugaeformis* Nathorst，1897

分类位置:松柏纲松科(Pinaceae,Coniferopsida)

铁杉形松型果鳞 *Pityolepis tsugaeformis* Nathorst,1897

1897 Nathorst,64 页,图版 5,图 42—45;果鳞;挪威斯匹次卑尔根;早白垩世。

1980b Kryshtofovich,161 页。

1982 郑少林、张武,321 页,图版 21,图 11;果鳞;黑龙江鸡西城子河;早白垩世城子河组。

1993a 吴向午,118 页。

△三角松型果鳞 *Pityolepis deltatus* Wu,1986

1988 吴向午,见李佩娟等,121 页,图版 97,图 10;果鳞;采集号:80DP$_1$ F$_{28}$;登记号:PB13678;正模:PB13678(图版 97,图 10);标本保存在中国科学院南京地质古生物研究所;青海大煤沟;早侏罗世甜水沟组 *Ephedrites* 层。

△落叶松形松型果鳞 *Pityolepis larixiformis* Wang,1984

1984 王自强,283 页,图版 157,图 14;果鳞;登记号:P0385;正模:P0385(图版 157,图 14);标本保存在中国科学院南京地质古生物研究所;河北平泉;晚侏罗世张家口组。

2001 孙革等,91,196 页,图版 16,图 3;图版 54,图 6;果鳞;辽宁西部;晚侏罗世尖山沟组。

2001 郑少林等,图版 1,图 11—13;果鳞;辽宁北票三宝营乡刘家沟;中—晚侏罗世土城子组 3 段。

△辽西松型果鳞 *Pityolepis liaoxiensis* Chang,1980

1980 张志诚,见张武等,293 页,图版 174,图 5;果鳞;登记号:D507;标本保存在沈阳地质矿产研究所;辽宁凌源;早白垩世九佛堂组。[注:此标本后被王自强(1984)改定为 *Schizolepis liaoxiensis* (Chang) Wang]

△凌源松型果鳞 *Pityolepis lingyuanensis* Chang,1980

1980 张志诚,见张武等,294 页,图版 192,图 4,5;果鳞;登记号:D508,D509;标本保存在沈阳地质矿产研究所;辽宁凌源;早白垩世九佛堂组。(注:原文未指定模式标本)

凌源"松型果鳞""*Pityolepis*" *lingyuanensis* Chang

1992 李杰儒,343 页,图版 2,图 1—9,12—14,18—20;果鳞;辽宁普兰店;早白垩世晚期普兰店组。

△单裂松型果鳞 *Pityolplis monorimosus* Ren,1997(中文和英文发表)

1997 任守勤,见邓胜徽等,49,106 页,图版 16,图 19,20;图版 30,图 16;果鳞;标本保存在石油勘探开发科学研究院;内蒙古海拉尔大雁盆地;早白垩世大磨拐河组。(注:原文未指定模式标本)

椭圆松型果鳞 *Pityolepis oblonga* Samylina,1963

1963 Samylina,109 页,图版 31,图 8;果鳞;阿尔丹盆地;早白垩世。

1988 陈芬等,76 页,图版 48,图 8—12;果鳞;辽宁阜新新丘矿;早白垩世阜新组。

△卵圆松型果鳞 *Pityolepis ovatus* Toyama et Ôishi,1935

1935 Toyama,Ôishi,73 页,图版 4,图 9,10;果鳞(?);内蒙古扎赉诺尔;侏罗纪。

1993a 吴向午,118 页。

卵圆？松型果鳞 *Pityolepis*？*ovatus* Toyama et Ôishi

1963 斯行健、李星学等，273页，图89，图9，10；果鳞(?)；内蒙古扎赉诺尔；晚侏罗世扎赉诺尔群。

1980 张武等，294页，图版190，图6，7；果鳞；内蒙古扎赉诺尔；早白垩世扎赉诺尔群。

1992 曹正尧，219页，图版6，图12—14；果鳞(?)；黑龙江东部绥滨-双鸭山地区；早白垩世城子河组。

△粗肋松型果鳞 *Pityolepis pachylachis* Zheng，2001(中文和英文发表)

2001 郑少林等，71，79页，图版1，图8—10；果鳞；标本号：BST004A，BST011，BST012；正模：BST004A(图版1，图8，8a)；副模：BST012(图版1，图10，10a)；标本保存在沈阳地质矿产研究所；辽宁北票三宝营乡刘家沟；中—晚侏罗世土城子组3段。

△平泉松型果鳞 *Pityolepis pingquanensis* Wang，1984

1984 王自强，283页，图版157，图15，16；果鳞；登记号：P0386，P0387；正模：P0387(图版157，图16)；标本保存在中国科学院南京地质古生物研究所；河北平泉；晚侏罗世张家口组。

2001 郑少林等，图版1，图14—16a；果鳞；辽宁北票三宝营乡刘家沟；中—晚侏罗世土城子组3段。

△黄杉型松型果鳞 *Pityolepis pseudotsugaoides* Sun et Zheng，2001(中文和英文发表)

2001 孙革、郑少林，见孙革等，91，196页，图版16，图2；图版46，图8；图版63，图7，9，10，16；果鳞；登记号：PB19092—PB19094，ZY3021；正模：PB19092(图版16，图2)；标本保存在中国科学院南京地质古生物研究所；辽宁西部；晚侏罗世尖山沟组。

△普兰店"松型果鳞""*Pityolepis*" *pulandianensis* Li，1992

1992 李杰儒，342页，图版2，图10，16，17；果鳞；标本号：P8H16—P8H23；标本保存在辽宁区测队；辽宁普兰店；早白垩世晚期普兰店组。(注：原文未指明模式标本)

△山西？松型果鳞 *Pityolepis*？*shanxiensis* Wang，1984

1984 王自强，283页，图版116，图4；果鳞；登记号：P0064；正模：P0064(图版116，图4)；标本保存在中国科学院南京地质古生物研究所；山西永和；中—晚三叠世延长组。

△楔形松型果鳞 *Pityolepis sphenoides* Zheng，2001(中文和英文发表)

2001 郑少林等，71，79页，图版1，图6，7；果鳞；标本号：BST014，BST015A；正模：BST014(图版1，图6)；副模：BST015A(图版1，图7)；标本保存在沈阳地质矿产研究所；辽宁北票三宝营乡刘家沟；中—晚侏罗世土城子组3段。

△锥型"松型果鳞""*Pityolepis*" *zhuixingensis* Li，1992

1992 李杰儒，343页，图版2，图11，15，21；果鳞；标本号：P8H16—P8H21a，32，16；标本保存在辽宁区测队；辽宁普兰店；早白垩世晚期普兰店组。(注：原文未指明模式标本)

松型果鳞(未定多种) *Pityolepis* spp.

1982a *Pityolepis* sp.，杨学林、孙礼文，593页，图版3，图13；果鳞；松辽盆地东南部营城；晚侏罗世沙河子组。

1988 *Pityolepis* sp. 1，李佩娟等，122页，图版100，图22B；果鳞；青海大煤沟；早侏罗世甜水

沟组 *Ephedrites* 层。

1988 *Pityolepis* sp. 2,李佩娟等,122页,图版86,图3;果鳞;青海大煤沟;早侏罗世甜水沟组 *Ephedrites* 层。

1995 *Pityolepis* sp.,邓胜徽,58页,图版29,图7;果鳞;内蒙古霍林河盆地;早白垩世霍林河组下煤段。

1997 *Pityolepis* sp. 1,邓胜徽等,49页,图版16,图21;果鳞;内蒙古海拉尔伊敏、大雁盆地;早白垩世大磨拐河组。

1997 *Pityolepis* sp. 2,邓胜徽等,49页,图版16,图22;果鳞;内蒙古海拉尔五九盆地;早白垩世大磨拐河组。

1999 *Pityolepis* sp.,曹正尧,85页,图版34,图14;果鳞;浙江永嘉下岙;早白垩世磨石山组C段。

松型果鳞?(未定多种) *Pityolepis*? spp.

1963 *Pityolepis*? sp.,斯行健、李星学等,273页,图版89,图1[=Scale(斯行健,1933c,73页,图版10,图12)];果鳞;甘肃武威北达板;早—中侏罗世。

1986a *Pityolepis*? sp.,李星学等,27页,图版34,图1;果鳞;吉林蛟河杉松;早白垩世晚期磨石砬子组。

1988 *Pityolepis*? sp. 3,李佩娟等,122页,图版87,图4;果鳞;青海大煤沟;早侏罗世甜水沟组 *Ephedrites* 层。

松型叶属 Genus *Pityophyllum* Nathorst,1899

1899 Nathorst,19页。

1911 Seward,25,53页

1963 斯行健、李星学等,276页。

1993a 吴向午,118页。

模式种:*Pityophyllum staratschini* Nathorst,1899

分类位置:松柏纲松科(Pinaceae,Coniferopsida)

史氏松型叶 *Pityophyllum staratschini* Nathorst,1899

1899 Nathorst,19页,图版2,图24,25;叶;法兰士·约瑟兰地群岛;侏罗纪。

1949 斯行健,34页,图版12,图13;叶;湖北秭归香溪,当阳崔家沟、马头洒;早侏罗世香溪煤系。

1963 斯行健、李星学等,279页,图版92,图11;叶;黑龙江东宁,北京宛平门头沟,房山西中店,湖北当阳观音寺马头洒、崔家沟,新疆准噶尔盆地;早侏罗世—早白垩世。

1976 张志诚,197页,图版103,图3;叶;内蒙古武川蘑菇窑子大营盘南;晚侏罗世大青山组。

1977 冯少南等,241页,图版98,图8;叶;湖北当阳观音寺;早—中侏罗世香溪群上煤组。

1982a 刘子进,135页,图版74,图3,4;叶;内蒙古阿拉善右旗圣气沟;中侏罗世青土井群(?);甘肃玉门旱峡、昌马北大窑;早—中侏罗世大山口群;靖远水洞沟;中侏罗世新河组、窑街组。

1982b 杨学林、孙礼文,38页,图版11,图1;叶;大兴安岭万宝红旗三井;早侏罗世红旗组;54

页,图版 22,图 2b;叶;大兴安岭东南部裕民一井;中侏罗世万宝组。

1984 陈公信,607 页,图版 270,图 10;叶;湖北当阳观音寺;早侏罗世桐竹园组。

1985 李杰儒,图版 2,图 7;叶;辽宁岫岩黄花甸子;早白垩世小岭组。

1988 李杰儒,图版 1,图 4,5;叶;辽宁东部苏子河盆地;早白垩世。

1992 孙革、赵衍华,551 页,图版 250,图 17;叶;吉林白城红旗煤矿三井;早侏罗世红旗组。

1993a 吴向午,118 页。

1993c 吴向午,83 页,图版 3,图 5B—5aB;图版 4,图 8B,8aB;图版 6,图 4—5a;叶;陕西商县凤家山至山倾村剖面;早白垩世凤家山组下段。

1996 曹正尧、张亚玲,图版 1,图 1f;图版 2,图 5c;叶;甘肃张掖平山湖;中侏罗世青土井组。

2002 吴向午等,170 页,图版 4,图 5B;图版 9,图 6B,7B,8B;图版 10,图 10C;图版 12,图 1,2;图版 13,图 11;叶;甘肃山丹毛湖洞,内蒙古阿拉善右旗芨芨沟;早侏罗世芨芨沟组上段;内蒙古阿拉善右旗梧桐树沟;中侏罗世宁远堡组下段;甘肃张掖白乱山;早一中侏罗世潮水群。

史氏松型叶(比较种) *Pityophyllum* cf. *staratschini* Nathorst

1933 潘钟祥,536 页,图版 1,图 11;针叶;河北房山西中店;早白垩世。[注:此标本后改定为 *Pityophyllum staratschini* Nathorst(斯行健、李星学等,1963)]

1964 李佩娟,142 页,图版 20,图 1b,4;叶;四川广元须家河(杨家崖);晚三叠世须家河组。

狭叶松型叶 *Pityophyllum angustifolium* (Nathorst) Moeller,1903

1878 *Taxites angustifolius* Nathorst,109 页,图版 22,图 7,8;叶;瑞典;早侏罗世。

1903 Möller,39 页,图版 5,图 22,23;叶;丹麦博恩霍尔姆岛;晚侏罗世。

1992 孙革、赵衍华,551 页,图版 250,图 17;叶;吉林汪清鹿圈子村北山;晚三叠世马鹿沟组。

1993 米家榕等,140 页,图版 41,图 13,22;图版 44,图 35;叶;辽宁北票;晚三叠世羊草沟组;河北承德;晚三叠世杏石口组。

1993 孙革,107 页,图版 52,图 2,7;叶;吉林汪清鹿圈子村北山;晚三叠世马鹿沟组。

库布克松型叶(松型枝) *Pityophyllum* (*Pityocladus*) *kobukensis* Seward ex Li,1993

1911 *Pinites kobukensis* Seward,26,54 页,图版 4,图 47—51,51A;图版 5,图 65;长枝、短枝和叶;新疆准噶尔盆地库布克河;早一中侏罗世。

1919 *Pityocladus kobukensis* Seward,379 页,图 777;长枝、短枝和叶;新疆准噶尔盆地库布克河;早一中侏罗世。

1993 李杰儒等,236 页,图版 1,图 11;枝叶;辽宁丹东四道沟集贤;早白垩世小岭组。

△克拉梭松型叶 *Pityophyllum krasseri* Yabe et Ôishi,1933

1933 Yabe,Ôishi,230(36)页,图版 33(4),图 21;枝叶;辽宁沙河子;侏罗纪。[注:此标本后被改定为 *Elatocladus* (*Cephalotaxopsis*?) *krasseri* (Yabe et Ôishi) Chow(斯行健、李星学等,1963)]

1933 Ôishi,249(11)页,图版 38(3),图 10;叶角质层;吉林火石岭;侏罗纪。[注:此标本后被改定为 *Elatocladus* (*Cephalotaxopsis*?) *krasseri* (Yabe et Ôishi) Chow(斯行健、李星学等,1963)]

宽叶松型叶 *Pityophyllum latifolium* Turutanova-Ketova,1960

1960 Turutanova-Ketova,112 页,图版 23,图 8;俄罗斯伊萨克库尔;早一中侏罗世。

1982b 刘子进,图版2,图14,15;叶;甘肃靖远刀楞山四道沟;早侏罗世刀楞山组。

宽叶松型叶(松型枝?) ***Pityophyllum*** **(*****Pityocladus*****?)** ***latifolium*** **Turutanova-Ketova**

1986 徐福祥,422页,图版1,图6;叶;甘肃靖远刀楞山;早侏罗世。

林氏松型叶 ***Pityophyllum lindstroemi*** **Nathorst, 1899**

1897 *Pinites* (*Pityophyllum*) *lindstroemi* Nathorst,40,67页,图版5,7;挪威斯匹次卑尔根;早白垩世。

1899 Nathorst,20页。

1935 Toyama,Ôishi,74页,图版3,图1B;叶;内蒙古扎赉诺尔;侏罗纪。

1950 Ôishi,129页,图版40,图1(吉林蛟河火石岭;晚侏罗世);叶;中国东北地区;晚侏罗世—早白垩世。

1963 斯行健、李星学等,277页,图版91,图5,6;叶;吉林蛟河火石岭,黑龙江东宁,辽宁石人沟、沙河子,内蒙古扎赉诺尔、乌察布盟萨拉齐羊圪谈,甘肃武威北达板,青海柴达木全吉,湖北当阳观音寺崔家沟、庙前;早—晚侏罗世。

1980 张武等,296页,图版186,图3;图版189,图3;叶;吉林和龙松下坪;早白垩世长财组;吉林辽源平岗;晚侏罗世安民组。

1982b 杨学林、孙礼文,54页,叶;大兴安岭万宝二井;中侏罗世万宝组。

1983 李杰儒,图版4,图5;叶;辽宁锦西后富隆山盘道沟;中侏罗世海房沟组3段。

1985 米家榕、孙春林,图版2,图12;叶;吉林双阳八面石;晚三叠世小蜂蜜顶子组上段。

1987 段淑英,60页,图版22,图4;叶;北京西山斋堂;中侏罗世窑坡组。

1988 李杰儒,图版1,图3;叶;辽宁东部苏子河盆地;早白垩世。

1989 段淑英,图版2,图10;叶;北京西山斋堂;中侏罗世窑坡组。

1993 李杰儒等,图版1,图5;枝叶;辽宁丹东四道沟集贤;早白垩世小岭组。

1993 米家榕等,141页,图版41,图7,18,20,21;叶;吉林双阳;晚三叠世小蜂蜜顶子组上段;辽宁北票;晚三叠世羊草沟组。

1993c 吴向午,83页,图版5,图5—5b;叶;河南南召马市坪黄土岭附近;早白垩世马市坪组。

1995 邓胜徽,57页,图版19,图1c;图版26,图1b;叶;内蒙古霍林河盆地;早白垩世霍林河组下煤段。

1996 米家榕等,137页,图版34,图6a;叶;辽宁北票;早侏罗世北票组。

1997 邓胜徽等,47页,图版32,图13,14;叶;内蒙古扎赉诺尔;早白垩世伊敏组。

2001 孙革等,94,198页,图版26,图3;叶;辽宁西部;晚侏罗世尖山沟组。

2002 吴向午等,170页,图版13,图12;叶;内蒙古阿拉善右旗梧桐树沟;中侏罗世宁远堡组下段。

林氏松型叶(亲近种) ***Pityophyllum*** **aff.** ***lindstroemi*** **Nathorst**

1984 陈芬等,64页,图版33,图2,3a;叶;北京西山大安山;早侏罗世下窑坡组。

林氏松型叶(比较种) ***Pityophyllum*** **cf.** ***lindstroemii*** **Nathorst**

1931 斯行健,65页;叶;内蒙古萨拉齐羊圪谈;早侏罗世(Lias)。[注:此标本后被改定为?*Pityophyllum lindstroemii* Nathorst(斯行健、李星学等,1963)]

1933 Yabe,Ôishi,231(37)页,图版34(5),图9;叶;辽宁沙河子、石人沟,吉林火石岭、蛟河;侏罗纪。[注:此标本后被改定为 *Pityophyllum lindstroemii* Nathorst(斯行健、李星学等,1963)]

1933c 斯行健,69 页;叶;甘肃武威小石门沟口;早—中侏罗世。[注:此标本后改定为 ? *Pityophyllum lindstroemii* Nathorst(斯行健、李星学等,1963)]

1935 Ôishi,93 页;叶;黑龙江东宁;晚侏罗世。[注:此标本后改定为 ? *Pityophyllum lindstroemii* Nathorst(斯行健、李星学等,1963)]

1949 斯行健,34 页,图版 8,图 8b;图版 15,图 6;叶;湖北当阳崔家沟;早侏罗世香溪煤系。[注:此标本后改定为 *Pityophyllum lindstroemii* Nathorst(斯行健、李星学等,1963)]

1952 斯行健,186 页,图版 1,图 7;叶;内蒙古呼伦贝尔盟嘎查煤田、扎赉诺尔煤田;侏罗纪。[注:此标本后改定为 *Pityophyllum lindstroemii* Nathorst(斯行健、李星学等,1963)]

1959 斯行健,14,30 页,图版 5,图 8,8a;叶;青海柴达木鱼卡;早—中侏罗世。[注:此标本后改定为 *Pityophyllum lindstroemii* Nathorst(斯行健、李星学等,1963)]

1961 沈光隆,174 页,图版 1,图 11B;叶;甘肃徽成;中侏罗世沔县群。

1979 何元良等,153 页,图版 78,图 2;叶;青海柴旦木鱼卡;中侏罗世大煤沟组。

1982 张武,191 页,图版 2,图 17;叶;辽宁凌源;晚三叠世老虎沟组。

1984a 曹正尧,13 页,图版 2,图 5;叶;黑龙江密山;晚侏罗世云山组。

1988 李佩娟等,120 页,图版 77,图 3;叶;青海大煤沟;早侏罗世甜水沟组 *Ephedrites* 层。

林氏松型叶(比较属种) Cf. *Pityophyllum lindstroemi* Nathorst

1933b 斯行健,33 页;叶;内蒙古萨拉齐石拐子;早侏罗世。[注:此标本后被改定为 ? *Pityophyllum lindstroemii* Nathorst(斯行健、李星学等,1963)]

长叶松型叶 *Pityophyllum longifolium* (Nathorst) Moeller,1903

1878 *Cycadites*? *logifolium* Nathorst,25 页,图版 13,图 1—3;叶;瑞典;晚三叠世—早侏罗世。

1903 Moeller,40 页;瑞典;早—中侏罗世。

1935 Ôishi,93 页;叶;黑龙江东宁;晚侏罗世。[注:此标本后被改定为 *Pityophyllum staratschini* Nathorst(斯行健、李星学等,1963)]

1963 斯行健、李星学等,279 页,图版 90,图 6,6a;图版 92,图 10;图版 97,图 6B;叶;黑龙江,吉林,辽宁,山东,湖北,四川,新疆;早—晚侏罗世。

1964 Miki,15 页,图版 1,图 D;叶;辽宁凌源;晚侏罗世狼鳍鱼层。

1977 冯少南等,241 页,图版 98,图 7;叶;湖北当阳观音寺;早—中侏罗世香溪群上煤组。

1978 杨贤河,531 页,图版 184,图 3,4;叶;四川云阳犀牛;晚三叠世须家河组。

1980 吴舜卿等,115 页,图版 31,图 1,2;叶;湖北秭归香溪、泄滩;早—中侏罗世香溪组。

1980 张武等,296 页,图版 148,图 7—10;叶;辽宁凌源;早侏罗世郭家店组。

1981 陈芬等,图版 4,图 6;叶;辽宁阜新海州;早白垩世阜新组太平层或中间层(?)。

1982 张采繁,537 页,图版 352,图 11;叶;湖南宜章长策下坪;早侏罗世唐垅组。

1982b 杨学林、孙礼文,38 页,图版 12,图 1;叶;大兴安岭万宝红旗一井;早侏罗世红旗组。

1983a 曹正尧,17 页,图版 2,图 15;叶;黑龙江虎林云山;中侏罗世龙爪沟群。

1983b 曹正尧,39 页,图版 7,图 1E;叶;黑龙江虎林平安村北山;晚侏罗世云山组。

1984 陈芬等,64 页,图版 34,图 1;叶;北京西山门头沟、大台、大安山;早侏罗世下窑坡组,中侏罗上窑坡组、龙门组。

1984 陈公信,607 页,图版 270,图 6;叶;湖北当阳观音寺;晚侏罗世桐竹园组。

1985 米家榕、孙春林,图版 2,图 21,22,26;叶;吉林双阳八面石;晚三叠世小蜂蜜顶子组上段。

1986　陈晔等，图版 9，图 7；叶；四川理塘；晚三叠世拉纳山组。

1986　叶美娜等，78 页，图版 50，图 2；叶；四川开县水田；早侏罗世珍珠冲组。

1987　陈晔等，130 页，图版 38，图 1；叶；四川盐边箐河；晚三叠世红果组、老塘箐组。

1988　李佩娟等，120 页，图版 55，图 3B；图版 83，图 4；图版 86，图 2—2b；图版 87，图 2—2b；图版 93，图 2B；叶；青海大煤沟；早侏罗世火烧山组 *Cladophlebis* 层。

1990　郑少林、张武，222 页，图版 6，图 6；叶；辽宁本溪田师傅；中侏罗世大堡组。

1993　米家榕等，141 页，图版 41，图 1，9—12，14—17，19；图版 44，图 41；叶；黑龙江东宁；晚三叠世罗圈站组；吉林汪清、双阳；晚三叠世马鹿沟组、大酱缸组和小蜂蜜顶子组上段；辽宁北票、凌源；晚三叠世羊草沟组、老虎沟组；河北平泉、承德，北京房山；晚三叠世杏石口组。

1996　米家榕等，137 页，图版 34，图 1—3，4a，5，7—9；图版 39，图 21a；叶；辽宁北票，河北抚宁石门寨；早侏罗世北票组；辽宁北票海房沟；中侏罗世海房沟组。

1997　邓胜徽等，47 页，图版 32，图 15；叶；内蒙古扎赉诺尔；早白垩世伊敏组。

1998　廖卓庭、吴国干（主编），图版 12，图 13；叶；新疆巴里坤三塘湖煤矿；中侏罗世西山窑组。

2003　袁效奇等，图版 18，图 6；叶；内蒙古达拉特旗罕台川；中侏罗世延安组。

长叶松型叶（比较种）*Pityophyllum* cf. *longifolium* (Nathorst) Moeller

1964　李佩娟，142 页，图版 18，图 4b；叶；四川广元杨家崖；晚三叠世须家河组。

1988　李佩娟等，121 页，图版 59，图 1B；图版 91，图 1；图版 95，图 1；图版 96，图 3，3a；叶；青海大煤沟；中侏罗世大煤沟组 *Tyrmia-Sphenobaiera* 层；青海绿草山宽沟；中侏罗世石门沟组 *Nilssonia* 层。

1996　曹正尧、张亚玲，图版 1，图 1g；叶；甘肃张掖平山湖；中侏罗世青土井组。

长叶松型叶（比较属种）Cf. *Pityophyllum longifolium* (Nathorst) Moeller

1976　李佩娟等，133 页，图版 42，图 1b；图版 44，图 1—4；叶；云南禄丰渔坝村、一平浪；晚三叠世一平浪组干海子段。

1982　李佩娟、吴向午，55 页，图版 14，图 4；叶；四川义敦热柯区章纳；晚三叠世喇嘛垭组。

诺氏松型叶 *Pityophyllum nordenskioldi* (Heer) Nathorst，1897

1876　*Pinus nordenskioldi* Heer，45 页，图版 9，图 6；叶；挪威斯匹次卑尔根；早白垩世。

1897　Nathorst，18 页；叶；挪威斯匹次卑尔根；早白垩世。

1924　Kryshtofovich，107 页；叶；辽宁八道河；侏罗纪。

1928　Yabe，Ôishi，12 页，图版 4，图 4；叶；山东坊子煤田；侏罗纪。［注：此标本后改定为 *Pityophyllum longifolium* (Nathorst) Moeller（斯行健、李星学等，1963）］

1931　斯行健，52，60 页；叶；北京宛平门头沟，辽宁阜新孙家沟；早侏罗世（Lias）。

1933　Yabe，Ôishi，231(37) 页，图版 35(6)，图 6B；叶；辽宁魏家铺子、八道濠，吉林火石岭、陶家屯（?）；侏罗纪。［注：此标本后改定为 *Pityophyllum longifolium* (Nathorst) Moeller（斯行健、李星学等，1963）］

1933a　斯行健，7 页；叶；陕西汧县苏草湾；早侏罗世。

1933b　斯行健，58 页；叶；安徽太湖；早侏罗世。

1935　Ôishi，92 页，图版 8，图 1B；叶；黑龙江东宁；晚侏罗世。［注：此标本后被改定为 *Pityophyllum longifolium* (Nathorst) Moeller（斯行健、李星学等，1963）］

1949 斯行健,34 页,图版 15,图 7,8;叶;湖北当阳白石岗、马头洒;早侏罗世香溪煤系。[注:此标本后改定为 *Pityophyllum longifolium* (Nathorst) Moeller(斯行健、李星学等,1963)]

1963 斯行健、李星学等,278 页,图版 91,图 7;叶;吉林,辽宁,北京,陕西,安徽;晚三叠世—晚侏罗世。

1980 张武等,296 页,图版 186,图 2;叶;吉林蛟河;早白垩世。

1984 顾道源,155 页,图版 80,图 20;叶;新疆准噶尔盆地和丰库布克河;早侏罗世八道湾组。

1986 叶美娜等,78 页,图版 50,图 1,7A;叶;四川宣汉七里峡平硐;晚三叠世须家河组 7 段;四川开县水田;早侏罗世珍珠冲组。

1988 陈芬等,75 页,图版 69,图 5b;叶;辽宁铁法大明二矿;早白垩世小明安碑组下煤段。

1996 米家榕等,137 页,图版 34,图 12,13,16,18—22;叶;辽宁北票海房沟;中侏罗世海房沟组;河北抚宁石门寨;早侏罗世北票组。

诺氏松型叶(比较种) *Pityophyllum* cf. *nordenskioldi* (Heer) Nathorst

1952 斯行健、李星学,10,29 页,图版 5,图 3,3a;图版 7,图 9;叶;四川巴县一品场;侏罗纪。[注:此标本后被改定为 *Pityophyllum longifolium* (Nathorst) Moeller(斯行健、李星学等,1963)]

1984 陈芬等,64 页,图版 33,图 3b;叶;北京西山大安山;早侏罗世下窑坡组;北京西山门头沟;中侏罗上窑坡组、龙门组。

△蛟河松型叶 *Pityophyllum thiohoense* Krasser,1906

1906 *Pinites* (*Pityophyllum*) *thiohoense* Krasser,625 页;叶;吉林蛟河;侏罗纪。

1933 Yabe,Ôishi,232(38)页;叶;吉林蛟河;侏罗纪。

1963 斯行健、李星学等,279 页;叶;吉林蛟河;中—晚侏罗世。

1985 李杰儒,图版 2,图 8;叶;辽宁岫岩黄花甸子;早白垩世小岭组。

松型叶(未定多种) *Pityophyllum* spp.

1911 *Pityophyllum* sp. (Cf. *P. staratschini* (Heer)),Seward,25,53 页,图版 4,图 52,52A;叶;新疆准噶尔盆地 Diam 河;早—中侏罗世。[注:此标本后改定为 *Pityophyllum longifolium* (Nathorst) Moeller(斯行健、李星学等,1963)]

1956b *Pityophyllum* sp. (Cf. *P. staratschini* Heer),斯行健,图版 3,图 3b;叶;新疆准噶尔盆地;早—中侏罗世(Lias—Dogger)。[注:此标本后改定为 *Pityophyllum staratschini* Nathorst(斯行健、李星学等,1963)]

1980 *Pityophyllum* sp.,何德长、沈襄鹏,28 页,图版 26,图 4;叶;湖南桂东沙田;早侏罗世造上组。

1982 *Pityophyllum* sp.,张采繁,538 页,图版 355,图 10;叶;湖南醴陵柑子冲;早侏罗世高家田组。

1983 *Pityophyllum* sp.,孙革等,455 页,图版 3,图 10;叶;吉林双阳大酱缸;晚三叠世大酱缸组。

1983b *Pityophyllum* sp.,曹正尧,17 页,图版 7,图 1D;叶;黑龙江虎林平安村北山;晚侏罗世云山组。

1983 *Pityophyllum* sp.,张武等,81 页,图版 4,图 11—13;叶;辽宁本溪林家崴子;中三叠世林家组。

1984a *Pityophyllum* sp.，曹正尧，14 页，图版 1，图 1A，7；叶；黑龙江密山；中侏罗世裴德组。

1984 *Pityophyllum* sp.，张志诚，120 页，图版 3，图 4b；叶；黑龙江嘉荫太平林场；晚白垩世太平林场组。

1985 *Pityophyllum* sp.，商平，图版 14，图 3；叶；辽宁阜新；早白垩世海州组太平段。

1986b *Pityophyllum* sp.，李星学等，32 页，图版 35，图 3，3b；叶；吉林蛟河杉松；晚期早白垩世磨石砬子组。

1986 *Pityophyllum* sp.，鞠魁祥、蓝善先，图版 2，图 6；叶；江苏南京吕家山；晚三叠世范家塘组。

1987 *Pityophyllum* sp.，何德长，79 页，图版 12，图 1a；叶；浙江遂昌靖居口；中侏罗世毛弄组 3 层。

1992 *Pityophyllum* sp.，王士俊，56 页，图版 23，图 12；叶；广东乐昌关春；晚三叠世。

1995 *Pityophyllum* sp.，邓胜徽，57 页，图版 28；图 11；叶；内蒙古霍林河盆地；早白垩世霍林河组下煤段。

1997 *Pityophyllum* sp.，吴舜卿等，169 页，图版 3，图 6；叶；香港大澳；早一中侏罗世。

1998 *Pityophyllum* sp.，邓胜徽，图版 1，图 6；叶；内蒙古平庄-元宝山盆地；早白垩世元宝山组。

1998 *Pityophyllum* sp.，黄其胜等，图版 1，图 14；枝叶；江西上饶清水缪源；早侏罗世林山组 3 段。

松型叶？（未定种） *Pityophyllum*? sp.

1999 *Pityophyllum*? sp.，曹正尧，84 页，图版 25，图 5，5a；叶；浙江临安平山；早白垩世寿昌组。

松型叶（比较属）（未定种） Cf. *Pityophyllum* sp.

1933a Cf. *Pityophyllum* sp.，斯行健，9 页；叶；贵州贵阳三桥；早侏罗世。

松型叶（马斯克松？）（未定种） *Pityophyllum* (*Marskea*?) sp.

1988 *Pityophyllum* (*Marskea*?) sp.，陈芬等，76 页，图版 58，图 4；插图 19；叶；辽宁阜新新丘矿；早白垩世阜新组下煤段。

松型子属 Genus *Pityospermum* Nathorst，1899

1899 Nathorst，17 页。

1933c 斯行健，72 页。

1963 斯行健、李星学等，273 页。

1993a 吴向午，118 页。

模式种：*Pityospermum maakanum* Nathorst，1899

分类位置：松柏纲松科（Pinaceae，Coniferopsida）

马肯松型子 *Pityospermum maakanum* (Heer) Nathorst，1899

1876 *Pinus maakana* Heer，76 页，图版 14，图 1；种子；俄罗斯伊尔库茨克盆地；侏罗纪。

1899 Nathorst，17 页，图版 2，图 15；种子；法兰士·约瑟兰地群岛；晚侏罗世。

1993a 吴向午,118 页。

马肯松型子(比较种) *Pityospermum* cf. *maakanum* (Heer) Nathorst

1987 张武、郑少林,313 页,图版 21,图 10,11;翅籽;辽宁南票盘道沟;中侏罗世海房沟组。

△异常松型子 *Pityospermum insutum* Zheng et Zhang,1982

1982 郑少林、张武,321 页,图版 21,图 18;翅籽;登记号:H0062(2);标本保存在沈阳地质矿产研究所;黑龙江鸡西城子河;早白垩世城子河组。

△最小松型子 *Pityospermum minimum* Zheng et Zhang,1989

1989 郑少林、张武,31 页,图版 1,图 13,13a;翅籽;标本号:LN-26;标本保存在沈阳地质矿产研究所;辽宁新宾南杂木朝阳屯;早白垩世聂尔库组。

缪勒松型子(比较种) *Pityospermum* cf. *moelleri* Seward ex Zhang et Zheng

1987 张武、郑少林,图版 21,图 12—14;图版 26,图 11;图版 28,图 12;翅籽;辽宁锦西南票;中侏罗世海房沟组。

南赛松型子 *Pityospermum nanseni* Nathorst,1899

1899 Nathorst,18 页,图版 2,图 12,13;翅籽;法兰士・约瑟兰地群岛;晚侏罗世或早白垩世。

1983 李杰儒,图版 4,图 1,2;种子;辽宁锦西后富隆山盘道沟;中侏罗世海房沟组 3 段。

南赛松型子(比较种) *Pityospermum* cf. *nanseni* Nathorst

1980 张武等,294 页,图版 188,图 4,5;图版 192,图 2;翅籽;黑龙江鸡西虎山;早白垩世城子河组。

1988 李杰儒,图版 1,图 18;种子;辽宁东部苏子河盆地;早白垩世。

普里那达松型子 *Pityospermum prynadae* Krassilov,1967

1967 Krassilov,199 页,图版 73,图 6—8;翅籽;苏联远东滨海区;早白垩世。

普里那达松型子(比较种) *Pityospermum* cf. *prynadae* Krassilov

1992 曹正尧,219 页,图版 5,图 12A;翅籽;黑龙江东部绥滨-双鸭山地区;早白垩世城子河组。

松型子(未定多种) *Pityospermum* spp.

1933c *Pityospermum* sp.,斯行健,72 页,图版 10,图 7,8;翅籽;甘肃武威北达板;早一中侏罗世。

1935 *Pityospermum* sp.,Ôishi,92 页;插图 8;翅籽;黑龙江东宁;晚侏罗世。

1935 *Pityospermum* sp.,Toyama,Ôishi,73 页,图版 4,图 8;翅籽;内蒙古扎赉诺尔;侏罗纪。

1963 *Pityospermum* sp. 1,斯行健、李星学等,274 页,图版 91,图 14;翅籽;甘肃武威北达板;早一中侏罗世。

1963 *Pityospermum* sp. 2,斯行健、李星学等,274 页,图版 91,图 15;翅籽;甘肃武威北达板;早一中侏罗世。

1963 *Pityospermum* sp. 3,斯行健、李星学等,274 页,图版 90,图 7;翅籽;黑龙江东宁;晚侏罗世。

1963 *Pityospermum* sp. 4,斯行健、李星学等,274 页,图版 90,图 8;翅籽;内蒙古扎赉诺尔;

晚侏罗世扎赉诺尔群。

1979 *Pityospermum* sp.，何元良等，154 页，图版 78，图 3；翅籽；青海天峻木里；早—中侏罗世木里群江仓组。

1983a *Pityospermum* sp.，曹正尧，16 页，图版 2，图 17；插图 1；翅籽；黑龙江虎林云山；中侏罗世龙爪沟群。

1983 *Pityospermum* sp. 1，李杰儒，24 页，图版 4，图 4；翅籽；辽宁锦西后富隆山盘道沟；中侏罗世海房沟组 3 段。

1983 *Pityospermum* sp. 2，李杰儒，24 页，图版 4，图 3；翅籽；辽宁锦西后富隆山盘道沟；中侏罗世海房沟组 3 段。

1984 *Pityospermum* spp.，王自强，283 页，图版 156，图 8—10；翅籽；河北张家口、平泉；早白垩世青石砬组、九佛堂组。

1986b *Pityospermum* sp. 1，李星学等，31 页；种子；吉林蛟河杉松；早白垩世晚期磨石砬子组。

1986b *Pityospermum* sp. 2，李星学等，31 页，图版 35，图 4；翅籽；吉林蛟河杉松；早白垩世晚期磨石砬子组。

1988 *Pityospermum* sp. 1，陈芬等，77 页，图版 48，图 5，6；翅籽；辽宁阜新新丘矿；早白垩世阜新组。

1988 *Pityospermum* sp. 2，陈芬等，77 页，图版 48，图 7，7a；翅籽；辽宁阜新新丘矿；早白垩世阜新组。

1988 *Pityospermum* sp. 1，李杰儒，图版 1，图 1；翅籽；辽宁东部苏子河盆地；早白垩世。

1988 *Pityospermum* sp. 2 李杰儒，图版 1，图 2，翅籽；辽宁东部苏子河盆地；早白垩世。

1988 *Pityospermum* sp. 1，李佩娟等，123 页，图版 84，图 6；翅籽；青海大煤沟；早侏罗世甜水沟组 *Ephedrites* 层。

1992 *Pityospermum* sp.，曹正尧，220 页，图版 6，图 11；翅籽；黑龙江东部绥滨-双鸭山地区；早白垩世城子河组。

1993a *Pityospermum* sp.，吴向午，118 页。

1997 *Pityospermum* sp. 1，邓胜徽等，48 页，图版 16，图 16，17；翅籽；内蒙古扎赉诺尔、大雁盆地；早白垩世伊敏组。

1997 *Pityospermum* sp. 2，邓胜徽等，48 页，图版 16，图 14；翅籽；内蒙古扎赉诺尔、大雁盆地；早白垩世伊敏组；内蒙古拉布大林盆地、大雁盆地、五九盆地；早白垩世大磨拐河组。

1997 *Pityospermum* sp. 3，邓胜徽等，49 页，图版 16，图 15；翅籽；内蒙古扎赉诺尔；早白垩世伊敏组。

1999a *Pityospermum* sp.，吴舜卿，18 页，图版 8，图 5；翅籽；辽宁北票上园；晚侏罗世义县组下部尖山沟层。

2001 *Pityospermum* sp. 1，孙革等，92，196 页，图版 16，图 6；图版 17，图 5；图版 26，图 6；翅籽；辽宁西部；晚侏罗世尖山沟组。

2001 *Pityospermum* sp. 2，孙革等，92，196 页，图版 25，图 7；图版 53，图 10，11；翅籽；辽宁西部；晚侏罗世尖山沟组。

松型子？（未定种）*Pityospermum*? sp.

1988 *Pityospermum*? sp. 2，李佩娟等，123 页，图版 99，图 18B；翅籽；青海大煤沟；早侏罗世

甜水沟组 *Ephedrites* 层。

松型果属 Genus *Pityostrobus* (Nathorst) Dutt, 1916

1916 Dutt,529 页。

1935 Toyama,Ôishi,72 页。

1963 斯行健、李星学等,272 页。

1993a 吴向午,118 页。

模式种:*Pityostrobus macrocephalus* (Lindley et Hutton) Dutt,1916[注:原引证为 *Pityostrobus* sp.(Nathorst,1899,17 页,图版 2,图 9,10)]

分类位置:松柏纲松科(Pinaceae,Coniferopsida)

粗榧型松型果 *Pityostrobus macrocephalus* (Lindley et Hutton) Dutt, 1916

1835(1831—1837) *Zamia macrocephalus* Lindley et Hutton,127 页,图版 125;球果;英国;早始新世。

1916 Dutt,529 页,图版 15;球果;英国;早始新世。

1993a 吴向午,118 页。

董克尔松型果 *Pityostrobus dunkeri* (Carruthers) Seward, 1919

1866 *Pinites dunkeri* Carruthers,图版 21,图 1,2;球果;怀特岛;早白垩世。

1919 Seward,383 页,图 778;球果;怀特岛;早白垩世。

董克尔松型果(比较种) *Pityostrobus* cf. *dunkeri* (Carruthers) Seward

1980 张武等,293 页,图版 183,图 7;球果;黑龙江鸡西;早白垩世城子河组。

△远藤隆次松型果 *Pityostrobus endo-riujii* Toyama et Ôishi, 1935

1935 Toyama,Ôishi,72 页,图版 4,图 6,7;球果;内蒙古扎赉诺尔;侏罗纪。

1963 斯行健、李星学等,272 页,图 89,图 7,8;球果;内蒙古扎赉诺尔;晚侏罗世扎赉诺尔群。

1980 张武等,293 页,图版 191,图 2,3;球果;内蒙古扎赉诺尔;早白垩世扎赉诺尔群。

1993a 吴向午,118 页。

△河北松型果 *Pityostrobus hebeiensis* Wang, 1984

1984 王自强,284 页,图版 157,图 2;球果;登记号:P0372;正模:P0372(图版 157,图 2);标本保存在中国科学院南京地质古生物研究所;河北丰宁;早白垩世九佛堂组。

海尔松型果 *Pityostrobus heeri* Coemance, 1867

1867 Coemans,见 Coemans,Saporta(比利时皇家科学院学会志),图 4;比利时;早白垩世(Wealden)。

2001 孙革等,91,195 页,图版 16,图 1;图版 53,图 17;球果;辽宁西部;晚侏罗世尖山沟组。

△刘房子松型果 *Pityostrobus liufanziensis* Yang et Sun, 1982

1982a 杨学林、孙礼文,593 页,图版 3,图 14,15;球果;标本号:L7815,L7816;标本保存在吉林省煤田地质研究所;松辽盆地东南部刘房子;早白垩世营城组。(注:原文未指定模式标本)

△聂尔库松型果 *Pityostrobus nieerkuensis* Zheng et Zhang, 1989

1989 郑少林、张武，31 页，图版 1，图 17，19，20；插图 2；球果；标本号：LN-23，LN-25；标本保存在沈阳地质矿产研究所；辽宁新宾南杂木朝阳屯；早白垩世聂尔库组。（注：原文未指定模式标本）

△斯氏松型果 *Pityostrobus szeianus* Zheng et Zhang, 1982

1982 郑少林、张武，321 页，图版 21，图 1—6；插图 14；叶枝、球果和角质层；登记号：HCS047，HCS048；标本保存在沈阳地质矿产研究所；黑龙江双鸭山七星；早白垩世城子河组。（注：原文未指定模式标本）

△围场松型果 *Pityostrobus weichangensis* Wang, 1984

1984 王自强，285 页，图版 150，图 11；球果；登记号：P0346；正模：P0346（图版 150，图 211）；标本保存在中国科学院南京地质古生物研究所；河北丰宁；早白垩世九佛堂组。

1997 邓胜徽等，48 页，图版 30 图 15；球果；内蒙古扎赉诺尔、大雁盆地；早白垩世伊敏组；内蒙古五九盆地；早白垩世大磨拐河组。

△盐边松型果 *Pityostrobus yanbianensis* Chen et Duan, 1985

1985 陈晔、段淑英，见陈晔等，320，325 页，图版 1，图 1，2；图版 2，图 3；球果；标本号：7271，7272，7276；合模：7271，7272，7276（图版 1，图 1，2；图版 2，图 3）；四川盐边箐河；晚三叠世红果组。[注：依据《国际植物命名法规》（《维也纳法规》）第 37.2 条，1958 年起，模式标本只能是 1 块标本]

1986 陈晔等，图版 9，图 5，6；球果；四川理塘；晚三叠世拉纳山组。

1987 陈晔等，131 页，图版 38，图 2—4a；球果；四川盐边箐河；晚三叠世红果组。

1987 四川省地质矿产研究所专题研究组，图版 4，图 4；球果；四川盐源甲米；晚三叠世东瓜岭组。

△义县松型果 *Pityostrobus yixianensis* Shang, Cui et Li, 2001

2001 尚华、崔金钟、李承森等，434 页，图 2—26；球果；模式标本：CBP53750；标本保存在中国科学院植物研究所中国植物历史自然博物馆；辽宁义县；早白垩世沙海组。

松型果（未定多种） *Pityostrobus* spp.

1980 *Pityostrobus* sp.，张武等，293 页，图版 140，图 5，6；球果；辽宁本溪；中侏罗世大堡组。

1981 *Pityostrobus* sp.，陈芬等，图版 4，图 8；球果；辽宁阜新海州；早白垩世阜新组太平层或中间层（?）。

1983 *Pityostrobus* sp.，李杰儒，24 页，图版 3，图 13；球果；辽宁锦西后富隆山盘道沟；中侏罗世海房沟组 3 段。

1988 *Pityostrobus* sp.，陈芬等，76 页，图版 48，图 13，14；球果；辽宁阜新新丘矿；早白垩世阜新组下煤段。

1989 *Pityostrobus* sp. 1，任守勤、陈芬；637 页，图版 1，图 11；球果；内蒙古海拉尔五九盆地；早白垩世大磨拐河组。

1989 *Pityostrobus* sp. 2，任守勤、陈芬；637 页，图版 1，图 9；果鳞；内蒙古海拉尔五九盆地；早白垩世大磨拐河组。

2003 *Pityostrobus* sp.，邓胜徽等，图版 76，图 3；球果；新疆哈密三道岭煤矿；中侏罗世西山窑组。

松型果?(未定种) *Pityostrobus*? sp.

1988 *Pityostrobus*? sp.,李佩娟等,121 页,图版 99,图 19;球果;青海大煤沟;早侏罗世甜水沟组 *Ephedrites* 层。

松型木属 Genus *Pityoxylon* Kraus,1870

1870(1869—1874) Kraus,见 Schimper,378 页。

1963 斯行健、李星学等,331 页。

1993a 吴向午,119 页。

模式种:*Pityoxylon sandbergerii* Kraus,1870

分类位置:松柏纲松科(Pinaceae,Coniferopsida)

桑德伯格松型木 *Pityoxylon sandbergerii* Kraus,1870

1870(1869—1874) Kraus,见 Schimper,378 页,图版 79,图 8;木化石;德国巴伐利亚 Kitziingen;晚三叠世(Keuper)。

1993a 吴向午,119 页。

似罗汉松属 Genus *Podocarpites* Andrae,1855

[注:孙革等(2001)译为似竹柏(似罗汉松)属]

1855 Andrae,45 页。

1941 Stockmans,Mathieu,53 页。

1963 斯行健、李星学等,307 页。

1993a 吴向午,120 页。

2001 孙革等,100,202 页。

模式种:*Podocarpites acicularis* Andrae,1855

候选模式种:*Podocarpites reheensis* (Wu S Q) Sun et Zheng,2001

分类位置:松柏纲松科(Pinaceae,Coniferopsida)

尖头似罗汉松 *Podocarpite aciculariss* Andrae,1855

1855 Andrae,45 页,图版 10,图 5;叶(?);匈牙利;侏罗纪。

1993a 吴向午,120 页。

△门头沟似罗汉松 *Podocarpites mentoukouensis* Stockmans et Mathieu,1941

1941 Stockmans,Mathieu,53 页,图版 7,图 5,6;枝叶;北京门头沟;侏罗纪。[注:此标本后被改名为"*Podocarpites*" *mentoukouensis* Stockmans et Mathieu(斯行健、李星学等,1963)]

1954 徐仁,65 页,图版 56,图 3;枝叶;河北门头沟;中侏罗世或早侏罗世晚期。

1958 汪龙文等,615 页(包括图);枝叶;河北;早—中侏罗世。

1993a 吴向午,120 页。

门头沟"似罗汉松""*Podocarpites*" *mentoukouensis* Stockmans et Mathieu

1941 *Podocarpites mentoukouensis* Stockmans et Mathieu,53 页,图版 7,图 5,6;枝叶;北京门头沟;侏罗纪。

1963 斯行健、李星学等,307 页,图版 97,图 1;图版 98,图 1;枝叶;北京西山门头沟(斋堂);早—中侏罗世门头沟群。

1982a 刘子进,137 页,图版 75,图 10,11;枝叶;甘肃两当西坡;中侏罗世龙家沟组。

门头沟"似罗汉松"(比较属种) Cf. "*Podocarpites*" *mentoukouensis* Stockmans et Mathieu

1982b 杨学林、孙礼文,56 页,图版 24,图 9;枝叶;大兴安岭巴林左旗双窝堡;中侏罗世万宝组。

△热河似罗汉松 *Podocarpites reheensis* (Wu S Q) Sun et Zheng,2001(中文和英文发表)

[注:孙革等(2001)译为热河似竹柏(似罗汉松)]

1999a *Lilites reheensis* Wu S Q,吴舜卿,23 页,图版 18,图 1,1a,2,4,5,7,7a,8A;枝叶;辽宁北票上园;晚侏罗世义县组下部尖山沟层。

2001 孙革、郑少林,见孙革等,100,202 页,图版 12,图 6;图版 14,图 7;图版 22,图 3;图版 44,图 1—8;图版 54,图 8,9;枝叶;辽宁西部;晚侏罗世尖山沟组。

△柳叶似罗汉松 *Podocarpites salicifolia* Tan et Zhu,1982

1982 谭琳、朱家楠,153 页,图版 40,图 5;枝叶;登记号:GM87;正模:GM87(图版 40,图 5);内蒙古固阳毛忽洞;早白垩世固阳组。

△瘤轴"似罗汉松""*Podocarpites*" *tubercaulis* Xu et Shen,1982

1982a 刘子进,137 页,图版 75,图 5,6;枝叶;标本号:Lp0067-1,Lp0067-2;标本保存在西安地质矿产研究所;甘肃武都大岭沟;中侏罗世龙家沟组。(注:原文未指定模式标本)

罗汉松型木属 Genus *Podocarpoxylon* Gothan,1904

1904 Gothan,272 页。

1995 崔金钟,637 页。

模式种:*Podocarpoxylon juniperoides* Gothan,1904

分类位置:松柏纲(Coniferopsida)

桧型罗汉松型木 *Podocarpoxylon juniperoides* Gothan,1904

1904 Gothan,272 页;木化石;德国埃尔姆斯霍恩;更新世。

△陆均松型罗汉松型木 *Podocarpoxylon dacrydioides* Cui,1995

1995 崔金钟,637 页,图版 1,图 1—5;木化石;内蒙古霍林河煤田;早白垩世霍林河组。(注:原文未指定模式标本的存放地点)

1995 李承森、崔金钟,108 页(包括图);木化石;内蒙古;早白垩世。

罗汉松型木(未定多种) *Podocarpoxylon* spp.

1995 *Podocarpoxylon* sp.,崔金钟,638 页,图版 1,图 6—8;图版 2,图 1;木化石;内蒙古霍林

河煤田；早白垩世霍林河组。

1995 *Podocarpoxylon* sp.，何德长，16 页（中文），20 页（英文），图版 13，图 2；图版 16，图 1—1c；丝炭；内蒙古鄂温克旗伊敏煤矿；早白垩世伊敏组 16 煤层。

罗汉松属 Genus *Podocarpus* L'Heriter，1807

1984 张志诚，120 页。

1993a 吴向午，120 页。

模式种：（现生属）

分类位置：松柏纲松科（Pinaceae，Coniferopsida）

△阜新罗汉松 *Podocarpus fuxinensis* （Shang） Wang et Shang，1985

1984 *Cephalotaxopsis fuxinensis* Shang，商平，63 页，图版 6；图 1—6；枝叶和角质层；登记号：HT06，HT77，HT85；辽宁阜新海州露天煤矿；早白垩世海州组太平段。

1985 商平，113 页，图版 6，图 1—8；枝叶和角质层；登记号：HT06，HT77，HT85；后选模：TH85（图版 6，图 1＝商平，1984，图版 6，图 1）；标本保存在阜新矿业学院科研所；辽宁阜新；早白垩世海州组太平段。

1987 商平，图版 1，图 7；枝叶；辽宁阜新盆地；早白垩世。

查加扬罗汉松 *Podocarpus tsagajanicus* Krassilov，1976

1976 Krassilov，43 页，图版 3，图 1—8；枝叶；苏联布列亚盆地；白垩纪。

查加扬罗汉松（比较属种） Cf. *Podocarpus tsagajanicus* Krassilov

1984 张志诚，120 页，图版 1，图 12；叶；黑龙江嘉荫太平林场；晚白垩世太平林场组。

1993a 吴向午，120 页。

罗汉松？（未定种） *Podocarpus*? sp.

1995a *Podocarpus*? sp.，李星学（主编），图版 110，图 11，12；枝叶；吉林汪清罗子沟；早白垩世晚期大拉子组。（中文）

1995b *Podocarpus*? sp.，李星学（主编），图版 110，图 11，12；枝叶；吉林汪清罗子沟；早白垩世晚期大拉子组。（英文）

苏铁杉属 Genus *Podozamites* （Brongniart） Braun，1843

1843（1839—1843） Braun，见 Münster，28 页。

1867（1865） Newberry，121 页。

1963 斯行健、李星学等，289 页。

1993a 吴向午，120 页。

模式种：*Podozamites distans* （Presl） Braun in Münster，1843

分类位置：松柏纲苏铁杉目（Podozamitales，Coniferopsida）

间离苏铁杉 *Podozamites distans* (Presl) Braun in Münster, 1843

1838(1820—1838) *Zamites distans* Presl,见 Sternber,196 页,图版 26,图 3;枝叶;德国巴伐利亚;晚三叠世—早侏罗世。

1843(1839—1843) Braun,见 Münster,28 页。

1920 Yabe,Hayasaka,图版 5,图 6;枝叶;江西崇仁沧源;侏罗纪。[注:此标本后被改定为 *Podozamites lanceolatus* (L et H) Braun(斯行健、李星学等,1963)]

1979 徐仁等,67 页,图版 71,图 1,8;叶;四川永仁;晚三叠世大乔地组上部。

1982 段淑英、陈晔,508 页,图版 15,图 7;枝叶;四川合川炭坝;晚三叠世须家河组。

1984 周志炎,51 页,图版 33,图 1;枝叶;湖南祁阳河埠塘;早侏罗世观音滩组搭坝口段。

1985 米家榕、孙春林,图版 2,图 19,25;枝叶;吉林双阳八面石;晚三叠世小蜂蜜顶子组上段。

1986a 陈其奭,图版 2,图 17;枝叶;浙江衢县茶园里;晚三叠世茶园里组。

1986 叶美娜等,79 页,图版 50,图 6;枝叶;四川达县金刚、开江七里峡;晚三叠世须家河组 7 段。

1989 周志炎,154 页,图版 19,图 5—7;插图 43,44;枝叶和角质层;湖南衡阳杉桥煤矿;晚三叠世杨柏冲组。

1992 孙革、赵衍华,554 页,图版 251,图 2;图版 254,图 1,5;枝叶;吉林汪清鹿圈子村北山;晚三叠世马鹿沟组。

1993 米家榕等,147 页,图版 45,图 5,8,9;图版 46,图 1,2;枝叶;吉林汪清、双阳;晚三叠世马鹿沟组、大酱缸组和小蜂蜜顶子组上段;河北承德;晚三叠世杏石口组。

1993 孙革,99 页,图版 41,图 1,2,3;图版 42,图 1—5;枝叶;吉林汪清天桥岭、鹿圈子村北山;晚三叠世马鹿沟组。

1993a 吴向午,120 页。

1996 米家榕等,142 页,图版 34,图 23;枝叶;河北抚宁石门寨;早侏罗世北票组。

1998 张泓等,图版 50,图 6;图版 55,图 5;枝叶;新疆拜城铁力克;早侏罗世阿合组;陕西延安西杏子河;中侏罗世延安组下部。

离间苏铁杉(比较种) *Podozamites* cf. *distans* (Presl) Braun in Münster

1983 孙革等,455 页,图版 3,图 4;叶;吉林双阳大酱缸;晚三叠世大酱缸组。

间离苏铁杉-披针苏铁杉 *Podozamites distans* (Presl) Braun-*Podozamites lanceolatus* (L et H) Braun

1954 徐仁,65 页,图版 56,图 4;枝叶;陕西岩家坪;晚三叠世延长层上部。

1958 汪龙文等,597 页(包括图);枝叶;中国;晚三叠世—早白垩世。

阿戈迪安苏铁杉 *Podozamites agardhianus* (Brongniart) Nathorst, 1878

1828 *Zosterites agadrhianus* Brongniart,115 页;瑞典斯堪尼亚(Scania);晚三叠世。

1878a Nathorst,24 页;瑞典斯堪尼亚;晚三叠世。

1878b Nathorst,27 页,图版 3,图 14;瑞典斯堪尼亚;晚三叠世。

阿戈迪安苏铁杉(比较种) *Podozamites* cf. *agardhianus* (Brongniart) Nathorst

1991 李洁等,56 页,图版 2,图 10;枝叶;新疆昆仑山乌斯腾塔格-喀拉米兰;晚三叠世卧龙岗组。

狭叶苏铁杉 *Podozamites angustifolius* (Eichwald) Heer, 1876

1865(1860—1868)　*Zamites angustifolius* Eichwald,39 页,图版 2,图 7;枝叶;里海地区;侏罗纪。

1876　Heer,45 页,图版 26,图 11;枝叶;俄罗斯乌斯季巴利伊,伊尔库茨克盆地;侏罗纪。

1906　Krasser,620 页;吉林蛟河;侏罗纪。[注:此标本后改定为 ? *Podozamites schenki* Heer (斯行健、李星学等,1963)]

1933　Yabe,Ôishi,233(39)页,吉林蛟河;侏罗纪。[注:此标本后改定为? *Podozamites schenki* Heer(斯行健、李星学等,1963)]

1982b　杨学林、孙礼文,38 页,图版 11,图 3;枝叶;大兴安岭万宝红旗三井、扎鲁特旗西沙拉;早侏罗世红旗组。

1988　陈芬等,82 页,图版 69,图 2;枝叶;辽宁铁法大隆矿;早白垩世小明安碑组上煤段。

1993a　吴向午,120 页。

1995　邓胜徽,62 页,图版 27,图 3;图版 47,图 8,9;插图 23;叶和角质层;内蒙古霍林河盆地;早白垩世霍林河组下煤段。

1997　邓胜徽等,52 页,图版 29,图 2B;图版 31,图 7,8;图版 32,图 1—3,9—12;枝叶和角质层;内蒙古扎赉诺尔;早白垩世伊敏组;内蒙古大雁盆地、免渡河盆地;早白垩世大磨拐河组。

阿斯塔特苏铁杉 *Podozamites astartensis* Harris, 1935

1935　Harris,87 页,图版 16,图 17;插图 35;丹麦东格陵兰;晚三叠世。

1982　郑少林、张武,325 页,图版 21,图 12;枝叶;黑龙江密山裴德;中侏罗世东胜村组。

1984　张武、郑少林,389 页,图版 3,图 12;插图 5;枝叶;辽宁北票东坤头营子;晚三叠世老虎沟组。

1993　米家榕等,147 页,图版 45,图 1—3,4b,6,7;枝叶和叶;吉林汪清;晚三叠世马鹿沟组;河北承德;晚三叠世杏石口组。

△华南苏铁杉 *Podozamites austro-sinensis* Wu S Q, 1999(中文发表)

1999b　吴舜卿,46 页,图版 5,图 3B(?);图版 40,图 5A,6;图版 41,图 1,3;图版 42,图 1,1a,3,5;插图 3,图 1—3,5a,5c;枝叶;采集号:铁 X7-K17,ACC-250,峨 Jh16-1,ACC-303,ACC-250,ACC-281;登记号:PB10536,PB10567,PB10746—PB10748,PB10752,PB10754,PB10755;合模:PB10746(图版 40,图 5A),PB10747(图版 40,图 6),PB10752(图版 42,图 1);标本保存在中国科学院南京地质古生物研究所;四川峨眉、万源、达县、广安;晚三叠世须家河组。[注:依据《国际植物命名法规》(《维也纳法规》)第 37.2 条,1958 年起,模式标本只能是 1 块标本]

△美丽苏铁杉 *Podozamites bullus* Wu S Q et Zhou H Z, 1986

1986　吴舜卿、周汉忠,642,646 页,图版 6,图 1,2,6,8—10;枝叶;采集号:K320,K322,K324,K325,K327;登记号:PB11795—PB11801;合模:PB11795,PB11799,PB11801(图版 6,图 2,9,10);标本保存在中国科学院南京地质古生物研究所;新疆吐鲁番盆地托克逊克尔;早侏罗世八道湾组。[注:依据《国际植物命名法规》(《维也纳法规》)第 37.2 条,1958 年起,模式标本只能是 1 块标本]

1995　吴舜卿,472 页,图版 3,图 6,7;枝叶;新疆塔里木北缘库车河;早侏罗世塔里奇克组。

远脉苏铁杉 *Podozamites distanstinervis* Fontaine, 1889

1889 Fontaine, 179 页, 图版 78, 图 7; 图版 79, 图 5; 枝叶; 美国弗吉尼亚; 早白垩世波托马克群。

1982 李佩娟, 95 页, 图版 13, 图 10, 11; 叶; 西藏八宿上林卡区; 早白垩世多尼组。

爱希华苏铁杉 *Podozamites eichwaldii* Schimper, 1872

1865(1860—1868) *Zamites lanceolatus* Eichwald (non Lindely et Hutton), 40 页, 图版 3, 图 1; 俄罗斯乌拉尔一带; 侏罗纪。

1872(1869—1874) Schimper, 160 页。

1985 商平, 图版 2, 图 4; 叶; 辽宁阜新; 早白垩世海州组中段。

1988 陈芬等, 82 页, 图版 50, 图 1B; 图版 54, 图 1A, 2; 图版 68, 图 4; 枝叶; 辽宁阜新、铁法; 早白垩世阜新组、小明安碑组。

1993 米家榕等, 148 页, 图版 46, 图 3, 4; 枝叶; 黑龙江东宁; 晚三叠世罗圈站组; 北京西山; 晚三叠世杏石口组。

1996 米家榕等, 142 页, 图版 34, 图 11, 17, 24, 26; 图版 35, 图 3, 4, 7; 叶; 辽宁北票, 河北抚宁石门寨; 早侏罗世北票组; 辽宁北票海房沟; 中侏罗世海房沟组。

1998 邓胜徽, 图版 1, 图 10; 枝叶; 内蒙古平庄-元宝山盆地; 早白垩世杏园组。

2003 许坤等, 图版 7, 图 12; 枝叶; 辽宁北票东升矿二井; 早侏罗世北票组下段。

? 爱希华苏铁杉 ? *Podozamites eichwaldii* Schimper

1993 李杰儒等, 236 页, 图版 1, 图 3; 枝叶; 辽宁丹东瓦房西山沟; 早白垩世小岭组。

爱希华苏铁杉(比较种) *Podozamites* cf. *eichwaldii* Schimper

1993c 吴向午, 85 页, 图版 5, 图 9; 枝叶; 陕西商县凤家山至山倾村剖面; 早白垩世凤家山组下段。

△恩蒙斯苏铁杉 *Podozamites emmonsii* Newberry, 1867

1867(1865) Newberry, 121 页, 图版 9, 图 2; 叶; 湖北秭归; 三叠纪或侏罗纪。[注: 此标本后被改定为 ? *Podozamites lanceolatus* (L et H) Braun(斯行健、李星学等, 1963)]

△巨大苏铁杉 *Podozamites giganteus* Sun, 1993

1992 孙革、赵衍华, 554 页, 图版 251, 图 1, 3; 图版 254, 图 1—3; 枝叶; 吉林汪清鹿圈子村北山; 晚三叠世马鹿沟组。(裸名)

1993 孙革, 100, 139 页, 图版 43, 图 1—3; 图版 44, 图 1, 2a, 3; 图版 45, 图 1, 2a, 3, 4; 图版 46, 图 1—4; 枝叶; 标本号: T10-80, T11-145A, T11-835, T11-1082, T11-1101, T12-101, T12-141, T12-626, T12-634, T12-1037, T13-1014, T13-1081A, T13-1095; 登记号: PB12066—PB12068, PB12070, PB12071, PB12073, PB12074, PB12076—PB12081; 正模: PB12066(图版 43, 图 1); 副模 1: PB12070(图版 44, 图 1); 副模 2: PB12074(图版 45, 图 1); 标本保存在中国科学院南京地质古生物研究所; 吉林汪清天桥岭; 晚三叠世马鹿沟组。

1995a 李星学(主编), 图版 79, 图 3; 枝叶; 吉林汪清天桥岭; 晚三叠世马鹿沟组(Norian)。(中文)

1995b 李星学(主编), 图版 79, 图 3; 枝叶; 吉林汪清天桥岭; 晚三叠世马鹿沟组(Norian)。(英文)

1996 米家榕等,142 页,图版 35,图 5;叶;辽宁北票东升矿;早侏罗世北票组。

2003 许坤等,图版 7,图 13;枝叶;辽宁北票东升矿二井;早侏罗世北票组上段。

纤细苏铁杉 *Podozamites gracilis* Vassilevskaja,1957

1957 Vassilevskaja,86 页,图版 1,图 1;枝叶;苏联勒拿河盆地;早白垩世。

1988 陈芬等,83 页,图版 54,图 4,5;枝叶;辽宁阜新海州;早白垩世阜新组太平下段。

纤细苏铁杉(比较种) *Podozamites* cf. *gracilis* Vassil evskaja

1993c 吴向午,85 页,图版 7,图 2;枝叶;陕西商县凤家山至山倾村剖面;早白垩世凤家山组下段。

草本苏铁杉 *Podozamites gramineus* Heer,1876

1876 Heer,46 页,图版 4,图 13;伊尔库茨克盆地;侏罗纪。

1883 Schenk,248 页,图版 49,图 2,3;叶;内蒙古土木路;侏罗纪。[注:此标本后被改定为 *Podozamites*? sp.(斯行健、李星学等,1963)]

1885 Schenk,175(13)页,图版 15(3),图 12,13a;叶;四川雅安黄泥堡;侏罗纪。[注:此标本后被改定为 *Podozamites* sp.(斯行健、李星学等,1963)]

1964 Miki,15 页,图版 3,图 A,B;枝叶;辽宁凌源;晚侏罗世狼鳍鱼层。

伊萨克库耳苏铁杉 *Podozamites issykkulensis* Genkina,1966

1966 Genkina,112 页,图版 56,图 6—19;图版 57,图 1;伊萨克库耳;晚三叠世—早侏罗世。

伊萨克库苏铁杉(比较属种) *Podozamites* cf. *P. issykkulensis* Genkina

1986 叶美娜等,79 页,图版 50,图 8—9a;叶;四川铁山金窝、开江七里峡;晚三叠世须家河组第 7 段。

1993 米家榕等,148 页,图版 46,图 5;叶;吉林双阳;晚三叠世小蜂蜜顶子组上段。

披针苏铁杉 *Podozamites lanceolatus* (L et H) Braun,1843

1836 *Zamites lanceolatus* Lindley et Hutton,图版 194;英国;中侏罗世。

1843(1839—1843) Braun,见 Münster,33 页。

1867(1865) Newberry,121 页,图版 7,图 1;叶;湖北秭归;三叠纪或侏罗纪。

1883 Schenk,258 页,图版 51,图 7;叶;四川广元;侏罗纪。[注:此标本后被改定为 *Podozamites* sp.(斯行健、李星学等,1963)]

1906 Yokoyama,18 页,图版 2,图 5,6;枝叶;四川彭县青岗林;侏罗纪。[注:此标本后被改定为 *Podozamites lanceolatus* f. *ovalis* Heer(斯行健、李星学等,1963)]

1906 Yokoyama,33 页,图版 11,图 3;枝叶;辽宁泉眼沟大台山;侏罗纪。[注:此标本后被改定为 *Podozamites lanceolatus* f. *eichwaldi* Heer(斯行健、李星学等,1963)]

1906 Yokoyama,21,22,26,37 页,图版 4,图 1—3,5,6;图版 6,图 1b,2;图版 7,图 3;叶和枝叶;江西萍乡安源、高坑,宜春钟家坊;山东潍县坊子;侏罗纪;四川昭化石罐子;早白垩世。

1908 Yabe,7 页,图版 2,图 1b;叶;吉林陶家屯;侏罗纪。

1911 Seward,24,52 页,图版 3,图 37,38(?);叶;新疆准噶尔盆地 Diam 河和库布克河;早—中侏罗世。

1920 Yabe,Hayasaka,图版 2,图 4,6;图版 4,图 2;枝叶;江西萍乡胡家坊;晚三叠世(Rhaetic)—早侏罗世(Lias)。

1927 Halle,16 页,图版 5,图 1;叶;四川会理鹿厂大石头;晚三叠世。

1930 张席禔,3 页,图版 1,图 7—10;叶;广东乳源和湖南宜章交界处的艮口煤田;侏罗纪。[注:此标本后被改定为 ?*Podozamites* sp.(斯行健、李星学等,1963)]

1931 Gothan,斯行健,35 页,图版 1,图 4;枝叶;新疆西部;侏罗纪。

1931 斯行健,29,36,42,61 页,图版 8,图 7;枝叶;江西萍乡,山东潍县坊子,江苏南京栖霞山,辽宁北票、朝阳、阜新;早侏罗世(Lias)。

1933 潘钟祥,537 页,图版 1,图 12;枝叶;河北房山刘太庄;早白垩世。

1933a 斯行健,7,19,22 页,图版 4,图 1;枝叶;陕西沔县苏草湾;早侏罗世;四川广元须家河、叙府(宜宾);晚三叠世—早侏罗世。

1933b 斯行健,22 页,图版 8,图 7;枝叶;山西静乐;早侏罗世。[注:此标本后被斯行健、李星学等(1963)改定为 *Podozamites lanceolatus* (L et H) f. *eichwaldi* Heer]

1933b 斯行健,33,50,59 页;内蒙古萨拉齐石拐子,福建长汀,四川(上扬子江);早侏罗世。

1933c 斯行健,69,73 页,图版 9,图 8;甘肃武威小石门沟口、红水三眼井;早—中侏罗世。

1933d 斯行健,82 页,图版 12,图 11;枝叶;陕西府谷河石岩石盘湾;早侏罗世。

1935 Ôishi,94 页;叶;黑龙江东宁;晚侏罗世。[注:此标本后被改定为 *Podozamites lanceolatus* (L et H) f. *eichwaldi* Heer(斯行健、李星学等,1963)]

1936 潘钟祥,33 页,图版 14,图 1—3;图版 15,图 1—3;枝叶;陕西绥德叶家坪;晚三叠世延长组上部。

1939 Matuzawa,图版 4,图 2;图版 5,图 1,2,3—3b,4;图版 6,图 1,3;枝叶;辽宁北票北票煤田;早—中侏罗世北票组。[注:图版 5,图 4 标本后被改定为 *Podozamites* sp.(斯行健、李星学等,1963)]

1941 Stockmans,Mathieu,46 页,图版 6,图 1;叶;山西大同高山;侏罗纪。

1949 斯行健,37 页,图版 14,图 11;枝叶;湖北秭归香溪、贾家店、大峡口,当阳曹家窑、崔家沟、白石岗、奋子沟和马头洒;早侏罗世香溪煤系。

1951a 斯行健,图版 1,图 7;叶;辽宁本溪工源;早白垩世。

1952 斯行健、李星学,10,30 页,图版 4,图 8;图版 6,图 3;枝叶;四川巴县一品场、威远矮子山;侏罗纪。

1955 李星学,37,44 页,图版 1,图 1;枝叶;山西大同高山镇南、峰子涧;中侏罗世云岗统中部和下部。

1956 敖振宽,24 页,图版 5,图 4—6;叶;广东广州小坪;晚三叠世小坪煤系。

1956a 斯行健,图版 52,图 1;图版 53,图 1;枝叶;陕西绥德叶家坪;晚三叠世延长层。

1956b 斯行健,463,471 页,图版 3,图 8;枝叶;新疆准噶尔盆地;早—中侏罗世(Lias—Dogger)。

1959 斯行健,14,30 页,图版 4,图 3;图版 5,图 5;叶;青海柴达木鱼卡、红柳沟、全吉;早—中侏罗世。

1961 沈光隆,174 页,图版 1,图 10,11A;图版 2,图 7;枝叶;甘肃徽成;中侏罗世沔县群。

1962 李星学等,153 页,图版 92,图 1;枝叶;扬子地区;晚三叠世—早白垩世。

1963 李星学等,130 页,图版 103,图 1;枝叶;中国西北地区;晚三叠世—早白垩世。

1963 斯行健、李星学等,290 页,图版 98,图 3;图版 99,图 1,2B;图版 100,图 7;枝叶;吉林火石岭、蛟河;辽宁西丰石人沟,本溪太子河南岸小东沟、田师傅、平台子、沙河子,阜新孙家沟,朝阳,北票,兴隆;内蒙古萨拉齐;山东潍县坊子;北京西山八大处;河北房山刘太庄;山西大同高山、峰子涧;陕西绥德叶家坪,府谷河石岩石盘湾,沔县苏草湾、丁家沟;

甘肃武威北达板;青海柴达木鱼卡、红柳沟、全吉;新疆准噶尔;四川昭化石罐子、巴县一品场、威远矮子山、会理白果湾(?)、广元须家河;湖北秭归香溪、贾家店、大峡口,当阳曹家窑、崔家沟、白石岗、马头洒;江西萍乡、宜春;江苏南京栖霞山;福建长汀;晚三叠世—早白垩世。

1965 曹正尧,524 页,图版 6;图 8;插图 13;枝叶;广东高明;晚三叠世小坪组。

1968 《湘赣地区中生代含煤地层化石手册》,77 页,图版 31,图 4;图版 36,图 3;枝叶;湘赣地区;晚三叠世—早白垩世。

1974 胡雨帆等,图版 2,图 6;枝叶;四川雅安观化;晚三叠世。

1974a 李佩娟等,361 页,图版 193,图 12;枝叶;四川峨眉荷叶湾;晚三叠世须家河组。

1976 张志诚,198 页,图版 104,图 1;枝叶;内蒙古固阳锡林脑包;晚侏罗世—早白垩世固阳组。

1976 周惠琴等,211 页,图版 115,图 3;图版 117,图 8;图版 118,图 3;枝叶;内蒙古准格尔旗五字湾,陕西府谷、神木;中三叠世二马营组上部,晚三叠世延长组中下部,早侏罗世富县组。

1977 冯少南等,244 页,图版 98,图 4;枝叶;湖北远安;晚三叠世香溪群下煤组。

1978 张吉惠,486 页,图版 164,图 11;枝叶;四川古蔺;晚三叠世。

1978 杨贤河,532 页,图版 184,图 1;枝叶;四川天府;晚三叠世须家河组。

1979 何元良等,156 页,图版 78,图 4;枝叶;青海天峻木里;早—中侏罗世木里群江仓组。

1980 黄枝高、周惠琴,109 页,图版 52,图 9;图版 8,图 6;图版 9,图 2;枝叶;陕西府谷闻家畔;早侏罗世富县组;内蒙古准格尔旗五字湾;中三叠世二马营组上部。

1980 吴舜卿等,115 页,图版 31,图 5;叶;湖北秭归香溪;早—中侏罗世香溪组。

1980 张武等,304 页,图版 148,图 2,3;图版 149,图 3,4;图版 190,图 1;枝叶;辽宁北票;早侏罗世北票组;辽宁昌图沙河子;早白垩世沙河子组。

1981 周蕙琴,图版 3,图 3;枝叶;辽宁北票羊草沟;晚三叠世羊草沟组。

1982 李佩娟、吴向午,56 页,图版 17,图 5;枝叶;四川乡城三区上热坞村;晚三叠世喇嘛垭组。

1982 谭琳、朱家楠,150 页,图版 36,图 8—10;枝叶;内蒙古固阳小三分子村东;早白垩世固阳组。

1982 王国平等,289 页,图版 127,图 8;枝叶;江西万载多江;晚三叠世安源组。

1982b 杨学林、孙礼文,39 页,图版 11,图 5—7;图版 12,图 2,3;枝叶;大兴安岭万宝红旗一、二井;早侏罗世红旗组;56 页,图版 24,图 1,2;枝叶;大兴安岭大有屯、黑顶山;中侏罗世万宝组。

1982 张武,192 页,图版 2,图 15,16;叶;辽宁凌源;晚三叠世老虎沟组。

1983 段淑英等,图版 11,图 6,7;枝叶;云南宁蒗背箩山一带;晚三叠世。

1983 李杰儒,图版 4,图 6;叶;辽宁锦西后富隆山村西山;中侏罗世海房沟组 1 段。

1983 孙革等,456 页,图版 2,图 10;枝叶;吉林双阳大酱缸;晚三叠世大酱缸组。

1983 张武等,81 页,图版 4,图 22,23;叶;辽宁本溪林家崴子;中三叠世林家组。

1984 陈芬等,65 页,图版 35,图 1,2;图版 37,图 4;枝叶;北京西山门头沟、大台、千军台、大安山、斋堂、长沟峪、房山东矿;早侏罗世下窑坡组,中侏罗世上窑坡组、龙门组。

1984 陈公信,609 页,图版 268,图 3;枝叶;湖北鄂城程潮;早侏罗世武昌组。

1984 顾道源,155 页,图版 77,图 4;图版 79,图 5;枝叶;新疆英吉沙煤矿;早侏罗世康苏组;新疆克拉玛依;早侏罗世八道湾组。

1986 陈晔等,图版 9,图 3,4;枝叶;四川理塘;晚三叠世拉纳山组。

1987 陈晔等,127 页,图版 40,图 1—4;图版 41,图 2,3;枝叶;四川盐边箐河;晚三叠世红果组、老塘箐组。

1987 何德长,77,82 页,图版 16,图 4;图版 10,图 2;枝叶;浙江云和梅源砻铺村;早侏罗世砻铺组 5 层;湖北蒲圻跑马岭;晚三叠世鸡公山组。

1988 陈芬等,82 页,图版 55,图 2,3;图版 67,图 4,5;图版 68,图 1;图版 69,图 3;枝叶;辽宁阜新、铁法;早白垩世阜新组、小明安碑组。

1989 梅美棠等,110 页,图版 61,图 3;枝叶;北半球;晚三叠世—早白垩世。

1991 赵立明、陶君容,图版 1,图 7;枝叶;内蒙古赤峰平庄盆地;早白垩世杏圆组。

1992 王士俊,54 页,图版 22,图 3,5,8;图版 23,图 2;枝叶;广东乐昌关春、安口,曲江红卫坑;晚三叠世。

1993 米家榕等,149 页,图版 46,图 6—9;图版 47,图 1,2,8;枝叶;黑龙江东宁;晚三叠世罗圈站组;吉林汪清、双阳;晚三叠世马鹿沟组、小蜂蜜顶子组上段;辽宁北票、凌源;晚三叠世羊草沟组、老虎沟组;河北承德,北京西山;晚三叠世杏石口组。

1994 高瑞祺等,图版 14,图 9;枝叶;辽宁昌都沙河子;早白垩世沙河子组。

1995 邓胜徽,62 页,图版 27,图 2,4;叶;内蒙古霍林河盆地;早白垩世霍林河组下煤段。

1995 王鑫,图版 2,图 2;枝叶;陕西铜川;中侏罗世延安组。

1995 曾勇等,68 页,图版 20,图 4;图版 22,图 4;枝叶;河南义马;中侏罗世义马组。

1996 米家榕等,143 页,图版 29,图 7a;图版 35,图 8;图版 37,图 30,34;枝叶;辽宁北票,河北抚宁石门寨;早侏罗世北票组。

1996 孙跃武等,图版 1,图 12;叶;河北承德上谷;早侏罗世南大岭组。

1997 邓胜徽等,52 页,图版 16,图 2,3A;枝叶;内蒙古扎赉诺尔;早白垩世伊敏组;内蒙古大雁盆地、免渡河盆地、五九盆地;早白垩世大磨拐河组。

1998 邓胜徽,图版 2,图 6;枝叶;内蒙古平庄-元宝山盆地;早白垩世元宝山组。

1999 胡雨帆等,144 页,图版 1,图 2—4;枝叶;四川雅安;晚三叠世。

1999 商平等,图版 1,图 4;枝叶;新疆吐哈盆地;中侏罗世西山窑组。

2003 袁效奇等,图版 20,图 10;枝叶;内蒙古达拉特旗高头窑柳沟;中侏罗世延安组。

披针苏铁杉 ?*Podozamites lanceolatus* (L et H) Braun

1933c 斯行健,70 页,图版 9,图 8;叶;甘肃武威北达板;早—中侏罗世。

1990 刘明渭,209 页,图版 34,图 7,8;叶;山东莱阳大明、黄崖底;早白垩世莱阳组 3 段。

披针苏铁杉(比较种) *Podozamites* cf. *lanceolatus* (L et H) Braun

1963 周蕙琴,176 页,图版 73,图 2;枝叶;广东广州石马;晚三叠世。

1987 陈晔等,129 页,图版 41,图 1;枝叶;四川盐边箐河;晚三叠世红果组。

披针苏铁杉(类型) *Podozamites* ex gr. *lanceolatus* (L et H) Braun,1843

1976 李佩娟等,130 页,图版 42,图 6—8;图版 43,图 1—3;图版 44,图 6;枝叶;云南祥云蚂蝗阱;晚三叠世祥云组花果山段;云南禄丰渔坝村、一平浪;晚三叠世一平浪组干海子段。

1982 张采繁,539 页,图版 352,图 6;叶;湖南醴陵高家田、浏阳文家市、宁乡道林、零陵观音滩、辰溪中伙铺;晚三叠世—早侏罗世。

披针苏铁杉爱希瓦特异型 *Podozamites lanceolatus* (L et H) f. *eichwaldi* (Schimper) Heer

1876　Heer,109页,图版23,图4;图版26,图2,4,9;图版27,图1;黑龙江上游,布列英盆地;晚侏罗世。

1931　斯行健,28页。

1933　*Podozamites lanceolatus* (L et H) *eichwaldi* (Schimper) Heer,Yabe,Ôishi,232(38)页,图版33(4),图11;叶;辽宁沙河子;侏罗纪。

1963　斯行健、李星学等,291页,图版99,图5;枝叶;北京西山斋堂、八大处,黑龙江东宁,辽宁铁岭西南泉眼沟大台山、昌图沙河子,山西静乐;晚三叠世晚期—晚侏罗世。

披针苏铁杉中间异型 *Podozamites lanceolatus* (L et H) f. *intermedius* Heer

1876　Heer,108页,图版26,图4,8a;图版22,图1c,4d;黑龙江上游地区和布列英盆地;晚侏罗世。

1933　*Podozamites lanceolatus* (L et H) *intermedius* Heer,Yabe,Ôishi,232(38)页,图版34(5),图12,13;图版35(6),图4,5;枝;辽宁石人沟、沙河子;侏罗纪。[注:图版35(6),图4,5标本后被改定为 *Podozamites lanceolatus* (L et H) Braun;图版34(5),图12,13标本后被改定为 *Podozamites*? sp.(斯行健、李星学等,1963)]

1964　李佩娟,143页,图版20,图2;叶;四川广元杨家崖;晚三叠世须家河组。

△披针苏铁杉较宽异型 *Podozamites lanceolatus* (L et H) f. *latior* (Schenk) Sze

1867　*Zamites distans* var. *latifolius* Schenk,162页,图版36,图10;德国巴伐利亚;晚三叠世—早侏罗世。

1931　斯行健,28页,图版3,图2,3;叶;江西萍乡;早侏罗世(Lias)。

1963　斯行健、李星学等,292页,图版97,图6A;图版99,图3,4;叶;内蒙古土木路,北京西山斋堂,辽宁北票、田师傅魏家堡子,新疆莎车叶尔羌河莫穆克,江西萍乡;晚三叠世晚期—中侏罗世。

1977　冯少南等,244页,图版98,图6;叶;湖北大冶金山店;早侏罗世。

1980　张武等,304页,图版148,图6;叶;辽宁北票;早侏罗世北票组。

1982　李佩娟、吴向午,56页,图版18,图1B;叶;四川义敦拉学沟;晚三叠世喇嘛垭组。

1983a　郑少林、张武,91页,图版6,图14;黑龙江勃利万龙村;早白垩世中—晚期东山组。

披针苏铁杉较小异型 *Podozamites lanceolatus* (L et H) f. *minor* (Schenk) Heer

1867　*Zamites distans minor* Schenk,162页,图版35,图10;图版36,图4;德国巴伐利亚;晚三叠世—早侏罗世。

1876　Heer,110页,图版27,图5a,5b,6—8;黑龙江上游地区;晚侏罗世。

1964　李佩娟,142页,图版20,图1c;叶;四川广元须家河;晚三叠世须家河组。

△披针苏铁杉多脉异型 *Podozamites lanceolatus* (L et H) f. *multinervis* (Tateiwa), Zheng et Zhang

1929　*Podozamites lanceolatus* (L et H) subsp. *multinervis* Tateiwa,图版,图13,14;枝叶;韩国庆尚莲花洞;早白垩世洛东层。

1982　郑少林、张武,325页,图版21,图9,10;枝叶;黑龙江鸡西滴道暖泉;晚侏罗世滴道组。

披针苏铁杉卵圆异型 *Podozamites lanceolatus* (L et H) f. *ovalis* Heer

1876　Heer,109页,图版27,图2;黑龙江流域;晚侏罗世。

1931　斯行健，28 页，图版 1，图 8；叶；江西萍乡；早侏罗世(Lias)。

1963　斯行健、李星学等，292 页，图版 100，图 9；叶；江西萍乡，四川彭县青岗林(?)；晚三叠世晚期—早侏罗世。

1965　曹正尧，524 页，图版 6；图 9；叶；广东高明；晚三叠世小坪组。

1974a　李佩娟等，361 页，图版 187，图 7；枝叶；四川广元须家河；晚三叠世须家河组。

1977　冯少南等，244 页，图版 98，图 11；叶；广东高明；晚三叠世小坪组。

1978　张吉惠，486 页，图版 164，图 2；叶；贵州威宁铺处；晚三叠世。

1980　张武等，304 页，图版 147，图 11，12；叶；辽宁北票；早侏罗世北票组。

1982　王国平等，289 页，图版 126，图 4；叶；江西萍乡；晚三叠世—侏罗纪。

1987a　孟繁松，256 页，图版 27，图 1；枝叶；湖北荆门海慧沟；晚三叠世龙王滩组。

披针苏铁杉卵圆异型？*Podozamites lanceolatus* (L et H) f. *ovalis*? Heer

1986b　陈其奭，12 页，图版 2，图 12；叶；浙江义乌乌灶；晚三叠世乌灶组。

△披针苏铁杉标准异型 *Podozamites lanceolatus* (L et H) f. *typica* Sze

1837　*Zamites lanceolatus* Lindley et Hutton，图版 194；英国；中侏罗世。

1843(1839—1843)　*Podozamites lanceolatus* (L et H) Braun，见 Münster，33 页。

1931　斯行健，27 页。

△披针苏铁杉短叶变种 *Podozamites lanceolatus* (L et H) var. *brevis* Schenk，1883

1883　Schenk，251 页，图版 50，图 1；叶；北京八大处；侏罗纪。[注：此标本后被改定为 *Podozamites* sp.(斯行健、李星学等，1963)]

披针苏铁杉疏脉变种 *Podozamites lanceolatus* (L et H) var. *distans* (Schimper) Heer，1876

1876　Heer，109 页，图版 26，图 7；图版 22，图 3，4；黑龙江上游地区；晚侏罗世。

1883　Schenk，251 页，图版 50，图 5a，6；叶；北京八大处；侏罗纪。[注：此标本后被改定为 *Podozamites lanceolatus* (L et H)(斯行健、李星学等，1963)]

1885　Schenk，173(11)，175(13)页，图版 14(2)，图 5a，8b，9b；图版 15(3)，图 9，10；叶；四川广元、雅安黄泥堡；侏罗纪。[注：图版 14(2)，图 5a，8b，9b；图版 15(3)，图 9 标本后被改定为 *Podozamites* sp.(斯行健、李星学等，1963)]

1901　Krasser，146 页，图版 4，图 1；叶；四川广元须家河；晚三叠世。[注：此标本后被改定为 *Podozamites lanceolatus* (L et H)(斯行健、李星学等，1963)]

披针苏铁杉爱希瓦特变种 *Podozamites lanceolatus* (L et H) var. *eichwaldi* (Schimper) Heer，1876

1876　Heer，109 页，图版 23，图 4；图版 26，图 2，4，9；图版 27，图 1；黑龙江上游地区和布列英盆地；晚侏罗世—早白垩世。

1883　Schenk，251，255 页，图版 50，图 2，3；图版 51，图 3；图版 52，图 8；叶；北京八大处、斋堂；侏罗纪。[注：此标本后被改定为 *Podozamites lanceolatus* (L et H) f. *eichwaldi* (Schimper) Heer(斯行健、李星学等，1963)]

1906　Krasser，618 页，图版 4，图 4，5；枝叶；黑龙江东宁，辽宁泉眼沟；侏罗纪。[注：此标本后被改定为 *Podozamites lanceolatus* (L et H) f. *eichwaldi* (Schimper) Heer(斯行健、李星学等，1963)]

披针苏铁杉典型变种 *Podozamites lanceolatus*（L et H）var. *genuina*（Schimper）Heer，1876

1876　Heer，108 页，图版 26，图 10；黑龙江上游地区；晚侏罗世。

1883　Schenk，261 页，图版 54，图 1c；叶；湖北秭归；侏罗纪。[注：此标本后改定为 *Podozamites*? sp.（斯行健、李星学等，1963）]

1885　Schenk，175(13)页，图版 15(3)，图 11；叶；四川雅安黄泥堡；侏罗纪。[注：此标本后改定为 *Podozamites* sp.（斯行健、李星学等，1963）]

披针苏铁杉较宽变种 *Podozamites lanceolatus*（L et H）var. *latifolia*（Schenk）Heer，1867

1867　*Zamites distans* var. *latifolius* Schenk，162 页，图版 36，图 10；德国巴伐利亚；晚三叠世—早侏罗世。

1876　Heer，109 页，图版 26，图 5，6，8b，8c；黑龙江上游地区；早侏罗世。

1883　Schenk，248 页，图版 49，图 4b，5；叶；内蒙古土木路；侏罗纪。[注：此标本后改定为 *Podozamites lanceolatus*（L et H）f. *latior*（Schenk）Sze（斯行健、李星学等，1963）]

1883　Schenk，251 页，图版 50，图 4；叶；北京八大处；侏罗纪。[注：此标本后改定为 *Podozamites*? sp.（斯行健、李星学等，1963）]

1883　Schenk，258 页，图版 51，图 6；叶；四川广元；侏罗纪。

1906　Krasser，618 页，图版 4，图 7；枝叶；内蒙古扎赉诺尔；侏罗纪。

1933　*Podozamites lanceolatus*（L et H）*latifolia*（Schenk）Heer，Yabe，Ôishi，232(38)页，图版 35(6)，图 3B，6A；图版 34(5)，图 10；枝；辽宁沙河子、魏家铺子；侏罗纪。[注：图版 35(6)，图 6A；图版 34(5)，图 10 标本后改定为 *Podozamites lanceolatus*（L et H）f. *latior* Sze（斯行健、李星学等，1963）]

披针苏铁杉较宽变种（比较变种）*Podozamites lanceolatus*（L et H）cf. *latifolius*（Schenk）Heer

1931　Gothan，斯行健，35 页，图版 1，图 5，6；枝叶；新疆西部（Chinesisch Turkestan）；侏罗纪。[注：此标本后被改定为 *Podozamites lanceolatus*（L et H）f. *latior* Sze（斯行健、李星学等，1963）]

宽叶苏铁杉 *Podozamites latifolius*（Schenk）Kryshtofovichi et Prynada，1934

1867　*Zamites distans latifolius* Schenk，图版 36，图 10；德国巴伐利亚；晚—早侏罗世。

1934　Kryshtofovichi，Prynada，76 页，图 3，40；俄罗斯远东；侏罗纪—早白垩世。

1988　陈芬等，83 页，图版 67，图 6；枝叶；辽宁铁法大兴矿；早白垩世小明安碑组上煤段。

1996　郑少林、张武，图版 4，图 14B；叶；辽宁昌图沙河子煤田；早白垩世沙河子组。

△较宽苏铁杉 *Podozamites latior*（Sze）Ye，1980

1931　*Podozamites lanceolatus*（L et H）f. *latior* Sze，斯行健，28 页，图版 3，图 2，3；叶；江西萍乡；早侏罗世（Lias）。

1980　叶美娜，见吴舜卿等，116 页，图版 32，图 1，2；枝叶；湖北秭归香溪、沙镇溪；早—中侏罗世香溪组。

1984　陈公信，608 页，图版 267，图 4；枝叶；湖北秭归香溪、沙镇溪，大冶金山店；早侏罗世香溪组、武昌组。

1993　米家榕等，149 页，图版 47，图 3—5，11；叶；河北承德，北京房山；晚三叠世杏石口组。

1996　米家榕等，143 页，图版 35，图 2；枝叶；辽宁北票；早侏罗世北票组。

2002 张振来等,图版15,图6;枝;湖北秭归泄滩;晚三叠世沙镇溪组。

△极小苏铁杉 *Podozamites minutus* Ye, 1980

1980 叶美娜,见吴舜卿等,116页,图版30,图3;图版32,图3;枝叶;湖北秭归香溪、沙镇溪;早—中侏罗世香溪组。

1984 陈公信,609页,图版267,图1;图版268,图1;枝叶;湖北秭归沙镇溪、蒲圻夕塔山;早侏罗世香溪组、武昌组。

2002 张振来等,图版15,图5;营养枝;湖北兴山耿家河煤矿;晚三叠世沙镇溪组。

尖头苏铁杉 *Podozamites mucronatus* Harris, 1935

1935 Harris,96页,图版16,图4,5,7,10—12,14;插图39;枝叶;丹麦格陵兰;早侏罗世(*Thaumatopteris* Zone)。

1986 叶美娜等,80页,图版50,图3;叶;四川宣汉大路沟煤矿;晚三叠世须家河组7段。

1993c 吴向午,86页,图版3,图5A,5aA;图版4,图6—8a,8aA;图版5,图8,8a;图版6,图8—10;图版7,图1,1a;枝叶;陕西商县凤家山至山倾村剖面;早白垩世凤家山组下段。

尖头苏铁杉(亲近种) *Podozamites* aff. *mucronatus* Harris

1980 吴舜卿等,116页,图版30,图5;图版31,图3—4b,6;叶;湖北秭归香溪;早—中侏罗世香溪组。

1984 陈公信,609页,图版239,图1;枝叶;湖北秭归香溪;早侏罗世香溪组。

1995 王鑫,图版3,图17;叶;陕西铜川;中侏罗世延安组。

尖头苏铁杉(比较种) *Podozamites* cf. *mucronatus* Harris

1988 李佩娟等,125页,图版96,图1;图版97,图1,2;叶;青海大煤沟;早侏罗世小煤沟组*Zamites*层。

1996 孙跃武等,13页,图版1,图11,11a;叶;河北承德上谷;早侏罗世南大岭组。

△显赫苏铁杉 *Podozamites nobilis* Sun, 1993

1992 孙革、赵衍华,555页,图版254,图6;枝叶;吉林汪清鹿圈子村北山;晚三叠世马鹿沟组。(裸名)

1993 孙革,100,140页,图版47,图1—3;枝叶;标本号:T11-810,T12-613,T12-876;登记号:PB12084—PB12086;正模:PB12084(图版47,图1);副模:PB12085(图版47,图2);标本保存在中国科学院南京地质古生物研究所;吉林汪清天桥岭;晚三叠世马鹿沟组。

奥列尼克苏铁杉 *Podozamites olenekensis* Vassilevskaja, 1957

1957 Vassilevskaja,87页,图版1,图2;枝叶;苏联勒拿河盆地;早白垩世。

1988 陈芬等,83页,图版55,图1;枝叶;辽宁阜新海州;早白垩世阜新组孙家湾段。

△肥胖苏铁杉 *Podozamites opimus* Sun, 1993

1992 孙革、赵衍华,555页,图版253,图1;枝叶;吉林汪清鹿圈子村北山;晚三叠世马鹿沟组。(裸名)

1993 孙革,101,140页,图版49,图1—5;枝叶;标本号:T13'-118,T13'-200,T13'-107,T13'-31;登记号:PB12091—PB12094;正模:PB12091(图版49,图1);标本保存在中国科学院南京地质古生物研究所;吉林汪清马鹿沟;晚三叠世马鹿沟组。

椭圆苏铁杉 *Podozamites ovalis* Nathorst, 1876

1876 Nathorst,53页,图版13,图5;瑞典;晚三叠世。

1987 陈晔等,128页,图版39,图7;枝叶;四川盐边箐河;晚三叠世红果组。

△副披针苏铁杉 *Podozamites paralanceolatus* Wu, 1988

1988 吴向午,见李佩娟等,125页,图版94,图2;图版95,图2;图版132,图6—8a;图版134,图7,7a;插图24;枝叶和角质层;采集号:80DP$_1$F$_{28}$;登记号:PB13698,PB13699;正模:PB13698(图版94,图2);标本保存在中国科学院南京地质古生物研究所;青海大煤沟;早侏罗世火烧山组 *Cladophlebis* 层。

美丽苏铁杉 *Podozamites pulechellus* Heer, 1876

1876 Heer,38页,图版9,图10—14;挪威斯匹次卑尔根;早白垩世。[注:此种已归于 *Pseudotorellia* 属,名为 *Pseudotorellia pulechellus* (Heer) Vas.(斯行健、李星学等,1963)]

美丽苏铁杉(比较种) *Podozamites* cf. *pulechellus* Heer

1996 孙跃武等,图版1,图17;叶;河北承德上谷;早侏罗世南大岭组。

点痕苏铁杉 *Podozamites punctatus* Harris, 1935

1935 Harris,89页,图版18,图5,7;插图36;枝叶;丹麦东格陵兰;早侏罗世(*Thaumatopteris* Zone)。

点痕苏铁杉(比较属种) *Podozamites* cf. *P. punctatus* Harris

1986 叶美娜等,80页,图版51,图1A;叶;四川达县斌朗;晚三叠世须家河组7段。

点痕苏铁杉(比较种) *Podozamites* cf. *punctatus* Harris

1988 李佩娟等,127页,图版93,图2A,2a;图版96,图2,2a;图版97,图3;叶;青海大煤沟;早侏罗世火烧山组 *Cladophlebis* 层。

△稀脉苏铁杉 *Podozamites rarinervis* Duan et Chen, 1983

1983 段淑英、陈晔,见段淑英等,61,64页,图版11,图5;枝叶;标本号:7677;云南宁蒗背箩山一带;晚三叠世。

任尼苏铁杉 *Podozamites reinii* Geyler, 1877

1877 Geyler,229页,图版33,图4a;图版34,图1,2,3b,4,5a;枝叶;欧洲;晚侏罗世—早白垩世。

1982 陈芬、杨关秀,579页,图版1,图10;枝叶;北京西山青龙头;早白垩世坨里群芦尚坟组。

1982 郑少林、张武,325页,图版21,图7,8;枝叶;黑龙江鸡西滴道暖泉;晚侏罗世滴道组。

1988 陈芬等,84页,图版54,图7,8;枝叶;辽宁阜新海州;早白垩世阜新组太平下段。

任尼苏铁杉(比较属种) Cf. *Podozamites reinii* Geyler

2000 吴舜卿,图版7,图10;枝叶;香港大屿山昂坪;早白垩世浅水湾群。

欣克苏铁杉 *Podozamites schenki* Heer, 1876

1876 Heer,45页;德国巴伐利亚;晚三叠世—早侏罗世。

1931 斯行健,29 页,图版 4,图 3;枝叶;江西萍乡;早侏罗世(Lias)。

1950 Ôishi,180 页,图版 51,图 6;枝叶;中国东北地区;早侏罗世。

1956 敖振宽,24 页,图版 5,图 3;枝叶;广东广州小坪;晚三叠世小坪煤系。

1963 斯行健、李星学等,293 页,图版 100,图 1;枝叶;江西萍乡,吉林蛟河(?);晚三叠世晚期一中晚侏罗世(?)。

1965 曹正尧,524 页,图版 6,图 10;插图 14;枝叶;广东高明;晚三叠世小坪组。

1968 《湘赣地区中生代含煤地层化石手册》,78 页,图版 32,图 2;枝叶;湘赣地区;晚三叠世一侏罗纪。

1974 胡雨帆等,图版 2,图 5;枝叶;四川雅安观化;晚三叠世。

1976 李佩娟等,131 页,图版 44,图 7;枝叶;云南禄丰渔坝村、一平浪;晚三叠世一平浪组干海子段。

1977 冯少南等,244 页,图版 98,图 5;枝叶;广东高明;晚三叠世小坪组。

1978 张吉惠,486 页,图版 164,图 3;叶;贵州仁怀茅台;晚三叠世。

1980 何德长、沈襄鹏,27 页,图版 13,图 4;叶枝;湖南浏阳澄潭江;晚三叠世三丘田组。

1980 张武等,305 页,图版 148,图 4,5;叶;辽宁北票;早侏罗世北票组。

1981 周蕙琴,图版 3,图 3;枝叶;辽宁北票羊草沟;晚三叠世羊草沟组。

1982 段淑英、陈晔,508 页,图版 15,图 5,6;图版 16,图 2;枝叶;四川合川炭坝;晚三叠世须家河组。

1982 李佩娟、吴向午,57 页,图版 2,图 1C;图版 20,图 3;枝叶;四川乡城三区上热坞村、稻城贡岭区木拉乡坎都村;晚三叠世喇嘛垭组。

1982 王国平等,289 页,图版 127,图 1;枝叶;福建漳平钱坂;晚三叠世大坑组上段。

1982b 杨学林、孙礼文,38 页,图版 11,图 2;枝叶;大兴安岭万宝红旗区 111 号孔;早侏罗世红旗组。

1982 张采繁,539 页,图版 348,图 1;叶;湖南鄜县寨上、浏阳科源、宜章狗牙洞;晚三叠世一早侏罗世。

1982 张武,191 页,图版 2,图 10;叶;辽宁凌源;晚三叠世老虎沟组。

1983 段淑英等,图版 11,图 10;枝叶;云南宁蒗背箩山一带;晚三叠世。

1986 叶美娜等,80 页,图版 50,图 4,5;枝叶;四川雷音铺;晚三叠世须家河组 7 段。

1987 陈晔等,128 页,图版 39,图 1,2;枝叶;四川盐边箐河;晚三叠世红果组。

1987 何德长,74,82 页,图版 11,图 1;图版 16,图 7;枝叶;浙江遂昌枫坪;早侏罗世花桥组 2 层;湖北蒲圻跑马岭;晚三叠世鸡公山组。

1987a 孟繁松,256 页,图版 31,图 1;枝叶;湖北远安茅坪九里岗;晚三叠世九里岗组。

1989 梅美棠等,110 页,图版 61,图 1,2;枝叶;北半球;晚三叠世。

1991 黄其胜、齐悦,图版 1,图 9;枝叶;浙江兰溪马涧;早一中侏罗世马涧组下段。

1992 王士俊,54 页,图版 22,图 7;枝叶;广东乐昌关春;晚三叠世。

1992 孙革、赵衍华,555 页,图版 254,图 4;枝叶;吉林汪清天桥岭;晚三叠世马鹿沟组。

1993 米家榕等,150 页,图版 44,图 26a,36;图版 47,图 6,7,9,13;枝叶;黑龙江东宁;晚三叠世罗圈站组;吉林汪清;晚三叠世马鹿沟组;北京房山;晚三叠世杏石口组。

1993 孙革,101 页,图版 48,图 1—5;枝叶;吉林汪清天桥岭;晚三叠世马鹿沟组。

1996 黄其胜等,图版 1,图 2;枝叶;四川宣汉七里峡;早侏罗世珍珠冲组下部。

1996 米家榕等,143 页,图版 35,图 6;枝叶;河北抚宁石门寨;早侏罗世北票组。

1998 张泓等,图版 50,图 2;图版 54,图 2A;枝叶;新疆克拉玛依;早侏罗世八道湾组。

1999 胡雨帆等,144 页,图版 1,图 1,5a—5d;枝叶和果穗;四川雅安;晚三叠世。

2000 孙春林等,图版 1,图 25;枝叶;吉林白山红立;晚三叠世小营子组。

2001 黄其胜等,图版 1,图 6;枝叶;四川宣汉七里峡;早侏罗世珍珠冲组下部。

2002 吴向午等,171 页,图版 11,图 6,7;枝叶;甘肃金昌青土井;中侏罗世宁远堡组下段。

△沙溪庙苏铁杉 *Podozamites shanximiaoensis* Yang,1987

1987 杨贤河,8 页,图版 1,图 8,9;图版 2,图 10,11;枝叶;登记号:Sp310,Sp311,Sp321,Sp322;四川荣县度佳;中侏罗世沙溪庙组。(注:原文未注明模式标本)

△四川苏铁杉 *Podozamites sichuanensis* Chen et Duan,1985

1985 陈晔、段淑英,见陈晔等,320,325 页,图版 2,图 4;枝叶;标本号:7383;四川盐边箐河;晚三叠世红果组。

1987 陈晔等,129 页,图版 39,图 6;枝叶;四川盐边箐河;晚三叠世红果组。

1989 梅美棠等,110 页,图版 59,图 3;枝叶;四川;晚三叠世中—晚期。

斯特瓦尔苏铁杉 *Podozamites stewartensis* Harris,1926

1926 Harris,113 页,图版 6,图 4;图版 8,图 3;枝叶和角质层;丹麦东格陵兰;晚三叠世(Rhaetic)。

斯特瓦尔苏铁杉(比较属种) *Podozamites* cf. *P. stewartensis* Harris

1993 米家榕等,150 页,图版 47,图 12;枝叶;吉林汪清;晚三叠世马鹿沟组。

△亚卵形? 苏铁杉 *Podozamites*? *subovalis* Lee,1976

1976 李佩娟等,131 页,图版 43,图 4;图版 44,图 5;枝叶;采集号:AARV7-9/99Y;登记号:PB5461,PB5469;正模:PB5461(图版 43,图 4);标本保存在中国科学院南京地质古生物研究所;云南禄丰渔坝村、一平浪;晚三叠世一平浪组干海子段。

苏铁杉(未定多种) *Podozamites* spp.

1906 *Podozamites* sp,Krasser,p. 620,图版 4,图 6;枝叶;吉林蛟河和火石岭;侏罗纪。

1911 *Podozamites* sp.,Seward,24,52 页,图版 3,图 39;叶;新疆准噶尔盆地 Diam 河;早—中侏罗世。[注:此标本后被改定为 *Podozamites*? sp.(斯行健、李星学等,1963)]

1920 *Podozamites* sp.,Yabe,Hayasaka,图版 3,图 2;枝叶;江西萍乡胡家坊;晚三叠世—早侏罗世(Rhaetic—Lias)。

1928 *Podozamites* sp. aff. *P. lanceolatus* (Lindley et Hutton) Braun,Yabe,Ôishi,12 页,图版 3,图 6,7;枝叶;山东坊子煤田和二十里铺;侏罗纪。[注:此标本曾改定为 *Potozamites* sp.(斯行健、李星学等,1963)]

1928 *Podozamites* sp. aff. *P. angustifolius* Heer,Yabe,Ôishi,12 页,图版 3,图 8;枝叶;山东坊子煤田;侏罗纪。[注:此标本曾改定为 *Potozamites* sp.(斯行健、李星学等,1963)]

1928 *Podozamites* sp. aff. *P. lanceolatus distans* Heer,Yabe,Ôishi,12 页,图版 3,图 9;枝叶;山东坊子煤田;侏罗纪。[注:此标本曾改定为 *Potozamites* sp.(斯行健、李星学等,1963)]

1928 *Podozamites* sp. aff. *P. lanceolatus eichwaldi* Heer,Yabe,Ôishi,12 页,图版 3,图 10;枝叶;山东坊子煤田;侏罗纪。[注:此标本曾改定为 *Potozamites lanceolatus* f. *eichwaldi* Heer(斯行健、李星学等,1963)]

1935 *Podozamites* sp. nov.,Ôishi,94 页,图版 8,图 8,9;叶;黑龙江东宁;晚侏罗世。[注:此标本后被改定为 *Podozamites lanceolatus* (L et H) f. *latior* Sze(斯行健、李星学等,1963)]

1939 *Podozamites* sp. a,Matuzawa,图版 4,图 1;叶;辽宁北票北票煤田;早—中侏罗世北票煤组。[注:此标本后被改定为 *Podozamites lanceolatus* (L et H) f. *latior* Sze(斯行健、李星学等,1963)]

1939 *Podozamites* sp. b,Matuzawa,图版 6,图 2;叶;辽宁北票北票煤田;早—中侏罗世北票煤组。[注:此标本后被改定为 ?*Podozamites lanceolatus* (L et H) f. *latior* Sze(斯行健、李星学等,1963)]

1963 *Podozamites* spp.,斯行健、李星学等,294 页。

Podozamites sp. = *Podozamites lanceolatus* (L et H) var. *brevis* Schenk (Schenk,1883,251 页,图版 50,图 1);北京西山八大处;早—中侏罗世。

Podozamites sp. = *Podozamites lanceolatus* (L et H)(Schenk,1883,258 页,图版 51,图 7);四川广元;晚三叠世晚期—早侏罗世。

Podozamites sp. = *Podozamites lanceolatus* (L et H) var. *distans* (Schimper) Heer (Schenk,1885,173(11),175(13)页,图版 14(2),图 5a,8b,9b;图版 15(3),图 9,10)及 *Podozamites gramineus* Heer (Schenk,1885,175(13)页,图版 15(3),图 12,13a);四川广元、雅安;侏罗纪。

Podozamites sp. = *Podozamites* sp. (Krasser,1906,620 页);吉林火石岭;中—晚侏罗世。

Podozamites sp. = *Podozamites* sp. (Krasser,1906,620 页,图版 4,图 6);吉林火石岭;中—晚侏罗世。

Podozamites sp. = *Podozamites* sp. (Yabe,Hayasaka,1920,图版 3,图 2;枝叶);江西萍乡胡家坊;晚三叠世晚期—早侏罗世。

Podozamites sp. = *Podozamites* spp. (Yabe,Ôishi,1920,12 页,图版 3,图 2—9);山东潍县坊子、二十里铺;早—中侏罗世。

Podozamites sp. = *Podozamites lanceolatus* (L et H)(Matuzawa,1939,图版 5,图 4);辽宁北票;早—中侏罗世。

1964 *Podozamites* sp.,李佩娟,143 页,图版 20,图 3;叶;四川广元杨家崖;晚三叠世须家河组。

1976 *Podozamites* spp.,李佩娟等,132 页,图版 42,图 10,11;图版 43,图 5;枝叶;云南禄丰渔坝村、一平浪;晚三叠世一平浪组干海子段。

1976 *Podozamites* sp.,李佩娟等,132 页,图版 42,图 12;图版 43,图 6(?);枝叶;云南禄丰渔坝村、一平浪;晚三叠世一平浪组干海子段。

1977 *Podozamites* sp.,段淑英等,117 页,图版 1,图 11;叶;西藏拉萨牛马沟、林布宗;早白垩世。

1980 *Podozamites* sp. 1,厉宝贤,见吴舜卿等,82 页,图版 5,图 4;枝叶;湖北兴山耿家河;晚三叠世沙镇溪组。

1980 *Podozamites* sp. 2,厉宝贤,见吴舜卿等,82 页,图版 5,图 5,6;枝叶;湖北兴山耿家河;晚三叠世沙镇溪组。

1980 *Podozamites* sp. 1,吴舜卿等,117 页,图版 28,图 10;图版 29,图 3;图版 39,图 14;枝叶;湖北兴山大峡口、回龙寺;早—中侏罗世香溪组。

1980 *Podozamites* sp. 2,吴舜卿等,117 页,图版 30,图 4—4b;枝叶;湖北秭归香溪;早—中侏罗世香溪组。

1980 *Podozamites* sp. 3,吴舜卿等,118 页,图版 29,图 4—6;枝叶;湖北秭归香溪、沙镇溪;早—中侏罗世香溪组。

1981 *Podozamites* sp.,刘茂强、米家榕,28 页,图版 3,图 14,17;枝叶;吉林临江;早侏罗世义和组。

1982 *Podozamites* sp.,李佩娟,96 页,图版 14,图 2;叶;西藏洛隆中一松多;早白垩世多尼组。

1982 *Podozamites* sp.,段淑英、陈晔,图版 16,图 1;叶;四川合川炭坝;晚三叠世须家河组。

1982b *Podozamites* sp.,杨学林、孙礼文,39 页,图版 11,图 9;枝叶;大兴安岭万宝红旗一井;早侏罗世红旗组。

1983a *Podozamites* sp.,曹正尧,17 页,图版 1,图 13;枝叶;黑龙江虎林云山;中侏罗世龙爪沟群。

1984 *Podozamites* sp.,康明等,图版 1,图 14,15;枝叶;河南济源杨树庄;中侏罗世杨树庄组。

1984 *Podozamites* sp.,周志炎,51 页,图版 30,图 3;图版 32,图 3—6;叶和角质层;湖南零陵黄阳司王家亭子;早侏罗世观音滩组中下(?)部。

1984 *Podozamites* sp. cf. *P. mucronatus* Harris,周志炎,51 页,图版 33,图 2(右上)—2c;叶;湖南祁阳河埠塘;早侏罗世观音滩组搭坝口段。

1985 *Podozamites* sp.,李佩娟,图版 20,图 1B;叶;新疆温宿塔格拉克矿区;早侏罗世。

1985 *Podozamites* sp.,商平,图版 7;图 1;叶;辽宁阜新八家子山;早白垩世。

1986b *Podozamites* sp. 1,李星学等,27 页,图版 34,图 1;枝叶;吉林蛟河杉松;早白垩世晚期磨石砬子组。

1986b *Podozamites* sp. 2,李星学等,28 页,图版 33,图 7;图版 34,图 6;枝叶;吉林蛟河杉松;早白垩世磨石砬子组。

1986 *Podozamites* sp. (Cf. *P. astartensis* Harris),叶美娜等,81 页,图版 51,图 4—5a;图版 52,图 7;叶;四川铁山金窝、雷音铺;晚三叠世须家河组 7 段;四川开县温泉;早侏罗世珍珠冲组。

1986 *Podozamites* sp. (Cf. *P. griesbachi* Seward),叶美娜等,81 页,图版 52,图 2;叶;四川大竹柏林;晚三叠世须家河组 5 段。

1986 *Podozamites* sp. (Cf. *P. stewartensis* Harris),叶美娜等,80 页,图版 51,图 3A,6B;叶;四川大竹柏林、宣汉大路沟煤矿;晚三叠世须家河组 7 段。

1987 *Podozamites* sp.,何德长,74 页,图版 9,图 7;图版 12,图 2;叶;浙江遂昌枫坪;早侏罗世花桥组 2 层。

1988 *Podozamites* sp. 1,陈芬等,84 页,图版 54,图 6;叶;辽宁阜新海州;早白垩世阜新组高德段。

1988 *Podozamites* sp. 2,陈芬等,84 页,图版 66,图 5;叶;辽宁铁法大明二矿;早白垩世小明安碑组下煤段。

1988b *Podozamites* sp.,黄其胜、卢宗盛,图版 9,图 4;枝叶;湖北大冶金山店;早侏罗世武昌组中部。

1988 *Podozamites* sp. 1 (Cf. *P. ovalis* Nathorst),李佩娟等,127 页,图版 31,图 3;叶;青海大煤沟;早侏罗世火烧山组 *Cladophlebis* 层。

1988 *Podozamites* sp. 2，李佩娟等，127 页，图版 54，图 4A，4a；图版 134，图 7；叶枝和角质层；青海大煤沟；早侏罗世火烧山组 *Cladophlebis* 层。

1988 *Podozamites* sp. 3，李佩娟等，128 页，图版 93，图 3；图版 97，图 4，4a；叶；青海大煤沟；中侏罗世饮马沟组 *Eboracia* 层。

1988 *Podozamites* sp. 4[Cf. *Podozamites distans* (Presl)]，李佩娟等，127 页，图版 93，图 1；枝叶；青海绿草山宽沟；中侏罗世石门沟组 *Nilssonia* 层。

1988 *Podozamites* sp. 5，李佩娟等，127 页，图版 93，图 4，4a；图版 97，图 5；枝叶；青海大煤沟；中侏罗世大煤沟组 *Tyrmia-Sphenobaiera* 层；青海德令哈柏树山；中侏罗世石门沟组 *Nilssonia* 层。

1990 *Podozamites* sp.，吴向午、何元良，307 页，图版 8，图 6；青海杂多结扎；晚三叠世结扎群格玛组。

1992b *Podozamites* sp.，孟繁松，213 页，图版 3，图 10－12；叶；海南乐东山荣美下村；早白垩世鹿母湾群。

1992 *Podozamites* sp. (Cf. *P. stewartensis* Harris)，孙革、赵衍华，555 页，图版 253，图 2；带叶枝；吉林汪清鹿圈子村北山；晚三叠世马鹿沟组。

1992 *Podozamites* sp. 1，王士俊，54 页，图版 22，图 4，6，10；叶；广东乐昌安口；晚三叠世。

1992 *Podozamites* sp. 2，王士俊，55 页，图版 22，图 1；叶；广东乐昌关春、安口；晚三叠世。

1992 *Podozamites* sp. 3，王士俊，55 页，图版 22，图 1c；图版 23，图 3；枝叶；广东乐昌安口；晚三叠世。

1992 *Podozamites* sp. 4，王士俊，55 页，图版 23，图 5，5a；叶；广东乐昌安口；晚三叠世。

1993 *Podozamites* sp.，米家榕等，151 页，图版 47，图 17；枝叶；吉林双阳；晚三叠世小蜂蜜顶子组上段。

1993 *Podozamites* sp. (Cf. *P. stewartensis* Harris)，孙革，102 页，图版 46，图 8；图版 49，图 6，7；枝叶；吉林汪清天桥岭、鹿圈子村北山；晚三叠世马鹿沟组。

1993 *Podozamites* sp.，孙革，102 页，图版 50，图 1；枝叶；吉林汪清鹿圈子村北山；晚三叠世马鹿沟组。

1995a *Podozamites* sp.，李星学(主编)，图版 105，图 7；叶；黑龙江鹤岗；早白垩世石头河子组。(中文)

1995b *Podozamites* sp.，李星学(主编)，图版 105，图 7；叶；黑龙江鹤岗；早白垩世石头河子组。(英文)

1999 *Podozamites* sp. 1，曹正尧，94 页，图版 22，图 10－12a；叶；浙江文成正弯；早白垩世馆头组。

1999 *Podozamites* sp. 2，曹正尧，94 页，图版 22，图 13；叶；浙江诸暨黄家坞；早白垩世寿昌组(?)。

1999b *Podozamites* sp.，吴舜卿，47 页，图版 41，图 2；枝叶；四川彭县；晚三叠世须家河组。

2001 *Podozamites* sp.，孙革等，104，205 页，图版 21，图 5；图版 25，图 6；图版 62，图 6，9，10；叶；辽宁西部；晚侏罗世尖山沟组。

2001 *Podozamites* sp.，郑少林等，图版 1，图 30，31；叶；辽宁北票三宝营乡刘家沟；中－晚侏罗世土城子组 3 段。

苏铁杉？(未定多种) *Podozamites*? spp.

1945 *Podozamites*? sp.，斯行健，52 页，图 6，7；叶；福建永安；白垩纪坂头系。

1963 *Podozamites*? sp.,斯行健、李星学等,293 页,图版 100,图 5;叶;新疆准噶尔盆地 Diam 河;早—中侏罗世。

1963 *Podozamites*? spp.,斯行健、李星学等,294 页;内蒙古土木路,北京西山八大处;早—中侏罗世;湖北秭归;侏罗纪;贵州贵阳三桥;晚三叠世。

1983 *Podozamites*? sp.,孙革等,456 页,图版 3,图 11;枝叶;吉林双阳大酱缸;晚三叠世大酱缸组。

1983 *Podozamites*? sp.,张武等,82 页,图版 4,图 24;叶;辽宁本溪林家崴子;中三叠世林家组。

1985 *Podozamites*? sp.,曹正尧,282 页,图版 3,图 11;叶;安徽含山;晚侏罗世含山组。

1996 *Podozamites*? sp.,吴舜卿、周汉忠,11 页,图版 11,图 5;枝叶;新疆库车;中三叠世"克拉玛依组"。

1999b *Podozamites*? sp.,吴舜卿,48 页,图版 42,图 2;枝叶;四川广安;晚三叠世须家河组。

苏铁杉(比较属未定种) Cf. *Podozamites* sp.

1933a Cf. *Podozamites* sp,斯行健,9 页;贵州贵阳三桥;早侏罗世。[注:此标本后被改定为 ? *Podozamites* sp. (斯行健、李星学等,1963)]

毛籽属 Genus *Problematospermum* Turutanova-Ketova,1930

1930 Turutanova-Ketova,160 页。

2001 孙革,郑少林,见孙革等,109,208 页。

模式种:*Problematospermum ovale* Turutanova-Ketova,1930

分类位置:不明或松柏类(incertae sedis or coniferous)

卵形毛籽 *Problematospermum ovale* Turutanova-Ketova,1930

1930 Turutanova-Ketova,160 页,图版 4,图 30,30a;种子;哈萨克斯坦卡拉套地区;晚侏罗世。

2001 孙革等,110,209 页,图版 25,图 3,4;图版 66,图 3—11;种子;辽宁西部;晚侏罗世尖山沟组。

△北票毛籽 *Problematospermum beipiaoense* Sun et Zheng,2001(中文和英文发表)

2001 孙革等,109,208 页,图版 25,图 1,2;图版 66,图 1,2;图版 75,图 1—6;种子和角质层;登记号:PB19188;正模:PB19188(图版 25,图 1);标本保存在中国科学院南京地质古生物研究所;辽宁西部;晚侏罗世尖山沟组。

原始雪松型木属 Genus *Protocedroxylon* Gothan,1910

1910 Gothan,27 页。

1937—1938 Shimakura,15 页。

1963 斯行健、李星学等,322 页。

1993a 吴向午,122 页。

模式种：*Protocedroxylon araucarioides* Gothan,1910
分类位置:松柏纲(Coniferopsida)

南洋杉型原始雪松型木 *Protocedroxylon araucarioides* Gothan,1910

1910 Gothan,27 页,图版 5,图 3—5,7;图版 6,图 1;木化石;挪威斯匹次卑尔根 Green Harbour;晚侏罗世。

1937—1938 Shimakura,15 页,图版 3,图 7—10;插图 4;木化石;辽宁朝阳;早白垩世(?)。

1963 斯行健、李星学等,322 页,图版 118,图 6—8;图版 110,图 1—5;木化石;辽宁朝阳(?);早白垩世(?)。

1993a 吴向午,122 页。

△灵武原始雪松型木 *Protocedroxylon lingwuense* He et Zhang,1993

1993 何德长、张秀仪,263,264 页,图版 3,图 1—3;图版 4,图 1,2;丝炭;采集号:L_{y2c-46},L_{y2c-10};登记号:S019—S021;模式标本:S019(图版 3,图 1);标本保存在煤炭科学研究总院西安分院;宁夏灵武羊肠湾;中侏罗世。

△东方原始雪松型木 *Protocedroxylon orietale* He,1995

1995 何德长,11 页(中文),15 页(英文),图版 10,图 1—1d;图版 12,图 1—1d;图版 14,图 2—2b;丝炭;标本号:91144;标本保存在煤炭科学研究总院西安分院;内蒙古扎鲁特旗霍林河煤田;晚侏罗世霍林河组 14 煤层。

原始柏型木属 Genus *Protocupressinoxylon* Eckhold,1922

1922 Eckhold,491 页。

1982 郑少林、张武,330 页。

1993a 吴向午,122 页。

模式种:*Protocupressinoxylon cupressoides* (Holden) Eckhold,1922
分类位置:松柏纲(Coniferopsida)

柏木型原始柏型木 *Protocupressinoxylon cupressoides* (Holden) Eckhold,1922

1913 *Paracupressinoxylon cupressoides* Holden,538 页,图版 39,图 15,16;木化石;英国约克郡(?);中侏罗世。

1922 Eckhold,491 页;木化石;英国约克郡;中侏罗世。

1993a 吴向午,122 页。

△密山原始柏型木 *Protocupressinoxylon mishaniense* Zheng et Zhang,1982

1982 郑少林、张武,330 页,图版 28,图 1—11;木化石;薄片号:HP2-2;标本保存在沈阳地质矿产研究所;黑龙江密山金沙、宝清珠山;晚侏罗世云山组,早白垩世城子河组、穆棱组。

1993a 吴向午,122 页。

原始柏型木(未定种) *Protocupressinoxylon* sp.

1989 *Protocupressinoxylon* sp.,周志炎、章伯乐,133 页,图版 1—3;菱铁矿化木化石;河南义

马煤矿;中侏罗世义马组。

△原始水松型木属 Genus *Protoglyptostroboxylon* He,1995

1995 何德长,8 页(中文),10 页(英文)。

模式种:*Protoglyptostroboxylon giganteum* He,1995

分类位置:松柏纲(Coniferopsida)

△巨大原始水松型木 *Protoglyptostroboxylon giganteum* He,1995

1995 何德长,8 页(中文),10 页(英文),图版 5,图 2—2c;图版 6,图 1—1e,2;图版 8,图 1—1d;丝炭;标本号:91363,91370;模式标本:91363;标本保存在煤炭科学研究总院西安分院;内蒙古鄂温克旗伊敏煤矿;早白垩世伊敏组 16 煤层。

△伊敏原始水松型木 *Protoglyptostroboxylon yimiense* He,1995

1999 何德长,9 页(中文),11 页(英文),图版 1,图 3;图版 2,图 5;图版 7,图 1—1f;图版 8,图 2,2a,4,4a;图版 11,图 2;丝炭;标本号:91403,91414;模式标本:91403;标本保存在煤炭科学研究总院西安分院;内蒙古鄂温克旗伊敏煤矿;早白垩世伊敏组 16 煤层。

原始叶枝杉型木属 Genus *Protophyllocladoxylon* Kräusel,1939

1939 Kräusel,16 页。

1991b 王士俊,66,69 页。

模式种:*Protophyllocladoxylon leuchsi* Kräusel,1939

分类位置:松柏纲松柏目(Coniferales,Coniferopsida)

洛伊希斯原始叶枝杉型木 *Protophyllocladoxylon leuchsi* Kräusel,1939

1939 Kräusel,16 页,图版 4,图 1—5;图版 3,图 3;木化石;埃及;晚白垩世。

△朝阳原始叶枝杉型木 *Protophyllocladoxylon chaoyangense* Zhang et Zheng,2000(中文和英文发表)

2000b 张武、郑少林,见张武等,89,96 页,图版 1,图 1—9;木化石;标本号:X1;模式标本:X1(图版 1,图 1—9);标本保存在沈阳地质矿产研究所;辽宁朝阳边杖子兴隆沟煤矿;早侏罗世北票组。

弗兰克原始叶枝杉型木 *Protophyllocladoxylon francoicum* Vogellehner,1966

1966 Vogellehner,311 页,图版 27,图 1—4;图版 28,图 1;木化石;德国;侏罗纪。

2000a 丁秋红,212 页,图版 3,图 2—6;木化石;辽宁义县;义县组。(注:原文未指明义县组的时代)

2001 郑少林等,74,81 页,图版 2,图 1—8;插图 4;木化石;辽宁北票三宝营乡刘家沟;中一晚侏罗世土城子组 3 段。

△海州原始叶枝杉型木 *Protophyllocladoxylon haizhouense* Ding,2000(中文和英文发表)

2000a 丁秋红等,285,288 页,图版 2,图 5,6;图版 3,图 1—4;木化石;模式标本:K1(图版 2,

图5,6;图版3,图1—4);标本保存在沈阳地质矿产研究所;辽宁阜新海州煤矿;早白垩世阜新组。

△乐昌原始叶枝杉型木 *Protophyllocladoxylon lechangense* Wang,1992

1992 王士俊,61页;图版44,图1—7;木化石;标本保存在中国矿业大学地质系古生物教研室;广东乐昌关春;晚三叠世。

△斯氏原始叶枝杉型木 *Protophyllocladoxylon szei* Wang,1991

1991b 王士俊,66,69页,图版1,图1—8;木化石;广东乐昌关春;晚三叠世艮口群。

1992 王士俊,61页;木化石;广东乐昌关春、曲江红卫坑;晚三叠世。

原始云杉型木属 Genus *Protopiceoxylon* Gothan,1907

1907 Gothan,32页。

1945a Mathewws,Ho,27页。

1963 斯行健、李星学等,323页。

1993a 吴向午,123页。

模式种:*Protopiceoxylon extinctum* Gothan,1907

分类位置:松柏纲松柏目(Coniferales,Coniferopsida)

绝灭原始云杉型木 *Protopiceoxylon extinctum* Gothan,1907

1907 Gothan,32页,图版1,图2—5;插图16,17;木化石;查理士王地区;第三纪。

1945a Mathewws,Ho,27页;插图1—8;木化石;河北涿鹿夏家沟;晚侏罗世。

1963 斯行健、李星学等,325页,图版110,图6—8;插图60;木化石;河北涿鹿夏家沟;晚侏罗世。

1993a 吴向午,123页。

△黑龙江原始云杉型木 *Protopiceoxylon amurense* Du,1982

1982 杜乃正,384页,图版2,图1—9;木化石;标本号:WB-1-5;黑龙江嘉荫;晚侏罗世—早白垩世。

1995 李承森、崔金钟,98,99页(包括图);木化石;黑龙江省;晚白垩世。

1997 王如峰等,976页,图版2,图10,11,14—16;木化石;黑龙江嘉荫;晚白垩世。

△朝阳原始云杉型木 *Protopiceoxylon chaoyangense* Duan,2000(中文和英文发表)

2000 段淑英,207,208页,图1—3;木化石;标本号:8443,8444;辽宁朝阳巴图营子、义县红墙子;中侏罗世蓝旗组,早白垩世沙海组。(注:原文未指明模式标本和标本的保存地点)

△达科他原始云杉型木 *Protopiceoxylon dakotense* (Knowlton) Sze,1963

1900 *Pinoxylon dakotense* Knowlton,见Ward,420页,图版179;木化石;美国南达科他;侏罗纪。

1937—1938 *Pinoxylon dakotense* Knowlton,Shimakura,22页,图版5,图1—6;插图6;木化石;辽宁本溪;早白垩世(?)。

1963 斯行健,见斯行健、李星学等,330 页,图版 112,图 1—4;插图 62;木化石;辽宁本溪;早白垩世大明山群。

1993a 吴向午,123 页。

△漠河原始云杉型木 *Protopiceoxylon mohense* Ding,2000(中文和英文发表)

2000b 丁秋红,206 页,图版 1,图 1—8;木化石;标本号:Zh9;标本保存在沈阳地质矿产研究所;黑龙江霍拉盆地;早白垩世九峰山组。

△新疆原始云杉型木 *Protopiceoxylon xinjiangense* Wang,Zhang et Saiki,2000(英文发表)

2000 王永栋等,179 页,图版 1,图 1—5;图版 2,图 1—4;木化石;采集号:XJ-9;正模:XJ-9;新疆奇台;晚侏罗世。(注:原文未注明标本的保存地点)

△矢部原始云杉型木 *Protopiceoxylon yabei* (Shimakura) Sze,1963

1935—1936 *Pinoxylon yabei* Shimakura,289(23)页,图版 19(8),图 1—8;插图 8,9;木化石;吉林火石岭;中侏罗世。

1945 *Pinoxylon* (=*Protopiceoxylon*) *yabei*,Mathews,Ho,27 页。

1963 斯行健、李星学等,327 页,图版 111,图 1—6;插图 61;木化石;吉林火石岭;中—晚侏罗世。

△宜州原始云杉型木 *Protopiceoxylon yizhouense* Duan et Cui,1995

1995 段淑英、崔金钟,见段淑英等,169 页,图版 1,图 1—6(不包括图 7—9);木化石;辽宁义县;早白垩世沙海组。

1995 李承森、崔金钟,96,97 页(包括图);木化石;辽宁;早白垩世。

原始罗汉松型木属 Genus *Protopodocarpoxylon* Eckhold,1922

1922 Eckhold,491 页。

1982 郑少林、张武,331 页。

1993a 吴向午,123 页。

模式种:*Protopodocarpoxylon blevillense* (Lignier) Eckhold,1922

分类位置:松柏纲松柏目(Coniferales,Coniferopsida)

勃雷维尔原始罗汉松型木 *Protopodocarpoxylon blevillense* (Lignier) Eckhold,1922

1907 *Cedroxylon blevillense* Lignier,267 页,图版 18,图 15—17;图版 21,图 66;图版 22,图 72;木化石;法国;早白垩世(Gault)。

1922 Eckhold,491 页;木化石;法国;早白垩世(Gault)。

1993a 吴向午,123 页。

△装饰原始罗汉松型木 *Protopodocarpoxylon arnatum* Zheng et Zhang,1982

1982 郑少林、张武,331 页,图版 29,图 1—10;木化石;薄片号:192;标本保存在沈阳地质矿产研究所;黑龙江密山金沙;早白垩世桦山群。

1993a 吴向午,123 页。

△巴图营子原始罗汉松型木 ***Protopodocarpoxylon batuyingziense* Zheng et Zhang, 2004**（中文和英文发表）

2004　郑少林、张武，见王五力等，58 页（中文），457 页（英文），图版 16，图 5—7；图版 17，图 1—4；图版 18，图 1—7；木化石；正模：GJFW-26-1（图版 16，图 5—7；图版 17，图 1—4；图版 18，图 1—7）；辽宁北票巴图营子；晚侏罗世土城子组。（注：原文未注明模式标本的保存单位和地点）

△金沙原始罗汉松型木 ***Protopodocarpoxylon jinshaense* Zheng et Zhang, 1982**

[注：此种后被改定为 *Cedroxylon jinshaense*（Zheng et Zhang）He（何德长，1995）]

1982　郑少林、张武，331 页，图版 30，图 1—12；木化石；薄片号：Jin-2；标本保存在沈阳地质矿产研究所；黑龙江密山；晚侏罗世云山组。

△金刚山原始罗汉松型木 ***Protopodocarpoxylon jingangshanense* Ding, 2000**（英文发表）

2000a　丁秋红，211 页，图版 2，图 1—7；图版 3，图 1；木化石；正模：Jin-2；辽宁义县；义县组。（注：原文未标注标本的保存地点；原文未指明义县组的时代）

△洛隆原始罗汉松型木 ***Protopodocarpoxylon lalongense* Vozenin-Serra et Pons, 1990**

1990　Voznin-Serra，Pons，119 页，图版 4，图 4—8；图版 5，图 1—3；木化石；采集号：XPj 14/2，XPj 14/3，XPj 13 bis/5（J. J. Jaeger 采集）；登记号：n°10470/1—n°10470/3；合模：n°10470/1—n°10470/3；标本保存在巴黎居里夫人大学古植物和孢粉实验室；西藏洛隆；早白垩世（Albian）。[注：依据《国际植物命名法规》（维也纳法规，第 37.2 条），1958 年起，模式标本只能是 1 块标本]

东方原始罗汉松型木 ***Protopodocarpoxylon orientalis* Serra, 1969**

1969　Serra，7 页，图版 6，图 1—4；图版 7，图 1—5；图版 8，图 1—4；图版 9，图 1—4；插图 1—9；木化石；泰国 Tho-Chau；早白垩世。

1990　Voznin-Serra，Pons，117 页，图版 5，图 4—6；图版 6，图 1；木化石；西藏林周；早白垩世（Aptian）。

△原始金松型木属 **Genus *Protosciadopityoxylon* Zhang, Zheng et Ding, 1999**（英文发表）

1999　张武、郑少林、丁秋红，1314 页。

模式种：*Protosciadopityoxylon liaoningensis* Zhang，Zheng et Ding，1999

分类位置：松柏纲杉科（Taxodiaceae，Coniferopsida）[木化石（fossil wood）]

△辽宁原始金松型木 ***Protosciadopityoxylon liaoningense* Zhang, Zheng et Ding, 1999**（英文发表）

1999　张武、郑少林、丁秋红，1314 页，图版 1—3；插图 2；木化石；标本号：Sha. 30；模式标本：Sha. 30（图版 1—3）；标本保存在沈阳地质矿产研究所；辽宁义县毕家沟；早白垩世沙海组。

△热河原始金松型木 ***Protosciadopityoxylon jeholense*（Ogura）Zhang et Zheng, 2000**（中文和英文发表）

1948　*Araucarioxylon jeholense* Ogura，347 页，图版 3，图 D—F，K—L；木化石；辽宁北票煤

矿；晚三叠世（Rhaetic）—早侏罗世（Lias）期台吉系（?）。

2000b 张武、郑少林，见张武等，93，96 页；插图 2；木化石；辽宁北票台吉煤矿；早侏罗世北票组。

△辽西原始金松型木 *Protosciadopityoxylon liaoxiense* Zhang et Zheng，2000（中文和英文发表）

2000b 张武、郑少林，见张武等，90，96 页，图版 2，图 1—7；图版 3，图 1—3；木化石；标本号：X10；模式标本：X10（图版 2，图 1—7；图版 3，图 1—3）；标本保存在沈阳地质矿产研究所；辽宁朝阳边杖子兴隆沟煤矿；早侏罗世北票组。

原始落羽杉型木属 Genus *Prototaxodioxylon* Vogellehner，1968

1968 Vogellehner，132，133 页。

2004 王五力等，59 页。

模式种：*Prototaxodioxylon choubertii* Vogellehner，1968

分类位置：松柏纲原始落羽杉科（Protopinaceae，Coniferopsida）

孔氏原始落羽杉型木 *Prototaxodioxylon choubertii* Vogellehner，1968

1968 Vogellehner，132，133 页；木化石；北非摩洛哥；侏罗纪和白垩纪（?）。

罗曼原始落羽杉型木 *Prototaxodioxylon romanense* Philippe，1994

1994 Philippe，70 页；插图 3A—3F；法国；侏罗纪。

2004 王五力等，59 页，图版 19，图 1—4；木化石；辽宁北票巴图营子；晚侏罗世土城子组。

假拟节柏属 Genus *Pseudofrenelopsis* Nathorst，1893

1893 Nathorst，见 Felix，Nathorst，52 页。

1981 孟繁松，100 页。

1993a 吴向午，124 页。

模式种：*Pseudofrenelopsis felixi* Nathorst，1893

分类位置：松柏纲掌鳞杉科（Cheirolepidiaceae，Coniferopsida）

费尔克斯假拟节柏 *Pseudofrenelopsis felixi* Nathorst，1893

1893 Nathorst，见 Felix，Nathorst，52 页，图 6—9；墨西哥；早白垩世（Neocomian）。

1993a 吴向午，124 页。

△大拉子假拟节柏 *Pseudofrenelopsis dalatzensis* （Chow er Tsao） Cao ex Zhou，1995

1977 *Manica* （*Manica*） *dalatzensis* Chow et Tsao，周志炎、曹正尧，171 页，图版 3，图 5—11；图版 4，图 13；插图 3；枝叶和角质层；吉林延吉智新大拉子；早白垩世大拉子组。

1989 曹正尧，437 页；吉林；早白垩世晚期。

1995 周志炎，421 页，图版 1，图 3—5，10；图版 2，图 1—8；枝叶、雄球果和角质层；正型：

PB6267(周志炎、曹正尧,1977,图版3,图5);标本保存在中国科学院南京地质古生物研究所;吉林延吉智新大拉子;早白垩世大拉子组(Aptian—Albian)。

2005 邓胜徽等,507页,图版1,图3—11;枝叶和角质层;甘肃酒泉盆地;早白垩世中沟组。

大拉子假拟节柏(比较种) *Pseudofrenelopsis* cf. *dalatzensis* (Chow er Tsao) Cao ex Zhou

1989 丁保良等,图版2,图9;江西贵溪罗塘;早白垩世周家店组。

△窝穴假拟节柏 *Pseudofrenelopsis foveolata* (Chow er Tsao) Cao, 1989

1977 *Manica* (*Manica*) *foveolata* Chow et Tsao,周志炎、曹正尧,171页,图版4,图1—7,14;枝叶和角质层;宁夏固原蒿店、西吉牵羊河;早白垩世六盘山群。

1989 曹正尧,439页;宁夏固原蒿店、西吉牵羊河;早白垩世六盘山群。

△甘肃假拟节柏 *Pseudofrenelopsis gansuensis* Deng, Yang et Lu, 2005(英文发表)

2005 邓胜徽等,508页,图版1,图1,2;图版2,图1—9;插图2;枝叶和角质层;标本号:Chang-101-3926-01;模式标本:Chang-101-3926-01(图版1,图1);标本保存在中国石油天然气股份有限公司石油勘探开发研究院;甘肃酒泉盆地;早白垩世中沟组。

△黑山假拟节柏 *Pseudofrenelopsis heishanensis*, Zhou, 1995

1995a 周志炎,423页,图版1,图1,2,7;图版4,图3—7;枝叶和角质层;正型:PB17172(图版1,图1);标本保存在中国科学院南京地质古生物研究所;湖北大冶灵乡黑山;早白垩世灵乡群(Pre-Aptian)。

△乳突假拟节柏 *Pseudofrenelopsis papillosa* (Chow et Tsao) Cao ex Zhou, 1995

1977 *Manica* (*Manica*) *papillosa* Chow et Tsao,周志炎、曹正尧,169页,图版2,图15;图版3,图1—4;图版4,图12;插图2;枝叶、角质层和球果;浙江新昌苏秦;早白垩世馆头组;宁夏固原青石咀;早白垩世六盘山群。

1979 *Manica* (*Manica*) *papillosa* 周志炎、曹正尧,219页,图版2,图6—10;枝叶、球果和角质层;浙江新昌苏秦、临海东塍;早白垩世馆头组。

1989 曹正尧,437页;甘肃,浙江;早白垩世。

1989 丁保良等,图版3,图12;雄性(?)球果;浙江嵊县苏秦;早白垩世馆头组。

1995a 周志炎,425页,图版1,图6,8,9,11;图版3,图1—8;图版4,图1,2,8,9;枝叶、雄球果和角质层;正模:PB6266(周志炎、曹正尧,1977,图版3,图1);标本保存在中国科学院南京地质古生物研究所;浙江新昌苏秦;早白垩世馆头组;宁夏固原青石咀;早白垩世六盘山群。

1995a 李星学(主编),图版113,图6—10;枝叶、角质层和雄性球果;浙江新昌苏秦;早白垩世馆头组。(中文)

1995b 李星学(主编),图版113,图6—10;枝叶、角质层和雄性球果;浙江新昌苏秦;早白垩世馆头组。(英文)

1999 曹正尧,92页,图版22,图16,16a;图版26,图5,6;图版28,图1;图版30;图版32,图8B;图版33,图1—3;图版37,图8,8a,9;图版40,图11,11a,12,13;枝叶和角质层;浙江新昌苏秦、仙居央弄、临海东塍;早白垩世馆头组;浙江诸暨下岭脚;早白垩世寿昌组;浙江寿昌劳村;早白垩世劳村组。

2005 杨小菊,80,83页,图版1,图1—8;图版2,图1—5;插图1;枝叶;青海化隆札巴;早白垩世河口群。

乳突假拟节柏(比较种) *Pseudofrenelopsis* cf. *papillosa* (Chow et Tsao) Cao ex Zhou

1988 蓝善先等,图版1,图31,32;枝叶;浙江天台水南;早白垩世塘上组。

少枝假拟节柏 *Pseudofrenelopsis parceramosa* (Fontaine) Watson,1977

1889 *Frenilopsis parceramosa* Fontaine,218页,图版111,图1—5;枝叶;美国弗吉尼亚 Dutch Cap Canal;早白垩世(Potomac Group)。

1977 Watson,720页,图版85,图1—7;图版86,图1—12;图版87,图1—10;插图2,3;枝叶和角质层;美国弗吉尼亚 Dutch Cap Canal;早白垩世波托马克群。

1981 孟繁松,100页,图版2,图1—9;枝叶和角质层;湖北大冶灵乡黑山、长坪湖;早白垩世灵乡群。

1984 陈公信,608页,图版270,图7,8;枝叶;湖北大冶灵乡;早白垩世灵乡组。

1987b 孟繁松,201页,图版28,图1—8;枝叶和角质层;湖北宜昌紫阳内口河;早白垩世五龙组。

1988 蓝善先等,图版1,图33,34;枝叶;浙江天台水南;早白垩世塘上组。

1989 丁保良等,图版2,图1,2;枝;福建平和安厚;早白垩世石帽山群上组下段;福建永安吉山;早白垩世吉山组。

1989 曹正尧,438,442页,图版4,图1—7;图版5,图1—8;枝叶和角质层;浙江新昌苏秦;早白垩世馆头组。

1992 梁诗经等,图版2,图2,5;枝叶;福建沙县峡仔、垅东;早白垩世均口组。

1993a 吴向午,124页。

1994 曹正尧,图3i;枝叶;浙江仙居;早白垩世馆头组。

△疏孔假拟节柏 *Pseudofrenelopsis sparsa* (Chow et Tsao) Cao,1989

1979 *Manica* (*Chanlingia*?) *sparsa* Zhou et Cao,周志炎、曹正尧,220页,图版2,图11,11a;枝叶;福建沙县山坪峡东;早白垩世沙县组下部。

1989 曹正尧,439页;福建沙县山坪峡东;早白垩世沙县组下部。

△穹孔假拟节柏 *Pseudofrenelopsis tholistoma* (Chow er Tsao) Cao,1989

1977 *Manica* (*Chanlingia*) *tholistoma* Chow et Tsao,周志炎、曹正尧,172页,图版2,图16,17;图版5,图1—10;插图4;枝叶和角质层;吉林长岭孙文屯;早白垩世青山口组;吉林扶余五家屯;早白垩世泉头组;浙江兰溪沈店;晚白垩世衢江群。

1979 *Manica* (*Chanlingia*) *tholistoma* Chow et Tsao,周志炎、曹正尧,219页,图版2,图1—5;图版3,图1—12a;枝叶和角质层;浙江金华塘雅、兰溪沈店;晚白垩世早期衢江群3段;江西兴国高兴圩;晚白垩世赣州组上部;福建沙县沙溪河;晚白垩世沙县组上部。

1989 曹正尧,439页;吉林,浙江,江西,福建;晚白垩世早期。

假拟节柏(未定多种) *Pseudofrenelopsis* spp.

1985 *Pseudofrenelopsis* sp. (Cf. *Pseudofrenelopsis parceramosa* (Font.) Nathorst),曹正尧,281页,图版3,图8,8a;枝;安徽含山;晚侏罗世含山组。

1989 *Pseudofrenelopsis* sp.,丁保良等,图版2,图3;枝;江西弋阳葛溪火把山;早白垩世石溪组。

1992 *Pseudofrenelopsis* sp.,李杰儒,344页,图版1,图12;图版2,图22,23;图版3,图4,6;枝;辽宁普兰店;早白垩世晚期普兰店组。

1995a *Pseudofrenelopsis* sp.,李星学(主编),图版 88,图 9;枝;安徽含山;晚侏罗世含山组。(中文)

1995b *Pseudofrenelopsis* sp.,李星学(主编),图版 88,图 9;枝;安徽含山;晚侏罗世含山组。(英文)

金钱松属 Genus *Pseudolarix* Gordon,1858

1985 商平,113 页。

1993a 吴向午,124 页。

模式种:(现生属)

分类位置:松柏纲松科(Pinaceae,Coniferopsida)

亚洲金钱松 *Pseudolarix asiatica* Sodov,1981

1981 Sodov,128 页,图 1;枝叶;蒙古;早白垩世温都尔汗组。

1987 张志诚,380 页,图版 4,图 7;图版 6,图 3;枝叶;辽宁阜新;早白垩世阜新组。

1993a 吴向午,124 页。

△中国"金钱松""*Pseudolarix*" *sinensis* Shang,1985

1985 商平,113 页,图版 10,图 1—3,5—7;枝叶和角质层;标本号:84-27,84-46,84-47;正模:84-27(图版 10,图 3);标本保存在阜新矿业学院科研所;辽宁阜新;早白垩世海州组太平段。

1987 商平,图版 1,图 3;枝叶;辽宁阜新盆地;早白垩世。

"金钱松"(未定种)"*Pseudolarix*" sp.

1985 "*Pseudolarix*" sp.,商平,图版 10,图 4;枝叶;辽宁阜新;早白垩世海州组太平段。

扇状枝属 Genus *Rhipidiocladus* Prynada,1956

1956 Prynada,见 Kipariaova 等,249 页。

1978 杨学林等,图版 3,图 6。

1993a 吴向午,130 页。

模式种:*Rhipidiocladus flabellata* Prynada,1956

分类位置:松柏纲(Coniferopsida)

小扇状枝 *Rhipidiocladus flabellata* Prynada,1956

1956 Prynada,见 Kipariaova 等,249 页,图版 42,图 3—9;枝叶;黑龙江流域,布列英河;早白垩世。

1978 杨学林等,图版 3,图 6;枝叶;吉林蛟河杉松;早白垩世晚期磨石砬子组。

1980 李星学、叶美娜,9 页,图版 5,图 3,4(?),5(?);短枝和长枝;吉林蛟河杉松;早白垩世磨石砬子组。

1980 张武等,305 页,图版 189,图 4,5;短枝和长枝;吉林蛟河;早白垩世磨石砬子组。

1986a 李星学等,2 页,图版 1,图 1—4;图版 2,图 7;插图 1;枝叶和角质层;吉林蛟河杉松;早白垩世磨石砬子组。

1986b 李星学等,36 页,图版 39;图版 40,图 1;图版 41,图 1;插图 8;枝叶和角质层;吉林蛟河杉松;早白垩世磨石砬子组。

1988 陈芬等,91 页,图版 56,图 7—10;插图 23;短枝和角质层;辽宁阜新海州矿;早白垩世阜新组。

1992 孙革、赵衍华,560 页,图版 258,图 3;枝叶;吉林蛟河煤矿杉松顶子;早白垩世乌林组顶部。

1993a 吴向午,130 页。

1995a 李星学(主编),图版 109,图 4;枝叶;吉林蛟河煤矿杉松顶子;早白垩世乌林组顶部。(中文)

1995b 李星学(主编),图版 109,图 4;枝叶;吉林蛟河煤矿杉松顶子;早白垩世乌林组顶部。(英文)

1996 米家榕等,138 页,图版 34,图 14;枝叶;辽宁北票兴隆沟;中侏罗世海房沟组。

△渐尖扇状枝 *Rhipidiocladus acuminatus* Li et Ye,1980

1980 李星学、叶美娜,10 页,图版 1,图 6;图版 3,图 5;长枝、短枝和角质层;登记号:PB8965;正模:PB8965(图版 1,图 6);标本保存在中国科学院南京地质古生物研究所;吉林蛟河杉松;早白垩世磨石砬子组。(裸名)

1980 张武等,305 页,图版 191,图 9;枝叶;吉林蛟河;早白垩世磨石砬子组。

1986a 李星学等,8 页,图版 1,图 5;图版 2,图 4,5;插图 7;枝叶和角质层;登记号:PB8965;正模:PB8965(图版 1,图 5);标本保存在中国科学院南京地质古生物研究所;吉林蛟河杉松;早白垩世磨石砬子组。

1986b 李星学等,35 页,图版 40,图 2—2d;插图 9;枝叶;吉林蛟河杉松;早白垩世磨石砬子组。

1987 商平,图版 1,图 5;枝叶;辽宁阜新盆地;早白垩世。

1997 邓胜徽等,53 页,图版 32,图 5,6;枝叶;内蒙古扎赉诺尔;早白垩世伊敏组。

△河北扇状枝 *Rhipidiocladus hebeiensis* Wang,1984

1984 王自强,290 页,图版 158,图 8;枝叶;登记号:P0361;正模:P0361(图版 158,图 8);标本保存在中国科学院南京地质古生物研究所;河北滦平;早白垩世九佛堂组。

△细尖扇状枝 *Rhipidiocladus mucronata* Li et Ye,1986

1980 张武等,305 页,图版 183,图 12;图版 191,图 6;枝叶;吉林蛟河;早白垩世磨石砬子组。(裸名)

1986a 李星学等,3 页,图版 2,图 1—3,6;图版 3,图 1,3,4,6;插图 2—6;枝叶和角质层;登记号:PB8975,PB9876,PB11269;正模:PB8975(图版 2,图 3);标本保存在中国科学院南京地质古生物研究所;吉林蛟河杉松;早白垩世磨石砬子组。

1986b 李星学等,37 页,图版 41,图 2—4a;图版 42,图 7,8;图版 44,图 6;插图 10A—10E;枝叶和角质层;吉林蛟河杉松;早白垩世晚期磨石砬子组。

隐脉穗属 Genus *Ruehleostachys* Roselt, 1955

1955 Roselt,87 页。

1990a 王自强、王立新,132 页。

1993a 吴向午,131 页。

模式种:*Ruehleostachys pseudarticulatus* Roselt, 1955

分类位置:松柏纲(Coniferopsida)

假有节隐脉穗 *Ruehleostachys pseudarticulatus* Roselt, 1955

1955 Roselt,87 页,图版 1—2;松柏类的雄性繁殖器官(?);德国图林根;三叠纪(Lower Keuper)。

1993a 吴向午,131 页。

△红崖头? 隐脉穗 *Ruehleostachys? hongyantouensis* (Wang Z Q) Wang Z Q et Wang L X, 1990

1984 *Willsiostrobus hongyantouensis* Wang,王自强,291 页,图版 108,图 8—10;雄性花穗;山西榆社屯村;早三叠世刘家沟组;山西榆社红崖头;早三叠世和尚沟组。[注:正模:P0017(图版 108,图 8)]

1990a 王自强、王立新,132 页,图版 7,图 5,6;图版 14,图 7;雄性花穗;山西榆社红崖头、和顺马坊;早三叠世和尚沟组下段。

1993a 吴向午,131 页。

△似圆柏属 Genus *Sabinites* Tan et Zhu, 1982

1982 谭琳、朱家楠,153 页。

1993a 吴向午,32,233 页。

1993b 吴向午,505,518 页。

模式种:*Sabinites neimonglica* Tan et Zhu, 1982

分类位置:松柏纲柏科(Cupressaceae, Coniferopsida)

△内蒙古似圆柏 *Sabinites neimonglica* Tan et Zhu, 1982

1982 谭琳、朱家楠,153 页,图版 39,图 2—6;小枝和球果;登记号:GR40,GR65,GR67,GR87,GR103;正模:GR87(图版 39,图 4,4a);副模:GR65(图版 39,图 3,3a);内蒙古固阳小三分子村东;早白垩世固阳组。

1993a 吴向午,32,233 页。

1993b 吴向午,505,518 页。

△纤细似圆柏 *Sabinites gracilis* Tan et Zhu, 1982

1982 谭琳、朱家楠,153 页,图版 40,图 1,2;小枝和球果;登记号:GR09,GR66;正模:GR09(图版 40,图 1);副模:GR66(图版 40,图 2);内蒙古固阳小三分子村东;早白垩世固阳组。

1993a 吴向午,32,233 页。

1993b 吴向午,505,518 页。

拟翅籽属 Genus *Samaropsis* Goeppert,1864

1864—1865 Goeppert,177 页。

1927b *Samaropsis* sp.,Halle,16 页。

1963 斯行健、李星学等,315 页。

1993a 吴向午,133 页。

模式种:*Samaropsis ulmiformis* Goeppert,1864

分类位置:裸子植物(Gymnospermae)

榆树形拟翅籽 *Samaropsis ulmiformis* Goeppert,1864

1864—1865 Goeppert,177 页,图版 10,图 11;翅籽;波希米亚;二叠纪。

1993a 吴向午,133 页。

△偏斜拟翅籽 *Samaropsis obliqua* Wu,1988

1988 吴向午,见李佩娟等,140 页,图版 99,图 1—4,11A;翅籽;采集号:$80DP_1F_{28}$;登记号:PB13744—PB13747,PB13784;正模:PB13745(图版 99,图 2);标本保存在中国科学院南京地质古生物研究所;青海大煤沟;早侏罗世甜水沟组 *Ephedrites* 层。

细小拟翅籽 *Samaropsis parvula* Heer,1876

1876 Heer,82 页,图版 14,图 21—23;翅籽;俄罗斯乌斯基巴列伊,伊尔库茨克盆地;侏罗纪。

1988 李佩娟等,140 页,图版 99,图 5;图 100,图 5A,22A;翅籽;青海大煤沟;早侏罗世甜水沟组 *Ephedrites* 层。

△青海拟翅籽 *Samaropsis qinghaiensis* Wu,1988

1988 吴向午,见李佩娟等,141 页,图版 1,图 5B;图版 98,图 2B;图版 99,图 15—17(?),18A;翅籽;采集号:$80DP_1F_{28}$;登记号:PB11374,PB13752—PB13756;正模:PB13756(图版 99,图 18A);标本保存在中国科学院南京地质古生物研究所;青海大煤沟;早侏罗世甜水沟组 *Ephedrites* 层。

△菱形拟翅籽 *Samaropsis rhombicus* Zhang et Zheng,1983

1983 张武等,85 页,图版 5,图 10,14,15;插图 12;翅籽;标本号:2097,20102,20103;标本保存在沈阳地质矿产研究所;辽宁本溪林家崴子;中三叠世林家组。(注:原文未注明模式标本)

圆形拟翅籽 *Samaropsis rotundata* Heer,1876

1876 Heer,80 页,图版 14,图 15—20,27b,28b,30b;图版 15,图 1c;图版 13,图 4b;翅籽;俄罗斯伊尔库茨克盆地;侏罗纪。

1988 李佩娟等,141 页,图版 99,图 6—10;翅籽;青海大煤沟;早侏罗世甜水沟组 *Ephedrites* 层。

拟翅籽(未多种) *Samaropsis* spp.

1927b *Samaropsis* sp.,Halle,16 页,图版 5,图 11;翅籽;四川会理柳树塘;中生代。

1963 *Samaropsis* sp.,斯行健、李星学等,315 页,图版 102,图 24;翅籽;四川会理柳树塘;中生代。

1978 *Samaropsis* sp.,王立新等,图版 1,图 13,14;翅籽;山西平遥上庄;早三叠世和尚沟组。

1979 *Samaropsis* sp.,叶美娜等,78 页,图版 2,图 2,2a,3,3a;翅籽;湖北利川瓦窑坡;中三叠世巴东组。

1983 *Samaropsis* sp.,张武等,85 页,图版 4,图 28;翅籽;辽宁本溪林家崴子;中三叠世林家组。

1984 *Samaropsis* sp. 1,周志炎,54 页,图版 34,图 4;种子;湖南零陵黄阳司王家亭子;早侏罗世观音滩组中下(?)部。

1984 *Samaropsis* sp. 2,周志炎,55 页,图版 32,图 3;种子;湖南零陵黄阳司王家亭子;早侏罗世观音滩组中下(?)部。

1986b *Samaropsis* sp.,李星学等,43 页,图版 42,图 6;图版 43,图 4;翅籽;吉林蛟河杉松;早白垩世磨石砬子组。

1986 *Samaropsis* sp.,叶美娜等,88 页,图版 53,图 6,6a;种子;四川宣汉大路沟煤矿;晚三叠世须家河组 7 段。

1988 *Samaropsis* sp.,李佩娟等,142 页,图版 63,图 6;翅籽;青海大煤沟;早侏罗世甜水沟组 *Ephedrites* 层。

1990a *Samaropsis* sp.,王自强、王立新,138 页,图版 18,图 16;翅籽;山西蒲县城关;早三叠世和尚沟组下段。

1993a *Samaropsis* sp.,吴向午,133 页。

1993c *Samaropsis* sp.,吴向午,87 页,图版 3,图 4B,4aB;翅籽;陕西商县凤家山至山倾村剖面;早白垩世凤家山组下段。

斯卡伯格穗属 Genus *Scarburgia* Harris,1979

1979 Harris,89 页。

1988 孟祥营,见陈芬等,85,162 页。

1993a 吴向午,133 页。

模式种:*Scarburgia hilli* Harris,1979

分类位置:松柏纲(Coniferopsida)

希尔斯卡伯格穗 *Scarburgia hilli* Harris,1979

1979 Harris,89 页,图版 5,图 10—17;图版 6;插图 41,42;繁殖器官;英国约克郡;中侏罗世。

1993a 吴向午,133 页。

1995 王鑫,图版 3,图 14;果穗;陕西铜川;中侏罗世延安组。

2001 孙革等,95,200 页,图版 19,图 5;图版 55,图 5;着生种子的球果;辽宁西部;晚侏罗世尖山沟组。

△圆形斯卡伯格穗 *Scarburgia circularis* Ren,1997(中文和英文发表)

1997 任守勤,见邓胜徽等,53,106 页,图版 26,图 9,10;图版 28,图 5,10—14;雌果穗和种

子;标本保存在石油勘探开发科学研究院;内蒙古海拉尔大雁盆地;早白垩世大磨拐河组和伊敏组。(注:原文未指定模式标本)

△三角斯卡伯格穗 *Scarburgia triangularis* Meng,1988

1988 孟祥营,见陈芬等,85,162页,图版58,图10,11;图版59,图1,1a,2;图版69,图6;雌果穗;标本号:Fx271—Fx274,Tf91;标本保存在武汉地质学院北京研究生部;辽宁阜新海州、新丘,铁法;早白垩世阜新组。(注:原文未指定模式标本)

1993a 吴向午,133页。

1995a 李星学(主编),图版101,图6;图版105,图8;雌果穗;黑龙江鹤岗;早白垩世石头河子组。(中文)

1995b 李星学(主编),图版101,图6;图版105,图8;雌果穗;黑龙江鹤岗;早白垩世石头河子组。(英文)

斯卡伯格穗(未定种) *Scarburgia* sp.

1997 *Scarburgia* sp.,邓胜徽等,53页,图版26,图7;雌果穗;内蒙古海拉尔大雁盆地;早白垩世大磨拐河组。

裂鳞果属 Genus *Schizolepis* Braum F,1847

1847 Braum F,86页。

1933c 斯行健,72页。

1963 斯行健、李星学等,286页。

1993a 吴向午,134页。

模式种:*Schizolepis liaso-keuperinus* Braum F,1847

分类位置:松柏纲(Coniferopsida)

侏罗—三叠裂鳞果 *Schizolepis liaso-keuperinus* Braum F,1847

1847 Braum F,86页;松柏类果鳞;德国;晚三叠世(Rhaetic)。[注:此种后被Schenk描述为*Schizolepis braunii* Schenk,1867(1865—1867),179页,图版44,图1—8]

1993a 吴向午,134页。

1996 米家榕等,139页,图版37,图3,29;果鳞;辽宁北票海房沟;中侏罗世海房沟组;河北抚宁石门寨;早侏罗世北票组。

2003 许坤等,图版6,图10;果鳞;辽宁北票海房沟;中侏罗世海房沟组。

渐尖裂鳞果 *Schizolepis acuminata* Turutanoba-Ketova,1950

1950 Turutanoba-Ketova,331页,图版5,图57,62,68;果鳞;中亚;早侏罗世。

1988 李佩娟等,135页,图版95,图6,6a;果鳞;青海大煤沟;中侏罗世饮马沟组*Eboracia*层。

狭足裂鳞果 *Schizolepis angustipeduncuraris* Vassilevskaja,1957

1957 Vassilevskaja,91页,图版1,图7,8;插图2B;苏联勒拿河流域;早白垩世。

1997 邓胜徽等,54页,图版32,图4;果鳞;内蒙古海拉尔大雁盆地;早白垩世伊敏组。

△北票裂鳞果 *Schizolepis beipiaoensis* Wu S Q,1999 (non Zheng,2001)(中文发表)

1999a 吴舜卿,20页,图版10,图1,5,9,10,12;图版11,图3,6,7;图版12,图1,2;图版13,图

1,3,3a,5,5a,6,6a,7,7a;果穗;采集号:AEO-13,AEO-82,AEO-83,AEO-83a,AEO-84,AEO-86,AEO-87,AEO-247—AEO-250,AEO-253;登记号:PB18275—PB18279,PB18292—PB18294,PB18302—PB18306;正模:PB18306(图版13,图7);标本保存在中国科学院南京地质古生物研究所;辽宁北票上园;晚侏罗世义县组下部尖山沟层。

2001 吴舜卿,122页,图160,161;果穗和种鳞;辽宁北票上园黄半吉沟;晚侏罗世义县组下部尖山沟层。

2003 吴舜卿,172页,图235,236;果穗和种鳞;辽宁北票上园黄半吉沟;晚侏罗世义县组下部尖山沟层。

△北票裂鳞果 *Schizolepis beipiaoensis* Zheng,2001 (non Wu S Q,1999)(中文和英文发表)
(注:此种名为 *Schizolepis beipiaoensis* Wu S Q,1999 的晚出同名)

2001 郑少林等,71,79页,图版1,图17—25;果鳞;标本号:BST002—BST007;正模:BST002(图版1,图17);副模:BST007(图版1,图25);标本保存在沈阳地质矿产研究所;辽宁北票三宝营乡刘家沟;中—晚侏罗世土城子组3段。

△龙骨状裂鳞果 *Schizolepis carinatus* Zheng,2001(中文和英文发表)

2001 郑少林等,72,80页,图版1,图26,27;果鳞;标本号:BST005B,BST006B;正模:BST006B(图版1,图27);副模:BST005B(图版1,图26);标本保存在沈阳地质矿产研究所;辽宁北票三宝营乡刘家沟;中—晚侏罗世土城子组3段。

△唇形裂鳞果 *Schizolepis chilitica* Sun et Zheng,2001(中文和英文发表)

2001 孙革、郑少林,见孙革等,96,199页,图版18,图6,7;图版24,图6;图版40,图11(?);图版63,图5,6,8,11;果穗和果鳞;登记号:PB19135,PB19137,PB19138,PB19170,PB19204;正模:PB19137(图版63,图8);标本保存在中国科学院南京地质古生物研究所;辽宁西部;晚侏罗世尖山沟组。

白垩裂鳞果 *Schizolepis cretaceus* Samylina,1967

1967 Samylina,155页,图版14,图7—9;果鳞;苏联科累马河盆地;早白垩世。

1995 邓胜徽,62页,图版28,图5,6;图版41,图9;果鳞;内蒙古霍林河盆地;早白垩世霍林河组下煤段。

白垩裂鳞果(比较种) *Schizolepis* cf. *cretaceus* Samylina

1982 郑少林、张武,327页,图版24,图19;果鳞;黑龙江虎林永红;晚侏罗世云山组。

△大板沟裂鳞果 *Schizolepis dabangouensis* Zhang et Zheng,1987

1987 张武、郑少林,313页,图版11,图7;图版23,图3,4;图版26,图1;图版29,图4;果穗和果鳞;采集号:41;登记号:SG110163—SG110167;标本保存在沈阳地质矿产研究所;辽宁北票常河营子大板沟;中侏罗世蓝旗组。(注:原文未指定模式标本)

△丰宁裂鳞果 *Schizolepis fengningensis* Wang,1984

1984 *Schizolepis fenglingensis* Wang,王自强,284页,图版157,图17;裂果;登记号:P0368;正模:P0368(图版157,图17);标本保存在中国科学院南京地质古生物研究所;河北丰宁;晚侏罗世张家口组。(注:按"丰宁"拼音,种名似为 *fengningensis*)

△巨大裂鳞果 *Schizolepis gigantea* Yang et Sun,1982

1982b 杨学林、孙礼文,55页,图版24,图6,7;插图20;果鳞;标本号:L004,L005;标本保存在

吉林省煤田地质研究所;大兴安岭巴林左旗双窝堡;中侏罗世万宝组。(注:原文未指定模式标本)

1985 杨学林、孙礼文,107 页,图版 1,图 11,12;果鳞;标本号:L004,L005;标本保存在吉林省煤田地质研究所;大兴安岭巴林左旗双窝堡;中侏罗世万宝组。

△纤细裂鳞果 *Schizolepis gracilis* Sze,1949

1949 斯行健,36 页,图版 15,图 17—19;果鳞;湖北秭归香溪,当阳白石岗、崔家沟;早侏罗世香溪煤系。

1963 斯行健、李星学等,287 页,图版 91,图 3—4a;果鳞;湖北秭归香溪,当阳观音寺、崔家沟;早侏罗世香溪群。

1977 冯少南等,243 页,图版 98,图 9,10;果鳞;湖北当阳、秭归;早—中侏罗世香溪群上煤组。

1984 陈公信,613 页,图版 262,图 4,5;果鳞;湖北当阳三里岗、秭归香溪;早侏罗世桐竹园组、香溪组。

1986 叶美娜等,84 页,图版 48,图 9B,9b;图版 52,图 16,16a;果鳞;四川开江七里峡(西段);晚三叠世须家河组 7 段;四川开县温泉;早侏罗世珍珠冲组。

△黑龙江裂鳞果 *Schizolepis heilongjiangensis* Zheng et Zhang,1982

1982 郑少林、张武,326 页,图版 24,图 18;果鳞;登记号:HCC005;标本保存在沈阳地质矿产研究所;黑龙江鸡西城子河;早白垩世城子河组。

1988 陈芬等,85 页,图版 59,图 3;图版 69,图 5a;球果和叶;辽宁阜新、铁法;早白垩世阜新组、小明安碑组。

1992 曹正尧,222 页,图版 6,图 10;果鳞;黑龙江东部绥滨-双鸭山地区;早白垩世城子河组。

1995 邓胜徽,63 页,图版 28,图 2—4,8A;果鳞;内蒙古霍林河盆地;早白垩世霍林河组下煤段。

1995a 李星学(主编),图版 105,图 2—4;果鳞;黑龙江鹤岗;早白垩世石头河子组。(中文)

1995b 李星学(主编),图版 105,图 2—4;果鳞;黑龙江鹤岗;早白垩世石头河子组。(英文)

△热河裂鳞果 *Schizolepis jeholensis* Yabe et Endo,1934

1934 Yabe,Endo,658 页,图 1,3;果穗和果鳞;辽宁凌源大新房子;早白垩世狼鳍鱼层。

1950 Ôishi,180 页,图版 53,图 5;果穗和果鳞;辽宁凌源;晚侏罗世阜新统。

1963 斯行健、李星学等,287 页,图版 93,图 4;图版 94,图 12;果穗和果鳞;辽宁凌源大新房子;中—晚侏罗世九佛堂群。

1964 Miki,14 页,图版 1,图 G;果穗;辽宁凌源;晚侏罗世狼鳍鱼层。

1980 张武等,306 页,图版 185,图 9;图版 191,图 1,4,5;果穗和果鳞;辽宁凌源,内蒙古昭乌达盟包尔呼顺;早白垩世九佛堂组。

1984 王自强,284 页,图版 154,图 11;图版 156,图 6;果穗和果鳞;河北宣化、围场;早白垩世青石砬组、九佛堂组。

1999a 吴舜卿,20 页,图版 12,图 4;果穗;辽宁北票上园;晚侏罗世义县组下部尖山沟层。

2001 孙革等,95,198 页,图版 18,图 1—3;图版 52,图 1—9,11,12;图版 56,图 6;果穗和种鳞;辽宁西部;晚侏罗世尖山沟组。

△辽西裂鳞果 *Schizolepis liaoxiensis* (Chang) Wang,1984

1980 *Pityolepis liaoxiensis* Chang,张志诚,见张武等,293 页,图版 174,图 5;果鳞;辽宁凌

源;早白垩世九佛堂组。

1984　王自强,284 页,图版 156,图 7;裂果鳞;河北平泉;晚侏罗世张家口组。

△小翅裂鳞果 *Schizolepis micropetra* Wang,1997(英文发表)

1997　王鑫等,75 页,图版 1,图 1—7;图版 2,图 g;球果和果鳞;登记号:8877b;模式标本:8877b(图版 1,图 1—7);标本保存在中国科学院植物研究所古植物研究室;辽宁鸡西白马寺沙家村;中侏罗世海房沟组。

缪勒裂鳞果 *Schizolepis moelleri* Seward,1907

1907　Seward,39 页,图版 7,图 64—66;种鳞;中亚费尔干;侏罗纪。

1933c 斯行健,72 页,图版 10,图 9,10;果鳞;甘肃武威北达板;早—中侏罗世。

1963　斯行健、李星学等,287 页,图版 94,图 8,9;果鳞;甘肃武威北达板;早—中侏罗世。

1976　张志诚,198 页,图版 102,图 10,11;果鳞;内蒙古四子王旗曹公文都格少北;晚侏罗世大青山组。

1982b 杨学林、孙礼文,54 页,图版 24,图 3,4;果鳞;大兴安岭裕民一井;中侏罗世万宝组。

1985　杨学林、孙礼文,107 页,图版 1,图 13,13a;果鳞;大兴安岭杜胜(裕民);中侏罗世万宝组。

1992　孙革、赵衍华,558 页,图版 256,图 1;果鳞;吉林辽源煤矿;晚侏罗世长安组。

1993a 吴向午,134 页。

1996　米家榕等,140 页,图版 37,图 4,10;果鳞;辽宁北票海房沟;中侏罗世海房沟组;河北抚宁石门寨;早侏罗世北票组。

1997　王鑫等,75 页,图版 2,图 1,2,a,b;果鳞;内蒙古霍林河煤田;早白垩世霍林河组。

2001　孙革等,95,198 页,图版 18,图 4,5;图版 33,图 23;图版 52,图 10;图版 53,图 1—5;果穗和种鳞;辽宁西部;晚侏罗世尖山沟组。

缪勒裂鳞果(比较种) *Schizolepis* cf. *moelleri* Seward

1988　李佩娟等,135 页,图版 37,图 3,4;果鳞;青海大煤沟;中侏罗世饮马沟组 *Eboracia* 层。

缪勒裂鳞果(类群种) *Schizolepis* exgr. *moelleri* Seward

1980　张武等,306 页,图版 140,图 11,12;图版 190,图 3—5;果鳞;辽宁凌源,内蒙古昭乌达盟包尔呼顺;早白垩世九佛堂组;吉林洮安红旗煤矿;早侏罗世红旗组。

△内蒙裂鳞果 *Schizolepis neimengensis* Deng,1995

1995　邓胜徽,64,114 页,图版 28,图 7;果鳞;标本号:H17-418;标本保存在石油勘探开发科学研究院;内蒙古霍林河盆地;早白垩世霍林河组下煤段。

1997 邓胜徽等,54 页,图版 30,图 17;果鳞;内蒙古扎赉诺尔;早白垩世伊敏组;内蒙古大雁盆地;早白垩世大磨拐河组。

△平列裂鳞果 *Schizolepis planidigesita* Wang,1997(英文发表)

1997　王鑫等,77 页,图版 2,图 5—7,c—e;球果、果鳞和种子;登记号:8822b;模式标本:8822b(图版 2,图 5—7);标本保存在中国科学院植物研究所古植物研究室;辽宁鸡西白马寺沙家村;中侏罗世海房沟组。

普里纳达裂鳞果 *Schizolepis prynadae* Samylina,1967

1967　Samylina,110 页,图版 37,图 6,7;果鳞;阿尔旦河盆地;早白垩世。

1982 郑少林、张武,327 页,图版 24,图 20;果鳞;黑龙江密山;中侏罗世裴德组。

△翅形裂鳞果 *Schizolepis pterygoideus* Ren,1989

1989 任守勤、陈芬,637,640 页,图版 2,图 5—8;球果;登记号:HW014,HW016,HW018,HW019;正模:HW019(图版 2,图 8);标本保存在中国地质大学;内蒙古海拉尔五九盆地;早白垩世大磨拐河组。

△三瓣裂鳞果 *Schizolepis trilobata* Wang,1997(英文发表)

1997 王鑫等,77 页,图版 2,图 3,4,f;果鳞;登记号:8774a,8774b;模式标本:8774a,8774b(图版 2,图 3,4);标本保存在中国科学院植物研究所古植物研究室;辽宁鸡西白马寺沙家村;中侏罗世海房沟组。

裂鳞果(未定多种) *Schizolepis* spp.

1951a *Schizolepis* sp. (sp. nov.),斯行健,图版 1,图 3,4;果穗;辽宁本溪工源;早白垩世。

1963 *Schizolepis* sp. (sp. nov.),斯行健、李星学等,288 页,图版 94,图 1,1a;果穗;辽宁本溪太子河南岸小东沟;早白垩世大明山群。

1979 *Schizolepis* sp.,何元良等,155 页,图版 77,图 11;果鳞;青海天峻木里;早一中侏罗世木里群江仓组。

1982b *Schizolepis* sp.,杨学林、孙礼文,55 页,图版 24,图 5;果鳞;大兴安岭巴林左旗双窝堡;中侏罗世万宝组。

1985 *Schizolepis* sp.,商平,图版 6,图 2;种鳞;辽宁阜新;早白垩世海州组孙家湾段。

1987 *Schizolepis* sp.,张武、郑少林,图版 19,图 8;果鳞;辽宁建昌喀喇沁左翼杨树沟;早侏罗世北票组。

1992 *Schizolepis* sp.,王士俊,57 页,图版 23,图 17;果鳞;广东曲江红卫坑;晚三叠世。

1995 *Schizolepis* sp.,曾勇等,69 页,图版 21,图 1;果穗;河南义马;中侏罗世义马组。

1998 *Schizolepis* sp.,张泓等,图版 47,图 8;果鳞;甘肃山丹新河王家湾;中侏罗世龙凤山组。

2001 *Schizolepis* sp.,郑少林等,图版 1,图 28,28a;果穗;辽宁北票三宝营乡刘家沟;中一晚侏罗世土城子组 3 段。

金松型木属 Genus *Sciadopityoxylon* Schmalhausen,1879

1879 Schmalhausen,40 页。

2000b 张武等,93,96 页。

模式种:*Sciadopityoxylon vestuta* Schmalhausen,1879(注:最早附图发表的种 *Sciadopityoxylon wettsteini* Jurasky,1828)

分类位置:松柏纲杉科(Taxodiaceae,Coniferopsida)

具罩金松型木 *Sciadopityoxylon vestuta* Schmalhausen,1879

1879 Schmalhausen,40 页;木化石;认为与 *Sciadopiyes* (Taxodiaceae)类同;俄罗斯 Halbinsel;侏罗纪。

魏氏金松型木 *Sciadopityoxylon wettsteini* Jurasky,1828

1828 Jurasky,258 页,图 1—5;木化石;德国莱茵兰;新近纪。

△平壤金松型木 *Sciadopityoxylon heizyoense* (Shimahura) Zhang et Zheng,2000(中文和英文发表)

1935—1936 *Phyllocladoxylon heizyoense* Shimahura,281(15)页,图版 16(5),图 4—6;图版 17(6),图 1—5;插图 5(?);木化石;朝鲜平安南道;早一中侏罗世 Daido 组。

2000b 张武等,93,96 页,图版 3,图 5—7;木化石;辽宁凌源南营子龙凤沟煤矿;早侏罗世北票组;朝鲜半岛黑州;侏罗纪。

△辽宁金松型木 *Sciadopityoxylon liaoningensis* Ding,2000(中文和英文发表)

2000a 丁秋红等,284,287 页,图版 1,图 1—5;图版 2,图 1—4;木化石;模式标本:阜 1(Fu-1)(图版 1,图 1—5;图版 2,图 1—4);标本保存在沈阳地质矿产研究所;辽宁阜新煤矿;早白垩世阜新组。

苏格兰木属 Genus *Scotoxylon* Vogellehner,1968

1968 Vogellehner,150 页。

2000a 张武、郑少林,见张武等,202,203 页。

模式种:*Scotoxylon horneri* (Seward et Bancroft) Vogellehner,1968

分类位置:松柏纲原始松科(Protopinaceae,Coniferopsida)

霍氏苏格兰木 *Scotoxylon horneri* (Seward et Bancroft) Vogellehner,1968

1913 *Cedroxylon horneri* Seward et Bancroft,883 页,图版 2,图 22—25;木化石;苏格兰 Cromarty 和 Sutherland;侏罗纪。

1968 Vogellehner,150 页;木化石;苏格兰 Cromarty 和 Sutherland;侏罗纪。

△延庆苏格兰木 *Scotoxylon yanqingense* Zhang et Zheng,2000(中文和英文发表)

2000a 张武、郑少林,见张武等,202,203 页,图版 1,2;木化石;标本和薄片保存在沈阳地质矿产研究所;北京延庆;晚侏罗世后城组。

红杉属 Genus *Sequoia* Endliccher,1847

1951 Endo,27 页。

1963 斯行健、李星学等,280 页。

1993a 吴向午,126 页。

模式种:(现生属)

分类位置:松柏纲杉科(Taxodiaceae,Coniferopsida)

相关红杉 *Sequoia affinis* Lesquereus,1874

1874 Lesquereus,310 页。

1878　Lesquereus,75 页,图版 7,图 3—5;图版 65,图 1—4;加拿大;古新世。

1986　陶君容、熊宪政,图版 4,图 3,4,6;枝叶;黑龙江嘉荫;晚白垩世乌云组。

中华红杉 *Sequoia chinensis* Endo,1928

1951a　Endo,27 页,图版 7,图 1—5;枝叶和球果;辽宁抚顺;古新世。[注:图版 7,图 1,2,4 标本后被改归于 *Metasequuoia disticha* (Heer) Miki(《中国新生代植物》,1978)]

1978　《中国新生代植物》,13 页,图版 4,图 10,11;图版 5,图 1,3;图版 6,图 1,3,7;图版 7,图 5,7;叶枝和球果;辽宁抚顺;始新世。

△纤细红杉 *Sequoia gracilia* Tan et Shu,1982

1982　谭琳、朱家楠,151 页,图版 37,图 4,4a;图版 38,图 11;小枝;登记号:GR13,GR129;正模:GR129(图版 38,图 11);副模:GR13(图版 37,图 4);内蒙古固阳小三分子村东;早白垩世固阳组。

△热河红杉 *Sequoia jeholensis* Endo,1951

1951a　Endo,17 页,图版 2,图 1,2;具一幼枝的小枝;辽宁凌源大申房子;中—晚侏罗世狼鳍鱼层。[注:此种后被改定为 *Sequoia*? *Jeholensis* Endo(斯行健、李星学等,1963)]

1951b　Endo,228 页;插图 1,2;具一幼枝的小枝;辽宁凌源大申房子;中—晚侏罗世狼鳍鱼层。[注:此种后被改定为 *Sequoia*? *Jeholensis* Endo(斯行健、李星学等,1963)]

1964　Miki,15 页;枝叶;辽宁凌源;晚侏罗世狼鳍鱼层。

1993a　吴向午,136 页。

△热河?红杉 *Sequoia*? *jeholensis* Endo

1951a　*Sequoia jeholensis* Endo,17 页,图版 2,图 1,2;具一幼枝的小枝;辽宁凌源大申房子;中—晚侏罗世狼鳍鱼层。

1963　斯行健、李星学等,281 页,图版 93,图 5,5a;小枝;辽宁凌源;中—晚侏罗世九佛堂群狼鳍鱼层。

1980　张武,298 页,图版 188,图 3;小枝;辽宁凌源;早白垩世九佛堂组。

小红杉 *Sequoia minuta* Sveshniova,1967

1967　Sveshniova,189 页,图版 2,图 11,12;图版 3,图 6—10;图版 4,图 1—4;图版 5,图 1—5;枝叶和角质层;科累马河;晚白垩世。

1988　陈芬等,77 页,图版 49,图 1,1a,2;带叶小枝;辽宁阜新海州矿和新丘矿;早白垩世阜新组。

1997　邓胜徽等,50 页,图版 16,图 3B;图版 30,图 1—6;枝叶;内蒙古扎赉诺尔、大雁盆地;早白垩世伊敏组。

1998　邓胜徽,图版 2,图 5;枝叶;内蒙古平庄-元宝山盆地;早白垩世元宝山组。

△宽叶红杉 *Sequoia obesa* Tan et Shu,1982

1982　谭琳、朱家楠,151 页,图版 37,图 5,6;小枝;登记号:GR11,GR12;内蒙古固阳小三分子村东;早白垩世固阳组。(注:原文未指定模式标本)

雷氏红杉 *Sequoia reichenbachii* (Geinitz) Heer,1886

1842　*Araucarites reichenbachii* Geinitz,98 页,图版 24,图 4;枝叶;德国萨克森;早白垩世。

1886　Heer,83 页,图版 43,图 1d,2b,5a;枝;Polarlandder。

2000 郭双兴,231 页,图版 1,图 10,14b;枝;吉林珲春;晚白垩世珲春组下部。

红杉(未定种) *Sequoia* sp.

1990 *Sequoia* sp.,陶君容、张川波,图版 1,图 1;球果;吉林延吉盆地;早白垩世大拉子组。

红杉?(未定多种) *Sequoia*? spp.

1988 *Sequoia*? sp.,陈芬等,77 页,图版 48,图 15,16;枝叶;辽宁阜新海州矿;早白垩世阜新组。

1993c *Sequoia*? sp.,吴向午,84 页,图版 2,图 6,6a;图版 3,图 7;枝叶;陕西商县凤家山至山倾村剖面;早白垩世凤家山组下段。

西沃德杉属 Genus *Sewardiodendron* Florin,1958

1958 Florin,304 页。

1989 姚宣丽等,603 页(中文),1980 页(英文)。

1993a 吴向午,136 页。

模式种:*Sewardiodendron laxum* (Phillips) Florin,1958

分类位置:松柏纲杉科(Taxodiaceae,Coniferopsida)

疏松西沃德杉 *Sewardiodendron laxum* (Phillips) Florin,1958

1875 *Taxites laxus* Phillips,231 页,图版 7,图 24;枝叶;英国约克郡;中侏罗世三角洲系。

1958 Florin,304 页,图版 25,图 1—8;图版 26,图 1—15;图版 27,图 1—8;枝叶;英国约克郡;中侏罗世三角洲系。

1989 姚宣丽等,603 页(中文),1980 页(英文),图 1;枝叶;河南义马;中侏罗世义马组。

1993a 吴向午,136 页。

1995 曾勇等,67 页,图版 20,图 2;图版 22,图 1;枝叶;河南义马;中侏罗世义马组。

准楔鳞杉属 Genus *Sphenolepidium* Heer,1881

1881 Heer,19 页。

1911 Seward,28,56 页。

1993a 吴向午,139 页。

模式种:*Sphenolepidium sternbergianum* Heer,1881

分类位置:松柏纲(Coniferopsida)

司腾伯准楔鳞杉 *Sphenolepidium sternbergianum* Heer,1881

1881 Heer,19 页,图版 13,图 1a,2—8;图版 14;枝叶;葡萄牙;白垩纪。

1941 Ôishi,174 页,图版 37(2),图 3;图版 38(3),图 4;枝;吉林汪清罗子沟;早白垩世罗子沟系下部。[注:此标本后被改定为 *Sphenoleps*? (*Pagiophyllum*) sp.(斯行健、李星学等,1963)]

1993a 吴向午,139 页。

△雅致准楔鳞杉 *Sphenolepidium elegans* (Chow) Sze,1945

[注:此种后被归于 *Cupressinocladus elegans* (Chow) Chow(斯行健、李星学等,1963)]

1923 *Sphenolepis elegans* Chow,周赞衡,81,139 页,图版 1,图 8;枝叶;山东莱阳南务村;早白垩世莱阳系。

1945 斯行健,51 页。

1954 徐仁,65 页,图版 55,图 8;枝叶;山东莱阳;早白垩世莱阳组。

雅致准楔鳞杉(比较属种) Cf. *Sphenolepidium elegans* (Chow) Sze

1945 斯行健,51 页,图 8—10;枝叶;福建永安;白垩纪坂头系。[注:此标本后被改定为?*Cupressinocladus elegans* (Chow) Chow(斯行健、李星学等,1963)]

准楔鳞杉(未定种) *Sphenolepidium* sp.

1911 *Sphenolepidium* sp.,Seward,28,56 页,图版 4,图 53;枝叶;新疆准噶尔盆地 Diam 河;早—中侏罗世。[注:此标本后被改定为 *Sphenolepis*?(*Pagiophyllum*?) sp.(斯行健、李星学等,1963)]

1993a *Sphenolepidium* sp.,吴向午,139 页。

楔鳞杉属 Genus *Sphenolepis* Schenk,1871

1871 Schenk,243 页。

1923 周赞衡,82,139 页。

1963 斯行健、李星学等,281 页。

1993a 吴向午,139 页。

模式种:*Sphenolepis sternbergiana* (Dunker) Schenk,1871

分类位置:松柏纲松杉目(Coniferales,Coniferopsida)

司腾伯楔鳞杉 *Sphenolepis sternbergiana* (Dunker) Schenk,1871

1846 *Muscites kurrianus* Dunker,20 页,图版 7,图 10;德国北部;早白垩世(Wealden)。

1993a 吴向午,139 页。

1871 Schenk,243 页,图版 37,图 3,4;图版 38,图 3—13;枝和球果;普鲁士(Minden);早白垩世(Wealden)。

1986b 李星学等,32 页,图版 36;图版 37,图 5,6;插图 7;枝叶和球果;吉林蛟河杉松;早白垩世晚期磨石砬子组。

司腾伯楔鳞杉(比较属种) Cf. *Sphenolepis sternbergiana* (Dunker) Schenk

1982a 刘子进,135 页,图版 74,图 6;枝叶;甘肃玉门昌马北;早白垩世新民堡群。

1994 曹正尧,图 3j;枝叶;浙江仙居;早白垩世馆头组。

1995a 李星学(主编),图版 88,图 11;图版 112,图 13;枝;安徽含山;晚侏罗世含山组;图版 112,图 1;营养枝;浙江仙居;早白垩世馆头组。(中文)

1995b 李星学(主编),图版 88,图 11;图版 112,图 13;枝;安徽含山;晚侏罗世含山组;图版 112,图 1;营养枝;浙江仙居;早白垩世馆头组。(英文)

△树形楔鳞杉 *Sphenolepis arborscens* Chow,1923

1923 周赞衡,82,139 页,图版 2,图 3;枝叶;山东莱阳南务村;早白垩世莱阳系。[注:此标本后被归于 *Cupressinocladus elegans* (Chow) Chow(斯行健、李星学等,1963)]

1993a 吴向午,139 页。

△优雅?楔鳞杉 *Sphenolepis*? *concinna* Cao,1984

1984b 曹正尧,40,46 页,图版 3,图 5;图版 6,图 3—4a;枝叶;采集号:HM205;登记号:PB10959—PB10961;正模:PB10960(图版 6,图 3);标本保存在中国科学院南京地质古生物研究所;黑龙江密山大巴山;早白垩世东山组。

△密叶?楔鳞杉 *Sphenolepis*? *densifolia* Cao,1984

1984b 曹正尧,41,46 页,图版 4,图 13;图版 6,图 1—2a;枝叶;采集号:HM205;登记号:PB10962—PB10964;正模:PB10963(图版 6,图 1);标本保存在中国科学院南京地质古生物研究所;黑龙江密山大巴山;早白垩世东山组。

△雅致楔鳞杉 *Sphenolepis elegans* Chow,1923

[注:此种后被归于 *Cupressinocladus elegans* (Chow) Chow(斯行健、李星学等,1963)]

1923 周赞衡,81,139 页,图版 1,图 8;枝叶;山东莱阳南务村;早白垩世莱阳系。

1993a 吴向午,139 页。

△纤细楔鳞杉 *Sphenolepis gracilis* Cao,1999(中文和英文发表)

1999 曹正尧,86,154 页,图版 28,图 14,15;枝叶;采集号:62MCF57;登记号:PB14512,PB14513;模式标本:PB14513(图版 28,图 15);标本保存在中国科学院南京地质古生物研究所;浙江临海山头许;早白垩世馆头组。

库尔楔鳞杉 *Sphenolepis kurriana* (Dunker) Schenk,1871

1846 *Thuites* (Cupressites?) *kurrianus* Dunker,20 页,图版 7,图 8;枝和球果;德国北部;早白垩世(Wealden)。

1871 Schenk,243 页;枝和球果;德国北部;早白垩世(Wealden)。

1982a 杨学林、孙礼文,594 页,图版 3,图 6,10;枝和球果;松辽盆地东南部营城;晚侏罗世沙河子组。

1982 郑少林、张武,322 页,图版 22,图 2—5;图版 24,图 16;枝叶;黑龙江密山青年水库,虎林永红,鸡西梨树;晚侏罗世云山组,早白垩世城子河组、穆棱组。

1983a 郑少林、张武,89 页,图版 7,图 5—8;插图 16;枝;黑龙江密山大巴山;早白垩世中—晚期东山组。

1995a 李星学(主编),图版 106,图 2,3;枝叶和球果;黑龙江东宁、鹤岗;早白垩世石头河子组。(中文)

1995b 李星学(主编),图版 106,图 2,3;枝叶和球果;黑龙江东宁、鹤岗;早白垩世石头河子组。(英文)

1996 郑少林、张武,图版 4,图 11—13;枝叶和球果;枝叶和角质层;吉林九台营城煤田;早白垩世沙河子组。

库尔楔鳞杉(比较属种) Cf. *Sphenolepis kurriana* (Dunker) Schenk

1983a 曹正尧,17 页,图版 1,图 6B;枝叶;黑龙江虎林云山;中侏罗世龙爪沟群。

1983b 曹正尧,39 页,图版 2,图 5;图版 8,图 11—14;枝叶;黑龙江虎林;晚侏罗世云山组上部。

1984a 曹正尧,14 页,图版 4,图 4;枝叶;黑龙江密山;中侏罗世裴德组。

1985 曹正尧,281 页,图版 4,图 3—6;枝;安徽含山;晚侏罗世含山组。

1988 刘子进,96 页,图版 1,图 21;枝叶;甘肃华亭神峪;早白垩世志丹群泾川组。

1999 曹正尧,86 页,图版 26,图 15,16;枝叶;浙江寿昌田畈;早白垩世劳村组;浙江寿昌东村;早白垩世寿昌组。

库尔楔鳞杉(比较种) *Sphenolepis* cf. *kurriana* (Dunker) Schenk

1991 张川波等,图版 1,图 7;枝叶;吉林九台羊草沟;早白垩世大羊草沟组。

楔鳞杉(未定多种) *Sphenolepis* spp.

1982 *Sphenolepis* sp.,王国平等,284 页,图版 132,图 4;枝叶;浙江嵊县苏秦;早白垩世馆头组。

1994 *Sphenolepis* sp.,萧宗正等,图版 15,图 9;枝叶;北京房山崇青水库;早白垩世芦尚坟组。

楔鳞杉?(未定多种) *Sphenolepis*? spp.

1987 *Sphenolepis*? sp.,张志诚,380 页,图版 6,图 4;枝叶;辽宁阜新;早白垩世阜新组。

1994 *Sphenolepis*? sp.,曹正尧,图 3h;枝叶;浙江临海;早白垩世馆头组。

楔鳞杉?(坚叶杉?)(未定多种) *Sphenolepis*? (*Pagiophyllum*?) spp.

1963 *Sphenolepis*?(*Pagiophyllum*?) sp. 1,斯行健、李星学等,282 页,图版 92,图 5,6;松柏类营养枝;吉林汪清罗子沟;早白垩世大拉子组上部。

1963 *Sphenolepis*?(*Pagiophyllum*?) sp. 2,斯行健、李星学等,282 页,图版 92,图 7(=*Sphenolepidium* sp.,Seward,1911,28,56 页,图版 4,图 53);叶;新疆准噶尔盆地 Diam 河;早—中侏罗世。

△鳞籽属 Genus *Squamocarpus* Mo,1980

1980 莫壮观,见赵修祜等,87 页。

1993a 吴向午,37,236 页。

1993b 吴向午,504,519 页。

模式种:*Squamocarpus papilioformis* Mo,1980

分类位置:裸子植物门?(Gymnospermae?)

△蝶形鳞籽 *Squamocarpus papilioformis* Mo,1980

1980 莫壮观,见赵修祜等,87 页,图版 19,图 13,14(正、反模);种鳞;采集号:FQ-36;登记号:PB7085,PB7086;标本保存在中国科学院南京地质古生物研究所;云南富源庆云;早三叠世"卡以头层"。

1993a 吴向午,37,236 页。

1993b 吴向午,504,519 页。

穗杉属 Genus *Stachyotaxus* Nathorst, 1886

1886 Nathorst,98 页。

1968 《湘赣地区中生代含煤地层化石手册》,77 页。

1993a 吴向午,141 页。

模式种:*Stachyotaxus septentrionalis* (Agardh) Nathorst,1886

分类位置:松柏纲(Coniferopsida)

北方穗杉 *Stachyotaxus septentrionalis* (Agardh) Nathorst, 1886

1823 *Caulerpa septentionalis* Agardh,110 页,图版 11,图 7;瑞典;晚三叠世(Rhaetic)。

1823 *Sargassum septentionale* Agardh,108 页,图版 2,图 5;瑞典;晚三叠世(Rhaetic)。

1886 Nathorst,98 页,图版 22,图 20—23,33,34;图版 23,图 6;图版 25,图 9;枝;瑞典;晚三叠世(Rhaetic)。

1993a 吴向午,141 页。

△沙氏穗杉 *Stachyotaxus saladinii* (Zeiller) Hsu et Hu, 1979

1902—1903 *Cycadites saladinii* Zeiller,154 页,图版 41,图 1—4;越南鸿基;晚三叠世。

1979 徐仁、胡雨帆,见徐仁等,68 页,图版 43,图 2A;图版 68,图 5;图版 72,图 1—6;枝叶;四川永仁花山、龙树湾;晚三叠世大乔地组中上部。

雅致穗杉 *Stachyotaxus elegana* Nathorst, 1886

1908 Nathorst,11 页,图版 2,3;枝;瑞典;晚三叠世(Rhaetic)。

1968 《湘赣地区中生代含煤地层化石手册》,77 页,图版 32,图 3,4,4a;枝;湘赣地区;晚三叠世。

1978 周统顺,119 页,图版 28,图 12;枝;福建漳平大坑;晚三叠世大坑组上段。

1980 何德长、沈襄鹏,27 页,图版 11,图 3;图版 14,图 5;枝;湖南浏阳澄潭江;晚三叠世安源组;广东乐昌狗牙洞;晚三叠世。

1982 王国平等,292 页,图版 126,图 2;枝;福建漳平大坑;晚三叠世大坑组上段。

1992 王士俊,56 页,图版 23,图 10,11;枝;广东乐昌关春、安口;晚三叠世。

1993 孙革,105 页,图版 55,图 8;吉林汪清天桥岭;晚三叠世马鹿沟组。

1993a 吴向午,141 页。

雅致穗杉? *Stachyotaxus elegana*? Nathorst

1986 徐福祥,422 页,图版 1,图 5;图版 2,图 5;枝叶;甘肃靖远刀楞山;早侏罗世。

△垂饰杉属 Genus *Stalagma* Zhou, 1983

1983b 周志炎,63 页。

1993a 吴向午,37,237 页。

1993b 吴向午,504,519 页。

模式种:*Stalagma samara* Zhou,1983

分类位置:松柏纲罗汉松科(Podocarpaceae,Coniferopsida)

△翅籽垂饰杉 *Stalagma samara* Zhou,1983

1983b 周志炎,63 页,图版 3,图 7;图版 4—11;插图 3—6,7C,7I,7J;枝叶、生殖枝、雌球果、果鳞、种子、花粉和角质层;登记号:PB9586,PB9588,PB9592—PB9605;模式标本:PB9605(图版 4,图 4;插图 3B);标本保存在中国科学院南京地质古生物研究所;湖南衡阳杉桥;晚三叠世杨柏冲组。

1989 周志炎,155 页,图版 15,图 6,7;图版 19,图 8;插图 47;雌球果;湖南衡阳杉桥;晚三叠世杨柏冲组。

1993a 吴向午,37,237 页。

1993b 吴向午,504,519 页。

斯托加叶属 Genus *Storgaardia* Harris,1935

1935 Harris,58 页。

1980 何德长、沈襄鹏,28 页。

1993a 吴向午,143 页。

模式种:*Storgaardia spectablis* Harris,1935

分类位置:松柏纲(Coniferopsida)

奇观斯托加叶 *Storgaardia spectablis* Harris,1935

1935 Harris,58 页,图版 11,12,16;枝叶和角质层;丹麦东格陵兰;晚三叠世(Rhaetic)。

1993a 吴向午,143 页。

奇观斯托加叶(比较属种) Cf. *Storgaardia spectablis* Harris

1980 何德长、沈襄鹏,28 页,图版 19,图 1;枝叶;湖南怀化花桥;早侏罗世造上组。

1986 叶美娜等,77 页,图版 49,图 4,8B(?);枝叶;四川达县雷音铺、开县水田;早侏罗世珍珠冲组。

1988 李佩娟等,123 页,图版 85,图 3,3a;图版 87,图 3;枝;青海大煤沟;早侏罗世小煤沟组 *Zamites* 层。

1992 孙革、赵衍华,552 页,图版 250,图 18;叶;吉林汪清鹿圈子北山;晚三叠世马鹿沟组。

1993 孙革,106 页,图版 52,图 3—6,8;叶;吉林汪清鹿圈子村北山;晚三叠世马鹿沟组。

1993a 吴向午,143 页。

奇观斯托加叶(比较种) *Storgaardia* cf. *spectablis* Harris

1986 徐福祥,422 页,图版 2,图 4;枝;甘肃靖远刀楞山;早侏罗世。

△白音花?斯托加叶 *Storgaardia*? *baijenhuaense* Zhang,1980

1980 张武等,302 页,图版 150,图 3—7;枝;登记号:D551—D555;标本保存在沈阳地质矿产研究所;内蒙古昭乌达盟阿鲁克尔沁旗白音花;中侏罗世新民组。(注:原文未指定模式标本)

1993a 吴向午,143 页。

△巨大？斯托加叶 ***Storgaardia*? *gigantes* Chen et Dou,1984**

1984 陈芬、窦亚伟，见陈芬等，66，122 页，图版 36，图 2—4；枝叶；采集号：ZCY(L)；登记号：BM205—BM207；合模：BM205—BM207；标本保存在武汉地质学院北京研究生部；北京西山斋堂；早侏罗世下窑坡组。［注：依据《国际植物命名法规》(《维也纳法规》)第 37.2 条，1958 年起，模式标本只能是 1 块标本］

△纤细斯托加叶 ***Storgaardia gracilis* Duan,1987**

1987 段淑英，58 页，图版 21，图 4；叶；标本号：S-PA-86-733；模式标本：S-PA-86-733(图版 21，图 4)；标本保存在瑞典自然历史博物馆；北京西山斋堂；中侏罗世窑坡组。

△门头沟斯托加叶 ***Storgaardia mentoukiouensis* (Stockmans et Mathieu) Duan,1987 (non Chen,Duan et Huang,1984)**

［注：此种名是 *Storgaardia*? *mentoukiouensis* (Stockmans et Mathieu) Chen,Duan et Huang,1984(陈芬等，1984)的晚出等同名］

1941 *Podocarpites mentoukouensis* Stockmans et Mathieu，53 页，图版 7，图 5，6；枝叶；北京门头沟；侏罗纪。

1987 *Storgaardia mentoukiouensis* (Stockmans et Mathieu) Duan，段淑英，57 页，图版 21，图 2，3；图版 22，图 3；插图 16，17；枝叶；北京西山斋堂；中侏罗世窑坡组。

1995a *Storgaardia mentoukiouensis* (Stockmans et Mathieu) Duan，李星学(主编)，图版 94，图 2；营养枝；北京西山斋堂；中侏罗世窑坡组。(中文)

1995b *Storgaardia mentoukiouensis* (Stockmans et Mathieu) Duan，李星学(主编)，图版 94，图 2；营养枝；北京西山斋堂；中侏罗世窑坡组。(英文)

1996 *Storgaardia mentoukiouensis* (Stockmans et Mathieu) Duan，米家榕等，140 页，图版 37，图 2，7—9；枝叶；河北抚宁石门寨；早侏罗世北票组。

2003 *Storgaardia mentoukiouensis* (Stockmans et Mathieu) Duan，邓胜徽等，图版 75，图 4；枝叶；河南义马盆地；中侏罗世义马组。

△门头沟？斯托加叶 ***Storgaardia*? *mentoukiouensis* (Stockmans et Mathieu) Chen,Duan et Huang,1984 (non Duan,1987)**

1941 *Podocarpites mentoukouensis* Stockmans et Mathieu，53 页，图版 7，图 5，6；枝叶；北京西山门头沟；侏罗纪。

1984 *Storgaardia*? *mentoukiouensis* (Stockmans et Mathieu) Chen,Duan et Huang，陈芬、窦亚伟、黄其胜，67 页，图版 36，图 5，6；枝叶；北京西山门头沟、千军台、大安山、斋堂；早侏罗世下窑坡组；北京西山大安山；中侏罗世上窑坡组。

△松形叶型斯托加叶 ***Storgaardia pityophylloides* Liu et Mi,1981**

1981 刘茂强、米家榕，27 页，图版 1，图 10；图版 2，图 1，10，11；枝叶；吉林临江；早侏罗世义和组。(注：原文未指定模式标本)

△中华斯托加叶 ***Storgaardia sinensis* Mi,Sun C L,Sun Y W,Cui et Ai,1996**(中文发表)

1996 米家榕等，140 页，图版 36，图 1—4；图版 37，图 5；枝叶和角质层；标本号：BL7038，BL7061；正模：BL7038(图版 36，图 4)；标本保存在长春地质学院地史古生物教研室；辽宁北票冠山；早侏罗世北票组。

斯托加叶(未定种) *Storgaardia* sp.

1999　*Storgaardia* sp.,商平等,图版1,图6;枝叶;新疆吐哈盆地;中侏罗世西山窑组。

斯托加叶?(未定多种) *Storgaardia*? spp.

1983　*Storgaardia*? sp.,孙革等,455页,图版2,图9;叶;吉林双阳大酱缸;晚三叠世大酱缸组。

1985　*Storgaardia*? sp.,米家榕、孙春林,图版2,图3,11,18;叶;吉林双阳八面石;晚三叠世小蜂蜜顶子组上段。

1993　*Storgaardia*? sp.,米家榕等,153页,图版48,图7,10—14;叶;吉林汪清;晚三叠世马鹿沟组;吉林双阳;晚三叠世小蜂蜜顶子组上段。

似果穗属 Genus *Strobilites* Lingley et Hutton,1833

1833(1831—1837)　Lingley,Hutton,23页。

1935　Toyama,Ôishi,75页。

1963　斯行健、李星学等,308页。

1993a　吴向午,144页。

模式种:*Strobilites elongata* Lingley et Hutton,1833

分类位置:不明或松柏类(incertae sedis or coniferales)

伸长似果穗 *Strobilites elongata* Lingley et Hutton,1833

1833(1831—1837)　Lingley,Hutton,23页,图版89;果穗;英国;早侏罗世(Blue Lias)。

1993a　吴向午,144页。

△紧挤似果穗 *Strobilites contigua* Chow,1968

1968　周志炎,见《湘赣地区中生代含煤地层化石手册》,83页,图版31,图2;果穗;湖南浏阳澄潭江;晚三叠世安源组。

△居间似果穗 *Strobilites interjecta* Sun et Zheng,2001(中文和英文发表)

2001　孙革、郑少林,见孙革等,110,209页,图版23,图6;图版33,图20,22;果穗;登记号:PB19171;正模:PB19171(图版23,图6);标本保存在中国科学院南京地质古生物研究所;辽宁西部;晚侏罗世尖山沟组。

△红豆杉型似果穗 *Strobilites taxusoides* Sun et Zheng,2001(中文和英文发表)

2001　孙革、郑少林,见孙革等,110,210页,图版20,图1;图版63,图2,3图版68,图12,14;果穗;登记号:PB19149,PB19149A(正、反模);正模:PB19149(图版20,图1);标本保存在中国科学院南京地质古生物研究所;辽宁西部;晚侏罗世尖山沟组。

△乌灶似果穗 *Strobilites wuzaoensis* Chen,1986

1986b　陈其奭,11页,图版4,图8—12;果穗;采集号:63-3-10;登记号:ZMf-植-0007;标本保存在浙江省区测队;浙江义乌乌灶;晚三叠世乌灶组。(注:原文未指定模式标本)

△矢部似果穗 *Strobilites yabei* Toyama et Ôishi,1935

1935　Toyama,Ôishi,75页,图版5,图1,1a;插图3;果穗;内蒙古扎赉诺尔;侏罗纪。[注:此

种后被改定为 *Pityocladus yabei* (Toyama et Ôishi) Chang(张志诚,1976)]

1993a 吴向午,144 页。

矢部?似果穗 *Strobilites*? *yabei* Toyama et Ôishi

1963 斯行健、李星学等,309 页,图版 101,图 1,1a;果穗;内蒙古扎赉诺尔;晚侏罗世扎赉诺尔群。[注:此种后被改定为 *Pityocladus yabei* (Toyama et Ôishi) Chang(张志诚,1976)]

似果穗(未定多种) *Strobilites* spp.

1963 *Strobilites* sp. 1,斯行健、李星学等,309 页,图版 100,图 4;果穗;北京西山八大处;早—中侏罗纪。

1963 *Strobilites* sp. 2,斯行健、李星学等,309 页,图版 91,图 11;果穗;陕西宜君四郎庙炭河沟、绥德沙滩坪和高家庵;晚三叠世延长层。

1963 *Strobilites* sp. 3,斯行健、李星学等,310 页,图版 100,图 3;果穗;青海柴达木鱼卡;早—中侏罗世。

1968 *Strobilites* sp.,《湘赣地区中生代含煤地层化石手册》,84 页,图版 31,图 7;果穗;江西丰城攸洛;晚三叠世安源组 5 段。

1977 *Strobilites* sp.,长春地质学院勘探系等,图版 4,图 8;果穗;吉林浑江石人;晚三叠世小河口组。

1979 *Strobilites* sp.,何元良等,156 页,图版 77,图 13;球果;青海大柴旦鱼卡;中侏罗世大煤沟组。

1979 *Strobilites* sp.,周志炎、厉宝贤,455 页,图版 2,图 22;果穗;海南琼海九曲江新华村;早三叠世岭文群九曲江组。

1980 *Strobilites* sp.,黄枝高、周惠琴,111 页,图版 11,图 9;果穗;陕西铜川何家坊;中三叠世铜川组上段。

1980 *Strobilites* sp.,厉宝贤、叶美娜,见吴舜卿等,83 页,图版 5,图 11—12a;果穗;湖北秭归沙镇溪;晚三叠世沙镇溪组。

1980 *Strobilites* sp. (sp. nov. ?),吴舜卿等,120 页,图版 21,图 8,8a,9;果穗;湖北秭归沙镇溪;早—中侏罗世香溪组。

1982 *Strobilites* sp.,段淑英、陈晔,图版 16,图 4;果穗;四川合川炭坝;晚三叠世须家河组。

1982b *Strobilites* sp. 1,杨学林、孙礼文,56 页,图版 24,图 10,10a;插图 21;果穗;大兴安岭裕民一井;中侏罗世万宝组。

1982b *Strobilites* sp. 2,杨学林、孙礼文,57 页,图版 24,图 11,11a;果穗;大兴安岭万宝;中侏罗世万宝组。

1982b *Strobilites* sp. 3,杨学林、孙礼文,57 页,图版 24,图 12;插图 22;果穗;大兴安岭杜胜;中侏罗世万宝组。

1984 *Strobilites* sp. 1,陈芬等,67 页,图版 24,图 5;果穗;北京西山大安山;中侏罗世上窑坡组。

1984 *Strobilites* sp. 2,陈芬等,68 页,图版 36,图 6;果穗;北京西山大安山(?);早侏罗世下窑坡组(?)。

1984 *Strobilites* sp. 1,厉宝贤等,144 页,图版 1,图 9;果穗;山西大同永定庄华严寺;早侏罗世永定庄组。

1984 *Strobilites* sp. 2,厉宝贤等,144 页,图版 3,图 16;果穗;山西大同七峰山大石头沟;早侏罗世永定庄组。

1986a *Strobilites* sp.,陈其奭,451 页,图版 1,图 14;图版 3,图 19;果穗;浙江衢县茶园里;晚三叠世茶园里组。

1986 *Strobilites* sp.(Cf. *Sphaerostrobus clandestinus* Harris),叶美娜等,87 页,图版 53,图 2,2a;果穗;四川宣汉大路沟煤矿;晚三叠世须家河组 7 段。

1986 *Strobilites* sp.,叶美娜等,87 页,图版 52,图 14,14a;果穗;四川铁山金窝、达县雷音铺、开江七里峡;早侏罗世珍珠冲组。

1987 *Strobilites* sp. 1,陈晔等,136 页,图版 41,图 4;图版 45,图 4;果穗;四川盐边箐河;晚三叠世红果组、老塘箐组。

1987 *Strobilites* sp. 2,陈晔等,136 页,图版 46,图 5—7;果穗;四川盐边箐河;晚三叠世红果组。

1988 *Strobilites* sp.,陈芬等,92 页,图版 59,图 11;果穗;辽宁阜新海州矿;早白垩世阜新组。

1992a *Strobilites* sp.,孟繁松,图版 8,图 21,22;果穗;海南琼海九曲江文山下村;早三叠世岭文组。

1992a *Strobilites* sp. 2,孟繁松,图版 8,图 18—19a;果穗;海南琼海九曲江文山下村;早三叠世岭文组。

1992 *Strobilites* sp.,王士俊,57 页,图版 23,图 22;果穗;广东乐昌安口;晚三叠世。

1993 *Strobilites* sp.,米家榕等,153 页,图版 48,图 19,24;果穗;黑龙江东宁;晚三叠世罗圈站组;吉林浑江;晚三叠世大酱缸组、北山组(小河口组)。

1993 *Strobilites* sp. 1,孙革,108 页,图版 31,图 5—7;果穗;吉林汪清天桥岭;晚三叠世马鹿沟组。

1993 *Strobilites* sp. 2,孙革,108 页,图版 52,图 10,11;图版 38,图 4;果穗;吉林汪清天桥岭;晚三叠世马鹿沟组。

1995 *Strobilites* sp. 1,曾勇等,69 页,图版 19,图 3;图版 22,图 3;果穗;河南义马;中侏罗世义马组。

1995 *Strobilites* sp. 2,曾勇等,69 页,图版 7,图 5;果穗;河南义马;中侏罗世义马组。

1996 *Strobilites* sp.,黄其胜等,图版 1,图 3;果穗;四川宣汉;早侏罗世珍珠冲组下部。

1998 *Strobilites* sp.,王仁农等,图版 27,图 4;果穗;山东临沭中华山郯城-庐江断裂带;早白垩世。

1999b *Strobilites* sp.,吴舜卿,52 页,图版 44,图 7,7a;果穗;四川达县;晚三叠世须家河组。

2005 *Strobilites* sp. 1,苗雨雁,528 页,图版 2,图 18;果穗;新疆准噶尔盆地白杨河地区;中侏罗世西山窑组。

2005 *Strobilites* sp. 2,苗雨雁,528 页,图版 2,图 15;果穗;新疆准噶尔盆地白杨河地区;中侏罗世西山窑组。

似果穗?(未定种) *Strobilites*? sp.

1968 *Strobilites*? sp.,《湘赣地区中生代含煤地层化石手册》,84 页,图版 31,图 8;果穗;湖南浏阳澄潭江;晚三叠世安源组紫家冲段。

△缝鞘杉属 Genus *Suturovagina* Chow et Tsao,1977

1977 周志炎、曹正尧,167 页。

1982 Watt,38 页。

1993a 吴向午,38,237 页。

1993b 吴向午,505,519 页。

模式种:*Suturovagina intermedia* Chow et Tsao,1977

分类位置:松柏纲掌鳞杉科(Cheirolepidiaceae,Coniferopsida)

△过渡缝鞘杉 *Suturovagina intermedia* Chow et Tsao,1977

1977 周志炎、曹正尧,167 页,图版 2,图 1—14;插图 1;枝叶和角质层;登记号:PB6256—PB6260;正模:PB6256(图版 2,图 1);标本保存在中国科学院南京地质古生物研究所;江苏南京燕子矶;早白垩世葛村组。

1979 周志炎、曹正尧,220 页;江苏南京燕子矶;早白垩世葛村组。

1980 张武等,303 页,图版 187,图 4,4a;枝;吉林延吉智新大拉子;早白垩世大拉子组。

1982 王国平等,285 页,图版 133,图 3—7;枝叶和角质层;江苏南京燕子矶;早白垩世葛村组。

1982 Watt,38 页。

1983a 周志炎,792 页,图版 75—77;图版 80,图 8;插图 1A—1G,2A—2J,3A—3C;枝叶和角质层;江苏南京栖霞;早白垩世葛村组。

1984 陈其奭,图版 1,图 1,2,5,8;枝叶;浙江金衢;晚白垩世衢江群;江西玉山;晚白垩世南雄群。

1986 张川波,图版 2,图 11;枝叶;吉林延吉智新大拉子;早白垩世中—晚期大拉子组。

1992 李杰儒,343 页,图版 1,图 1—11;枝叶;辽宁普兰店;早白垩世晚期普兰店组。

1993a 吴向午,38,237 页。

1993b 吴向午,505,519 页。

1995a 李星学(主编),图版 114,图 2—7;枝叶和角质层;江苏南京;早白垩世浦口组。(中文)

1995b 李星学(主编),图版 114,图 2—7;枝叶和角质层;江苏南京;早白垩世浦口组。(英文)

缝鞘杉(未定种) *Suturovagina* sp.

1984 *Suturovagina* sp.,陈其奭,图版 1,图 28,29;枝叶;浙江新昌;早白垩世方岩组。

史威登堡果属 Genus *Swedenborgia* Nathorst,1876

1876 Nathorst,66 页。

1949 斯行健,37 页。

1963 斯行健、李星学等,294 页。

1993a 吴向午,144 页。

模式种:*Swedenborgia cryptomerioides* Nathorst,1876

分类位置:松柏目?(Coniferales?)

柳杉型史威登堡果 *Swedenborgia cryptomerioides* Nathorst,1876

1876 Nathorst,66 页,图版 16,图 6—12;球果;瑞典 Pålsjö;早侏罗世(Hörssandstein,Lias)。

1949 斯行健,37 页,图版 15,图 28;果鳞;湖北当阳观音寺白石岗;早侏罗世香溪煤系。

1956a 斯行健,57,162 页,图版 51,图 1—3;球果;陕西宜君四郎庙炭河沟、杏树坪七母桥;晚三叠世延长层。[注：图版 51，图 2，3 标本后被改定为 *Stenorachis lepida*（Heer）Seward（斯行健、李星学等，1963）]

1963 李星学等，126 页，图版 93，图 1，2；果穗；中国西北地区；晚三叠世—早白垩世。

1963 斯行健、李星学等，296 页，图版 100，图 8，8a；图版 101，图 2；果鳞；湖北当阳观音寺西白石岗；早侏罗世香溪群；陕西宜君四朗庙；晚三叠世延长群；青海西北红柳沟（?）；早—中侏罗世（?）。

1980 吴舜卿等，119 页，图版 33，图 4—6；果鳞；湖北秭归沙镇溪；早—中侏罗世香溪组。

1983 黄其胜，图版 4，图 9；球果；安徽怀宁牧岭；早侏罗世象山群下部。

1984 陈公信，612 页，图版 261，图 1；果鳞；湖北秭归沙镇溪；早侏罗世香溪组。

1984 厉宝贤等，143 页，图版 3，图 14；果穗；山西大同永定庄华严寺；早侏罗世永定庄组。

1984 王自强，293 页，图版 128，图 11，12；果鳞；河北承德；早侏罗世甲山组。

1986 徐福祥，423 页，图版 2，图 6，8；球果和果鳞；甘肃靖远刀楞山；早侏罗世。

1986 叶美娜等，84 页，图版 49，图 8A，8a；果鳞；四川开县水田；早侏罗世珍珠冲组。

1987 陈晔等，131 页，图版 38，图 5，5a；果鳞；四川盐边箐河；晚三叠世红果组。

1987 张武、郑少林，图版 27，图 6，7；图版 28，图 11；图版 29，图 5；果鳞；辽宁北票；晚三叠世石门沟组。

1988b 黄其胜、卢宗盛，图版 10，图 7；果鳞；湖北大冶金山店；早侏罗世武昌组中部。

1993 米家榕等，151 页，图版 47，图 10，15，16；图版 48，图 3—5；果穗；吉林汪清、双阳、浑江；晚三叠世马鹿沟组、大酱缸组、小蜂蜜顶子组上段和北山组（小河口组）；河北承德；晚三叠世杏石口组。

1993a 吴向午，144 页。

1996 米家榕等，146 页，图版 38，图 9—14；果鳞；辽宁北票，河北抚宁石门寨；早侏罗世北票组。

1998 黄其胜等，图版 1，图 8；果鳞；江西上饶清水缪源；早侏罗世林山组 5 段。

? 柳杉型史威登堡果 ? *Swedenborgia cryptomerioides* Nathorst

1959 斯行健，14，30 页，图版 4，图 4；球果；青海柴达木红柳沟；早—中侏罗世。

1979 何元良等，156 页，图版 77，图 12；球果；青海茫崖红柳沟；中侏罗世大煤沟组。

柳杉型史威登堡果（比较种）*Swedenborgia* cf. *cryptomerioides* Nathorst

1977 长春地质学院勘探系等，图版 2，图 8；图版 3，图 6；果鳞；吉林浑江石人；晚三叠世小河口组。

△林家史威登堡果 *Swedenborgia linjiaensis* Zhang et Zheng，1983

1983 张武、郑少林，见张武等，82 页，图版 4，图 25—26A；插图 10；果鳞；标本号：LMP20166（1—2）；标本保存在沈阳地质矿产研究所；辽宁本溪林家崴子；中三叠世林家组。

较小史威登堡果 *Swedenborgia minor* Harris，1935

1935 Harris，109 页，图版 19，图 13，14，17；丹麦东格陵兰；早侏罗世 *Thaumatopteris* 层。

1980 张武等，306 页，图版 111，图 5—8；果穗；吉林浑江石人；晚三叠世北山组。

史威登堡果（未定多种）*Swedenborgia* spp.

1977 *Swedenborgia* sp.，长春地质学院勘探系等，图版 4，图 9；果鳞；吉林浑江石人；晚三叠世小河口组。

1982 *Swedenborgia* sp.，张采繁，537 页，图版 347，图 10；果鳞；湖南浏阳跃龙；早侏罗世跃龙组。

1984a *Swedenborgia* sp.，曹正尧，17 页，图版 4，图 12；插图 6；果鳞；黑龙江虎林永红；中侏罗世七虎林组。

史威登堡果？(未定种) *Swedenborgia*? sp.

1990 *Swedenborgia*? sp.，吴舜卿、周汉忠，455 页，图版 1，图 10B，10aB，12B，12a；果鳞；新疆库车；早三叠世。

似红豆杉属 Genus *Taxites* Brongniart，1828

1828 Brongniart，47 页。

1867(1865) Newberry，123 页。

1993a 吴向午，145 页。

模式种：*Taxites tournalii* Brongniart，1828

分类位置：松柏纲(Coniferopsida)

杜氏似红豆杉 *Taxites tournalii* Brongniart，1828

1828 Brongniart，47 页，图版 3，图 4；松柏类枝叶；法国；渐新世。

1993a 吴向午，145 页。

△宽叶似红豆杉 *Taxites latior* Schenk，1885

1885 Schenk，173(11)页，图版 13(1)，图 12；图版 14(2)，图 6c，7，8c，9a；图版 15(3)，图 14；叶；四川广元；侏罗纪。[注：此标本后被改定为 *Pityophyllum longifolium* (Nathorst) Moeller，1902(斯行健、李星学等，1963)]

△匙形似红豆杉 *Taxites spatulatus* Newberry，1867

1867(1865) Newberry，123 页，图版 9，图 5；叶；北京西山斋堂；侏罗纪。[注：此标本后部分被改定为 ？*Pityophyllum staratshini* (Heer)，部分被改定为 ？"*Podocarpites*" *mentoukouensis* Stockmans et Mathieu(斯行健、李星学等，1963)]

1993a 吴向午，145 页。

落羽杉型木属 Genus *Taxodioxylon* Hartig，1848

1848 Hartig，169 页。

1931 Kubart，361(50)页。

1963 斯行健、李星学等，339 页。

1993a 吴向午，146 页。

模式种：*Taxodioxylon goepperti* Hartig，1848

分类位置：松柏纲松柏目(Coniferales，Coniferopsida)

葛伯特落羽杉型木 *Taxodioxylon goepperti* Hartig,1848

1848 Hartig,169 页;木化石;德国北部;第三纪(褐煤层)。

1993a 吴向午,146 页。

柳杉型落羽杉型木 *Taxodioxylon cryptomerioides* Schonfeld,1953

1953 Schonfeld,198 页,图版 9,图 19—22。

1995 李承森、崔金钟,109 页(包括图);木化石;黑龙江省;晚白垩世。

1997 王如峰等,975 页,图版 1,图 7,8;图版 2,图 9,12,13;木化石;黑龙江嘉荫;晚白垩世。

红杉式落羽杉型木 *Taxodioxylon sequoianum* (Mercklin) Gothan,1906

1855 ? *Cupressinoxylon sequoianum* Mercklin,65 页,图版 17;木化石;德国;第三纪。

1883 *Cupressinoxylon sequoianum* Mercklin,Schmalhausen,325(43)页,图版 12;木化石;俄罗斯;第三纪。

1906 Gothan,164 页。

1919 *Cupressinoxylon* (*Taxodioxylon*) *sequoianum* Mercklin,Seward,201 页;插图 720C;木化石;德国;第三纪。

1931 Kubart,361(50)页,图版 1,图 1—7;木化石;云南六合街;晚白垩世或第三纪。

1963 斯行健、李星学等,340 页,图版 116,图 5—9;木化石;云南六合街(?);晚白垩世或第三纪。

1993a 吴向午,146 页。

△斯氏落羽杉型木 *Taxodioxylon szei* Yang et Zheng,2003(英文发表)

2003 杨小菊、郑少林,654 页,图 2,3;木化石;模式标本:PB19874(薄片号:PB19874a—PB19874d);标本保存在中国科学院南京地质古生物研究所;黑龙江鸡西;早白垩世穆棱组。

落羽杉属 Genus *Taxodium* Richard,1810

1984 张志诚,119 页。

1993a 吴向午,146 页。

模式种:(现生属)

分类位置:松柏纲杉科(Taxodiaceae,Coniferopsida)

奥尔瑞克落羽杉 *Taxodium olrokii* (Heer) Brown,1962

1868 *Taxites olrikii* Heer,95 页,图版 1,图 21—24c;图版 45,图 1a,1b;枝叶;俄罗斯布列英盆地;晚白垩世。

1962 Brown,50 页,图版 10,图 7,11,15;图版 11,图 4—6;枝叶;俄罗斯布列英盆地;晚白垩世。

1984 张志诚,119 页,图版 1,图 6—10,15;枝叶;黑龙江嘉荫永安屯、太平林场;晚白垩世永安屯组、太平林场组。

1993a 吴向午,146 页。

2000 郭双兴,230 页,图版 1,图 14c;图版 6,图 8;枝;吉林珲春;晚白垩世珲春组。

紫杉型木属 Genus *Taxoxylon* Houlbert,1910

1910　Houlbert,72 页。

1995　何德长,10 页(中文),13 页(英文)。

模式种:*Taxoxylon falunense* Houlbert,1910

分类位置:松柏纲(Coniferopsida)

法伦紫杉型木 *Taxoxylon falunense* Houlbert,1910

1910　Houlbert,72 页,图版 3;木化石;法国 Manthelan-Bossee-Paulmy;第三纪。

△辽西紫杉型木 *Taxoxylon liaoxiense* Duan,2000(中文和英文发表)

2000　段淑英,207,209 页,图 15—19;木化石;标本号:8450;辽宁义县红墙子;早白垩世沙海组。(注:原文未指明标本的保存地点)

△秀丽紫杉型木 *Taxoxylon pulchrum* He,1995

1995　何德长,10 页(中文),13 页(英文),图版 8,图 3,3a;图版 9,图 1—1f;丝炭化石;标本号:91368;标本保存在煤炭科学研究总院西安分院;内蒙古鄂温克旗伊敏煤矿;早白垩世伊敏组 16 煤层。

红豆杉属 Genus *Taxus* Linné,1754

1988　孟祥营、陈芬,见陈芬等,80 页。

1993a 吴向午,146 页。

模式种:(现生属)

分类位置:松柏纲红豆杉科(Taxaceae,Coniferopsida)

△急尖红豆杉 *Taxus acuta* Deng,1995

1995　邓胜徽,59,113 页,图版 26,图 5—8;图版 46,图 5,6;图版 47,图 5—7;图版 48,图 1—3;插图 22;枝叶和角质层;标本号:H14-407—H14-409;标本保存在石油勘探开发科学研究院;内蒙古霍林河盆地;早白垩世霍林河组下煤段。(注:原文未指定模式标本)

△中间红豆杉 *Taxus intermedium* (Hollick) Meng et Chen,1988

1930　*Cephalotaxopsis intermedium* Hollick,54 页,图版 17,图 1—3;美国阿拉斯加;晚白垩世。

1988　孟祥营、陈芬,见陈芬等,80 页,图版 52,图 4,4a,5—10;图版 67,图 1a,1b;枝叶;辽宁阜新海州、铁法大隆矿;早白垩世阜新组、小明安碑组。

1993　胡书生、梅美棠,图版 2,图 1—3;枝叶;吉林辽源西安矿;早白垩世长安组下含煤段。

1993a 吴向午,146 页。

1996　郑少林、张武,图版 4,图 14A;枝叶;辽宁昌图沙河子煤田;早白垩世沙河子组。

1997　邓胜徽等,51 页,图版 29,图 9A,10—14;枝叶和角质层;内蒙古扎赉诺尔;早白垩世伊敏组。

1998 邓胜徽,图版2,图8;枝叶;内蒙古平庄-元宝山盆地;早白垩世元宝山组。

2000 胡书生、梅美棠,图版1,图5;枝叶;吉林辽源西安矿;早白垩世长安组下含煤段。

托马斯枝属 Genus *Thomasiocladus* Florin,1958

1958 Florin,311页。

1982 王国平等,292页。

1993a 吴向午,148页。

模式种:*Thomasiocladus zamioides* (Leckenby) Florin,1958

分类位置:松柏纲三尖杉科(Cephalotaxaceae,Coniferopsida)

查米亚托马斯枝 *Thomasiocladus zamioides* (Leckenby) Florin,1958

1864 *Cycadites zamioides* Leckenby,77页,图版8,图1;枝叶;英国约克郡;中侏罗世三角洲系。

1958 Florin,311页,图版29,图2—14;图版30,图1—7;枝叶和角质层;英国约克郡;中侏罗世三角洲系。

1993a Thuites? sp.,吴向午,148页。

查米亚托马斯枝(比较属种) Cf. *Thomasiocladus zamioides* (Leckenby) Florin,1958

1982 王国平等,292页,图版128,图2;枝叶;浙江兰溪渔山尖;中侏罗世渔山尖组。

1993a 吴向午,148页。

似侧柏属 Genus *Thuites* Sternberg,1825

1825(1820—1838) Sternberg,38页。

1945 斯行健,53页。

1993a 吴向午,148页。

模式种:*Thuites aleinus* Sternberg,1825

分类位置:松柏纲(Coniferopsida)

Thuites aleinus Sternberg,1825

1825(1820—1838) Sternberg,38页,图版45,图1;小枝;波希米亚;白垩纪。

1993a 吴向午,148页。

似侧柏?(未定种) *Thuites*? sp.

1945 *Thuites*? sp.,斯行健,53页;枝叶;福建永安;早白垩纪坂头系。[注:此标本后被斯行健、李星学等(1963)改定为 *Cupressinocladus*? sp.]

1993a *Thuites*? sp.,吴向午,148页。

崖柏属 Genus *Thuja* Linné

1895 Newberry,53 页。

1986 陶君容、熊宪政,122 页。

1993a 吴向午,148 页。

模式种:(现生属)

分类位置:松柏纲松科(Pinaceae,Coniferopsida)

白垩崖柏 *Thuja cretacea* (Heer) Newberry,1895

1882 *Libocedrus cretacea* Heer,49 页,图版 29,图 1—3;图版 43,图 1d;丹麦格陵兰。

1895 Newberry,53 页,图版 4,图 1,2。

1986 陶君容、熊宪政,122 页,图版 4,图 1,2;枝叶;黑龙江嘉荫;晚白垩世乌云组。

1993a 吴向午,148 页。

△黑龙江崖柏 *Thuja heilongjiangensis* Zheng et Zhang,1994

1994 郑少林、张莹,759,763 页,图版 2,图 1—9;图版 3,图 1;枝叶和角质层;登记号:HS0004;标本保存在大庆石油管理局勘探开发研究院;松辽盆地杜尔泊特他拉哈;晚白垩世嫩江组 2—3 段。

榧属 Genus *Torreya* Annott,1838

1978 杨学林等,图版 3,图 5。

1993a 吴向午,149 页。

模式种:(现生属)

分类位置:松柏纲紫杉科(Taxaceae,Coniferopsida)

△北方榧 *Torreya borealis* Meng,1988

1988 孟祥营,见陈芬等,81,161 页,图版 53,图 1—7;图版 67,图 2,3;枝叶和角质层;标本号:Fx241—Fx243,Tf67,Tf103;标本保存在武汉地质学院北京研究生部;辽宁阜新、铁法;早白垩世阜新组、小明安碑组。(注:原文未指定模式标本)

△周氏?榧 *Torreya*? *chowii* Li et Ye,1980

1980 李星学、叶美娜,10 页,图版 3,图 4;图版 4,图 4a;枝叶;登记号:PB4609,PB8977a;正模:PB8977a(图版 4,图 4a);标本保存在中国科学院南京地质古生物研究所;吉林蛟河杉松;早白垩世晚期磨石砬子组。

1980 张武等,304 页,图版 190,图 2,10;枝;吉林蛟河;早白垩世磨石砬子组。

1985 商平,图版 12,图 8;枝叶;辽宁阜新;早白垩世水泉组。

1986b 李星学等,32 页,图版 37,图 1—4;图版 38,图 1—4a;枝叶;登记号:PB4609,PB8977,PB11645,PB11652,PB11653,PB11655,PB11657;正模:PB8977(图版 37,图 1);标本保存在中国科学院南京地质古生物研究所;吉林蛟河杉松;早白垩世晚期磨石砬子组。

周氏榧?(比较种) *Torreya*? cf. *chowii* Li et Ye

1993c 吴向午,84 页,图版 7,图 5;枝叶;河南南召马市坪黄土岭附近;早白垩世马市坪组。

巴山榧 *Torreya fargesii* Franch

1982 谭琳、朱家楠,154 页,图版 40,图 9—13;枝叶;内蒙古固阳毛忽洞;早白垩世固阳组。

△房山榧 *Torreya fangshanensis* Xiao,1994

1991 萧宗正,见北京市地质矿产局,图版 17,图 11;枝叶;北京房山崇各庄西;早白垩世芦尚坟组。(裸名)

1994 萧宗正等,图版 15,图 7;枝叶;登记号:PL033;北京房山坨里北;早白垩世芦尚坟组。(注:原文未注明模式标本的馆藏地点)

△海州榧 *Torreya haizhouensis* (Shang) Wang et Shang,1985

1984 *Cephalotaxopsis haizhouensis* Shang,商平,62 页,图版 5;图 1—7;枝叶和角质层;辽宁阜新海州露天煤矿;早白垩世海州组太平段。

1985 商平,113 页,图版 9,图 3;图版 13,图 6;枝叶;登记号:HT02,HT04,HT71,HT83;后选模式:TH71(图版 9,图 3=Shang Ping,1984,图版 5,图 1);标本保存在阜新矿业学院科研所;辽宁阜新;早白垩世海州组太平段。

1987 商平,图版 2,图 1;枝叶;辽宁阜新盆地;早白垩世。

1989 梅美棠等,113 页,图版 55,图 1;枝叶;中国北方地区;早白垩世。

榧?(未定种) *Torreya*? sp.

1978 *Torreya*? sp. (sp. nov.),杨学林等,图版 3,图 5;枝叶;吉林蛟河杉松;早白垩世磨石砬子组。

1993a *Torreya*? sp. (sp. nov.),吴向午,149 页。

?榧(未定种) ?*Torreya* sp.

1984 ?*Torreya* sp.,王自强,288 页,图版 153,图 8;河北平泉;早白垩世九佛堂组。

△榧型枝属 Genus *Torreyocladus* Li et Ye,1980

1980 李星学、叶美娜,10 页。

1993a 吴向午,42,240 页。

1993b 吴向午,504,520 页。

模式种:*Torreyocladus spectabilis* Li et Ye,1980

分类位置:松柏纲(Coniferopsida)

△明显榧型枝 *Torreyocladus spectabilis* Li et Ye,1980

1980 李星学、叶美娜,10 页,图版 4,图 5;枝叶;登记号:PB8973;模式标本:PB8973(图版 4,图 5);标本保存在中国科学院南京地质古生物研究所;吉林蛟河杉松;早白垩世磨石砬子组。[注:此标本后被改定为 *Rhipidiocladus flabellata* Prynada(李星学等,1986)]

1993a 吴向午,42,240 页。

1993b 吴向午,504,520 页。

△三裂穗属 Genus *Tricrananthus* Wang Z Q et Wang L X,1990

1990a 王自强、王立新,137 页。

1993a 吴向午,43,241 页。

1993b 吴向午,504,520 页。

模式种:*Tricrananthus sagittatus* Wang Z Q et Wang L X,1990

分类位置:松柏纲(Coniferopsida)

△箭头状三裂穗 *Tricrananthus sagittatus* Wang Z Q et Wang L X,1990

1990a 王自强、王立新,137 页,图版 21,图 13—17;图版 26,图 6;雄性鳞片;标本号:Z16-17,Z16-418,Z16-422,Z16-422a,Z16-426,Iso19-29;模式标本:Z16-422(图版 21,图 15);标本保存在中国科学院南京地质古生物研究所;山西榆社屯村、和顺马坊;早三叠世和尚沟组底部。

1993a 吴向午,43,241 页。

1993b 吴向午,504,520 页。

△瓣状三裂穗 *Tricrananthus lobatus* Wang Z Q et Wang L X,1990

1990a 王自强、王立新,137 页,图版 26,图 5,10;雄性鳞片;标本号:Iso15-11,Iso8304-3;合模:Iso15-11,Iso8304-3(图版 26,图 5,10);标本保存在中国科学院南京地质古生物研究所;山西蒲县城关;早三叠世和尚沟组底部。[注:依据《国际植物命名法规》(《维也纳法规》)第 37.2 条,1958 年起,模式标本只能是 1 块标本]

1993a 吴向午,43,241 页。

1993b 吴向午,504,520 页。

三盔种鳞属 Genus *Tricranolepis* Roselt,1958

1958 Roselt,390 页。

1990a 王自强、王立新,136 页。

1993a 吴向午,150 页。

模式种:*Tricranolepis monosperma* Roselt,1958

分类位置:松柏纲(Coniferopsida)

三盔种鳞 *Tricranolepis monosperma* Roselt,1958

1958 Roselt,390 页,图版 1—4;种鳞;德国;三叠纪(Lower Keuper)。

1993a 吴向午,150 页。

△钝三盔种鳞 *Tricranolepis obtusiloba* Wang Z Q et Wang L X,1990

1990a 王自强、王立新,136 页,图版 25,图 8,9;种鳞;标本号:Iso19-27,Iso19-28;模式标本:Iso19-28(图版 25,图 9);标本保存在中国科学院南京地质古生物研究所;山西蒲县城关;早三叠世和尚沟组下部。

1993a 吴向午,150 页。

铁杉属 Genus *Tsuga* Carriere, 1855

1982 谭琳、朱家楠,149 页。

1993a 吴向午,151 页。

模式种:(现代属)

分类位置:松柏纲松科(Pinaceae,Coniferopsida)

△紫铁杉 *Tsuga taxoides* Tan et Zhu, 1982

1982 谭琳、朱家楠,149 页,图版 36,图 2—4;营养小枝;登记号:GR15,GR18,GR206;正模:GR15(图版 36,图 3);副模:GR18(图版 36,图 4);内蒙古固阳小三分子村东;早白垩世固阳组。

1993a 吴向午,151 页。

铁杉(未定种) *Tsuga* sp.

1993c *Tsuga* sp.,吴向午,84 页,图版 6,图 11,12;枝叶;陕西商县凤家山至山倾村剖面;早白垩世凤家山组下段。

鳞杉属 Genus *Ullmannia* Goeppert, 1850

1850 Goeppert,185 页。

1947—1948 Mathews,239 页。

1993a 吴向午,152 页。

模式种:*Ullmannia bronnii* Goeppert,1850

分类位置:松柏纲(Coniferopsida)

布隆鳞杉 *Ullmannia bronnii* Goeppert, 1850

1850 Goeppert,185 页,图版 20,图 1—26;球果和营养枝;德国萨克森(Frankenberg);二叠纪(Zechstein)。

1993a 吴向午,152 页。

鳞杉(未定种) *Ullmannia* sp.

1947—1948 *Ullmannia* sp.,Mathews,239 页;插图 1;雄性球果;北京西山;二叠纪(?)和三叠纪(?)双泉群。

1993a *Ullmannia* sp.,吴向午,152 页。

乌苏里枝属 Genus *Ussuriocladus* Kryshtofovich et Prynada, 1932

1932 Kryshtofovich,Prynada,372 页。

1980 张武等,301 页。

1993a 吴向午,153 页。

模式种:*Ussuriocladus racemosus* Halle ex Kryshtofovich et Prynada,1932

分类位置:松柏纲(Coniferopsida)

多枝乌苏里枝 *Ussuriocladus racemosus* Halle ex Kryshtofovich et Prynada,1932

1932 Kryshtofovich,Prynada,372 页;苏联远东滨海地区;早白垩世。

1993a 吴向午,153 页。

△安图乌苏里枝 *Ussuriocladus antuensis* Zhang,1980

1980 张武等,301 页,图版 189,图 6,7;营养枝;登记号:D549,D550;标本保存在沈阳地质矿产研究所;吉林安图大沙河;早白垩世铜佛寺组。(注:原文未指定模式标本)

1993a 吴向午,153 页。

伏脂杉属 Genus *Voltzia* Brongniart,1828

1828 Brongniart,449 页。

1979 周志炎、厉宝贤,451 页。

1993a 吴向午,155 页。

模式种:*Voltzia brevifolia* Brongniart,1828

分类位置:松柏纲伏脂杉科(Voltziaceae,Coniferopsida)

宽叶伏脂杉 *Voltzia brevifolia* Brongniart,1828

1828 Brongniart,449 页,图版 15;图版 16,图 1,2;生殖器官和营养枝;法国孚日山区;早三叠世。

1993a 吴向午,155 页。

△弯叶伏脂杉 *Voltzia curtifolis* Meng,1995

1995 孟繁松等,26 页,图版 9,图 9—11;枝叶和顶生雄穗;登记号:B93087,B93088;合模:B93087,B93088(图版 9,图 9,10);标本保存在宜昌地质矿产研究所;湖南桑植芙蓉桥;中三叠世巴东组 2 段。[注:依据《国际植物命名法规》(《维也纳法规》)第 37.2 条,1958 年起,模式标本只能是 1 块标本]

1996 孟繁松,图版 4,图 9;小枝和顶生果穗;湖南桑植芙蓉桥;中三叠世巴东组 2 段。

异叶伏脂杉 *Voltzia heterophylla* Brongniart,1828

1828 Brongniart,451 页;枝叶;法国孚日山区;早三叠世。

1979 周志炎、厉宝贤,451 页,图版 2,图 1—5,20;插图 1;枝叶;海南琼海九曲江文山上村;早三叠世岭文群九曲江组。

1992a 孟繁松,181 页,图版 6,图 6—9;图版 8,图 1—5;枝叶;海南琼海九曲江文山上村、新华村、海洋村;早三叠世岭文组。

1993a 吴向午,155 页。

1995a 李星学(主编),图版 63,图 6—10;枝叶和果鳞;海南琼海九曲江海洋村、文山上村、新华村;早三叠世岭文组。(中文)

1995b 李星学(主编),图版 63,图 6—10;枝叶和果鳞;海南琼海九曲江海洋村、文山上村、新华村;早三叠世岭文组。(英文)

1995 孟繁松等,25 页,图版 7,图 4;图版 8,图 1—3;枝叶;湖南桑植芙蓉桥;中三叠世巴东组 2 段。

1996 孟繁松,图版 4,图 1—4;枝叶;湖南桑植芙蓉桥;中三叠世巴东组 2 段。

异叶伏脂杉(比较种) *Voltzia* cf. *heterophylla* Brongniart

1990a 王自强、王立新,133 页,图版 18,图 4;图版 23,图 9,10;图版 24,图 7,8;小枝;山西榆社屯村、蒲县城关;早三叠世和尚沟组上部;河南宜阳;早三叠世和尚沟组上部。

克伦伏脂杉(比较种) *Voltzia* cf. *koeneni* Schuetze

1990 孟繁松,图版 1,图 3,4;枝;海南琼海九曲江;中三叠世早期岭文组(Anisian)。

1992a 孟繁松,181 页,图版 6,图 4,5;枝叶;海南琼海九曲江文山上村;早三叠世岭文组。

△五瓣伏脂杉 *Voltzia quinquepetala* Wang Z Q et Wang L X,1990

1990a 王自强、王立新,133 页,图版 21,图 10—12;图版 26,图 1—3,7—9;种鳞;标本号:Z16-621,Z802-12,Z802-13,Z8304-3—Z8304-5,Z8304-9,Iso-23—Iso-25;模式标本:Z802-13(图版 21,图 12);标本保存在中国科学院南京地质古生物研究所;山西榆社红崖头、和顺马坊;早三叠世和尚沟组下段。

瓦契杉形伏脂杉 *Voltzia walchiaeformis* Fliche,1910

1910 Fliche,198 页,图版 21;枝叶;法国孚日山区;早三叠世。

瓦契杉形伏脂杉(比较种) *Voltzia* cf. *walchiaeformis* Fliche

1980 黄枝高、周惠琴,109 页,图版 4,图 4;图版 7,图 5;枝叶;陕西吴堡张家;中三叠世二马营组上部。

1995a 李星学(主编),图版 66,图 9;小枝;内蒙古准格尔旗五字湾;中三叠世二马营组上部。(中文)

1995b 李星学(主编),图版 66,图 9;小枝;内蒙古准格尔旗五字湾;中三叠世二马营组上部。(英文)

魏斯曼伏脂杉 *Voltzia weismanni* Schimper,1870

1870—1872 Schimper,242 页;Oberer Muschelklk von Crailsheim;三叠纪。

1990 孟繁松,图版 1,图 1,2;营养枝;海南琼海九曲江;中三叠世早期岭文群(Anisian)。

1992a 孟繁松,181 页,图版 6,图 1—3;枝叶;海南琼海九曲江文山上村;早三叠世岭文组。

1995a 李星学(主编),图版 63,图 12;枝叶;海南琼海九曲江文山上村;早三叠世岭文群。(中文)

1995b 李星学(主编),图版 63,图 12;枝叶;海南琼海九曲江文山上村;早三叠世岭文群。(英文)

伏脂杉(未定多种) *Voltzia* spp.

1978 *Voltzia* sp.,王立新等,图版 4,图 3,4;雄球果;山西榆社红崖头;早三叠世和尚沟组。

1979 *Voltzia* spp.,周志炎、厉宝贤,图版 2,图 7—9,10(?)—14(?);枝叶;海南琼海九曲江塔岭村、上车村、海洋村;早三叠世岭文群九曲江组。

1989 *Voltzia* sp.,王自强、王立新,35 页,图版 4,图 12;小枝;山西交城裴家山;早三叠世刘家沟组中上部。

1990b *Voltzia* sp.,王自强、王立新,311 页,图版 7,图 11;小枝;山西武乡司庄;中三叠世二马营组底部。

1992a *Voltzia* spp.,孟繁松,图版 7,图 12,13;枝叶;海南琼海九曲江文山上村;早三叠世岭文组。

1995 *Voltzia* sp.,孟繁松等,图版 7,图 1,2;枝叶;湖南桑植芙蓉桥;中三叠世巴东组 2 段。

1996 *Voltzia* sp.,孟繁松,图版 4,图 5;枝叶;湖南桑植芙蓉桥;中三叠世巴东组 2 段。

伏脂杉?(未定多种) *Voltzia*? spp.

1978 *Voltzia*? sp.,王立新等,图版 4,图 5;雄球果;山西榆社红崖头;早三叠世和尚沟组。

1996 *Voltzia*? sp.(Cf. *Voltzia walchiaeformis* Fliche),吴舜卿、周汉忠,11 页,图版 8,图 10—12;营养枝;新疆库车;中三叠世克拉玛依组。

威尔斯穗属 Genus *Willsiostrobus* Grauvogel-Stamm et Schaarschmidt,1978

1978 Grauvogel-Stamm,Schaarschmidt,106 页。

1982 Watt,42 页。

1984 王自强,291 页。

1993a 吴向午,156 页。

模式种:*Willsiostrobus willsii* (Townrow) Grauvogel-Stamm et Schaarschmidt,1978

分类位置:松柏纲(Coniferopsida)

威氏威尔斯穗 *Willsiostrobus willsii* (Townrow) Grauvogel-Stamm et Schaarschmidt,1978

1962 *Masculostrobus willsii* Townrow,25 页,图版 1,图 e,h;图版 2,图 i;雄性花穗;英国;早三叠世。

1978 Grauvogel-Stamm,Schaarschmidt,106 页。

1993a 吴向午,156 页。

威氏威尔斯穗(比较种) *Willsiostrobus* cf. *willsii* (Townrow) Grauvogel-Stamm et Schaarschmidt

1984 王自强,292 页,图版 112,图 4;雄性花穗;山西石楼;中—晚三叠世延长群。

1993a 吴向午,156 页。

心形威尔斯穗 *Willsiostrobus cordiformis* (Grauvogel-Stamm) Grauvogel-Stamm et Schaarschmidt,1978

1969a *Masculostrobus ligulatus* Grauvogel-Stamm,99 页,图版 1,图 4,5;插图 2c;雄性花穗;法国孚日山区;早三叠世。

1969b *Masculostrobus cordiformis* Grauvogel-Stamm,356 页。

1978 Grauvogel-Stamm,Schaarschmidt,106 页。

心形威尔斯穗(比较种) *Willsiostrobus* cf. *cordiformis* (Grauvogel-Stamm) Grauvogel-Stamm et Schaarschmidt

1990a 王自强、王立新,134 页,图版 23,图 11—14;图版 25,图 1,4;插图 7b—7d;雄性花穗;山

西榆社屯村、和顺马坊、京上;早三叠世和尚沟组中下部。

1995 孟繁松等,26 页,图版 8,图 8;图版 9,图 14,15;雄性果穗;湖南桑植芙蓉桥;中三叠世巴东组 2 段。

1996 孟繁松,图版 4,图 7;雄性果穗;湖南桑植芙蓉桥;中三叠世巴东组 2 段。

齿形威尔斯穗 *Willsiostrobus denticulatus* (Grauvogel-Stamm) Grauvogel-Stamm et Schaarschmidt,1978

1969a *Masculostrobus denticulatus* Grauvogel-Stamm,102 页,图版 2,图 1;插图 5;雄性花穗;法国孚日山区;早三叠世。

1969b *Masculostrobus denticulatus* Grauvogel-Stamm,356 页。

1978 Grauvogel-Stamm,Schaarschmidt,106 页。

齿形威尔斯穗(比较种) *Willsiostrobus* cf. *denticulatus* (Grauvogel-Stamm) Grauvogel-Stamm et Schaarschmidt

1990a 王自强、王立新,134 页,图版 25,图 2,3,7;插图 7f,7g;雄性花穗;山西和顺马坊、蒲县城关;早三叠世和尚沟组下部。

△红崖头威尔斯穗 *Willsiostrobus hongyantouensis* Wang,1984

1984 王自强,291 页,图版 108,图 8—10;雄性花穗;登记号:P0017,P0029,P0030;正模:P0017(图版 108,图 8);标本保存在中国科学院南京地质古生物研究所;山西榆社屯村;早三叠世刘家沟组;山西榆社红崖头;早三叠世和尚沟组。[注:此种后被改定为 *Ruehleostachys*? *Hongyantouensis* Wang Z Q et Wang L X(王自强、王立新,1990)]

1985 王自强,图版 4,图 8,9;雄性花穗;山西榆社屯村;早三叠世和尚沟组;山西和顺马坊;早三叠世和尚沟组。[注:此种后被改定为 *Ruehleostachys*? *Hongyantouensis* Wang Z Q et Wang L X(王自强、王立新,1990)]

1993a 吴向午,156 页。

舌形威尔斯穗 *Willsiostrobus ligulatus* (Grauvogel-Stamm) Grauvogel-Stamm et Schaarschidt,1978

1969a *Masculostrobus ligulatus* Grauvogel-Stamm,98 页,图版 1,图 3;插图 2b;雄性花穗;法国孚日山区;早三叠世。

1978 Grauvogel-Stamm,Schaarschidt,106 页。

1990a 王自强、王立新,134 页,图版 23,图 4—8;图版 25,图 5,6;插图 7a,7e;雄性花穗;山西榆社屯村、和顺马坊;早三叠世和尚沟组下部。

威尔斯穗(未定种) *Willsiostrobus* sp.

1989 *Willsiostrobus* sp.,王自强、王立新,35 页,图版 3,图 16;雄球果;山西隰县午城;早三叠世刘家沟组上部。

异木属 Genus *Xenoxylon* Gothan,1905

1905 Gothan,38 页。

1929 张景鉞,250 页。

1963 斯行健、李星学等,341 页。

1993a 吴向午,156 页。

模式种:*Xenoxylon latiporosus* (Cramer) Gothan,1905

分类位置:松柏纲松柏目(Coniferales,Coniferopsida)

宽孔异木 *Xenoxylon latiporosum* (Cramer) Gothan,1905

1868 *Pinites latiporosus* Cramer,见 Heer,176 页,图版 40,图 1—8;挪威斯匹次卑尔根;早白垩世。

1905 Gothan,38 页。

1933 Gothan,斯行健,91 页,图版 14,图 1—3;木化石;辽宁锦西;侏罗纪。

1935—1936 Shimakura,278(12)页,图版 14(3),图 7,8;图版 15(4),图 7,8;图版 16(5),图 1—3;插图 4;木化石;吉林沙河子,辽宁大堡、朝阳;侏罗纪。

1951b 斯行健,443,444 页,图版 1,图 1—3;图版 2,图 2,3;插图 1A—1C;木化石;黑龙江桦川桦树泉;晚侏罗世。

1963 斯行健、李星学等,341 页,图版 114,图 5—7;图版 115,图 1—7;插图 68;木化石;辽宁锦西二佛庙;侏罗纪;黑龙江桦川桦树泉;晚侏罗世(?)。

1982 杜乃正,383 页,图版 1,图 1—6;木化石;黑龙江嘉荫;晚侏罗世—早白垩世。

1986 段淑英,333 页,图版 1,图 1—4;图版 2,图 1—5;木化石;北京延庆千家店下德龙湾;中侏罗世后城组。

1988 李杰儒,图版 7,图 1—5;木化石;辽宁东部苏子河盆地;早白垩世。

1993a 吴向午,156 页。

1995 段淑英等,170 页,图版 2,图 5—8;木化石;辽宁义县;早白垩世沙海组。

1995 李承森、崔金钟,112,113 页(包括图);木化石;辽宁;早白垩世。

2000a 丁秋红,212 页,图版 5,图 1—4;木化石;辽宁义县;晚侏罗世义县组。

2000b 丁秋红等,240 页;木化石;辽宁,吉林,黑龙江;早侏罗世—早白垩世。

2000 王永栋等 180 页,图版 3,图 1—6;木化石;新疆奇台;晚侏罗世。

2004 王五力等,60 页,图版 19,图 1—4;木化石;辽宁北票巴图营子;晚侏罗世土城子组。

康氏异木 *Xenoxylon conchylianum* Fliche,1910

1910 Fliche,234 页,图版 23,图 1,5;木化石;法国孚日山区;早三叠世。

1995 王鑫,见李承森、崔金钟:110,111 页(包括图);木化石;河北;中侏罗世。

2000b 丁秋红等,240 页;木化石;河北;中侏罗世。

椭圆异木 *Xenoxylon ellipticum* Schultze-Motel,1960

1960 Schultze-Motel,15 页,图版 2,图 4—6;图版 3,图 7—10;木化石;德国;侏罗纪(Lias)。

1991b 王士俊,810 页,图版 1,图 1—9;木化石;广东乐昌关春;晚三叠世艮口群红卫坑组。

1992 王士俊,61 页;木化石;广东乐昌关春;晚三叠世。

2000b 丁秋红等,240 页;木化石;广东乐昌关春;晚三叠世艮口群;辽宁北票三宝营刘家沟;晚侏罗世土城子组。

2001 郑少林等,75,81 页,图版 3,图 1—10;插图 5;木化石;辽宁北票三宝营乡刘家沟;中—晚侏罗世土城子组 3 段。

△阜新异木 *Xenoxylon fuxinense* Ding,2000(中文和英文发表)

2000b 丁秋红等,240,243,245 页,图版 2,图 1—6;木化石;模式标本:Fx-3(图版 1,图 1—6);

标本保存在沈阳地质矿产研究所；辽宁阜新海州露天煤田；早白垩世阜新组。

△河北异木 *Xenoxylon hopeiense* Chang，1929

1929 张景鉞，250 页，图版 1，图 1—4；木化石；河北涿鹿夏家沟；晚侏罗世。

1963 斯行健、李星学等，343 页，图版 116，图 1—4；插图 69；木化石；河北涿鹿夏家沟；晚侏罗世。

1993a 吴向午，156 页。

2000a 丁秋红，212 页，图版 4，图 1—5；木化石；辽宁义县；晚侏罗世义县组。

2000b 丁秋红等，240 页；木化石；辽宁；早侏罗世—早白垩世。

△霍林河异木 *Xenoxylon huolinhense* Ding，2000（中文和英文发表）

2000b 丁秋红等，240，244，246 页，图版 2，图 1—6；木化石；模式标本：H14（图版 2，图 1—6）；标本保存在沈阳地质矿产研究所；内蒙古霍林河煤田；早白垩世霍林河组。

日本异木 *Xenoxylon japonicum* Vogellehner，1968

1968 Vogellehner，145 页；木化石；日本；侏罗纪。

2000b 丁秋红等，240 页；木化石；辽宁朝阳兴隆沟；早侏罗世北票组；辽宁铁岭大宝山、昌图沙河子；早白垩世沙河子组。

△辽宁异木 *Xenoxylon liaoningense* Duan et Wang，1995

1995 段淑英、王鑫，见段淑英等，168，170 页，图版 1，图 7—9；图版 2，图 1—4（不包括图 5—8）；木化石；辽宁义县；早白垩世沙海组。

1995 李承森、崔金钟，114，115 页（包括图）；木化石；辽宁；早白垩世。

2000b 丁秋红等，240 页；木化石；辽宁义县；早白垩世沙海组。

？辽宁异木 ？*Xenoxylon liaoningense* Duan et Wang

2000 王永栋等，180 页，图版 4，图 1—5；木化石；新疆奇台；晚侏罗世。

△裴德异木 *Xenoxylon peidense* Zheng et Zhang，1982

1982 郑少林、张武，321 页，图版 31，图 1—10；木化石；薄片号：HP39；标本保存在沈阳地质矿产研究所；黑龙江密山裴德；中侏罗世东胜村组。

1995 何德长，15 页（中文），19 页（英文），图版 15，图 1—1d，2，2a；图版 16，图 2，2a；丝炭；内蒙古扎鲁特旗霍林河煤田；晚侏罗世霍林河组 14 煤层顶板。

2000b 丁秋红等，240 页；木化石；辽宁，黑龙江，内蒙古；早侏罗世—早白垩世。

△义县异木 *Xenoxylon yixianense* Zhang et Shang，1996（中文和英文发表）

1996 张武、商平，389 页，图版 1，图 1—5；图版 2，图 1—5；木化石；标本号：SZ001；模式标本：SZ001（图版 1，2）；标本保存在阜新矿业学院；辽宁义县白塔子沟；早白垩世沙海组。

2000b 丁秋红等，240 页；木化石；辽宁义县白塔子沟；早白垩世沙海组。

异木（未定种）*Xenoxylon* sp.

1986 *Xenoxylon* sp.，段淑英，333 页，图版 2，图 6—8；木化石；北京延庆千家店下德龙湾；中侏罗世后城组。

△燕辽杉属 Genus *Yanliaoa* Pan, 1977

1977　潘广,70 页。

1993a 吴向午,47,243 页。

1993b 吴向午,504,521 页。

模式种:*Yanliaoa sinensis* Pan,1977

分类位置:松柏纲杉科(Taxodiaceae,Coniferopsida)

△中国燕辽杉 *Yanliaoa sinensis* Pan, 1977

1977　潘广,70 页,图版 5;营养枝,生殖枝(包括花、果枝);登记号:L0027,L0034,L0040A,L0064;标本保存在辽宁煤田地质勘探公司;辽西锦西;中—晚侏罗世。(注:原文未指定模式标本)

1983　李杰儒,图版 4,图 8—13,15—17;带球果的小枝;辽宁锦西后富隆山盘道沟;中侏罗世海房沟组 3 段。

1987　张武、郑少林,图版 29,图 7—9;带球果的小枝;辽宁锦西南票;中侏罗世海房沟组。

1993a 吴向午,47,243 页。

1993b 吴向午,504,521 页。

中国燕辽杉(比较种) *Yanliaoa* cf. *sinensis* Pan

1984　王自强,287 页,图版 147,图 4,5;枝叶;河北青龙;晚侏罗世后城组。

似丝兰属 Genus *Yuccites* Martius, 1822 (non Schimper et Mougeot, 1844)

1822　Martius,136 页。

1970　Andrews,229 页。

1993a 吴向午,158 页。

模式种:*Yuccites microlepis* Martius,1822

分类位置:松柏纲或分类位置不明(Coniferopsida or incertae sedis)

小叶似丝兰 *Yuccites microlepis* Martius, 1822

1822　Martius,136 页。

1970　Andrews,229 页。

1993a 吴向午,158 页。

似丝兰属 Genus *Yuccites* Schimper et Mougeot, 1844 (non Martius, 1822)

[注:此属名为 *Yuccites* Martius,1822 的晚出同名(吴向午,1993a)]

1844　Schimper,Mougeot,42 页。

1970 Andrews,229 页。

1978 王立新等,图版 4,图 6—8。

1993a 吴向午,158 页。

模式种:*Yuccites vogesiacus* Schimper et Mougeot,1844

分类位置:松柏纲或分类位置不明(Coniferopsida or incertae sedis)

大叶似丝兰 *Yuccites vogesiacus* Schimper et Mougeot,1844

1844 Schimper,Mougeot,42 页,图版 21;叶;亚耳沙斯-洛林地区;三叠纪。

1970 Andrews,229 页。

1986 郑少林、张武,180 页,图版 4,图 7—11;叶;辽宁喀喇沁左翼杨树沟;早三叠世红砬组。

1993a 吴向午,158 页。

1995a 李星学(主编),图版 65,图 5;叶;湖南桑植马合口;中三叠世早期巴东组 2 段。(中文)

1995b 李星学(主编),图版 65,图 5;叶;湖南桑植马合口;中三叠世早期巴东组 2 段。(英文)

1995 孟繁松,25 页,图版 7,图 6—8;叶;湖南桑植洪家关、芙蓉桥、马合口;中三叠世巴东组 2 段。

1996 孟繁松,图版 4,图 11;叶;湖南桑植芙蓉桥;中三叠世巴东组 2 段。

△网结似丝兰 *Yuccites anastomosis* Wang Z Q et Wang L X,1990

1990a 王自强、王立新,136 页,图版 22,图 1—8;叶;标本号:Z13-277,Z15-267,Z16-235,Z16-546,Z16-552,Z22-253,Z22-256,Z802-23;模式标本:Z22-253(图版 22,图 2,2a);标本保存在中国科学院南京地质古生物研究所;山西榆社屯村、和顺马坊、蒲县城关;早三叠世和尚沟组下部。

1995a 李星学(主编),图版 65,图 6;叶;湖南桑植马合口;中三叠世早期巴东组 2 段。(中文)

1995b 李星学(主编),图版 65,图 6;叶;湖南桑植马合口;中三叠世早期巴东组 2 段。(英文)

1995 孟繁松,25 页,图版 7,图 5;图版 8,图 5;叶;湖南桑植洪家关、马合桥;中三叠世巴东组 2 段。

1996 孟繁松,图版 4,图 8;叶;湖南桑植洪家关;中三叠世巴东组 2 段。

△优美似丝兰 *Yuccites decus* Zhang et Zheng,1987

1987 张武、郑少林,316 页,图版 28,图 7;插图 41;枝叶;采集号:42;登记号:SG110144;标本保存在沈阳地质矿产研究所;辽宁北票长皋子山南沟;中侏罗世蓝旗组。

△剑形似丝兰 *Yuccites ensiformis* Meng,1992

1992a 孟繁松,179 页,图版 4,图 3,4;叶;采集号:WSP-1;登记号:HP86029,HP8630;正模:HP8630(图版 4,图 4);副模:HP86029(图版 4,图 3);标本保存在宜昌地质矿产研究所;海南琼海九曲江文山上村;早三叠世岭文组。

1995a 李星学(主编),图版 63,图 11;叶;海南琼海九曲江文山上村;早三叠世岭文群。(中文)

1995b 李星学(主编),图版 63,图 11;叶;海南琼海九曲江文山上村;早三叠世岭文群。(英文)

匙形似丝兰 *Yuccites spathulata* Prynada,1952

1952 Prynada,图版 15,图 1—12;叶;哈萨克斯坦;晚三叠世。

1984 顾道源,154 页,图版 77,图 1,2;叶;新疆库车舒善河;晚三叠世塔里奇克组。

1987 胡雨帆、顾道源,227 页,图版 1,图 1a—1d;叶;新疆;中—晚三叠世小泉沟群。

似丝兰(未定多种) *Yuccites* spp.

1984 *Yuccites* sp.,王自强,291 页,图版 110,图 13,14;叶;山西榆社;早三叠世刘家沟组;山西武乡;中三叠世二马营组。

1990b *Yuccites* sp.,王自强、王立新,311 页,图版 4,图 1,2;叶;山西宁武石坝;中三叠世二马营组底部。

似丝兰?(未定种) *Yuccites*? sp.

1978 *Yuccites*? sp.,王立新等,图版 4,图 6—8;叶;山西榆社红崖头、平遥上庄;早三叠世和尚沟组。

1993a *Yuccites*? sp.,吴向午,158 页。

分类不明的松柏植物 Coniferae Incertae Sedis

1933b Coniferae Incertae Sedis,斯行健,53 页,图版 12,图 1,2;枝叶;北京西山门头沟;侏罗纪。[注:此标本后被改定为"*Podocarpites*" *mentoukouensis* Stockmans et Mathieu(斯行健、李星学等,1963)]

未定名的松柏类营养枝 Undetermined Coniferous Shoot

1979 未定名的松柏类营养枝 Undetermined Coniferous shoot,周志炎、厉宝贤,454 页,图版 2,图 15;松柏类营养枝;海南琼海九曲江塔岭村;早三叠世岭文群九曲江组。

不能鉴定的松柏类木化石 Indeterminable Coniferous Wood

1935—1936 Indeterminable Coniferous Wood,Shimakura,297(31)页;木化石;内蒙古呼伦贝尔盟 Dalainor 湖;侏罗纪(?)。

1963 Indeterminable Coniferous Wood,斯行健、李星学等,345 页;木化石;内蒙古呼伦贝尔盟 Dalainor 湖;侏罗纪(?)。

掌鳞杉科碎片 Cheirolepidiaceaus Fragments

1998 Cheirolepidiaceaus Fragments,王仁农等,图版 27,图 2,3,6—8;叶碎片;山东临沭中华山郯城-庐江断裂带;早白垩世。

鳞片化石 Scale

1933c Scale,斯行健,73 页,图版 10,图 12;鳞片;甘肃武威北达板;早—中侏罗世。[注:此标本后被改定为 *Pityolepis*? sp.(斯行健、李星学等,1963)]

1979 未定名的果鳞 Undetermined Isolated Conie Scales,周志炎、厉宝贤,455 页,图版 2,图 17,17a,18;插图 2;鳞片;海南琼海九曲江海洋村、新华村;早三叠世岭文群九曲江组。

翅果化石 Semen Pterophorum

1963 Semen Pterophorum,斯行健、李星学等,316 页,图版 104,图 3;具翅的种子;甘肃武威北达板;早—中侏罗世。

皮部印痕化石 Corticous Impressions

1990a Corticous Impressions,王自强、王立新,图版 19,图 9,9a;茎干印痕;山西榆社屯村;早三叠世和尚沟组底部。

附　　录

附录1　属名索引

[按中文名称的汉语拼音升序排列,属名后为页码(中文记录页码/英文记录页码),"△"号示依据中国标本建立的属名]

A

B

C

D

F

G

H

J

K

L

M

T

W

X

Y

Z

附录2 种名索引

[按中文名称的汉语拼音升序排列,属名或种名后为页码(中文记录页码/英文记录页码),“△”号示依据中国标本建立的属名或种名]

A

B

D

F

G

H

P

Q

S

T

W

附录3　存放模式标本的单位名称

中文名称	English Name
长春地质学院 （吉林大学地球科学学院）	Changchun College of Geology （College of Earth Sciences，Jilin University）
大庆石油管理局勘探开发研究院	Research Institute of Exploration and Development，Daqing Petroleum Administrative Bureau
阜新矿业学院 （辽宁工程技术大学）	Fuxin Mining Institute （Liaoning Technical University）
湖北省地质局	Bureau of Geology and Mineral Resources of Hubei Province
湖北省地质科学研究所 （湖北省地质科学研究院）	Hubei Institute of Geological Sciences （Hubei Institute of Geosciences）
湖北省区测队陈列室	Regional Geological Surveying Team of Hubei
湖南省地质博物馆	Geology Museum of Hunan Province
华北地质科学研究所	North China Institute of Geological Science
吉林省地质局区域地质调查大队 （吉林省区域地质调查大队）	Regional Geological Surveying Team，Geological Bureau of Jilin （Regional Geological Surveying Team of Jilin Province）
吉林省煤田地质研究所 （吉林省煤田地质勘察设计研究院）	Jilin Institute of Coal Field Geology （Coal-geological Exploration Institute of Jilin Coal Field Geological Bureau）
居里夫人大学古植物和孢粉实验室（巴黎）	Laboratoire de Paleobotanique et Palynologie evolutives，Universite Pierre et Marie Curie，Paris
辽宁煤田地质勘探公司	The Company of Geological Exploitation of Coal Field，Liaoning
辽宁区测队	Regional Geological Surveying Team，Liaoning Bureau of Geology and Mineral Resources
煤炭科学研究总院西安分院	Xi'an Branch，China Coal Research Institute
瑞典国家自然历史博物馆	Swedish Museum of Natural History

续表

中文名称	English Name
沈阳地质矿产研究所 (中国地质调查局沈阳地质调查中心)	Shenyang Institute of Geology and Mineral Resources (Shenyang Institute of Geology and Mineral Resources, China Geological Survey)
天津地质矿产研究所	Tianjin Institute of Geology and Mineral Resources, Chinese Academy of Geological Sciences
武汉地质学院北京研究生部 [中国地质大学(北京)]	Beijing Graduate School, Wuhan College of Geology [China University of Geosciences (Beijing)]
西安地质矿产研究所 (中国地质调查局西安地质调查中心)	Xi'an Institute of Geology and Mineral Resources (Xi'an Institute of Geology and Mineral Resources, China Geological Survey)
宜昌地质矿产研究所 (中国地质调查局武汉地质调查中心)	Yichang Institute of Geology and Mineral Resources (Wuhan Institute of Geology and Mineral Resources, China Geological Survey)
浙江省区测队	Regional Geological Surveying Team, Zhejiang Bureau of Geology and Mineral Resources
浙江省新昌县档案馆	Xinchang County Archives of Zhejiang Province
中国地质大学(武汉)古生物教研室	Department of Palaeontology, China University of Geosciences (Wuhan)
中国地质大学(北京)	China University of Geology (Beijing)
中国科学院南京地质古生物研究所	Nanjing Institute of Geology and Palaeontology, Chinese Academy of Sciences
中国科学院植物研究所古植物研究室	Department of Palaeobotany, Institute of Botany, Chinese Academy of Sciences
中国科学院植物研究所中国植物历史自然博物馆	National Museum of Plant History of China, Institute of Botany, Chinese Academy of Sciences
中国矿业大学地质系古生物教研室	Department of Geology, University of Mining and Technology
中国石油天然气股份有限公司石油勘探开发研究院	Research Institute of Petroleum Exploration and Develoment, PetroChina

附录4 丛书属名索引(Ⅰ－Ⅵ分册)

(按中文名称的汉语拼音升序排列,属名后为分册号/中文记录页码/英文记录页码,"△"号示依据中国标本建立的属名)

A

B

C

D

E

F

G

J

K

M

N

P

Q

R

S

T

W

X

Y

Z

Supported by Special Research Program of
Basic Science and Technology of the Ministry
of Science and Technology (2013FY113000)

Record of Megafossil Plants from China (1865–2005)

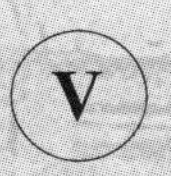

Record of Mesozoic Megafossil Coniferophytes from China

Compiled by
WU Xiangwu and WANG Guan

University of Science and Technology of China Press

Brief Introduction

This book is the fifth volume of *Record of Megafossil Plants from China* (*1865 — 2005*). There are two parts of both Chinese and English versions, mainly documents complete data on the Mesozoic megafossil coniferophytes, gnetophytes and some problematic gymanosperms of China that have been officially published from 1865 to 2005. All of the records are compiled according to generic and specific taxa. Each record of the generic taxon include: author(s) who established the genus, establishing year, synonym, type species and taxonomic status. The species records are included under each genus, including detailed descriptions of original data, such as author(s) who established the species, publishing year, author(s) or identified person(s), page(s), plate(s), text-figure(s), locality(ies), ages and horizon(s). For those generic names or specific names established based on Chinese specimens, the type specimens and their depository institutions have also been recorded. In this book, totally 139 generic names (among them, 23 generic names are established based on Chinese specimens) have been documented, and totally about 830 specific names (among them, about 350 specific names are established based on Chinese specimens). Each part attaches four appendixes, including: Index of Generic Names, Index of Specific Names, Table of Institutions that House the Type Specimens and Index of Generic Names to Volumes Ⅰ — Ⅵ. At the end of the book, there are references.

This book is a complete collection and an easy reference document that is compiled based on extensive survey of both Chinese and abroad literatures and a systematic data collections of palaeobotany. It is suitable for reading for those who are working on research, education and data base related to palaeobotany, life sciences and earth sciences.

GENERAL FOREWORD

As a branch of sciences studying organisms of the geological history, palaeontology relies utterly on the fossil record, so does the palaeobotany as a branch of palaeontology. The compilation and editing of fossil plant data started early in the 19 century. F. Unger published *Synopsis Plantarum Fossilium* and *Genera et Species Plantarium Fossilium* in 1845 and 1850 respectively, not long after the introduction of C. von Linné's binomial nomenclature to the study of fossil plants by K. M. von Sternberg in 1820. Since then, indices or catalogues of fossil plants have been successively compiled by many professional institutions and specialists. Amongst them, the most influential are catalogues of fossil plants in the Geological Department of British Museum written by A. C. Seward and others, *Fossilium Catalogus II : Palantae* compiled by W. J. Jongmans and his successor S. J. Dijkstra, *The Fossil Record* (*Volume 1*) and *The Fossil Revord* (*Volume 2*) chief-edited by W. B. Harland and others and afterwards by M. J. Benton, and *Index of Generic Names of Fossil Plants* compiled by H. N. Andrews Jr. and his successors A. D. Watt, A. M. Blazer and others. Based partly on Andrews' index, the digital database "Index Nominum Genericorum (ING)" was set up by the joint efforts of the International Association of Plant Taxonomy and the Smithsonian Institution. There are also numerous catalogues or indices of fossil plants of specific regions, periods or institutions, such as catalogues of Cretaceous and Tertiary plants of North America compiled by F. H. Knowlton, L. F. Ward and R. S. La Motte, Upper Triassic plants of the western United States by S. Ash, Carboniferous, Permian and Jurassic Plants by M. Boersma and L. M. Broekmeyer, Indian fossil plants by R. N. Lakhanpal, and Fossil Record of Plants by S. V. Meyen and index of sporophytes and gymnosperm referred to USSR by V. A. Vachrameev. All these have no doubt benefited to the academic exchanges between palaeobotanists from different countries, and contributed considerably to the development of palaeobotany.

Although China is amongst the countries with widely distributed terrestrial deposits and rich fossil resources, scientific researches on fossil plants began much later in our country than in many other countries. For a quite long time, in our country, there were only few researchers, who are engaged in palaeobotanical studies. Since the 1950s, especially the beginning of Reform and Opening to the outside world in the late 1980s, palaeobotany became blooming in our country as other disciplines of science and technology. During the development and construction of the country, both palaeobotanists and publications have been markedly increased. The editing and compilation of the fossil plant record has also been put on the agenda to meet the needs of increasing academic activities, along with participation in the "Plant Fossil Record (PFR)" project sponsored by the International Organization of Palaeobotany. Professor Wu is one of the few pioneers who have paid special attention to data accumulation and compilation of the fossil plant records in China. Back in 1993, He published *Record of Generic Names of Mesozoic Megafossil Plants from China (1865 — 1990)* and *Index of New Generic Names Founded on Mesozoic and Cenozoic Specimens from China (1865 — 1990)*. In 2006, he published the generic names after 1990. *Catalogue of the Cenozoic Megafossil Plants of China* was also Published by Liu and others (1996).

It is a time consuming task to compile a comprehensive catalogue containing the fossil records of all plant groups in the geological history. After years of hard work, all efforts finally bore fruits, and are able to publish separately according to classification and geological distribution, as well as the progress of data accumulating and editing. All data will eventually be incorporated into the databases of all China fossil records: "Palaeontological and Stratigraphical Database of China" and "Geobiodiversity Database (GBDB)".

The pubilication of *Record of Megafossil Plants from China (1865 — 2005)* is one of the milestones in the development of palaeobotany, undoubtedly it will provide a good foundation and platform for the further development of this discipline. As an aged researcher in palaeobotany, I look eagerly forward to seeing the publication of the serial fossil catalogues of China.

Zhou Zhiyi

INTRODUCTION

In China, there is a long history of plant fossil discovery, as it is well documented in ancient literatures. Among them the voluminous work *Mengxi Bitan* (*Dream Pool Essays*) by Shen Kuo (1031 — 1095) in the Beisong (Northern Song) Dynasty is probably the earliest. In its 21st volume, fossil stems [later identified as stems of *Equisctites* or pith-casts of *Neocalamites* by Deng (1976)] from Yongningguan, Yanzhou, Shaanxi (now Yanshuiguan of Yanchuan County, Yan'an City, Shaanxi Province) were named "bamboo shoots" and described in details, which based on an interesting interpretation on palaeogeography and palaeoclimate was offered.

Like the living plants, the binary nomenclature is the essential way for recognizing, naming and studying fossil plants. The binary nomenclature (nomenclatura binominalis) was originally created for naming living plants by Swedish explorer and botanist Carl von Linné in his *Species Plantarum* firstly published in 1753. The nomenclature was firstly adopted for fossil plants by the Czech mineralogist and botanist K. M. von Sternberg in his *Versuch einer Geognostisch: Botanischen Darstellung der Flora der Vorwelt* issued since 1820. The *International Code of Botanical Nomenclature* thus set up the beginning year of modern botanical and palaeobotanical nomenclature as 1753 and 1820 respectively. Our series volumes of Chinese megafossil plants also follows this rule, compile generic and specific names of living plants set up in and after 1753 and of fossil plants set up in and after 1820. As binary nomenclature was firstly used for naming fossil plants found in China by J. S. Newberry [1865 (1867)] at the Smithsonian Institute, USA, his paper *Description of Fossil Plants from the Chinese Coal-bearing Rocks* naturally becomes the starting point of the compiling of Chinese megafossil plant records of the current series.

China has a vast territory covers well developed terrestrial strata, which yield abundant fossil plants. During the past one and over a half centuries, particularly after the two milestones of the founding of PRC in 1949 and the beginning of Reform and Opening to the outside world in late 1970s, to meet the growing demands of the development and construction of the country, various scientific disciplines related to geological prospecting and meaning have been remarkably developed, among which palaeobotanical studies have been also well-developed with lots of fossil materials being accumulated. Preliminary statistics has shown that during 1865 (1867) — 2000, more than 2000 references related to Chinese megafossil plants had been published [Zhou and Wu (chief compilers), 2002]; 525 genera of Mesozoic megafossil plants discovered in China had been reported during 1865 (1867) — 1990 (Wu, 1993a), while 281 genera of Cenozoic megafossil plants found in China had been documented by 1993 (Liu et al., 1996); by the year of 2000, totally about 154 generic names have been established based on Chinese fossil plant material for the Mesozoic and Cenozoic deposits (Wu, 1993b, 2006). The above-mentioned megafossil plant records were published scatteredly in various periodicals or scientific magazines in different languages, such as Chinese, English, German, French, Japanese, Russian, etc., causing much inconvenience for the use and exchange of colleagues of palaeobotany and related fields both at home and abroad.

To resolve this problem, besides bibliographies of palaeobotany [Zhou and Wu (chief compilers), 2002], the compilation of all fossil plant records is an efficient way, which has already obtained enough attention in China since the 1980s (Wu, 1993a, 1993b, 2006). Based on the previous compilation as well as extensive searching for the bibliographies and literatures, now we are planning to publish series volumes of *Record of Megafossil Plants from China (1865 — 2005)* which is tentatively scheduled to comprise volumes of bryophytes, lycophytes, sphenophytes, filicophytes, cycadophytes, ginkgophytes, coniferophytes, angiosperms and others. These volumes are mainly focused on the Mesozoic megafossil plant data that were published from 1865 to 2005.

In each volume, only records of the generic and specific ranks are compiled, with higher ranks in the taxonomical hierarchy, e. g., families, orders, only mentioned in the item of "taxonomy" under each record. For a complete compilation and a well understanding for geological records of the megafossil plants, those genera and species with their type species and type specimens not originally described from China are also included in the volume.

Records of genera are organized alphabetically, followed by the items of author(s) of genus, publishing year of genus, type species (not necessary for genera originally set up for living plants), and taxonomy and others.

Under each genus, the type species (not necessary for genera originally set up for living plants) is firstly listed, and other species are then organized alphabetically. Every taxon with symbols of "aff." "Cf." "cf." "ex gr." or "?" and others in its name is also listed as an individual record but arranged after the species without any symbol. Undetermined species (sp.) are listed at the end of each genus entry. If there are more than one undetermined species (spp.), they will be arranged chronologically. In every record of species (including undetermined species) items of author of species, establishing year of species, and so on, will be included.

Under each record of species, all related reports (on species or specimens) officially published are covered with the exception of those shown solely as names with neither description nor illustration. For every report of the species or specimen, the following items are included: publishing year, author(s) or the person(s) who identify the specimen (species), page(s) of the literature, plate(s), figure(s), preserved organ(s), locality(ies), horizon(s) or stratum(a) and age(s). Different reports of the same specimen (species) is (are) arranged chronologically, and then alphabetically by authors' names, which may further classified into a, b, etc., if the same author(s) published more than one report within one year on the same species.

Records of generic and specific names founded on Chinese specimen(s) is (are) marked by the symbol "△". Information of these records are documented as detailed as possible based on their original publication.

To completely document *Record of Megafossil Plants from China (1865—2005)*, we compile all records faithfully according to their original publication without doing any delection or modification, nor offering annotations. However, all related modification and comments published later are included under each record, particularly on those with obvious problems, e.g., invalidly published naked names (nom. nud.).

According to *International Code of Botanical Nomenclature* (*Vienna Code*) article 36.3, in order to be validly published, a name of a new taxon of fossil plants published on or after January 1st, 1996 must be accompanied by a Latin or English description or diagnosis or by a reference to a previously and effectively published Latin or English description or diagnosis (McNeill and others, 2006; Zhou, 2007; Zhou Zhiyan, Mei Shengwu, 1996; *Brief News of Palaeobotany in China*, No. 38). The current series follows article 36.3 and the original language(s) of description and/or diagnosis is (are) shown in the records for those published on or after January 1st, 1996.

For the convenience of both Chinese speaking and non-Chinese speaking colleagues, every record in this series is compiled as two parts that are of essentially the same contents, in Chinese and English respectively. All cited references are listed only in western language (mainly English) strictly following the format of the English part of Zhou and Wu (chief compilers) (2002). Each part attaches four appendixes: Index of Generic Names, Index of Specific Names, Table of Institutions that House the Type Specimens and Index of Generic Names to Volumes Ⅰ—Ⅵ.

The publication of series volumes of *Record of Megafossil Plants from China (1865—2005)* is the necessity for the discipline accumulation and development. It provides further references for understanding the plant fossil biodiversity evolution and radiation of major plant groups through the geological ages. We hope that the publication of these volumes will be helpful for promoting the professional exchange at home and abroad of palaeobotany.

This book is the fifth volume of *Records of Megafossil Plants from China (1865—2005)*. This volume mainy documents complete data on the Mesozoic megafossil coniferophytes, gnetophytes and some problematic gymanosperms of China that have been officially published from 1865 to 2005. In this book, totally 139 generic names have been documented (among them, 23 generic names are established based on Chinese specimens); and totally about 830 specific names (among them, about 350 specific names are established based on Chinese specimens). The dispersed pollen grains are not included in this book. We are grateful to receive further comrnents and suggestions from readers and colleagues.

This work is jointly supported by the Basic Work of Science and Technology (2013FY113000) and the State Key Program of Basic Research (2012CB822003) of the Ministry of Science and Technology, the National Natural Sciences Foundation of China (No. 41272010), the State Key Laboratory of Palaeobiology and Stratigraphy (No. 103115), the Important Directional Project (ZKZCX2-YW-154) and the Information Construction Project (INF105-SDB-1-42) of Knowledge Innovation Program of the Chinese Academy of Sciences.

We thank prof. Wang Jun and others many colleagues and experts from the Department of Palaeobotany and Palynology of Nanjing Institute of Geology and Palaeontology, CAS for helpful suggestions and support. Special thanks are due to Prof. Zhou Zhiyan for his kind help and support for this work, and writing "General Foreword" of this book. We also acknowledge our sincere thanks to Prof. Yang Qun (the former director of NIGPAS), Acade. Rong Jiayu, Acade. Shen Shuzhong and Prof. Yuan Xunlai (the head of State Key Laboratory of Palaeobiology and Stratigraphy), for their support for successful compilation and publication of this book. Ms. Zhang Xiaoping and Ms. Feng Man from the Liboratory of NIGPAS are appreciated for assistances of book and literature collections.

Editor

SYSTEMATIC RECORDS

Genus *Aethophyllum* Brongniart, 1828

1828 Brongniart, p. 455.

1979 Zhou Zhiyan, Li Baoxian, p. 453.

1993a Wu Xiangwu, p. 50.

Type species: *Aethophyllum stipulare* Brongniart, 1828

Taxonomic status: Coniferopsida? or incertae sedis

***Aethophyllum stipulare* Brongniart, 1828**

1828 Brongniart, p. 455, pl. 28, fig. 1; Sultz-les-Bains, near Strasbourg, France; Triassic.

1986 Zheng Shaolin, Zhang Wu, p. 180, pl. 3, fig. 15; leafy shoot; Yangshugou of Harqin Left Wing, western Liaoning; Early Triassic Hongla Formation.

1993a Wu Xiangwu, p. 50.

△*Aethophyllum*? *niuyingziensis* Zhang et Zheng, 1987

1987 Zhang Wu, Zheng Shaolin, p. 313, pl. 30, figs. 4—7; text-fig. 40; cones and cone-scales; Col. No.: 40; Reg. No.: SG110168, SG110169; Repository: Shenyang Institute of Geology and Mineral Resources; Niuyingzi of Beipiao, Liaoning; Middle Jurassic Haifanggou Formation. (Notes: The type specimen was not appointed in the original paper)

***Aethophyllum*? sp.**

1979 *Aethophyllum*? sp., Zhou Zhiyan, Li Baoxian, p. 453, pl. 2, fig. 16; leafy shoot; Jiuqujiang of Qionghai, Hainan; Early Triassic Jiuqujiang Formation of Lingwen Group.

1993a *Aethophyllum*? sp., Wu Xiangwu, p. 50.

Genus *Albertia* Schimper, 1837

1837 Schimper, p. 13.

1979 Zhou Zhiyan, Li Baoxian, p. 453.

1993a Wu Xiangwu, p. 51.

Type species: *Albertia latifolia* Schimper, 1837

Taxonomic status: Taxodiaceae, Coniferopsida

Albertia latifolia Schimper, 1837

1837 Schimper, p. 13.

1844 Schimper, Mougeot, p. 17, pl. 22; Soultz-les-Bains of Alsace, France; Trassic.

1979 Zhou Zhiyan, Li Baoxian, p. 449, pl. 1, figs. 12, 12a, 13, 13a; leafy shoots; Jiuqujiang of Qionghai, Hainan; Early Triassic Lingwen Group (Jiuqujiang Formation).

1992a Meng Fansong, p. 180, pl. 5, figs. 4—8; leafy shoots; Jiuqujiang of Qionghai, Hainan; Early Triassic Lingwen Formation.

1993a Wu Xiangwu, p. 51.

1995a Li Xingxue (editor-in-chief), pl. 63, fig. 15; upper part of ultimate leafy shoot; Xinhua in Jiuqujiang of Qionghai, Hainan; Early Triassic Lingwen Formation. (in Chinese)

1995b Li Xingxue (editor-in-chief), pl. 63, fig. 15; upper part of ultimate leafy shoot; Xinhua in Jiuqujiang of Qionghai, Hainan; Early Triassic Lingwen Formation. (in English)

Albertia cf. _latifolia_ Schimper

1980 Zhang Wu and others, p. 299, pl. 186, figs. 7, 8; leafy shoots; Linjiawaizi of Benxi, Liaoning; Middle Trassic Linjia Formation.

Albertia elliptica Schimper, 1844

1844 Schimper, Mougeot, p. 18, pls. 3, 4; Soultz-les-Bains of Alsace, France; Trassic.

1979 Zhou Zhiyan, Li Baoxian, p. 450, pl. 1, figs. 11, 11a; leafy shoot; Jiuqujiang of Qionghai, Hainan; Early Triassic Lingwen Group (Jiuqujiang Formation).

1992a Meng Fansong, p. 180, pl. 5, figs. 1—3; leafy shoots; Jiuqujiang of Qionghai, Hainan; Early Triassic Lingwen Formation.

1993a Wu Xiangwu, p. 51.

1995a Li Xingxue (editor-in-chief), pl. 63, figs. 3—5; leafy shoots; Wenshanxiacun (figs. 3, 4) and Wenshanshangcun (fig. 5) in Jiuqujiang of Qionghai, Hainan; Early Triassic Lingwen Formation. (in Chinese)

1995b Li Xingxue (editor-in-chief), pl. 63, figs. 3—5; leafy shoots; Wenshanxiacun and Wenshanshangcun (fig. 5) in Jiuqujiang of Qionghai, Hainan; Early Triassic Lingwen Formation. (in English)

Albertia speciosa Schimper, 1844

1844 Schimper, Mougeot, p. 20, pl. 5B; leafy shoot; Fosges Mountains, France; Early Triassic.

Albertia cf. _speciosa_ Schimper

1992a Meng Fansong, p. 180, pl. 8, fig. 23; leafy shoot; Jiuqujiang of Qionghai, Hainan; Early Triassic Lingwen Formation.

Albertia spp.

1983 _Albertia_ sp., Zhang Wu and others, p. 82, pl. 4, fig. 10; leaf; Linjiawaizi of Benxi, Liaoning; Middle Triassic Linjia Formation.

1992a _Albertia_ sp., Meng Fansong, pl. 4, figs. 1b, 1d; leafy shoot; Jiuqujiang of Qionghai, Hainan; Early Triassic Lingwen Formation.

***Albertia*? sp.**

1986 *Albertia*? sp. ,Zheng Shaolin, Zhang Wu, p. 180, pl. 3, figs. 5, 6; leafy shoots; Yangshugou of Harqin left Wing, Liaoning; Early Triassic Hongla Formation.

△Genus *Alloephedra* Tao et Yang, 2003 (in Chinese and English)

2003 Tao Jurong, Yang Yong, pp. 209, 212.

Type species: *Alloephedra xingxuei* Tao et Yang, 2003

Taxonomic status: Ephedraceae, Gnetales

△*Alloephedra xingxuei* Tao et Yang, 2003 (in Chinese and English)

2003 Tao Jurong, Yang Yong, pp. 209, 212, pls. 1, 2; stems, branches and Female cones terminate to the branchlets; No.: No. 54018a, No. 54018b; Holotype: No. 54018a, No. 54018b (pl. 1, fig. 1); Repository: Institute of Botany, Chinese Academy of Sciences; Yanbian, Jilin; Early Cretaceous Dalazi Formation.

△Genus *Amentostrobus* Pan, 1983 (nom. nud.)

1983 Pan Guang, p. 1520. (nom. nud.) (in Chinese)

1984 Pan Guang, p. 958. (nom. nud.) (in English)

1993a Wu Xiangwu, pp. 163, 248.

1993b Wu Xiangwu, pp. 504, 510.

Type species: (without specific name)

Taxonomic status: Coniferopsida

***Amentostrobus* sp. indet.**

[Notes: Generic name was given only, but without specific name (or type species) in the original paper]

1983 *Amentostrobus* sp. indet., Pan Guang, p. 1520; western Liaoning. (in Chinese)

1984 *Amentostrobus* sp. indet., Pan Guang, p. 958; western Liaoning. (in English)

Genus *Ammatopsis* Zalessky, 1937

1937 Zalessky, p. 78.

1992a Meng Fansong, p. 181.

Type species: *Ammatopsis mira* Zalessky, 1937

Taxonomic status: Coniferopsida

***Ammatopsis mira* Zalessky, 1937**

1937 Zalessky, p. 78, fig. 44; coniferous shoot bearing long and slender leaves; USSR;

Permian.

Cf. *Ammatopsis mira* Zalessky

1992a Meng Fansong, p. 181, pl. 7, figs. 1—3; leafy shoots; Jiuqujiang of Qionghai, Hainan; Early Triassic Lingwen Formation.

△Genus *Amphiephedra* Miki, 1964

1964 Miki, pp. 19, 21.

1970 Andrews, p. 17.

1993a Wu Xiangwu, pp. 7, 214.

1993b Wu Xiangwu, pp. 505, 510.

Type species: *Amphiephedra rhamnoides* Miki, 1964

Taxonomic status: Ephedraceae, Gnetopsida

△*Amphiephedra rhamnoides* Miki, 1964

1964 Miki, pp. 19, 21, pl. 1, fig. F; shoot with normal leaves; Lingyuan, Liaoning; Late Jurassic *Lycoptera* Bed.

1970 Andrews, p. 17.

1993a Wu Xiangwu, pp. 7, 214.

1993b Wu Xiangwu, pp. 505, 510.

Genus *Araucaria* Juss.

1883 Schenk, p. 262.

1993a Wu Xiangwu, p. 56.

Type species: (living genus)

Taxonomic status: Araucariaceae, Coniferopsida

△*Araucaria prodromus* Schenk, 1883

1883 Schenk, p. 262, pl. 53, fig. 8; leafy shoot; Zigui, Hubei; Jurassic. [Notes: The specimen was later referred as *Pagiophyllum* sp. (Sze H C, Lee H H and others, 1963)]

1993a Wu Xiangwu, p. 56.

Genus *Araucarioxylon* Kraus, 1870

1870 (1869—1874) Kraus in Schimper, p. 381.

1944 Ogura, p. 347.

1993a Wu Xiangwu, p. 56.

Type species: *Araucarioxylon carbonceum* (Witham) Kraus, 1870

Taxonomic status: wood of Coniferopsida

***Araucarioxylon carbonceum* (Witham) Kraus, 1870**

1833 *Pinites carbonceus* Witham, p. 73, pl. 11, figs. 6—9; woods; England; Carboniferous.

1870 (1869—1874) Kraus, in Schimper, p. 381.

1993a Wu Xiangwu, p. 56.

△*Araucarioxylon batuense* Duan, 2000 (in Chinese and English)

2000 Duan Shuying, pp. 207, 209, figs. 10 — 14; woods; No.: 8445 — 8449; Batuyingzi of Chaoyang and Hongqiangzi of Yixian, Liaoning; Middle Jurassic Lanqi Fomation and Early Cretaceous Shahai Formation. (Notes: The type specimen and the repository of the specimens were not appointed in the original paper)

△*Araucarioxylon jimoense* Zhang et Wang, 1987

1987 Zhang Shanzheng, Wang Qingzhi, pp. 65, 68, pl. 1, figs. 1 — 4; pl. 2, figs. 1 — 4; woods; Repository: Nanjing Institute of Geology and Palaeontology, Chinese Academy of Sciences; Jimo of Qingdao, Shandong; Early Cretaceous Chingshan Formation.

△*Araucarioxylon jeholense* Ogura, 1944

[Notes: The species was later referred as *Protosciadopityoxylon jeholense* (Ogura) Zhang et Zheng (Zhang Wu and others, 2000b)]

1944 Ogura, p. 347, pl. 3, figs. D—F, K, L; woods; Beipiao Coal Mine, Liaoning; Late Triassic (? Rhaetic)—Early Jurassic(Lias) Taichi Series.

1993a Wu Xiangwu, p. 56.

***Araucarioxylon japonicum* (Shimakura) ex Li et Cui, 1995**

1936 *Dadoxylon* (*Araucarioxylon*) *japonicum* Shimakura, p. 268, pl. 12 (1), figs. 1—6; text-fig. 1; woods; Japan; Late Jurassic Torinosu Group.

1995 Li Chengsen, Cui Jinzhong, pp. 93 — 95 (including figure); woods; Shandong; Early Cretaceouas.

***Araucarioxylon sidugawaense* (Shimakura) ex Duan, 2000**

1936 *Dadoxylon* (*Araucarioxylon*) *sidugawaense* Shimakura, p. 273, pl. 12 (1), figs. 7, 8; pl. 13 (2), figs. 1—7; text-fig. 2; woods; Japan; Early—Middle Jurassic Sizugawa Series.

2000 Duan Shuying, p. 208, figs. 4—9; woods; Japan, Korea and Yixian in Liaoning of China; Late Jurassic—Early Cretaceous.

△*Araucarioxylon xinchangense* Duan, 2002 (in Chinese and English)

2002 Duan Shuying and others, pp. 79, 81, pl. 1, figs. 1—6; woods; No.: Xinchang-4, Xinchang-10; Holotype: Xinchang-10 (pl. 1, figs. 1 — 4); Paratype: Xinchang-4; Repository: Xinchang County Archives of Zhejiang Province; Wangjiaping of Xinchang, Zhejiang; Early Cretaceous Guantou Formation.

△*Araucarioxylon zigongense* Duan, 1998 (in Chinese and English)

(Note: *zigongese* was *zigongensis* in the original paper)

1998 *Araucarioxylon zigongensis* Duan, Duan Shuying, Peng Guangzhao, pp. 675, 676, pl. 1, figs. 1 — 6; text-figs. 2a, 2b; woods; No.: 8433 — 8435; Dashanpu of Zigong, Sichuan; Middle Jurassic Xiashaximiao Formation and Xintiangou Formation. (Notes: The type specimen was not appointed in the original paper)

Genus *Araucarites* Presl, 1838

1838 (1820—1838) Presl, in Sternberg, p. 204.

1923 Chow T H, pp. 82, 140.

1993a Wu Xiangwu, p. 56.

Type species: *Araucarites goepperti* Presl, 1838

Taxonomic status: Araucariaceae, Coniferopsida

***Araucarites goepperti* Presl, 1838**

1838 (1820 — 1838) Presl, in Sternberg, p. 204, pl. 39, fig. 4; cone; Tirol, Austria; Tertiary (?).

1993a Wu Xiangwu, p. 56.

△***Araucarites minor* Sun et Zheng, 2001** (in Chinese and English)

2001 Sun Ge, Zheng Shaolin, in Sun Ge and others, pp. 98, 201, pl. 22, fig. 4; pl. 59, figs. 10, 11; female cones; Reg. No.: PB19117; Holotype: PB19117 (pl. 22, fig. 4); Repository: Nanjing Institute of Geology and Palaeontology, Chinese Academy of Sciences; western Liaoning; Late Jurassic Jianshangou Formation.

***Araucarites minutus* Bose et Maheshwari, 1973**

1973 Bose, Maheshwari, p. 210, pl. 1, figs. 10—15; pl. 2, figs. 26, 27; text-figs. 1F—1J, 2B, 3B, 3E; detached seed scales and cuticle of scales; Sher River, near Sehora, Jabalpur, India; Late Jurassic Jabalper Stage.

1993 Zhou Zhiyan, Wu Yimin, p. 122, pl. 1, figs. 6, 7; text-figs. 4D, 4E; cone scales; Puna in Dingri (Xegar), southern Tibet (Xizang) (about 60 km north to Mount Qomolungma); Early Cretaceous Puna Formation.

***Araucarites* spp.**

1923 *Araucarites* sp., Chow T H, pp. 82, 140; leafy twigs; Laiyang, Shandong; Early Cretaceous Laiyang Formation. [Notes: The specimen was later referred as *Pagiophyllum* sp. (Sze H C, Lee H H and others, 1963)]

1980 *Araucarites* sp., Huang Zhigao, Zhou Huiqin, p. 109, pl. 3, fig. 8; cone-scale; Zhangjia of Wubu, Shaanxi; Middle Triassic upper part of Ermaying Formation.

1983 *Araucarites* sp., Zhang Wu and others, p. 82, pl. 4, fig. 27; text-fig. 11; cone-scale; Linjiawaizi of Benxi, Liaoning; Middle Triassic Linjia Formation.

1990 *Araucarites* sp., Liu Mingwei, p. 206, pl. 33, fig. 5; cone-scale; Daming of Laiyang, Shandong; Early Cretaceous Member 3 of Laiyang Formation.

1993a *Araucarites* sp., Wu Xiangwu, p. 56.

1999 *Araucarites* sp., Cao Zhengyao, p. 87, pl. 26, figs. 7, 8; cone-scales; Shantouxu of Linhai, Zhejiang; Early Cretaceous Guantou Formation.

***Araucarites*? sp.**

1986 *Araucarite*? sp., Ye Meina and others, p. 83, pl. 52, fig. 8; cone; Wenquan of Kaixian, Sichuan; Early Jurassic Zhenzhuchong Formation.

Genus *Athrotaxites* Unger, 1849

1849 Unger, p. 364.

1982 Zheng Shaolin, Zhang Wu, p. 324.

1993a Wu Xiangwu, p. 58.

Type species: *Athrotaxites lycopodioides* Unger, 1849

Taxonomic status: Taxodiaceae, Coniferopsida

***Athrotaxites lycopodioides* Unger, 1849**

1849 Unger, p. 364, pl. 5, figs. 1, 2; foliage-bearing shoots and cones; Solenhofen of Bavaria, Germany; Jurassic.

1993a Wu Xiangwu, p. 58.

***Athrotaxites berryi* Bell, 1956**

1956 Bell, p. 115, pl. 58, fig. 5; pl. 60, fig. 5; pl. 61, fig. 5; pl. 62, figs. 2, 3; pl. 63, fig. 1; pl. 64, figs. 1—5; pl. 65, fig. 7; Canada; Early Cretaceous.

1982 Zheng Shaolin, Zhang Wu, p. 324, pl. 23, fig. 13; pl. 24, figs. 5, 6; leafy shoots and female cones; Baoqing and Hulin, Heilongjiang; Late Jurassic Chaoyangtun Formation; Shuangyashan, Heilongjiang; Early Cretaceous Chengzihe Formation.

1988 Chen Fen and others, p. 79, pl. 69, figs. 4—4b, 8; leafy shoots and cones; Tiefa Basin and Fuxin Basin, Liaoning; Early Cretaceous Xiaoming'anbei Formation and Fuxin Formation.

1990 Chen Fen, Deng Shenghui, p. 28, pl. 1, figs. 2—10, 12; pl. 2, fig. 10; pl. 3, figs. 5, 6; text-figs.2: 4—7; leafy shoots, cones and cuticles; Tiefa Basin, Liaoning; Early Cretaceous Xiaoming'anbei Formation.

1993a Wu Xiangwu, p. 58.

***Athrotaxites* cf. *berryi* Bell**

1985 Shang Ping, pl. 5, fig. 6; pl. 14, figs. 4, 6; leafy shoots; Qinghemen of Fuxin, Liaoning; Early Cretaceous Haizhou Formation.

1987 Shang Ping, pl. 2, figs. 3, 4; branchlet bearing seed cones; Fuxin Basin, Liaoning; Early Cretaceous.

△*Athrotaxites masgnifolius* Chen et Deng, 1990

1988 *Athrotaxopsis*? sp., Chen Fen and others, p. 80, pl. 49, figs. 4, 4a; long shoot and short shoot with leaves; Haizhou, Fuxin, Liaoning; Early Cretaceous Fuxin Formation.

1990 *Athrotaxites masgnifolius* (Chen et Meng) Chen et Deng, Chen Fen, Deng Shenghui, pp. 32, 35, pl. 1, fig. 1; pl. 2, figs. 5, 9, 11, 12; pl. 3, figs. 1—3, 10, 11; text-figs. 2: 3, 9, 10; leafy shoot and cuticles; No.: FX223; Repository: China University of Geosciences, Beijing; Fuxin Basin, Liaoning; Early Cretaceous Fuxin Formation.

△*Athrotaxites orientalis* Deng et Chen, 1990

1990 Chen Fen, Deng Shenghui, pp. 31, 35, pl. 1, fig. 11; pl. 2, figs. 1—4, 6—8; pl. 3, figs. 7—9; text-figs. 2: 1, 2, 8; leafy shoot, cone and cuticles; No.: 14a507-1, 14a507-2; Repository: China University of Geosciences, Beijing; Huolinhe Basin, Inner Mongolia; Early Cretaceous Lower Coal Member of Huolinhe Formation. (Notes: The type specimen was not appointed in the original paper)

1995 Deng Shenghui, p. 58, pl. 25, figs. 5—8; pl. 26, figs. 1A—4; pl. 27, figs. 1—4; pl. 48, figs. 4—7; leafy shoots with cones and cuticles; Huolinhe Basin, Inner Mongolia; Early Cretaceous Lower Coal Member of Huolinhe Formation.

1997 Deng Shenghui and others, p. 51, pl. 30, figs. 11—14; pl. 31, figs. 1—6; leafy shoots and cuticles; Jalainur, Inner Mongolia; Early Cretaceous Yimin Formation.

Genus *Athrotaxopsis* Fontaine, 1889

1889 Fontaine, p. 240.

1988 Chen Fen and others, p. 80.

1993a Wu Xiangwu, p. 58.

Type species: *Athrotaxopsis grandis* Fontaine, 1889

Taxonomic status: Taxodiaceae, Coniferopsida

Athrotaxopsis grandis Fontaine, 1889

1889 Fontaine, p. 240, pls. 114, 116, 135; foliage and cones; Fredericksburg of Virginia, USA; Early Cretaceous Potomac Group.

1993a Wu Xiangwu, p. 58.

Athrotaxopsis expansa Fontaine, 1889

1889 Fontaine, p. 241, pl. 113, figs. 5, 6; pl. 115, fig. 2; pl. 116, fig. 5; pl. 117, fig. 6; pl. 135, figs. 15, 18, 22; leafy shoots and cones; Virginia, USA; Early Cretaceous Potomac Group.

2003 Yang Xiaoju, p. 569, pl. 3, figs. 2, 3, 6, 7; leafy shoots and cones; Jixi Basin, Heilongjiang; Early Cretaceous Muling Formation.

Athrotaxopsis sp.

2001 *Athrotaxopsis* sp., Sun Ge and others, pp. 98, 201, pl. 26, fig. 7; pl. 57, figs. 5, 6; pl. 68, fig. 15(?); female cones; western Liaoning; Late Jurassic Jianshangou Formation.

Athrotaxopsis? sp.

1988 *Athrotaxopsis*? sp., Chen Fen and others, p. 80, pl. 49, figs. 4, 4a; twig with leaves;

Haizhou of Fuxin, Liaoning; Early Cretaceous Fuxin Formation. [Notes: The specimen was later referred as *Athrotaxites masgnifolius* (Chen et Meng) Chen et Deng (Chen Fen, Deng Shenghui, 2000)]

1993a *Athrotaxipsis*? sp., Wu Xiangwu, p. 58.

Genus *Borysthenia* Stanislavsky, 1976

1976 Stanislavsky, p. 77.

1984 Zhang Wu, Zheng Shaolin, p. 389.

1993a Wu Xiangwu, p. 60.

Type species: *Borysthenia fasciculata* Stanislavsky, 1976

Taxonomic status: Coniferopsida

***Borysthenia fasciculata* Stanislavsky, 1976**

1976 Stanislavsky, p. 77, pl. 36, figs. 5—7; pl. 43, figs. 1—4; pls. 44, 45; pl. 46, figs. 1—8; pl. 47, figs. 1—3; text-figs. 33—36; reproductive organ; Donbas, Ukraine; Late Triassic.

1993a Wu Xiangwu, p. 60.

△*Borysthenia opulenta* Zgang et Zheng, 1984

1984 Zhang Wu, Zheng Shaolin, p. 389, pl. 3, figs. 10, 10a, 11; text-fig. 6; strobili; Reg. No.: Ch6-3, Ch6-4; Repository: Shenyang Institute of Geology and Mineral Resources; Shimengou of Chaoyang, Liaoning; Late Triassic Laohugou Formation. (Notes: The type specimen was not appointed in the original paper)

1993a Wu Xiangwu, p. 60.

Genus *Brachyoxylon* Hollick et Jeffrey, 1909

1909 Hollick, Jeffrey, p. 54.

1950 Hsu J, p. 35.

1993a Wu Xiangwu, p. 60.

Type species: *Brachyoxylon notabile* Hollick et Jeffrey, 1909

Taxonomic status: Araucarian, Coniferopsida

***Brachyoxylon notabile* Hollick et Jeffrey, 1909**

1909 Hollick, Jeffrey, p. 54, pls. 13, 14; woods; Kreischerville, Staten Island, New York, USA; Cretaceous.

1993a Wu Xiangwu, p. 60.

△*Brachyoxylon sahnii* Hsu, 1950 (nom. nud.)

1950 Hsu J, p. 35; wood; Ma'anshan of Jimo, Shandong; Mesozoic. (nom. nud.) [Notes: The specimen was later referred as *Dadoxylon* (*Araucarioxylon*) cf. *japonicum* Shimakura

(Hsu J,1953)]

1993a Wu Xiangwu,p. 60.

Brachyoxylon sp.

1990 *Brachyoxylon* sp., Voznin-Serra, Pons, p. 121, pl. 6, figs. 2 — 6; woods; Luolong (Lalong), Tibet; Early Cretaceous (Albian).

Genus *Brachyphyllum* Brongnirat, 1828

1928 Brongnirat, p. 109.

1923 Chow T H, pp. 81, 137.

1963 Sze H C, Lee H H and others, p. 305.

1993a Wu Xiangwu, p. 61.

Type species: *Brachyphyllum mamillare* Brongnirat, 1828

Taxonomic status: Coniferales, Coniferopsida

Brachyphyllum mamillare Brongnirat, 1828

1928 Brongnirat, p. 109; twig and foliage; England; Jurassic.

1993a Wu Xiangwu, p. 61.

2004 Wang Wuli and others, p. 56, pl. 12, figs. 1 — 4; pl. 13, figs. 1 — 6; text-figs. 1-3-1A, B; leafy shoots and cuticles; Changgao of Beipiao, Liaoning; Late Jurassic Tuchengzi Formation.

Brachyphyllum boreale Heer, 1877

1877 Heer, p. 15, pl. 2, figs. 1—9; leafy shoots; Switzerland; Late Triassic—Early Jurassic.

1906 Krasser, p. 627, pl. 4, fig. 7; leafy shoot; Jalainur (Shara-Nor), Inner Mongolia; Jurassic.

Brachyphyllum crassum Lesquereux, 1891

1891 Lesquereux, p. 32, pl. 2, fig. 5; vegetative shoot; Queensland, Australia; Early Cretaceous Dakota Group.

1980 Zhang Wu and others, p. 302, pl. 187, fig. 5; leafy shoot; Dalazi of Yanji, Jilin; Early Cretaceous Dalazi Formation.

1986 Zhang Chuanbo, pl. 2, fig. 9; leafy shoot; Dalazi of Yanji, Jilin; middle — late Early Cretaceous Dalazi Formation.

1990 Liu Mingwei, p. 208, pl. 34, figs. 1—8; leafy shoots; Daming of Laiyang, Shandong; Early Cretaceous member 3 of Laiyang Formation.

1992 Sun Ge, Zhao Yanhua, p. 560, pl. 257, fig. 4; pl. 258, fig. 4; leafy shoots; Luozigou of Wangqing, Jilin; Early Cretaceous Dalazi Formation.

△*Brachyphyllum elegans* Cao, 1989

1989 Cao Zhengyao, pp. 439, 443, pl. 2, figs. 8—11; pl. 3, figs. 1—3; leafy shoots and cuticles; Reg. No.: PB14263; Holotype: PB14263 (pl. 2, fig. 8); Repository: Nanjing Institute of Geology and Palaeontology, Chinese Academy of Sciences; Pingshan of Lin'an, Zhejiang;

Early Cretaceous Shouchang Formation.

1999 Cao Zhengyao, p. 95; Pingshan of Lin'an, Zhejiang; Early Cretaceous Shouchang Formation.

Brachyphyllum expansum (Sternberg) Seward, 1919

1823 *Thuites expansum* Sternberg, p. XXXVIII, pl. 38, figs. 1, 2; leafy shoots; Oxtordshire, England; Jurassic.

1919 Seward, p. 317; text-figs. 754, 755; leafy shoots; Oxtordshire, England; Jurassic.

2004 Wang Wuli and others, p. 57, pl. 12, figs. 5—10; pl. 14, figs. 1—3; text-fig. 1D; leafy shoots; Chaoyang, Liaoning; Late Jurassic Tuchengzi Formation.

△_Brachyphyllum hubeiense_ Meng, 1981

1981 Meng Fansong, p. 101, pl. 2, figs. 20, 20a, 21; shoots; No.: HP7616, HP7617; Holotype: HP7616 (pl. 2, fig. 20); Repository: Yichang Institute of Geology and Mineral Resources; Lingxiang of Daye, Hubei; Early Cretaceous Lingxiang Group.

Brachyphyllum japonicum (Yokoyama) Ôishi, 1940

1894 *Cyparissidium? japonicum* Yokoyama, p. 229, pl. 20, figs. 3a, 6, 6a, 13; pl. 24, fig. 4; branches with leaves; Japan; Early Cretaceous.

1940 Ôishi, p. 391, pl. 42, figs. 2, 3, 3a; branches with leaves; Japan; Early Cretaceous.

1982a Liu Zijin, p. 136, pl. 75, figs. 1—3; leafy shoots; Lishan and Caoba of Kangxian, Huaya and Maoba of Chengxian, Gansu; Early Cretaceous Huaya Formation and Zhoujiawan Formation of Donghe Group.

Brachyphyllum cf. _japonicum_ (Yokoyama) Ôishi

1999a Wu Shunqing, p. 20, pl. 8, figs. 2, 2a; pl. 12, figs. 3, 3a; shoots with leaves; Huangbanjigou in Shangyuan of Beipiao, Liaoning; Late Jurassic Jianshangou Bed in lower part of Yixian Formation.

△_Brachyphyllum lingxiangense_ (Chen) Chen, 1984

1977 *Cupressinocladus lingxiangense* Chen, Chen Gongxing, in Feng Shaonan and others, p. 242, pl. 97, fig. 6; leafy shoot; Lingxiang of Daye, Hubei; Late Jurassic Lingxiang Group.

1984 Chen Gongxing, p. 608, pl. 270, fig. 3; leafy shoot; Lingxiang of Daye, Hubei; Early Cretaceous Lingxiang Formation.

△_Brachyphyllum longispicum_ Sun et Zheng, 2001 (in Chinese and English)

2001 Sun Ge, Zheng Shaolin, in Sun Ge and others, pp. 101, 202, pl. 19, figs. 3, 4; pl. 58, figs. 1—9; pl. 67, fig. 10; pl. 68, fig. 8; shoots bearing leaves; Reg. No.: PB18954, PB19009, PB19138, PB19139, PB19144, PB19203; Holotype: PB19138 (pl. 19, fig. 3); Repository: Nanjing Institute of Geology and Palaeontology, Chinese Academy of Sciences; Jianshangou of Beipiao, western Liaoning; Late Jurassic Jianshangou Formation.

2004 Wang Wuli and others, p. 235, pl. 31, fig. 4; leafy shoot; Yixian, Liaoning; Late Jurassic Zhuanchengzi Bed in lower part of Yixian Formation; Jianshangou in Shangyuan of Beipiao, Liaoning; Late Jurassic Jianshangou Bed of Yixian Formation.

△***Brachyphyllum magnum*** **Chow, 1923**

1923 Chow T H, pp. 81, 137, pl. 1, fig. 1; leafy twig; Laiyang, Shandong (Shantung); Early Cretaceous Laiyang Formation. [Notes: The specimen was later referred as *Brachyphyllum obesum* Heer (Sze H C, Lee H H and others, 1963)]

1993a Wu Xiangwu, p. 61.

Brachyphyllum muensteri **Schenk, 1867**

1867 Schenk, p. 187, pl. 43, figs. 1—12; Franken; Late Triassic (Keuper) — Early Jurassic (Lias).

Brachyphyllum **(*Hirmerella*?)** ***muensteri*** **Schenk ex Wang, 1984**

1984 Wang Ziqiang, p. 289, pl. 130, figs. 1—3; leafy twigs; Datong, Shanxi; Early Jurassic Yongdingzhuang Formation.

△***Brachyphyllum multiramosum*** **Chow, 1923**

1923 Chow T H, pp. 81, 138, pl. 2, figs. 1, 2; leafy twigs; Laiyang, Shandong (Shantung); Early Cretaceous Laiyang Formation. [Notes: The specimen was later referred as *Brachyphyllum obesum* Heer (Sze H C, Lee H H and others, 1963)]

1993a Wu Xiangwu, p. 61.

△***Brachyphyllum nantianmense*** **Wang, 1984**

1984 Wang Ziqiang, p. 289, pl. 157, figs. 5—9; pl. 158, fig. 1; pl. 174, figs. 4—9; leafy shoots and cuticles; Reg. No.: P0407—P0411, P0456; Holotype: P0411 (pl. 158, fig. 1); Repository: Nanjing Institute of Geology and Palaeontology, Chinese Academy of Sciences; Zhangjiakou, Hebei; Early Cretaceous Qingshila Formation.

△***Brachyphyllum ningshiaense*** **Chow et Tsao, 1977**

1977 Chow Tseyen, Tsao Chenyao, p. 165, pl. 1, figs. 1—8; pl. 2, fig. 18; shoots with leaves; Reg. No.: PB6254; Holotype: PB6254 (pl. 1, figs. 1, 2); Repository: Nanjing Institute of Geology and Palaeontology, Chinese Academy of Sciences; Xiayangnan of Jingyuan, Ningxia; Early Cretaceous member 5 of Liupanshan Group.

1982a Liu Zijin, p. 137, pl. 75, fig. 9; leafy shoot; Xiayangnan of Jingyuan and Huoshizhai of Xiji, Ningxia; Early Cretaceous Liupanshan Group.

1992 Sun Ge, Zhao Yanhua, p. 560, pl. 249, figs. 3, 4; pl. 257, fig. 2; leafy shoots; Luozigou of Wangqing, Jilin; Early Cretaceous Dalazi Formation; Taipingtun of Panshi, Jilin; Early Cretaceous Heiwaizi Formation.

Brachyphyllum **cf.** ***ningshiaense*** **Chow et Tsao**

1982 Wang Guoping and others, p. 291, pl. 133, figs. 1, 2; leafy shoots; Guzheng and Lingbi of Anhui, Ningbo of Zhejiang; Early Cretaceous Guantou Formation.

1984 Wang Ziqiang, p. 289, pl. 153, fig. 9; leafy twig; West Hill, Beijing; Early Cretaceous Tuoli Formation.

1984 Chen Qishi, pl. 1, figs. 15, 16, 26, 27; leafy shoots; Ningbo and Xinchang, Zhejiang; Early Cretaceous Fangyan Formation.

1989 Ding Baoliang and others, pl. 2, figs. 15, 16; leafy shoots; Ningbo, Zhejiang; Early Cretaceous Guantou Formation.

***Brachyphyllum obesum* Heer, 1881**

1881 Heer, p. 20, pl. 17, figs. 1—4; Portugal; Early Cretaceous.

1923 *Brachyphyllum multiramosum* Chow, Chow T H, pp. 81, 137, pl. 1, figs. 2—6; leafy twigs; Laiyang, Shandong (Shantung); Early Cretaceous Laiyang Formation.

1945 Sze H C, p. 50, figs. 3, 4; leafy shoots; Yong'an (Yungan), Fujian (Fukien); Cretaceous Pantou Series.

1954 Hsu J, p. 64, pl. 56, fig. 1; leafy shoot; Yong'an, Fujian; Early Cretaceous Pantou Formation; Laiyang, Shandong (Shantung); Early Cretaceous Laiyang Formation.

1958 Wang Longwen and others, p. 624 (include figure); leafy shoot; Shandong and Fujian; Early Cretaceous Leiyang Series and Pantou Series.

1963 Sze H C, Lee H H and others, p. 306, pl. 93, figs. 1—3 (= *Branchyphyllum multiramosum* Chow, Chow T H, 1923, pp. 81, 137, pl. 1, figs. 2—6); leafy twigs; Laiyang, Shandong (Shantung); Late Jurassic—Early Cretaceous Laiyang Formation; Yong'an (Yungan), Fujian (Fukien); Late Jurassic — Early Cretaceous Pantou Formation.

1964 Lee H H and others, p. 136, pl. 89, fig. 4; leafy shoot; South China; Late Jurassic (?) — Early Cretaceous.

1977 Feng Shaonan and others, p. 245, pl. 97, figs. 7, 8; leafy shoots; Zijin of Guangdong and Rongxian of Guangxi; Early Cretaceous.

1979 He Yuanliang and others, p. 155, pl. 77, figs. 9, 10; leafy shoots; Yunwushan of Da Qaidam, Qinghai; Middle Jurassic Dameigou Formation.

1982 Wang Guoping and others, p. 291, pl. 133, figs. 8, 9; leafy twigs; Nanwu and Ma'ershan of Laiyang, Shandong (Shantung); Late Jurassic Laiyang Formation.

1983a Zheng Shaolin, Zhang Wu, p. 91, pl. 7, fig. 10; leafy twig; Mishan, Heilongjiang; middle—late Early Cretaceous Dongshan Formation.

1989 Ding Baoliang and others, pl. 2, fig. 7; leafy shoot; Shouchangdaqiao of Jiande, Zhejiang; Early Cretaceous upper member of Shouchang Formation.

1990 Liu Mingwei, p. 208, pl. 34, fig. 5; leafy shoot; Daming of Laiyang, Shandong; Early Cretaceous member 3 of Laiyang Formation.

1992 Liang Shijing and others, pl. 2, figs. 1, 4; shoots with leaves; Panxi of Shaxian, Fujian; Early Cretaceous Junkou Formation.

1993a Wu Xiangwu, p. 61.

1994 Cao Zhengyao, figs. 2o—2p; shoot with leaves; Jiande, Zhejiang; early Early Cretaceous Laocun Formation.

1995a Li Xingxue (editor-in-chief), pl. 112, figs. 14, 15; leafy shoots; Jiande, Zhejiang; early Early Cretaceous Laocun Formation. (in Chinese)

1995b Li Xingxue (editor-in-chief), pl. 112, figs. 14, 15; leafy shoots; Jiande, Zhejiang; early Early Cretaceous Laocun Formation. (in English)

1998 Zhang Hong and others, pl. 53, fig. 5; leafy shoot; Yaojie of Lanzhou, Gansu; Middle

Jurassic upper part of Yaojie Formation.

1999 Cao Zhengyao, p. 95, pl. 27, figs. 1—8; leafy shoots; Laocun of Shouchang, Zhejiang; Early Cretaceous Laocun Formation; Xialingjiao of Zhuji, Laozhu of Lishui, Pingshan and Panlongqiao of Lin'an, Zhejiang; Early Cretaceous Shouchang Formation; Shantouxu and Lingxiachen of Linhai, Zhejiang; Early Cretaceous Guantou Formation.

***Brachyphyllum* cf. *obesum* Heer**

1995 Cao Zhengyao and others, p. 10, pl. 4, figs. 7, 8; leafy shoots; Zhenghe, Fujian; Early Cretaceous Nanyuan Formation.

△*Brachyphyllum obtusum* Chow et Tsao, 1977

1977 Chow Tseyen, Tsao Chenyao, p. 166, pl. 1, figs. 9—14; shoots with leaves; Reg. No.: PB6255; Holotype: PB6255 (pl. 1, fig. 9); Repository: Nanjing Institute of Geology and Palaeontology, Chinese Academy of Sciences; Lingbi and Guzhen, Anhui; Early Cretaceous (?).

1982 Wang Guoping and others, p. 291, pl. 132, figs. 2, 3; pl. 134, figs. 3, 4; leafy shoots and cuticles; Lingbi and Guzhen, Anhui; Early Cretaceous (?).

1990 Liu Mingwei, p. 208, pl. 34, figs. 10, 11; leafy shoots; Daming of Laiyang, Shandong; Early Cretaceous member 3 of Laiyang Formation.

***Brachyphyllum* cf. *obtusum* Chow et Tsao**

1984 Chen Qishi, pl. 1, figs. 34, 35; leafy shoots; Jinyun, Zhejiang; Early Cretaceous Yongkang Group.

△*Brachyphyllum obtusicapitum* Cao, 1999 (in Chinese and English)

1999 Cao Zhengyao, pp. 95, 156, pl. 27, figs. 10—13; text-fig. 32; leafy shoots; Col. No.: ZH98; Reg. No.: PB14541—PB14544; Holotype: PB14544 (pl. 27, fig. 13); Repository: Nanjing Institute of Geology and Palaeontology, Chinese Academy of Sciences; Xialingjiao of Zhuji and Panlongqiao of Lin'an, Zhejiang; Early Cretaceous Shouchang Formation; Huangjiawu of Zhuji, Zhejiang; Early Cretaceous Shouchang Formation (?).

***Brachyphyllum parceramosum* Fontaine, 1889**

1889 Fontaine, p. 223, pl. 60, fig. 4; leafy shoot; Virginia, USA; Early Cretaceous Potomac Group.

1980 Zhang Wu and others, p. 303, pl. 187, fig. 1; leafy shoot; Dalazi of Yanji, Jilin; Early Cretaceous Dalazi Formation.

1999 Cao Zhengyao, p. 96, pl. 27, fig. 9; leafy shoot; Huangjiawu of Zhuji, Zhejiang; Early Cretaceous Shouchang Formation (?).

△*Brachyphyllum rhombicum* Wu S Q, 1999 (in Chinese)

1999a Wu Shunqing, p. 19, pl. 11, figs. 4, 4a; shoot with leaves; Col. No.: AEO-209; Reg. No.: PB182295; Repository: Nanjing Institute of Geology and Palaeontology, Chinese Academy of Sciences; Huangbanjigou of Shangyuan of Beipiao, Liaoning; Late Jurassic Jianshangou Bed in lower part of Yixian Formation.

△***Brachyphyllum rhombimaniferum* Guo, 1979**

1979 Guo Shuangxing, p. 228, pl. 1, figs. 1, 2; leafy shoots; Col. No.: YK1, YK2; Reg. No.: PB6913, PB6914; Holotype: PB6914 (pl. 1, fig. 2); Paratype: PB6913 (pl. 1, fig. 1); Repository: Nanjing Institute of Geology and Palaeontology, Chinese Academy of Sciences; Naxiaocun of Yongning, Guangxi; Late Cretaceous Bali Formation.

1992 Liang Shijing and others, pl. 2, fig. 3; shoot with leaves; Lantian of Shanghang, Fujian; Late Cretaceous Guanzhai Formation.

***Brachyphyllum* cf. *rhombimaniferum* Guo**

1981 Meng Fansong, p. 101, pl. 2, figs. 18, 18a; shoot; Lingxiang and Changpinghu of Daye, Hubei; Early Cretaceous Lingxiang Group.

***Brachyphyllum* spp.**

1941 *Brachyphyllum* sp., Ôishi, p. 176, pl. 38 (3), figs. 5, 5a, 6, 6a, 7a; fragments of coniferous sterile branches; Luozigou (Lotzukou) of Wangqing, Jilin; Early Cretaceous lower part of Lotzukou Series. [Notes: The specimen was later referred as *Brachyphyllum*? sp. (Sze H C, Lee H H and others, 1963, p. 306)]

1979 *Brachyphyllum* sp., Zhou Zhiyan, Li Baoxian, pl. 2, fig. 23; leafy shoot; Jiuqujiang of Qionghai, Hainan; Early Triassic Jiuqujiang Formation of Lingwen Group.

1980 *Brachyphyllum* sp., He Dechang, Shen Xiangpen, p. 28, pl. 24, fig. 5; leafy shoot; Xintianmen and Xiling near Changce of Yizhang, Hunan; Early Jurassic Zaoshang Formation.

1980 *Brachyphyllum* sp., Wu Shuqing and others, p. 119, pl. 16, figs. 6, 6a; leafy shoot; Shazhenxi of Zigui, Hubei; Early—Middle Jurassic Hsiangchi Formation.

1981 *Brachyphyllum* sp., Meng Fansong, p. 101, pl. 2, figs. 19, 19a; shoot; Lingxiang of Daye, Hubei; Early Cretaceous Lingxiang Group.

1982a *Brachyphyllum* sp., Liu Zijin, p. 137, pl. 60, fig. 8; leafy shoots; Huoshizhai of Xiji, Ningxia; Early Cretaceous Liupanshan Group.

1982 *Brachyphyllum* sp., Zhang Caifan, p. 540, pl. 351, figs. 3, 3a; leafy shoot; Yuelong of Liuyang, Hunan; Early Jurassic Yuelong Formation.

1983 *Brachyphyllum* sp., Chen Fen, Yang Guanxiu, p. 134, pl. 18, figs. 4, 4a; leafy shoot; Shiquanhe area, Tibet; Early Cretaceous upper part of Risong Group.

1984 *Brachyphyllum* sp. (sp. nov. ?), Chen Qishi, pl. 1, figs. 13, 14, 17—23; leafy shoots; Ningbo, Zhejiang; Early Cretaceous Fangyan Formation.

1984 *Brachyphyllum* sp., Chen Qishi, pl. 1, figs. 30, 31; leafy shoots; Xinchang, Zhejiang; Early Cretaceous Fangyan Formation.

1984 *Brachyphyllum* sp., Zhou Zhiyan, p. 53, pl. 34, figs. 2, 3; leafy shoots; Guanyintan and Hebutang of Qiyang and Taochuan of Jiangyong, Hunan; Early Jurassic Fengjiachong Member of Guanyintan Formation.

1986b *Brachyphyllum* sp. cf. *B. japonicum* (Yok.) Ôishi, Li Xingxue and others, p. 42, pl. 42, figs. 3—5; pl. 43, figs. 1—3; leafy shoots; Shansong of Jiaohe, Jilin; late Early Cretaceous Moshilazi Formation.

1986 *Brachyphyllum* sp. 1, Ye Meina and others, p. 76, pl. 49, fig. 1; leafy shoot; Leiyinpu of Daxian, Sichuan; Early Jurassic Zhenzhuchong Formation.

1986 *Brachyphyllum* sp. 2, Ye Meina and others, p. 76, pl. 49, fig. 2; leafy shoot; Jinwo of Daxian, Sichuan; Early—Middle Jurassic Xintiangou Formation.

1988 *Brachyphyllum* sp., Chen Fen and others, p. 88, pl. 68, fig. 5; leafy shoot; Tiefa, Liaoning; Early Cretaceous Xiaoming'anbei Formation.

1988 *Brachyphyllum* sp., Liu Zijin, p. 95, pl. 1, figs. 18, 19; leafy shoots; Huating, Gansu; Early Cretaceous upper member in Huanhe-Huachi Formation of Zhidan Group.

1990 *Brachyphyllum* sp., Zhou Zhiyang and others, pp. 417, 423, pl. 1, figs. 2, 2a; pl. 4, figs. 1—4; leafy shoots; Pingzhou (Ping Chau) Island, Hongkong; Early Cretaceous (Albian).

1992a *Brachyphyllum* spp., Meng Fansong, pl. 7, figs. 7—11; leafy shoots; Jiuqujiang of Qionghai, Hainan; Early Triassic Lingwen Formation.

1993 *Brachyphyllum* sp., Mi Jiarong and others, p. 151, pl. 48, figs. 6, 6a; leafy shoot; Laohugou of Lingyuan, Liaoning; Late Triassic Laohugou Formation.

1993c *Bracyhphyllum* sp., Wu Xiangwu, p. 86, pl. 5, fig. 7; pl. 7, figs. 6—7b; leafy shoots; Shangxian, Shaanxi; Early Cretaceous lower member of Fengjiashan Formation.

1995 *Brachyphyllum* sp., Cao Zhengyao and others, p. 10, pl. 4, figs. 9, 10; text-fig. 4; shoots; Zhenghe, Fujian; Early Cretaceous Nanyuan Formation.

1995a *Brachyphyllum* sp., Li Xingxue (editor-in-chief), pl. 63, fig. 16; ultimate leafy shoot; Xinhuacun in Jiuqujiang of Qionghai, Hainan; Early Triassic Lingwen Formation. (in Chinese)

1995b *Brachyphyllum* sp., Li Xingxue (editor-in-chief), pl. 63, fig. 16; ultimate leafy shoot; Xinhuacun in Jiuqujiang of Qionghai, Hainan; Early Triassic Lingwen Formation. (in English)

1995a *Brachyphyllum* sp., Li Xingxue (editor-in-chief), pl. 110, figs. 13, 14; pl. 142, fig. 1; leafy shoots; Luozigou of Wangqing, Jilin; late Early Cretaceous Dalazi Formation. (in Chinese)

1995b *Brachyphyllum* sp., Li Xingxue (editor-in-chief), pl. 110, figs. 13, 14; pl. 142, fig. 1; leafy shoot; Luozigou of Wangqing, Jilin; late Early Cretaceous Dalazi Formation. (in English)

1995a *Brachyphyllum* sp., Li Xingxue (editor-in-chief), pl. 115, figs. 2, 3; leafy shoots; Pingzhou Island, Hongkong; Early Cretaceous Pingzhou Formation. (in Chinese)

1995b *Brachyphyllum* sp., Li Xingxue (editor-in-chief), pl. 115, figs. 2, 3; leafy shoots; Pingzhou Island, Hongkong; Early Cretaceous Pingzhou Formation. (in English)

1998 *Brachyphyllum* sp., Huang Qisheng and others, pl. 1, fig. 13; leafy shoot; Miaoyuan near Qingshui of Shangrao, Jiangxi; Early Jurassic member 3 of Linshan Formation.

1998 *Brachyphyllum* sp. 1, Zhang Hong and others, pl. 52, fig. 6; leafy shoot; Yaojie of Lanzhou, Gansu; Middle Jurassic upper part of Yaojie Formation.

1998 *Brachyphyllum* sp. 2, Zhang Hong and others, pl. 52, fig. 7; leafy shoot; Yaojie of Lanzhou, Gansu; Middle Jurassic upper part of Yaojie Formation.

1999 *Brachyphyllum* sp. 1, Cao Zhengyao, p. 96, pl. 28, fig. 6; leafy shoot; Huangjiawu of Zhuji, Zhejiang; Early Cretaceous Shouchang Formation (?).

1999a *Brachyphyllum* sp., Wu Shunqing, p. 20, pl. 8, figs. 6, 6a; pl. 13, figs. 2, 2a; shoots with leaves; Huangbanjigou in Shangyuan of Beipiao city, Liaoning; Late Jurassic Jianshangou Bed in lower part of Yixian Formation.

2000 *Brachyphyllum* sp., Wu Shunqing, pl. 8, figs. 4, 4a; leafy shoot; Zhangshang in Xigong of Xinjie, Hongkong; Early Cretaceous Repulse Bay Group.

? *Brachyphyllum* sp.

1984 ? *Brachyphyllum* sp., Gu Daoyuan, p. 157, pl. 79, fig. 2; leafy shoot; Akto, Xinjiang; Middle Jurassic Yangye Formation.

***Brachyphyllum*? spp.**

1963 *Brachyphyllum*? sp., Sze H C, Lee H H and others, p. 306, pl. 94, figs. 5—6a; pl. 95, figs. 9, 9a (=*Brachyphyllum* sp., Ôishi, 1941, p. 176, pl. 38 (3), figs. 5, 5a, 6, 6a, 7a); fragments of coniferous sterile branches; Luozigou (Lotzukou) of Wangqing, Jilin; Early Cretaceous lower part of Dalazi Formation.

1991 *Brachyphyllum*? sp., Li Peijuan, Wu Yimin, p. 289, pl. 8, figs. 6—7a; pl. 10, figs. 7, 7a, 9; pl. 11, fig. 4; leafy shoots and cones; Gêrzê, Tibet (Xizang); Early Cretaceous Chuanba Formation.

1996 *Brachyphyllum*? sp., Wu Shunqing, Zhou Hanzhong, p. 10, pl. 3, figs. 6, 6a; pl. 8, figs. 5, 6; leafy shoot and cuticles; Kuqa, Xinjiang; Middle Triassic Karamay Formation.

1999 *Brachyphyllum*? sp. 2, Cao Zhengyao, p. 96, pl. 26, fig. 12; pl. 28, figs. 3—5; leafy shoots; Jidaoshan of Jinhua, Zhejiang; Early Cretaceous Moshishan Formation.

***Brachyphyllum* (*Allocladus*?) sp.**

1993 *Brachyphyllum* (*Allocladus*?) sp., Zhou Zhiyan, Wu Yimin, p. 122, pl. 1, figs. 9—11; text-figs. 4B, 4C; leafy shoots; Puna in Tingri (Xegar), southern Tibet (about 60 km north to Mount Qomolungma); Early Cretaceous Puna Formation.

Genus *Cardiocarpus* Brongniart, 1881

1881 Brongniart, p. 20.

1984 Wang Ziqiang, p. 297.

1993a Wu Xiangwu, p. 62.

Type species: *Cardiocarpus drupaceus* Brongniart, 1881

Taxonomic status: Gymnospermae

***Cardiocarpus drupaceus* Brongniart, 1881**

1881 Brongniart, p. 20, pl. A, figs. 1, 2; seed casts; England; Carboniferous.

1993a Wu Xiangwu, p. 62.

△*Cardiocarpus yuccinoides* Wang Z Q et Wang L X, 1990

1990a Wang Ziqiang, Wang Lixin, p. 137, pl. 18, fig. 15; seed; No.: Iso19-3; Holotype: Iso19-3 (pl. 18, fig. 15); Repository: Nanjing Institute of Geology and Palaeontology, Chinese

Academy of Sciences; Tuncun of Yushe, Shanxi; Early Triassic base part of Heshanggou Formation; Mafang of Heshun, Shanxi; Early Triassics lower member of Heshanggou Formation.

***Cardiocarpus* spp.**

1984 *Cardiocarpus* sp., Wang Ziqiang, p. 297, pl. 108, fig. 11; seed; Yushe, Shanxi; Early Triassic Heshanggou Formation.

1988 *Cardiocarpus* sp., Chen Fen and others, p. 93, pl. 69, fig. 7; seed; Tiefa, Liaoning; Early Cretaceous Xiaoming'anbei Formation.

1989 *Cardiocarpus* sp., Wang Ziqiang, Wang Lixin, p. 35, pl. 4, fig. 4a; seed; Yaoertou of Jiaocheng, Shanxi; Early Triassic middle part of Liujiagou Formation.

1990b *Cardiocarpus* sp., Wang Ziqiang, Wang Lixin, p. 311, pl. 6, figs. 6, 7; seeds; Sizhuang of Wuxiang and Pantuo of Pingyao, Shanxi; Middle Triassic base part of Ermaying Formation.

1993a *Cardiocarpus* sp., Wu Xiangwu, p. 62.

1995 *Cardiocarpus* sp., Deng Shenghui, p. 65, pl. 28, fig. 6; seed; Huolinhe Basin, Inner Mongolia; Early Cretaceous Lower Coal Member of Huolinhe Formation.

1997 *Cardiocarpus* sp., Deng Shenghui and others, p. 55, pl. 28, fig. 18; seed; Dayan Basin of Hailar, Inner Mongolia; Early Cretaceous Yimin Formation.

Genus *Carpolithes* Schlothcim, 1820
or *Carpolithus* Wallerius, 1747

1917 Seward, pp. 364, 497.

1920 Nathorst, p. 16.

1963 Sze H C, Lee H H and others, p. 311.

1993a Wu Xiangwu, p. 62.

Type species: no type species (Seward, 1917; Sze H C, Lee H H and others, 1963)

Taxonomic status: for seeds and supposed seeds from almost every geological horizon that cannot be assigned to a natural plant group

△*Carpolithus acanthus* Wu, 1988

1988 Wu Xiangwu, in Li Peijuan and others, p. 142, pl. 100, figs. 3, 3a; seed; Col. No.: $80DP_1F_{28}$; Reg. No.: PB13764; Holotype: PB13764 (pl. 100, fig. 3); Repository: Nanjing Institute of Geology and Palaeontology, Chinese Academy of Sciences; Dameigou, Qinghai; Early Jurassic *Ephedrites* Bed of Tianshuigou Formation.

△*Carpolithus auritus* Wu, 1988

1988 Wu Xiangwu, in Li Peijuan and others, p. 143, pl. 100, figs. 1, 2; seeds; Col. No.: $80DP_1F_{28}$; Reg. No.: PB13765, PB13766; Holotype: PB13765 (pl. 100, fig. 1); Repository: Nanjing Institute of Geology and Palaeontology, Chinese Academy of Sciences; Dameigou, Qinghai; Early Jurassic *Ephedrites* Bed of Tianshuigou Formation.

Carpolithus brookensis **Fontaine, 1889**

1889 Fontaine, p. 268, pl. 167, fig. 6; seed; Virginia, USA; Early Cretaceous Potomac Group.

1990 Tao Junrong, Zhang Chuanbo, p. 228, fig. 6; seed; Yanji Basin, Jilin; Early Cretaceous Dalazi Formation.

Carpolithus cinctus **Nathorst, 1878**

1878 Nathorst, pp. 34, 52, pl. 4, figs. 17, 18; pl. 6, figs. 2, 3; seeds; Sweden; Late Triassic.

1982 Zheng Shaolin, Zhang Wu, p. 328, pl. 11, fig. 1b; seed; Shuangyashan, Heilongjiang; Early Cretaceous Chenzihe Formation.

1995 Deng Shenghui, p. 64, pl. 29, fig. 5; seed; Huolinhe Basin, Inner Mongolia; Early Cretaceous Lower Coal Member of Huolinhe Formation.

Carpolithus **cf.** ***cinctus*** **Nathorst**

1976 Chang Chichen, p. 200, pl. 101, fig. 6; seed; Qingciyao of Datong, Shanxi; Middle Jurassic Datong Formation.

1988 Chen Fen and others, p. 92, pl. 59, fig. 7; seed; Haizhou of Fuxin, Liaoning; Early Cretaceous Fuxin Formation.

△***Carpolithus fabiformis*** **Zheng et Zhang, 1982**

1982 Zheng Shaolin, Zhang Wu, p. 328, pl. 25, figs. 13 — 15; seeds; Reg. No.: HDN163, HDN164; Repository: Shenyang Institute of Geology and Mineral Resources; Didao of Jixi, Heilongjiang; Late Jurassic Didao Formation. (Notes: The type specimen was not designated in the original paper)

1988 Chen Fen and others, p. 92, pl. 59, figs. 4, 5; seeds; Haizhou of Fuxin, Liaoning; Early Cretaceous Fuxin Formation.

2001 Zheng Shaolin and others, pl. 1, figs. 32, 33; seeds; Liujiagou of Beipiao, Liaoning; Middle — Late Jurassic member 3 of Tuchengzi Formation.

△***Carpolithus globularis*** **Yokoyama, 1906**

(Note: the genus was *Carpolithes* in original paper)

1906 *Carpolithes globularis* Yokoyama, p. 20, pl. 5, fig. 1b; seed; Dashigu (Tashihku) of Baxian, Sichuan; Jurassic.

1963 Sze H C, Lee H H and others, p. 312, pl. 102, fig. 23; seed; Dashigu (Tashihku) of Baxian, Sichuan; Jurassic (?).

1995 Zeng Yong and others, p. 69, pl. 20, fig. 1; seed; Yima, Henan; Middle Jurassic Yima Formation.

△***Carpolithus jidongensis*** **Zheng et Zhang, 1982**

1982 Zheng Shaolin, Zhang Wu, p. 328, pl. 23, figs. 14 — 16; seeds; Reg. No.: HYPI003, HYPI004; Repository: Shenyang Institute of Geology and Mineral Resources; Jidong, Heilongjiang; Late Jurassic Shihebei Formation. (Notes: The type specimen was not designated in the original paper)

1992 Cao Zhengyao, p. 222, pl. 6, figs. 17, 18; seeds; Suibin-Shuangyashan area, eastern Heilongjiang; Early Cretaceous Chengzihe Formation.

△***Carpolithus latizonus*** **Li, 1988**

1988 Li Peijuan and others, p. 143, pl. 94, figs. 4, 4a; seed; Col. No.: $80DP_1F_{89}$; Reg. No.: PB13767; Holotype: PB13767 (pl. 94, figs. 4, 4a); Repository: Nanjing Institute of Geology and Palaeontology, Chinese Academy of Sciences; Dameigou, Qinghai; Middle Jurassic *Tyrmia-Sphenobaiera* Bed of Dameigou Formation.

1995 Zeng Yong and others, p. 69, pl. 9, fig. 2; pl. 21, fig. 3; seeds; Yima, Henan; Middle Jurassic Yima Formation.

1998 Zhang Hong and others, pl. 50, fig. 4; seed; Da Qaidam, Qinghai; Middle Jurassic Dameigou Formation.

△***Carpolithus lingxiangensis*** **Chen, 1977**

1977 Chen Gongxing, in Feng Shaonan and others, p. 248, pl. 98, fig. 16; text-fig. 83; seed; Reg. No.: P5128; Holotype: P5128 (pl. 98, fig. 16); Repository: Bureau of Geology and Mineral Resources of Hubei Province; Lingxiang of Daye, Hubei; Late Jurassic Lingxiang Group.

1984 Chen Gongxing, p. 614, pl. 270, fig. 9; seed; Lingxiang of Daye, Hubei; Early Cretaceous Lingxiang Group.

△***Carpolithus longiciliosus*** **Liu, 1988**

1988 Liu Zijin, p. 97, pl. 1, fig. 22; seed; No.: Sy-15; Holotype: Sy-15 (pl. 1, fig. 22); Repository: Xi'an Institute of Geology and Mineral Resources, Chinese Academy of Geological Sciences; Huating, Gansu; Early Cretaceous upper member in Huanhe-Huachi Formation of Zhidan Group.

△***Carpolithus multiseminatlis*** **Sun et Zheng, 2001** (in Chinese and English)

2001 Sun Ge, Zheng Shaolin, in Sun Ge and others, pp. 112, 210, pl. 17, fig. 8; pl. 20, fig. 6; pl. 21, fig. 6; pl. 39, fig. 11; pl. 53, fig. 8; pl. 63, figs. 14, 15; pl. 67, fig. 9; seeds; Reg. No.: PB18986, PB19001, PB19004, ZY3025; Holotype: PB18986 (pl. 20, fig. 6); Repository: Nanjing Institute of Geology and Palaeontology, Chinese Academy of Sciences; western Liaoning; Late Jurassic Jianshangou Formation.

△***Carpolithus pachythelis*** **Sun et Zheng, 2001** (in Chinese and English)

2001 Sun Ge, Zheng Shaolin, in Sun Ge and others, pp. 112, 211, pl. 25, fig. 8; pl. 68, fig. 16; seeds; Reg. No.: PB19152; Holotype: PB19152 (pl. 25, fig. 8); Repository: Nanjing Institute of Geology and Palaeontology, Chinese Academy of Sciences; western Liaoning; Late Jurassic Jianshangou Formation.

△***Carpolithus retioformus*** **Wu, 1988**

1988 Wu Xiangwu, in Li Peijuan and others, p. 143, pl. 100, fig. 5B; pl. 135, figs. 1, 1a; seeds and cuticles; Col. No.: $80DP_1F_{28}$; Reg. No.: PB13768; Holotype: PB13768 (pl. 100, fig. 5B); Repository: Nanjing Institute of Geology and Palaeontology, Chinese Academy of Sciences; Dameigou, Qinghai; Early Jurassic *Ephedrites* Bed of Tianshuigou Formation.

△***Carpolithus rotundatus*** **(Fontaine) Zheng et Zhang, 1983**

1889 *Cycadeospermum rotundatum* Fontaine, p. 271, pl. 136, fig. 12; seed; Virginia, USA;

Early Cretaceous.

1983a Zheng Shaolin, Zhang Wu, p. 92, pl. 8, figs. 9—11; seeds; Mishan, Heilongjiang; middle—late Early Cretaceous Dongshan Formation.

1997 Deng Shenghui and others, p. 54, pl. 28, figs. 19, 20; seeds; Dayan Basin of Hailar, Inner Mongolia; Early Cretaceous Yimin Formation.

***Carpolithus* cf. *rotundatus* (Fontaine) Zheng et Zhang**

1989 Ren Shouqin, Chen Fen, p. 637, pl. 1, fig. 12; seed; Wujiu Basin of Hailar, Inner Mongolia; Early Cretaceous Damoguaihe Formation.

△*Carpolithus shouchangensis* Cao, 1999 (in Chinese and English)

1999 Cao Zhengyao, pp. 101, 159, pl. 26, figs. 18, 18a; seed; Col. No.: ZH49; Reg. No.: PB14586; Holotype: PB14586 (pl. 26, figs. 18, 18a); Repository: Nanjing Institute of Geology and Palaeontology, Chinese Academy of Sciences; Dongcun of Shouchang, Zhejiang; Early Cretaceous Shouchang Formation.

△*Carpolithus strumatus* Wu, 1988

1988 Wu Xiangwu, in Li Peijuan and others, p. 144, pl. 100, fig. 4; seed; Col. No.: 80DP$_1$F$_{28}$; Reg. No.: PB13769; Holotype: PB13769 (pl. 100, fig. 4); Repository: Nanjing Institute of Geology and Palaeontology, Chinese Academy of Sciences; Dameigou, Qinghai; Early Jurassic *Ephedrites* Bed of Tianshuigou Formation.

***Carpolithus virginiensis* Fontaine, 1889**

1889 Fontaine, p. 266, pl. 134, figs. 11—14; pl. 135, figs. 1, 5; pl. 168, fig. 7; seeds; Virginia, USA; Early Cretaceous.

1982 Zheng Shaolin, Zhang Wu, p. 328, pl. 23, fig. 17; seed; Didao and Shuangyashan, Heilongjiang; Early Cretaceous Chengzihe Formation.

△*Carpolithus yamasidai* Yokoyama, 1906

(Note: The genus was *Carpolithes* in original paper)

1906 *Carpolithes yamasidai* Yokoyama, p. 14, pl. 1, figs. 10, 11 (?); seeds; Tangtang of Xuanwei, Yunnan; Triassic. [Notes: The horizon was later referred as Late Permian Lungtan Formation (Sze H C, Lee H H and others, 1963)]

***Carpolithus* spp.**

1885 *Carpolithes*, Schenk, p. 176 (14), pl. 13 (1), figs. 13a, 13b; seed; Shangxian, Shaanxi (Schan-tschou, Svhen-si); Jurassic.

1885 *Carpolithes*, Schenk, p. 176 (14), pl. 14 (2), fig. 5b; seed; Huangnibao of Ya'an, Sichuan (Hoa-ni-pu, Se-tschuen); Jurassic.

1925 *Carpolithus* sp., Teilhard de Chardin, Fritel, p. 539; Youfangtou (You-fang-teou) of Yulin, Shaanxi; Jurassic.

1933a *Carpolithus* sp., Sze H C, p. 22, pl. 2, fig. 12; seed; Yibin, Sichuan; Late Triassic—Early Jurassic.

1933b *Carpolithus* sp., Sze H C, p. 27; seed; Shiguaizi (Shihkuaitsun) and Xiaodoulinqin (Hsiaotoulinchin) of Saratsi, Inner Mongolia; Early Jurassic.

1933 *Carpolithus* sp. a, Yabe, Ôishi, p. 234 (40), pl. 35 (6), fig. 11; seed; Shahezi (Shahotzu), Liaoning; Jurassic.

1933 *Carpolithus* sp. b, Yabe, Ôishi, p. 234 (40), pl. 35 (6), fig. 10; seed; Jiaohe (Chiaoho), Jilin; Jurassic.

1933 *Carpolithus* sp. c, Yabe, Ôishi, p. 234 (40), pl. 35 (6), fig. 9; seed; Dabao (Tapu), Liaoning; Jurassic.

1949 *Carpolithus* sp. 1, Sze H C, p. 39; seed; Daxiakou of Zigui, Hubei; Early Jurassic Hsiangchi Coal Series.

1949 *Carpolithus* sp. 2, Sze H C, p. 39, pl. 15, figs. 25, 26; seeds; Caojiayao of Dangyang, Hubei; Early Jurassic Hsiangchi Coal Series.

1949 *Carpolithus* sp. 3, Sze H C, p. 39, pl. 15, figs. 20, 21; seeds; Caojiayao of Dangyang, Hubei; Early Jurassic Hsiangchi Coal Series.

1949 *Carpolithus* sp. 4, Sze H C, p. 39, pl. 15, figs. 25, 26; seeds; Cuijiagou and Baishigang of Dangyang, Hubei; Early Jurassic Hsiangchi Coal Series.

1949 *Carpolithus* sp. 5, Sze H C, p. 40, pl. 15, fig. 24; seed; Xiangxi of Zigui, Hubei; Early Jurassic Hsiangchi Coal Series.

1949 *Carpolithus* sp. 6, Sze H C, p. 40, pl. 15, fig. 27; seed; Xiangxi of Zigui, Hubei; Early Jurassic Hsiangchi Coal Series.

1952 *Carpolithus* sp., Sze C H, p. 188, pl. 1, fig. 8; seed; Jalainor, Inner Mongolia; Jurassic.

1956a *Carpolithus* spp., Sze C H, pp. 60, 165, pl. 56, figs. 8 — 14a; seeds; Tanhegou in Silangmiao of Yijun, Shaanxi; Late Triassic Yenchang Formation.

1961 *Carpolithus* sp., Shen Kuanglung, p. 174, pl. 1, fig. 5B; seed; Huicheng, Gansu; Middle Jurassic Miensien Group.

1963 *Carpolithus* sp. 1, Sze H C, Lee H H and others, p. 312, pl. 102, fig. 4; seed; Shahezi (Shahotzu), Liaoning; Middle—Late Jurassic.

1963 *Carpolithus* sp. 2, Sze H C, Lee H H and others, p. 312, pl. 102, fig. 5; seed; Jiaohe (Chiaoho), Jilin; Middle—Late Jurassic.

1963 *Carpolithus* sp. 3, Sze H C, Lee H H and others, p. 312, pl. 102, fig. 6; seed; Dabao (Tapu), Liaoning; Middle—Late Jurassic.

1963 *Carpolithus* sp. 4, Sze H C, Lee H H and others, p. 312, pl. 102, fig. 7; seed; Yibin, Sichuan; Late Triassic—Early Jurassic.

1963 *Carpolithus* sp. 5, Sze H C, Lee H H and others, p. 313, pl. 102, fig. 8; seed; Changting, Fujian; Late Triassic—Early Jurassic.

1963 *Carpolithus* sp. 6, Sze H C, Lee H H and others, p. 313; seed; Shiguaizi (Shihkuaitsun) and Xiaodoulinqin (Hsiaotoulinchin) of Saratsi, Inner Mongolia; Early — Middle Jurassic.

1963 *Carpolithus* sp. 7, Sze H C, Lee H H and others, p. 313, pl. 102, figs. 9, 10; seeds; Xiangxi (Hsiangchi) of Zigui and Caojiayao of Dangyang, Hubei; Early Jurassic Hsiangchi Group.

1963 *Carpolithus* sp. 8, Sze H C, Lee H H and others, p. 313, pl. 102, fig. 11; seed; Baishigang of Dangyang, Hubei; Early Jurassic Hsiangchi Group.

1963 *Carpolithus* sp. 9, Sze H C, Lee H H and others, p. 313, pl. 102, fig. 12; seed; Cuijiagou of Dangyang, Hubei; Early Jurassic Hsiangchi Group.

1963 *Carpolithus* sp. 10, Sze H C, Lee H H and others, p. 314, pl. 102, fig. 13; seed; Xiangxi of Zigui, Hubei; Early Jurassic Hsiangchi Group.

1963 *Carpolithus* sp. 11, Sze H C, Lee H H and others, p. 314, pl. 102, fig. 14; seed; Xiangxi of Zigui, Hubei; Early Jurassic Hsiangchi Group.

1963 *Carpolithus* sp. 12, Sze H C, Lee H H and others, p. 314, pl. 95, fig. 3; seed; Jalainor, Inner Mongolia; Late Jurassic Jalainor Group.

1963 *Carpolithus* sp. 13, Sze H C, Lee H H and others, p. 315, pl. 102, fig. 15; seed; Caojiayao of Dangyang, Hubei; Early Jurassic Hsiangchi Group.

1963 *Carpolithus* sp. 14, Sze H C, Lee H H and others, p. 315, pl. 52, fig. 10; seed; Huangnibao of Ya'an, Sichuan; Jurassic (?).

1963 *Carpolithus* sp. 15, Sze H C, Lee H H and others, p. 315, pl. 52, fig. 8a; seed; Shangxian, Shaanxi; Jurassic (?).

1963 *Carpolithus* sp. 16, Sze H C, Lee H H and others, p. 315, pl. 52, fig. 8b; seed; Shangxian, Shaanxi; Jurassic (?).

1963 *Carpolithus* spp., Sze H C, Lee H H and others, p. 314, pl. 101, fig. 3; pl. 102, figs. 16—22; seeds; Tanhegou in Silangmiao of Yijun, Shaanxi; Late Triassic Yenchang Formation.

1965 *Carpolithus* sp. 1, Tsao Chengyao, p. 524, pl. 5, fig. 10; pl. 6, fig. 11; seeds; Gaoming, Guangdong; Late Triassic Xiaoping Formation (Siaoping Series).

1965 *Carpolithus* sp. 2, Tsao Chengyao, p. 524, pl. 6, fig. 12; seed; Gaoming, Guangdong; Late Triassic Xiaoping Formation (Siaoping Series).

1968 *Carpolithus* sp., *Fossil Atlas of Mesozoic Coal-bearing Strata in Jiangxi and Hunan Provinces*, p. 83, pl. 31, fig. 9; seed; Sandu of Zixing, Hunan; Late Triassic Yangmeilong Formation.

1976 *Carpolithus* spp., Lee Peichuan and others, p. 135, pl. 43, fig. 8; pl. 44, figs. 8, 9; seeds; Yubacun and Yipinglang of Lufeng, Yunnan; Late Triassic Yipinglang Formation.

1977 *Carpolithus* sp., Department of Geological Exploration of Changchun College of Geology and others, pl. 4, fig. 10; seed; Shiren of Hunjiang, Jilin; Late Triassic Xiaohekou Formation.

1979 *Carpolithus* sp., He Yuanliang and others, p. 156, pl. 77, fig. 8; seed; Darge of Gangca, Qinghai; Late Triassic Lower Formation of Muri Group.

1979 *Carpolithus* sp., Hsu J. and others, p. 72, pl. 72, figs. 7, 7a; seed; Yongren, Sichuan; Late Triassic lower part of Daqing Formation.

1979 *Carpolithus* sp., Ye Meina, pl. 2, figs. 4, 4a; seed; Wayaopo of Lichuan, Hubei; Middle Triassic Patung Formation.

1979 *Carpolithus* sp., Zhou Zhiyan, Li Baoxian, p. 455, pl. 2, fig. 19; seed; Jiuqujiang of Qionghai, Hainan; Early Triassic Jiuqujiang Formation of Lingwen Group.

1980 *Carpolithus* sp., He Dechang, Shen Xiangpeng, p. 30, pl. 20, fig. 2; pl. 24, fig. 4; seeds; Tongrilonggou near Sandu of Zixing, Hunan; Early Jurassic Zaoshang Formation.

1980 *Carpolithus* sp. 1, Huang Zhigao, Zhou Huiqin, p. 111, pl. 4, fig. 7; seed; Zhifang of Tongchuan, Shaanxi; Middle Triassic middle part of Ermaying Formation.

1980 *Carpolithus* sp. 2, Huang Zhigao, Zhou Huiqin, p. 111, pl. 4, fig. 8; seed; Zhifang of Tongchuan, Shaanxi; Middle Triassic middle part of Ermaying Formation.

1980 *Carpolithus* sp. 3, Huang Zhigao, Zhou Huiqin, p. 111, pl. 4, fig. 10; seed; Zhifang of Tongchuan, Shaanxi; Middle Triassic middle part of Ermaying Formation.

1980 *Carpolithus* sp. 4, Huang Zhigao, Zhou Huiqin, p. 111, pl. 24, fig. 9; seed; Shenmu, Shaanxi; Late Triassic upper-middle part of Yenchang Formation.

1980 *Carpolithus* sp., Wu Shuqing and others, p. 120, pl. 15, fig. 6; pl. 27, figs. 7—10; seeds; Xiangxi and Shazhenxi of Zigui, Hubei; Early—Middle Jurassic Hsiangchi Formation.

1981 *Carpolithus* sp., Liu Maoqiang, Mi Jiarong, p. 28, pl. 3, fig. 5; seed; Linjiang, Jilin; Early Jurassic Yihe Formation.

1982 *Carpolithus* sp., Li Peijuan, p. 96, pl. 14, fig. 8; seed; Zhongyisongduo of Luolong, Tibet; Early Cretaceous Duoni Formation.

1982 *Carpolithus* sp., Li Peijuan, Wu Xiangwu, p. 58, pl. 13, fig. 3C; seed; Daocheng, Sichuan; Late Triassic Lamaya Formation.

1982 *Carpolithus* sp. 1, Tan Lin, Zhu Jianan, p. 156, pl. 41, fig. 8; seed; Guyang, Inner Mongolia; Early Cretaceous Guyang Formation.

1982 *Carpolithus* sp. 2, Tan Lin, Zhu Jianan, p. 156, pl. 41, fig. 9; seed; Guyang, Inner Mongolia; Early Cretaceous Guyang Formation.

1982b *Carpolithus* sp., Yang Xuelin, Sun Liwen, p. 40, pl. 12, fig. 4; seed; Hongqi of Wanbao, southeastern Da Hingganling; Early Jurassic Hongqi Formation.

1982 *Carpolithus* sp. 1, Zhang Caifan, p. 540, pl. 341, figs. 10—12; seeds; Luyang of Huaihua, Hunan; Late Triassic.

1982 *Carpolithus* sp. 2, Zhang Caifan, p. 541, pl. 341, figs. 13, 14; seeds; Huangnitang of Qiyang, Hunan; Early Jurassic Gaojiatian Formation.

1983a *Carpolithus* sp., Cao Zhengyao, p. 18, pl. 2, fig. 5; seed; Yunshan of Hulin, Heilongjiang; Middle Jurassic Longzhaogou Group.

1983 *Carpolithus* sp., Zhang Wu and others, p. 85, pl. 4, fig. 29; pl. 5, figs. 11, 12, 16, 26; seeds; Linjiawaizi of Benxi, Liaoning; Middle Triassic Linjia Formation.

1984a *Carpolithus* sp., Cao Zhengyao, p. 16, pl. 8, fig. 10; pl. 9, fig. 9; seeds; Peide of Mishan, Heilongjiang; Middle Jurassic Qihulin Formation.

1984b *Carpolithus* sp. 1, Cao Zhengyao, p. 41, pl. 4, fig. 14; pl. 5, fig. 10; seeds; Mishan, Heilongjiang; Early Cretaceous Dongshan Formation.

1984b *Carpolithus* sp. 2, Cao Zhengyao, p. 41, pl. 2, fig. 9; seed; Mishan, Heilongjiang; Early Cretaceous Dongshan Formation.

1984 *Carpolithus* sp. 1, Chen Fen and others, p. 68, pl. 34, fig. 5; seed; Zhaitang of West Hill, Beijing; Early Jurassic Lower Yaopo Formation.

1984 *Carpolithus* sp. 2, Chen Fen and others, p. 68, pl. 34, fig. 6; seed; Datai of West Hill, Beijing; Early Jurassic Lower Yaopo Formation.

1984 *Carpolithus* spp., Chen Gongxing, p. 614, pl. 243, figs. 6b, 6c; pl. 262, figs. 1, 2, 10, 11; seeds; Fenshuiling of Jingmen and Kuzhuqiao of Puqi, Hubei; Late Triassic Jiuligang Formation and Jigongshan Formation; Matousa of Dangyang, Hubei; Early Jurassic Tongzhuyuan Formation.

1984 *Carpolithus* sp., Li Baoxian and others, p. 145, pl. 1, figs. 10, 11, 11a; seeds; Yongdingzhuang of Datong, Shanxi; Early Jurassic Yongdingzhuang Formation.

1984 *Carpolithus* sp., Wang Xifu, p. 302, pl. 175, fig. 14; seed; Xiabancheng of Chengde, Hebei; Early Triassic Heshanggou Formation.

1984 *Carpolithus* sp., Zhang Zhicheng, p. 121, pl. 3, fig. 10; seed; Taipinglinchang of Jiayin, Heilongjiang; Late Cretaceous Taipinglinchang Formation.

1985 *Carpolithus* sp., Cao Zhengyao, p. 282, pl. 3, fig. 13; seed; Hanshan, Anhui; Late Jurassic Hanshan Formation.

1986 *Carpolithus* spp., Wu Xiangwu and others, pl. 2, fig. 1C; seed; Xiaomeigou near Da Qaidam, Qinhai; Early Jurassic Xiaomeigou Formation.

1986 *Carpolithus* sp., Zheng Shaolin, Zhang Wu, pl. 3, fig. 11; seed; Yangshugou of Harqin Left Wing, Liaoning; Early Triassic Hongla Formation.

1987 *Carpolithus* sp., Chen Ye and others, p. 137, pl. 45, figs. 10 — 12a; seeds; Qinghe of Yanbian, Sichuan; Late Triassic Hongguo Formation.

1987 *Carpolithus* sp., He Dechang, p. 79, pl. 11, fig. 1b; seed; Jingjukou of Suichang, Zhejiang; Middle Jurassic bed 3 of Maolong Formation.

1987 *Carpolithus* sp., Shang Ping, pl. 3, figs. 6 — 8; seeds; Fuxin Basin, Liaoning; Early Cretaceous.

1987 *Carpolithus* sp. 1, Zhang Wu, Zheng Shaolin, p. 316, pl. 24, figs. 3, 4; seeds; Nanpiao of Jinxi, Liaoning; Middle Triassic Houfulongshan Formation.

1987 *Carpolithus* sp. 2, Zhang Wu, Zheng Shaolin, p. 317, pl. 24, figs. 9, 9a; seed; Beipiao, Liaoning; Middle Jurassic Lanqi Formation.

1988 *Carpolithus* sp. 1, Chen Fen and others, p. 92, pl. 59, fig. 8; seed; Qinghemen of Fuxin, Liaoning; Early Cretaceous Fuxin Formation.

1988 *Carpolithus* sp. 2, Chen Fen and others, p. 92, pl. 59, figs. 9, 10; seeds; Aiyou of Fuxin, Liaoning; Early Cretaceous Fuxin Formation.

1988 *Carpolithus* sp. 3, Chen Fen and others, p. 93, pl. 59, fig. 6; seed; Haizhou of Fuxin, Liao-ning; Early Cretaceous Fuxin Formation.

1988 *Carpolithus* sp. 1 (Cf. *Swedenborgia cryptomerioides* Nathorst), Li Peijuan and others, p. 144, pl. 99, fig. 13; pl. 100, fig. 4; seeds; Dameigou, Qinghai; Early Jurassic *Ephedrites* Bed of Tianshuigou Formation.

1988 *Carpolithus* sp. 2, Li Peijuan and others, p. 144, pl. 100, fig. 20Aa; seed; Dameigou, Qinghai; Early Jurassic *Ephedrites* Bed of Tianshuigou Formation.

1988 *Carpolithus* sp. 3, Li Peijuan and others, p. 145, pl. 69, fig. 6B; seed; Dameigou, Qinghai; Early Jurassic *Ephedrites* Bed of Tianshuigou Formation.

1988 *Carpolithus* sp. 4, Li Peijuan and others, p. 145, pl. 98, fig. 6; pl. 100, fig. 8; seeds; Dameigou, Qinghai; Early Jurassic *Ephedrites* Bed of Tianshuigou Formation.

1988 *Carpolithus* sp. 5, Li Peijuan and others, p. 145, pl. 100, fig. 9; pl. 135, figs. 5, 5a; seeds and cuticles; Dameigou, Qinghai; Early Jurassic *Ephedrites* Bed of Tianshuigou Formation.

1988 *Carpolithus* sp. 6, Li Peijuan and others, p. 146, pl. 100, fig. 17; pl. 135, figs. 2—4; seeds and cuticles; Dameigou, Qinghai; Early Jurassic *Ephedrites* Bed of Tianshuigou

Formation.

1988 *Carpolithus* sp. 7, Li Peijuan and others, p. 146, pl. 88, figs. 5, 5a; seed; Dameigou, Qinghai; Middle Jurassic *Tyrmia-Sphenobaiera* Bed of Dameigou Formation.

1988 *Carpolithus* sp. 8, Li Peijuan and others, p. 146, pl. 77, fig. 4; pl. 100, fig. 23; seeds; Kuangou of Lvcaoshan, Qinghai; Middle Jurassic *Nilssonia* Bed of Shimengou Formation.

1988 *Carpolithus* sp. 9, Li Peijuan and others, p. 146, pl. 90, figs. 4, 4a; seed; Dameigou, Qinghai; Middle Jurassic *Tyrmia-Sphenobaiera* Bed of Dameigou Formation.

1988 *Carpolithus* spp., Li Peijuan and others, p. 146, pl. 77, fig. 4; pl. 100, figs. 10—16A, 16aA, 18, 19; seeds; Dameigou, Qinghai; Early Jurassic *Ephedrites* Bed of Tianshuigou Formation.

1989 *Carpolithus* sp., Zhou Zhiyan, p. 157, pl. 19, fig. 13; seed; Shanqiao Coal Mine of Hengyang, Hunan; Late Triassic Yangbaichong Formation.

1990 *Carpolithus* sp., Bureau of Geology and Mineral Resources of Ningxia Hui Autonomous Region, pl. 9, fig. 8; seed; Ruqigou of Pingluo, Ningxia; Middle Jurassic Yan'an Formation.

1990 *Carpolithus* sp. A, Tao Junrong, Zhang Chuanbo, pl. 1, figs. 11b, 12b; seeds; Yanji Basin, Jilin; Early Cretaceous Dalazi Formation.

1991 *Carpolithus* sp., Li Jie and others, p. 56, pl. 2, fig. 11; seed; Wusitengta-Karamiran of Kulun Mountain, Xinjiang; Late Triassic Wolonggang Formation.

1991 *Carpolithus* sp., Zhao Liming, Tao Junrong, pl. 1, fig. 8; seed; Pingzhuang Basin of Chifeng, Inner Mongolia; Early Cretaceous Xingyuan Formation.

1992 *Carpolithus* sp., Sun Ge, Zhao Yanhua, p. 561, pl. 254, fig. 3; pl. 256, fig. 8; pl. 259, fig. 7; seeds; Liufangzi Coal Mine of Huaide, Jilin; Late Jurassic Shahezi Formation; North Hill near Lujuanzicun of Wangqing, Jilin; Late Triassic Malugou Formation.

1992 *Carpolithus* sp. 1, Wang Shijun, p. 57, pl. 23, fig. 13; seed; Guanchun of Lechang, Guangdong; Late Triassic.

1992 *Carpolithus* sp. 2, Wang Shijun, p. 57, pl. 23, fig. 14; seed; Guanchun and Ankou of Lechang, Guangdong; Late Triassic.

1992 *Carpolithus* sp. 3, Wang Shijun, p. 57, pl. 23, fig. 24; seed; Guanchun of Lechang, Guangdong; Late Triassic.

1992 *Carpolithus* sp. 4, Wang Shijun, p. 58, pl. 23, fig. 18; seed; Ankou of Lechang, Guangdong; Late Triassic.

1992 *Carpolithus* sp. 5, Wang Shijun, p. 58, pl. 23, fig. 15; seed; Ankou of Lechang, Guangdong; Late Triassic.

1992 *Carpolithus* sp. 6, Wang Shijun, p. 58, pl. 23, fig. 19; seed; Hongweikeng of Qujiang, Guangdong; Late Triassic.

1993 *Carpolithus* spp., Mi Jiarong and others, p. 153, pl. 48, figs. 15—17, 20, 21, 26, 31; seeds; Dongning, Heilongjiang; Late Triassic Luoquanzhan Formation; Shuangyang and Hunjiang, Jilin; Late Triassic Dajianggang Formation and Beishan Formation (Xiaohekou Formation); Chengde, Hebei; Late Triassic Xingshikou Formation.

1993 *Carpolithus* spp. 1—5, Sun Ge, p. 109, pl. 20, figs. 1b, 1c; pl. 32, fig. 7; pl. 51, figs. 10, 11;

pl. 5, fig. 9; seeds; Tianqiaoling, Malugou and North Hill in Liujuanzicun of Wangqing, Jilin; Late Triassic Malugou Formation.

1993a *Carpolithus* sp., Wu Xiangwu, p. 62.

1993c *Carpolithus* sp., Wu Xiangwu, p. 87, pl. 2, figs. 5A, 5a; seed; Fengjiashan of Shangxian, Shaanxi; Early Cretaceous lower member of Fengjiashan Formation.

1993c *Carpolithus* spp., Wu Xiangwu, p. 87, pl. 7, fig. 9; seed; Fengjiashan of Shangxian, Shaanxi; Early Cretaceous lower member of Fengjiashan Formation.

1995 *Carpolithus* sp., Cao Zhengyao and others, p. 11, pl. 4, figs. 12, 12a; seed; Zhenghe, Fujian; Early Cretaceous Nanyuan Formation.

1995 *Carpolithus* sp. 1, Deng Shenghui, p. 64, pl. 28, fig. 10; seed; Huolinhe Basin, Inner Mongolia; Early Cretaceous Lower Coal Member of Huolinhe Formation.

1995 *Carpolithus* sp. 2, Deng Shenghui, p. 64, pl. 27, fig. 6B; seed; Huolinhe Basin, Inner Mongolia; Early Cretaceous Lower Coal Member of Huolinhe Formation.

1995 *Carpolithus* sp. 3, Deng Shenghui, p. 64, pl. 29, fig. 4; seed; Huolinhe Basin, Inner Mongolia; Early Cretaceous Lower Coal Member of Huolinhe Formation.

1995 *Carpolithus* sp., Zeng Yong and others, p. 70, pl. 11, fig. 3; seed; Yima, Henan; Middle Jurassic Yima Formation.

1996 *Carpolithus* sp., Mi Jiarong and others, p. 147, pl. 38, figs. 15, 16; seeds; Beipiao of Liaoning and Shimenzhai in Funing of Hebei; Early Jurassic Beipiao Formation; Haifanggou of Beipiao, Liaoning; Middle Jurassic Haifanggou Formation.

1997 *Carpolithus* sp. 1, Deng Shenghui and others, p. 54, pl. 16, fig. 23; seed; Dayan Basin of Hailar, Inner Mongolia; Early Cretaceous Yimin Formation.

1997 *Carpolithus* sp. 2, Deng Shenghui and others, p. 55, pl. 16, fig. 18; seed; Dayan Basin of Hailar, Inner Mongolia; Early Cretaceous Yimin Formation.

1998 *Carpolithus* sp. 1, Liu Yusheng, p. 68, pl. 1, fig. 7; seed; Ping Chau Island, Hongkong; Late Cretaceous Ping Chau Formation.

1998 *Carpolithus* sp. 2, Liu Yusheng, p. 68, pl. 1, fig. 8; seed; Ping Chau Island, Hongkong; Late Cretaceous Ping Chau Formation.

1998 *Carpolithus* sp. 3, Liu Yusheng, p. 69, pl. 1, figs. 9, 10; pl. 5, fig. 2; seeds; Ping Chau Island, Hongkong; Late Cretaceous Ping Chau Formation.

1998 *Carpolithus* sp. 4, Liu Yusheng, p. 69, pl. 1, fig. 12; seed; Ping Chau Island, Hongkong; Late Cretaceous Ping Chau Formation.

1998 *Carpolithus* sp. 5, Liu Yusheng, p. 69, pl. 1, fig. 14; seed; Ping Chau Island, Hongkong; Late Cretaceous Ping Chau Formation.

1998 *Carpolithus* sp. 6, Liu Yusheng, p. 69, pl. 1, fig. 15; seed; Ping Chau Island, Hongkong; Late Cretaceous Ping Chau Formation.

1998 *Carpolithus* sp. 7, Liu Yusheng, p. 69, pl. 1, fig. 16; seed; Ping Chau Island, Hongkong; Late Cretaceous Ping Chau Formation.

1998 *Carpolithus* sp. 8, Liu Yusheng, p. 69, pl. 2, fig. 1; seed; Ping Chau Island, Hongkong; Late Cretaceous Ping Chau Formation.

1998 *Carpolithus* sp. 9, Liu Yusheng, p. 69, pl. 2, figs. 4, 14, 17; pl. 3, fig. 5; seeds; Ping Chau Island, Hongkong; Late Cretaceous Ping Chau Formation.

1998 *Carpolithus* sp. 10, Liu Yusheng, p. 70, pl. 2, figs. 5, 7; seeds; Ping Chau Island, Hongkong; Late Cretaceous Ping Chau Formation.

1998 *Carpolithus* sp. 11, Liu Yusheng, p. 70, pl. 2, fig. 9; seed; Ping Chau Island, Hongkong; Late Cretaceous Ping Chau Formation.

1998 *Carpolithus* sp. 12, Liu Yusheng, p. 70, pl. 2, fig. 10; seed; Ping Chau Island, Hongkong; Late Cretaceous Ping Chau Formation.

1998 *Carpolithus* sp. 13, Liu Yusheng, p. 70, pl. 2, fig. 12; seed; Ping Chau Island, Hongkong; Late Cretaceous Ping Chau Formation.

1998 *Carpolithus* sp. 14, Liu Yusheng, p. 70, pl. 2, fig. 13; seed; Ping Chau Island, Hongkong; Late Cretaceous Ping Chau Formation.

1998 *Carpolithus* sp. 15, Liu Yusheng, p. 70, pl. 2, fig. 15; seed; Ping Chau Island, Hongkong; Late Cretaceous Ping Chau Formation.

1998 *Carpolithus* sp. 16, Liu Yusheng, p. 70, pl. 2, fig. 16; seed; Ping Chau Island, Hongkong; Late Cretaceous Ping Chau Formation.

1998 *Carpolithus* sp. 17, Liu Yusheng, p. 70, pl. 2, fig. 18; pl. 5, fig. 7; seeds; Ping Chau Island, Hongkong; Late Cretaceous Ping Chau Formation.

1998 *Carpolithus* sp. 18, Liu Yusheng, p. 70, pl. 2, fig. 19; seed; Ping Chau Island, Hongkong; Late Cretaceous Ping Chau Formation.

1998 *Carpolithus* sp. 19, Liu Yusheng, p. 71, pl. 2, fig. 20; seed; Ping Chau Island, Hongkong; Late Cretaceous Ping Chau Formation.

1998 *Carpolithus* sp. 20, Liu Yusheng, p. 71, pl. 3, fig. 1; seed; Ping Chau Island, Hongkong; Late Cretaceous Ping Chau Formation.

1998 *Carpolithus* sp. 21, Liu Yusheng, p. 71, pl. 3, fig. 2; seed; Ping Chau Island, Hongkong; Late Cretaceous Ping Chau Formation.

1998 *Carpolithus* sp. 22, Liu Yusheng, 71, pl. 3, fig. 3; seed; Ping Chau Island, Hongkong; Late Cretaceous Ping Chau Formation.

1998 *Carpolithus* sp. 24, Liu Yusheng, p. 71, pl. 3, figs. 10—13; pl. 5, fig. 6; seeds; Ping Chau Island, Hongkong; Late Cretaceous Ping Chau Formation.

1998 *Carpolithus* sp. 26, Liu Yusheng, p. 71, pl. 1, fig. 11; seed; Ping Chau Island, Hongkong; Late Cretaceous Ping Chau Formation.

1998 *Carpolithus* sp. 27, Liu Yusheng, p. 72, pl. 1, fig. 13; seed; Ping Chau Island, Hongkong; Late Cretaceous Ping Chau Formation.

1998 *Carpolithus* sp. 28, Liu Yusheng, p. 72, pl. 2, fig. 2; seed; Ping Chau Island, Hongkong; Late Cretaceous Ping Chau Formation.

1998 *Carpolithus* sp. 29, Liu Yusheng, p. 72, pl. 2, fig. 3; seed; Ping Chau Island, Hongkong; Late Cretaceous Ping Chau Formation.

1998 *Carpolithus* sp. 30, Liu Yusheng, p. 72, pl. 2, fig. 6; seed; Ping Chau Island, Hongkong; Late Cretaceous Ping Chau Formation.

1998 *Carpolithus* sp. 31, Liu Yusheng, p. 72, pl. 2, fig. 8; seed; Ping Chau Island, Hongkong; Late Cretaceous Ping Chau Formation.

1998 *Carpolithus* sp. 32, Liu Yusheng, p. 73, pl. 2, fig. 21; seed; Ping Chau Island, Hongkong; Late Cretaceous Ping Chau Formation.

1998 *Carpolithus* sp. 33, Liu Yusheng, p. 73, pl. 3, fig. 4; seed; Ping Chau Island, Hongkong; Late Cretaceous Ping Chau Formation.

1998 *Carpolithus* sp. 34, Liu Yusheng, p. 73, pl. 3, figs. 8, 9; seeds; Ping Chau Island, Hongkong; Late Cretaceous Ping Chau Formation.

1998 *Carpolithus* sp., Wang Rennong and others, pl. 27, fig. 4; seed; Tancheng-Lujiang fault System in Zhonghuashan of Linshu, Shandong; Early Cretaceous.

1998 *Carpolithus* sp., Zhang Hong and others, pl. 50, fig. 8; seed; Dameigou of Da Qaidam, Qinghai; Middle Jurassic Dameigou Formation.

1999 *Carpolithus* sp. 1, Cao Zhengyao, p. 101, pl. 26, fig. 19; seed; Daqiao of Shouchang, Zhejiang; Early Cretaceous Shouchang Formation.

1999 *Carpolithus* sp. 2, Cao Zhengyao, p. 101, pl. 26, fig. 20; seed; Panlongqiao of Lin'an, Zhejiang; Early Cretaceous Shouchang Formation.

1999 *Carpolithus* sp. 3, Cao Zhengyao, p. 101, pl. 34, fig. 11; seed; near Shouchang Middle School of Jiande, Zhejiang; Early Cretaceous Shouchang Formation.

1999 *Carpolithus* sp., Shang Ping and others, pl. 1, fig. 7; seed; Turpan-Hami Basin, Xinjiang; Middle Jurassic Xishanyao Formation.

1999a *Carpolithus* sp., Wu Shunqing, p. 25, pl. 20, figs. 1, 1a, 3, 3a; seeds; Huangbanjigou of Shangyuan, Beipiao, western Liaoning; Late Jurassic Jianshangou Bed in lower part of Yixian Formation.

2002 *Carpolithus* sp., Wu Xiangwu and others, p. 171, pl. 6, fig. 8; seed; Qingtujing of Jinchang, Gansu; Middle Jurassic lower member of Ningyuanpu Formation.

2004 *Carpolithus* sp. 1, Sun Ge, Mei Shengwu, pl. 5, fig. 7; seed; Chaoshui Basin and Yabulai Basin; Early—Middle Jurassic.

2004 *Carpolithus* sp. 2, Sun Ge, Mei Shengwu, pl. 5, figs. 8, 8a; seed; Chaoshui Basin and Yabulai Basin; Early—Middle Jurassic.

2005 *Carpolithus* sp. 1, Miao Yuyan, p. 528, pl. 2, figs. 20, 21; seeds; Baiyang River of northwestern Junggar Basin, Xinjiang; Middle Jurassic Xishanyao Formation.

2005 *Carpolithus* sp. 2, Miao Yuyan, p. 528, pl. 2, figs. 4, 14, 14a; seeds; Baiyang River of northwestern Junggar Basin, Xinjiang; Middle Jurassic Xishanyao Formation.

***Carpolithus*? spp.**

1986 *Carpolithus*? sp., Zheng Shaolin, Zhang Wu, pl. 3, figs. 12—14; seeds; Yangshugou of Harqin Left Wing, western Liaoning; Early Triassic Hongla Formation.

1998 *Carpolithus*? sp., Wang Rennong and others, pl. 26, fig. 3; seed; Zhaitang of West Hill, Beijing; Middle Jurassic Mentougou Group.

? *Carpolithus* spp.

1998 ? *Carpolithus* sp. 23, Liu Yusheng, p. 71, pl. 3, figs. 6, 7; seeds; Ping Chau Island, Hongkong; Late Cretaceous Ping Chau Formation.

1998 ? *Carpolithus* sp. 25, Liu Yusheng, p. 71, pl. 3, fig. 14; seed; Ping Chau Island, Hongkong; Late Cretaceous Ping Chau Formation.

***Carpolithus* (Cf. *Trigonocarpus*) sp.**

1933b *Carpolithus* (Cf. *Trigonocarpus*) sp., Sze H C, p. 51, pl. 5, fig. 9; seed; Changting,

Fujian; Early Jurassic. [Notes: The specimen was later referred as *Carpolithus* sp. (Sze H C, Lee H H and others, 1963)]

Genus *Cedroxylon* Kraus, 1870

1870 (1869—1874) Kraus, in Schimper, p. 370.

1995 He Dechang, pp. 12 (in Chinese), 16 (in English).

Type species: *Cedroxylon withami* Kraus, 1870

Taxonomic status: wood of Coniferopsida

***Cedroxylon withami* Kraus, 1870**

1832 (1831 — 1837) *Peuce withami* Lindley et Hutton, p. 73, pls. 23, 24; England; Carboniferous.

1870 (1869—1874) Kraus, in Schimper, p. 370; England; Carboniferous.

△*Cedroxylon jinshaense* (Zheng et Zhang) He, 1995

1982 *Protopodocarpoxylon jinshaense* Zheng et Zhang, Zheng Shaolin, Zhang Wu, p. 331, pl. 30, figs. 1—12; woods; Mishan, Heilongjiang; Late Jurassic Yunshan Formation.

1995 He Dechang, pp. 12 (in Chinese), 16 (in English), pl. 11, figs. 1—1e; fusainized wood; Huolinhe Mine of Jarud Banner, Inner Mongolia; Late Jurassic 14th seam of Huolinhe Formation; Yimin Coal Mine of Ewenki Banner, Inner Mongolia; Early Cretaceous 16th seam of Yimin Formation.

Genus *Cephalotaxopsis* Fontaine, 1889

1889 Fontaine, p. 236.

1976 5th Division, North China Institute of Geological Science, p. 167.

1993a Wu Xiangwu, p. 64.

Type species: *Cephalotaxopsis magnifolia* Fontaine, 1889

Taxonomic status: Taxodiaceae, Coniferopsida

***Cephalotaxopsis magnifolia* Fontaine, 1889**

1889 Fontaine, p. 236, pls. 104 — 108; foliagebearing twigs; Fredericksburg, Virginia, USA; Early Cretaceous Potomac Group.

1991 Zhang Chuanbo and others, pl. 2, fig. 2; leafy shoot; Mengjialing of Jiutai, Jilin; Early Cretaceous Dayangcaogou Formation.

1993a Wu Xiangwu, p. 64.

1996 Zheng Shaolin, Zhang Wu, pl. 4, figs. 7—10; leafy shoots and cuticles; Shahezi Coal Mine of Changtu, Liaoning; Early Cretaceous Shahezi Formation.

***Cephalotaxopsis* cf. *magnifolia* Fontaine**

1987 Zhang Zhicheng, p. 379, pl. 7, figs. 1—4; shoots with leaves and cuticles; Fuxing, Liaoning; Early Cretaceous Fuxin Formation.

2003 Yang Xiaoju, p. 570, pl. 4, fig. 12; pl. 5, fig. 13; leafy shoots and cuticles; Jixi Basin, Heilongjiang; Early Cretaceous Muling Formation.

△***Cephalotaxopsis asiatica*** **HBDYS, 1976**

1976 5th Division, North China Institute of Geological Science, p. 167, pl. 1; pl. 2, figs. 1—11; text-figs. 1—3; leafy shoots; No.: D5-4509, D5-4511, D5-4512, D5-4517, D5-4518, D5-4522, D5-4528, D5-4532, D5-4537, D5-4541, D5-4553, D5-4581, D5-4588, D5-4611, D5-4613, D5-4616, D5-4618, D5-4627, D5-4631; Repository: North China Institute of Geological Science; Zishaying-Chuozehsien Basin of Tachingshan, Inner Mongolia; Early Cretaceous. (Notes: The type specimen was not appointed in the original paper)

1989 Mei Meitang and others, p. 113, pl. 57, fig. 3; leafy shoot; Inner Mongolia, China; Early Cretaceous.

1991 Zhang Chuanbo and others, pl. 1, figs. 2—2b, 3; leafy shoots and cuticles; Liutai of Jiutai, Jilin; Early Cretaceous Dayangcaogou Formation.

1993a Wu Xiangwu, p. 64.

2003 Yang Xiaoju, p. 570, pl. 4, figs. 4, 5, 10; leafy shoots; Jixi Basin, Heilongjiang; Early Cretaceous Muling Formation.

Cephalotaxopsis **cf.** ***asiatica*** **HBDYS**

1983a Zheng Shaolin, Zhang Wu, p. 88, pl. 7, fig. 1; text-fig. 15; leafy twig; Boli, Heilongjiang; middle—late Early Cretaceous Dongshan Formation.

△***Cephalotaxopsis fuxinensis*** **Shang, 1984**

1984 Shang Ping, p. 63, pl. 6, figs. 1—6; leafy shoots and cuticles; Reg. No.: HT06, HT77, HT85; Respository: Fuxin Mining Institute; Haizhou of Fuxin, Liaoning; Early Cretaceous Taiping Member of Haizhou Formation. [Notes 1: The type specimen was not appointed in the original paper; Notes 2: The species was later referred as *Podocarpus fuxinensis* (Shang) Wang et Shang (Shang Ping, 1985)]

△***Cephalotaxopsis haizhouensis*** **Shang, 1984**

1984 Shang Ping, p. 62, pl. 5, figs. 1—7; leafy shoots and cuticles; Reg. No.: HT02, HT04, HT71, HT83; Respository: Fuxin Mining Institute; Haizhou of Fuxin, Liaoning; Early Cretaceous Taiping Member of Haizhou Formation. [Notes 1: The type specimen was not appointed in the original paper; Notes 2: The species was later referred as *Torreya haizhouensis* (Shang) Wang et Shang (Shang Ping, 1985)]

1988 Chen Fen and others, p. 79, pl. 53, figs. 8—10; twigs with leaves; Haizhou of Fuxin, Liaoning; Early Cretaceous Taiping Member of Fuxin Formation.

△***Cephalotaxopsis leptophylla*** **(Wu S Q), Sun et Zheng, 2001** (in Chinese and English)

1999a *Elatocladus leptophyllus* Wu S Q, Wu Shunqing, p. 19, pl. 11, figs. 1, 5, 8a; shoots with leaves; Huangbanjigou in Shangyuan of Beipiao, Liaoning; Late Jurassic Jianshangou Bed in lower part of Yixian Formation. (in Chinese)

2001 Sun Ge, Zheng Shaolin, in Sun Ge and others, pp. 100, 202, pl. 21, figs. 1, 2; pl. 53, fig. 7;

shoots with leaves; western Liaoning; Late Jurassic Jianshangou Formation.

△***Cephalotaxopsis sinensis*** **Sun et Zheng, 2001** (in Chinese and English)

2001 Sun Ge, Zheng Shaolin, in Sun Ge and others, pp. 99, 201, pl. 20, fig. 5; pl. 57, figs. 2, 3; shoots bearing cones; Reg. No.: PB19120, PB19120A (counterpart); Holotype: PB19120 (pl. 20, fig. 5); Repository: Nanjing Institute of Geology and Palaeontology, Chinese Academy of Sciences; western Liaoning; Late Jurassic Jianshangou Formation.

Cephalotaxopsis **spp.**

1976 *Cephalotaxopsis* sp., 5th Division, North China Institute of Geological Science, p. 170, pl. 2, figs. 12—22; text-fig. 4; leafy shoots and cuticles; Zishaying-Chuozehsien Basin of Tachingshan, Inner Mongolia; Early Cretaceous.

1982 *Cephalotaxopsis* sp. 1, Tan Lin, Zhu Jianan, p. 155, pl. 41, fig. 1; foliage twig; Guyang, Inner Mongolia; Early Cretaceous Guyang Formation.

1982 *Cephalotaxopsis* sp. 2, Tan Lin, Zhu Jianan, p. 155, pl. 41, figs. 2, 3; foliage twigs; Guyang, Inner Mongolia; Early Cretaceous Guyang Formation.

1985 *Cephalotaxopsis* sp., Shang Ping, pl. 2, fig. 3; pl. 9, fig. 2; leafy shoots; Qinghemen and Shahaicun of Fuxin, Liaoning; Early Cretaceous Shahai Formation.

1988 *Cephalotaxopsis* sp., Chen Fen and others, p. 79, pl. 69 fig. 1; leaf; Tiefa, Liao-ning; Early Cretaceous Upper Coal Member of Xiaoming'anbei Formation.

1996 *Cephalotaxopsis* sp., Mi Jiarong and others, p. 139, pl. 34, fig. 15; leafy shoot; Haifanggou of Beipiao, Liaoning; Middle Jurassic Haifanggou Formation.

1997 *Cephalotaxopsis* sp., Deng Shenghui and others, p. 50, pl. 30, fig. 10; leafy shoot; Jalainur, Inner Mongolia; Early Cretaceous Yimin Formation.

? ***Cephalotaxopsis*** **spp.**

1984 ? *Cephalotaxopsis* spp., Wang Ziqiang, p. 288, pl. 157, figs. 3, 4; leafy shoots; Zhangjiakou, Hebei; Early Cretaceous Qingshila Formation.

Cephalotaxopsis**? sp.**

1982a *Cephalotaxopsis*? sp., Yang Xuelin, Sun Liwen, p. 594, pl. 3, fig. 8; leafy shoot; Liufangzi of Songhuajiang-Liaohe Basin; Late Jurassic Yingcheng Formation.

△**Genus** ***Chaoyangia*** **Duan, 1998 (1997)** (in Chinese and English)

1997 Duan, Duan Shuying, p. 519. (in Chinese)

1998 Duan, Duan Shuying, p. 15. (in English)

2000 Guo Shauanxing, Wu Xiangwu, pp. 83, 88.

Type species: *Chaoyangia liangii* Duan, 1998 (1997)

Taxonomic status: angiosperm [Notes: The genus was later referred as Chlamydopsida or Gnetopsida (Guo Shuangxing, Wu Xiangwu, 2000; Wu Shunqing, 2001, 2003)]

△***Chaoyangia liangii* Duan., 1998 (1997)** (in Chinese and English)

1997 Duan Shuying, p. 519, figs. 1—4; female reproductive organs; No.: 9341; Holotype: 9341; Chaoyang, Liaoning; Late Jurassic Yixian Formation. (in Chinese)

1998 Duan Shuying, p. 15, figs. 1—4; female reproductive organs; No.: 9341; Holotype: 9341; Chaoyang, Liaoning; Late Jurassic Yixian Formation. (in English)

2001 Wu Shunqing, p. 123, fig. 163; female reproductive organ; Chaoyang, Liaoning; Late Jurassic Yixian Formation.

2003 Wu Shunqing, p. 175, fig. 242; female reproductive organ; Chaoyang, Liaoning; Late Jurassic Yixian Formation.

Genus *Classostrobus* Alvin, Spicer et Watson, 1978

1978 Alvin and others, p. 850.

1983a Zhou Zhiyan, p. 805.

1993a Wu Xiangwu, p. 66.

Type species: *Classostrobus rishra* (Barnard) Alvin, Spicer et Watson, 1978

Taxonomic status: Cheirolepidiaceae, Coniferopsida

***Classostrobus rishra* (Barnard) Alvin, Spicer et Watson, 1978**

1968 *Masculostrobus rishra* Barnard, p. 168, pl. 1, figs. 1, 2, 5, 7, 8; text-figs. 1A—1E, 2B, 2C, 2J; male cones and pollens of *Classopollis*-type; Iran; Middle Jurassic.

1978 Alvin and others, p. 850.

1993a Wu Xiangwu, p. 66.

△***Classostrobus cathayanus* Zhou, 1983**

1983a Zhou Zhiyan, p. 805, pl. 79, figs. 3—7; pl. 80, figs. 1—7; text-figs. 4A, 4B; male cones and pollens of *Classopolis*-type; Reg. No.: PB10237; Holotype: PB10237 (pl. 80, fig. 4); Repository: Nanjing Institute of Geology and Palaeontology, Chinese Academy of Sciences; Zhoujiawen in Qixia of Nanjing, Jiangsu; Early Cretaceous Gecun Formation.

1993a Wu Xiangwu, p. 66.

Genus *Coniferites* Unger, 1839

1839 Unger, p. 13.

1988 Sun Ge, Shang Ping, pl. 4, fig. 4.

1993a Wu Xiangwu, p. 67.

Type species: *Coniferites lignitum* Unger, 1839

Taxonomic status: Coniferopsida

***Coniferites lignitum* Unger, 1839**

1839 Unger, p. 13; Peggan, Styria; Miocene.

1993a Wu Xiangwu, p. 67.

Coniferites marchaensis Vachrameev, 1965

1965 Vachrameev, in Lebedev, p. 126, pl. 31, fig. 2; pl. 35, fig. 1; pl. 36, fig. 1; Heilongjiang River and Lena River, USSR; Late Jurassic.

1988 Sun Ge, Shan Ping, pl. 4, fig. 4; leafy shoot; Huolinhe Coal Mine, eastern Inner Mongolia; Late Jurassic—Early Cretaceous.

1993a Wu Xiangwu, p. 67.

Genus *Coniferocaulon* Fliche, 1900

1900 Fliche, p. 16.

1993 Zhou Zhiyan, Wu Yiming, p. 124.

Type species: *Coniferocaulon colymbeaeforme* Fliche, 1900

Taxonomic status: Coniferopsida

Coniferocaulon colymbeaeforme Fliche, 1900

1900 Fliche, p. 16, figs. 1—3; stems; France; Cretaceous.

Coniferocaulon rajmahalense Gupta, 1954

1954 Gupta, p. 22, pl. 3, figs, 15, 16; Khaibani, Rajmahal Hill of Bihar, India; Late Jurassic Rajmahal Stage.

1993 Zhou Zhiyan, Wu Yiming, p. 124, pl. 1, figs. 12, 13; stems; Puna county in Dingri (Xegar) area, southern Tibet (Xizang) (about 60 km north to Mount Qomolungma); Early Cretaceous Puna Formation.

Coniferocaulon? sp.

1993 *Coniferocaulon*? sp., Zhou Zhiyan, Wu Yiming, p. 124, pl. 1, fig. 14; stem; Puna in Dingri (Xegar), southern Tibet (about 60 km north to Mount Qomolungma); Early Cretaceous Puna Formation.

Genus *Conites* Sternberg, 1823

1823 (1820—1838) Sternberg, p. 39.

1933 P'an C H, p. 537.

1933 Yabe, Ôishi, p. 233 (39).

1963 Sze H C, Lee H H and others, p. 310.

1993a Wu Xiangwu, p. 67.

Type species: *Conites bucklandi* Sternberg, 1823

Taxonomic status: Plantae incertae sedis or Coniferales?

Conites bucklandi **Sternberg, 1823**

1823 (1820—1838) Sternberg, p. 39, pl. 30.

1993a Wu Xiangwu, p. 67.

△***Conites longidens*** **Sun et Zheng, 2001** (in Chinese and English)

2001 Sun Ge and others, pp. 111, 210, pl. 21, fig. 3; pl. 68, fig. 7; cones; Reg. No.: PB19182, PB19182A (counterpart); Holotype: PB19182 (pl. 21, fig. 3); Repository: Nanjing Institute of Geology and Palaeontology, Chinese Academy of Sciences; Jianshangou of Beipiao, western Liaoning; Late Jurassic Jianshangou Formation.

△***Conites shihjenkouensis*** **Yabe et Ôishi, 1933**

1933 Yabe, Ôishi, p. 233 (39), pl. 35 (6), figs. 8—8b; cone; Shirengou (Shijenkou) of Xifeng, Liaoning; Jurassic.

1963 Sze H C, Lee H H and others, p. 310, pl. 100, figs. 2, 2a; cone; Shirengou (Shijenkou) of Xifeng, Liaoning; Middle—Late Jurassic.

1980 Zhang Wu and others, p. 305, pl. 6, figs. 6, 6a; cone; Shirengou (Shijenkou) of Xifeng, Liaoning; Middle—Late Jurassic.

Conites **spp.**

1933 *Conites* sp., P'an C H, p. 537, pl. 1, fig. 13; cone; Xizhongdian (Hsichungtien) of Fangshan, Hebei (Hopei); Early Cretaceous.

1941 *Conites* sp., Stockmans, Mathieu, p. 53, pl. 6, figs. 10, 11; cones; Gaoshan (Kaoshan) of Datong, Shanxi; Jurassic.

1949 *Conites* sp. 1, Sze H C, p. 36, pl. 15, fig. 14; cone; Xiangxi of Zigui, Hubei; Early Jurassic Hsiangchi Coal Series.

1949 *Conites* sp. 2, Sze H C, p. 37, pl. 10, fig. 1b; pl. 15, figs. 15, 16; cones; Matousa of Dangyang, Hubei; Early Jurassic Hsiangchi Coal Series.

1956a *Conites* sp., Sze C H, pp. 59, 164, pl. 56, fig. 3; cone; Tanhegou in Silangmiao of Yijun, Shatanping and Gaojia'an of Suide, Shaanxi; Late Triassic Yenchang Formation. [Notes: The specimen was later referred as ? *Strobilites* sp. (Sze H C, Lee H H and others, 1963)]

1959 *Conites* sp., Sze C H, pp. 14, 30, pl. 5, fig. 6; cone; Yuka of Qaidam, Qinghai (Yuchia of Tsaidam, Chinghai); Early—Middle Jurassic. [Notes: The specimen was later referred as *Strobilites* sp. (Sze H C, Lee H H and others, 1963)]

1963 *Conites* sp. 1, Sze C H, Lee H H and others, p. 310, pl. 100, fig. 6; cone; Xizhongdian of Fangshan, Hebei (Hopei); Late Jurassic—Early Cretaceous.

1963 *Conites* sp. 2, Sze H C, Lee H H and others, p. 311, pl. 101, figs. 4—5; cones; Datong, Shanxi; Early—Middle Jurassic Datong Group.

1963 *Conites* sp. 3, Sze H C, Lee H H and others, p. 311, pl. 101, fig. 6; pl. 102, figs. 1, 2; cones; Matousa of Dangyang, Hubei; Early Jurassic Hsiangchi Group.

1963 *Conites* sp. 4, Sze H C, Lee H H and others, p. 311, pl. 102, fig. 3; cone; Xiangxi of Zigui, Hubei; Early Jurassic Hsiangchi Group.

1964 *Conites* sp., Lee Peichuan, p. 144, pl. 17, fig. 5; cone; Xujiahe (Hsuchiaho) of

Guangyuan, Sichuan; Late Triassic Hsuchiaho Formation.

1976 *Conites* sp., Chang Chichen, p. 200, pl. 103, fig. 6; cone; Urad Middle and Rear Banner, Inner Mongolia; Early—Middle Jurassic Shiguai Group.

1982 *Conites* sp., Li Peijuan, Wu Xiangwu, p. 57, pl. 20, figs. 5, 6, 7; cones; Xiangcheng, Tibet; Late Triassic Lamaya Formation.

1982 *Conites* sp., Wang Guoping and others, p. 293, pl. 133, figs. 12, 13; cones; Xiaotian of Shucheng, Anhui; Late Jurassic Heishidu Formation.

1982 *Conites* sp., Yang Xianhe, p. 480, pl. 12, fig. 19; cone; Shuanghe of Changning, Sichuan; Late Triassic Hsuchiaho Formation.

1982 *Conites* sp., Zhang Caifan, p. 540, pl. 352, fig. 3; cone; Wenjiashi of Liuyang, Hunan; Early Jurassic Gaojiatian Formation.

1983a *Conites* sp., Cao Zhengyao, p. 18, pl. 1, fig. 3; pl. 2, fig. 16; text-fig. 2; cones; Yunshan of Hulin, Heilongjiang; Middle Jurassic Longzhaogou Group.

1984 *Conites* sp., Chen Fen and others, p. 68, pl. 36, fig. 4a; cone; Zhaitang of West Hill, Beijing; Early Jurassic Lower Yaopo Formation.

1984 *Conites* sp., Chen Gongxing, p. 613, pl. 270, fig. 2; cone; Matousa of Dangyang, Hubei; Early Jurassic Tongzhuyuan Formation.

1984 *Conites* sp., Li Baoxian and others, p. 144, pl. 3, fig. 17; cone; Yongdingzhuang of Datong, Shanxi; Early Jurassic Yongdingzhuang Formation.

1984 *Conites* sp., Wang Ziqiang, p. 293, pl. 157, fig. 11; cone; Qinglong, Hebei; Late Jurassic Houcheng Formation.

1985 *Conites* sp. 1, Huang Qisheng, pl. 1, fig. 6; cone; Jinshandian of Daye, Hubei; Early Jurassic lower part of Wuchang Formation.

1985 *Conites* sp. 2, Huang Qisheng, pl. 1, fig. 7; cone; Jinshandian of Daye, Hubei; Early Jurassic lower part of Wuchang Formation.

1987 *Conites* sp. 1, Chen Ye and others, p. 136, pl. 45, fig. 5; cone; Qinghe of Yanbian, Sichuan; Late Triassic Hongguo Formation.

1987 *Conites* sp. 2, Chen Ye and others, p. 137, pl. 45, figs. 6—8; cones; Qinghe of Yanbian, Sichuan; Late Triassic Hongguo Formation.

1987 *Conites* sp. 3, Chen Ye and others, p. 137, pl. 45, fig. 9; cone; Qinghe of Yanbian, Sichuan; Late Triassic Hongguo Formation.

1988 *Conites* sp., Chen Fen and others, p. 92, pl. 48, figs. 17, 18; cones; Haizhou and Xinqiu of Fuxin, Liaoning; Early Cretaceous Fuxin Formation.

1988 *Conites* sp. 1, Li Peijuan and others, p. 139, pl. 100, fig. 20B; cone; Dameigou, Qinghai; Early Jurassic *Ephedrites* Bed of Tianshuigou Formation.

1988 *Conites* sp., Liu Zijin, p. 96, pl. 1, fig. 13; cone; Xiangfanggou of Chongxin, Gansu; Early Cretaceous upper member in Huanhe-Huachi Formation of Zhidan Group.

1989 *Conites* sp., Zhou Zhiyan, p. 157, pl. 19, fig. 16; cone; Shanqiao Coal Mine of Hengyang, Hunan; Late Triassic Yangbaichong Formation.

1990 *Conites* sp. 1, Liu Mingwei, p. 209, pl. 33, fig. 6; cone; Daming of Laiyang, Shandong; Early Cretaceous member 3 of Laiyang Formation.

1990 *Conites* sp. 2, Liu Mingwei, p. 209, pl. 34, fig. 9; cone; Muyudian of Laiyang, Shandong;

Early Cretaceous member 3 of Laiyang Formation.

1992a *Conites* sp., Meng Fansong, pl. 8, fig. 17; cone; Jiuqujiang of Qionghai, Hainan; Early Triassic Lingwen Formation.

1993 *Conites* sp., Mi Jiarong and others, p. 153, pl. 48, fig. 2; cone; Wangqing, Jilin; Late Triassic Malugou Formation.

1993 *Conites* spp. 1—3, Sun Ge, p. 108, pl. 52, figs. 1, 9, 12 (?); pl. 31, fig. 9; cones; Tianqiaoling of Wangqing, Jilin; Late Triassic Malugou Formation.

1993a *Conites* sp., Wu Xiangwu, p. 67.

1995a *Conites* sp., Li Xingxue (editor-in-chief), pl. 88, fig. 10; cone; Hanshan, Anhui; Late Jurassic Hanshan Formation. (in Chinese)

1995b *Conites* sp., Li Xingxue (editor-in-chief), pl. 88, fig. 10; cone; Hanshan, Anhui; Late Jurassic Hanshan Formation. (in English)

2001 *Conites* sp., Sun Ge and others, pp. 111, 210, pl. 20, fig. 2; pl. 55, fig. 8; cones; Jianshangou of Beipiao, western Liaoning; Late Jurassic Jianshangou Formation.

2005 *Conites* sp., Miao Yuyan, p. 528, pl. 2, figs. 22, 22a; cone; Baiyang River of Junggar Basin, Xinjiang; Middle Jurassic Xishanyao Formation.

***Conites*? sp.**

1988 *Conites*? sp. 2, Li Peijuan and others, p. 139, pl. 83, figs. 5, 6; cones; Dameigou, Qinghai; Early Jurassic *Zamites* Bed of Xiaomeigou Formation and *Ephedrites* Bed of Tianshuigou Formation.

Genus *Cryptomeria* Don D, 1847

1982 Tan Lin, Zhu Jianan, p. 150.

1993a Wu Xiangwu, p. 69.

Type species: (living genus)

Taxonomic status: Taxodiaceae, Coniferopsida

△*Cryptomeria*? *bamoca* Wang, 1984

1984 Wang Ziqiang, p. 285, pl. 158, fig. 9; leafy shoot; Reg. No.: P0450; Holotype: P0450 (pl. 158, fig. 9); Repository: Nanjing Institute of Geology and Palaeontology, Chinese Academy of Sciences; Bayan Mod, Inner Mongolia; Early Cretaceous.

***Cryptomeria fortunei* Hooibrenk ex Otto et Dietr.**

(Notes: The species is a extant species)

1982 Tan Lin, Zhu Jianan, p. 150, pl. 37, figs. 1—3; leafy shoots and cones; Guyang, Inner Mongolia; Early Cretaceous Guyang Formation.

1993a Wu Xiangwu, p. 69.

Genus *Cunninhamia* Br. R

1988 Meng Xiangying and others, p. 650.

1993a Wu Xiangwu, p. 70.

Type species: (living genus)

Taxonomic status: Taxodiaceae, Coniferopsida

△*Cunninhamia asiatica* (Krassilov) Meng, Chen et Deng, 1988

1967 *Elatides asiatica* Krassilov, Krassilov, p. 200, pl. 74, figs. 1—3; pl. 75, figs. 1—7; pl. 76, figs. 1—3; text-figs. 28a—28r; leafy shoots and cuticles; South Seaside, USSR; Early Cretaceous.

1988 Meng Xiangying, Chen Fen and Deng Shenghui, p. 650, pl. 2, figs. 1—5; pl. 3, figs. 1—5; leafy shoots, cones and cuticles; Fuxin Basin and Tiefa Basin, Liaoning; Early Cretaceous Xiaoming'anbei Formation.

1993a Wu Xiangwu, p. 70.

1998 Deng Shenghui, pl. 2, fig. 9; leafy shoot; Pingzhuang-Yuanbaoshan Basin, Inner Mongolia; Early Cretaceous Yuanbaoshan Formation.

Genus *Cupressinocladus* Seward, 1919

1919 Seward, p. 307.

1963 Chow Tseyen in Sze H C, Lee H H and others, p. 285.

1993a Wu Xiangwu, p. 70.

Type species: *Cupressinocladus salicornoides* (Unger) Seward, 1919

Taxonomic status: Cupressaceae, Coniferopsida

Cupressinocladus salicornoides (Unger) Seward, 1919

1847 *Thuites salicornoides* Unger, p. 11, pl. 2; cupressineous shoots; Croatia; Eocene.

1919 Seward, p. 307, fig. 752; cupressineous shoots; Croatia; Eocene.

1993a Wu Xiangwu, p. 70.

△*Cupressinocladus crassirameus* Cao, 1989

1989 Cao Zhengyao, pp. 439, 443, pl. 2, figs. 1—7; pl. 3, fig. 4; leafy shoots and cuticles; Reg. No.: PB14261, PB14262; Holotype: PB14262 (pl. 2, fig. 2); Repository: Nanjing Institute of Geology and Palaeontology, Chinese Academy of Sciences; Laocun of Jiande, Zhejiang; Early Cretaceous Laocun Formation.

1999 Cao Zhengyao, p. 88; Laocun of Jiande, Zhejiang; Early Cretaceous Laocun Formation.

△*Cupressinocladus calocedruformis* Chen, 1982

1982 Chen Qishi, in Wang Guoping and others, p. 287, pl. 133, figs. 10, 11; leafy shoots;

Holotype: A-Pu Chang-2 (pl. 133, fig. 10); Changsheng of Jiangpu, Zhejiang; Late Jurassic Shouchang Formation.

1989 Ding Baoliang and others, pl. 23, fig. 8; leafy shoot; Changsheng of Jiangpu, Zhejiang; Late Jurassic—Early Cretaceous Shouchang Formation.

1990 Liu Mingwei, p. 206, pl. 33, fig. 7; leafy shoot; Huangyadi of Laiyang, Shandong; Early Cretaceous member 3 of Laiyang Formation.

1995a Li Xingxue (editor-in-chief), pl. 111, fig. 11; leafy shoot; Changsheng of Jiangpu, Zhejiang; Late Jurassic—Early Cretaceous Shouchang Formation. (in Chinese)

1995b Li Xingxue (editor-in-chief), pl. 111, fig. 11; leafy shoot; Changsheng of Jiangpu, Zhejiang; Late Jurassic—Early Cretaceous Shouchang Formation. (in English)

△*Cupressinocladus elegans* (Chow) Chow, 1963

1923 *Sphenolepis elegans* Chow, Chow T H, pp. 81, 139, pl. 1, fig. 8; leafy twig; Laiyang, Shandong (Shantung); Early Cretaceous Laiyang Formation.

1945 *Sphenolepidium elegans* (Chow) Sze, Sze H C, p. 51.

1945 Cf. *Sphenolepidium elegans* (Chow) Sze, Sze H. C., p. 51, figs. 8—10; leafy shoots; Yong'an (Yungan), Fujian (Fukien); Cretaceous Pantou Series.

1954 *Sphenolepidium elegans* (Chow) Sze, Hsu J, p. 65, pl. 55, fig. 8; leafy shoot; Laiyang, Shandong (Shantung); Early Cretaceous Laiyang Formation.

1963 Chow Tseyen, in Sze H C, Lee H H and others, p. 285, pl. 92, figs. 1, 2; pl. 94, fig. 13; leafy twigs; Laiyang, Shandong (Shantung); Late Jurassic—Early Cretaceous Laiyang Formation; Yong'an (Yungan), Fujian (Fukien); Late Jurassic — Early Cretaceous Pantou Formation.

1964 Lee H H and others, p. 135, pl. 89, figs. 5, 6; leafy shoots; South China; Late Jurassic—Early Cretaceous.

1977 Feng Shaonan and others, p. 242, pl. 97, figs. 1, 2; leafy shoots; Tanghu in Haifeng of Guangdong and Pingshan of Guangxi; Early Cretaceous; Lingxiang of Daye, Hubei; Late Jurassic Lingxiang Group.

1980 Zhang Wu and others, p. 302, pl. 187, fig. 3; leafy shoot; Dalazi of Yanji, Jilin; Early Cretaceous Dalazi Formation.

1981 Meng Fansong, p. 101, pl. 2, figs. 10—12; shoots; Lingxiang of Daye, Hubei; Early Cretaceous Lingxiang Group.

1982 Wang Guoping and others, p. 287, pl. 133, fig. 17; leafy twig; Nanwu of Laiyang, Shandong (Shantung); Late Jurassic Laiyang Formation.

1982a Liu Zijin, p. 136, pl. 75, fig. 4; leafy shoot; north Changma of Yumen, Gansu; Early Cretaceous Xinminbao Group.

1984 Chen Gongxing, p. 607, pl. 270, fig. 5; leafy shoot; Lingxiang of Daye, Hubei; Early Cretaceous Lingxiang Formation.

1986 Zhang Chuanbo, pl. 2, fig. 7; leafy shoot; Dalazi in Zhixin of Yanji, Jilin; middle—late Early Cretaceous Dalazi Formation.

1989 Ding Baoliang and others, pl. 2, figs. 4, 5; leafy shoots; Chishi of Chong'an, Fujian; Early Cretaceous Pantou Formation.

1990 Liu Mingwei, p. 206, pl. 32, figs. 3—6; pl. 33, figs. 1—4; leafy shoots; Huangyadi of Laiyang, Shandong; Early Cretaceous member 3 of Laiyang Formation.

1993 Feng Shaonan, Ma Jie, p. 136; Xuanhan, Sichuan; Early Cretaceous. (only name)

1993a Wu Xiangwu, p. 70.

1994 Cao Zhengyao, fig. 2 m; shoot with leaves; Jiangde, Zhejiang; early Early Cretaceous Shouchang Formation.

1995 Cao Zhengyao and others, p. 9, pl. 4, fig. 4; shoot; Zhenghe, Fujian; Early Cretaceous Nanyuan Formation.

1995a Li Xingxue (editor-in-chief), pl. 111, fig. 12; leafy shoot; Laiyang, Shandong; Early Cretaceous Laiyang Formation. (in Chinese)

1995b Li Xingxue (editor-in-chief), pl. 111, fig. 12; leafy shoot; Laiyang, Shandong; Early Cretaceous Laiyang Formation. (in English)

1999 Cao Zhengyao, p. 88, pl. 22, fig. 14; pl. 23, figs. 2—11; pl. 24, fig. 1; pl. 25, figs. 2—4; leafy shoots and male cones; Dongcun of Shouchang, Nv'erkeng of Jiande, Xialingjiao of Zhuji and Laozhu of Lishui, Zhejiang; Early Cretaceous Shouchang Formation; Xiaoling of Linhai and Bao'anjie of Jiangshan, Zhejiang; Early Cretaceous Guantou Formation; Huangjiawu of Zhuji, Zhejiang; Early Cretaceous Shouchang Formation (?).

***Cupressinocladus* cf. *elegans* (Chow) Chow**

1983 Chen Fen, Yang Guanxiu, p. 134, pl. 18, figs. 6, 7; leafy shoots; Shiquanhe area, Tibet; Early Cretaceous upper part of Risong Group.

△*Cupressinocladus gracilis* (Sze) Chow, 1963

1945 *Pagiophyllum gracile* Sze, Sze H C, p. 51, figs. 13, 18; leafy shoots; Yong'an (Yungan), Fujian (Fukien); Cretaceous Pantou Series.

1963 Chow Tseyen, in Sze H C, Lee H H and others, p. 285, pl. 91, figs. 1—2a; leafy twigs; Yong'an (Yungan), Fujian (Fukien); Late Jurassic — Early Cretaceous Pantou Formation.

1964 Lee H H and others, p. 135, pl. 89, figs. 7—9; leafy shoots; South China; Late Jurassic—Early Cretaceous.

1977 Feng Shaonan and others, p. 242, pl. 97, fig. 5; leafy shoot; Tanghu of Haifeng, Guangdong; Early Cretaceous.

1981 Meng Fansong, p. 101, pl. 2, fig. 13; shoot; Lingxiang of Daye, Hubei; Early Cretaceous Lingxiang Group.

1982 Wang Guoping and others, p. 287, pl. 132, fig. 9; leafy shoot; Yong'an (Yungan), Fujian (Fukien); Early Cretaceous Pantou Formation.

1989 Ding Baoliang and others, pl. 2, fig. 6; leafy shoot; Jishan of Yong'an, Fujian; Early Cretaceous Jishan Formation.

1994 Cao Zhengyao, fig. 2n; shoot with leaves; Zhenghe, Fujian; early Early Cretaceous Nanyuan Formation.

1995 Cao Zhengyao and others, p. 9, pl. 4, figs. 5, 5a; shoot; Zhenghe, Fujian; Early Cretaceous Nanyuan Formation.

1995a Li Xingxue (editor-in-chief), pl. 111, fig. 10; leafy shoot; Yong'an, Fujian; Early

Cretaceous Pantou Formation. (in Chinese)

1995b Li Xingxue (editor-in-chief), pl. 111, fig. 10; leafy shoot; Yong'an, Fujian; Early Cretaceous Pantou Formation. (in English)

Cf. *Cupressinocladus gracilis* (Sze) Chow

1992 Li Jieru, p. 343, pl. 1, fig. 17; shoot; Pulandian, Liaoning; late Early Cretaceous Pulandian Formation.

***Cupressinocladus* cf. *gracilis* (Sze) Chow**

1992b Meng Fansong, p. 212, pl. 3, figs. 5, 6; leafy shoots; Yuedong, Hainan; Early Cretaceous Lumuwan Group.

△*Cupressinocladus haifengensis* Feng, 1977

1977 Feng Shaonan and others, p. 242, pl. 97, figs. 3, 4; leafy shoots; Reg. No.: P25290, P25291; Syntypes: P25290 (pl. 97, fig. 3), P25291 (pl. 97, fig. 4); Repository: Yichang Institute of Geology and Mineral Resources, Chinese Academy of Geological Sciences; Tanghu of Haifeng, Guangdong; Early Cretaceous. [Notes: Based on the relevant article of *International Code of Botanical Nomenclature* (*Vienna Code*) article 37. 2, the type species should be only one speciemen]

△*Cupressinocladus hanshanensis* Cao, 1985

1985 Cao Zhengyao, p. 281, pl. 3, figs. 4 — 7a; shoots; Col. No.: H25; Reg. No.: PB11120 — PB11123; Repository: Nanjing Institute of Geology and Palaeontology, Chinese Academy of Sciences; Hanshan, Anhui; Late Jurassic Hanshan Formation. (Notes: The type specimen was not appointed in the original paper)

1995a Li Xingxue (editor-in-chief), pl. 88, figs. 7, 8; leafy shoots; Hanshan, Anhui; Late Jurassic Hanshan Formation. (in Chinese)

1995b Li Xingxue (editor-in-chief), pl. 88, figs. 7, 8; leafy shoots; Hanshan, Anhui; Late Jurassic Hanshan Formation. (in English)

△*Cupressinocladus heterphyllus* Sun et Zheng, 2001 (in Chinese and English)

2001 Sun Ge, Zheng Shaolin in Sun Ge and others, pp. 96, 199, pl. 19, fig. 2 (?); pl. 20, fig. 3; vegetative shoots; Reg. No.: PB19111, PB19112; Holotype: PB19111 (pl. 20, fig. 3); Repository: Nanjing Institute of Geology and Palaeontology, Chinese Academy of Sciences; western Liaoning; Late Jurassic Jianshangou Formation.

△*Cupressinocladus huangjiawuensis* Cao, 1999 (in Chinese and English)

1999 Cao Zhengyao, pp. 89, 154, pl. 24, figs. 4, 4a; leafy shoot; Col. No.: ZH89; Reg. No.: PB14490; Holotype: PB14490 (pl. 24, figs. 4, 4a); Repository: Nanjing Institute of Geology and Palaeontology, Chinese Academy of Sciences; Huangjiawu of Zhuji, Zhejiang; Early Cretaceous Shouchang Formation (?).

△*Cupressinocladus laiyangensis* Lan, 1982

1982 Lan Shanxian, in Wang Guoping and others, p. 288, pl. 132, fig. 11; leafy twig; Holotype: HP538 (pl. 132, fig. 11); Huangyadi near Muyudian of Laiyang, Shandong (Shantung);

Late Jurassic Laiyang Formation.

1990 Liu Mingwei, p. 205, p. 32, fig. 1; leafy shoot; Huangyadi of Laiyang, Shandong; Early Cretaceous member 3 of Laiyang Formation.

***Cupressinocladus* cf. *laiyangensis* Lan**

1989 Ding Baoliang and others, pl. 3, fig. 11; leafy shoot; Chishi of Chong'an, Fujian; Early Cretaceous Pantou Formation.

△***Cupressinocladus laocunensis* Cao, 1999** (in Chinese and English)

1999 Cao Zhengyao, pp. 89, 154, pl. 24, figs. 5, 6, 6a; text-fig. 28; leafy shoots; Col. No.: ZH4; Reg. No.: PB14491, PB14492; Holotype: PB14492 (pl. 24, fig. 6); Repository: Nanjing Institute of Geology and Palaeontology, Chinese Academy of Sciences; Laocun of Shouchang, Zhejiang; Early Cretaceous Laocun Formation.

△***Cupressinocladus lii* Cao, 1999** (in Chinese and English)

1999 Cao Zhengyao, pp. 89, 155, pl. 24, figs. 2, 2a, 3, 3a; text-fig. 29; leafy shoots; Col. No.: W-9062-H4, W-9062-H37; Reg. No.: PB14488, PB14489; Holotype: PB14488 (pl. 24, fig. 3); Repository: Nanjing Institute of Geology and Palaeontology, Chinese Academy of Sciences; Huazhuling of Wencheng and Zhangdang of Yongjia, Zhejiang; Early Cretaceous member C of Moshishan Formation.

△***Cupressinocladus lingxiangensis* Chen, 1977**

1977 Chen Gongxing, in Feng Shaonan and others, p. 242, pl. 97, fig. 6; leafy shoot; Reg. No.: P5120; Holotype: P5120 (pl. 97, fig. 6); Repository: Bureau of Geology and Mineral Resources of Hubei Province; Lingxiang of Daye, Hubei; Late Jurassic Lingxiang Group. [Notes: The specimen was later referred as *Brachyphyllum lingxiangense* (Chen) Chen (Chen Gongxing, 1984)]

△***Cupressinocladus obtusirotundus* Meng, 1981**

1981 Meng Fansong, p. 101, pl. 1, figs. 11, 11a; pl. 2, figs. 14 — 17; shoots; No.: HP7603, HP7606 — HP7609 (All are sinotypes); Repository: Yichang Institute of Geology and Mineral Resources, Chinese Academy of Geological Sciences; Lingxiang of Daye, Hubei; Early Cretaceous Lingxiang Group. [Notes: Based on the relevant article of *International Code of Botanical Nomenclature* (*Vienna Code*) article 37. 2, the type species should be only one speciemen]

△***Cupressinocladus ovatus* Cao, 1999** (in Chinese and English)

1999 Cao Zhengyao, pp. 90, 155, pl. 24, figs. 9, 9a; text-fig. 30; leafy shoot; Col. No.: W-9103-H1; Reg. No.: PB14495; Holotype: PB14495 (pl. 24, fig. 9); Repository: Nanjing Institute of Geology and Palaeontology, Chinese Academy of Sciences; Dibankeng of Qingtian, Zhejiang; Early Cretaceous member C of Moshishan Formation.

△***Cupressinocladus pulchelliformis* (Saporta) Li, 1982**

1894 *Thuyites pulchelliformis* Saporta, p. 55, pl. 2, fig. 7; pl. 4, fig. 21; pl. 9, figs. 5, 6; leafy shoots; France; Jurassic.

1982 Li Peijuan, p. 94.

***Cupressinocladus* cf. *pulchelliformis* (Saporta) Li**

1982 Li Peijuan, p. 94, pl. 14, figs. 3, 3a; shoot; eastern Tibet; Early Cretaceous Linbuzong Formation.

△*Cupressinocladus shibiense* Wu S Q, 2000 (in Chinese)

2000 Wu Shunqing, p. 223, pl. 8, figs. 1, 1a, 5—5b; leafy shoots; Col. No.: SP-3, SP-4; Reg. No.: PB18083, PB18084; Holotype: PB18084 (pl. 8, fig. 5); Repository: Nanjing Institute of Geology and Palaeontology, Chinese Academy of Sciences; Shibi of Dayushan, Hongkong; Early Cretaceous Repulse Bay Group.

△*Cupressinocladus simplex* Cao, 1999 (in Chinese and English)

1999 Cao Zhengyao, pp. 90, 156, pl. 26, figs. 2, 2a, 3, 3a; text-fig. 31; leafy shoots; Col. No.: W-9104-H1; Reg. No.: PB14497, PB14498; Holotype: PB14497 (pl. 26, fig. 2); Repository: Nanjing Institute of Geology and Palaeontology, Chinese Academy of Sciences; Laocun of Shouchang, Zhejiang; Early Cretaceous Laocun Formation; Waibankeng of Qingtian, Zhejiang; Early Cretaceous member C of Moshishan Formation.

△*Cupressinocladus speciosus* Cao, 1999 (in Chinese and English)

1999 Cao Zhengyao, pp. 91, 156, pl. 24, fig. 8; leafy shoot; Col. No.: ZH271; Reg. No.: PB14494; Holotype: PB14494 (pl. 24, fig. 8); Repository: Nanjing Institute of Geology and Palaeontology, Chinese Academy of Sciences; Xiaqiao of Lishui, Zhejiang; Early Cretaceous Shouchang Formation.

△*Cupressinocladus suturovaginoides* Li, 1992

1992 Li Jieru, p. 343, pl. 1, fig. 20; shoot; No.: P8H16-93; Repository: Regional Geological Surveying Team, Liaoning Bureau of Geology and Mineral Resources; Pulandian, Liaoning; late Early Cretaceous Pulandian Formation.

***Cupressinocladus* spp.**

1974b *Cupressinocladus* sp., Lee Peichuan and others, p. 377, pl. 201, figs. 6, 7; leafy shoots; Baitianba of Guangyuan, Sichuan; Early Jurassic Baitianba Formation.

1976 *Cupressinocladus* sp., Lee Peichuan and others, p. 133, pl. 45, figs. 3—5; leafy shoots; Nuguishan of Simao, Yunnan; Early Cretaceous Mangang Formation.

1978 *Cupressinocladus* sp., Yang Xianhe, p. 532, pl. 190, fig. 5; leafy shoot; Baitianba of Guangyuan, Sichuan; Early Jurassic Baitianba Formation.

1983 *Cupressinocladus* sp., Chen Fen, Yang Guanxiu, p. 134, pl. 18, figs. 5—5b; leafy shoot; Shiquanhe area, Tibet; Early Cretaceous upper part of Risong Group.

1984 *Cupressinocladus* sp., Zhang Zhicheng, p. 120, pl. 3, figs. 8 — 9; leafy shoot; Taipinglinchang of Jiayin, Heilongjiang; Late Cretaceous Taipinglinchang Formation.

1989 *Cupressinocladus* sp., Ding Baoliang and others, pl. 3, fig. 13; leafy shoot; Wangjiaping of Zhuji, Zhejiang; Early Cretaceous Guantou Formation.

1992b *Cupressinocladus* sp. [Cf. *C. elegans* (Chow) Chow], Meng Fansong, p. 212, pl. 3, figs. 7—9; leafy shoots; Qionghai and Yuedong, Hainan; Early Cretaceous Lumuwan

Group.

1995 *Cupressinocladus* sp., Cao Zhengyao and others, p. 9, pl. 4, figs. 6, 6a; text-fig. 3; shoot; Zhenghe, Fujian; Early Cretaceous Nanyuan Formation.

1999 *Cupressinocladus* sp. 1 (? sp. nov.), Cao Zhengyao, p. 91, pl. 24, fig. 7; leafy shoot; Xiazhuang of Taishun, Zhejiang; Early Cretaceous Guantou Formation.

1999 *Cupressinocladus* sp. 2, Cao Zhengyao, p. 91, pl. 26, figs. 1, 1a; leafy shoot; Shantouxu of Linhai, Zhejiang; Early Cretaceous Guantou Formation.

1999a *Cupressinocladus* sp., Wu Shunqing, p. 19, pl. 10, figs. 3, 3a; pl. 12, figs. 2, 2a; shoots; Huangbanjigou in Shangyuan of Beipiao, Liaoning; Late Jurassic Jianshangou Bed in lower part of Yixian Formation.

***Cupressinocladus*? spp.**

1963 *Cupressinocladus*? sp., Sze H C, Lee H H and others, p. 286; leafy shoot; Yong'an (Yungan), Fujian (Fukien); Late Jurassic—early Early Cretaceous Pantou Formation.

1984 *Cupressinocladus*? sp., Wang Ziqiang, p. 287, pl. 157, fig. 12; leafy twig; West Hill, Beijing; Early Cretaceous Xiazhuang Formation.

2000 *Cupressinocladus*? sp., Wu Shunqing, pl. 8, fig. 3; leafy shoot; Zhangshang in Xigong of Xinjie, Hongkong; Early Cretaceous Repulse Bay Group.

Genus *Cupressinoxylon* Goeppert, 1850

1850 Goeppert, p. 202.

1931 Kubart, p. 363.

1963 Sze H C, Lee H H and others, p. 333.

1993a Wu Xiangwu, p. 71.

Type species: *Cupressinoxylon subaequale* Goeppert, 1850

Taxonomic status: Cupressaceae, Coniferopsida

***Cupressinoxylon subaequale* Goeppert, 1850**

1850 Goeppert, p. 202, pl. 27, figs. 1—5; coniferous woods; West Europe; Tertiary.

1993a Wu Xiangwu, p. 71.

△*Cupressinoxylon baomiqiaoense* Zheng et Zhang, 1982

1982 Zheng Shaolin, Zhang Wu, p. 329, pl. 26, fig. 10; pl. 27, figs. 1—10; woods; No.: HP4; Repository: Shenyang Institute of Geology and Mineral Resources; Baomiqiao of Baoqing, Heilongjiang; Middle—Late Jurassic Chaoyangtun Formation.

△*Cupressinoxylon fujeni* Mathews et Ho, 1945

1945b Mathews, Ho, p. 36, pl. 2, figs. 5—8; text-figs. 1—4; woods; Xiajiagou of Zhuolu, Hebei; Late Jurassic.

1963 Sze H C, Lee H H and others, p. 334, pl. 113, figs. 2, 3; text-fig. 64; fossil woods; Xiajiagou of Zhuolu, Hebei; Late Jurassic.

△***Cupressinoxylon hanshanense* Zhang et Cao, 1986**

1986 Zhang Shanzhen, Cao Zhengyao, p. 24, pls. 1, 2; woods; Col. No.: 2P43-H22-1; Reg. No.: PB13898; Repository: Nanjing Institute of Geology and Palaeontology, Chinese Academy of Sciences; Hanshan, Anhui; Late Jurassic Hanshan Formation.

△***Cupressinoxylon jiayinense* Wang R F, Wang Y F et Chen, 1996** (in English)

1995 Wang Rufeng, Wang Yufei, Chen Yongzhe, in Li Chengsen, Cui Jinzhong, pp. 100—101 (including figures); woods; Heilongjiang Province; Late Cretaceous. (nom. nud.)

1996 Wang Rufeng and others, p. 319, figs. 1 — 7; woods; Jiayin, Heilongjiang; Late Cretaceous.

1997 Wang Rufeng and others, p. 974, pl. 1, figs. 1 — 6; woods; Jiayin, Heilongjiang; Late Cretaceous.

***Cupressinoxylon* spp.**

1931 *Cupressinoxylon* sp., Kubart, p. 363, pl. 2, figs. 8 — 13; woods; Liuhejie, Yunnan; Late Cretaceous or Tertiary.

1935—1936 *Cupressinoxylon* sp. (Cf. *C. McGeei* Knowlton), Shimakura, p. 295 (29), pl. 18 (7), figs. 4—6; text-fig. 10; woods; Dabao (Tapao) of Tianshifu (Tieshihfu), Liaoning; Jurassic.

1963 *Cupressinoxylon* sp. (Cf. *C. McGeei* Knowlton), Sze H C, Lee H H and others, p. 325, pl. 113, figs. 4—6; text-fig. 65; fossil woods; Dabao (Tapao) of Tianshifu (Tieshihfu), Liaoning; Jurassic.

1993a *Cupressinoxylon* sp., Wu Xiangwu, p. 71.

? *Cupressinoxylon* sp.

1933 ? *Cupressinoxylon* sp., Gothan, Sze H C, p. 96; wood; Mengyin, Shandong; Cretaceous (?) or Cenozoic.

***Cupressinoxylon*? sp.**

1963 *Cupressinoxylon*? sp., Sze H C, Lee H H and others, p. 336; wood; Mengyin, Shandong; Cretaceous (?) or Cenozoic.

Genus *Curessus* L, 1737

1982 ? *Curessus* sp., Tan Lin, Zhu Jianan, p. 152.

1993a Wu Xiangwu, p. 71.

Type species: (living genus)

Taxonomic status: Cupressaceae, Coniferopsida

? *Curessus* sp.

1982 ? *Curessus* sp., Tan Lin, Zhu Jianan, p. 152, pl. 40, figs. 3, 4; foliage twigs; Guyang, Inner Mongolia; Early Cretaceous Guyang Formation.

1993a ? *Curessus* sp., Wu Xiangwu, p. 71.

Genus *Cycadocarpidium* Nathorst, 1886

1886 Nathorst, p. 91.

1933a Sze H C, p. 22.

1963 Sze H C, Lee H H and others, p. 288.

1993a Wu Xiangwu, p. 72.

Type species: *Cycadocarpidium erdmanni* Nathorst, 1886

Taxonomic status: Podozamitales, Coniferopsida

***Cycadocarpidium erdmanni* Nathorst, 1886**

1886 Nathorst, p. 91, pl. 26, figs. 15—20; cycado megasporphylls; Bjuf, Sweden; Late Triassic (Rhaetic).

1933a Sze H C, p. 22, pl. 2, figs. 10, 11; cone-scales; Yibin, Sichuan; Late Triassic — Early Jurassic.

1963 Sze H C, Lee H H and others, p. 289, pl. 97, figs. 4, 5; cone-scales; Yibin, Sichuan; late Late Triassic.

1968 *Fossil Atlas of Mesozoic Coal-bearing Strata in Jiangxi and Hunan Provinces*, p. 79, pl. 31, figs. 5, 6; text-fig. 21; cone-scales; Jiangxi and Hunan; Late Triassic.

1974a Lee Peichuan and others, p. 361, pl. 186, figs. 10, 11; pl. 192, figs. 8 — 11; strobili; Heyewan of Emei, Sichuan; Late Triassic Hsuchiaho Formation.

1977 Feng Shaonan and others, p. 244, pl. 97, fig. 9; cone-scale; Guanchun of Lechang, Guangdong; Late Triassic Xiaoping Formation; Zigui and Xingshan, Hubei; Late Triassic Lower Coal Formation of Xiangxi (Hsiangchi) Group; Puqi, Hubei; Late Triassic Lower Coal Formation of Wuchang Group.

1978 Yang Xianhe, p. 532, pl. 183, figs. 5 — 7; cone-scales; Taipingchang of Dukou, Sichuan; Late Triassic Dajing Formation; Tieshan of Daxian and Heyewan of Emei, Sichuan; Late Triassic Hsuchiaho Formation.

1978 Zhang Jihui, p. 485, pl. 164, figs. 4, 5, 12; cone-scales; Shanpen of Zunyi and Dazhai of Nayong, Guizhou; Late Triassic; Xinchang of Dafang, Guizhou; Early — Middle Jurassic Qijiang Member of Ziliujing Group.

1978 Zhou Tongshun, p. 119, pl. 28, figs. 8, 9; cone-scales; Dakeng of Zhangping, Fujian; Late Triassic upper member of Dakeng Formation; Jiaokeng of Jianyang, Fujian; Early Jurassic Jiaokeng Formation.

1979 Hsu J and others, p. 67, pl. 71, figs. 2 — 4; text-fig. 18; cone-scales; Yongren, Sichuan; Late Triassic upper part of Daqiaodi Formation.

1979 Sun Ge, p. 319, pl. 1, fig. 14; pl. 2, fig. 19; text-fig. 6; cone-scales; Tianqiaoling of Wangqing, Jilin; Late Triassic Malugou Formation.

1980 Wu Shuqing and others, p. 81, pl. 4, figs. 5—7a; cone-scales; Gengjiahe and Zhengjiahe of Xingshan, Hubei; Late Triassic Shazhenxi Formation.

1981 Zhou Huiqin, pl. 3, fig. 8; cone-scale; Yangcaogou of Beipiao, Liaoning; Late Triassic Yangcaogou Formation.

1982 Duan Shuying, Chen Ye, p. 508, pl. 16, figs. 7—10; cone-scales; Tanba of Hechuan and Qilixia of Xuanhan, Sichuan; Late Triassic Hsuchiaho Formation.

1982 Wang Guoping and others, p. 289, pl. 127, figs. 2, 3; strobili; Longshan of Nanjing, Fujian; Late Triassic Wenbinshan Formation; Wuzao of Yiwu, Zhejiang; Late Triassic Wuzao Formation.

1982 Yang Xianhe, p. 484, pl. 14, figs. 7 — 12; pl. 4, figs. 11 — 14; cone-scales; Hulukou of Weiyuan and Pingxiba of Tongjiang, Sichuan; Late Triassic Hsuchiaho Formation; Xionglong of Xinlong, Sichuan; Late Triassic Lamaya Formation.

1982 Zhang Caifan, p. 538, pl. 347, fig. 11; cone-scale; Shimenkou of Liling and Chengtanjiang of Liuyang, Hunan; Late Triassic Anyuan Formation.

1982 Zhang Wu, p. 191, pl. 2, figs. 30, 31; text-fig. 3; cone-scales; Lingyuan, Liaoning; Late Triassic Laohugou Formation.

1983 Duan Shuying and others, pl. 11, fig. 12; pl. 12, fig. 5; cone-scales; Beiluoshan of Ninglang, Yunnan; Late Triassic.

1983 Huang Qisheng, pl. 1, figs. 2, 3; cone-scales; Lalijian of Huaining, Anhui; Late Triassic Lalijian Formation.

1984 Chen Gongxing, p. 610, pl. 239, fig. 2; pl. 269, figs. 1 — 10; cone-scales; Jingmen, Xingshan, Zigui and Puqi, Hubei; Late Triassic Jiuligang Formation, Shazhenxi Formation and Jigongshan Formation.

1986 Ye Meina and others, p. 84, pl. 51, figs. 6A, 6a; pl. 52, figs. 11, 11a, 13, 13a, 15, 15a; pl. 53, figs. 8, 8a; cone-scales; Jinwo of Tieshan, Leiyinpu, Binlang, Jingang of Daxian, Dalugou Coal Mine of Xuanhan and Wenquan of Kaixian, Sichuan; Late Triassic member 7 of Hsuchiaho Formation; Bailaping of Daxian, Sichuan; Late Triassic member 5 of Hsuchiaho Formation.

1986 Wu Shunqing, Zhou Hanzhong, p. 643, pl. 6, figs. 7, 7a; strobilus; Toksun, Xinjiang; Early Jurassic Badaowan Formation.

1986a Chen Qishi, p. 451, pl. 1, figs. 10, 11; cone-scales; Chayuanli of Quxian, Zhejiang; Late Triassic Chayuanli Formation.

1987 Chen Ye and others, p. 129, pl. 42, figs. 1 — 3; pl. 45, fig. 14; cone-scales; Qinghe of Yanbian, Sichuan; Late Triassic Hongguo Formation.

1987 He Dechang, p. 82, pl. 14, fig. 4; cone-scale; Paomaling of Puqi, Hubei; Late Triassic Jigongshan Formation.

1989 Mei Meitang and others, p. 111, pl. 57 figs. 1, 2; pl. 58, fig. 6; text-figs. 3 — 73; cone-scales; China and Gronland; Late Triassic—Middle Jurassic.

1989 Zhou Zhiyan, p. 155, pl. 1, fig. 15C; pl. 19, figs. 12, 14; text-figs. 45, 46; cone-scales, seeds and cutcles; Shanqiao Coal Mine of Hengyang, Hunan; Late Triassic Yangbaichong Formation.

1992 Sun Ge, Zhao Yanhua, p. 553, pl 250, fig. 1; cone-scale; North Hill in Lujuanzicun of Wangqing, Jilin; Late Triassic Malugou Formation.

1992 Wang Shijun, p. 53, pl. 23, figs. 6, 6a, 7, 7a; cone-scales; Guanchun and Ankou of

Lechang, Guangdong; Late Triassic.

1993 Mi Jiarong and others, p. 141, pl. 41, figs. 2 — 5, 8; pl. 42, figs. 1, 1a; cone-scales; Lingyuan, Liaoning; Late Triassic Laohugou Formation; Chengde, Hebei; Late Triassic Xingshikou Formation.

1993 Sun Ge, p. 96, pl. 39, figs. 2 — 4, 22; pl. 40, figs. 19, 20, 22; strobilus; Tianqiaoling and North Hill in Lujuanzicun of Wangqing, Jilin; Late Triassic Malugou Formation.

1993a Wu Xiangwu, p. 72.

1999b Wu Shunqing, p. 46, pl. 19, fig. 3a (c); pl. 39, fig. 3; pl. 40, figs. 2A, 2a, 3, 4, 5B, 5a; pl. 41, figs. 5 — 5c; cone-scales; E'mei, Hechuan, Wanyuan and Daxian, Sichuan; Late Triassic Hsuchiaho Formation.

2002 Zhang Zhenlai and others, pl. 15, figs. 9 — 11; cone-scales; Gengjiahe Coal Mine of Xingshan, Hubei; Late Triassic Shazhenxi Formation.

***Cycadocarpidium* cf. *erdmanni* Nathorst**

1982b Liu Zijin, p. 96, pl. 1, figs. C, 1 — 3; pl. 2, figs. 8 — 12a; cone-scales; Sidaogou near Daolengshan of Jingyuan, Gansu; Early Jurassic Daolengshan Formation.

1985 Mi Jiarong, Sun Chunlin, pl. 1, figs. 10, 16; cone-scales; Bamianshi of Shuangyang and Wujiazi of Panshi, Jilin; Late Triassic upper member of Xiaofengmidingzi Formation.

1985 Yang Xuelin, Sun Liwen, p. 108, pl. 2, figs. 8 — 13; cone-scales; southern Da Hingganling; Early Jurassic Hongqi Formation.

1993 Mi Jiarong and others, p. 142, pl. 42, figs. 2 — 17; pl. 44, figs. 23, 24; cone-scales; Wangqing and Shuangyang, Jilin; Late Triassic Malugou Formation, Dajianggou Formation and upper member of Xiaofengmidingzi Formation; Beipiao, Liaoning; Late Triassic Yangcaogou Formation.

△*Cycadocarpidium angustum* G. X. Chen, 1984

1984 Chen Gongxing, p. 610, pl. 269, figs. 13, 14; cone-scales; No.: EP308, EP309; Repository: Regional Geological Surveying Team of Hubei or Bureau of Geology and Mineral Resources of Hubei Province; Bishidu of Echeng, Hubei; Late Triassic Jigongshan Formation. (Notes: The type specimen was not appointed in the original paper)

△*Cycadocarpidium brachyglossum* Zhang, 1982

1982 Zhang Wu, p. 191, pl. 2, figs. 18 — 18b; cone-scale; Repository: Shenyang Institute of Geology and Mineral Resources; Lingyuan, Liaoning; Late Triassic Laohugou Formation.

△*Cycadocarpidium elegans* Sun, 1979

1979 Sun Ge, p. 316, pl. 1, figs. 6, 7; text-fig. 3; cone-scales; Col. No.: T8-33; Reg. No.: 77212, 77213; Holotype: 77212, 77213 (pl. 1, figs. 6, 7); Repository: Regional Geological Surveying Team, Geological Bureau of Jilin; Tianqiaoling of Wangqing, Jilin; Late Triassic Malugou Formation.

1992 Sun Ge, Zhao Yanhua, p. 552, pl 250, fig. 4; cone-scale; Malugou of Wangqing, Jilin; Late Triassic Sanxianling Formation.

1993 Sun Ge, p. 95, pl. 39, figs. 14, 15; cone-scales; Malugou of Wangqing, Jilin; Late Triassic Sanxianling Formation.

△***Cycadocarpidium giganteum* Sun, 1979**

1979 Sun Ge, p. 316, pl. 1, figs. 1—5, 8—13; pl. 2, figs. 17, 18, 22, 23; text-fig. 2; cone-scales; Col. No.: T10-68, T10-102, T11-102, T11-104, T11-119, T11-121, T11-145, T12-358, T12-410; Reg. No.: 77201-5, 77206-11, 77219-20, 77221-22; Holotype: 77201-5 (pl. 1, figs. 1, 2, 11); Repository: Regional Geological Surveying Team, Geological Bureau of Jilin; Tianqiaoling of Wangqing, Jilin; Late Triassic Malugou Formation.

1980 Wu Shuibo and others, pl. 2, fig. 2; cone-scale; Tuopangou of Wangqing, Jilin; Late Triassic Malugou Formation.

1992 Sun Ge, Zhao Yanhua, p. 553, pl 250, figs. 5—7, 19; cone-scales; Tianqiaoling of Wangqing, Jilin; Late Triassic Malugou Formation.

1993 Mi Jiarong and others, p. 142, pl. 37, fig. 11b; pl. 42, figs. 18, 19; pl. 44, figs. 30, 31; cone-scales; Dongning, Heilongjiang; Late Triassic Luoquanzhan Formation; Wangqing and Shuangyang, Jilin; Late Triassic Malugou Formation and upper member of Xiaofengmidingzi Formation.

1993 Sun Ge, p. 97, pl. 39, figs. 16—21; pl. 43, fig. 4; pl. 44, fig. 2b; pl. 45, fig. 2b; pl. 47, fig. 4; pl. 50, figs. 3, 5—7; pl. 51, figs. 1, 2; strobili and cone-scales; Tianqiaoling of Wang-qing, Jilin; Late Triassic Malugou Formation.

1995a Li Xingxue (editor-in-chief), pl. 79, fig. 5; cone-scale; Tianqiaoling of Wangqing, Jilin; Late Triassic Malugou Formation (Norian). (in Chinese)

1995b Li Xingxue (editor-in-chief), pl. 79, fig. 5; cone-scale; Tianqiaoling of Wangqing, Jilin; Late Triassic Malugou Formation (Norian). (in English)

△***Cycadocarpidium glossoides* Mi et Sun, 1985**

1985 Mi Jiarong, Sun Chunlin, p. 4, pl. 2, figs. 1b, 16; text-fig. 2; cone-scales; No.: SX0008, SX0009; Holotype: SX0008 (pl. 2, fig. 16); Repository: Changchun College of Geology; Bamianshi of Shuangyang, Jilin; Late Triassic upper member of Xiaofengmidingzi Formation.

1993 Mi Jiarong and others, p. 143, pl. 39, fig. 3b; pl. 43, fig. 1; cone-scales; Shuangyang, Jilin; Late Triassic upper member of Xiaofengmidingzi Formation.

△***Cycadocarpidium latiovatum* Mi, Sun CL, Sun YW, Cui et Ai, 1996** (in Chinese)

1996 Mi Jiarong and others, p. 144, pl. 37, figs. 11—15; text-fig. 21; cone-scales; No.: HF6013—HF6017; Holotype: HF6017 (pl. 37, fig. 15); Paratype: HF6016 (pl. 37, fig. 14); Repository: Changchun College of Geology; Shimenzhai of Funing, Hebei; Early Jurassic Beipiao Formation.

***Cycadocarpidium minor* Turutanova-Ketova, 1931**

1931 Turutanova-Ketova, p. 315, pl. 3, fig. 1; pl. 4, fig. 2; cone-scales; Kirghiz; Late Triassic—Early Jurassic.

1996 Mi Jiarong and others, p. 145, pl. 37, figs. 20—28; cone-scales; Shimenzhai of Funing, Hebei; Early Jurassic Beipiao Formation.

△***Cycadocarpidium minutissimum* Liu, 1982**

1982b Liu Zijin, p. 96, pl. 1, figs. C, 4—6; pl. 2, fig. 12b; bracts; Reg. No.: D501; Repository:

Xi'an Institute of Geology and Mineral Resources; Sidaogou near Daolengshan of Jingyuan, Gansu; Early Jurassic Daolengshan Formation.

***Cycadocarpidium ovatum* Kon'no, 1961**

1961 Kon'no, p. 206, pl. 23, figs. 1, 2, 3b, 4; text-fig. 2; cones; Japan; Late Triassic.

***Cycadocarpidium* cf. *ovatum* Kon'no**

1984 Huang Qisheng, pl. 1, figs. 4, 4a; cone-scale; Lalijian of Huaining, Anhui; Late Triassic Lalijian Formation.

***Cycadocarpidium parvum* Kryshtofovich et Prynata, 1932**

1932 Kryshtofovich, Prynata, p. 371; S. Razdol'noe, Primor'e, USSR; Late Triassic.

***Cycadocarpidium* cf. *parvum* Kryshtofovich et Prynata**

1979 Sun Ge, p. 320, pl. 2, figs. 20c, 21; text-fig. 7; cone-scales; Tianqiaoling of Wangqing, Jilin; Late Triassic Malugou Formation.

1985 Mi Jiarong, Sun Chunlin, pl. 1, fig. 25; cone-scale; Bamianshi of Shuangyang, Jilin; Late Triassic upper member of Xiaofengmidingzi Formation.

***Cycadocarpidium pilosum* Grauvogel-Stamm, 1978**

1978 Grauvogel-Stamm, pp. 29, 115—124, pl. 1, fig. 4A; pls. 40—42; text-figs. 26, 27; cone-scales; France; Early Triassic.

***Cycadocarpidium* cf. *pilosum* Grauvogel-Stamm**

1986 Zheng Shaolin, Zhang Wu, p. 180, pl. 3, figs. 9, 10; seed scale complex; Yangshugou of Harqin Left Wing, Liaoning; Early Triassic Hongla Formation.

△*Cycadocarpidium pusillum* Yang et Sun, 1982

1982b Yang Xuelin, Sun Liwen, p. 40, pl. 11, figs. 10—14; pl. 12, figs. 5, 6; bracts; Reg. No.: H054, H114—H116, H116a—H116c; Repository: Jilin Institute of Coal-Field Geology; Hongqi of Wanbao, Da Hingganling; Early Jurassic Hongqi Formation.

***Cycadocarpidium redivivum* Nathorst, 1911**

1911 Nathorst, p. 6, pl. 1, figs. 16—18; cone-scales; Pålsjö, Sweden; Late Triassic (Rhaetic)—Early Jurassic (Lias).

1984 Chen Gongxing, p. 610, pl. 269, fig. 15; cone-scale; Kuzhuqiao of Puqi, Hubei; Late Triassic Jigongshan Formation.

1992 Sun Ge, Zhao Yanhua, p. 554, pl 250, figs. 8, 10; cone-scales; Tianqiaoling of Wangqing, Jilin; Late Triassic Malugou Formation.

1993 Sun Ge, p. 97, pl. 39, fig. 1; pl. 40 (?), fig. 18; cone-scales; Tianqiaoling of Wangqing, Jilin; Late Triassic Malugou Formation.

***Cycadocarpidium sogutensis* Genkina, 1964**

1964 Genkina, p. 73, pl. 2, figs. 1—15; cone-scales; Issyk Kul; Late Triassic.

1985 Mi Jiarong, Sun Chunlin, pl. 2, figs. 13, 14; cone-scales; Bamianshi of Shuangyang, Jilin; Late Triassic upper member of Xiaofengmidingzi Formation.

1993 Mi Jiarong and others, p. 143, pl. 43, figs. 3, 4; cone-scales; Wangqing and Shuangyang, Jilin; Late Triassic Malugou Formation and upper member of Xiaofengmidingzi Formation.

***Cycadocarpidium* cf. *sogutensis* Genkina**

1984 Chen Gongxing, p. 610, pl. 269, figs. 16—20; cone-scales; Kuzhuqiao and Jigongshan of Puqi, Hubei; Late Triassic Jigongshan Formation.

△*Cycadocarpidium shuangyangensis* Mi et Sun, 1985

1985 Mi Jiarong, Sun Chunlin, p. 5, pl. 2, fig. 15; text-fig. 3; cone-scale; No.: SX0004; Holotype: SX0004 (pl. 2, fig. 15); Repository: Changchun College of Geology; Bamianshi of Shuangyang, Jilin; Late Triassic upper member of Xiaofengmidingzi Formation.

1993 Mi Jiarong and others, p. 143, pl. 43, figs. 2, 2a, 10b; cone-scales; Shuangyang, Jilin; Late Triassic upper member of Xiaofengmidingzi Formation.

***Cycadocarpidium swabi* Nathorst, 1911**

1911 Nathorst, p. 5, pl. 1, figs. 11—15; cycado megasporphyll; Bjuf, Sweden; Late Triassic (Lias)—Early Jurassic (Rhaetic).

1979 Sun Ge, p. 318, pl. 2, figs. 1—5; text-fig. 5; cone-scales; Tianqiaoling of Wangqing, Jilin; Late Triassic Malugou Formation.

1980 Wu Shuibo and others, pl. 2, fig. 3; cone-scale; Tuopangou of Wangqing, Jilin; Late Triassic Malugou Formation.

1982 Wang Guoping and others, p. 289, pl. 127, figs. 6, 7; cone-scales; Wuzao of Yiwu, Zhejiang; Late Triassic Wuzao Formation.

1983 Huang Qisheng, pl. 1, fig. 1; cone-scale; Lalijian of Huaining, Anhui; Late Triassic Lalijian Formation.

1985 Mi Jiarong, Sun Chunlin, p. 4, pl. 2, figs. 8, 10, 20, 23; cone-scales; Bamianshi of Shuang yang and Wujiazi of Panshi, Jilin; Late Triassic upper member of Xiaofengmidingzi Formation.

1986 Ye Meina and others, p. 85, pl. 52, figs. 3, 5, 10, 10a; pl. 53, figs. 4—5a; cone-scales; Qilixia of Kaijiang, Sichuan; Late Triassic member 3 of Hsuchiaho Formation; Bailaping of Daxian, Qilixia of Kaijiang and Shuitian of Kaixian, Sichuan; Late Triassic member 5 of Hsuchiaho Formation.

1986b Chen Qishi, p. 11, pl. 2, figs. 10, 11; cone-scales; Wuzao of Yiwu, Zhejiang; Late Triassic Wuzao Formation.

1992 Sun Ge, Zhao Yanhua, p. 553, pl 250, fig. 2; cone-scale; Tianqiaoling of Wangqing, Jilin; Late Triassic Malugou Formation.

1993 Mi Jiarong and others, p. 144, pl. 43, figs. 5—10a, 11—37; pl. 44, figs. 10—12, 19—22, 25, 28, 29, 32—34, 38—40; cone-scales; Luoquanzhan of Dongning, Heilongjiang; Late Triassic Luoquanzhan Formation; Wangqing and Shuangyang, Jilin; Late Triassic Malugou Formation and upper member of Xiaofengmidingzi Formation.

1993 Sun Ge, p. 98, pl. 39, figs. 5—8, 13 (?); pl. 41, fig. 4b; pl. 50, fig. 4; cone-scales; Tianqiaoling of Wangqing, Jilin; Late Triassic Malugou Formation.

2000 Sun Chunlin and others, pl. 1, figs. 14—22; cone-scales; Hongli of Baishan, Jilin; Late

Triassic Xiaoyingzi Formation.

***Cycadocarpidium tricarpum* Prynada, 1940**

1940 Prynada, p. 26, figs. 5, C, D, F, G, H; Eastern Ural, USSR; Late Triassic.

***Cycadocarpidium tricarpum* Prynada (s. l.)**

1979 Sun Ge, p. 318, pl. 2, figs. 6—14; text-fig. 4; cone-scales; Tianqiaoling of Wangqing, Jilin; Late Triassic Malugou Formation.

1980 Wu Shuibo and others, pl. 2, fig. 5; cone-scale; Tuopangou of Wangqing, Jilin; Late Triassic Malugou Formation.

1982 Yang Xianhe, p. 484, pl. 14, figs. 4—6; cone-scales; Hulukou of Weiyuan, Sichuan; Late Triassic Hsuchiaho Formation.

1982 Zhang Wu, p. 191, pl. 2, figs. 19—29; cone-scales; Lingyuan, Liaoning; Late Triassic Laohugou Formation.

1984 Chen Gongxing, p. 611, pl. 269, figs. 11, 12; cone-scales; Fenshuiling of Jingmen, Hubei; Late Triassic Jiuligang Formation.

1992 Sun Ge, Zhao Yanhua, p. 553, pl 250, fig. 3; cone-scale; Tianqiaoling of Wangqing, Jilin; Late Triassic Malugou Formation.

1993 Mi Jiarong and others, p. 144, pl. 43, figs. 38—43; pl. 44, figs. 1—9, 26b; cone-scales; Wangqing, Jilin; Late Triassic Malugou Formation; Beipiao, Liaoning; Late Triassic Yangcaogou Formation.

1993 Sun Ge, p. 98, pl. 39, figs. 10—12; pl. 46, figs. 6, 7; cone-scales; Tianqiaoling of Wangqing, Jilin; Late Triassic Malugou Formation.

2000 Sun Chunlin and others, pl. 1, figs. 23, 24; cone-scales; Hongli of Baishan, Jilin; Late Triassic Xiaoyingzi Formation.

***Cycadocarpidium* spp.**

1976 *Cycadocarpidium* sp., Li Peijuan and others, p. 132, pl. 41, figs. 13, 13a; cone; Yipinglang of Lufeng, Yunnan; Late Triassic Ganhaizi Member of Yipinglang Formation.

1979 *Cycadocarpidium* sp. 1, Sun Ge, p. 320, pl. 2, figs. 15, 16; text-fig. 8; cone-scales; Tianqiaoling of Wangqing, Jilin; Late Triassic Malugou Formation.

1979 *Cycadocarpidium* sp. 2, Sun Ge, p. 321, pl. 2, fig. 20d; text-fig. 9; cone-scale; Tianqiaoling of Wangqing, Jilin; Late Triassic Malugou Formation.

1980 *Cycadocarpidium* sp., Zhang Wu and others, p. 306, pl. 147, figs. 7—10; cone-scales; Hongqi Coal Mine of Tao'an, Jilin; Early Jurassic Hongqi Formation.

1982 *Cycadocarpidium* sp., Li Peijuan, Wu Xiangwu, p. 56, pl. 13, figs. 3A, 3B; cone-scale; Daocheng, Sichuan; Late Triassic Lamaya Formation.

1982 *Cycadocarpidium* sp., Zhang Wu, p. 192, pl. 2, fig. 32; text-fig. 6; cone-scale; Late Triassic Laohugou Formation.

1982b *Cycadocarpidium* sp., Liu Zijin, p. 96, pl. 1, figs. C, 7; pl. 2, fig. 13; cone-scales; Sidaogou near Daolengshan of Jingyuan, Gansu; Early Jurassic Daolengshan Formation.

1983 *Cycadocarpidium* sp., Ju Kuixiang and others, pl. 3, fig. 10; cone-scale; Fanjiachang,

Nanjing; Late Triassic Fanjiatang Formation.

1985 *Cycadocarpidium* sp. 1, Mi Jiarong, Sun Chunlin, pl. 1, fig. 24; cone-scale; Bamianshi of Shuangyang, Jilin; Late Triassic upper member of Xiaofengmidingzi Formation.

1985 *Cycadocarpidium* sp. 2, Mi Jiarong, Sun Chunlin, pl. 1, fig. 26; cone-scale; Bamianshi of Shuangyang, Jilin; Late Triassic upper member of Xiaofengmidingzi Formation.

1985 *Cycadocarpidium* sp. 3, Mi Jiarong, Sun Chunlin, pl. 1, fig. 23b; pl. 2, fig. 9; cone-scales; Bamianshi of Shuangyang, Jilin; Late Triassic upper member of Xiaofengmidingzi Formation.

1992 *Cycadocarpidium* sp., Wang Shijun, p. 53, pl. 23, fig. 4; cone-scale; Ankou of Lechang, Guangdong; Late Triassic.

1992 *Cycadocarpidium* sp. cf. *C. parvum* Krysht. et Pryn., Sun Ge, Zhao Yanhua, p. 553, pl. 250, fig. 9; cone-scale; Tianqiaoling of Wangqing, Jilin; Late Triassic Malugou Formation.

1993 *Cycadocarpidium* sp. 1, Mi Jiarong and others, p. 145, pl. 44, figs. 18, 18a; cone-scale; Shuangyang, Jilin; Late Triassic upper member of Xiaofengmidingzi Formation.

1993 *Cycadocarpidium* sp. 2, Mi Jiarong and others, p. 145, pl. 44, fig. 27; cone-scale; Shuangyang, Jilin; Late Triassic upper member of Xiaofengmidingzi Formation.

1993 *Cycadocarpidium* sp. 3, Mi Jiarong and others, p. 146, pl. 44, figs. 13, 16; cone-scales; Shuangyang, Jilin; Late Triassic upper member of Xiaofengmidingzi Formation.

1993 *Cycadocarpidium* sp. 4, Mi Jiarong and others, p. 146, pl. 44, fig. 37; cone-scale; Pingquan, Hebei; Late Triassic Xingshikou Formation.

1993 *Cycadocarpidium* sp. 5, Mi Jiarong and others, p. 146, pl. 44, figs. 15, 16; cone-scales; Shuangyang, Jilin; Late Triassic upper member of Xiaofengmidingzi Formation.

1993 *Cycadocarpidium* sp. 6, Mi Jiarong and others, p. 146, pl. 44, fig. 17; cone-scale; Wangqing, Jilin; Late Triassic Malugou Formation.

1993 *Cycadocarpidium* sp. (Cf. *C. parvum* Krysht. et Pryn), Sun Ge, p. 97, pl. 39, fig. 9; cone-scale; Tianqiaoling of Wangqing, Jilin; Late Triassic Malugou Formation.

1993 *Cycadocarpidium* sp. 1, Sun Ge, p. 99, pl. 50, fig. 2; cone-scale; Tianqiaoling of Wangqing, Jilin; Late Triassic Malugou Formation.

1993 *Cycadocarpidium* sp. 2, Sun Ge, p. 99, pl. 46, fig. 5; cone-scale; Tianqiaoling of Wangqing, Jilin; Late Triassic Malugou Formation.

1996 *Cycadocarpidium* sp. (Cf. *C. erdmanni* Nathorst), Mi Jiarong and others, p. 145, pl. 35, fig. 8a; pl. 37, figs. 16—19; cone-scales; Beipiao, Liaoning; Shimenzhai of Funing, Hebei; Early Jurassic Beipiao Formation.

1998 *Cycadocarpidium* sp., Zhang Hong and others, pl. 47, fig. 9; cone-scale; Karamy, Xinjiang; Early Jurassic Badaowan Formation.

***Cycadocarpidium*? spp.**

1984 *Cycadocarpidium*? sp., Wang Ziqiang, p. 292, pl. 120, fig. 7; cone-scale; Yushe, Shanxi; Middle—Late Triassic Yenchang Group.

1986 *Cycadocarpidium*? sp., Xu Fuxiang, p. 423, pl. 1, figs. 7—9; cone-scales; Daolengshan of Jingyuan, Gansu; Early Jurassic.

? *Cycadocarpidium* spp.

1988a ? *Cycadocarpidium* sp., Huang Qisheng, Lu Zongsheng, p. 148, pl. 2, fig. 6; cone-scale; Shuanghuaishu of Lushi, Henan; Late Triassic bed 6 in lower part of Yenchang Group.

1996 ? *Cycadocarpidium* sp., Mi Jiarong and others, p. 146, pl. 37, fig. 6; text-fig. 22; cone-scale; Shimenzhai of Funing, Hebei; Early Jurassic Beipiao Formation.

***Cycadocarpidium* (cone axis type)**

1976 *Cycadocarpidium* (cone axis type), Lee Peichuan and others, p. 132, pl. 41, figs. 8—11a; cone-axis; Yipinglang of Lufeng, Yunnan; Late Triassic Ganhaizi Member of Yipinglang Formation.

1982 *Cycadocarpidium* (cone axis type), Duan Shuying, Chen Ye, p. 508, pl. 16, fig. 5; cone-axis; Tanba of Hechuan, Sichuan; Late Triassic Hsuchiaho Formation.

1983 *Cycadocarpidium* (cone axis type), Duan Shuying and others, pl. 6, fig. 8; cone-axis; Beiluoshan of Ninglang, Yunnan; Late Triassic.

1987 *Cycadocarpidium* (cone axis type), Chen Ye and others, p. 130, pl. 42, figs. 4—7; cone-axis; Qinghe of Yanbian, Sichuan; Late Triassic Hongguo Formation.

1989 *Cycadocarpidium* (cone axis type), Mei Meitang and others, p. 111; cone-axis; Northern Hemisphere; Late Triassic—Middle Jurassic.

Genus *Cyclopitys* Schmalhausen, 1879

[Notes: The generic name *Cyclopitys* being abandoned; the type species was referred as *Pityophyllum nordenskioeldi* Heer (Sze H C, Lee H H and others, 1963)]

1879 Schmalhausen, p. 41.

1903 Potonie, p. 120.

1993a Wu Xiangwu, p. 73.

Type species: *Cyclopitys nordenskioeldi* (Heer) Schmalhausen, 1879

Taxonomic status: Pinaceae, Coniferopsida

***Cyclopitys nordenskioeldi* (Heer) Schmalhausen, 1879**

1876 *Pinus nordenskioeldi* Heer, p. 45, pl. 9, figs. 1—6; Spitzbergens; Late Jurassic.

1879 Schmalhausen, p. 41, pl. 1, fig. 4b; pl. 2, fig. 1c; pl. 5, figs. 2d, 3b, 6b, 10; articulate foliage; Russia; Permian.

1903 Potonie, p. 120, figs. 1 (left), 2 (right), 3 (right); leaves; between Turatschi and northwestern Hami (Turatsch am Südfusse des östlichen Thie-shan und NW von Hami), Xinjiang; Jurassic. [Notes: The specimen was later referred as *Pityophyllum longifolium* (Nathorst) Moeller (Sze H C, Lee H H and others, 1963)]

1906 Krasser, p. 625, pl. 3, fig. 9; pl. 4, figs. 1, 3; leaves; Jiaohe (Thiao-ho) and Huoshiling (Ho-shi-ling-tza), Jilin; Jurassic. [Notes: The specimen was later referred as *Pityophyllum nordenskioeldi* (Heer) (Sze H C, Lee H H and others, 1963)]

1993a Wu Xiangwu, p. 73.

Genus *Cyparissidium* Heer, 1874

1874 Heer, p. 74.

1933 Pan C H, p. 535.

1963 Sze H C, Lee H H and others, p. 306.

1993a Wu Xiangwu, p. 74.

Type species: *Cyparissidium gracile* Heer, 1874

Taxonomic status: Taxodiaceae, Coniferopsida

***Cyparissidium gracile* Heer, 1874**

1874 Heer, p. 74, pl. 17, figs. 5b, 5c; pls. 19 — 21; cones and foliage-bearing shoots; Kome, Greenland; Cretaceous.

1993a Wu Xiangwu, p. 74.

***Cyparissidium blackii* (Harris) Harris, 1979**

1952 *Haiburnia blackii* Harris, p. 367; text-figs. 3D, 4, 5; Yorkshire, England; Middle Jurassic.

1979 Harris, p. 79, pl. 4, figs. 10 — 12, 14; text-figs. 38, 39; Yorkshire, England; Middle Jurassic.

2001 Sun Ge and others, pp. 97, 200, pl. 19, fig. 6; pl. 55, figs. 2—6; shoots; western Liaoning; Late Jurassic Jianshangou Formation.

△***Cyparissidium opimum* Zheng et Zhang, 2004** (in Chinese and English)

2004 Zheng Shaolin, Zhang Wu, in Wang Wuli and others, pp. 233 (in Chinese), 492 (in English), pl. 31, fig. 7; leafy shoot; Holotype: pl. 31, fig. 7; Beipiao, Liaoning; Late Jurassic [Huangbanjigou near Shangyuan of Beipiao, Liaoning (?); Late Jurassic Jianshangou Bed in lower part of Yixian Formation (?)]. (Notes: The repository was not designated in the original paper)

***Cyparissidium rudlandicum* Harris, 1979**

1979 Harris, p. 78, pl. 4, fig. 9; text-figs. 36A — 36D; leafy shoot and cuticle; Yorkshire, England; Middle Jurassic.

2004 Wang Wuli and others, p. 234, pl. 31, fig. 3; leafy shoot; Yixian, Liaoning; Late Jurassic Zhuanchengzi Bed of Tuchengzi Formation.

***Cyparissidium* spp.**

1990 *Cyparissidium* sp., Liu Mingwei, p. 206; leafy shoot; Shanqiandian, Daming and Huangyadi of Laiyang, Shandong; Early Cretaceous member 3 of Laiyang Formation.

1999 *Cyparissidium* sp., Cao Zhengyao, p. 100, pl. 28, fig. 2; leafy shoot; Dongcun of Shouchang, Zhejiang; Early Cretaceous Shouchang Formation.

1999a *Cyparissidium* sp., Wu Shunqing, p. 20, pl. 12, figs. 6A, 6a; shoot with leaves; Huangbanjigou in Shangyuan of Beipiao, Liaoning; Late Jurassic Jianshangou Bed in lower part of the Yixian Formation.

? *Cyparissidium* sp.

1933 Pan C H, p. 535, pl. 1, figs. 6, 6a, 7; leafy shoots; Xizhongdian (Hsichungtien) of Fangshan, Hebei (Hopei); Early Cretaceous. [Notes: The specimen was later referred as *Cyparissidium*? sp. (Sze H C, Lee H H and others, 1963)]

1993a ? *Cyparissidium* sp., Wu Xiangwu, p. 74.

***Cyparissidium*? spp.**

1963 *Cyparissidium*? sp., Sze H C, Lee H H and others, p. 306, pl. 97, figs. 7, 8 (=? *Cyparissidium* sp., P'an C H, 1933, p. 535, pl. 1, figs. 6, 6a, 7); leafy shoots; Xizhongdian (Hsichungtien) of Fangshan, Hebei (Hopei); Late Jurassic—Early Cretaceous.

2000 *Cyparissidium*? sp., Wu Shunqing, pl. 7, figs. 8, 8a; leafy shoot; Angping of Dayushan, Hongkong; Early Cretaceous Repulse Bay Group.

Genus *Dadoxylon* Endlicher, 1847

1847 Endlicher, p. 298.

1953 Hsü J, p. 80.

1963 Sze H C, Lee H H and others, p. 319.

1993a Wu Xiangwu, p. 74.

Type species: *Dadoxylon withami* (Lindley et Hutton) Endlicher, 1847

Taxonomic status: Coniferopsida

***Dadoxylon withami* (Lindley et Hutton) Endlicher, 1847**

1831—1837 *Pinite withami* Lindley et Hutton, p. 9, pl. 2; wood; Craigleith, Scotland; Late Carboniferous.

1847 Endlicher, p. 298; wood; Craigleith, Scotland; Late Carboniferous.

1993a Wu Xiangwu, p. 74.

***Dadoxylon* (*Araucarioxylon*) *japonicus* Shimakura, 1935**

1935 Shimakura, p. 268, pl. 12, figs. 1—6; text-fig. 1; woods; Japan; Late Jurassic—Early Cretaceous.

1963 Sze H C, Lee H H and others, p. 320, pl. 118, figs. 1—5; text-fig. 59; woods; Ma'anshan of Jimo, Shandong; Late Jurassic—Early Cretaceous.

***Dadoxylon* (*Araucarioxylon*) cf. *japonicus* Shimakura**

1953 Hsü J, p. 80, pl. 1, figs. 1—5; text-figs. 1—4; woods; Ma'anshan of Jimo, Shandong; Late Jurassic—Early Cretaceous. [Notes: The specimen was later referred as *Dadoxylon* (*Araucarioxylon*) *japonicus* Shimakura (Sze H C, Lee H H and others, 1963)]

1993a Wu Xiangwu, p. 74.

Genus *Drepanolepis* Nathorst, 1897

1897 Nathorst, p. 21.

1998 Zhang Hong and others, p. 80.

Type species: *Drepanolepis angustior* Nathorst, 1897

Taxonomic status: incertae sedis

***Drepanolepis angustior* Nathorst, 1897**

1897 Nathorst, p. 21, pl. 1, figs. 16, 17; strobili; Cape Boheman, Spitsbergen; Middle Jurassic.

△*Drepanolepis formosa* Zhang, 1998 (in Chinese)

1998 Zhang Hong and others, p. 80, pl. 50, fig. 1; pl. 51, figs. 1, 2; pl. 53, fig. 2; strobili; No.: MP-93979, MP-93980; Repository: Xi'an Branch, Central Coal Research Institute; Wanggaxiu of Delingha, Qinghai; Middle Jurassic Shimengou Formation; Yaojie of Lanzhou, Gansu; Middle Jurassic Yaojie Formation. (Notes: The type specimen was not designated in the original paper)

Genus *Elatides* Heer, 1876

1876 Heer, p. 77.

1883 Schenk, p. 249.

1963 Sze H C, Lee H H and others, p. 282.

1993a Wu Xiangwu, p. 80.

Type species: *Elatides ovalis* Heer, 1876

Taxonomic status: Taxodiaceae, Coniferopsida

***Elatides ovalis* Heer, 1876**

1876 Heer, p. 77, pl. 14, fig. 2; small twig with foliage and cones; Ust-Balei, Siberia, Russia; Late Jurassic.

1941 Stockmans, Mathieu, p. 51, pl. 7, figs. 3, 4; leafy shoots and cones; Gaoshan (Kaoshan) of Datong, Shanxi; Jurassic. [Notes: The specimens were later referred as *Elatides*? sp. (Sze H C, Lee H H and others, 1963)]

1954 Hsu J, p. 63, pl. 55, figs. 3, 4; leafy shoots with cones; Datong, Shanxi; Middle Jurassic (?).

1993a Wu Xiangwu, p. 80.

2005 Miao Yuyan, p. 527, pl. 2, figs. 27—28a; leafy shoots with cones; Baiyang River area of Junggar Basin, Xinjiang; Middle Jurassic Xishanyao Formation.

***Elatides* cf. *ovalis* Heer**

1951 Lee H H, pl. 1, fig. 4c; leafy shoot; Dadong (Tatong), Shanxi; Jurassic Tatung Coal

Series.

1979 He Yuanliang and others, p. 154, pl. 77, figs. 6 — 8; cones; Wulan, Qinghai; Middle Jurassic Dameigou Formation.

△***Elatides araucarioides*** **Tan et Shu, 1982**

1982 Tan Lin, Zhu Jianan, p. 152, pl. 38, figs. 2—9; pl. 39, fig. 1; leafy shoots and cones; Reg.: GR90, GR91, GR93—GR95, GR97, GR103, GR195, GR960; Holotype: GR195 (pl. 38, fig. 2); Paratype: GR97 (pl. 38, figs. 3, 3a); Guyang, Inner Mongolia; Early Cretaceous Guyang Formation.

Elatides **cf.** ***araucarioides*** **Tan et Shu**

1988 Chen Fen and others, p. 78, pl. 49, fig. 3; twig with leaves; Haizhou of Fuxin, Liaoning; Early Cretaceous Sunjiawan Member of Fuxin Formation.

Elatides asiatica **Krassilov, 1967**

1967 Krassilov, p. 200, pl. 74, figs. 1—3; pl. 75, figs. 1—7; pl. 76, figs. 1—3; text-figs. 28a—28r; leafy shoots; South Seaside, USSR; Early Cretaceous.

1982 Zheng Shaolin, Zhang Wu, p. 323, pl. 23, figs. 1—10; pl. 24, figs. 7—14, 21; leafy shoots and female cones; Jidong, Jixi and Shuangyashan, Heilongjiang; Late Jurassic Shihebei Formation; Mishan, Heilongjiang; Late Jurassic Yunshan Formation.

1983 Zhang Zhicheng, Xiong Xianzheng, p. 61, pl. 7, figs. 1, 3—5; leafy twigs; Dongning Basin, eastern Heilongjiang; Early Cretaceous Dongning Formation.

1983a Zheng Shaolin, Zhang Wu, p. 89, pl. 7, fig. 9; pl. 8, figs. 1 — 4; leafy twigs; Boli, Heilongjiang; middle—late Early Cretaceous Dongshan Formation.

1987 Qian Lijun and others, p. 85, pl. 22, fig. 2; pl. 32, fig. 4; pl. 26, fig. 2; twigs bearing seed cones; Kaokaowusugou of Shenmu, Shaanxi; Middle Jurassic Yan'an Formation.

1987 Shang Ping, pl. 2, fig. 2; branchlet bearing seed cones; Fuxin Basin, Liaoning; Early Cretaceous.

Elatides bommeri **Harris, 1953**

1953 Harris, p. 23, pl. 4, figs. 1 — 7; leafy twigs and cones; Belgium; Early Cretaceous (Wealden).

1985 Shang Ping, pl. 12, figs. 6, 7; leafy shoots; Fuxin, Liaoning; Early Cretaceous Taiping Member of Haizhou Formation.

1987 Shang Ping, pl. 3, fig. 5; leafy shoot; Fuxin Basin, Liaoning; Early Cretaceous.

Elatides brandtiana **Heer, 1876**

1876 Heer, p. 78, pl. 14, figs. 3, 4; leafy shoots; Ust-Balei, Irkutsk Basin; Jurassic.

Elatides? brandtiana **Heer**

1996 Mi Jiarong and others, p. 138, pl. 34, fig. 4b; leafy shoot; Taiji of Beipiao, Liaoning; Early Jurassic lower member of Beipiao Formation.

△***Elatides chinensis*** **Schenk, 1883**

1883 Schenk, p. 249, pl. 49, fig. 6a; leafy shoot; Tumulu, Inner Mongolia; Jurassic. [Notes: The specimen was later referred as ? *Elatocladus manchurica* (Yoko-yama) Yabe (Sze H C, Lee H H and others, 1963)]

1901 Krasser, p. 148, pl. 2, figs. 9, 9a, 10; small twigs; Tyrkytag (Tyrkyp-tag) Mountian, Xinjiang; Jurassic. [Notes: The specimen was later referred as *Elatocladus* sp. (Sze H C, Lee H H and others, 1963)]

1993a Wu Xiangwu, p. 80.

"*Elatides*" *chinensis* Schenk

1990 Zheng Shaolin, Zhang Wu, p. 221, pl. 1, figs. 8—11; pl. 5, fig. 7B; pl. 6, fig. 5; leafy shoots and cones; Tianshifu of Benxi, Liaoning; Early Jurassic Changliangzi Formation and Middle Jurassic Dabao Formation.

***Elatides curvifolia* (Dunker) Nathorst, 1897**

1846 *Lycopodites curvifolia* Dunker, p. 20, pl. 4, fig. 9; shoot; North Germany; Early Cretaceous (Wealden).

1897 Nathorst, p. 35, pl. 1, figs. 25—27; pl. 2, figs. 3—5; pl. 4, figs. 1—18; pl. 6, figs. 6—8; fertile branches; Spitzbergen; Early Cretaceous.

1977 Tuan Shuyin and others, p. 117, pl. 1, figs. 6, 7; leafy shoots; Lhasa, Tibet; Early Cretaceous.

1980 Zhang Wu and others, p. 299, pl. 186, figs. 7, 8; leafy shoots; Dalazi of Yanji, Jilin; Early Cretaceous Dalazi Formation.

1982 Li Peijuan, p. 95, pl. 14, figs. 4, 5; shoots; Tibet; Early Cretaceous Duoni Formation.

1986 Zhang Chuanbo, pl. 2, fig. 6; leafy shoot with cone; Dalazi in Zhixin of Yanji, Jilin; middle —late Early Cretaceous Dalazi Formation.

1989 Mei Meitang and others, p. 112, pl. 62, fig. 6; leafy shoot; China and others; Early Cretaceous.

1990 Liu Mingwei, p. 205; leafy shoot; Huangyadi and Beibozi of Laiyang, Shandong; Early Cretaceous member 3 of Laiyang Formation.

1992 Sun Ge, Zhao Yanhua, p. 557, pl. 259, fig. 9; leafy shoot; Luozigou of Wangqing, Jilin; Early Cretaceous Dalazi Formation.

1996 Zheng Shaolin, Zhang Wu, pl. 3, fig. 15; leafy shoot with male cone; Yingcheng Coal Mine of Jiutai, Jilin; Early Cretaceous Shahezi Formation.

***Elatides* cf. *curvifolia* (Dunker) Nathorst**

1999 Cao Zhengyao, p. 85, pl. 28, figs. 7—11; leafy shoots; Laocun of Shouchang, Zhejiang; Early Cretaceous Laocun Formation; Sizhai of Zhuji, Zhejiang; Early Cretaceous member C of Moshishan Formation.

Cf. *Elatides curvifolia* (Dunker) Nathorst

1982a Liu Zijin, p. 136, pl. 74, fig. 5; leafy shoot; Shenjiawan of Yumen, Gansu; Early Cretaceous Xinminbao Group.

△*Elatides cylindrica* Schenk, 1883

1883 Schenk, p. 252, pl. 50, fig. 8; strobilus; Badachu of West Hill, Beijing; Jurassic. [Notes:

The specimen was later referred as *Strobilites* sp. (Sze H C, Lee H H and others, 1963)]

***Elatides falcata* Heer, 1876**

1876 Heer, p. 76, pl. 14, figs. 6a—6d; small twig with foliage and cones; Ust-Balei, Siberia; Late Jurassic.

1901 Krasser, p. 148, pl. 2, fig. 11; small twig; Tyrkytag (Tyrkyp-tag) Mountian, Xinjiang; Jurassic. [Notes: The specimen was later referred as *Elatocladus* sp. (Sze H C, Lee H H and others, 1963)]

△*Elatides harrisii* Zhou, 1987

1985 Shang Ping, p. 112, pl. 12, figs. 1—5; leafy shoots and cuticles; Fuxin, Liaoning; Early Cretaceous Taiping Member of Haizhou Formation. (nom. nud.)

1987 Zhou Zhiyan, p. 190, pls. 1—4; text-fig. 1; vegetative shoots, female cones, male cones and cuticles of leaves; Reg. No.: PB11561, PB11562, PB11564—PB11568; Holotype: PB11561 (pl. 1, fig. 1); Repository: Nanjing Institute of Geology and Palaeontology, Chinese Academy of Sciences; Fuxin Opencast Coal Mine, Liaoning; Early Cretaceous Fuxin Formation.

1987 Shang Ping, pl. 3, figs. 1, 2; branchlets bearing seed cones; Fuxin Basin, Liaoning; Early Cretaceous.

1988 Chen Fen and others, p. 78, pl. 49, fig. 5; twig with leaves; Haizhou of Fuxin, Liaoning; Early Cretaceous Fuxin Formation.

1997 Deng Shenghui and others, p. 49, pl. 30, figs. 8, 9; pl. 32, fig. 7; leafy shoots; Jalainur, Inner Mongolia; Early Cretaceous Yimin Formation.

1998 Deng Shenghui, pl. 2, fig. 1; leafy shoot; Pingzhuang-Yuanbaoshan Basin, Inner Mongolia; Early Cretaceous Yuanbaoshan Formation.

△*Elatides leptolepis* Zheng, 2001 (in Chinese and English)

2001 Zheng Shaolin and others, pp. 73, 80, pl. 1, figs. 29—29b; female cones; No.: BST029, BST030; Holotype: BST030 (pl. 1, fig. 29b); Repository: Shenyang Institute of Geology and Mineral Resources; Liujiagou of Beipiao, Liaoning; Middle—Late Jurassic member 3 of Tuchengzi Formation.

△*Elatides*? *majianensis* Huang et Qi, 1991

1991 Huang Qisheng, Qi Yue, p. 605, pl. 1, figs. 3, 4, 10, 11; leafy shoots and cones; Reg. No.: ZM84025—ZM84027, ZM84033; Repository: China University of Geosciences, Wuhan; Majian of Lanxi, Zhejiang; Early—Middle Jurassic lower member of Majian Formation. (Notes: The type specimen was not designated in the original paper)

△*Elatides manchurensis* Ôishi et Takahasi, 1938

1938 Ôishi, Takahasi, p. 62, pl. 5 (1), figs. 8, 8a, 9, 9a; shoots with cones and vegetative shoots; type specimens: No. 7890 [(pl. 5 (1), figs. 8, 8a 9, 9a)]; Lishu of Muling, Heilongjiang; Late Jurassic Muling Series. [Notes: The specimen was later referred as *Elatides*? *manchurensis* Ôishi et Takahasi (Sze H C, Lee H H and others, 1963)]

1950 Ôishi, p. 129, pl. 40, fig. 9; leafy shoot; Muling, Heilongjiang; Late Jurassic.

1954 Hsu J, p. 63, pl. 55, figs. 1, 2; leafy shoots; Dongning, Jilin; Late Jurassic.

1958 Wang Longwen and others, p. 618 (including figures); leafy shoot; Northeast China; Late Jurassic (?).

1982 Zheng Shaolin, Zhang Wu, p. 324, pl. 24, figs. 15, 15a; leafy shoot and female cone; Baoqing and Hulin, Heilongjiang; Middle—Late Jurassic Chaoyangtun Formation and Yunshan Formation.

***Elatides? manchurensis* Ôishi et Takahasi**

1963 Sze H C, Lee H H and others, p. 283, pl. 92, figs. 3, 4; leafy shoots and cones; Lishu of Muling, Heilongjiang; Late Jurassic.

1980 Zhang Wu and others, p. 299, pl. 185, figs. 4, 5; leafy shoots; Jiutai of Yingcheng, Jilin; Early Cretaceous Yingcheng Formation.

1994 Gao Ruiqi and others, pl. 14, fig. 7; leafy shoot; Jiutai of Yingcheng, Jilin; Early Cretaceous Yingcheng Formation.

***Elatides williamsoni* (Brongniart) Nathorst, 1897**

1828 *Lycopodites williamsoni* Brongniart, p. 83; Yorkshire, England; Middle Jurassic.

1897 Nathorst, p. 34(?).

1984 Wang Ziqiang, p. 286, pl. 141, figs. 6—8; pl. 174, figs. 1—3; leafy twigs and cuticles; Xiahuayuan, Hebei; Middle Jurassic Mentougou Formation.

Cf. *Elatides williamsoni* (Brongniart) Nathorst

1982c Wu Xiangwu, p. 99, pl. 19, figs. 7—7b; leafy twig; Qamdo, Tibet; Middle—Late Jurasssic Chagyab Group.

△*Elatides zhangjiakouensis* Wang, 1984

1984 Wang Ziqiang, p. 286, pl. 154, figs. 12, 13; pl. 155, fig. 10; pl. 158, figs. 5—7; leafy shoots with cones; Reg. No.: P0400—P0403, P0464, P0465; Syntype 1: P0464 (pl. 154, fig. 12); Syntype 2: P0465 (pl. 154, fig. 13); Syntype 3: P0400 (pl. 155, fig. 10); Repository: Nanjing Institute of Geology and Palaeontology, Chinese Academy of Sciences; Zhangjiakou, Hebei; Early Cretaceous Qingshila Formation. [Notes: Based on the relevant article of *International Code of Botanical Nomenclature* (*Vienna Code*) article 37.2, the type species should be only one specimen]

1994 Xiao Zongzheng and others, pl. 15, fig. 8; leafy shoot; Fangshan, Beijing; Early Cretaceous Lushangfen Formation.

***Elatides* spp.**

1883 *Elatides* sp., Schenk, p. 255, pl. 52, fig. 9; leafy shoot; Zhaitang of West Hill, Beijing; Jurassic. [Notes: The specimen was later referred as *Elatocladus* sp. (Sze H C, Lee H H and others, 1963)]

1982 *Elatides* sp., Zheng Shaolin, Zhang Wu, p. 324, pl. 21, fig. 17; text-fig. 16; leafy shoot and female cone; Mishan, Heilongjiang; Late Jurassic Yunshan Formation.

1983b *Elatides* sp., Cao Zhengyao, p. 40, pl. 9, figs. 2, 3; cones; Baoqing, Heilongjiang; Early

Cretaceous Zhushan Formation.

1985 *Elatides* sp. 1, Cao Zhengyao, p. 281, pl. 4, figs. 7, 8a; cones; Hanshan, Anhui; Late Jurassic Hanshan Formation.

1985 *Elatides* sp. 2, Cao Zhengyao, p. 281, pl. 3, figs. 12, 12a; cone; Hanshan, Anhui; Late Jurassic Hanshan Formation.

1990 *Elatides* sp., Liu Mingwei, p. 205; leafy shoot; Liusizhuang and Huangyadi of Laiyang, Shandong; Early Cretaceous member 3 of Laiyang Formation.

1991 *Elatides* sp., Bureau of Geology and Mineral Resources of Beijing Municipality, pl. 17, fig. 14; leafy shoot; Fangshan, Beijing; Early Cretaceous Lushangfen Formation.

1995a *Elatides* sp., Li Xingxue (editor-in-chief), pl. 88, fig. 2; isolated cone; Hanshan, Anhui; Late Jurassic Hanshan Formation. (in Chinese)

1995b *Elatides* sp., Li Xingxue (editor-in-chief), pl. 88, fig. 2; isolated cone; Hanshan, Anhui; Late Jurassic Hanshan Formation. (in English)

1997 *Elatides* sp., Deng Shenghui and others, p. 50, pl. 30, fig. 7; cone-scale; Jalainur, Inner Mongolia; Early Cretaceous Yimin Formation.

1999 *Elatides* sp. 1, Cao Zhengyao, p. 85, pl. 26, fig. 13; pl. 27, fig. 18; leaves; Jidaoshan of Jinhua, Zhejiang; Early Cretaceous Moshishan Formation.

2005 *Elatides* sp. 1, Miao Yuyan, p. 527, pl. 2, figs. 26, 26a; cone; Baiyang River area of Junggar Basin, Xinjiang; Middle Jurassic Xishanyao Formation.

Elatides? spp.

1963 *Elatides*? sp., Sze H C, Lee H H and others, p. 284, pl. 92, figs. 8, 9 (=*Elatides ovalis* Heer, Stockmans, Mathieu, 1941, p. 51, pl. 7, figs. 3, 4); leafy shoots and cones; Gaoshan (Kaoshan) of Datong, Shanxi; Early—Middle Jurassic Datong Group.

1982b *Elatides*? sp., Yang Xuelin, Sun Liwen, p. 56, pl. 24, fig. 8; leafy shoot; Shuangwobao of Bairin Left Banner, Da Hingganling; Middle Jurassic Wanbao Formation.

1993 *Elatides*? sp., Li Jieru and others, p. 236, pl. 1, fig. 6; shoot; Dandong, Liaoning; Early Cretaceous Xiaoling Formation.

1998 *Elatides*? sp. (*Elatocladus*? sp.), Wang Rennong and others, pl. 27, fig. 1; leafy shoot; Tancheng-Lujiang Fault System in Zhonghuashan of Linshu, Shandong; Early Cretaceous.

1999 *Elatides*? sp. 2, Cao Zhengyao, p. 86, pl. 25, fig. 7; pl. 26, fig. 14; cones; Xialingjiao of Zhuji, Zhejiang; Early Cretaceous Shouchang Formation.

?*Elatides* sp.

1996 ?*Elatides* sp., Mi Jiarong and others, p. 138, pl. 34, figs. 10, 15; leafy shoots; Taiji of Beipiao, Liaoning; Early Jurassic lower member of Beipiao Formation.

Genus *Elatocladus* Halle, 1913

1913 Halle, p. 84.

1922 Yabe, p. 28.

1963 Sze H C, Lee H H and others, p. 296.

1993a Wu Xiangwu, p. 80.

Type species: *Elatocladus heterophylla* Halle, 1913

Taxonomic status: Coniferopsida

***Elatocladus heterophylla* Halle, 1913**

1913 Halle, p. 84, pl. 8, figs. 12 — 14, 17 — 25; coniferous foliage; Hope Bay, Graham Lang, Antarctica; Jurassic.

1993a Wu Xiangwu, p. 80.

***Elatocladus* cf. *heterophylla* Hall**

1949 Sze H C, p. 35, pl. 14, fig. 15; leafy shoot; Baishigang of Dangyang, Hubei; Early Jurassic Hsiangchi Coal Series. [Notes: The specimen was later referred as *Elatocladus* sp. (Sze H C, Lee H H and others, 1963)]

△*Elatocladus* (*Cephalotaxopsis*?) *angustifolius* Chang, 1976

1976 Chang Chichen, p. 199, pl. 102, figs. 3, 4; leafy shoots; Reg.: N142, N143; Urad Zhengqi and Houqi, Inner Mongolia; Early — Middle Jurassic Shiguai Group. (Notes: The type specimen was not appointed in the original paper)

1982 Zheng Shaolin, Zhang Wu, p. 326, pl. 25, figs. 7 — 9; leafy shoots; Shuangyashan, Heilongjiang; Early Cretaceous Chengzihe Formation.

1990 Zheng Shaolin, Zhang Wu, p. 222, pl. 6, fig. 1; leafy shoot; Kuandian of Benxi, Liaoning; Early Jurassic Changliangzi Formation.

***Elatocladus brevifolius* (Fontaine) Bell, 1956**

1889 *Cephalotaxopsis brevifolius* Fontaine, p. 238, pl. 105, fig. 3; pl. 106, fig. 5; pl. 107, fig. 5; leafy shoots; Virginia, USA; Early Cretaceous Potomac Group.

1956 Bell, p. 109, pl. 53, fig. 2; pl. 54, figs. 2, 7; pl. 57, fig. 1; pl. 60, fig. 7; leafy shoots; Canada; Early Cretaceous.

***Elatocladus* cf. *brevifolius* (Fontaine) Bell**

1992 Cao Zhengyao, p. 221, pl. 5, fig. 8; shoot with leaves; Suibin-Shuangyashan area, eastern Heilongjiang; Early Cretaceous Chengzihe Formation.

***Elatocladus cephalotaxoides* Florin, 1958**

1958 Florin, p. 282; text-fig. 2; leafy shoot; Stabbarp in Scania, Sweden; Early Jurassic.

***Elatocladus* cf. *cephalotaxoides* Florin**

1974b Lee Peichuan, p. 377, pl. 201, fig. 4; leafy shoot; Baolunyuan of Guangyuan, Sichuan; Early Jurassic Baitianba Formation.

1978 Yang Xianhe, p. 533, pl. 190, fig. 7; leafy shoot; Baolunyuan of Guangyuan, Sichuan; Early Jurassic Baitianba Formation.

1982 Zhang Caifan, p. 539, pl. 348, fig. 8; leafy shoot; Hongshanmiao of Chaling, Hunan; Early Jurassic Gaojiatian Formation.

△*Elatocladus* (*Elatides*) *curvifolia* (Dunker) Ôishi, 1941

1941 Ôishi, p. 174, pl. 38 (3), figs. 1, 2; coniferous vegetative shoots; Luozigou (Lotzukou) of Wangqing, Jilin; Early Cretaceous middle part of Lotzukou Series. [Notes: The specimen was later referred as *Elatocladus* sp. (Sze H C, Lee H H and others, 1963)]

***Elatocladus dunii* Miller et Lapasha, 1984**

1984 Miller, Lapasha, p. 12, pl. 7, figs. 1 — 8; pl. 8, figs. 1 — 3; leafy twigs and cuticles; Montana, USA; Early Cretaceous Kootenai Formation.

***Elatocladus* cf. *dunii* Miller et Lapasha**

1988 Chen Fen and others, p. 86, pl. 58, figs. 5—9; leafy shoots and cuticles; Xinqiu of Fuxin, Liaoning; Early Cretaceous Fuxin Formation.

△*Elatocladus iwaianus* (Ôishi) Li, Ye et Zhou, 1986

1941 *Pityites iwaianus* Ôishi, p. 173, pl. 38 (3), figs. 3, 3a; coniferous vegetative shoot; Luozigou (Lotzukou) of Wangqing, Jilin; Early Cretaceous lower part of Lotzukou Series.

1963 *Pityocladus iwaianus* (Ôishi) Chow, Chow Tseyen, in Sze H C, Lee H H and others, p. 275, pl. 90, figs. 9, 9a; coniferous vegetative shoot; Luozigou (Lotzukou) of Wangqing, Jilin; Early Cretaceous upper part of Dalazi Formation.

1986b Li Xingxue, Ye Meina, Zhou Zhiyan, p. 41, pl. 42, figs. 2, 2a; text-figs. 12A, 12B; leafy shoot and cuticle; Shansong of Jiaohe, Jilin; late Early Cretaceous Moshilazi Formation.

△*Elatocladus* (*Cephalotaxopsis*) *jurassica* Li, 1988

1988 Li Peijuan and others, p. 130, pl. 91, figs. 2 — 4a; pl. 92, figs. 4, 5; pl. 133, fig. 7; leafy shoots and cuticles; Col. No.: $80DP_3F_{2-3}$; Reg. No.: PB13712 — PB13716; Holotype: PB13714 (pl. 91, fig. 4); Repository: Nanjing Institute of Geology and Palaeontology, Chinese Academy of Sciences; Dameigou, Qinghai; Middle Jurassic *Coniopteris murrayana* Bed of Yinmagou Formation.

1995a Li Xingxue (editor-in-chief), pl. 93, fig. 5; leafy shoot; Lvcaoshan of Da Qaidam, Qinhai; Middle Jurassic Shimengou Formation (Bathonian). (in Chinese)

1995b Li Xingxue (editor-in-chief), pl. 93, fig. 5; leafy shoot; Lvcaoshan of Da Qaidam, Qinhai; Middle Jurassic Shimengou Formation (Bathonian). (in English)

△*Elatocladus* (*Cephalotaxopsis*?) *krasseri* (Yabe et Ôishi) Chow, 1963

1933 *Pityophyllum krasseri* Yabe et Ôishi, p. 230 (36), pl. 33 (4), fig. 21; shoot; Shahezi (Shahotzu), Liaoning; Jurassic.

1933 *Pityophyllum krasseri* Ôishi, p. 249 (11), pl. 38 (3), fig. 10; cuticle; Huoshiling (Huoshihling), Jilin; Jurassic.

1963 Chow Tseyen, in Sze H C, Lee H H and others, p. 298, pl. 94, fig. 14; pl. 95, fig. 4; coniferous vegetative shoots and cuticles; Shahezi (Shahotzu) of Liaoning and Huoshiling (Huoshihling) of Jilin; Middle—Late Jurassic.

1980 Zhang Wu and others, p. 300, pl. 150, fig. 8; pl. 187, fig. 2; coniferous vegetative shoots and cuticles; Shahezi of Changtu, Liaoning; Early Cretaceous Shahezi Formation.

△***Elatocladus leptophyllus* Wu S Q, 1999** (in Chinese)

[Notes: The species was referred by Sun Ge and Zheng Shaolin to *Cephalotaxopsis Leptophylla* (Wu S Q) *Sun et Zheng* (*Sun Ge and others*, 2001, pp. 100, 202)]

1999a Wu Shunqing, p. 19, pl. 11, figs. 1, 5, 8, 8a; shoots with leaves; Col. No.: AEO-131, AEO-183, AEO-235; Reg. No.: PB18288 — PB18290; Holotype: PB18289 (pl. 11, fig. 5); Repository: Nanjing Institute of Geology and Palaeontology, Chinese Academy of Sciences; Huangbanjigou in Shangyuan of Beipiao, Liaoning; Late Jurassic Jianshangou Bed in lower part of the Yixian Formation.

2001 Wu Shunqing, p. 122, fig. 159; leafy shoot; Huangbanjigou in Shangyuan of Beipiao, Liaoning; Late Jurassic Jianshangou Bed in lower part of Yixian Formation.

2003 Wu Shunqing, p. 173, fig. 237; leafy shoot; Huangbanjigou in Shangyuan of Beipiao, western Liaoning; Late Jurassic Jianshangou Bed in lower part of Yixian Formation.

△***Elatocladus liaoxiensis* Sun et Zheng, 2001** (in Chinese and English)

2001 Sun Ge, Zheng Shaolin, in Sun Ge and others, pp. 104, 205, pl. 20, fig. 4; pl. 59, figs. 1, 2; shoots bearing leaves; Reg. No.: PB19163; Holotype: PB19163 (pl. 20, fig. 4); Repository: Nanjing Institute of Geology and Palaeontology, Chinese Academy of Sciences; Jianshangou of Beipiao, Liaoning; Late Jurassic Jianshangou Formation.

△***Elatocladus lindongensis* Zhang, 1980**

1980 Zhang Wu and others, p. 300, pl. 149, figs. 1, 2; leafy shoots; Reg. No.: D541, D542; Repository: Shenyang Institute of Geology and Mineral Resources; Baiyinhua in Ar Horqin Banner of Ju Ud Meng, Inner Mongolia; Middle Jurassic Xinmin Formation. (Notes: The type specimen was not appointed in the original paper)

1990 Zheng Shaolin, Zhang Wu, p. 222, pl. 6, fig. 4; leafy shoot; Kuandian of Benxi, Liaoning; Early Jurassic Changliangzi Formation.

△***Elatocladus manchurica* (Yokoyama) Yabe, 1922**

1906 *Palissya manchurica* Yokoyama, p. 32, pl. 8, figs. 2, 2a; leafy shoot; Nianzigou (Nientzukou) of Saimaji (Saimachi), Liaoning; Jurassic.

1908 *Palissya manchurica* Yokoyama, Yabe, p. 7, pl. 1, fig. 1; leafy shoot; Taojiatun (Taochiatun), Jilin; Jurassic.

1922 Yabe, p. 28, pl. 4, fig. 9; leafy shoot; Taojiatun (Taochiatun), Jilin; Jurassic.

1933 Yabe, Ôishi, p. 227 (33), pl. 34 (5), figs. 3—7; leafy shoots; Shahezi (Shahotzu), Dabao (Tapu), Nianzigou (Nientzukou), Weijiabaozi (Weichiaputzu) and Erdaogou (Erhtaokou), Liaoning; Huoshiling (Huoshaling) and Taojiatun (Taochiatun), Jilin; Jurassic.

1933 Ôishi, p. 248 (10), pl. 38 (3), figs. 7 — 9; pl. 39 (4), fig. 1; cuticles; Huoshiling (Huoshihling), Jilin; Jurassic.

1933b Sze H C, p. 20, pl. 10, figs. 4, 5; leafy shoots; Zhangjiawan of Datong, Shanxi; Early Jurassic.

1933d Sze H C, p. 83, pl. 12, fig. 7; leafy shoot; Shipanwan in Heshiyan of Fugu, Shaanxi; Early Jurassic.

1941 Stockmans, Mathieu, p. 52, pl. 7, fig. 2; leafy shoot; Datong, Shanxi; Jurassic.

1949 Sze H C, p. 35, pl. 15, fig. 9; leafy shoot; Xiangxi of Zigui and Baishigang of Dangyang, Hubei; Early Jurassic Hsiangchi Coal Series. [Notes: The specimen was later referred as *Elatocladus* sp. (Sze H C, Lee H H and others, 1963)]

1950 Ôishi, p. 127, pl. 39, fig. 6 [Saimaji (Saimachi), Liaoning; Jurassic]; leafy shoot; Northeast China; Late Jurassic; Hebei, Beijing and Inner Mongolia; Early Jurassic.

1954 Hsu J, p. 64, pl. 55, fig. 6; leafy shoot; Nianzigou (Nientzukou) of Saimaji (Saimachi), Liaoning; Jurassic.

1958 Wang Longwen and others, pp. 615, 616 (including figures); leafy shoot; North China and Northeast China; Early Jurassic—Early Cretaceous.

1963 Sze H C, Lee H H and others, p. 297, pl. 95, figs. 1, 2; pl. 96, figs. 3, 4; pl. 97, figs. 10, 11; coniferous vegetative shoots; Nianzigou (Nientzukou) of Saimaji (Saimachi), Tianshifu, Dabao, Erdaogou and Shahezi of Benxi, Liaoning; Taojiatun and Huoshiling, Jilin; Fangzi of Weixian, Shandong; Gaoshan (Kaoshan) and Zhangjiawan of Datong, Shanxi; Shipanwan in Heshiyan of Fugu and Sucaowan of Mianxian, Shaanxi; Shiguaizi (Shihkuaitsun), Xiaodoulinqin (Hsiaotoulinchin) and Tumulu of Saratsi, Inner Mongolia; Sangyu, Hebei; Mentougou of West Hill, Beijing; Early—Late Jurassic(?).

1981 Chen Fen and others, pl. 4, fig. 1; leafy shoot; Haizhou of Fuxin, Liaoning; Early Cretaceous Taiping Bed or Middle Bed (?) of Fuxin Formation.

1982 Wang Guoping and others, p. 290, pl. 128, fig. 1; leafy shoot; Hualong of Lin'an, Zhejiang; Early—Middle Jurassic.

1982a Liu Zijin, p. 136, pl. 74, fig. 2; leafy shoot; Hujiayao of Fengxian, Shaanxi; Middle Jurassic Longjiagou Formation.

1982 Tan Lin, Zhu Jianan, p. 155, pl. 41, fig. 4; foliage twig; Guyang, Inner Mongolia; Early Cretaceous Guyang Formation.

1983b Cao Zhengyao, p. 40, pl. 8, figs. 1—4; pl. 9, fig. 1; leafy shoots; Baoqing, Heilongjiang; Early Cretaceous Zhushan Formation.

1984a Cao Zhengyao, p. 15, pl. 2, fig. 8; pl. 5, fig. 7; leafy shoots; Peide of Mishan, Heilongjiang; Middle Jurassic Peide Formation.

1984 Chen Fen and others, p. 65, pl. 33, fig. 1; leafy shoot; Mentougou, Datai, Qianjuntai, Da'anshan, Zhaitang and Changgouyu of West Hill, Beijing; Early Jurassic Lower Yaopo Formation, Middle Jurassic Upper Yaopo Formation and Longmen Formation.

1984 Gu Daoyuan, p. 156, pl. 77, fig. 7; leafy shoot; Oytar of Akto, Xinjiang; Middle Jurassic Yangye Formation.

1986b Li Xingxue and others, p. 39, pl. 38, fig. 5; pl. 40, fig. 3; pl. 42, fig. 1; pl. 43, fig. 5; text-figs. 11A—11C; leafy shoots and cuticles; Shansong of Jiaohe, Jilin; late Early Cretaceous Moshilazi Formation.

1987 Duan Shuying, p. 59, pl. 21, figs. 1, 5; leafy shoots; Zhaitang of West Hill, Beijing; Middle Jurassic Yaopo Formation.

1988 Chen Fen and others, p. 86, pl. 49, figs. 6A, 7, 8; pl. 50, figs. 1A, 2, 3A; pl. 51, figs. 1, 2, 4—6; pl. 52, figs. 1—3; pl. 66, figs. 1—4; pl. 68, fig. 3; leafy shoots and cuticles; Fuxin and Tiefa, Liaoning; Early Cretaceous Fuxin Formation and Xiaoming'anbei Formation.

1989 Duan Shuying, pl. 2, figs. 4, 7; leafy shoots; Zhaitang of West Hill, Beijing; Middle Jurassic Yaopo Formation.

1992 Sun Ge, Zhao Yanhua, p. 558, pl 258, fig. 1; leafy shoot; Jiaohe Coal Mine, Jilin; Early Cretaceous Naizishan Formation.

1993a Wu Xiangwu, p. 80.

1994 Cao Zhengyao, fig. 4j; shoot with leaves; Shuangyashan, Heilongjiang; early Early Cretaceous Chengzihe Formation.

1994 Gao Ruiqi and others, pl. 14, fig. 4; leafy shoot; Changchun, Jilin; Early Cretaceous Shahezi Formation.

1994 Xiao Zongzheng and others, pl. 14, fig. 5; leafy shoot; Mentougou, Beijing; Middle Jurassic Longmen Formation.

2003 Yang Xiaoju, p. 570, pl. 4, figs. 1, 11; pl. 5, figs. 1—3, 5, 6; pl. 6, fig. 6; pl. 7, figs. 9, 10; leafy shoots and cuticles; Jixi Basin, Heilongjiang; Early Cretaceous Muling Formation.

2003 Yuan Xiaoqi and others, pl. 19, fig. 6; pl. 21, figs. 5—7; leafy shoots; Hantaichuan and Gaotouyao of Dalad Banner, Inner Mongolia; Middle Jurassic Zhiluo Formation and Yan'an Formation.

2004 Sun Ge, Mei Shengwu, pl. 10, figs. 7, 7a; leafy shoot; Chaoshui Basin and Yabulai Basin, Northwest China; Early—Middle Jurassic.

***Elatocladus* aff. *manchurica* (Yokoyama) Yabe**

1976 Chang Chichen, p. 199, pl. 102, fig. 5; leafy shoot; Urad Qian Banner, Inner Mongolia; Early—Middle Jurassic Shiguai Group.

***Elatocladus* cf. *manchurica* (Yokoyama) Yabe**

1980 Huang Zhigao, Zhou Huiqin, p. 110, pl. 59, fig. 8; pl. 60, fig. 7; leafy shoots; Jiaoping of Tongchuan, Shaanxi; Middle Jurassic middle-upper part of Yan'an Formation.

1980 Zhang Wu and others, p. 301, pl. 189, figs. 1, 2; leafy shoots; Beipiao, Liaoning; Early Cretaceous Sunjiawan Formation.

1986 Duan Shuying and others, pl. 1, fig. 7; leafy shoot; southern Margin of Erdos Basin; Middle Jurassic Yan'an Formation.

1988 Li Peijuan and others, p. 131, pl. 92, figs. 1—2a; leafy shoots; Dameigou, Qinghai; Middle Jurassic *Tyrmia-Sphenobaiera* Bed of Dameigou Formation and *Coniopteris murrayana* Bed of Yinmagou Formation.

***Elatocladus minutus* Doludenko, 1976**

1976 Doludenko, Orlovskaia, 121, pl. 88, figs. 1 — 13; leafy shoots; South Kazakhstan; Late Jurassic.

2005 Miao Yuyan, p. 527, pl. 2, fig. 12; leafy shoot; Baiyang River area of Junggar Basin, Xinjiang; Middle Jurassic Xishanyao Formation.

***Elatocladus pactens* Harris, 1935**

1935 Harris, p. 61, pl. 11, figs. 4, 10, 11, 16, 19; pl. 15, fig. 3; text-figs. 29A—29C; twigs with leafy shoots and cuticles; Scoresby Sound of East Greenland, Danmark; Early Jurassic *Thaumatopteris* Zone and Late Triassic *Lepidopteris* Zone.

1996 Mi Jiarong and others, p. 147, pl. 38, figs. 5, 6, 8; leafy shoots; Haifanggou and Xinglonggou of Beipiao, Liaoning; Middle Jurassic Haifanggou Formation.

***Elatocladus* cf. *pactens* Harris**

1984 Chen Fen and others, p. 66, pl. 36, fig. 1; leafy shoot; Datai of West Hill, Beijing; Middle Jurassic Upper Yaopo Formation.

1988 Li Peijuan and others, p. 132, pl. 16, fig. 5; pl. 19, fig. 4B; pl. 81, figs. 3—4a; pl. 90, figs. 2, 2a; leafy shoots; Dameigou, Qinghai; Early Jurassic *Hausmannia* Bed of Tianshuigou Formation.

1998 Zhang Hong and others, pl. 51, fig. 4; leafy shoot; Dameigou of Da Qaidam, Qinghai; Early Jurassic Yinmagou Formation.

△*Elatocladus pinnatus* Sun et Zheng, 2001 (in Chinese and English)

2001 Sun Ge and others, pp. 105, 205, pl. 17, fig. 6; pl. 21, fig. 4; pl. 26, fig. 5; pl. 53, figs. 9, 12; pl. 56, fig. 1; pl. 59, figs. 3—9; pl. 63, figs. 4, 13; shoots bearing leaves; Reg. No.: PB18955, PB19121, PB19124, PB19125, PB19164, PB19186, PB19197, XY3022, XY3023; Holotype: PB19121 (pl. 59, fig. 5); Repository: Nanjing Institute of Geology and Palaeontology, Chinese Academy of Sciences; Jianshangou of Beipiao, Liaoning; Late Jurassic Jianshangou Formation.

△*Elatocladus qaidamensis* Wu, 1988

1988 Wu Xiangwu, in Li Peijuan and others, p. 132, pl. 80, figs. 5, 5a; pl. 131, figs. 1—4; leafy shoots and cuticles; Col. No.: 80DJ_{1x}DC; Reg. No.: PB13724; Holotype: PB13724 (pl. 80, fig. 5); Repository: Nanjing Institute of Geology and Palaeontology, Chinese Academy of Sciences; Dameigou, Qinghai; Early Jurassic *Ephedrites* Bed of Yinma Formation.

***Elatocladus ramosus* (Florin) Harris, 1979**

1958 *Thomharrisia ramosa* Florin, p. 297, pl. 16, figs. 1—7; pl. 18, figs. 1—6; pl. 19, figs. 1—6.

1979 Harris, p. 117, fig. 53; leafy shoot and cuticle; Yorkshire, England; Middle Jurassic.

***Elatocladus* cf. *ramosus* (Florin) Harris**

1988 Li Peijuan and others, p. 133, pl. 92, figs. 3, 3a; pl. 95, fig. 5; pl. 133, figs. 1—5; pl. 136, fig. 4; leafy shoots and cuticles; Dameigou, Qinghai; Early Jurassic *Eboracia* Bed of Yinmagou Formation.

***Elatocladus smittianus* (Heer) Seward, 1926**

1874 *Sequoa smittiana* Heer, p. 82, pl. 18, fig. 1b; pl. 20, figs. 5b—7c; pl. 23, figs. 1—6; leafy shoots; Greenland; Cretaceous.

1926 Seward, p. 103, pl. 10, figs. 90—92; pl. 12, fig. 119; text-fig. 14B; leafy shoots; Greenland; Cretaceous.

1983a Zheng Shaolin, Zhang Wu, p. 90, pl. 7, figs. 2—4; leafy twigs; Boli, Heilongjiang; middle—late Early Cretaceous Dongshan Formation.

△*Elatocladus splendidus* Li, 1988

1988 Li Peijuan and others, p. 133, pl. 95, figs. 3, 3a; pl. 96, fig. 5; pl. 134, figs. 1—5; pl. 137, fig. 3; leafy shoots and cuticles; Col. No.: 80DPJ$_{2d}$ FL; Reg. No.: PB13727, PB13728; Holotype: PB13727 (pl. 95, figs. 3, 3a); Repository: Nanjing Institute of Geology and Palaeontology, Chinese Academy of Sciences; Dameigou, Qinghai; Middle Jurassic *Tyrmia-Sphenobaiera* Bed of Dameigou Formation.

△*Elatocladus submanchurica* Yabe et Ôishi, 1933

1933 Yabe, Ôishi, p. 228 (34), pl. 34 (5), fig. 8; leafy shoot; Huoshiling (Huoshaling), Jilin; Jurassic.

1950 Ôishi, p. 127; Northeast China; Jurassic.

1963 Sze H C, Lee H H and others, p. 299, pl. 96, fig. 1; leafy shoot; Huoshiling, Jilin; Middle—Late Jurassic.

1976 Chang Chichen, p. 199, pl. 102, fig. 1; leafy shoot; Guyang, Inner Mongolia; Late Jurassic—Early Cretaceous Guyang Formation.

1980 Zhang Wu and others, p. 301, pl. 188, figs. 1, 2; pl. 191, fig. 7; leafy shoots; Shahezi in Changtu of Liaoning and Shibeiling in Changchun of Jilin; Early Cretaceous Shahezi Formation.

1985 Shang Ping, pl. 13, fig. 5; leafy shoot; Fuxin, Liaoning; Early Cretaceous Sunjiawan Member of Haizhou Formation.

1986 Zhang Chuanbo, pl. 1, fig. 3; pl. 2, fig. 8; leafy shoots; Tongfosi and Dalazi in Zhixin of Yanji, Jilin; middle—late Early Cretaceous Tongfosi Formation and Dalazi Formation.

1987 Shang Ping, pl. 3, fig. 3; leafy shoot; Fuxin Basin, Liaoning; Early Cretaceous.

1991 Zhao Liming, Tao Junrong, pl. 1, fig. 10; leafy shoot; Pingzhuang Basin of Chifeng, Inner Mongolia; Early Cretaceous Xingyuan Formation.

1995a Li Xingxue (editor-in-chief), pl. 105, figs. 1, 6; pl. 106, fig. 4; leafy shoots; Hegang and Qinglongshan of Jixi, Heilongjiang; Early Cretaceous Shitouhezi Formation and Muling Formation. (in Chinese)

1995b Li Xingxue (editor-in-chief), pl. 105, figs. 1, 6; pl. 106, fig. 4; leafy shoots; Hegang and Qinglongshan of Jixi, Heilongjiang; Early Cretaceous Shitouhezi Formation and Muling Formation. (in English)

Elatocladus cf. *submanchurica* Yabe et Ôishi

1984a Cao Zhengyao, p. 15, pl. 4, fig. 1; leafy shoot; Mishan, Heilongjiang; Middle Jurassic Peide Formation.

Elatocladus subzamioides (Moeller) Krishtofovicth, 1916

1903 *Taxites*? *subzamioides* Moeller, p. 34, pl. 6, figs. 4, 5; pl. 7, fig. 16; Bornholm, Dammark; Jurassic.

1916 Krichtofovich, p. 120, pl. 2, fig. 4; Primorski, Russia; Early Cretaceous.

1941 Stockmans, Mathieu, p. 52, pl. 7, fig. 1; leafy shoot; Gaoshan (Kaoshan) of Datong, Shanxi; Jurassic. [Notes: The specimen was later referred as *Elatocladus* sp. (Sze H C, Lee H H and others, 1963)]

1954 Hsu J, p. 64, pl. 55, fig. 5; leafy shoot with cone; Datong, Shanxi; Middle Jurassic (?).

Elatocladus tenerrimus (Feistmantel) Sahni, 1928

1928 Sahni, p. 14, pl. 1, figs. 10—15; leafy shoots; Sehora, Narsinghpur of Madhya Pradesh, India; Late Jurassic Jabalpur Stage.

1993 Zhou Zhiyan, Wu Yimin, p. 122, pl. 1, figs. 8, 8a; text-fig. 4A; leafy shoots; Puna county in Dingri (Xegar) area, southern Tibet (about 60 km north to Mount Qomolungma); Early Cretaceous Puna Formation.

△_Elatocladus wanqunensis_ Wang X F, 1984

1984 Wang Xifu, p. 300, pl. 177, figs. 1, 2; leafy shoots; No.: HB-72; Huangjiapu of Wanquan, Hebei; Early Cretaceous Qingshila Formation or Huangjiapu Formation.

Elatocladus spp.

1933 *Elatocladus* sp., Pan C H, p. 536, pl. 1, figs. 8 — 10; leafy shoots; Xizhongdian (Hsichungtien) of Fang-shan, Hebei (Hopei); Early Cretaceous.

1933a *Elatocladus* sp., Sze H C, p. 8; leafy shoot; Sucaowan of Mianxian, Shaanxi; Early Jurassic. [Notes: The specimens was later referred as ? *Elatocladus manchurica* (Yokoyama) Yabe (Sze H C, Lee H H and others, 1963)]

1933b *Elatocladus* sp. (? n. sp), Sze H C, p. 22, pl. 10, figs. 6, 7; leafy shoots; Zhangjiawan of Datong, Shanxi; Early Jurassic. [Notes: The specimens was later referred as ? *Elatocladus manchurica* (Yokoyama) Yabe (Sze H C, Lee H H and others, 1963)]

1933b *Elatocladus* sp. a, Sze H C, p. 33; leafy shoot; Shiguaizi (Shihkuaitsun) of Saratsi, Inner Mongolia; Early Jurassic. [Notes: The specimen was later referred as ? *Elatocladus manchurica* (Yokoyama) Yabe (Sze H C, Lee H H and others, 1963)]

1933b *Elatocladus* sp. b, Sze H C, p. 33; leafy shoot; Shiguaizi (Shihkuaitsun) of Saratsi, Inner Mongolia; Early Jurassic. [Notes: The specimens was later referred as ? *Elatocladus manchurica* (Yokoyama) Yabe (Sze H C, Lee H H and others, 1963)]

1933c *Elatocladus* sp., Sze H C, pp. 68, 70, 71, pl. 10, fig. 6; leafy shoot; Xiaoshimengoukou, Beidaban and Nandaban of Wuwei, Gansu; Early—Middle Jurassic.

1933 *Elatocladus* sp., Yabe, Ôishi, p. 229 (35), pl. 33 (4), fig. 20; leafy shoot; Shirengou (Shihjenkou), Liaoning; Jurassic.

1949 *Elatocladus* (*Podocarpites*) sp., Sze H C, p. 35, pl. 5, fig. 4; leafy shoot; Xiangxi of Zigui, Hubei; Early Jurassic Hsiangchi Coal Series. [Notes: The specimen was later referred as *Elatocladus* sp. (Sze H C, Lee H H and others, 1963)]

1963 *Elatocladus* sp. 1, Sze H C, Lee H H and others, p. 299, pl. 96, fig. 10; coniferous vegetative shoot; Zhaitang of West Hill, Beijing; Middle—Late Jurassic.

1963 *Elatocladus* sp. 2, Sze H C, Lee H H and others, p. 300, pl. 96, fig. 7; leafy shoot; Xiangxi of Zigui, Hubei; Early Jurassic Hsiangchi Group.

1963 *Elatocladus* sp. 3, Sze H C, Lee H H and others, p. 300, pl. 95, fig. 6; leafy shoot; Guanyinsi of Dangyang, Hubei; Early Jurassic Hsiangchi Group.

1963 *Elatocladus* sp. 4, Sze H C, Lee H H and others, p. 300, pl. 95, fig. 7; Shirengou of Xifeng, Liaoning; Middle—Late Jurassic.

1963 *Elatocladus* sp. 5, Sze H C, Lee H H and others, p. 301, pl. 95, fig. 8; leafy shoot; Xiangxi of

Zigui and Baishigang of Dangyang, Hubei; Early Jurassic Hsiangchi Group.

1963 *Elatocladus* sp. 6, Sze H C, Lee H H and others, p. 301, pl. 95, fig. 5; leafy shoot; Beidaban of Wuwei, Gansu; Early—Middle Jurassic.

1963 *Elatocladus* sp. 7, Sze H C, Lee H H and others, p. 301, pl. 96, fig. 2 (= *Elatocladus subzamioides* (Moeller) Krishtofovictch, Stockmans, Mathieu, 1941, p. 52, pl. 7, fig. 1); leafy shoot; Gaoshan (Kaoshan) of Datong, Shanxi; Early — Middle Jurassic Datong Group.

1963 *Elatocladus* sp. 8, Sze H C, Lee H H and others, p. 302, p. 96, figs. 5, 6 (= *Elatocladus* (*Elatides*) *curvifolia* (Dunker), Ôishi, 1941, p. 174, pl. 38 (3), figs. 1, 2); coniferous vegetative shoots; Luozigou (Lotzukou) of Wangqing, Jilin; Early Cretaceous Dalazi Formation or Lotzukou Series.

1963 *Elatocladus* sp. 9, Sze H C, Lee H H and others, p. 302, pl. 96, figs. 8, 9; leafy shoots; Xizhongdian (Hsichungtien) of Fangshan, Hebei; Late Jurassic—Early Cretaceous.

1963 *Elatocladus* sp. 10, Sze H C, Lee H H and others, p. 302, pl. 97, figs. 2, 3 (= *Elatides chinenis* Schenk, Krasser, 1901, p. 148, pl. 2, figs. 9, 9a, 10); small twigs; Tyrkytag (Tyrkyp-tag) Mountain, Xinjiang; Early—Middle Jurassic.

1963 *Elatocladus* sp. 11, Sze H C, Lee H H and others, p. 303; pl. 97, fig. 9 (= *Elatides falcata* Heer, Krasser, 1901, p. 148, pl. 2, fig. 11); small twig; Tyrkytag (Tyrkyp-tag) Mountain, Xinjiang; Early—Middle Jurassic.

1963 *Elatocladus* sp. 12, Sze H C, Lee H H and others, p. 303; Xiaoshimengoukou of Wuwei, Gansu; Early—Middle Jurassic.

1963 *Elatocladus* sp. 13, Sze H C, Lee H H and others, p. 303; Dingjiagou (Tingkiako), Shaanxi; Jurassic.

1976 *Elatocladus* sp. 1, Chang Chichen, p. 199, pl. 103, fig. 2; leafy shoot; Donggou of Wuchuan, Inner Mongolia; Late Jurassic Daqingshan Formation.

1976 *Elatocladus* sp. 3, Chang Chichen, p. 199, pl. 102, figs. 6, 7; pl. 103, fig. 1; leafy shoots; Shiguaigou of Baotou, Inner Mongolia; Middle Jurassic Shaogou Formation.

1979 *Elatocladus* sp., He Yuanliang and others, p. 155, pl. 76, fig. 7; leafy shoot; Muli of Tianjun, Qinghai; Early—Middle Jurassic Jiangcang Formation of Muri Group.

1980 *Elatocladus* sp., Huang Zhigao, Zhou Huiqin, p. 110, pl. 52, fig. 7; leafy shoot; Wuziwan of Jungar Banner, Inner Mongolia; Early Jurassic Fuxian Formation.

1980 *Elatocladus* sp. 1, Wu Shuqing and others, p. 119, pl. 32, figs. 4, 5; pl. 33, figs. 7—11; pl. 39, figs. 5, 6; leaves; Xiangxi and Shazhenxi of Zigui, Hubei; Early — Middle Jurassic Hsiangchi Formation.

1980 *Elatocladus* sp. 2, Wu Shuqing and others, p. 119, pl. 25, fig. 9; leafy shoot; Xiangxi of Zigui, Hubei; Early—Middle Jurassic Hsiangchi Formation.

1980 *Elatocladus* sp., Zhang Wu and others, p. 301, pl. 150, figs. 1, 2; leafy shoots; Wenduhua in Ar Horqin Banner of Ju Ud Meng, Inner Mongolia; Middle Jurassic Xinmin Formation.

1981 *Elatocladus* sp., Chen Fen and others, p. 47, pl. 4, fig. 2; leafy shoot; Haizhou of Fuxin, Liaoning; Early Cretaceous Sunjiawan Bed of Fuxin Formation.

1982 *Elatocladus* sp., Tan Lin, Zhu Jianan, p. 156, pl. 41, figs. 5 — 7; foliage twigs; Guyang,

Inner Mongolia; Early Cretaceous Guyang Formation.

1982 *Elatocladus* sp., Zhang Caifan, p. 540, pl. 351, figs. 9, 10; leafy shoots; Ganzichong of Liling, Hunan; Early Jurassic Gaojiatian Formation.

1982a *Elatocladus* sp., Yang Xuelin, Sun Liwen, p. 594, pl. 3, fig. 3; leafy shoot; Yingcheng, southern Songhuajiang-Liaohe Basin; Late Jurassic Shahezi Formation.

1983 *Elatocladus* sp. 1, Chen Fen, Yang Guanxiu, p. 134, pl. 18, fig. 9; leafy shoot; Shiquanhe, Tibet; Early Cretaceous upper part of Risong Group.

1983 *Elatocladus* sp. 2, Chen Fen, Yang Guanxiu, p. 134, pl. 18, fig. 8; leafy shoot; Shiquanhe, Tibet; Early Cretaceous upper part of Risong Group.

1983 *Elatocladus* sp., Li Jieru, p. 24, pl. 4, fig. 7; leafy shoot; Pandaogou in Houfulongshan of Jinxi, Liaoning; Middle Jurassic member 3 of Haifanggou Formation.

1984a *Elatocladus* sp. 1, Cao Zhengyao, p. 15, pl. 9, fig. 8; leafy shoot; Peide of Mishan, Heilongjiang; Middle Jurassic Qihulin Formation.

1984a *Elatocladus* sp. 2, Cao Zhengyao, p. 15, pl. 4, fig. 6; leafy shoot; Peide of Mishan, Heilongjiang; Middle Jurassic Peide Formation.

1984 *Elatocladus* sp., Chen Fen and others, p. 66, pl. 34, fig. 3; leafy shoot; Mentougou of West Hill, Beijing; Middle Jurassic Longmen Formation.

1984 *Elatocladus* sp. A, Chen Gongxing, p. 612, pl. 270, fig. 1; leafy shoot; Shazhenxi of Zigui, Hubei; Early Jurassic Hsiangchi Formation.

1984 *Elatocladus* sp. B, Chen Gongxing, p. 612, pl. 270, fig. 4; leafy shoot; Shazhenxi of Zigui, Hubei; Early Jurassic Hsiangchi Formation.

1984 *Elatocladus* sp. C, Chen Gongxing, p. 613, pl. 270, fig. 11; leafy shoot; Guanyinsi of Dangyang, Hubei; Early Jurassic Tongzhuyuan Formation.

1984 *Elatocladus* sp., Chen Qishi, pl. 1, figs. 24, 32; leafy shoots; Ningbo and Xinchang, Zhejiang; Early Cretaceous Fangyan Formation.

1984 *Elatocladus* spp., Gu Daoyuan, p. 156, pl. 79, figs. 6 — 8; leafy shoots; Kuruktag of Hefeng, Xinjiang; Middle Jurassic Xishanyao Formation.

1984 *Elatocladus* sp., Zhou Zhiyan, p. 54, pl. 34, figs. 1, 1a; leafy shoot; Xiwan, Guangxi; Early Jurassic base part of Shiti Formation.

1985 *Elatocladus* sp., Yang Xuelin, Sun Liwen, p. 107, pl. 1, fig. 9; leafy shoot; Shuangwobao of Bairin Left Banner, Da Hingganling; Middle Jurassic Wanbao Formation.

1986 *Elatocladus* sp., Duan Shuying and others, pl. 2, fig. 12; leafy shoot; Southern Margin of Erods Basin; Middle Jurassic Yan'an Formation.

1986 *Elatocladus* sp. 1, Ye Meina and others, p. 78, pl. 49, figs. 6, 6a; leafy shoot; Qilixia of Kaijiang, Sichuan; Late Triassic member 7 of Hsuchiaho Formation.

1986 *Elatocladus* sp. 2, Ye Meina and others, p. 78, pl. 49, fig. 3; leafy shoot; Leiyinpu, Sichuan; Late Triassic member 7 of Hsuchiaho Formation.

1987 *Elatocladus* sp., He Dechang, p. 79, pl. 11, fig. 3; leafy shoot; Yangjiashan of Yunhe, Zhejiang; Middle Jurassic Maonong Formation.

1988 *Elatocladus* sp., Chen Fen and others, p. 87, pl. 58, figs. 1—3; leafy shoots; Haizhou of Fuxin, Liaoning; Early Cretaceous Fuxin Formation.

1988 *Elatocladus* sp., Lan Shanxian and others, pl. 1, fig. 30; leafy shoot; Shuinan of Tiantai,

Zhejiang; Early Cretaceous Tangshang Formation.

1988 *Elatocladus* sp. 1, Li Peijuan and others, p. 134, pl. 89, figs. 2, 2a; pl. 90, figs. 3, 3a; pl. 94, fig. 4; leafy shoot; Dameigou, Qinghai; Early Jurassic *Hausmannia* Bed of Tianshuigou Formation.

1988 *Elatocladus* sp. 2, Li Peijuan and others, p. 134, pl. 89, figs. 3 — 3b; leafy shoot; Dameigou, Qinghai; Early Jurassic *Cladophlebis* Bed of Huoshaoshan Formation.

1988 *Elatocladus* (*Pagiophyllum*?) sp. 3, Li Peijuan and others, p. 135, pl. 97, figs. 6, 6a; leafy shoot; Dameigou, Qinghai; Middle Jurassic *Nilssonia* Bed of Shimengou Formation.

1989 *Elatocladus* spp., Zhou Zhiyan, p. 156, pl. 14, fig. 7; pl. 16, fig. 7; pl. 19, figs. 3, 4, 15, 18; leaves and cuticles; Shanqiao Coal Mine of Hengyang, Hunan; Late Triassic Yangbaichong Formation.

1990 *Elatocladus* sp., Liu Mingwei, p. 209, pl. 34, fig. 6; leafy shoot; Wawukuang of Lai-yang, Shandong; Early Cretaceous member 1 of Laiyang Formation.

1992 *Elatocladus* sp., Wang Shijun, p. 56, pl. 23, fig. 9; leafy shoot; Hongweikeng of Qujiang, Guangdong; Late Triassic.

1993 *Elatocladus* sp., Mi Jiarong and others, p. 152, pl. 48, figs. 8, 9, 18; leafy shoots; Shuangyang, Jilin; Late Triassic Dajianggang Formation; Laohugou of Lingyuan, Liaoning; Late Triassic Laohugou Formation; Fangshan, Beijing; Late Triassic Xingshikou Formation.

1993 *Elatocladus* sp. 1, Sun Ge, p. 107, pl. 30, fig. 5; leafy shoot; Tianqiaoling of Wangqing, Jilin; Late Triassic Malugou Formation.

1993 *Elatocladus* sp. 2, Sun Ge, p. 107, pl. 51, fig. 3; leafy shoot; North Hill in Lujuanzicun of Wangqing, Jilin; Late Triassic Malugou Formation.

1995a *Elatocladus* sp., Li Xingxue (editor-in-chief), pl. 143, fig. 4; leafy shoot; Luozigou of Wangqing, Jilin; late Early Cretaceous Dalazi Formation. (in Chinese)

1995b *Elatocladus* sp., Li Xingxue (editor-in-chief), pl. 143, fig. 4; leafy shoot; Luozigou of Wangqing, Jilin; late Early Cretaceous Dalazi Formation. (in English)

1996 *Elatocladus* sp. 1, Mi Jiarong and others, p. 147, pl. 38, figs. 1—4, 7; pl. 39, fig. 20; leafy shoots; Haifanggou and Xinglonggou of Beipiao, Liaoning; Middle Jurassic Haifanggou Formation.

1996 *Elatocladus* sp. 2, Mi Jiarong and others, p. 147, pl. 38, fig. 17; leafy shoot; Haifanggou of Beipiao, Liaoning; Middle Jurassic Haifanggou Formation.

1998 *Elatocladus* sp. 1, Zhang Hong and others, pl. 52, figs. 1a, 5; leafy shoots; Da Qaidam, Qinghai; Middle Jurassic Yinmagou Formation.

1998 *Elatocladus* sp. 2, Zhang Hong and others, pl. 53, figs. 1, 3, 4; leafy shoots; Kangsu of Wuqia (Ulugqat), Xinjiang; Middle Jurassic Yangye Formation; Yaojie of Lanzhou, Gansu; Middle Jurassic Yaojie Formation.

1998 *Elatocladus* sp. 3, Zhang Hong and others, pl. 54, fig. 4; leafy shoot; Wanggaxiu of Delingha, Qinghai; Middle Jurassic Shimengou Formation.

1998 *Elatocladus* sp. 4, Zhang Hong and others, pl. 55, fig. 2; leafy shoot; Changshanzi of Alxa Right Banner, Inner Mongolia; Middle Jurassic Qingtujing Formation.

1998 *Elatocladus* sp. 5, Zhang Hong and others, pl. 55, fig. 3; leafy shoot; Da Qaidam, Qinghai; Middle Jurassic Yinmagou Formation.

1998 *Elatocladus* sp. 6, Zhang Hong and others, pl. 55, fig. 4; leafy shoot; Yaojie of Lanzhou, Gansu; Middle Jurassic Yaojie Formation.

1999 *Elatocladus* sp., Cao Zhengyao, pp. 101, pl. 22, figs. 15, 15a; leafy shoot; Xujiashan of Wencheng, Zhejiang; Early Cretaceous Guantou Formation.

1999a *Elatocladus* sp., Wu Shunqing, p. 19, pl. 11, fig. 2; shoot; Huangbanjigou in Shangyuan of Beipiao, Liaoning; Late Jurassic Jianshangou Bed in lower part of Yixian Formation.

2001 *Elatocladus* sp. 1, Sun Ge and others, pp. 105, 206, pl. 26, fig. 8; pl. 43, fig. 13; pl. 53, fig. 6; pl. 54, fig. 5; leafy shoot bearing leaves; western Liaoning; Late Jurassic Jianshangou Formation.

2001 *Elatocladus* sp. 2, Sun Ge and others, pp. 105, 206, pl. 20, fig. 7; shoot with leaves; western Liaoning; Late Jurassic Jianshangou Formation.

2003 *Elatocladus* sp. 1, Deng Shenghui and others, pl. 74, fig. 6; shoot bearing leaves; Sandaoling Coal Mine of Hami, Xinjiang; Middle Jurassic Xishanyao Formation.

2003 *Elatocladus* sp. 2, Deng Shenghui and others, pl. 75, fig. 3; shoot bearing leaves; Sandaoling Coal Mine of Hami, Xinjiang; Middle Jurassic Xishanyao Formation.

2003 *Elatocladus* sp. 3, Deng Shenghui and others, pl. 75, fig. 4; shoot bearing leaves; Sandaoling Coal Mine of Hami, Xinjiang; Middle Jurassic Xishanyao Formation.

2003 *Elatocladus* sp., Meng Fansong and others, pl. 4, fig. 10; leafy shoot; Shuishikou of Yunyang, Sichuan; Early Jurassic Dongyuemiao Member of Ziliujing Formation.

2005 *Elatocladus* sp., Sun Bainian and others, pl. 16, fig. 4; leafy shoot; Yaojie, Gansu; Middle Jurassic Yaojie Formation.

***Elatocladus* (*Cephalotaxopsis*?) spp.**

1976 *Elatocladus* (*Cephalotaxopsis*?) sp. 2, Chang Chichen, p. 199, pl. 102, fig. 8; leafy shoot; Guyang, Inner Mongolia; Late Jurassic—Early Cretaceous Guyang Formation.

1983a *Elatocladus* (*Cephalotaxopsis*?) sp., Cao Zhengyao, p. 18, pl. 2, fig. 14; leafy shoot; Yunshan of Hulin, Heilongjiang; Middle Jurassic Longzhaogou Group.

1984b *Elatocladus* (*Cephalotaxopsis*?) sp., Cao Zhengyao, p. 41, pl. 4, figs. 1, 12; shoots with leaves; Mishan, Heilongjiang; Early Cretaceous Dongshan Formation.

***Elatocladus* (? *Torreya*) sp.**

1983 *Elatocladus* (? *Torreya*) sp., Zhang Zhicheng, Xiong Xianzheng, p. 62, pl. 7, fig. 8; leafy twig; Dongning Basin, eastern Heilongjiang; Early Cretaceous Dongning Formation.

△Genus *Eoglyptostrobus* Miki, 1964

1964 Miki, pp. 14, 21.

1970 Andrews, p. 83.

1993a Wu Xiangwu, pp. 14, 219.

1993b Wu Xiangwu, pp. 504, 512.

Type species: *Eoglyptostrobus sabioides* Miki, 1964

Taxonomic status: Coniferales, Coniferopsida

△*Eoglyptostrobus sabioides* Miki, 1964

1964 Miki, pp. 14, 21, pl. 1, fig. E; shoot with leaves; Lingyuan, Liaoning; Late Jurassic *Lycoptera* Bed.

1970 Andrews, p. 83.

1993a Wu Xiangwu, pp. 14, 219.

1993b Wu Xiangwu, pp. 504, 512.

Genus *Ephedrites* Goeppert et Berendt, 1845

1845 Goeppert, Berendt, in Berendt, p. 105.

1891 Saporta, p. 22.

1986 Wu Xiangwu and others, pp. 15, 20.

1993a Wu Xiangwu, p. 80.

Type species: *Ephedrites johnianus* Goeppert et Berendt, 1845 [Notes: The type species was later referred as *Ephedra* (Goeppert, 1853), and as Loranthacea (Angiospermae) (Conwentz, 1886)]

Selected type species: *Ephedrites antiquus* Heer emend Saporta, 1891

Taxonomic status: Ephedraceae, Ephedrales, Chlamydosperminae, Gnetinae

Ephedrites johnianus Goeppert et Berendt, 1845

1845 Goeppert, Berendt, in Berendt, p. 105, pl. 4, figs. 8 — 10; pl. 5, fig. 1; Prussia, North Germany; Miocene.

1993a Wu Xiangwu, p. 80.

Ephedrites antiquus Heer, 1876 emend Saporta, 1891

1876 Heer, p. 83, pl. 14, figs. 7, 24 — 32; pl. 15, figs. 1a, 1b; stems and seeds; East Sibiria; Jurassic.

1891 Saporta, p. 22; East Sibiria; Jurassic.

1993a Wu Xiangwu, p. 80.

△*Ephedrites chenii* (Cao et Wu S Q) Guo et Wu X W, 2000 (in Chinese and English)

1997 *Liaoxia chenii* Cao et Wu S Q, in Cao Zhengyao and others, p. 1764, pl. 1, figs. 1, 2—2c; stems with leaves and female flowers; western Liaoning; Late Jurassic Yixian Formation. (in Chinese)

1998 *Liaoxia chenii* Cao et Wu S Q, in Cao Zhengyao and others, p. 231, pl. 1, figs. 1, 2—2c; stem with leaves and female flowers; western Liaoning; Late Jurassic Yixian Formation. (in English)

2000 Guo Shuangxing, Wu Xiangwu, pp. 82, 86, pl. 1, figs. 1—7; pl. 2, figs. 1—8; stems with leaves and female flowers; western Liaoning; Late Jurassic Yixian Formation. (in Chinese and English)

2001 Sun Ge and others, pp. 106, 206, pl. 24, figs. 2, 4; pl. 64, figs. 1—9; stems, branches and female strobili; western Liaoning; Late Jurassic Jianshangou Formation.

△***Ephedrites? elegans* Sun et Zheng, 2001** (in Chinese and English)

2001 Sun Ge, Zheng Shaolin, in Sun Ge and others, pp. 107, 207, pl. 24, figs. 1, 3; pl. 65, figs. 12, 13; pl. 67, figs. 1, 2; reproductive shoots; Reg. No.: PB19175, PB19175A (counterpart); Holotype: PB19175 (pl. 24, fig. 1); Repository: Nanjing Institute of Geology and Palaeontology, Chinese Academy of Sciences; western Liaoning; Late Jurassic Jianshangou Formation.

△***Ephedrites exhibens* Wu, He et Mei, 1986**

1986 Wu Xiangwu, He Yuanliang, Mei Shengwu, pp. 16, 20, pl. 1, figs. 3A, 3B (?); pl. 2, figs. 1A, 1a, 2, 3; text-fig. 3; shoots with female flowers and seeds; Col. No.: 80DP$_1$ F28, 80DP$_1$ F28-16-4, 80DP$_1$ F28-31-1; Reg. No.: PB11358 — PB11361; Syntype-1: PB11360 (pl. 2, figs. 1A, 1a); Syntype-2: PB11358 (pl. 1, fig. 3A); Syntype-3: PB11361 (pl. 2, fig. 2); Repository: Nanjing Institute of Geology and Palaeontology, Chinese Academy of Sciences; Xiaomeigou near Da Qaidam, Qinghai; Early Jurassic Xiaomeigou Formation. [Notes: Based on the relevant article of *International Code of Botanical Nomenclature* (*Vienna Code*) article 37. 2, the type species should be only one specimen]

1988 Li Peijuan and others, p. 136, pl. 101, figs. 4—6; shoots with female flowers and seeds; Dameigou, Qinghai; Early Jurassic *Ephedrites* Bed of Tianshuigou Formation.

1993a Wu Xiangwu, p. 80.

△***Ephedrites guozhongiana* Sun et Zheng, 2001** (in Chinese and English)

2001 Sun Ge, Zheng Shaolin, in Sun Ge and others, pp. 106, 207, pl. 24, fig. 5; pl. 56, fig. 1; shoots bearing leaves; Reg. No.: PB19106, PB19106A (counterpart); Holotype: PB19174 (pl. 24, fig. 5); Repository: Nanjing Institute of Geology and Palaeontology, Chinese Academy of Sciences; western Liaoning; Late Jurassic Jianshangou Formation.

△***Ephedrites sinensis* Wu, He et Mei, 1986**

1986 Wu Xiangwu, He Yuangling, Mei Shengwu, pp. 15, 20, pl. 1, figs. 1—1b, 2A; text-fig. 2; shoots with female flowers and seeds; Col. No.: 80DP$_1$ F28-19-2, 80DP$_1$ F28-31-2; Reg. No.: PB11356, PB11357; Sintype-1: PB11356 (pl. 1, figs. 1, 1a); Sintype-2: PB11357 (pl. 1, fig. 2A); Repository: Nanjing Institute of Geology and Palaeontology, Chinese Academy of Sciences; Xiaomeigou near Da Qaidam, Qinhai; Early Jurassic Xiaomeigou Formation. [Notes: Based on the relevant article of *International Code of Botanical Nomenclature* (*Vienna Code*) article 37. 2, the type species should be only one specimen]

1988 Li Peijuan and others, p. 136, pl. 101, figs. 1, 1a, 2A, 3A; shoots with female flowers and seeds; Dameigou, Qinghai; Early Jurassic *Ephedrites* Bed of Tianshuigou Formation.

1993a Wu Xiangwu, p. 80.

1995a Li Xingxue (editor-in-chief), pl. 93, fig. 2; shoot and seed; Xiaomeigou of Da Qaidam, Qinhai; Early Jurassic Xiaomeigou Formation (Toarcian). (in Chinese)

1995b Li Xingxue (editor-in-chief), pl. 93, fig. 2; shoot and seed; Xiaomeigou of Da Qaidam,

Qinhai; Early Jurassic Xiaomeigou Formation (Toarcian). (in English)

Ephedrites spp.

1986 *Ephedrites* spp., Wu Xiangwu and others, p. 18, pl. 1, figs. 4—7; pl. 2, figs. 4—8; text-fig. 4; seeds; Xiaomeigou near Da Qaidam, Qinghai; Early Jurassic Xiaomeigou Formation.

1988 *Ephedrites* sp., Li Peijuan and others, p. 136, pl. 101, figs. 7—10, 11 (?); female flowers and seeds; Dameigou, Qinghai; Early Jurassic *Ephedrites* Bed of Tianshuigou Formation.

1993a *Ephedrites* sp., Wu Xiangwu, p. 80.

1995 *Ephedrites* sp., Wu Shunqing, p. 472, pl. 3, figs. 1—3, 5; leafy shoots; Kuqa of northern Tarim Basin, Xinjiang; Early Jurassic Tariqike Formation.

△Genus _Eragrosites_ Cao et Wu S Q, 1998 (1997) (in Chinese and English)

1997 *Eragrosites* Cao et Wu S Q, in Cao Zhengyao and others, p. 1765. (in Chinese)

1998 *Eragrosites* Cao et Wu S Q, in Cao Zhengyao and others, p. 231. (in English)

Type species: *Eragrosites changii* Cao et Wu S Q, 1998 (1997)

Taxonomic status: Gramineae, Monocotyledoneae [Notes: The genus was later referred as Chlamydopsida or Gnetopsida (Guo Shuangxing, Wu Xiangwu, 2000; Wu Shunqing, 1999a)]

△_Eragrosites changii_ Cao et Wu S Q, 1998 (1997) (in Chinese and English)

[Notes: The species was referred to *Ephedrites chenii* (Cao et Wu S Q) Guo et Wu X W (Guo Shuangxing, Wu Xiangwu, 2000)]

1997 Cao Zhengyao, Wu Shunqing, in Cao Zhengyao and others, p. 1765, pl. 2, figs. 1—3; fig. 1; herbaceous plants; Reg.: PB17801, PB17802; Holotype: PB17803 (pl. 2, fig. 2); Repository: Nanjing Institute of Geology and Palaeontology, Chinese Academy of Sciences; Shangyuan of Beipiao, Liaoning; Late Jurassic Jianshangou Bed in lower part of Yixian Formation. (in Chinese)

1998 Cao Zhengyao, Wu Shunqing, in Cao Zhengyao and others, p. 231, pl. 2, figs. 1—3; text-fig. 1; herbaceous plants; Reg.: PB17801, PB17802; Holotype: PB17803 (pl. 2, fig. 2); Repository: Nanjing Institute of Geology and Palaeontology, Chinese Academy of Sciences; Shangyuan of Beipiao, Liaoning; Late Jurassic Jianshangou Bed in lower part of Yixian Formation. (in English)

1999a Wu Shunqing, p. 21, pl. 14, figs. 3, 3a; pl. 15, figs. 3, 3a; Shangyuan of Beipiao, Liaoning; Late Jurassic Jianshangou Bed in lower part of Yixian Formation.

Genus _Ferganiella_ Prynada (MS.) ex Neuburg, 1936

1936 Neuburg, p. 151.

1974a Li Baoxian, in Lee Peichuan and others, p. 362.

1993a Wu Xiangwu, p. 82.

Type species: *Ferganiella urjachaica* Neuburg, 1936

Taxonomic status: Podozamitales, Coniferopsida

***Ferganiella urjachaica* Neuburg, 1936**

1936 Neuburg, p. 151, pl. 4, figs. 5, 5a; leaf; Tuva; Middle Jurassic.

1993a Wu Xiangwu, p. 82.

***Ferganiella* cf. *urjachaica* Neuburg**

1980 Wu Shuqing and others, p. 82, pl. 5, figs. 8, 9; leafy shoots; Zhengjiahe of Xingshan, Hubei; Late Triassic Shazhenxi Formation.

1984 Chen Gongxing, p. 609, pl. 267, figs. 2, 3; leaves; Gengjiahe and Zhengjiahe of Xingshan, Hubei; Late Triassic Shazhenxi Formation.

***Ferganiella lanceolatus* Brick ex Turutanova-Ketova, 1960**

1960 Brick, in Turutanova-Ketova, p. 109, pl. 21, fig. 6; leaf; South Fergana; Early Jurassic.

1987 Qian Lijun and others, p. 85, pl. 26, fig. 5; leaf; Yongxinggou of Shenmu, Shaanxi; Middle Jurassic Yan'an Formation.

1988 Li Peijuan and others, pp. 129, pl. 94, figs. 1, 1a; leaf; Dameigou, Qinghai; Middle Jurassic *Tyrmia-Sphenobaiera* Bed of Dameigou Formation.

1998 Zhang Hong and others, pl. 47, fig. 6; pl. 48, fig. 2B; leafy shoot; Shenmu, Shaanxi; Middle Jurassic base part of Yan'an Formation; Hoboksar, Xinjiang; Early Jurassic Badaowan Formation.

2002 Zhang Zhenlai and others, pl. 15, fig. 12; leafy shoot; Xietan of Zigui, Hubei; Late Triassic Shazhenxi Formation.

***Ferganiella* cf. *lanceolatus* Brick ex Turutanova-Ketova**

2002 Zhang Zhenlai and others, pl. 14, fig. 8; pl. 15, fig. 13; leaves; Xietan of Zigui, Hubei; Late Triassic Shazhenxi Formation.

△*Ferganiella mesonervis* Zhang, 1982

1982 Zhang Caifan, p. 539, pl. 348, fig. 4; leafy shoot; Reg. No.: HP352; Holotype: HP352 (pl. 348, fig. 4); Repository: the Geology Museum of Hunan Province; Maoping of Chaling, Hunan; Early Jurassic Gaojiatian Formation.

△*Ferganiella*? *otozamioides* Yang, 1982

1982 Yang Xianhe, p. 485, pl. 16, figs. 5, 5a; leaf; Col. No.: H20; Reg. No.: Sp297; Hulukou of Weiyuan, Sichuan; Late Triassic Hsuchiaho Formation.

△*Ferganiella paucinervis* Li, 1976

1976 Lee Peichuan and others, p. 129, pl. 42, figs. 1a, 5; leafy shoots; Col. No.: AARV7-9/99Y; Reg. No: PB5445, PB5446; Holotype: PB5446 (pl. 42; fig. 5); Repository: Nanjing Institute of Geology and Palaeontology, Chinese Academy of Sciences; Yubacun and Yipinglang of Lufeng, Yunnan; Late Triassic Ganhaizi Member of Yipinglang Formation.

1992 Wang Shijun, p. 55, pl. 23, fig. 8; leafy shoot; Guanchun of Lechang, Guangdong; Late Triassic.

***Ferganiella* cf. *paucinervis* Li**

1984 Chen Fen and others, p. 65, pl. 35, fig. 3; leaf; Mentougou of West Hill, Beijing; Middle Jurassic Upper Yaopo Formation.

△*Ferganiella podozamioides* Lih, 1974

1974a Li Baoxian, in Lee Peichuan and others, p. 362, pl. 193, figs. 4—9; leaves; Reg. No.: PB4851—PB4853, PB4870; Repository: Nanjing Institute of Geology and Palaeontology, Chinese Academy of Sciences; Heyewan of Emei, Sichuan; Late Triassic Hsuchiaho Formation; Baiguowan of Huili, Sichuan; Late Triassic Baiguowan Formation. (Notes: The type specimen was not appointed in the original paper)

1976 Lee Peichuan and others, p. 130, pl. 42, figs. 1—4; pl. 43, fig. 7; leafy shoots; Yubacun and Yipinglang of Lufeng, Yunnan; Late Triassic Ganhaizi Member of Yipinglang Formation.

1978 Yang Xianhe, p. 533, pl. 184, fig. 5; leaf; Xionglong of Xinlong, Sichuan; Late Triassic Lamaya Formation.

1982 Wang Guoping and others, p. 290, pl. 126, fig. 6; leaf; Xiling of Gao'an, Jiangxi; Late Triassic Anyuan Formation.

1982a Liu Zijin, p. 138, pl. 75, fig. 7; leaf; Xiangdongzi of Zhenba, Shaanxi; Late Triassic Hsuchiaho Formation.

1982 Yang Xianhe, p. 485, pl. 16, figs. 1—4; leafy shoots; Hulukou of Weiyuan, Sichuan; Late Triassic Hsuchiaho Formation.

1983 Duan Shuying and others, pl. 6, figs. 3—4; leaves; Beiluoshan of Ninglang, Yunnan; Late Triassic.

1984 Chen Gongxing, p. 609, pl. 268, fig. 4; leaf; Kuzhuqiao of Puqi, Hubei; Late Triassic Jigongshan Formation.

1986 Ye Meina and others, p. 82, pl. 52, fig. 1; leafy shoot; Jinwo of Tieshan, Sichuan; Late Triassic member 3 of Hsuchiaho Formation.

1987 Chen Ye and others, p. 130, pl. 39, figs. 3—5; leafy shoots; Qinghe of Yanbian, Sichuan; Late Triassic Hongguo Formation.

1992 Sun Ge, Zhao Yanhua, p. 557, pl. 239, fig. 3; leaf; Tianqiaoling of Wangqing, Jilin; Late Triassic Malugou Formation.

1993 Sun Ge, p. 105, pl. 45, fig. 5; leaf; Tianqiaoling of Wangqing, Jilin; Late Triassic Malugou Formation.

1993a Wu Xiangwu, p. 82.

1996 Mi Jiarong and others, p. 144, pl. 35, fig. 1; pl. 37, figs. 1, 32, 33; leafy shoots; Haifanggou of Beipiao, Liaoning; Middle Jurassic Haifanggou Formation.

1999b Wu Shunqing, p. 49, pl. 43, figs. 1, 2, 4 (?); pl. 44, fig. 8(?); text-fig. 4, figs. 1, 3—6; leafy shoots; Hechuan of Chongqing, Wangcang and Wanyuan of Sichuan; Late Triassic Hsuchiaho Formation.

2000 Yao Huazhou and others, pl. 3, fig. 2; leafy shoot; Xionglong of Xinlong, Sichuan; Late

Triassic Lamaya Formation.

***Ferganiella* cf. *podozamioides* Lih**

1982 Zhang Caifan, p. 539, pl. 351, fig. 11; pl. 352, fig. 12; leaves; Tiaomajian of Changsha, Hunan; Early Jurassic; Wenjiashi of Liuyang, Hunan; Late Triassic Sanqiutian Formation.

1984 Chen Fen and others, p. 65, pl. 35, fig. 4; leaf; Mentougou of West Hill, Beijing; Early Jurassic Lower Yaopo Formation.

1990 Zheng Shaolin, Zhang Wu, p. 222, pl. 1, fig. 7; leaf; Tianshifu of Benxi, Liaoning; Middle Jurassic Dabu Formation.

***Ferganiella* cf. *F. Podozamioides* Lih**

1993 *Ferganiella* cf. *F. podozamioides* Lih, Mi Jiarong and others, p. 152, pl. 48, figs. 1, 2; leaves; Shuangyang, Jilin; Late Triassic upper member of Xiaofengmidingzi Formation.

△*Ferganiella weiyuanensis* Yang, 1982

1982 Yang Xianhe, p. 485, pl. 16, figs. 6—8; leaves; Col. No.: H7; Reg. No.: Sp298—Sp300; Sintypes: Sp298—Sp300 (pl. 16, figs. 6—8); Hulukou of Weiyuan, Sichuan; Late Triassic Hsuchiaho Formation. [Notes: Based on the relevant article of *International Code of Botanical Nomenclature* (*Vienna Code*) article 37. 2, the type species should be only one speciemen]

***Ferganiella* spp.**

1976 *Ferganiella* sp., Lee Peichuan and others, p. 130, pl. 42, fig. 9; leaf; Yubacun and Yipinglang of Lufeng, Yunnan; Late Triassic Ganhaizi Member of Yipinglang Formation.

1980 *Ferganiella* sp., Wu Shuqing and others, p. 83, pl. 5, fig. 7; leaf; Zhengjiahe of Xingshan, Hubei; Late Triassic Shazhenxi Formation.

1980 *Ferganiella* sp., Wu Shuqing and others, p. 118, pl. 14, fig. 9; leaf; Shazhenxi of Zigui, Hubei; Early—Middle Jurassic Hsiangchi Formation.

1984 *Ferganiella* sp., Chen Gongxing, p. 610, pl. 268, fig. 2; leaf; Bishidu of Echeng, Hubei; Late Triassic Jigongshan Formation.

1984 *Ferganiella* sp., Zhou Zhiyan, p. 53, pl. 33, fig. 2 (left); leaf; Hebutang of Qiyang, Hunan; Early Jurassic Dabakou Member of Guanyintan Formation.

1984 *Ferganiella* sp. cf. *F. lanceolata* Brick, Zhou Zhiyan, p. 53, pl. 33, figs. 3—6; leaves; Hebutang of Qiyang, Hunan; Early Jurassic Dabakou Member of Guanyintan Formation; Guanyintan of Qiyang and Zhoushi of Hengnan, Hunan; Early Jurassic Paijiachong Member of Guanyintan Formation.

1986b *Ferganiella* sp. (*F.* cf. *lanceolata* Brick), Chen Qishi, p. 12, pl. 3, fig. 8; pl. 5, fig. 10; leaves; Wuzao of Yiwu, Zhejiang; Late Triassic Wuzao Formation.

1993 *Ferganiella* sp., Mi Jiarong and others, p. 152, pl. 47, fig. 14; pl. 5, fig. 5; leaves; Hunjiang, Jilin; Late Triassic Beishan Formation (Xiaohekou Formation).

1996 *Ferganiella* sp., Mi Jiarong and others, p. 144, pl. 37, fig. 31; leaf; Haifanggou of Beipiao, Liaoning; Middle Jurassic Haifanggou Formation.

1999b *Ferganiella* sp. 1, Wu Shunqing, p. 49, pl. 41, fig. 4; pl. 42, fig. 4; leaves; Weiyuan,

Sichuan; Late Triassic Hsuchiaho Formation.

1999b *Ferganiella* sp. 2, Wu Shunqing, p. 51, pl. 42, fig. 6; leaf; Wanyuan, Sichuan; Late Triassic Hsuchiaho Formation.

2003 *Ferganiella* sp., Xu Kun and others, pl. 6, fig. 12; leaf; Haifanggou of Beipiao, Liaoning; Middle Jurassic Haifanggou Formation.

***Ferganiella*? spp.**

1980 *Ferganiella*? sp., Wu Shuqing and others, p. 118, pl. 18, fig. 5; leaf; Shazhenxi of Zigui, Hubei; Early—Middle Jurassic Hsiangchi Formation.

1984 *Ferganiella*? sp., Zhou Zhiyan, p. 53, pl. 33, figs. 7, 7a; leaf; Huangyangsi of Lingling, Hunan; Early Jurassic middle-lower(?) part of Guanyintan Formation.

1992 *Ferganiella*? sp., Wang Shijun, p. 56, pl. 23, fig. 1; leafy shoot; Guanchun of Lechang, Guangdong; Late Triassic.

1997 *Ferganiella*? sp., Wu Shuqing and others, p. 169, pl. 3, fig. 4; leaf; Tai O, Hongkong; Early—Middle Jurassic.

Genus *Frenelopsis* Schenk, 1869

1869 Schenk. p. 13.

1977 Chow Tseyen, Tsao Chenyao, p. 175.

1993a Wu Xiangwu, p. 83.

Type species: *Frenelopsis hohenggeri* (Ettingshausen) Schenk, 1869

Taxonomic status: Cheirolepidiaceae, Coniferopsida

***Frenelopsis hohenggeri* (Ettingshausen) Schenk, 1869**

1852 *Thuites hohenggeri* Ettingshausen, p. 26, pl. 1, figs. 6, 7; Czechoslovakia; Early Cretaceous.

1869 Schenk, p. 13, pl. 4, figs. 5—7; pl. 5, figs. 1, 2; pl. 6, figs. 1—6; pl. 7, fig. 1; defoliated coniferous shoots; Czechoslovakia; Early Cretaceous.

1993a Wu Xiangwu, p. 83.

Cf. *Frenelopsis hohenggeri* (Ettingshausen) Schenk

1979 He Yuanliang and others, p. 154, pl. 77, figs. 1—5; twigs and cuticles; Zhaba of Hualong, Qinghai; Early Cretaceous Hekou Group. [Notes: The specimen was later referrd as *Pseudofrenelopsis papillosa* (Chow et Tsao) Cao ex Zhou (Yang Xiaoju, 2005)]

1982 Li Peijuan, p. 94, pl. 13, figs. 1(?), 2—4; shoots; eastern Tibet; Early Cretaceous Duoni Formation.

△*Frenelopsis elegans* Chow et Tsao, 1977

1977 Chow Tseyen, Tsao Chenyao, p. 175, pl. 4, figs. 8—11; text-fig. 5; leafy shoots and cuticles; Reg. No.: PB6271; Holotype: PB6271 (pl. 4, fig. 8); Repository: Nanjing Institute of Geology and Palaeontology, Chinese Academy of Sciences; Dalazi in Zhixin of

Yanji, Jilin; Early Cretaceous Dalazi Formation.

1986 Zhang Chuanbo, pl. 2, fig. 12; leafy shoot; Dalazi in Zhixin of Yanji, Jilin; middle — late Early Cretaceous Dalazi Formation.

1993a Wu Xiangwu, p. 83.

Frenelopsis parceramosa **Fontaine, 1889**

1889 Fontaine, p. 218, pl. 111, figs. 1 — 5; leafy shoots; Dutch Cap Canal of Virginia, USA; Early Cretaceous Potomac Group.

1977 Feng Shaonan and others, p. 243, pl. 98, figs. 2, 3; leafy shoots; Fengxian'ao of Hengyang, Hunan; Early Cretaceous.

1993a Wu Xiangwu, p. 83.

Frenelopsis ramosissima **Fontaine, 1889**

1889 Fontaine, p. 215, pl. 95 — 99; pl. 100, figs. 1 — 3; pl. 101, fig. 1; leafy shoots; Fredericksburg and Baltimore in Federal Hill of Virginia, USA; Early Cretaceous Potomac Group.

1977 Feng Shaonan and others, p. 243, pl. 98, fig. 1; leafy shoot; Tanghu of Haifeng, Guangdong; Early Cretaceous.

1993a Wu Xiangwu, p. 83.

Frenelopsis **cf.** ***ramosissima*** **Fontaine**

1982 Wang Guoping and others, p. 287, pl. 132, fig. 14; leafy shoot; Xiaoling of Linhai, Zhejiang; Late Jurassic Shouchang Formation.

1989 Ding Baoliang and others, pl. 3, fig. 14; leafy shoot; Xiaoling of Linhai, Zhejiang; Late Jurassic member C-2 of Moshishan Formation.

1991 Li Peijuan, Wu Yimin, p. 289, pl. 10, figs. 6, 6a, 8 (?); leafy shoots; Mami of Gaize, Tibet; Early Cretaceous Chuanba Formation.

Frenelopsis **spp.**

1980 *Frenelopsis* sp., Zhang Wu and others, p. 303, pl. 186, fig. 5; shoot; Xinsheng, Heilongjiang; Early Cretaceous Chengzihe Formation.

1993 *Frenelopsis* sp., Feng Shaonan, Ma Jie, p. 136; Xuanhan, Sichuan; Early Cretaceous. (only name)

***Frenelopsis*?** **spp.**

1982 *Frenelopsis*? sp., Zheng Shaolin, Zhang Wu, p. 325, pl. 24, fig. 17; text-fig. 17; shoot; Didao of Jixi, Heilongjiang; Late Jurassic Didao Formation.

1999 *Frenelopsis*? sp., Cao Zhengyao, p. 91, pl. 13, fig. 1; pl. 26, fig. 4; leafy shoots; Linhai, Zhejiang; Early Cretaceous Guantou Formation.

1993b *Frenelopsis*? sp., Wu Xiangwu, p. 85, pl. 5, fig. 6; leafy shoot; Shangxian, Shaanxi; Early Cretaceous lower member of Fengjiashan Formation.

Genus *Geinitzia* Endlicher, 1847

1847 Endlicher, p. 280.

1990 Liu Mingwei, p. 207.

Type species: *Geinitzia cretacea* Endlicher, 1847

Taxonomic status: Coniferopsida

***Geinitzia cretacea* Endlicher, 1847**

1842 (1839—1842) *Araucarites rabenhorstii* Geinitz, p. 97, pl. 24, fig. 5; sterile shoot; Saxony, Germany; Early Cretaceous.

1847 Endlicher, p. 280.

***Geinitzia* spp.**

1990 *Geinitzia* sp. 1, Liu Mingwei, p. 207; leafy shoot; Huangyadi of Laiyang, Shandong; Early Cretaceous member 3 of Laiyang Formation.

1990 *Geinitzia* sp. 2, Liu Mingwei, p. 207; leafy shoot; Huangyadi of Laiyang, Shandong; Early Cretaceous member 3 of Laiyang Formation.

1990 *Geinitzia* sp. 3, Liu Mingwei, p. 207; leafy shoot; Huangyadi of Laiyang, Shandong; Early Cretaceous member 3 of Laiyang Formation.

Genus *Glenrosa* Watson et Fisher, 1984

1984 Watson, Fisher, p. 219.

2000 Zhou Zhiyan and others, p. 562.

Type species: *Glenrosa texensis* (Fontiane) Watson et Fisher, 1984

Taxonomic status: Coniferopsida

***Glenrosa texensis* (Fontiane) Watson et Fisher, 1984**

1893 *Brachyphyllum texensis* Fontiane, p. 269, pl. 38, fig. 5; pl. 39, figs. 1, 1a; Texas, USA; Early Cretaceous Glen Rose Formation.

1984 Watson, Fisher, p. 219, pl. 64; text-figs. 1, 2, 4A; leafy shoots and cuticles; Texas, USA; Early Cretaceous Glen Rose Formation.

△*Glenrosa nanjingensis* Zhou, Thévenart, Balale et Guignart, 2000 (in English)

2000 Zhou Zhiyan and others, p. 562, pls. 1—3; text-figs. 1, 2; leafy shoots and cuticles; Reg. No.: PB17455 — PB17463, PB18133 — PB18135; Holotype: PB17456 (pl. 1, fig. 3); Repository: Nanjing Institute of Geology and Palaeontology, Chinese Academy of Sciences; Qixia of Nanjing, Jiangsu; Early Cretaceous Gecun Formation.

Genus *Glyptolepis* Schimper, 1870

1870 (1869—1874) Schimper, p. 244.

1976 Lee Peichuan and others, p. 133.

1993a Wu Xiangwu, p. 86.

Type species: *Glyptolepis keuperiana* Schimper, 1870

Taxonomic status: Coniferopsida

Glyptolepis keuperiana Schimper, 1870

1870 (1869 — 1874) Schimper, p. 244, pl. 76, fig. 1; coniferous foliage shoot; near Coburg, Germany; Late Triassic (Keuper).

1993a Wu Xiangwu, p. 86.

Glyptolepis longbracteata Florin, 1944

1944 Florin, p. 489, pl. 181/182, figs. 16, 17; text-fig. 54b; cone-scales; West Europe; Late Permian.

Cf. *Glyptolepis longbracteata* Florin

1979 Zhou Zhiyan, Li Baoxian, p. 452, pl. 2, fig. 6; leafy shoot; Jiuqujiang of Qionghai, Hainan; Early Triassic Jiuqujiang Formation of Lingwen Group.

1992a Meng Fansong, p. 181, pl. 8, figs. 14 — 16; cone-scales; Jiuqujiang of Qionghai, Hainan; Early Triassic Lingwen Formation.

1995a Li Xingxue (editor-in-chief), pl. 63, fig. 13; cone scale; Haiyangcun in Jiuqujiang of Qionghai, Hainan; Early Triassic Lingwen Formation. (in Chinese)

1995b Li Xingxue (editor-in-chief), pl. 63, fig. 13; cone scale; Haiyangcun in Jiuqujiang of Qionghai, Hainan; Early Triassic Lingwen Formation. (in English)

Glyptolepis sp.

1976 *Glyptolepis* sp., Lee Peichuan and others, p. 133, pl. 46, figs. 9 — 11a; leafy shoots; Shizhongshan of Jianchuan, Yunnan; Late Triassic Jianchuan Formation.

1993a *Glyptolepis* sp., Wu Xiangwu, p. 86.

Genus *Glyptostroboxylon* Conwentz, 1885

1885 Conwentz, p. 445.

1982 Zheng Shaolin, Zhang Wu, p. 329.

1993a Wu Xiangwu, p. 86.

Type species: *Glyptostroboxylon goepperti* Conwentz, 1885

Taxonomic status: Coniferopsida

***Glyptostroboxylon goepperti* Conwentz, 1885**

1885 Conwentz, p. 445; coniferous wood; Katapuliche, Argentina; Early Oligocene.

1993a Wu Xiangwu, p. 86.

△*Glyptostroboxylon xidapoense* Zheng et Zhang, 1982

1982 Zheng Shaolin, Zhang Wu, p. 329, pl. 26, figs. 1—9; fossil woods; No.: 126; Repository: Shenyang Institute of Geology and Mineral Resources; Dapo of Jixi, Heilongjiang; Early Cretaceous Muling Formation.

1993a Wu Xiangwu, p. 86.

Genus *Glyptostrobus* Endl., 1847

1979 Guo Shuangxing, Li Haomin, p. 552.

1993a Wu Xiangwu, p. 87.

Type species: (living genus)

Taxonomic status: Taxodiaceae, Coniferopsida

***Glyptostrobus europaeus* (Brongniart A) Heer**

1855 Heer, p. 51, pl. 19; pl. 20, fig. 1; leafy shoot and cone.

1979 Guo Shuangxing, Li Haomin, p. 552, pl. 1, figs. 1—1b, 2, 3; leafy shoots and cones; Erdaogou of Hunchun, Jilin; Late Cretaceous Hunchun Formation.

1993a Wu Xiangwu, p. 87.

1995a Li Xingxue (editor-in-chief), pl. 121, figs. 1, 6; leafy shoots and cones; Erdaogou of Hunchun, Jilin; Late Cretaceous Erdaogou Formation. (in Chinese)

1995b Li Xingxue (editor-in-chief), pl. 121, figs. 1, 6; leafy shoots and cones; Erdaogou of Hunchun, Jilin; Late Cretaceous Erdaogou Formation. (in English)

2000 Guo Shuanxing, p. 230, pl. 2, figs. 9, 15; twigs; Hunchun, Jilin; Late Cretaceous lower part of Hunchun Formation.

Genus *Gomphostrobus* Marion, 1890

1890 Marion, p. 894.

1947—1948 Mathews, p. 241.

1993a Wu Xiangwu, p. 87.

Type species: *Gomphostrobus heterophylla* Marion, 1890 [Notes: First illustrated species: *Gomphostrobus bifidus* (Geinitz) Zeiller et Potonie, in Potonie, 1900, p. 620, fig. 387]

Taxonomic status: Coniferopsida?

***Gomphostrobus heterophylla* Marion, 1890**

1890 Marion, p. 894; araucarianlike foliage shoot; Lodeve, France; Permian. (nom. nud.)

1993a Wu Xiangwu, p. 87.

***Gomphostrobus bifidus* (Geinitz) Zeiller et Potonie, 1900**

1900 Zeiller, Potonie, in Potonie, p. 620, fig. 387.

1947—1948 Mathews, p. 241, fig. 5; fructification; West Hill, Beijing; Permian (?) or Triassic (?) Shuantsuang Series.

1993a Wu Xiangwu, p, 87.

Genus *Gurvanella* Krassilov, 1982, emend Sun, Zheng et Dilcher, 2001

1982 Krassilov, p. 31.

2001 Sun Ge and others, pp. 108, 207.

Type species: *Gurvanella dictyoptera* Krassilov, 1982, emend Sun, Zheng et Dilcher, 2001

Taxonomic status: Angiospermae

***Gurvanella dictyoptera* Krassilov, 1982, emend Sun, Zheng et Dilcher, 2001**

1982 Krassilov, p. 31, pl. 18, figs. 229 — 237; text-fig. 10A; winged fruits; Gurvan-Eren, Mongolia; Early Cretaceous.

2001 Sun Ge and others, pp. 108, 207.

△*Gurvanella exquisites* Sun, Zheng et Dilcher, 2001 (in Chinese and English)

2001 Sun Ge and others, pp. 108, 207, pl. 24, figs. 7, 8; pl. 25, fig. 5; pl. 65, figs. 2—11; winged seeds; Reg. No.: PB19176—PB19181, PB19183, ZY3031; Holotype: PB19176 (pl. 24, fig. 8); Repository: Nanjing Institute of Geology and Palaeontology, Chinese Academy of Sciences; western Liaoning; Late Jurassic Jianshangou Formation.

△Genus *Hallea* Mathews, 1947—1948

1947—1948 Mathews, p. 241.

1993a Wu Xiangwu, pp. 17, 221.

1993b Wu Xiangwu, pp. 505, 513.

Type species: *Hallea pekinensis* Mathews, 1947—1948

Taxonomic status: incertae sedis

△*Hallea pekinensis* Mathews, 1947—1948

1947—1948 Mathews, p. 241, fig. 4; seed; West Hill, Beijing; Permian (?) or Triassic (?) Shuantsuang Series.

1993a Wu Xiangwu, pp. 17, 221.

1993b Wu Xiangwu, pp, 505, 513.

Genus *Hirmerella* Hörhammer, 1933, emend Jung, 1968

[Notes: *Hirmerella* cited by Jung (1968, p. 80) for *Hirmeriella* (Hörhammer, 1933, p. 29)]

1933 *Hirmeriella* Hörhammer, p. 29.

1968 Jung, p. 80.

1982a Wu Xiangwu, p. 57.

1993a Wu Xiangwu, p. 90.

Type species: *Hirmerella rhatoliassica* Hörhammer, 1933

Taxonomic status: Hirmerellaceae, Coniferopsida

***Hirmerella rhatoliassica* Hörhammer, 1933**

1933 *Hirmeriella rhatoliassica* Hörhammer, p. 29, pls. 5—7; seed cones and coniferales; France; Late Triassic (Rhaetic).

1968 Jung, p. 80.

1993a Wu Xiangwu, p. 90.

***Hirmerella muensteri* (Schenk) Jung, 1968**

1867 *Brachyphyllum muesteri* Schenk, p. 187, pl. 43, figs. 1—12; Franken; Late Triassic (Keuper)— Early Jurassic (Lias).

1968 Jung, p. 80, pls. 15—19; text-figs. 6, 7, 10; leafy twigs; Switzerland; Late Triassic.

1993a Wu Xiangwu, p. 90.

Cf. *Hirmerella muensteri* (Schenk) Jung

1982a Wu Xiangwu, p. 57, pl. 8, figs. 2, 2a; pl. 9, figs. 3, 3a, 4, 4A, 4a, 4b; leafy twigs; Tumain of Amdo, Tibet; Late Triassic Tumaingela Formation.

1982b Wu Xiangwu, p. 99, pl. 18, figs. 5, 5a; pl. 19, fig. 4B; leafy twigs; Qamdo, Tibet; Late Triassic Bagong Formation.

1993a Wu Xiangwu, p. 90.

△*Hirmriella xiangtanensis* Zhang, 1982

1982 Zhang Caifan, p. 538, pl. 352, figs. 9, 9a; pl. 357, figs. 4—6; leafy shoots and cuticles; Reg. No.: HP490; Holotype: HP490 (pl. 352, fig. 9); Repository: the Geology Museum of Hunan Province; Yangjiaqiao of Xiangtan, Hunan; Early Jurassic Shikang Formation.

1986 Zhang Caifan, p. 200, pl. 6, figs. 1—1e; text-fig. 10; leafy shoot and cuticle; Yangjiaqiao of Xiangtan, Hunan; Early Jurassic Shikang Formation.

Genus *Laricopsis* Fontaine, 1889

1889 Fontaine, p. 233.

1941 Stockmans, Mathieu, p. 56.

1993a Wu Xiangwu, p. 94.

Type species: *Laricopsis logifolia* Fontaine, 1889

Taxonomic status: Coniferopsida

***Laricopsis logifolia* Fontaine, 1889**

1889 Fontaine, p. 233, pls. 102, 103, 165, 168; coniferous twigs; Dutch Cap Canal of Virginia, USA; Early Cretaceous Potomac Group.

1941 Stockmans, Mathieu, p. 56, pl. 4, fig. 5; twig; Datong, Shanxi; Jurassic. [Notes: The specimens were later referred as *Radicites* sp. (Sze H C, Lee H H and others, 1963)]

1993a Wu Xiangwu, p. 94.

△Genus *Lhassoxylon* Vozenin-Serra et Pons, 1990

1990 Voznin-Serra, Pons, p. 110.

1993a Wu Xiangwu, pp. 20, 224.

1993b Wu Xiangwu, pp. 506, 514.

Type species: *Lhassoxylon aptianum* Vozenin-Serra et Pons, 1990

Taxonomic status: Coniferopsida?

△*Lhassoxylon aptianum* Vozenin-Serra et Pons, 1990

1990 Voznin-Serra, Pons, p. 110, pl. 1, figs. 1—7; pl. 2, figs. 1—8; pl. 3, figs. 1—7; pl. 4, figs. 1—3; text-figs. 2, 3; fossil woods; Col. No.: X/2, Pj/2 (J. J. Jaeger); Reg. No.: n°10468; Holotype: n°10468; Repository: Laboratoire de Paleobotanique et Palynologie evolutives, Universite Pierre et Marie Curie, Paris; Lamba, Tibet; Early Cretaceous (Aptian).

1993a Wu Xiangwu, pp. 20, 224.

1993b Wu Xiangwu, pp. 506, 514.

△Genus *Liaoningocladus* Sun, Zheng et Mei, 2000 (in English)

2000 Sun Ge and others, p. 202.

Type species: *Liaoningocladus boii* Sun, Zheng et Mei, 2000

Taxonomic status: conifers

△*Liaoningocladus boii* Sun, Zheng et Mei, 2000 (in English)

2000 Sun Ge, Zheng Shaolin, Mei Shengwu, p. 202, pl. 1, figs. 1—5; pl. 2, figs. 1—7; pl. 3, figs. 1—5; pl. 4, figs. 1—5; long and dwarf shoots, leaves and cuticles; Holotype: YB001 (pl. 1, fig. 1); Repository: Nanjing Institute of Geology and Palaeontology, Chinese Academy of Sciences; Huangbanjigou of Beipiao, Liaoning; Late Jurassic upper part of Yixian Formation.

2001 Sun Ge and others, pp. 103, 204, pl. 23, figs. 1—3; pl. 60, figs. 1—7; pl. 61, fig. 1; pl. 74, figs. 1—5; long and dwarf shoots, bearing leaves and cuticles; western Liaoning; Late

Jurassic Jianshangou Formation.

△**Genus *Liaoxia* Cao et Wu S Q, 1998 (1997)** (in Chinese and English)

1997 *Liaoxia* Cao et Wu S Q, in Cao Zhengyao and others, p. 1765. (in Chinese)

1998 *Liaoxia* Cao et Wu S Q, in Cao Zhengyao and others, p. 231. (in English)

Type species: *Liaoxia chenii* Cao et Wu S Q, 1998 (1997) [Notes: The type species was referred to *Ephedrites chenii* (Cao et Wu S Q) Guo et Wu X W (Guo Shuangxing, Wu Xiangwu, 2000)]

Taxonomic status: Cyperaceae, Monocotyledoneae [Notes: The genus was later referred as Chlamydopsida or Gnetopsida (Guo Shuangxing, Wu Xiangwu, 2000; Wu Shunqing, 2003)]

△***Liaoxia chenii* Cao et Wu S Q, 1998 (1997)** (in Chinese and English)

1997 Cao Zhengyao, Wu Shunqing, in Cao Zhengyao and others, p. 1765, pl. I, figs. 1, 2—2c; herbaceous plant; Reg. No.: PB17800, PB17801; Holotype: PB17800 (pl. I, fig. 1); Repository: Nanjing Institute of Geology and Palaeontology, Chinese Academy of Sciences; Shangyuan of Beipiao, Liaoning; Late Jurassic Jianshangou Bed in lower part of Yixian Formation. (in Chinese)

1998 Cao Zhengyao, Wu Shunqing, in Cao Zhengyao and others, p. 231, pl. I, figs. 1, 2—2c; herbaceous plant; Cyperaceae); Reg. No.: PB17800, PB17801; Holotype: PB17800 (pl. I, fig. 1); Repository: Nanjing Institute of Geology and Palaeontology, Chinese Academy of Sciences; Shangyuan of Beipiao, Liaoning; Late Jurassic Jianshangou Bed in lower part of Yixian Formation. (in English)

1999a Wu Shunqing, p. 21, pl. 14, figs. 3, 3a; pl. 15, figs. 3, 3a; Shangyuan of Beipiao, Liaoning; Late Jurassic Jianshangou Bed in lower part of Yixian Formation.

2001 Wu Shunqing, p. 123, fig. 162; Shangyuan of Beipiao, Liaoning; Late Jurassic Jianshangou Bed in lower part of Yixian Formation.

2003 Wu Shunqing, p. 175, fig. 241; Shangyuan of Beipiao, Liaoning; Late Jurassic Jianshangou Bed in lower part of Yixian Formation.

Genus *Lindleycladus* Harris, 1979

1979 Harris, p. 146.

1984 Li Baoxian and others, p. 143.

1993a Wu Xiangwu, p. 96.

Type species: *Lindleycladus lanceolatus* (Lindley et Hutton) Harris, 1979

Taxonomic status: Coniferopsida

***Lindleycladus lanceolatus* (Lindley et Hutton) Harris, 1979**

1836 *Zamites lanceolatus* Lindley et Hutton, pl. 194; leafy shoot; Yorkshire, England; Middle

Jurassic.

1843 *Podozmites lanceolatus* (Lindley et Hutton) Braun, p. 36; leafy shoot; Yorkshire, England; Middle Jurassic.

1979 Harris, 146; text-figs. 67, 68; leafy shoots; Yorkshire, England; Middle Jurassic.

1984 Li Baoxian and others, p. 143, pl. 4, figs. 12, 13; leafy shoots; Yongdingzhuang and Qifengshan of Datong, Shanxi; Early Jurassic Yongdingzhuang Formation.

1984 Wang Ziqiang, p. 292, pl. 139, fig. 9; pl. 173, figs. 10—12; leafy shoots; Xiahuayuan, Hebei; Middle Jurassic Mentougou Group.

1993a Wu Xiangwu, p. 96.

1998 Zhang Hong and others, pl. 50, fig. 5; leafy shoot; Hoboksar, Xinjiang; Early Jurassic Badaowan Formation.

Cf. *Lindleycladus lanceolatus* (Lindley et Hutton) Harris

1984a Cao Zhengyao, p. 14, pl. 2, fig. 7 (?); pl. 5, fig. 3; leafy shoots; Peide of Mishan, Heilongjiang; Middle Jurassic Peide Formation.

1986 Ye Meina and others, p. 83, pl. 52, fig. 9; leafy shoot; Jinwo of Tieshan, Sichuan; Late Triassic member 3 of Hsuchiaho Formation.

1987 Duan Shuying, p. 60, pl. 20, fig. 6; pl. 22, fig. 1; leafy shoots; Zhaitang of West Hill, Beijing; Middle Jurassic Yaopo Formation.

1988 Sun Ge, Shang Ping, pl. 2, fig. 6; leafy shoot; Huolinhe Coal Field, eastern Inner Mongolia; Late Jurassic—Early Cretaceous.

1989 Zheng Shaolin, Zhang Wu, pl. 1, fig. 14; leaf; Nanzamu of Xinbin, Liaoning; Early Cretaceous Nieerku Formation.

1992 Sun Ge, Zhao Yanhua, p. 557, pl 257, fig. 1; leafy shoot; Songxiaping of Helong, Jilin; Late Jurassic Changcai Formation.

1993a Wu Xiangwu, p. 96.

2001 Sun Ge and others, pp. 103, 204, pl. 23, fig. 4; pl. 62, figs. 1—5, 7, 8, 11, 12; shoots bearing leaves; western Liaoning; Late Jurassic Jianshangou Formation.

△*Lindleycladus podozamioides* Wu, 1988

1988 Wu Xiangwu, in Li Peijuan and others, p. 129, pl. 95, fig. 4; pl. 135, figs. 1—5; leafy shoots and cuticles; Col. No.: $80DP_1F_{25}$; Reg. No.: PB13710; Holotype: PB13710 (pl. 95, fig. 4); Repository: Nanjing Institute of Geology and Palaeontology, Chinese Academy of Sciences; Dameigou, Qinghai; Early Jurassic *Cladophlebis* Bed of Huoshaoshan Formation.

Lindleycladus sp.

1992 *Lindleycladus* sp. (sp. nov.), Cao Zhengyao, p. 220, pl. 5, fig. 10; leaf; Suibin-Shuangyashan area, eastern Heilongjiang; Early Cretaceous Chengzihe Formation.

Genus *Manica* Watson, 1974

1974 Watson, p. 428.

1977 Chow Tseyen, Tsao Chenyao, p. 169.

1993a Wu Xiangwu, p. 99.

Type species: *Manica parceramosa* (Fontaine) Watson, 1974

Taxonomic status: Cheirolepidiaceae, Coniferopsida

Manica parceramosa (Fontaine) Watson, 1974

1889 *Frenilopsis parceramosa* Fontaine, p. 218, pls. 111, 112, 158; leafy shoots; Virginia, USA; Early Cretaceous.

1974 Watsonl, p. 428; Virginia, USA; Early Cretaceous.

1982 Zhang Caifan, p. 538, pl. 347, fig. 12; pl. 356, figs. 1, 1a, 10; leafy shoots; Fengxian'ao of Hengyang and Yanziyan of Zhijiang, Hunan; Early Cretaceous.

1993a Wu Xiangwu, p. 99.

△Subgenus _Manica_ (_Chanlingia_) Chow et Tsao, 1977

1977 Chow Tseyen, Tsao Chenyao, p. 172.

1993a Wu Xiangwu, pp. 23, 225.

1993b Wu Xiangwu, pp. 505, 515.

Type species: *Manica* (*Chanlingia*) *tholistoma* Chow et Tsao, 1977

Taxonomic status: Cheirolepidiaceae, Coniferopsida

△_Manica_ (_Chanlingia_) _tholistoma_ Chow et Tsao, 1977

[Notes: The species was later referred as *Pseudofrenelopsis tholistoma* (Chow er Tsao) (Cao Zhengyao, 1989)]

1977 Chow Tseyen, Tsao Chenyao, p. 172, pl. 2, figs. 16, 17; pl. 5, figs. 1—10; text-fig. 4; leafy shoots and cuticles; Reg. No.: PB6265, PB6272; Holotype: PB6272 (pl. 5, figs. 1, 2); Repository: Nanjing Institute of Geology and Palaeontology, Chinese Academy of Sciences; Changling, Jilin; Early Cretaceous Qingshankou Formation; Fuyu, Jilin; Early Cretaceous Quantou Formation; Lanxi, Zhejiang; Late Cretaceous Qujiang Group.

1979 Zhou Zhiyan, Cao Zhengyao, p. 219, pl. 2, figs. 1—5; pl. 3, figs. 1—12a; leafy shoots and cuticles; Jinhua and Lanxi, Zhejiang; early Late Cretaceous member 3 of Qujiang Group; Xingguo, Jiangxi; Late Cretaceous upper part of Ganzhou Formation; Shaxian, Fujian; Late Cretaceous upper part of Shaxian Formation.

1982 Wang Guoping and others, p. 286, pl. 134, figs. 5—8; leafy shoots and cuticles; Shendian of Lanxi, Zhejiang; early Late Cretaceous Qujiang Group; Xiajintan of Jinhua, Zhejiang; late Early Cretaceous—early Late Cretaceous Fangyan Formation.

1984 Chen Qishi, pl. 1, figs. 3, 4, 6, 7; leafy shoots; Jinqu, Zhejiang; Late Cretaceous Qujiang Group; Yushan, Jiangxi; Late Cretaceous Nanxiong Group.

1993a Wu Xiangwu, pp. 23, 225.

1993b Wu Xiangwu, pp. 505, 515.

△_Manica_ (_Chanlingia_?) _sparsa_ Zhou et Cao, 1979

[Notes: The species was later referred as *Pseudofrenelopsis sparsa* (Chow et Tsao) Cao (Cao

Zhengyao, 1989)]

1979 Zhou Zhiyan, Cao Zhengyao, p. 220, pl. 2, figs. 11, 11a; leafy shoot; Reg. No.: PB6281; Holotype: PB6281 (pl. 2, fig. 11); Repository: Nanjing Institute of Geology and Palaeontology, Chinese Academy of Sciences; Shaxian, Fujian; Early Cretaceous lower part of Shaxian Formation.

△Subgenus *Manica* (*Manica*) Chow et Tsao, 1977

1977 Chow Tseyen, Tsao Chenyao, p. 169.

1993a Wu Xiangwu, pp. 23, 226.

1993b Wu Xiangwu, pp. 505, 515.

Type species: *Manica* (*Manica*) *parceramosa* (Fontaine) Chow et Tsao, 1977

Taxonomic status: Cheirolepidiaceae, Coniferopsida

△*Manica* (*Manica*) *parceramosa* (Fontaine) Chow et Tsao, 1977

1889 *Frenilopsis parceramosa* Fontaine, p. 218, pls. 111, 112, 158; leafy shoots; Virginia, USA; Early Cretaceous.

1977 Chow Tseyen, Tsao Chenyao, p. 169.

1979 Zhou Zhiyan, Cao Zhengyao, p. 218.

1993a Wu Xiangwu, pp. 23, 226.

1993b Wu Xiangwu, pp. 505, 515.

***Manica* (*Manica*) cf. *parceramosa* (Fontaine) Chow et Tsao**

1979 Zhou Zhiyan, Cao Zhengyao, p. 218, pl. 1, figs. 1—9; leafy shoots and cuticles; Xinchang, Zhejiang; Early Cretaceous Guantou Formation; Shaxian, Fujian; Early Cretaceous lower part of Shaxian Formation; Xingguo, Jiangxi; Early Cretaceous lower part of Ganzhou Formation; Sihong and Suining, Jiangsu; Early Cretaceous Gecun Formation.

1984 Chen Qishi, pl. 1, figs. 9, 10; leafy shoots; Ningbo and Xinchang, Zhejiang; Early Cretaceous Fangyan Formation.

△*Manica* (*Manica*) *dalatzensis* Chow et Tsao, 1977

[Notes: The species was later referred as *Pseudofrenelopsis dalatzensis* (Chow et Tsao) Cao ex Zhou (Zhou Zhiyan, 1995)]

1977 Chow Tseyen, Tsao Chenyao, p. 171, pl. 3, figs. 5 — 11; pl. 4, fig. 13; text-fig. 3; leafy shoots and cuticles; Reg. No.: PB6267, PB6268; Holotype: PB6267 (pl. 3, fig. 5); Repository: Nanjing Institute of Geology and Palaeontology, Chinese Academy of Sciences; Dalazi in Zhixin of Yanji, Jilin; Early Cretaceous Dalazi Formation.

1993a Wu Xiangwu, pp. 23, 226.

1993b Wu Xiangwu, pp. 505, 515.

△*Manica* (*Manica*) *foveolata* Chow et Tsao, 1977

[Notes: The species was later referred as *Pseudofrenelopsis foveolata* (Chow et Tsao) (Tsao

Chenyao, 1989) and as *Pseudofrenelopsis papillosa* (Chow et Tsao) Cao ex Zhou (Chow Tseyen, 1995)]

1977 Chow Tseyen, Tsao Chenyao, p. 171, pl. 4, figs. 1—7, 14; leafy shoots and cuticles; Reg. No.: PB6269, PB6270; Holotype: PB6269 (pl. 4, figs. 1, 2); Repository: Nanjing Institute of Geology and Palaeontology, Chinese Academy of Sciences; Haodian of Guyuan and Qianyanghe of Xiji, Ningxia; Early Cretaceous Liupanshan Group.

1993a Wu Xiangwu, pp. 23, 226.

1993b Wu Xiangwu, pp. 505, 515.

△*Manica* (*Manica*) *papillosa* Chow et Tsao, 1977

[Notes: The species was later referred as *Pseudofrenelopsis papillosa* (Chow et Tsao) Cao ex Zhou (Zhou Zhiyan, 1995)]

1977 Chow Tseyen, Tsao Chenyao, p. 169, pl. 2, fig. 15; pl. 3, figs. 1—4; pl. 4, fig. 12; text-fig. 2; leafy shoots, cuticles and cones; Reg. No.: PB6264, PB6266; Holotype: PB6266 (pl. 3, fig. 1); Repository: Nanjing Institute of Geology and Palaeontology, Chinese Academy of Sciences; Xinchang, Zhejiang; Early Cretaceous Guantou Formation; Guyuan, Ningxia; Early Cretaceous Liupanshan Group.

1979 Zhou Zhiyan, Cao Zhengyao, p. 219, pl. 2, figs. 6—10; leafy shoots, cuticles and cones; Xinchang and Linhai, Zhejiang; Early Cretaceous Guantou Formation.

1982a Liu Zijin, p. 138, pl. 75, fig. 8; leafy shoot; Qingshizui of Guyuan and Huoshizhai of Xiji, Ningxia; Early Cretaceous Liupanshan Group.

1982 Wang Guoping and others, p. 286, pl. 133, fig. 14; text-fig. 84; cone and leafy shoot; Suqin of Xinchang, Zhejiang; Early Cretaceous Guantou Formation.

1986 Zhang Chuanbo, pl. 2, fig. 10; leafy shoot; Dalazi in Zhixin of Yanji, Jilin; middle—late Early Cretaceous Dalazi Formation.

1993a Wu Xiangwu, pp. 23, 226.

1993b Wu Xiangwu, pp. 505, 515.

Manica (*Manica*) cf. *papillosa* Chow et Tsao

1984 Chen Qishi, pl. 1, figs. 11, 12, 36, 37; leafy shoots; Ningbo, Zhejiang; Early Cretaceous Fangyan Formation; Suqin of Xinchang, Zhejiang; Early Cretaceous Guantou Formation; Wuyi, Zhejiang; Early Cretaceous Chaochuan Formation.

Genus *Marskea* Florin, 1958

1958 Florin, p. 301.

1988 Chen Fen and others, p. 89.

1993a Wu Xiangwu, p. 100.

Type species: *Marskea thomasiana* Florin, 1958

Taxonomic status: Coniferopsida

Marskea thomasiana Florin, 1958

1958 Florin, p. 301, pl. 22, figs. 1—6; pl. 23, figs. 1—7; pl. 24, figs. 1—6; leafy shoots,

Taxopsida; Clevland district and other lacalities, Yorkshire, England; Middle Jurassic Lower Deltaic Series.

1993a Wu Xiangwu, p. 100.

***Marskea* spp.**

1988 *Marskea* sp. 1, Chen Fen and others, p. 89, pl. 55, figs. 4—8; text-fig. 21; leaves and cuticles; Haizhou of Fuxin, Liaoning; Early Cretaceous Fuxin Formation.

1988 *Marskea* sp. 2, Chen Fen and others, p. 89, pl. 56, figs. 1—6; text-fig. 22; leaves and cuticles; Haizhou and Xinqiu of Fuxin, Liaoning; Early Cretaceous Fuxin Formation.

1993a *Marskea* sp., Wu Xiangwu, p. 100.

Genus *Masculostrobus* Seward, 1911

1911 Seward, p. 686.

1979 Zhou Zhiyan, Li Baoxian, p. 454.

1993a Wu Xiangwu, p. 101.

Type species: *Masculostrobus zeilleri* Seward, 1911

Taxonomic status: Coniferopsida

***Masculostrobus zeilleri* Seward, 1911**

1911 Seward, p. 686, fig. 11; male inflorescence, coniferales; coast of Sutherland between Brora and Helmsdale, Scotland; Jurassic.

1993a Wu Xiangwu, p. 101.

△*Masculostrobus*? *prolatus* Zhou et Li, 1979

1979 Zhou Zhiyan, Li Baoxian, p. 454, pl. 2, fig. 24; male strobilus; Reg. No.: PB7621; Repository: Nanjing Institute of Geology and Palaeontology, Chinese Academy of Sciences; Jiuqujiang of Qionghai, Hainan; Early Triassic Jiuqujiang Formation of Lingwen Group.

1993a Wu Xiangwu, p. 101.

Genus *Metasequoia* Miki, 1941 Hu et Cheng, 1948

1941 Miki, p. 262.

1948 Hu Hsenhsu, Cheng Wanchun, p. 153.

1979 Guo Shuanxing, Li Haomin, p. 553.

1970 Andrews, p. 131.

1993a Wu Xiangwu, p. 102.

Type species: *Metasequoia disticha* Miki, 1941 (fossil species)

Metasequoia glyptostroboides Hu et Cheng, 1948 (living species)

Taxonomic status: Taxodiaceae, Coniferopsida

△***Metasequoia glyptostroboides*** **Hu et Cheng, 1948**

1948 Hu Hsenhsu, Cheng Wanchun, p. 153; text-figs. 1, 2; Modaoxi of Wanxian, Sichuan; a living species of the genus *Metasequoia*.

1970 Andrews, p. 131.

1993a Wu Xiangwu, p. 102.

Metasequoia disticha **Miki, 1941**

1876 *Sequoia disticha* Heer, p. 63, pl. 12, fig. 2a; pl. 13, figs. 9—11; twigs and cones; northern Hemisphere; Cretaceous—Neocene.

1941 Miki, p. 262, pl. 5, figs. A—C; text-figs. 8A—8G; twigs and cones; northern Hemisphere; Cretaceous— Neocene.

1984 Zhang Zhicheng, p. 120, pl. 2, figs. 4—7; pl. 3, fig. 3; leafy shoots; Yong'antun of Jiayin, Heilongjiang; Late Cretaceous Yong'antun Formation.

1986 Tao Junrong, Xiong Xianzheng, pl. 2, fig. 5; pl. 4, figs. 5, 7; pl. 5, fig. 3; pl. 6, fig. 2; leafy shoots; Jiayin, Heilongjiang; Late Cretaceous Wuyun Formation.

1989 Mei Meitang and others, p. 112, pl. 62, fig. 2; leafy shoot; Northeast China; Late Cretaceous—Neogene.

1993a Wu Xiangwu, p. 102.

Metasequoia cuneata **(Newberry) Chaney, 1951**

1863 *Taxodium cuneatum* Newberry, p. 517.

1893 *Sequoia cuneata* (Newberry) Newberry, p. 18, pl. 14, figs. 3, 4a.

1951 Chaney, p. 229, pl. 11, figs. 1—6; leafy shoots; West Northern America; Late Cretaceous.

1979 Guo Shuanxing, Li Haomin, p. 553, pl. 1, fig. 4; leafy shoot; Hunchun, Jilin; Late Cretaceous Hunchun Formation.

1990 Zhang Ying and others, p. 239, pl. 1, figs. 1, 2; leafy shoots; Tangyuan, Heilongjiang; Late Cretaceous Furao Formation.

1993a Wu Xiangwu, p. 102.

1995a Li Xingxue (editor-in-chief), pl. 121, fig. 2; leafy shoot; Erdaogou of Hunchun, Jilin; Late Cretaceous Erdaogou Formation. (in Chinese)

1995b Li Xingxue (editor-in-chief), pl. 121, fig. 2; leafy shoot; Erdaogou of Hunchun, Jilin; Late Cretaceous Erdaogou Formation. (in English)

2000 Guo Shuanxing, p. 231, pl. 1, figs. 11—14a; twigs; Hunchun, Jilin; Late Cretaceous lower part of Hunchun Formation.

Metasequoia **sp.**

1986 *Metasequoia* sp. , Tao Junrong, Xiong Xianzheng, pl. 2, figs. 6, 7; pl. 6, fig. 3; seeds and cones; Jiayin, Heilongjiang; Late Cretaceous Wuyun Formation.

Genus *Nagatostrobus* Kon'no, 1962

1962 Kon'no, p. 10.

1980 Wu Shuibo and others, pl. 2, fig. 4.

1984 Chen Gongxing, p. 611.

1993a Wu Xiangwu, p. 103.

Type species: *Nagatostrobus naitoi* Kon'no, 1962

Taxonomic status: Coniferopsida

Nagatostrobus naitoi Kon'no, 1962

1962 Kon'no, p. 10, pl. 5; pl. 6, figs. 3—9; male strobili; Yamaguchi Prefecture, Japan; Middle Triassic Momonoki Formation.

1993a Wu Xiangwu, p. 103.

△_Nagatostrobus bitchuensis_? (Ôishi) Sun, 1993

1932 *Stenorachis bitchuensis* Ôishi, p. 357, pl. 50, fig. 9; cone; Nariwa, Japan; Late Triassic.

1992 Sun Ge, Zhao Yanhua, p. 556, pl. 250, figs. 15, 16; male strobili; North Hill near Lujuanzicun of Wangqing, Jilin; Late Triassic Malugou Formation. (nom. nud.)

1993 Sun Ge, p. 104, pl. 40, figs. 21, 23; pl. 51, figs. 4—9; male cones; Tianqiaoling and North Hill in Lujuanzicun of Wangqing, Jilin; Late Triassic Malugou Formation.

Nagatostrobus linearis Kon'no, 1962

1962 Kon'no, p. 12, pl. 4, figs. 1—7; text-fig. 5A; male strobili; Yamaguchi Prefecture, Japan; Middle Carnic Momonoki Formation.

1980 Wu Shuibo and others, pl. 2, fig. 4; male cone; Tuopangou area of Wangqing, Jilin; Late Triassic Sanxianling Formation.

1984 Chen Gongxing, p. 611, pl. 262, fig. 6; male strobilus; Kuzhuqiao of Puqi, Hubei; Late Triassic Jigongshan Formation.

1986 Ye Meina and others, p. 86, pl. 51, figs. 4, 6, 12, 12a; pl. 53, figs. 9—11; male cones; Jinwo in Tieshan of Daxian, Qilixia of Kaijiang and Wenquan of Kaixian, Sichuan; Late Triassic member 5 of Hsuchiaho Formation; Wenquan of Kaixian, Sichuan; Late Triassic, member 7 of Hsuchiaho Formation.

1992 Sun Ge, Zhao Yanhua, p. 556, pl. 250, figs. 11 — 14; male strobili; North Hill near Lujuanzicun of Wangqing, Jilin; Late Triassic Sanxianling Formation.

1993 Sun Ge, p. 103, pl. 40, figs. 1 — 17; text-fig. 25; male cones; Lujuanzicun of Wangqing, Jilin; Late Triassic Sanxianling Formation.

1993a Wu Xiangwu, p. 103.

1995a Li Xingxue (editor-in-chief), pl. 79, fig. 4; male cone; Lujuanzicun of Wangqing, Jilin; Late Triassic Sanxianling Formation (Norian). (in Chinese)

1995b Li Xingxue (editor-in-chief), pl. 79, fig. 4; male cone; Lujuanzicun of Wangqing, Jilin; Late Triassic Sanxianling Formation (Norian). (in English)

Genus *Nageiopsis* Fontaine, 1889

1889 Fontaine, p. 195.

1982 Tan Lin, Zhu Jianan, p. 154.

1993a Wu Xiangwu, p. 103.

Type species: *Nageiopsis longifolia* Fontaine, 1889

Taxonomic status: Podocarpaceae, Coniferopsida

Nageiopsis longifolia Fontaine, 1889

1889 Fontaine, p. 195, pl. 75, fig. 1; pl. 76, figs. 2—6; pl. 77, figs. 1, 2; pl. 78, figs. 1—5; foliage; Fredericksburg of Virginia, USA; Early Cretaceous Potomac Group.

1993a Wu Xiangwu, p. 103.

Nageiopsis angustifolia Fontaine, 1889

1889 Fontaine, p. 202, pl. 86, figs. 8, 9; pl. 87, figs. 2—6; pl. 88, figs. 1, 3, 4, 6—8; foliage; Fredericksburg of Virginia, USA; Early Cretaceous Potomac Group.

1982 Tan Lin, Zhu Jianan, p. 154, pl. 40, figs. 6—8; leafy shoots; Urad Front Banner, Inner Mongolia; Early Cretaceous Lisangou Formation.

1993a Wu Xiangwu, p. 103.

Nageiopsis zamioides Fontaine, 1889

1889 Fontaine, p. 196, pl. 79, figs. 1, 3; pl. 80, figs. 1, 2, 4; pl. 81, figs. 1—6; foliage; Fredericksburg of Virginia, USA; Early Cretaceous Potomac Group.

Nageiopsis ex gr. _zamioides_ Fontaine

2001 Cao Zhengyao, p. 215, pl. 1, figs. 4—4c; leafy shoot; Beipiao, Liaoning; Early Cretaceous Yixian Formation.

Nageiopsis? sp.

1988 *Nageiopsis*? sp., Liu Zijin, p. 96, pl. 1, fig. 14; leafy twig; Chongxin of Ordos Basin, Gansu; Early Cretaceous upper member in Huanhe-Huachi Formation of Zhidan Group.

Genus _Ourostrobus_ Harris, 1935

1935 Harris, p. 116.

1986 Ye Meina and others, p. 87.

1993a Wu Xiangwu, p. 109.

Type species: *Ourostrobus nathorsti* Harris, 1935

Taxonomic status: Gymnospermae

Ourostrobus nathorsti Harris, 1935

1935 Harris, p. 116, pl. 23, figs. 3, 6, 7, 11; pl. 27, fig. 11; seed-bearing cones; Scoresby Sound, East Greenland, Denmark; Early Jurassic *Thaumatopteri* Zone.

1993a Wu Xiangwu, p. 109.

Cf. _Ourostrobus nathorsti_ Harris

1986 Ye Meina and others, p. 87, pl. 53, figs. 1, 1a; cone; Leiyinpu of Daxian, Sichuan; Late

Triassic member 7 of Hsuchiaho Formation.

1993a Wu Xiangwu, p. 109.

Genus *Pagiophyllum* Heer, 1881

1881 Heer, p. 11.

1923 Chow T H, pp. 82, 139.

1963 Sze H C, Lee H H and others, p. 303.

1993a Wu Xiangwu, p. 109.

Type species: *Pagiophyllum circincum* (Saporta) Heer, 1881

Taxonomic status: Coniferopsida

***Pagiophyllum circincum* (Saporta) Heer, 1881**

1881 Heer, p. 11, pl. 10, fig. 6; twig and foliage; Sierra de Sa Luiz, Portugal; Jurassic.

1993a Wu Xiangwu, p. 109.

***Pagiophyllum ambiguum* (Heer) Seward, 1926**

1874 *Sequoia ambiguum* Heer, p. 78, pl. 21; East Greenland, Denmark; Early Cretaceous.

1926 Seward, p. 99, pl. 9; fig. 68; pl. 10, fig. 104; leafy shoots; East Greenland, Denmark; Early Cretaceous.

1982 Zheng Shaolin, Zhang Wu, p. 326, pl. 24, figs. 1—4; leafy shoots; Baoqing, Heilongjiang; Middle—Late Jurassic Chaoyangtun Formation; Qitai, Heilongjiang; Early Cretaceous Chengzihe Formation.

△***Pagiophyllum beipiaoense* Sun et Zheng, 2001** (in Chinese and English)

2001 Sun Ge, Zheng Shaolin, in Sun Ge and others, pp. 102, 203, pl. 19, figs. 1, 2 (?); pl. 56, figs. 2—5; pl. 67, fig. 7; shoots bearing leaves; Reg. No.: PB18918, PB19145, PB19146, PB19162, ZY3026; Holotype: PB19145 (pl. 19, fig. 1); Repository: Nanjing Institute of Geology and Palaeontology, Chinese Academy of Sciences; Jianshangou of Beipiao, Liaoning; Late Jurassic Jianshangou Formation.

2004 Wang Wuli and others, p. 58, pl. 12, fig. 11; pl. 14, figs. 4—6; text-fig. 1-3-1C; leafy shoots and cuticles; Beipiao, Liaoning; Late Jurassic Tuchengzi Formation.

2004 Wang Wuli and others, p. 234, pl. 31, figs. 5, 6; leafy shoots; Yixian, Liaoning; Late Jurassic Zhuanchengzi Bed in lower part of Yixian Formation; Shangyuan of Beipiao, Liaoning; Late Jurassic Jianshangou Bed of Yixian Formation.

***Pagiophyllum crassifolium* (Schenk) Schenk, 1884**

1871 *Pachyphyllum crassifolium* Schenk, p. 240 (38), pl. 40 (19), fig. 6; Deutschland; Early Cretaceous (Wealden).

1884 Schenk, in Zittel, p. 276; Deutschland; Early Cretaceous (Wealden).

***Pagiophyllum* cf. *crassifolium* (Schenk) Schenk**

1982 Wang Guoping and others, p. 290, pl. 132, figs. 12, 13; leafy shoots; Xiaoling of Linhai,

Zhejiang; Late Jurassic Shouchang Formation.

1989 Ding Baoliang and others, pl. 3, fig. 13; leafy shoot; Xiaoling of Linhai, Zhejiang; Late Jurassic member C-2 Moshishan Formation.

1999 Cao Zhengyao, p. 96, pl. 27, figs. 14, 15; text-fig. 33; leafy shoots; Laocun of Shouchang, Zhejiang; Early Cretaceous Laocun Formation.

△*Pagiophyllum delicatum* Cao, 1991

1991 Cao Zhengyao, pp. 595, 597, pl. 4, figs. 8—10; shoots with leaves and cuticles; Reg. No.: PB14264; Holotype: PB14264 [Note: pl. 1, fig. 6 in original paper, pl. 4, fig. 8 (?)]; Repository: Nanjing Institute of Geology and Palaeontology, Chinese Academy of Sciences; Xinchang, Zhejiang; Early Cretaceous Guantou Formation. [Notes: The specimen was later referred as *Pagiophyllum stenopapillae* Cao (Cao Zhengyao, 1999)]

***Pagiophyllum falcatum* Brongniart, 1894**

1894 Brongniart, p. 100, pl. 5 (13), figs. 4, 5; leafy shoots; Bornholm, Denmark; Jurassic.

***Pagiophyllum* cf. *falcatum* Brongniart**

1933 Yabe, Ôishi, p. 229 (35), pl. 33 (4), figs. 14—19; leaves; Shahezi (Shahotzu) of Liaoning and Huoshiling (Huoshaling) of Jilin; Jurassic. [Notes: The specimens were later referred as *Pagiophyllum* sp. (Sze H C, Lee H H and others, 1963)]

***Pagiophyllum feistmanteli* Halle, 1913**

1913 Halle, p. 76, pl. 9, figs. 17, 17b; text-fig. 17; leafy shoot; Graham Land; Jurassic.

***Pagiophyllum* cf. *feistmanteli* Halle**

1982 Wang Guoping and others, p. 291, pl. 132, fig. 1; leafy shoot; Panlongqiao of Lin'an, Zhejiang; Late Jurassic Shouchang Formation.

1989 Ding Baoliang and others, pl. 3, fig. 2; leafy shoot; Panlongqiao of Lin'an, Zhejiang; Late Jurassic—Early Cretaceous Shouchang Formation.

1990 Liu Mingwei, p. 207; leafy shoot; Huangyadi of Laiyang, Shandong; Early Cretaceous member 3 of Laiyang Formation.

1995a Li Xingxue (editor-in-chief), pl. 112, fig. 16; leafy shoot; Lin'an, Zhejiang; Early Cretaceous Shouchang Formation. (in Chinese)

1995b Li Xingxue (editor-in-chief), pl. 112, fig. 16; leafy shoot; Lin'an, Zhejiang; Early Cretaceous Shouchang Formation. (in English)

△*Pagiophyllum gracile* Sze, 1945

[Notes: The species was later referred as *Cupressinocladus gracilis* (Sze) Chow (Sze H C, Lee H H and others, 1963)]

1945 Sze H C, p. 51, figs. 13, 18; leafy shoots; Yong'an (Yungan) of Fujian (Fukien); Cretaceous Pantou Series.

1954 Hsu J, p. 65, pl. 55, fig. 7; leafy shoot; Yong'an of Fujian; Early Cretaceous Pantou Formation.

1958 Wang Longwen and others, p. 624 (including figures); leafy shoot; Fujian; Early

Cretaceous.

***Pagiophyllum* cf. *gracile* Sze**

1951a Sze H C, pl. 1, fig. 5; leafy shoot; Gongyuan of Benxi, Liaoning; Early Cretaceous. [Notes: The specimen was later referred as *Pagiophyllum* sp. (Sze H C, Lee H H and others, 1963)]

△***Pagiophyllum laocunense* Cao, 1999** (in Chinese and English)

1999 Cao Zhengyao, pp. 97, 157, pl. 27, figs. 16, 16a, 17, 17a; pl. 28, figs. 12, 12a (?); leafy shoots; Col. No.: ZH4; Reg. No.: PB14547, PB14548; Holotype: PB14548 (pl. 27, fig. 17); Repository: Nanjing Institute of Geology and Palaeontology, Chinese Academy of Sciences; Laocun of Shouchang, Zhejiang; Early Cretaceous Laocun Formation.

△***Pagiophyllum linhaiense* Cao, 1999** (in Chinese and English)

1999 Cao Zhengyao, pp. 97, 157, pl. 34, figs. 1 — 6, 6a; leafy shoots; Col. No.: ZH408, ZH61127; Reg. No.: PB14580—PB14585; Holotype: PB14584 (pl. 34, fig. 5); Repository: Nanjing Institute of Geology and Palaeontology, Chinese Academy of Sciences; Shantouxu of Linhai, Zhejiang; Early Cretaceous Guantou Formation.

△***Pagiophyllum obtusior* Cao, 1991**

1991 Cao Zhengyao, pp. 595, 598, pl. 1, figs. 1—7; shoots with leaves and cuticles; Reg. No.: PB14265; Holotype: PB14265 (pl. 1, fig. 1); Repository: Nanjing Institute of Geology and Palaeontology, Chinese Academy of Sciences; Xinchang, Zhejiang; Early Cretaceous Guantou Formation.

1994 Cao Zhengyao, fig. 3k; shoot with leaves; Xinchang, Zhejiang; Early Cretaceous Guantou Formation.

1995a Li Xingxue (editor-in-chief), pl. 113, figs. 11—13; pl. 114, fig. 1; shoots with leaves and cuticles; Xinchang, Zhejiang; Early Cretaceous Guantou Formation. (in Chinese)

1995b Li Xingxue (editor-in-chief), pl. 113, figs. 11—13; pl. 114, fig. 1; shoots with leaves and cuticles; Xinchang, Zhejiang; Early Cretaceous Guantou Formation. (in English)

1999 Cao Zhengyao, p. 98; Suqin of Xinchang, Zhejiang; Early Cretaceous Guantou Formation.

***Pagiophyllum peregriun* (Lindley et Hutton) Seward, 1904**

1833 — 1837 *Araucarites peregriun* Lindley et Hutton, pl. 88; Yorkshire, England; Middle Jurassic.

1904 Seward, p. 48, pl. 5; Yorkshire, England; Middle Jurassic.

1958 Wang Longwen and others, p. 596, fig. 596; leafy shoot; Nanjing, Jiangsu; Late Triassic.

1998 Zhang Hong and others, pl. 53, figs. 7, 8; leafy shoots; Kangsu of Wuqia (Ulugqat), Xinjiang; Early Jurassic upper part of Kangsu Formation.

***Pagiophyllum* cf. *peregriun* (Lindley et Hutton) Seward**

1984 Gu Daoyuan, p. 156, pl. 79, fig. 1; leafy shoot; Sogathe of Akto, Xinjiang; Middle Jurassic Yangye Formation.

△***Pagiophyllum pusillum* Cao, 1999** (in Chinese and English)

1999 Cao Zhengyao, pp. 98, 157, pl. 29, figs. 1, 1a; leafy shoot; Col. No.: HZ408; Reg. No.:

PB14563; Holotype: PB14563 (pl. 29, fig. 1); Repository: Nanjing Institute of Geology and Palaeontology, Chinese Academy of Sciences; Shantouxu of Linhai, Zhejiang; Early Cretaceous Guantou Formation.

△*Pagiophyllum shahozium* Zhang, 1980

1980 Zhang Wu and others, p. 299, pl. 185, figs. 2, 3; leafy shoots; Reg. No.: D537, D538; Repository: Shenyang Institute of Geology and Mineral Resources; Shahezi in Changtu of Liaoning and Huoshiling in Yingcheng of Jilin; Early Cretaceous Shahezi Formation and Yingcheng Formation. (Notes: The type specimen was not appointed in the original paper)

1984a Cao Zhengyao, p. 15, pl. 5, fig. 6; leafy shoot; Baoqing, Heilongjiang; Late Jurassic Yunshan Formation.

1992 Cao Zhengyao, p. 221, pl. 5, fig. 7; shoot with leaves; Suibin-Shuangyashan area, eastern Heilongjiang; Early Cretaceous Chengzihe Formation.

1992 Sun Ge, Zhao Yanhua, p. 559, pl. 258, fig. 2; leafy shoot; Songxiaping of Helong, Jilin; Late Jurassic Changcai Formation.

1994 Gao Ruiqi and others, pl. 15, fig. 1; leafy shoot; Shahezi of Changdu, Liaoning; Early Cretaceous Shahezi Formation and Yingcheng Formation.

△*Pagiophyllum stenopapillae* Cao, 1991

1991 Cao Zhengyao, pp. 595, 598, pl. 2, figs. 1—7; pl. 3, figs. 1—7; pl. 4, figs. 1—7; shoots with leaves and cuticles; Reg. No.: PB14266; Holotype: PB14266 (pl. 2, fig. 1); Repository: Nanjing Institute of Geology and Palaeontology, Chinese Academy of Sciences; Xinchang, Zhejiang; Early Cretaceous Guantou Formation.

1999 Cao Zhengyao, p. 98, pl. 25, fig. 1; pl. 28, figs. 13, 13a; pl. 32, figs. 1—8, 8a; pl. 33, figs. 4—12; pl. 34, figs. 9, 10; pl. 35; pl. 36; pl. 37, figs. 1—7; pl. 38; pl. 39, figs. 1—9; pl. 40, figs. 1—7; leafy shoots and cuticles; Suqin and Jingling of Xinchang, Zhejiang; Early Cretaceous Guantou Formation.

△*Pagiophyllum touliense* Wang, 1984

1984 Wang Ziqiang, p. 290, pl. 150, figs. 6, 7; leafy twigs; Reg. No.: P0442, P0443; Holotype: P0442 (pl. 150, fig. 1); Repository: Nanjing Institute of Geology and Palaeontology, Chinese Academy of Sciences; West Hill, Beijing; Early Cretaceous Xinzhuang Formation.

***Pagiophyllum triangulare* Prynada, 1938**

1938 Prynada, p. 55, pl. 4, figs. 7—9; leafy shoots; Kolyma River Basin; Early Cretaceous.

1988 Chen Fen and others, p. 87, pl. 57, figs. 1—7; leafy shoots and cuticles; Fuxin, Liaoning; Early Cretaceous Fuxin Formation.

△*Pagiophyllum unguifolium* Cao, 1999 (in Chinese and English)

1999 Cao Zhengyao, pp. 99, 158, pl. 34, figs. 7, 7a, 8; leafy shoots; Col. No.: ZH408; Reg. No.: PB14564, PB14565; Holotype: PB14565 (pl. 34, fig. 8); Repository: Nanjing Institute of Geology and Palaeontology, Chinese Academy of Sciences; Konglong of Wencheng, Zhejiang; Early

Cretaceous Guantou Formation. (Note: the Reg. No. was PB14585 in the original paper)

△***Pagiophyllum xinchangense*** **Cao, 1991**

1991 Cao Zhengyao, pp. 596, 599, pl. 5, figs. 1—9; shoots with leaves and cuticles; Reg. No.: PB14267; Holotype: PB14267 (pl. 5, fig. 1); Repository: Nanjing Institute of Geology and Palaeontology, Chinese Academy of Sciences; Xinchang, Zhejiang; Early Cretaceous Guantou Formation. [Notes: The specimens were later referred as *Pagiophyllum stenopapillae* Cao (Cao Zhengyao, 1999)]

△***Pagiophyllum zhejiangense*** **Cao, 1999** (in Chinese and English)

1999 Cao Zhengyao, pp. 99, 159, pl. 29, figs. 4—9, 9a; pl. 31; leafy shoots and cuticles; Col. No.: Yanglong-H1-2, C7; Reg. No.: PB14566—PB14571; Holotype: PB14569 (pl. 29, fig. 7); Repository: Nanjing Institute of Geology and Palaeontology, Chinese Academy of Sciences; Laocun of Shouchang, Zhejiang; Early Cretaceous Laocun Formation; Yangnong of Xianju, Zhejiang; Early Cretaceous Guantou Formation.

Pagiophyllum **spp.**

1923 *Pagiophyllum* sp., Chow T H, pp. 82, 139, pl. 1, fig. 7; leafy twig; Laiyang, Shandong (Shantung); Early Cretaceous Laiyang Series. [Notes: The specimens was later referred as *Cupressinocladus elegans* (Chow) Chow (Sze H C, Lee H H and others, 1963)]

1931 *Pagiophyllum* sp. [? aff. *pergrinum* (L. and H.)], Sze C H, p. 41, pl. 3, fig. 5; leafy shoot; Qixiashan (Chihsyashan) of Nanjing, Jiangsu; Early Jurassic (Lias).

1963 *Pagiophyllum* sp., Gu Zhiwei and others, pl. 1, fig. 4; leafy shoot; Shouchang, Zhejiang; Early Cretaceous Jiangde Group.

1963 *Pagiophyllum* sp. 1, Sze H C, Lee H H and others, p. 304, pl. 94, fig. 11; leafy twig; Qixiashan (Chihsyashan) of Nanjing, Jiangsu; Jurassic (?).

1963 *Pagiophyllum* sp. 2, Sze H C, Lee H H and others, p. 304, pl. 94, figs. 2—4 [= *Pagiophyllum* cf. *falcatum* Brongniart, Yabe et Ôishi, 1933, p. 229 (35), pl. 33 (4), figs. 14—19]; leafy twigs; Huoshiling (Huoshihling) of Jilin and Shahezi (Shahotzu) of Liaoning; Middle—Late Jurassic.

1963 *Pagiophyllum* sp. 3, Sze H C, Lee H H and others, p. 304 (= *Araucarites* sp., Chow T H, 1923, pp. 82, 140); leafy twig; Laiyang, Shandong (Shantung); Late Jurassic—Early Cretaceous Laiyang Group.

1963 *Pagiophyllum* sp. 4, Sze H C, Lee H H and others, p. 305, pl. 94, fig. 7 (= *Araucaria prodromus* Schenk, 1883, p. 162, pl. 53, fig. 8); leafy twig; Xiangxi of Zigui, Hubei; Early Jurassic.

1963 *Pagiophyllum* sp. 5, Sze H C, Lee H H and others, p. 305, pl. 94, fig. 10 (= *Pagiophyllum* cf. *gracile* Sze, Sze H C, 1951a, pp. 81, 83, pl. 1, fig. 5); leafy shoot; Xiaodonggou of Benxi, Liaoning; Early Cretaceous Damingshan Group.

1976 *Pagiophyllum* sp., Chang Chichen, p. 200, pl. 102, fig. 2; leafy shoot; Qingciyao of Datong, Shanxi; Middle Jurassic Datong Formation.

1979 *Pagiophyllum* sp., He Yuanliang and others, p. 155, pl. 76, figs. 8, 8a; leafy twig; Longmadasha of Hualong, Qinghai; Early Cretaceous Hekou Group.

1979 *Pagiophyllum* sp., Zhou Zhiyan, Li Baoxian, pl. 2, fig. 13; leafy shoot; Jiuqujiang of Qionghai, Hainan; Early Triassic Jiuqujiang Formation of Lingwen Group.

1981 *Pagiophyllum* sp., Chen Fen and others, pl. 4, fig. 4; leaf; Haizhou of Fuxin, Liaoning; Early Cretaceous Taiping Bed of Fuxin Formation.

1982 *Pagiophyllum* sp. 1, Zhang Caifan, p. 540, pl. 348, fig. 5; leafy shoot; Changce of Yizhang, Hunan; Early Jurassic Tanglong Formation.

1982 *Pagiophyllum* sp. 2, Zhang Caifan, p. 540, pl. 351, figs. 7, 8; leafy shoots; Changce of Yizhang, Hunan; Early Jurassic Tanglong Formation.

1984a *Pagiophyllum* sp., Cao Zhengyao, p. 16, pl. 7, fig. 6; leafy shoot; Baoqing, Heilongjiang; Late Jurassic Yunshan Formation.

1984 *Pagiophyllum* sp., Chen Qishi, pl. 1, fig. 25; leafy shoot; Xinchang, Zhejiang; Early Cretaceous Fangyan Formation.

1984 *Pagiophyllum* sp., Wang Ziqiang, p. 290, pl. 150, fig. 9; leafy shoot; Weichang, Hebei; Late Jurassic Zhangjiakou Formation.

1985 *Pagiophyllum* sp. 1, Cao Zhengyao, p. 282, pl. 3, fig. 10; leafy shoot; Hanshan, Anhui; Late Jurassic Hanshan Formation.

1985 *Pagiophyllum* sp. 2, Cao Zhengyao, p. 282, pl. 3, figs. 9, 9a; leafy shoot; Hanshan, Anhui; Late Jurassic Hanshan Formation.

1986 *Pagiophyllum* sp. 1, Ye Meina and others, p. 76, pl. 49, figs. 5, 5a; leafy shoot; Leiyinpu of Daxian, Sichuan; Early Jurassic Zhenzhuchong Formation.

1986 *Pagiophyllum* sp. 2, Ye Meina and others, p. 77, pl. 49, figs. 7, 7a; leafy shoot; Wenquan of Kaixian, Sichuan; Early Jurassic Ziliujing Formation.

1990 *Pagiophyllum* sp., Liu Mingwei, p. 207; leafy shoot; Huangyadi of Laiyang, Shandong; Early Cretaceous member 3 of Laiyang Formation.

1992 *Pagiophyllum* sp., Huang Qisheng, Lu Zongsheng, pl. 1, figs. 8, 8a; leafy shoot; Xinmin of Fugu, Shaanxi; Early Jurassic Fuxian Formation.

1992a *Pagiophyllum* sp., Meng Fansong, p. 182, pl. 7, figs. 4—6; leafy shoots; Jiuqujiang of Qionghai, Hainan; Early Triassic Lingwen Formation.

1992 *Pagiophyllum* sp., Sun Ge, Zhao Yanhua, p. 559, pl 257, fig. 3; leafy shoot; Luozigou of Wangqing, Jilin; Early Cretaceous Dalazi Formation.

1993a *Pagiophyllum* sp., Wu Xiangwu, p. 109.

1993c *Pagiophyllum* sp., Wu Xiangwu, p. 86, pl. 4, fig. 2; pl. 6, figs. 1—3a; leafy shoots; Shangxian, Shaanxi; Early Cretaceous lower member of Fengjiashan Formation.

1995 *Pagiophyllum* sp., Cao Zhengyao and others, p. 11, pl. 4, fig. 11; leafy shoot; Zhenghe, Fujian; Early Cretaceous Nanyuan Formation.

1995a *Pagiophyllum* sp., Li Xingxue (editor-in-chief), pl. 63, figs. 1, 2; leafy shoots; Xinhuacun in Jiuqujiang of Qionghai, Hainan; Early Triassic Lingwen Group. (in Chinese)

1995b *Pagiophyllum* sp., Li Xingxue (editor-in-chief), pl. 63, figs. 1, 2; leafy shoots; Xinhuacun in Jiuqujiang of Qionghai, Hainan; Early Triassic Lingwen Group. (in English)

1995a *Pagiophyllum* sp., Li Xingxue (editor-in-chief), pl. 88, fig. 3; leafy shoot; Hanshan, Anhui; Late Jurassic Hanshan Formation. (in Chinese)

1995b *Pagiophyllum* sp., Li Xingxue (editor-in-chief), pl. 88, fig. 3; leafy shoot; Hanshan,

Anhui; Late Jurassic Hanshan Formation. (in English)

1996 *Pagiophyllum* sp., Meng Fansong, pl. 8, fig. 4; leafy shoot; Furongqiao of Sangzhi, Hunan; Middle Triassic member 2 of Badong Formation.

1998 *Pagiophyllum* sp., Zhang Hong and others, pl. 52, figs. 1b—4; leafy shoots; Kangsu of Wuqia (Ulugqat), Xinjiang; Early Jurassic upper part of Kangsu Formation and Middle Jurassic lower part of Yangye Formation.

1999 *Pagiophyllum* sp. 1, Cao Zhengyao, p. 99, pl. 28, fig. 16; pl. 29, figs. 10—13; text-fig. 34; leafy shoots; Jidaoshan of Jinhua, Zhejiang; Early Cretaceous Moshishan Formation.

1999 *Pagiophyllum* sp. 2, Cao Zhengyao, p. 100, pl. 29, figs. 2, 2a, 3, 3a; leafy shoots; Yangnong of Xianju, Zhejiang; Early Cretaceous Guantou Formation.

2000 *Pagiophyllum* sp., Wu Shunqing, pl. 8, figs. 2, 2a; leafy shoot; Angping of Dayushan, Hongkong; Early Cretaceous Repulse Bay Group.

2001 *Pagiophyllum* sp., Sun Ge and others, pp. 102, 203, pl. 26, fig. 4; pl. 56, fig. 8 (?); shoots with leaves; western Liaoning; Late Jurassic Jianshangou Formation.

2003 *Pagiophyllum* sp., Yang Xiaoju, p. 570, pl. 4, figs. 8, 9, 13; leafy shoots; Jixi Basin, Heilongjiang; Early Cretaceous Muling Formation.

2005 *Pagiophyllum* sp., Sun Bainian and others, pl. 16, figs. 2, 3; leafy shoots; Yaojie, Gansu; Middle Jurassic Yaojie Formation.

Pagiophyllum? sp.

1980 *Pagiophyllum*? sp., Huang Zhigao, Zhou Huiqin, p. 110, pl. 3, fig. 7; leafy shoot; Wuziwan of Jungar Banner, Inner Mongolia; Middle Triassic upper part of Ermaying Formation.

Pagiophyllum (_Araucarites_?) sp.

1992 *Pagiophyllum* (*Araucarites*?) sp., Li Jieru, p. 343, pl. 1, figs. 13—16, 18; pl. 3, figs. 1, 7, 8; shoots; Pulandian, Liaoning; late Early Cretaceous Pulandian Formation.

Pagiophyllum (? _Athrotaxopsis_) sp.

1983 *Pagiophyllum* (? *Athrotaxopsis*) sp., Zhang Zhicheng, Xiong Xianzheng, p. 62, pl. 2, fig. 5; leafy twig; Dongning Basin, eastern Heilongjiang; Early Cretaceous Dongning Formation.

Pagiophyllum (_Sphenolepis_?) sp.

1980 *Pagiophyllum* (*Sphenolepis*?) sp., Zhang Wu and others, p. 300, pl. 191, figs. 8—10; leafy shoots; Luozigou of Wangqing, Jilin; Gannan, Heilongjiang; Early Cretaceous.

Genus *Palaeocyparis* Saporta, 1872

1872 Saporta, p. 1056.

1923 Chow T H, pp. 82, 140.

1993a Wu Xiangwu, p. 110.

Type species: *Palaeocyparis expansus* (Sternberg) Saporta, 1872

Taxonomic status: Coniferopsida

Palaeocyparis expansus (Sternberg) Saporta, 1872

1823 (1820 — 1838) *Thuites expansus* Sternberg, p. 39, pl. 38; coniferous foliage twig; Stonesfield, England; Jurassic.

1872 Saporta, p. 1056.

1993a Wu Xiangwu, p. 110.

Palaeocyparis flexuosa Saporta, 1894

1894 Saporta, p. 109, pl. 19, figs. 19, 20; pl. 20, figs. 1 — 5; leafy twigs; South Sebastiao; Mesozoic.

Palaeocyparis cf. _flexuosa_ Saporta

1923 Chow T H, pp. 82, 140, pl. 2, fig. 4; leafy twig; Laiyang, Shandong (Shantung); Early Cretaceous Laiyang Series. [Notes: The specimens was later referred as *Cupressinocladus elegans* (Chow) Chow (Sze H C, Lee H H and others, 1963)]

1993a Wu Xiangwu, p. 110.

Genus _Palissya_ Endlicher, 1847

1847 Endlicher, p. 306.

1874 Brongiart, p. 408.

1993a Wu Xiangwu, p. 110.

Type species: *Palissya brunii* Endlicher, 1847

Taxonomic status: Coniferopsida

Palissya brunii Endlicher, 1847

1843 (1839 — 1843) *Cunninghamites sphenolepis* Braun, p. 24, pl. 13, figs. 19, 20; western Europe; Late Triassic—Early Jurassic.

1847 Endlicher, p. 306; West Europe; Late Triassic—Early Jurassic.

1993a Wu Xiangwu, p. 110.

△_Palissya manchurica_ Yokoyama, 1906

(Note: The genus was misspelled as Palyssia in the original paper)

1906 *Palyssia manchurica* Yokoyama, p. 32, pl. 8, figs. 2, 2a; leafy shoot; Nianzigou (Nientzukou) of Saimaji (Saimachi), Liaoning; Jurassic. [Notes: The specimen was later referred as *Elatocladus manchurica* (Yokoyama) Yabe (Yokoyama, 1922)]

1908 *Palyssia manchurica* Yokoyama, Yabe, p. 7, pl. 1, fig. 1; leafy shoot; Taojiatun (Taochiatun), Jilin; Jurassic. [Notes: The specimen was later referred as *Elatocladus manchurica* (Yokoyama) Yabe (Yokoyama, 1922)]

Palissya sp.

1874 *Palissya* sp., Brongiart, p. 408; Dingjiagou (Tingkiako), Shaanxi; Jurassic. [Notes: The specimen was later referred as *Elatocladus* sp. (Sze H C, Lee H H and others, 1963)]

1993a Wu Xiangwu, p. 110.

Genus *Palyssia*

[Notes: This genus name *Palyssia* was applied by Yokoyama (1906, p. 32) and by Yabe (1908, p. 7) for Jurassic specimens of China, it might be mis-spelling of *Palissya*.]

1906 Yokoyama, p. 32.

1993a Wu Xiangwu, p. 110.

△*Palyssia manchurica* Yokoyama, 1906

1906 Yokoyama, p. 32, pl. 8, figs. 2, 2a; leafy shoot; Nianzigou (Nientzukou) of Saimaji (Saimachi), Liaoning; Jurassic. [Notes: The specimen was later referred as *Elatocladus manchurica* (Yokoyama) Yabe (Yokoyama, 1922)]

1908 Yabe, p. 7, pl. 1, fig. 1; leafy shoot; Taojiatun (Taochiatun), Jilin; Jurassic. [Notes: The specimen was later referred as *Elatocladus manchurica* (Yokoyama) Yabe (Yokoyama, 1922)]

1993a Wu Xiangwu, p. 110.

△Genus *Paraconites* Hu, 1984 (nom. nud.)

1984 Hu Yufan, p. 571. (nom. nud.)

1993a Wu Xiangwu, pp. 27, 229.

1993b Wu Xiangwu, pp. 504, 516.

Type species: *Paraconites longifolius* Hu, 1984

Taxonomic status: Taxodiaceae, Coniferopsida

△*Paraconites longifolius* Hu, 1984 (nom. nud.)

1984 Hu Yufan, p. 571; cones; Meiyukou of Datong, Shanxi; Eary Jurassic Yongdingzhuang Formation. (nom. nud.)

1993a Wu Xiangwu, pp. 27, 229.

1993b Wu Xiangwu, pp. 504, 516.

△Genus *Parastorgaardis* Zeng, Shen et Fan, 1995

1995 Zeng Yong, Shen Shuzhong, Fan Bingheng, p. 67.

Type species: *Parastorgaardis mentoukouensis* Zeng, Shen et Fan, 1995

Taxonomic status: Taxodiaceae, Coniferopsida

△*Parastorgaardis mentoukouensis* (Stockmans et Mathieu) Zeng, Shen et Fan, 1995

1941 *Podocarpites mentoukouensis* Stockmans et Mathieu, p. 53, pl. 7, figs. 5, 6; leafy shoots; Mentougou (Mentoukou), Beijing; Jurassic.

1995 Zeng Yong, Shen Shuzhong, Fan Bingheng, p. 67, pl. 20, fig. 3; pl. 23, fig. 3; pl. 19, figs. 6—8; leafy shoots and cuticles; Yima, Henan; Middle Jurassic Yima Formation.

Genus *Parataxodium* Arnold et Lowther, 1955

1955 Arnold, Lowther, p. 522.

1982a Yang Xuelin, Sun Liwen, p. 594.

1993a Wu Xiangwu, p. 112.

Type species: *Parataxodium wigginsii* Arnold et Lowther, 1955

Taxonomic status: Taxodiaceae, Coniferopsida

Parataxodium wigginsii Arnold et Lowther, 1955

1955 Arnold, Lowther, p. 522, figs. 1—12; leafy shoots and cones; northern Alaska, USA; Cretaceous.

1993a Wu Xiangwu, p. 112.

Parataxodium jacutensis Vachrameev, 1958

1958 Vachrameev, p. 121, pl. 30, figs. 4, 5; Verkhoyansk, USSR; Early Cretaceous.

1982a Yang Xuelin, Sun Liwen, p. 594, pl. 3, figs. 4, 5; leafy shoots; Shahezi, southern Songhuajiang-Liaohe Basin; Late Jurassic Shahezi Formation.

1993a Wu Xiangwu, p. 112.

Genus *Phyllocladopsis* Fontaine, 1889

1889 Fontaine, p. 204.

1952 Sze H C, pp. 125, 128.

1963 Sze H C, Lee H H and others, p. 308.

1993a Wu Xiangwu, p. 115.

Type species: *Phyllocladopsis heterophylla* Fontaine, 1889

Taxonomic status: Podocarpaceae, Coniferopsida

Phyllocladopsis heterophylla Fontaine, 1889

1889 Fontaine, p. 204, pl. 84, fig. 5; pl. 167, fig. 4; foliage, compared with *Phyllocladus* (Podocarpaceae); Virginia, USA; Early Cretaceous Potomac Group.

1993a Wu Xiangwu, p. 115.

Phyllocladopsis cf. *heterophylla* Fontaine

1955 *Phyllocladopsis* cf. *heterophylla* Fontaine (? sp. nov.), Sze H C, pp. 125, 128, pl. 1, figs. 1, 1a; leafy shoot; Yongdingzhuang of Datong, Shanxi; Early Jurassic.

1963 *Phyllocladopsis* cf. *heterophylla* Fontaine (? sp. nov.), Sze H C, Lee H H and others, p. 308, pl. 98, figs. 2, 2a; leafy shoot; Yongdingzhuang of Datong, Shanxi; Early Jurassic.

1982a Liu Zijin, p. 137, pl. 75, fig. 13; leafy shoot; Tianjiaba of Kangxian, Gansu; Early Cretaceous Tianjiaba Formation of Donghe Group.

1993a Wu Xiangwu, p. 115.

Genus *Phyllocladoxylon* Gothan, 1905

1905 Gothan, p. 55.

1935—1936 Shimakura, p. 285 (19)

1963 Sze H C, Lee H H and others, p. 337.

1993a Wu Xiangwu, p. 115.

Type species: *Phyllocladoxylon muelleri* (Schenk) Gothan, 1905

Taxonomic status: Coniferopsida

Phyllocladoxylon muelleri (Schenk) Gothan, 1905

1879—1890 *Phyllocladus muelleri* Schenk, in Zittel, p. 873, fig. 424.

1905 Gothan, p. 55.

1993a Wu Xiangwu, p. 115.

△*Phyllocladoxylon densum* He, 1995

1995 He Dechang, pp. 7 (in Chinese), 9 (in English), pl. 3, figs. 1—1c; fusainized wood; Reg. No.: 91447; Repository: Xi'an Branch, Central Coal Research Institute; Yimin Coal Mine of Ewenki Banner, Inner Mongolia; Early Cretaceous 16th seam of Yimin Formation.

Phyllocladoxylon eboracense (Holden) Krausel, 1949

1913 *Paraphyllocladoxylon eboracense* Hoden, p. 536, pl. 39, figs. 7 — 9; fossil woods; Yorkshire, England; Middle Jurassic.

1949 Krausel, p. 155.

1995 He Dechang, pp. 5 (in Chinese), 7 (in English), pl. 2, figs. 1—1c, 3; pl. 4, fig. 2; pl. 5, figs. 1, 3; fusainized woods; Huolinhe Coal Field of Jarud Banner, Inner Mongolia; Late Jurassic 14th seam of Huolinhe Formation.

Phyllocladoxylon cf. *eboracense* (Holden) Krausel

1935—1936 Shimakura, p. 285 (19), pl. 16 (5), fig. 7; pl. 18 (7), figs. 1—3; text-fig. 6; fossil woods; Huoshiling (Houshihling), Jilin; Middle Jurassic.

1963 Sze H C, Lee H H and others, p. 337, pl. 114, figs. 1 — 4; text-fig. 66; fossil woods; Huoshiling (Houshihling), Jilin; Middle—Late Jurassic.

1993a Wu Xiangwu, p. 115.

△*Phyllocladoxylon hailaerense* He, 1995

1995 He Dechang, pp. 6 (in Chinese), 8 (in English), pl. 3, figs. 2, 2a; pl. 4, figs. 1—1c; pl. 5, fig. 4; fusainized woods; No.: 91374; Repository: Xi'an Branch, Central Coal Research Institute; Yimin Coal Mine of Ewenki Banner, Inner Mongolia; Early Cretaceous 16th seam of Yimin Formation.

Phyllocladoxylon heizyoense **Shimakura, 1936**

1935—1936 Shimakura, p. 281 (15), pl. 16 (5), figs. 4—6; pl. 17 (6), figs. 1—5; text-fig. 5; fossil woods; Korea; Early—Middle Jurassic Daido Formation.

1993a Wu Xiangwu, p. 115.

1995 He Dechang, pp. 5 (in Chinese), 6 (in English), pl. 1, figs. 1—1c, 2; pl. 2, figs. 2, 4; fusainized woods; Yimin Coal Mine of Ewenki Banner, Inner Mongolia; Early Cretaceous 16th seam of Yimin Formation.

△***Phyllocladoxylon xinqiuense*** **Cui et Liu, 1992**

1992 Cui Jinzhong, Liu Junjie, pp. 883, 884; pl. 1, figs. 1—6; woods; Xinqiu of Fuxin, Liaoning; Eary Cretaceous Taiping Member of Fuxin Formation. (Notes: The repository of the type specimens was not mentioned in the original paper)

1995 Li Chensen, Cui Jinzhong, pp. 102—107 (including figures); fossil woods; Liaoning and Inner Mongolia; Early Cretaceous.

Phyllocladoxylon **spp.**

1995 *Phyllocladoxylon* sp. 1, Cui Jinzhong, p. 638, pl. 2, figs. 2—5; woods; Huolinhe Coal Field, Inner Mongolia; Eary Cretaceous Huolinhe Formation.

1995 *Phyllocladoxylon* sp. 2, Cui Jinzhong, p. 639, pl. 2, figs. 6—8; woods; Huolinhe Coal Field, Inner Mongolia; Eary Cretaceous Huolinhe Formation.

***Phyllocladoxylon*?** **spp.**

1935—1936 *Phyllocladoxylon*? sp., Shimakura, p. 287 (21), pl. 18 (7), figs. 7—8; text-fig. 7; fossil woods; Huoshiling (Houshihling), Jilin; Middle Jurassic.

1963 *Phyllocladoxylon*? sp., Sze H C, Lee H H, p. 338; text-fig. 67; fossil wood; Huoshiling (Houshihling), Jilin; Middle—Late Jurassic.

Genus *Picea* Dietr., 1842

1982 Tan Lin, Zhu Jianan, p. 149.

1993a Wu Xiangwu, p. 116.

Type species: (living genus)

Taxonomic status: Taxodiaceae, Coniferopsida

? *Picea smithiana* (Wall.) Boiss

1982 Tan Lin, Zhu Jianan, p. 149, pl. 36, fig. 5; foliage twig; Guyang, Inner Mongolia; Early Cretaceous Guyang Formation.

1993a Wu Xiangwu, p. 116.

***Picea* sp.**

1982 *Picea* sp., Tan Lin, Zhu Jianan, p. 149, pl. 36, fig. 6; cone; Guyang, Inner Mongolia; Early Cretaceous Guyang Formation.

Genus *Piceoxylon* Gothan, 1906

1906 Gothan in Henry Potonié, p. 1.

1951b Sze H C, pp. 443, 447.

1963 Sze H C, Lee H H and others, p. 331.

1993a Wu Xiangwu, p. 116.

Type species: *Piceoxylon pseudotsugae* Gothan, 1906

Taxonomic status: Taxodiaceae, Coniferopsida

***Piceoxylon pseudotsugae* Gothan, 1906**

1906 Gothan, in Henry Potonié, p. 1, fig. 1; coniferous wood; California, USA; Tertiary.

1993a Wu Xiangwu, p. 116.

△*Piceoxylon dongguanensse* Cai et Jin, 1996 (in Chinese)

1996 Cai Chongyang, Jin Jianhua, in Cai Chongyang and others, p. 92, pls. 1, 2; fossil woods; Shagangling near Shangqiao of Dongguan, Guangdong; Late Cretaceous. (Notes: The repository of the type specimens was not mentioned in the original paper)

△*Piceoxylon manchuricum* Sze, 1951

1951b Sze H C, pp. 443, 447, pl. 2, fig. 1; pl. 3, figs. 1—4; pl. 4, figs. 1—4; p. 5, fig. 1; text-figs. 2A—2E; coniferous woods; Chengzihe of Jixi, Heilongjiang; Late Cretaceous.

1963 Sze H C, Lee H H and others, p. 332, pl. 112, figs. 5—7; pl. 113, fig. 1; text-fig. 63; coniferous woods; Chengzihe of Jixi, Heilongjiang; Late Cretaceous (?).

1993a Wu Xiangwu, p. 116.

△*Piceoxylon priscum* He, 1995

1995 He Dechang, pp. 13 (in Chinese), 17 (in English), pl. 10, figs. 2, 2a; pl. 11, figs. 3, 3a; pl. 12, figs. 2, 2a; pl. 13, figs. 1—1e; pl. 14, figs. 1—1d; pl. 16, fig. 3; fusainized woods; No.: 9107, 91319; Holotype: 9107; Repository: Xi'an Branch, Central Coal Research Institute; Yimin Coal Mine of Ewenki Banner and Chenqi mine of Chenbarhu Banner, Inner Mongolia; Early Cretaceous 16th seam and 1th seam of Yimin Formation.

△*Piceoxylon zaocishanense* Ding, 2000 (in English)

2000a Ding Qiuhong, p. 210, pl. 1, figs. 1—7; woods; Holotype: Jg44-7; Yixian, Liaoning; Yixian Formation. (Notes: The repository of the type specimens and age of Yixian Formation were not mentioned in the original paper)

Genus *Pinites* Lindley et Hutton, 1831

1831 (1831—1837) Lindley, Hutton, p. 1.

1911 Seward, pp. 26, 54.

1993a Wu Xiangwu, p. 116.

Type species: *Pinites brandlingi* Lindley et Hutton, 1831

Taxonomic status: Pinaceae, Coniferopsida

***Pinites brandlingi* Lindley et Hutton, 1831**

1831 (1831—1837) Lindley, Hutton, p. 1, pl. 1; Wideopen near Gosforth, 5 mile north of Newcastle-upon-Tyne, England; Carboniferous.

1993a Wu Xiangwu, p. 116.

△*Pinites kubukensis* Seward, 1911

[Notes: The species was later referred as *Pityocladus kukbukensis* Seward (Seward, 1919)]

1911 Seward, pp. 26, 54, pl. 4, figs. 47—51, 51A; pl. 5, fig. 65; long shoots, short shoots and leaves; Kubuk River in Southern Ssemistai of Junggar Basin, Xinjiang; Early—Middle Jurassic.

1993a Wu Xiangwu, p. 116.

***Pinites* (*Pityophyllum*) *lindstroemi* Nathorst, 1897**

[Notes: The species was later referred as *Pityophyllum lindstroemi* Nathorst (Seward, 1919)]

1897 Nathorst, pp. 40, 67, pl. 5, figs. 13—15, 18—31; pl. 6, figs. 17, 18; Spitzbergens; Late Jurassic.

1906 Krasser, p. 624, pl. 4, figs. 1—3; leaves; Huoshiling (Hoshilingtza) and Jiaohe Jilin; Jurassic. [Notes: The specimen was later referred as *Pityophyllum lindstroemi* Nathorst (Sze H C, Lee H H and others, 1963)]

△*Pinites* (*Pityophyllum*) *thiohoense* Krasser, 1906

[Notes: The species was later referred as *Pityophyllum thiohoense* Krasser (Yabe, Ôishi, 1933)]

1906 Krasser, p. 625; leaf; Jiaohe (Thiao-ho), Jilin; Jurassic.

Genus *Pinoxylon* Knowlton, 1900

1900 Knowlton, in Ward, p. 420.

1937—1938 Shimakura, p. 22.

1993a Wu Xiangwu, p. 117.

Type species: *Pinoxylon dacotense* Knowlton, 1900

Taxonomic status: Pinaceae, Coniferopsida

Pinoxylon dacotense **Knowlton, 1900**

[Notes 1: The species name was spelled as *P. dakotense* by Shimakura (1937—1938); Notes 2: The species was later referred as *Protopiceoxylon dacotense* (Knowlton) Sze (Sze H C, Lee H H and others, 1963)]

1900 Knowlton, in Ward, p. 420, pl. 179; wood; South Dakota, USA; Jurassic.

1937—1938 *Pinoxylon dakotense* Knowlton, Shimakura, p. 22, pl. 5, figs. 1—6; text-fig. 6; fossil woods; Benxi (Penhsi), Liaoning; Early Cretaceous (?).

1993a Wu Xiangwu, p. 117.

△*Pinoxylon yabei* **Shimakura, 1936**

1935—1936 Shimakura, p. 289 (23), pl. 19 (8), figs. 1—8; text-figs. 8, 9; fossil woods; Huoshiling (Houshihling), Jilin; Middle Jurassic. [Notes: The species was later referred as *Protopiceoxylon yabei* (Shimakura) Sze (Sze H C, Lee H H and others, 1963)]

1993a Wu Xiangwu, p. 117.

Genus *Pinus* Linné, 1753

1908 Yabe, p. 7.

1993a Wu Xiangwu, p. 117.

Type species: (living genus)

Taxonomic status: Pinaceae, Coniferopsida

Pinus nordenskioeldi **Heer, 1876**

1876 *Pinus nordenskioeldi* Heer, p. 76, pl. 4, fig. 8c; leaf; Ust-Balei of Irkutsk Basin, Russia; Jurassic.

1908 Yabe, p. 7, pl. 2, fig. 2; leaf; Taojiatun (Taochiatun), Jilin; Jurassic. [Notes: The specimen was later referred as *Pityophullum nordenskioeldi* Heer (Sze H C, Lee H H and others, 1963)]

1993a Wu Xiangwu, p. 117.

△*Pinus luanpingensis* **Wang, 1984**

1984 Wang Ziqiang, p. 282, pl. 154, fig. 9; pl. 156, fig. 5; leafy shoots; Reg. No.: P0355; Holotype: P0355 (pl. 156, fig. 5); Repository: Nanjing Institute of Geology and Palaeontology, Chinese Academy of Sciences; Luanping, Hebei; Early Cretaceous Jiufotang Formation.

Genus *Pityites* Seward, 1919

1919 Seward, p. 373.

1941 Ôishi, p. 173.

1993a Wu Xiangwu, p. 117.

Type species: *Pityites solmsi* Seward, 1919

Taxonomic status: Pinaceae, Coniferopsida

Pityites solmsi Seward, 1919

1919 Seward, p. 373, figs. 772, 773; coniferous shoots and cones; Sussex, England; (?) Early Cretaceous (Wealden).

1993a Wu Xiangwu, p. 117.

△_Pityites iwaiana_ Ôishi, 1941

1941 Ôishi, p. 173, pl. 38 (3), figs. 3, 3a; coniferous vegetative shoot; Luozigou (Lotzukou) of Wangqing, Jilin; Early Cretaceous lower part of Luozigou Series. [Notes: The species was later referred as *Pityocladus iwaianus* (Ôishi) Chow (Sze H C, Lee H H and others, 1963) and as *Elatocladus iwaianus* (Ôishi) Li, Ye et Zhou (Li Xingxue and others, 1986)]

1993a Wu Xiangwu, p. 117.

Genus _Pityocladus_ Seward, 1919

1919 Seward, pp. 378, 379.

1963 Sze H C, Lee H H and others, p. 274.

1993a Wu Xiangwu, p. 117.

Type species: *Pityocladus longifolius* (Nathorst) Seward, 1919

Taxonomic status: Pinaceae, Coniferopsida

Pityocladus longifolius (Nathorst) Seward, 1919

1897 *Taxites longifolius* Nathorst, p. 50; foliage shoot; Scania, Sweden; Late Triassic (Rheatic).

1919 Seward, p. 378, figs. 775, 776; foliage shoots; Scania, Sweden; Late Triassic (Rheatic).

1993a Wu Xiangwu, p. 117.

△_Pityocladus abiesoides_ Sun et Zheng, 2001 (in Chinese and English)

2001 Sun Ge, Zheng Shaolin, in Sun Ge and others, pp. 94, 198, pl. 17, fig. 3; pl. 53, fig. 13; pl. 68, fig. 10; long and dwarf shoots bearing leaves; Reg. No.: PB19106, PB19106A (counterpart); Holotype: PB19106 (pl. 17, fig. 3); Repository: Nanjing Institute of Geology and Palaeontology, Chinese Academy of Sciences; Jianshangou of Beipiao, western Liaoning; Late Jurassic Jianshangou Formation.

△_Pityocladus acusifolius_ Zheng, 1980

1980 Zheng Shaolin, in Zhang Wu and others, p. 295, pl. 147, fig. 1; long and dwarf shoots bearing leaves; Reg. No.: D513; Repository: Shenyang Institute of Geology and Mineral Resources; Lingyuan, Liaoning; Early Jurassic Guojiadian Formation.

△*Pityocladus densifolius* Wu S Q, 1999 (in Chinese)

1999a Wu Shunqing, p. 18, pl. 12, figs. 4, 4a; shoot with leaves; Col. No.: AEO-215; Reg. No.: PB18300; Repository: Nanjing Institute of Geology and Palaeontology, Chinese Academy of Sciences; Huangbanjigou in Shangyuan of Beipiao, Liaoning; Late Jurassic Jianshangou Bed in lower part of Yixian Formation.

2001 Sun Ge and others, pp. 92, 197, pl. 16, fig. 4; pl. 17, fig. 4; pl. 54, fig. 1; long and dwarf shoots bearing leaves; Jianshangou of Beipiao, western Liaoning; Late Jurassic Jianshangou Formation.

***Pityocladus ferganensis* Turtanova-Ketova, 1963**

1963 Turtanova-Ketova, p. 276, pl. 18, fig. 1; text-fig. 145; leafy shoot; Fergan; Early Jurassic.

1982 Zheng Shaolin, Zhang Wu, p. 322, pl. 21, fig. 1; leafy shoot; Shuangyashan, Heilongjiang; Early Cretaceous Chengzihe Formation.

△*Pityocladus iwaianus* (Ôishi) Chow, 1963

[Notes: The species was later referred as *Elatocladus iwaianus* (Ôishi) Li, Ye et Zhou (Li Xingxue and others, 1986)]

1941 *Pityites iwaiana* Ôishi, p. 173, pl. 38 (3), figs. 3, 3a; coniferous vegetative shoot; Luozigou (Lotzukou) of Wangqing, Jilin; Early Cretaceous lower part of Luozigou Series.

1963 Chow Tseyen, in Sze H C, Lee H H and others, p. 275, pl. 90, figs. 9, 9a; coniferous vegetative shoot; Luozigou (Lotzukou) of Wangqing, Jilin; Early Cretaceous upper part of Dalazi Formation.

1980 Zhang Wu and others, p. 295, pl. 185, fig. 7; leafy shoot; Wangqing, Jilin; Early Cretaceous Dalazi Formation.

△*Pityocladus jianshangouensis* Sun et Zheng, 2001 (in Chinese and in English)

2001 Sun Ge, Zhen Shaolin, in Sun Ge and others, pp. 93, 197, pl. 17, fig. 1; pl. 55, fig. 1; pl. 67, fig. 11; long shoots with leaves; Reg. No.: PB19101, PB19102; Holotype: PB19101 (pl. 17, fig. 1); Repository: Nanjing Institute of Geology and Palaeontology, Chinese Academy of Sciences; Jianshan-gou of Beipiao, Liaoning; Late Jurassic Jianshangou Formation.

△*Pityocladus kobukensis* (Seward) Seward, 1919

1911 *Pinites kobukensis* Seward, pp. 26, 54, pl. 4, figs. 47—51, 51A; pl. 5, fig. 65; long shoots, short shoots and leaves; Kubuk River in Southern Ssemistai of Junggar Basin, Xinjiang; Early—Middle Jurassic.

1919 Seward, p. 379, fig. 777; long shoot, short shoot and leaf; Kubuk River in Southern Ssemistai of Junggar Basin, Xinjiang; Early—Middle Jurassic.

1963 Sze H C, Lee H H and others, p. 275, pl. 90, figs. 1—5a; pl. 91, fig. 13; long shoots, short shoots and leaves; Kubuk River in Southern Ssemistai of Junggar Basin, Xinjiang; Early—Middle Jurassic.

1984 Gu Daoyuan, p. 155, pl. 80, figs. 6—10; long shoots, short shoots and leaves; Kobuk River of Hefeng, Xinjiang; Early Jurassic Badaowan Formation.

1988 Li Peijuan and others, p. 119, pl. 96, figs. 4, 4a; long shoot and short shoot with leaves; Dameigou, Qinghai; Middle Jurassic *Eboracia* Bed of Yinmagou Formation.

1993a Wu Xiangwu, p. 117.

1995a Li Xingxue (editor-in-chief), pl. 89, fig. 1; leafy shoot; Yinmagou of Da Qaidam, Qinhai; Middle Jurassic Yinmagou Formation (Aalenian). (in Chinese)

1995b Li Xingxue (editor-in-chief), pl. 89, fig. 1; leafy shoot; Yinmagou of Da Qaidam, Qinhai; Middle Jurassic Yinmagou Formation (Aalenian). (in English)

△***Pityocladus lingdongensis*** **Cao, 1992**

1992 Cao Zhengyao, pp. 220, 228, pl. 2, fig. 15; shoot and leaf; Reg. No.: PB16062; Holotype: PB16062 (pl. 2, fig. 15); Repository: Nanjing Institute of Geology and Palaeontology, Chinese Academy of Sciences; Suibin-Shuangyashan area, eastern Heilongjiang; Early Cretaceous Chengzihe Formation.

△***Pityocladus pseudolarixioides*** **Chen et Meng, 1988**

1988 Chen Fen, Meng Xiangying, in Chen Fen and others, pp. 75, 160, pl. 48, figs. 3, 4; long shoots, short shoots and leaves; No.: Fx208, Fx209; Repository: Beijing Graduate School, Wuhan College of Geology; Haizhou and Xinqiu of Fuxin, Liaoning; Early Cretaceous Fuxin Formation. [Notes 1: The type specimen was not appointed in the original paper; Notes 2: The specimens was later referred as *Athrotaxites masgnifolius* (Chen et Meng) Chen et Deng (Chen Fen, Deng Shenghui, 1990)]

△***Pityocladus rbustus*** **Li, Ye et Zhou, 1986**

1986b Li Xingxue, Ye Meina, Zhou Zhiyan, p. 29, pl. 34, figs. 2—5; pl. 35, figs. 1—2a; pl. 37, fig. 1-left; leafy shoots; Reg. No.: PB11633 — PB11639; Holotype: PB11638 (pl. 35, figs. 2, 2a); Repository: Nanjing Institute of Geology and Palaeontology, Chinese Academy of Sciences; Shansong of Jiaohe, Jilin; Early Cretaceous Moshilazi Formation.

1992 Cao Zhengyao, p. 220, pl. 5, fig. 10; shoot and leaf; Suibin-Shuangyashan area, eastern Heilongjiang; Early Cretaceous Chengzihe Formation.

△***Pityocladus shantungensis*** **Yabe et Ôishi, 1928**

1928 Yabe, Ôishi, p. 12, pl. 4, figs. 2, 3; shoots; Fangzi Coal Field, Shandong; Jurassic. [Notes: The specimens was later referred as *Radicites* sp. (Sze H C, Lee H H and others, 1963) and as *Radicites shantungensis* (Yabe et Ôishi) Wang (Wang Ziqiang, 1984)]

1933 Yabe, Ôishi, p. 230 (36), pl. 33 (4), fig. 22; shoot; Weijiapuzi (Weichiapuzu), Liaoning; Jurassic. [Notes: The specimen was later referred as *Radicites* sp. (Sze H C, Lee H H and others, 1963)]

△***Pityocladus suziheensis*** **Zheng et Zhang, 1989**

1989 Zheng Shaolin, Zhang Wu, p. 30, pl. 1, figs. 18, 18a; leafy shoot; Col. No.: LN-20; Repository: Shenyang Institute of Geology and Mineral Resources; Nanzamu of Xinbin, Liaoning; Early Cretaceous Nieerku Formation.

△***Pityocladus taizishanenensis*** **Zhang et Zheng, 1987**

1987 Zhang Wu, Zheng Shaolin, p. 312, pl. 28, figs. 5, 6; text-fig. 38; leafy shoots; Col. No.: 25;

Reg. No.: SG110059, SG110060; Repository: Shenyang Institute of Geology and Mineral Resources; Beipiao, Liaoning; Middle Jurassic Lanqi Formation. (Notes: The type specimen was not appointed in the original paper)

△*Pityocladus yabei* (Toyama et Ôishi) Chang, 1976

1935 *Strobilites yabei* Toyama et Ôishi, Toyama, Ôishi, p. 75, pl. 5, figs. 1, 1a; strobilus; Jalainur (Chalainor), Inner Mongolia; Jurassic.

1976 Chang Chichen, p. 197, pl. 100, fig. 3; leafy shoot; Guyang, Inner Mongolia; Late Jurassic —Early Cretaceous Guyang Formation.

1980 Zhang Wu and others, p. 295, pl. 185, fig. 1; long and dwarf shoot bearing leaf; Jalainur (Chalainor), Hulunbuir, Inner Mongolia; Late Jurassic Xinganling Group.

1982 Tan Lin, Zhu Jianan, p. 150, pl. 36, fig. 7; pl. 37, fig. 7; foliage twigs; Guyang, Inner Mongolia; Early Cretaceous Guyang Formation.

1982 Zheng Shaolin, Zhang Wu, p. 322, pl. 21, fig. 16; pl. 22, fig. 6; leafy shoots; Peide of Mishan and Lingxi of Shuangyashan, Heilongjiang; Late Jurassic Yunshan Formation and Early Cretaceous Chengzihe Formation.

1983a Cao Zhengyao, p. 16, pl. 1, fig. 14; long and dwarf shoot; Yunshan of Hulin, Heilongjiang; Middle Jurassic Longzhaogou Group.

1984a Cao Zhengyao, p. 13, pl. 8, fig. 4B; pl. 9, fig. 7; shoots (long and dwarf shoots); Mishan, Heilongjiang; Middle Jurassic Qihulin Formation.

1995 Deng Shenghui, p. 57, pl. 27, fig. 1a; shoot bearing leaves; Huolinhe Basin, Inner Mongolia; Early Cretaceous Lower Coal Member of Huolinhe Formation.

1995a Li Xingxue (editor-in-chief), pl. 105, fig. 5; long shoot attached with irregular short shoots; Huolinhe Basin, Inner Mongolia; Early Cretaceous Huolinhe Formation. (in Chinese)

1995b Li Xingxue (editor-in-chief), pl. 105, fig. 5; long shoot attached with irregular short shoots; Huolinhe Basin, Inner Mongolia; Early Cretaceous Huolinhe Formation. (in English)

***Pityocladus* cf. *yabei* (Toyama et Ôishi) Chang**

1982a Yang Xuelin, Sun Liwen, p. 593, pl. 2, fig. 7; leafy shoot; Yingcheng, southern Songhuajiang-Liaohe Basin; Late Jurassic Shahezi Formation.

△*Pityocladus yingchengensis* Chang, 1980

1980 Chang Chicheng (Zhang Zhicheng), in Zhang Wu and others, p. 295, pl. 184, fig. 3; long and dwarf shoot bearing leaves; Reg. No.: D514; Repository: Shenyang Institute of Geology and Mineral Resources; Jiutai of Yingcheng, Jilin; Early Cretaceous Yingcheng Formation.

1994 Gao Ruiqi and others, pl. 15, fig. 5; leafy shoot; Jiutai of Yingcheng, Jilin; Early Cretaceous Yingcheng Formation.

△*Pityocladus zalainorense* Chang, 1980

1980 Chang Chicheng, in Zhang Wu and others, p. 295, pl. 185, fig. 8; long and dwarf shoot bearing leaves; Reg. No.: D515; Repository: Shenyang Institute of Geology and Mineral

Resources; Jalainur (Chalainor), Inner Mongolia; Late Jurassic Xing'anling Group.

2001 Sun Ge and others, pp. 93, 197, pl. 15, fig. 8; pl. 16, fig. 5; pl. 53, fig. 16; pl. 63, fig. 1; pl. 67, fig. 8; long and dwarf shoots bearing leaves; western Liaoning; Late Jurassic Jianshangou Formation.

***Pityocladus* spp.**

1980 *Pityocladus* sp. (Cf. *Peudolarix dorofeevii* Samylina), Zhang Wu and others, p. 296, pl. 184, figs. 6, 6a; long and dwarf shoots bearing leaves; Jalainur (Chalainor), Inner Mongolia; Late Jurassic Xing'anling Group.

1981 *Pityocladus* sp., Chen Fen and others, p. 47, pl. 4, fig. 7; leafy shoot; Haizhou of Fuxin, Liaoning; Early Cretaceous Taiping Bed or Middle Bed (?) of Fuxin Formation.

1984 *Pityocladus* spp., Wang Ziqiang, p. 285, pl. 125, fig. 8; pl. 130, fig. 4; pl. 157, fig. 1; leafy shoots; Huairen, Shanxi; Middle Jurassic Datong Formation.

1984 *Pityocladus* sp., Chen Fen and others, p. 64, pl. 34, fig. 2; leafy shoot; Da'anshan of West Hill, Beijing; Early Jurassic Lower Coal Yaopo Formation.

1985 *Pityocladus* sp., Shang Ping, pl. 11, fig. 3; pl. 13, figs. 1—4; leafy shoots; Fuxin, Liaoning; Early Cretaceous Haizhou Formation.

1995 *Pityocladus* sp. 1, Deng Shenghui, p. 58, pl. 27, figs. 5, 6; leafy shoots; Huolinhe Basin, Inner Mongolia; Early Cretaceous Lower Coal Member of Huolinhe Formation.

1995 *Pityocladus* sp. 2, Deng Shenghui, p. 58, pl. 28, fig. 9; leafy shoot; Huolinhe Basin, Inner Mongolia; Early Cretaceous Lower Coal Member of Huolinhe Formation.

1997 *Pityocladus* sp., Deng Shenghui and others, p. 47, pl. 32, fig. 8; leafy shoot; Jalainur and Dayan Basin, Inner Mongolia; Early Cretaceous Yimin Formation.

1999a *Pityocladus* sp., Wu Shunqing, p. 18, pl. 9, figs. 1, 1a; shoot with leaves; Huangbanjigou of Shangyuan area, Beipiao, western Liaoning; Late Jurassic Jianshangou Bed in lower part of the Yixian Formation.

2001 *Pityocladus* sp., Sun Ge and others, pp. 94, 198, pl. 17, fig. 2; pl. 54, figs. 3, 7; pl. 57, fig. 4; long and dwarf shoots; western Liaoning; Late Jurassic Jianshangou Formation.

***Pityocladus*? sp.**

1988 *Pityocladus*? sp., Liu Zijin, p. 96, pl. 1, fig. 12; leafy shoot; Xiangfanggou of Chongxin, Gansu; Early Cretaceous upper member in Huanhe-Huachi Formation of Zhidan Group.

Genus *Pityolepis* Nathorst, 1897

1897 Nathorst, p. 64.

1935 Toyama, Ôishi, p. 73.

1963 Sze H C, Lee H H and others, p. 273.

1993a Wu Xiangwu, p. 118.

Type species: *Pityolepis tsugaeformis* Nathorst, 1897

Taxonomic status: Pinaceae, Coniferopsida

***Pityolepis tsugaeformis* Nathorst, 1897**

1897 Nathorst, p. 64, pl. 5, figs. 42—45; cone-scales; Shpitsbergen, Norway; Early Cretaceous.

1980b Kryshtofovich, p. 161.

1982 Zheng Shaolin, Zhang Wu, p. 321, pl. 21, fig. 11; cone-scale; Chengzihe of Jixi, Heilongjiang; Early Cretaceous Chengzihe Formation.

1993a Wu Xiangwu, p. 118.

△*Pityolepis deltatus* Wu, 1988

1988 Wu Xiangwu, in Li Peijuan and others, p. 121, pl. 97, fig. 10; cone-scale; Col. No.: 80DP$_1$F$_{28}$; Reg. No.: PB13678; Holotype: PB13678 (pl. 97, fig. 10); Repository: Nanjing Institute of Geology and Palaeontology, Chinese Academy of Sciences; Dameigou, Qinghai; Early Jurassic *Ephedrites* Bed of Tianshuigou Formation.

△*Pityolepis larixiformis* Wang, 1984

1984 Wang Ziqiang, p. 283, pl. 157, fig. 14; cone-scale; Reg. No.: P0385; Holotype: P0385 (pl. 157, fig. 14); Repository: Nanjing Institute of Geology and Palaeontology, Chinese Academy of Sciences; Pingquan, Hebei; Late Jurassic Zhangjiakou Formation.

2001 Sun Ge and others, pp. 91, 196, pl. 16, fig. 3; pl. 54, fig. 6; cone-scales; western Liaoning; Late Jurassic Jianshangou Formation.

2001 Zheng Shaolin, pl. 1, figs. 11—13; cone-scales; Liujiagou of Beipiao, Liaoning; Middle—Late Jurassic member 3 of Tuchengzi Formation.

△*Pityolepis liaoxiensis* Chang, 1980

1980 Chang Chicheng (Zhang Zhicheng), in Zhang Wu and others, p. 293, pl. 174, fig. 5; cone-scale; Reg. No.: D507; Repository: Shenyang Institute of Geology and Mineral Resources; Lingyuan, Liaoning; Early Cretaceous Jiufotang Formation. [Notes: The specimens was later referred as *Schizolepis liaoxiensis* (Chang) Wang (Wang Ziqiang, 1984)]

△*Pityolepis lingyuanensis* Chang, 1980

1980 Chang Chicheng (Zhang Zhicheng), in Zhang Wu and others, p. 294, pl. 192, figs. 4, 5; cone-scales; Reg. No.: D508, D509; Repository: Shenyang Institute of Geology and Mineral Resources; Lingyuan, Liaoning; Early Cretaceous Jiufotang Formation. (Notes: The type specimen was not appointed in the original paper)

"*Pityolepis*" *lingyuanensis* Chang

1992 Li Jieru, p. 343, pl. 2, figs. 1—9, 12—14, 18—20; cone-scales; Pulandian, Liaoning; late Early Cretaceous Pulandian Formation.

△*Pityolepis monorimosus* Ren, 1997 (in Chinese and English)

1997 Ren Shouqin, in Deng Shenghui and others, pp. 49, 106, pl. 16, figs. 19, 20; pl. 30, fig. 16; cone-scales; Repository: Research Institute of Petroleum Exploration and Development; Dayan Basin of Hailar, Inner Mongolia; Early Cretaceous Damoguaihe Formation. (Notes: The type specimen was not appointed in the original paper)

Pityolepis oblonga **Samylina, 1963**

1963 Samylina, p. 109, pl. 31, fig. 8; cone-scale; Aldan Basin; Early Cretaceous.

1988 Chen Fen and others, p. 76, pl. 48, figs. 8—12; cone-scales; Xinqiu of Fuxin, Liaoning; Early Cretaceous Fuxin Formation.

△***Pityolepis ovatus*** **Toyama et Ôishi, 1935**

1935 Toyama, Ôishi, p. 73, pl. 4, figs. 9, 10; cone-scales (?); Jalainur (Chalainor), Inner Mongolia; Jurassic.

1993a Wu Xiangwu, p. 118.

Pityolepis? ovatus **Toyama et Ôishi**

1963 Sze C H, Lee H H, p. 273, pl. 89, figs. 9, 10; cone-scales (?); Jalainur (Chalainor), Inner Mongolia; Late Jurassic Chalainor Group.

1980 Zhang Wu and others, p. 294, pl. 190, figs. 6, 7; cone-scales; Jalainur (Chalainor), Inner Mongolia; Early Jurassic Chalainor Group.

1992 Cao Zhengyao, p. 219, pl. 6, figs. 12—14; cone-scales (?); Suibin-Shuangyashan area, eastern Heilongjiang; Early Cretaceous Chengzihe Formation.

△***Pityolepis pachylachis*** **Zheng, 2001** (in Chinese and English)

2001 Zheng Shaolin and others, pp. 71, 79, pl. 1, figs. 8—10; cone-scales; No.: BST004A, BST011, BST012; Holotype: BST004A (pl. 1, figs. 8, 8a); Paratype: BST012 (pl. 1, figs. 10, 10a); Repository: Shenyang Institute of Geology and Mineral Resources; Liujiagou of Beipiao, Liaoning; Middle—Late Jurassic member 3 of Tuchengzi Formation.

△***Pityolepis pingquanensis*** **Wang, 1984**

1984 Wang Ziqiang, p. 283, pl. 157, figs. 15, 16; cone-scales; Reg. No.: P0386, P0387; Holotype: P0387 (pl. 157, fig. 16); Repository: Nanjing Institute of Geology and Palaeontology, Chinese Academy of Sciences; Pingquan, Hebei; Late Jurassic Zhangjiakou Formation.

2001 Zheng Shaolin and others, pl. 1, figs. 14—16a; cone-scales; Liujiagou of Beipiao, Liaoning; Middle—Late Jurassic member 3 of Tuchengzi Formation.

△***Pityolepis pseudotsugaoides*** **Sun et Zheng, 2001** (in Chinese and English)

2001 Sun Ge, Zheng Shaolin, in Sun Ge and others, pp. 91, 196, pl. 16, fig. 2; pl. 46, fig. 8; pl. 63, figs. 7, 9, 10, 16; cone-scales; Reg. No.: PB19092—PB19094, ZY3021; Holotype: PB19092 (pl. 16, fig. 2); Repository: Nanjing Institute of Geology and Palaeontology, Chinese Academy of Sciences; western Liaoning; Late Jurassic Jianshangou Formation.

△**"*Pityolepis*"** ***pulandianensis*** **Li, 1992**

1992 Li Jieru, p. 342, pl. 2, figs. 10, 16, 17; cone-scales; No.: P8H16—P8H23; Repository: Regional Geological Surveying Team, Liaoning Bureau of Geology and Mineral Resources; Pulandian, Liaoning; late Early Cretaceous Pulandian Formation. (Notes: The type specimen was not appointed in the original paper)

△*Pityolepis*? *shanxiensis* Wang, 1984

1984 Wang Ziqiang, p. 283, pl. 116, fig. 4; cone-scale; Reg. No.: P0064; Holotype: P0064 (pl. 116, fig. 4); Repository: Nanjing Institute of Geology and Palaeontology, Chinese Academy of Sciences; Yonghe, Shanxi; Middle—Late Triassic Yenchang Formation.

△*Pityolepis sphenoides* Zheng, 2001 (in Chinese and English)

2001 Zheng Shaolin and others, pp. 71, 79, pl. 1, figs. 6, 7; cone-scales; No.: BST014, BST015A; Holotype: BST014 (pl. 1, fig. 6); Paratype: BST015A (pl. 1, fig. 7); Repository: Shenyang Institute of Geology and Mineral Resources; Liujiagou of Beipiao, Liaoning; Middle—Late Jurassic member 3 of Tuchengzi Formation.

△"*Pityolepis*" *zhuixingensis* Li, 1992

1992 Li Jieru, p. 343, pl. 2, figs. 11, 15, 21; cone-scales; No.: P8H16 — P8H21a, 32, 16; Repository: Regional Geological Surveying Team, Liaoning Bureau of Geology and Mineral Resources; Pulandian, Liaoning; late Early Cretaceous Pulandian Formation. (Notes: The type specimen was not appointed in the original paper)

***Pityolepis* spp.**

1982a *Pityolepis* sp., Yang Xuelin, Sun Liwen, p. 593, pl. 3, fig. 13; cone-scale; Yingcheng, southeastern Songhuajiang-Liaohe Basin; Late Jurassic Shahezi Formation.

1988 *Pityolepis* sp. 1, Li Peijuan and others, p. 122, pl. 100, fig. 22B; cone-scale; Dameigou, Qinghai; Early Jurassic *Ephedrites* Bed of Tianshuigou Formation.

1988 *Pityolepis* sp. 2, Li Peijuan and others, p. 122, pl. 86, fig. 3; cone-scale; Dameigou, Qinghai; Early Jurassic *Ephedrites* Bed of Tianshuigou Formation.

1995 *Pityolepis* sp., Deng Shenghui, p. 58, pl. 29, fig. 7; cone-scale; Huolinhe Basin, Inner Mongolia; Early Cretaceous Lower Coal Member of Huolinhe Formation.

1997 *Pityolepis* sp. 1, Deng Shenghui and others, p. 49, pl. 16, fig. 21; cone-scale; Yimin and Dayan Basin of Hailar, Inner Mongolia; Early Cretaceous Damoguaihe Formation.

1997 *Pityolepis* sp. 2, Deng Shenghui and others, p. 49, pl. 16, fig. 22; cone-scale; Wujiu Basin of Hailar, Inner Mongolia; Early Cretaceous Damoguaihe Formation.

1999 *Pityolepis* sp., Cao Zhengyao, p. 85, pl. 34, fig. 14; cone-scale; Xia'ao of Yongjia, Zhejiang; Early Cretaceous member C of Moshishan Formation.

***Pityolepis*? spp.**

1963 *Pityolepis*? sp., Sze H C, Lee H H and others, p. 273, pl. 89, fig. 1 [=Scale (Sze H C, 1933c, p. 73, pl. 10, fig. 12)]; cone-scale; Beidaban of Wuwei, Gansu; Early — Middle Jurassic.

1986a *Pityolepis*? sp., Li Xingxue and others, p. 27, pl. 34, figs. 1, 8; wedge-shaped cone scales; Shansong of Jiaohe, Jilin; late Early Cretaceous Moshilazi Formation.

1988 *Pityolepis*? sp. 3, Li Peijuan and others, p. 122, pl. 84, fig. 4; cone-scale; Dameigou, Qinghai; Early Jurassic *Ephedrites* Bed of Tianshuigou Formation.

Genus *Pityophyllum* Nathorst, 1899

1899 Nathorst, p. 19.

1911 Seward, pp. 25, 53.

1963 Sze H C, Lee H H and others, p. 276.

1993a Wu Xiangwu, p. 118.

Type species: *Pityophyllum staratschini* Nathorst, 1899

Taxonomic status: Pinaceae, Coniferopsida

***Pityophyllum staratschini* Nathorst, 1899**

1899 Nathorst, p. 19, pl. 2, figs. 24, 25; coniferous leaves; Franz Josef Land; Jurassic.

1949 Sze H C, p. 34, pl. 12, fig. 13; leaf; Xiangxi of Zigui, Matousa and Cuijiagou of Dangyang, Hubei; Early Jurassic Hsiangchi Coal Series.

1963 Sze H C, Lee H H and others, p. 279, pl. 92, fig. 11; leaf; Dongning (Tungning), Heilongjiang; Xizhongdian (Hsichungtien) of Fangshan and Mentougou of West Hill, Bejing; Matougou and Cuijiagou of Dangyang, Hubei; Junggar Basin, Xinjiang; Early Jurassic—Early Cretaceous.

1976 Chang Chichen, p. 197, pl. 103, fig. 3; leaf; Wuchuan, Inner Mongolia; Late Jurassic Daqingshan Formation.

1977 Feng Shaonan and others, p. 241, pl. 98, fig. 8; leaf; Guanyinsi of Dangyang, Hubei; Early—Middle Jurassic Upper Coal Formation of Hsiangchi Group.

1982a Liu Zijin, p. 135, pl. 74, figs. 3, 4; leaves; Alxa Right Banner, Inner Mongolia; Middle Jurassic Qingtujing Group (?); Hanxia and Changma of Yumen, Gansu; Early—Middle Jurassic Dashankou Group; Shuidonggou of Jingyuan, Gansu; Middle Jurassic Xinhe Formation and Yaojie Formation.

1982b Yang Xuelin, Sun Liwen, p. 38, pl. 11, fig. 1; leaf; Hongqi of Wanbao, Da Hingganling; Early Jurassic Hongqi Formation; p. 54, pl. 22, fig. 2b; leaf; Yumin, southeastern Da Hingganling; Middle Jurassic Wanbao Formation.

1984 Chen Gongxing, p. 607, pl. 270, fig. 10; leaf; Guanyinsi of Dangyang, Hubei; Early Jurassic Tongzhuyuan Formation.

1985 Li Jieru, pl. 2, fig. 7; leaf; Huanghuadianzi of Xiuyan, Liaoning; Early Cretaceous Xiaoling Formation.

1988 Li Jieru, pl. 1, figs. 4, 5; leaves; Suzihe Basin, eastern Liaoning; Early Cretaceous.

1992 Sun Ge, Zhao Yanhua, p. 551, pl. 250, fig. 17; leaf; Hongqi Coal Mine of Baicheng, Jilin; Early Jurassic Hongqi Formation.

1993a Wu Xiangwu, p. 118.

1993c Wu Xiangwu, p. 83, pl. 3, figs. 5B, 5aB; pl. 4, figs. 8B, 8aB; pl. 6, figs. 4—5a; leaves; Fengjiashan of Shangxian, Shaanxi; Early Cretaceous Lower Member of Fengjiashan Formation.

1996 Cao Zhengyao, Zhang Yaling, pl. 1, fig. 1f; pl. 2, fig. 5c; leaves; Pingshanhu of Zhangye,

Gansu; Middle Jurassic Qingtujing Formation.

2002 Wu Xiangwu and others, p. 170, pl. 4, fig. 5B; pl. 9, figs. 6B, 7B, 8B; pl. 10, fig. 10C; pl. 12, figs. 1, 2; pl. 13, fig. 11; leaves; Maohudong of Shandan, Gansu; Jijigou of Alxa Right Banner, Inner Mongolia; Early Jurassic upper member of Jijigou Formation; Wutongshugou of Alxa Right Banner, Inner Mongolia; Middle Jurassic lower member of Ningyuanpu Formation; Bailuanshan of Zhangye, Gansu; Early — Middle Jurassic Chaoshui Group.

***Pityophyllum* cf. *staratschini* Nathorst**

1933 Pan C H, p. 536, pl. 1, fig. 11; leaf; Xizhongdian (Hsichungtien) of Fangshan, Hebei (Hopei); Early Cretaceous. [Notes: The specimen was later referred as *Pityophyllum staratschini* Nathorst (Sze H C, Lee H H and others, 1963)]

1964 Lee Peichuan, p. 142, pl. 20, figs. 1b, 4; leaves; Xujiahe (Hsuchiaho) (Yangjiaya) of Guangyuan, Sichuan; Late Triassic Hsuchiaho Formation.

***Pityophyllum angustifolium* (Nathorst) Moeller, 1903**

1878 *Taxites angustifolius* Nathorst, p. 109, pl. 22, figs. 7, 8; leaves; Sweden; Early Jurassic.

1903 Möller, p. 39, pl. 5, figs. 22, 23; leaves; Bornholm, Denmark; Late Jurassic.

1992 Sun Ge, Zhao Yanhua, p. 551, pl. 250, fig. 17; leaf; North Hill near Lujuanzicun of Wangqing, Jilin; Late Triassic Malugou Formation.

1993 Mi Jiarong and others, p. 140, pl. 41, figs. 13, 22; pl. 44, fig. 35; leaves; Beipiao, Liaoning; Late Triassic Yangcaogou Formation; Chengde, Hebei; Late Triassic Xingshikou Formation.

1993 Sun Ge, p. 107, pl. 52, figs. 2, 7; leaves; North Hill near Lujuanzicun of Wangqing, Jilin; Late Triassic Malugou Formation.

***Pityophyllum* (*Pityocladus*) *kobukensis* Seward ex Li, 1993**

1911 *Pinites kobukensis* Seward, pp. 26, 54, pl. 4, figs. 47—51, 51A; pl. 5, fig. 65; long shoots, short shoots and leaves; Kubuk River in Southern Ssemistai of Junggar Basin, Xinjiang; Early—Middle Jurassic.

1919 *Pityocladus kobukensis* Seward, p. 379, fig. 777; long shoots, short shoots and leaves; Kubuk River in Southern Ssemistai of Junggar Basin, Xinjiang; Early—Middle Jurassic.

1993 Li Jieru and others, p. 236, pl. 1, fig. 11; shoot with leaves; Dandong, Liaoning; Early Cretaceous Xiaoling Formation.

△*Pityophyllum krasseri* Yabe et Ôishi, 1933

1933 Yabe, Ôishi, p. 230 (36), pl. 33 (4), fig. 21; leafy shoot; Shahezi (Shahotzu), Liaoning; Jurassic. [Notes: The specimens were later referred as *Elatocladus* (*Cephalotaxopsis*?) *krasseri* (Yabe et Ôishi) Chow (Sze H C, Lee H H and others, 1963)]

1933 Ôishi, p. 249 (11), pl. 38 (3), fig. 10; cuticle; Huoshiling (Huoshihling), Jilin; Jurassic. [Notes: The specimens were later referred as *Elatocladus* (*Cephalotaxopsis*?) *krasseri* (Yabe et Ôishi) Chow (Sze H C, Lee H H and others, 1963)]

***Pityophyllum latifolium* Turutanova-Ketova, 1960**

1960 Turutanova-Ketova, p. 112, pl. 23, fig. 8; Issyk Kul, USSR; Early—Middle Jurassic.

1982b Liu Zijin, pl. 2, figs. 14, 15; leaves; Sidaogou near Daolengshan of Jingyuan, Gansu; Early Jurassic Daolengshan Formation.

***Pityophyllum* (*Pityocladus*?) *latifolium* Turutanova-Ketova**

1986 Xu Fuxiang, p. 422, pl. 1, fig. 6; leaf; Daolengshan of Jingyuan, Gansu; Early Jurassic.

***Pityophyllum lindstroemi* Nathorst, 1899**

1897 *Pinites* (*Pityophyllum*) *lindstroemi* Nathorst, pp. 40, 67, pls. 5, 7; Spitzbergen, Norway; Early Cretaceous.

1899 Nathorst, p. 20.

1935 Toyama, Ôishi, p. 74, pl. 3, fig. 1B; leaf; Jalainur (Chalainor), Inner Mongolia; Jurassic.

1950 Ôishi, p. 129, pl. 40, fig. 1 [Huoshiling (Ho-shi-ling-tza), Jilin; Late Jurassic]; leaf; Northeast China; Late Jurassic—Early Cretaceous.

1963 Sze H C, Lee H H and others, p. 277, pl. 91, figs. 5, 6; leaves; Huoshiling of Jiaohe, Jilin; Dongning, Heilongjiang; Shirengou (Shihjenkou) of Shahezi (Shahotzu), Liaoning; Jalainur (Chalainor) and Yankantan of Saratsi, Inner Mongolia; Beidaban of Wuwei, Gansu; Quanji of Qaidam, Qinghai; Cuijiagou and Miaoqian of Dangyang, Hubei; Early—Late Jurassic.

1980 Zhang Wu and others, p. 296, pl. 186, fig. 3; pl. 189, fig. 3; leaves; Songxiaping of Helong, Jilin; Early Cretaceous Changcai Formation; Pinggang of Liaoyuan, Jilin; Late Jurassic Anmin Formation.

1982b Yang Xuelin, Sun Liwen, p. 54; leaf; Wanbao in southeastern part of Da Hingganling; Middle Jurassic Wanbao Formation.

1983 Li Jieru, pl. 4, fig. 5; leaf; Pandaogou in Houfulongshan of Jinxi, Liaoning; Middle Jurassic member 3 of Haifanggou Formation.

1985 Mi Jiarong, Sun Chunlin, pl. 2, fig. 12; leaf; Bamianshi of Shuangyang, Jilin; Late Triassic upper member of Xiaofengmidingzi Formation.

1987 Duan Shuying, p. 60, pl. 22, fig. 4; leaf; Zhaitang of West Hill, Beijing; Middle Jurassic Yaopo Formation.

1988 Li Jieru, pl. 1, fig. 3; leaf; Suzihe Basin, eastern Liaoning; Early Cretaceous.

1989 Duan Shuying, pl. 2, fig. 10; leaf; Zhaitang of West Hill, Beijing; Middle Jurassic Yaopo Formation.

1993 Li Jieru and others, pl. 1, fig. 5; leafy shoot; Dandong, Liaoning; Early Cretaceous Xiaoling Formation.

1993 Mi Jiarong and others, p. 141, pl. 41, figs. 7, 18, 20, 21; leaves; Shuangyang, Jilin; Late Triassic upper member of Xiaofengmidingzi Formation; Beipiao, Liaoning; Late Triassic Yangcaogou Formation.

1993a Wu Xiangwu, p. 83, pl. 5, figs. 5—5b; leaf; Huangtuling near Mashiping of Nanzhao, Henan; Cretaceous Mashiping Formation.

1995 Deng Shenghui, p. 57, pl. 19, fig. 1c; pl. 26, fig. 1b; leaves; Huolinhe Basin, Inner Mongolia; Early Cretaceous Lower Coal Member of Huolinhe Formation.

1996 Mi Jiarong and others, p. 137, pl. 34, fig. 6a; leaf; Beipiao, Liaoning; Early Jurassic Beipiao Formation.

1997 Deng Shenghui and others, p. 47, pl. 32, figs. 13, 14; leaves; Jalainur, Inner Mongolia; Early Cretaceous Yimin Formation.

2001 Sun Ge and others, pp. 94, 198, pl. 6, fig. 3; leaf; Jianshangou of Beipiao, western Liaoning; Late Jurassic Jianshangou Formation.

2002 Wu Xiangwu and others, p. 170, pl. 13, fig. 12; leaf; Wutongshugou of Alxa Right Banner, Inner Mongolia; Middle Jurassic lower member of Ningyuanbao Formation.

***Pityophyllum* aff. *lindstroemi* Nathorst**

1984 Chen Fen and others, p. 64, pl. 33, figs. 2, 3a; leaves; Da'anshan of West Hill, Beijing; Early Jurassic Lower Yaopo Formation.

***Pityophyllum* cf. *lindstroemi* Nathorst**

1931 Sze C H, p. 65; leaf; Yangkantan of Saratsi, Inner Mongolia; Early Jurassic (Lias). [Notes: The specimens were later referred as ? *Pityophyllum lindstroemii* Nathorst (Sze H C, Lee H H and others, 1963)]

1933 Yabe, Ôishi, p. 231 (37), pl. 34 (5), fig. 9; leaf; Shirengou (Shihjenkou) and Shahezi (Shahotzu) of Liaoning, Huoshiling (Huoshaling) and Jiaohe (Chiaoho) of Jilin; Jurassic. [Notes: The specimens were later referred as *Pityophyllum lindstroemii* Nathorst (Sze H C, Lee H H and others, 1963)]

1933c Sze H C, p. 69; leaf; Xiaoshimengoukou of Wuwei, Gansu; Early — Middle Jurassic. [Notes: The specimens were later referred as ? *Pityophyllum lindstroemii* Nathorst (Sze H C, Lee H H and others, 1963)]

1935 Ôishi, p. 93; leaf; Dongning (Tungning), Heilongjiang; Late Jurassic. [Notes: The specimens were later referred as ? *Pityophyllum lindstroemii* Nathorst (Sze H C, Lee H H and others, 1963)]

1949 Sze H C, p. 34, pl. 8, fig. 8b; pl. 15, fig. 6; leaves; Cuijiagou of Dangyang, Hubei; Early Jurassic Hsiangchi Coal Series. [Notes: The specimen was later referred as *Pityophyllum lindstroemii* Nathorst (Sze H C, Lee H H and others, 1963)]

1952 Sze C H, p. 186, pl. 1, fig. 7; leaf; Gaca (Ka-Ch'a) Coal Field and Jalainur (Chalainor) Coal Field, Inner Mongolia; Jurassic. [Notes: The specimen was later referred as *Pityophyllum lindstroemii* Nathorst (Sze H C, Lee H H and others, 1963)]

1959 Sze C H, pp. 14, 30, pl. 5, figs. 8, 8a; leaf; Iqe of Qaidam, Qinghai (Yuchia of Tsaidam, Chinghai); Early — Middle Jurassic. [Notes: The specimen was later referred as *Pityophyllum lindstroemii* Nathorst (Sze H C, Lee H H and others, 1963)]

1961 Shen Kuanglung, p. 174, pl. 1, fig. 11B; leaf; Huicheng, Gansu; Middle Jurassic Miensien Group.

1979 He Yuanliang and others, p. 153, pl. 78, fig. 2; leaf; Iqe of Qaidam, Qinghai; Middle Jurassic Dameigou Formation.

1982 Zhang Wu, p. 191, pl. 2, fig. 17; leaf; Lingyuan, Liaoning; Late Triassic Laohugou Formation.

1984a Cao Zhengyao, p. 13, pl. 2, fig. 5; leaf; Mishan, Heilongjiang; Late Jurassic Yunshan Formation.

1988 Li Peijuan and others, p. 120, pl. 77, fig. 3; leaf; Dameigou, Qinghai; Early Jurassic

Ephedraites Bed of Tianshuigou Formation.

Cf. *Pityophyllum lindstroemi* Nathorst

1933b Sze H C, p. 33; leaf; Shiguaizi (Shihkuaitsun) of Saratsi, Inner Mongolia; Early Jurassic. [Notes: The specimens were later referred as ? *Pityophyllum lindstroemii* Nathorst (Sze H C, Lee H H and others, 1963)]

***Pityophyllum longifolium* (Nathorst) Moeller, 1903**

1878 *Cycadites* ? *logifolium* Nathorst, p. 25, pl. 25, figs. 1—3; leaves; Sweden; Late Triassic — Early Jurassic.

1903 Moeller, p. 40; Sweden; Early—Middle Jurassic.

1935 Ôishi, p. 93; leaf; Dongning (Tungning), Heilongjiang; Late Jurassic. [Notes: The specimens was later referred as ? *Pityophyllum staratschini* Nathorst (Sze H C, Lee H H and others, 1963)]

1963 Sze H C, Lee H H and others, p. 279, pl. 90, figs. 6, 6a; pl. 92, fig. 10; pl. 97, fig. 6B; leaves; Heilongjiang, Jilin, Liaoning, Shandong, Hubei, Sichuan, Xinjiang; Early—Late Jurassic.

1964 Miki, p. 15, pl. 1, fig. D; leaf; Lingyuan, Liaoning; Late Jurassic *Lycoptera* Bed.

1977 Feng Shaonan and others, p. 241, pl. 98, fig. 7; leaf; Guanyinsi of Dangyang, Hubei; Early—Middle Jurassic Upper Coal Formation of Xiangxi (Hsiangchi) Group.

1978 Yang Xianhe, p. 531, pl. 184, figs. 3, 4; leaves; Xiniu of Yunyang, Sichuan; Late Triassic Hsuchiaho Formation.

1980 Wu Shuqing and others, p. 115, pl. 31, figs. 1, 2; leaves; Xiangxi and Xietan of Zigui, Hubei; Early—Middle Jurassic Hsiangchi Formation.

1980 Zhang Wu and others, p. 296, pl. 148, figs. 7—10; leaves; Lingyuan, Liaoning; Early Jurassic Guojiadian Formation.

1981 Chen Fen and others, pl. 4, fig. 6; leaf; Haizhou of Fuxin, Liaoning; Early Cretaceous Taiping Bed or Middle Bed (?) of Fuxin Formation.

1982 Zhang Caifan, p. 537, pl. 352, fig. 11; leaf; Changce of Yizhang, Hunan; Early Jurassic Tanglong Formation.

1982b Yang Xuelin, Sun Liwen, p. 38, pl. 12, fig. 1; leaf; Hongqi of Wanbao, Da Hingganling; Early Jurassic Hongqi Formation.

1983a Cao Zhengyao, p. 17, pl. 2, fig. 15; leaf; Yunshan of Hulin, Heilongjiang; Middle Jurassic Longzhaogou Group.

1983b Cao Zhengyao, p. 39, pl. 7, fig. 1E; leaf; Ping'ancun of Hulin, Heilongjiang; Late Jurassic Yunshan Formation.

1984 Chen Fen and others, p. 64, pl. 34, fig. 1; leaf; Mentougou, Datai and Da'anshan of West Hill, Beijing; Early Jurassic Lower Yaopo Formation, Middle Jurassic Upper Yaopo Formation and Longmen Formation.

1984 Chen Gongxing, p. 607, pl. 270, fig. 6; leaf; Guanyinsi of Dangyang, Hubei; Early Jurassic Tongzhuyuan Formation.

1985 Mi Jiarong, Sun Chunlin, pl. 2, figs. 21, 22, 26; leaves; Bamianshi of Shuangyang, Jilin; Late Triassic upper member of Xiaofengmidingzi Formation.

1986 Chen Ye and others, pl. 9, fig. 7; leaf; Litang, Sichuan; Late Triassic Lanashan

Formation.

1986 Ye Meina and others, p. 78, pl. 50, fig. 2; leaf; Shuitian of Kaixian, Sichuan; Early Jurassic Zhengzhuchong Formation.

1987 Chen Ye and others, p. 130, pl. 38, fig. 1; leaf; Qinghe of Yanbian, Sichuan; Late Triassic Hongguo Formation and Laotangqing Formation.

1988 Li Peijuan and others, p. 120, pl. 55, fig. 3B; pl. 83, fig. 4; pl. 86, figs. 2—2b; pl. 87, figs. 2—2b; pl. 93, fig. 2B; leafy shoots; Dameigou, Qinghai; Early Jurassic *Cladophlebis* Bed of Huoshaoshan Formation.

1990 Zheng Shaolin, Zhang Wu, p. 222, pl. 6, fig. 6; leaf; Tianshifu of Benxi, Liaoning; Middle Jurassic Dabu Formation.

1993 Mi Jiarong and others, p. 141, pl. 41, figs. 1, 9—12, 14—17, 19; pl. 44, fig. 41; leaves; Dongning, Heilongjiang; Late Triassic Luoquanzhan Formation; Wangqing and Shuangyang, Jilin; Late Triassic Malugou Formation, Dajianggang Formation and upper member of Xiaofengmidingzi Formation; Beipiao and Lingyuan, Liaoning; Late Triassic Yangcaogou Formation and Laohugou Formation; Pingquan and Chengde of Hebei and Fangshan of Beijing; Late Triassic Xingshikou Formation.

1996 Mi Jiarong and others, p. 137, pl. 34, figs. 1—3, 4a, 5, 7—9; pl. 39, fig. 21a; leaves; Beipiao of Liaoning and Shimenzhai in Funing of Hebei; Early Jurassic Beipiao Formation; Haifanggou of Beipiao, Liaoning; Middle Jurassic Haifanggou Formation.

1997 Deng Shenghui and others, p. 47, pl. 32, fig. 15; leaf; Jalainur, Inner Mongolia; Early Cretaceous Yimin Formation.

1998 Liao Zhuoting, Wu Guogan (editors-in-chief), pl. 12, fig. 13; leaf; Santanghu Coal Mine of Barkol, Xinjiang; Middle Jurassic Xishanyao Formation.

2003 Yuan Xiaoqi and others, pl. 18, fig. 6; leaf; Hantaichuan of Dalad Banner, Inner Mongolia; Middle Jurassic Yan'an Formation.

Pityophyllum cf. _longifolium_ (Nathorst) Moeller

1964 Lee Peichuan, p. 142, pl. 18, fig. 4b; leaf; Yangjiaya of Guangyuan, northern Sichuan; Late Triassic Hsuchiaho Formation.

1988 Li Peijuan and others, p. 121, pl. 59, fig. 1B; pl. 91, fig. 1; pl. 95, fig. 1; pl. 96, figs. 3, 3a; leaves; Dameigou, Qinghai; Middle Jurassic *Tyrmia-Sphenobaiera* Bed of Dameigou Formation; Kuangou of Lvcaoshan, Qinghai; Middle Jurassic *Nilssonia* Bed of Shimengou Formation.

1996 Cao Zhengyao, Zhang Yaling, pl. 1, fig. 1g; leaf; Pingshanhu of Zhangye, Gansu; Middle Jurassic Qingtujing Formation.

Cf. _Pityophyllum longifolium_ (Nathorst) Moeller

1976 Lee Peichuan and others, p. 133, pl. 42, fig. 1b; pl. 44, figs. 1—4; leaves; Yubacun and Yipinglang of Lufeng, Yunnan; Late Triassic Ganhaizi Member of Yipinglang Formation.

1982 Li Peijuan, Wu Xiangwu, p. 55, pl. 14, fig. 4; leaf; Reke of Yidun, Sichuan; Late Triassic Lamaya Formation.

***Pityophyllum nordenskioldi* (Heer) Nathorst, 1897**

1876 *Pinus nordenskioldi* Heer, p. 45, pl. 9, fig. 6; leaf; Spitzbergen, Norway; Early Cretaceous.

1897 Nathorst, p. 18; leaf; Spitzbergen, Norway; Early Cretaceous.

1924 Kryshtofovich, p. 107; leaf; Badaohe (Pataoho), Liaoning; Jurassic.

1928 Yabe, Ôishi, p. 12, pl. 4, fig. 4; leaf; Fangzi Coal Field, Shandong; Jurassic. [Notes: The specimens were later referred as *Pityophyllum longifolium* (Nathorst) Moeller (Sze H C, Lee H H and others, 1963)]

1931 Sze C H, pp. 52, 60; leaves; Mentougou (Mentoukou) in Wanping of Beijing and Sunjiagou in Fuxin of Liaoning; Early Jurassic (Lias).

1933 Yabe, Ôishi, p. 231 (37), pl. 35 (6), fig. 6B; leaf; Weijiapuzi (Weichiaputzu) and Badaohao of Liaoning, Huoshiling (Huoshaling) and Taojiatun (Taochiatun) (?) of Jilin; Jurassic. [Notes: The specimens were later referred as *Pityophyllum longifolium* (Nathorst) Moeller (Sze H C, Lee H H and others, 1963)]

1933a Sze H C, p. 7; leaf; Sucaowan of Mianxian, Shaanxi; Early Jurassic.

1933b Sze H C, p. 58; leaf; Taihu, Anhui; Early Jurassic.

1935 Ôishi, p. 92, pl. 8, fig. 1B; leaf; Dongning (Tungning), Heilongjiang; Late Jurassic. [Notes: The specimen was later referred as *Pityophyllum longifolium* (Nathorst) Moeller (Sze H C, Lee H H and others, 1963)]

1949 Sze H C, p. 34, pl. 15, figs. 7, 8; leaves; Baishigang and Matousa of Dangyang, Hubei; Early Jurassic Hsiangchi Coal Series. [Notes: The specimen was later referred as *Pityophyllum longifolium* (Nathorst) Moeller (Sze H C, Lee H H and others, 1963)]

1963 Sze H C, Lee H H and others, p. 278, pl. 91, fig. 7; leaf; Jilin, Liaoning, Beijing, Shaanxi, Anhui; Late Triassic—Late Jurassic.

1980 Zhang Wu and others, p. 296, pl. 186, fig. 2; leaf; Jiaohe, Jilin; Early Cretaceous.

1984 Gu Daoyuan, p. 155, pl. 80, fig. 20; leaf; Kobuk River of Hefeng, Xinjiang; Early Jurassic Badaowan Formation.

1986 Ye Meina and others, p. 78, pl. 50, figs. 1, 7A; leaves; Qilixia of Xuanhan, Sichuan; Late Triassic member 7 of Hsuchiaho Formation; Shuitian of Kaixian, Sichuan; Early Jurassic Zhenzhuchong Formation.

1988 Chen Fen and others, p. 75, pl. 69, fig. 5b; leaf; Tiefa Basin, Liaoning; Early Cretaceous Xiaoming'anbei Formation.

1996 Mi Jiarong and others, p. 137, pl. 34, figs. 12, 13, 16, 18—22; leaves; Haifanggou of Beipiao, Liaoning; Middle Jurassic Haifanggou Formation; Shimenzhai of Funing, Hebei; Early Jurassic Beipiao Formation.

***Pityophyllum* cf. *nordenskioldi* (Heer) Nathorst**

1952 Sze H C, Lee H H, pp. 10, 29, pl. 5, figs. 3, 3a; pl. 7, fig. 9; leaves; Yipinchang of Baxian, Sichuan; Jurassic. [Notes: The specimen was later referred as *Pityophyllum longifolium* (Nathorst) Moeller (Sze H C, Lee H H and others, 1963)]

1984 Chen Fen and others, p. 64, pl. 33, fig. 3b; leaf; Da'anshan of West Hill, Beijing; Early Jurassic Lower Yaopo Formation; Mentougou of West Hill, Beijing; Middle Jurassic

Upper Yaopo Formation and Longmen Formation.

△*Pityophyllum thiohoense* Krasser, 1906

1906 *Pinites* (*Pityophyllum*) *thiohoense* Krasser, p. 625; leaf; Jiaohe (Thiaoho), Jilin; Jurassic.

1933 Yabe, Ôishi, p. 232 (38); leaf; Jiaohe (Chiaoho), Jilin; Jurassic.

1963 Sze H C, Lee C C and others, p. 279; leaf; Jiaohe, Jilin; Middle—Late Jurassic.

1985 Li Jieru, pl. 2, fig. 8; leaf; Huanghuadianzi of Xiuyan, Liaoning; Early Cretaceous Xiaoling Formation.

Pityophyllum spp.

1911 *Pityophyllum* sp. (Cf. *P. staratschini* (Heer)), Seward, pp. 25, 53, pl. 4, figs. 52, 52A; leaves; Diam River (left bank) of Junggar Basin, Xinjiang; Early—Middle Jurassic. [Notes: The specimen was later referred as *Pityophyllum longifolium* (Nathorst) Moeller (Sze H C, Lee H H and others, 1963)]

1956b *Pityophyllum* sp. (Cf. *P. staratschini*Heer), Sze H C, pl. 3, fig. 3b; Junggar Basin, Xinjiang; Early—Middle Jurassic (Lias—Dogger). [Notes: The specimen was later referred as *Pityophyllum staratschini* Nathorst (Sze H C, Lee H H and others, 1963)]

1980 *Pityophyllum* sp., He Dechang, Shen Xiangpeng, p. 28, pl. 26, fig. 4; leaf; Shatian of Guidong, Hunan; Early Jurassic Zaoshang Formation.

1982 *Pityophyllum* sp., Zhang Caifan, p. 538, pl. 355, fig. 10; leaf; Ganzichong of Liling, Hunan; Early Jurassic Gaojiatian Formation.

1983b *Pityophyllum* sp., Cao Zhengyao, p. 39, pl. 7, fig. 1D; leaf; Ping'ancun of Hulin, eastern Heilongjiang; Late Jurassic Yunshan Formation.

1983 *Pityophyllum* sp., Sun Ge and others, p. 455, pl. 3, fig. 10; leaf; Dajianggang of Shuangyang, Jilin; Late Triassic Dajianggang Formation.

1983 *Pityophyllum* sp., Zhang Wu and others, p. 81, pl. 4, figs. 11—13; leaves; Linjiawaizi of Benxi, Liaoning; Middle Triassic Linjia Formation.

1984a *Pityophyllum* sp., Cao Zhengyao, p. 14, pl. 1, figs. 1A, 7; leaves; Mishan, Heilongjiang; Middle Jurassic Peide Formation.

1984 *Pityophyllum* sp., Zhang Zhicheng, p. 120, pl. 3, fig. 4b; leaf; Taipinglinchang of Jiayin, Heilongjiang; Late Cretaceous Taipinglinchang Formation.

1985 *Pityophyllum* sp., Shang Ping, pl. 14, fig. 3; leaf; Fuxin, Liaoning; Early Cretaceous Taiping Member of Haizhou Formation.

1986b *Pityophyllum* sp., Li Xingxue and others, p. 32, pl. 35, figs. 3, 3b; leaves; Shansong of Jiaohe, Jilin; late Early Cretaceous Moshilazi Formation.

1986 *Pityophyllum* sp., Ju Kuixiang, Lan Shanxian, pl. 2, fig. 6; leaf; Lvjiashan of Nanjing, Jiangsu; Late Triassic Fanjiatang Formation.

1987 *Pityophyllum* sp., He Dechang, p. 79, pl. 12, fig. 1a; leaf; Jingjukou of Suichang, Zhejiang; Middle Jurassic bed 3 of Maolong Formation.

1992 *Pityophyllum* sp., Wang Shijun, p. 56, pl. 23, fig. 12; leaf; Guanchun of Lechang, Guangdong; Late Triassic.

1995 *Pityophyllum* sp., Deng Shenghui, p. 57, pl. 28, fig. 11; leaf; Huolinhe Basin, Inner

Mongolia; Early Cretaceous Lower Coal Member of Huolinhe Formation.

1997 *Pityophyllum* sp., Wu Shuqing and others, p. 169, pl. 3, fig. 6; leaf; Tai O, Hongkong; Early—Middle Jurassic.

1998 *Pityophyllum* sp., Deng Shenghui, pl. 1, fig. 6; leaf; Pingzhuang-Yuanbaoshan Basin, Inner Mongolia; Early Cretaceous Yuanbaoshan Formation.

1998 *Pityophyllum* sp., Huang Qisheng and others, pl. 1, fig. 14; leafy shoot; Miaoyuan near Qingshui of Shangrao, Jiangxi; Early Jurassic member 3 of Linshan Formation.

Pityophyllum? sp.

1999 *Pityophyllum*? sp., Cao Zhengyao, p. 84, pl. 25, figs. 5, 5a; leaf; Pingshan of Lin'an, Zhejiang; Early Cretaceous Shouchang Formation.

Cf. _Pityophyllum_ sp.

1933a Cf. *Pityophyllum* sp., Sze H C, p. 9; leaf; Sanqiao of Guiyang, Guizhou; Early Jurassic.

Pityophyllum (_Marskea_?) sp.

1988 *Pityophyllum* (*Marskea*?) sp., Chen Fen and others, p. 76, pl. 58, fig. 4; text-fig. 19; leaf; Xinqiu of Fuxin, Liaoning; Early Cretaceous Fuxin Formation.

Genus *Pityospermum* Nathorst, 1899

1899 Nathorst, p. 17.

1933c Sze H C, p. 72.

1963 Sze H C, Lee H H and others, p. 273.

1993a Wu Xiangwu, p. 118.

Type species: *Pityospermum maakanum* Nathorst, 1899

Taxonomic status: Pinaceae, Coniferopsida

Pityospermum maakanum (Heer) Nathorst, 1899

1876 *Pinus maakana* Heer, p. 76, pl. 14, fig. 1; seed; Irkutsk, Russia; Jurassic.

1899 Nathorst, p. 17, pl. 2, fig. 15; winged seed; Franz Josef Land; Late Jurassic.

1993a Wu Xiangwu, p. 118.

Pityospermum cf. _maakanum_ (Heer) Nathorst

1987 Zhang Wu, Zheng Shaolin, p. 313, pl. 21, figs. 10, 11; winged seeds; Nanpiao, Liaoning; Middle Jurassic Haifanggou Formation.

△_Pityospermum insutum_ Zheng et Zhang, 1982

1982 Zheng Shaolin, Zhang Wu, p. 321, pl. 21, fig. 18; winged seed; Reg. No.: H0062 (2); Repository: Shenyang Institute of Geology and Mineral Resources; Chengzihe of Jixi, Heilongjiang; Early Cretaceous Chengzihe Formation.

△_Pityospermum minimum_ Zheng et Zhang, 1989

1989 Zheng Shaolin, Zhang Wu, p. 31, pl. 1, figs. 13, 13a; winged seed; Col. No.: LN-26;

Repository: Shenyang Institute of Geology and Mineral Resources; Nanzamu of Xinbin, Liaoning; Early Cretaceous Nieerku Formation.

***Pityospermum* cf. *moelleri* Seward ex Zhang et Zheng**

1987 Zhang Wu, Zheng Shaolin, pl. 21, figs. 12—14; pl. 26, fig. 11; pl. 28, fig. 12; winged seeds; Nanpiao of Jinxi, Liaoning; Middle Jurassic Haifanggou Formation.

***Pityospermum nanseni* Nathorst, 1899**

1899 Nathorst, p. 18, pl. 2, figs. 12, 13; winged seeds; Franz Josef Land; Late Jurassic or Early Cretaceous.

1983 Li Jieru, pl. 4, figs. 1, 2; winged seeds; Pandaogou in Houfulongshan of Jinxi, Liaoning; Middle Jurassic member 3 of Haifanggou Formation.

***Pityospermum* cf. *nanseni* Nathorst**

1980 Zhang Wu and others, p. 294, pl. 188, figs. 4, 5; pl. 192, fig. 2; winged seeds; Hushan of Jixi, Heilongjiang; Early Cretaceous Chengzihe Formation.

1988 Li Jieru, pl. 1, fig. 18; winged seed; Suzihe Basin, eastern Liaoning; Early Cretaceous.

***Pityospermum prynadae* Krassilov, 1967**

1967 Krassilov, p. 199, pl. 73, figs. 6 — 8; winged seeds; Primorski Krai, USSR; Early Cretaceous.

***Pityospermum* cf. *prynadae* Krassilov**

1992 Cao Zhengyao, p. 219, pl. 5, fig. 12A; winged seed; Suibin-Shuangyashan area, eastern Heilongjiang; Early Cretaceous Chengzihe Formation.

***Pityospermum* spp.**

1933c *Pityospermum* sp., Sze H C, p. 72, pl. 10, figs. 7, 8; winged seeds; Beidaban of Wuwei, Gansu; Early—Middle Jurassic.

1935 *Pityospermum* sp., Ôishi, p. 92; text-fig. 8; winged seed; Dongning (Tungning), Heilongjiang; Late Jurassic.

1935 *Pityospermum* sp., Toyama, Ôishi, p. 73, pl. 4, fig. 8; winged seed; Jalainur (Chalainor), Inner Mongolia; Jurassic.

1963 *Pityospermum* sp. 1, Sze C H, Lee H H, p. 274, pl. 91, fig. 14; winged seed; Beidaban of Wuwei, Gansu; Early—Middle Jurassic.

1963 *Pityospermum* sp. 2, Sze C H, Lee H H, p. 274, pl. 91, fig. 15; winged seed; Beidaban of Wuwei, Gansu; Early—Middle Jurassic.

1963 *Pityospermum* sp. 3, Sze C H, Lee H H, p. 274, pl. 90, fig. 7; winged seed; Dongning (Tungning), Heilongjiang; Late Jurassic.

1963 *Pityospermum* sp. 4, Sze C H, Lee H H, p. 274, pl. 90, fig. 8; winged seed; Jalainur (Chalainor), Inner Mongolia; Late Jurassic Chalainor Group.

1979 *Pityospermum* sp., He Yuanliang and others, p. 154, pl. 78, fig. 3; winged seed; Muli of Tianjun, Qinghai; Early—Middle Jurassic Jiangcang Formation of Muri Group.

1983a *Pityospermum* sp., Cao Zhengyao, p. 16, pl. 2, fig. 17; text-fig. 1; winged seed; Yunshan of Hulin, Heilongjiang; Middle Jurassic Longzhaogou Group.

1983 *Pityospermum* sp. 1, Li Jieru, p. 24, pl. 4, fig. 4; winged seed; Pandaogou in Houfulongshan of Jinxi, Liaoning; Middle Jurassic member 3 of Haifanggou Formation.

1983 *Pityospermum* sp. 2, Li Jieru, p. 24, pl. 4, fig. 3; winged seed; Pandaogou in Houfulongshan of Jinxi, Liaoning; Middle Jurassic member 3 of Haifanggou Formation.

1984 *Pityospermum* spp., Wang Ziqiang, p. 283, pl. 156, figs. 8—10; winged seeds; Zhangjiakou and Pingquan, Hebei; Early Cretaceous Qingshila Formation and Jiufotang Formation.

1986b *Pityospermum* sp. 1, Li Xingxue and others, p. 31; winged seed; Shansong of Jiaohe, Jilin; late Early Cretaceous Moshilazi Formation.

1986b *Pityospermum* sp. 2, Li Xingxue and others, p. 31, pl. 35, fig. 4; winged seed; Shansong of Jiaohe, Jilin; late Early Cretaceous Moshilazi Formation.

1988 *Pityospermum* sp. 1, Chen Fen and others, p. 77, pl. 48, figs. 5, 6; winged seeds; Xinqiu of Fuxin, Liaoning; Early Cretaceous Fuxin Formation.

1988 *Pityospermum* sp. 1, Chen Fen and others, p. 77, pl. 48, figs. 7, 7a; winged seed; Xinqiu of Fuxin, Liaoning; Early Cretaceous Fuxin Formation.

1988 *Pityospermum* sp. 1, Li Jieru, pl. 1, fig. 1; winged seed; Suzihe Basin, eastern Liaoning; Early Cretaceous.

1988 *Pityospermum* sp. 2, Li Jieru, pl. 1, fig. 2; winged seed; Suzihe Basin, eastern Liaoning; Early Cretaceous.

1988 *Pityospermum* sp. 1, Li Peijuan and others, p. 123, pl. 84, fig. 6; winged seed; Dameigou, Qinghai; Early Jurassic *Ephedrites* Bed of Tianshuigou Formation.

1992 *Pityospermum* sp., Cao Zhengyao, p. 220, pl. 6, fig. 11; winged seed; Suibin-Shuangyashan area, eastern Heilongjiang; Early Cretaceous Chengzihe Formation.

1993a *Pityospermum* sp., Wu Xiangwu, p. 118.

1997 *Pityospermum* sp. 1, Deng Shenghui and others, p. 48, pl. 16, figs. 16, 17; winged seeds; Jalainur and Dayan Basin, Inner Mongolia; Early Cretaceous Yimin Formation.

1997 *Pityospermum* sp. 2, Deng Shenghui and others, p. 48, pl. 16, fig. 14; winged seed; Jalainur and Dayan Basin, Inner Mongolia; Early Cretaceous Yimin Formation; Labudalin Basin, Dayan Basin and Wujiu Basin, Inner Mongolia; Early Cretaceous Damoguaihe Formation.

1997 *Pityospermum* sp. 3, Deng Shenghui and others, p. 49, pl. 16, fig. 15; winged seed; Jalainur, Inner Mongolia; Early Cretaceous Yimin Formation

1999a *Pityospermum* sp., Wu Shunqing, p. 18, pl. 8, fig. 5; winged seed; Huangbanjigou of Shangyuan, Beipiao, Liaoning; Late Jurassic Jianshangou Bed in lower part of Yixian Formation.

2001 *Pityospermum* sp. 1, Sun Ge and others, pp. 92, 196, pl. 16, fig. 6; pl. 17, fig. 5; pl. 26, fig. 6; winged seeds; western Liaoning; Late Jurassic Jianshangou Formation.

2001 *Pityospermum* sp. 2, Sun Ge and others, pp. 92, 196, pl. 25, fig. 7; pl. 53, figs. 10, 11; winged seeds; western Liaoning; Late Jurassic Jianshangou Formation.

***Pityospermum*? sp.**

1988 *Pityospermum*? sp. 2, Li Peijuan and others, p. 123, pl. 99, fig. 18B; winged seed;

Dameigou, Qinghai; Early Jurassic *Ephedrites* Bed of Tianshuigou Formation.

Genus *Pityostrobus* (Nathorst) Dutt, 1916

1916 Dutt, p. 529.

1935 Toyama, Ôishi, p. 72.

1963 Sze H C, Lee H H and others, p. 272.

1993a Wu Xiangwu, p. 118.

Type species: *Pityostrobus macrocephalus* (Lindley and Hutton) Dutt, 1916 [Notes: Original generic citation: *Pityostrobus* sp. (Nathorst, 1899, p. 17, pl. 2, figs. 9, 10)]

Taxonomic status: Pinaceae, Coniferopsida

***Pityostrobus macrocephalus* (Lindley et Hutton) Dutt, 1916**

1835 (1831—1837) *Zamia macrocephalus* Lindley et Hutton, p. 127, pl. 125; cone; Dover, England; Early Eocene.

1916 Dutt, p. 529, pl. 15; cone; Dover, England; Early Eocene.

1993a Wu Xiangwu, p. 118.

***Pityostrobus dunkeri* (Carruthers) Seward, 1919**

1866 *Pinites dunkeri* Carruthers, pl. 21, figs. 1, 2; cones; Brook in the Isle of Wight; Early Cretaceous.

1919 Seward, p. 383, fig. 778; cone; Brook in the Isle of Wight; Early Cretaceous.

***Pityostrobus* cf. *dunkeri* (Carruthers) Seward**

1980 Zhang Wu and others, p. 293, pl. 183, fig. 7; cone; Jixi, Heilongjiang; Early Cretaceous Chengzihe Formation.

△*Pityostrobus endo-riujii* Toyama et Ôishi, 1935

1935 Toyama, Ôishi, p. 72, pl. 4, figs. 6, 7; cones; Jalainur (Chalainor), Inner Mongolia; Jurassic.

1963 Sze C H, Lee H H, p. 272, pl. 89, figs. 7, 8; cones; Jalainur (Chalainor), Inner Mongolia; Late Jurassic Chalainor Group.

1980 Zhang Wu and others, p. 293, pl. 191, figs. 2, 3; cones; Jalainur (Chalainor), Inner Mongolia; Early Cretaceous Chalainor Group.

1993a Wu Xiangwu, p. 118.

△*Pityostrobus hebeiensis* Wang, 1984

1984 Wang Ziqiang, p. 284, pl. 157, fig. 2; cone; Reg. No.: P0372; Holotype: P0372 (pl. 157, fig. 2); Repository: Nanjing Institute of Geology and Palaeontology, Chinese Academy of Sciences; Fengning, Hebei; Early Cretaceous Jiufotang Formation.

***Pityostrobus heeri* Coemance, 1867**

1867 Coemans, in Coemans, Saporta, fig. 4; Belgium; Early Cretaceous (Wealden).

2001 Sun Ge and others, pp. 91, 195, pl. 16, fig. 1; pl. 53, fig. 17; cones; western Liaoning; Late Jurassic Jianshangou Formation.

△***Pityostrobus liufanziensis*** **Yang et Sun, 1982**

1982a Yang Xuelin, Sun Liwen, p. 593, pl. 3, figs. 14, 15; cones; Reg No.: L7815, L7816; Repository: Jilin Institute of Coal Field Geology; Yingcheng, southern Songhuajiang-Liaohe Basin; Late Jurassic Yingcheng Formation. (Notes: The type specimen was not appointed in the original paper)

△***Pityostrobus nieerkuensis*** **Zheng et Zhang, 1989**

1989 Zheng Shaolin, Zhang Wu, p. 31, pl. 1, figs. 17, 19, 20; text-fig. 2; cones; Col. No.: LN-23, LN-25; Repository: Shenyang Institute of Geology and Mineral Resources; Nanzamu of Xinbin, Liaoning; Early Cretaceous Nieerku Formation. (Notes: The type specimen was not appointed in the original paper)

△***Pityostrobus szeianus*** **Zheng et Zhang, 1982**

1982 Zheng Shaolin, Zhang Wu, p. 321, pl. 21, figs. 1—6; leafy shoots, cones and cuticles; Reg. No.: HCS047, HCS048; Repository: Shenyang Institute of Geology and Mineral Resources; Shuangyashan, Heilongjiang; Early Cretaceous Chengzihe Formation. (Notes: The type specimen was not appointed in the original paper)

△***Pityostrobus weichangensis*** **Wang, 1984**

1984 Wang Ziqiang, p. 285, pl. 150, fig. 11; cone, Reg. No.: P0346; Holotype: P0346 (pl. 150, fig. 11); Repository: Nanjing Institute of Geology and Palaeontology, Chinese Academy of Sciences; Weichang of Fengning, Hebei; Early Cretaceous Jiufotang Formation.

1997 Deng Shenghui and others, p. 48, pl. 30, fig. 15; cone; Jalainur and Dayan Basin, Inner Mongolia; Early Cretaceous Yimin Formation; Wujiu Basin, Inner Mongolia; Early Cretaceous Damoguaihe Formation.

△***Pityostrobus yanbianensis*** **Chen et Duan, 1985**

1985 Chen Ye, Duan Shuying, in Chen Ye and others, pp. 320, 325, pl. 1, figs. 1, 2; pl. 2, fig. 3; cones; No.: 7271, 7272, 7276; Syntypes: 7271, 7272, 7276 (pl. 1, figs. 1, 2; pl. 2, fig. 3); Qinghe of Yanbian, Sichuan; Jiami of Yanyuan, Sichuan; Late Triassic Hongguo Formation. [Notes: Based on the relevant article of *International Code of Botanical Nomenclature* (*Vienna Code*) article 37. 2, the type species should be only one specimen]

1986 Chen Ye and others, pl. 9, figs. 5, 6; cones; Litang, Sichuan; Late Triassic Lanashan Formation.

1987 Chen Ye and others, p. 131, pl. 38, figs. 2—4a; cones; Qinghe of Yanbian, Sichuan; Late Triassic Hongguo Formation.

1987 Special Subject Group of Sichuan Institute of Geology and Mineral Resources, pl. 4, fig. 4; cone; Jiami of Yanyuan, Sichuan; Late Triassic Donggualing Formation.

△***Pityostrobus yixianensis*** **Shang, Cui et Li, 2001**

2001 Shang Hua, Cui Jinzhong, Li Chengsen, p. 434, figs. 2—26; cones; Holotype: CBP53750;

Repository: National Museum of Plant History of China, Institute of Botany, Chinese Academy of Sciences; Yixian, Liaoning; Early Cretaceous Shahai Formation.

Pityostrobus spp.

1980 *Pityostrobus* sp., Zhang Wu and others, p. 293, pl. 140, figs. 5, 6; cones; Benxi, Liaoning; Middle Jurassic Dabu Formation.

1981 *Pityostrobus* sp., Chen Fen and others, pl. 4, fig. 8; cone; Haizhou of Fuxin, Liaoning; Early Cretaceous Fuxin Formation.

1983 *Pityostrobus* sp. Li Jieru, p. 24, pl. 3, fig. 13; cone; Pandaogou in Houfulongshan of Jinxi, Liaoning; Middle Jurassic member 3 of Haifanggou Formation.

1988 *Pityostrobus* sp., Chen Fen and others, p. 76, pl. 48, figs. 13, 14; cones; Xinqiu of Fuxin, Liaoning; Early Cretaceous Fuxin Formation.

1989 *Pityostrobus s* sp. 1, Ren Shouqin, Chen Fen, p. 637, pl. 1, fig. 11; cone; Wujiu Basin of Hailar, Inner Mongolia; Early Cretaceous Damoguaihe Formation.

1989 *Pityostrobus* sp. 2, Ren Shouqin, Chen Fen, p. 637, pl. 1, fig. 9; cone; Wujiu Basin of Hailar, Inner Mongolia; Early Cretaceous Damoguaihe Formation.

2003 *Pityostrobus* sp., Deng Shenghui, pl. 76, fig. 3; cone; Sandaoling Coal Mine of Hami, Xinjiang; Middle Jurassic Xishanyao Formation.

Pityostrobus? sp.

1988 *Pityostrobus*? sp., Li Peijuan and others, p. 121, pl. 99, fig. 19; cone; Dameigou, Qinghai; Early Jurassic *Ephedrites* Bed of Tianshuigou Formation.

Genus *Pityoxylon* Kraus, 1870

1870 (1869—1874) Kraus, in Schimper, p. 378.

1963 Sze H C, Lee H H and others, p. 331.

1993a Wu Xiangwu, p. 119.

Type species: *Pityoxylon sandbergerii* Kraus, 1870

Taxonomic status: Pinaceae, Coniferopsida

Pityoxylon sandbergerii Kraus, 1870

1870 (1869—1874) Kraus, in Schimper, p. 378, pl. 79, fig. 8; wood; Kitziingen of Bavaria, Germany; Late Triassic (Keuper).

1993a Wu Xiangwu, p. 119.

Genus *Podocarpites* Andrae, 1855

1855 Andrae, p. 45.

1941 Stockmans, Mathieu, p. 53.

1963 Sze H C, Lee H H and others, p. 307.

1993a Wu Xiangwu, p. 120.

2001 Sun Ge and others, pp. 100, 202.

Type species: *Podocarpites acicularis* Andrae, 1855

Selected type species: *Podocarpites reheensis* (Wu S Q) Sun et Zheng, 2001

Taxonomic status: Pinaceae, Coniferopsida

Podocarpites acicularis Andrae, 1855

1855 Andrae, p. 45, pl. 10, fig. 5; coniferous leaf (?); Hungary; Jurassic.

1993a Wu Xiangwu, p. 120.

△_Podocarpites mentoukouensis_ Stockmans et Mathieu, 1941

1941 Stockmans, Mathieu, p. 53, pl. 7, figs. 5, 6; leafy shoots; Mentougou (Mentoukou), Beijing; Jurassic. [Notes: The specimens was later referred as "*Podocarpites*" *mentoukouensis* Stockmans et Mathieu (Sze H C, Lee H H and others, 1963)]

1954 Hsu J, p. 65, pl. 56, fig. 3; leafy shoot; Mentougou, Hebei; Middle Jurassic or late Early Jurassic.

1958 Wang Longwen and others, p. 615 (including figures); leafy shoot; Hebei; Early—Middle Jurassic.

1993a Wu Xiangwu, p. 120.

"_Podocarpites_" _mentoukouensis_ Stockmans et Mathieu

1941 *Podocarpites mentoukouensis* Stockmans et Mathieu, p. 53, pl. 7, figs. 5, 6; leafy shoots; Mentougou (Mentougou), Beijing; Jurassic.

1963 Sze H C, Lee H H and others, p. 307, pl. 97, fig. 1; pl. 98, fig. 1; leafy shoots; Mentougou (Zhaitang), Beijing; Early—Middle Jurassic Mentougou Group.

1982a Liu Zijin, p. 137, pl. 75, figs. 10, 11; leafy shoots; Xipo of Liangdang, Gansu; Middle Jurassic Longjiagou Formation.

Cf. "_Podocarpites_" _mentoukouensis_ Stockmans et Mathieu

1982b Yang Xuelin, Sun Liwen, p. 56, pl. 24, fig. 9; leafy shoot; Shuangwobao of Bailin Left Banner, Da Hingganling; Middle Jurassic Wanbao Formation.

△_Podocarpites reheensis_ (Wu S Q) Sun et Zheng, 2001 (in Chinese and English)

1999a *Lilites reheensis* Wu S Q, Wu Shunqing, p. 23, pl. 18, figs. 1, 1a, 2, 4, 5, 7, 7a, 8A; shoots with leaves; Huangbanjigou in Shangyuan of Beipiao, Liaoning; Late Jurassic Jianshangou Bed in lower part of Yixian Formation.

2001 Sun Ge, Zheng Shaolin, in Sun Ge and others, pp. 100, 202, pl. 12, fig. 6; pl. 14, fig. 7; pl. 22, fig. 3; pl. 44, figs. 1—8; pl. 54, figs. 8, 9; shoots bearing leaves; Jianshangou of Beipiao, western Liaoning; Late Jurassic Jianshangou Formation.

△_Podocarpites salicifolia_ Tan et Zhu, 1982

1982 Tan Lin, Zhu Jianan, p. 153, pl. 40, fig. 5; leafy shoot; Reg.: GM87; Holotype: GM87 (pl. 40, fig. 5); Guyang, Inner Mongolia; Early Cretaceous Guyang Formation.

△"_Podocarpites_" _tubercaulis_ Xu et Shen, 1982

1982a Liu Zijin, p. 137, pl. 75, figs. 5, 6; leafy shoots; No.: Lp0067-1, Lp0067-2; Repository:

Xi'an Institute of Geology and Mineral Resources; Dalinggou of Wudu, Gansu; Middle Jurassic Longjiagou Formation. (Notes: The type specimen was not appointed in the original paper)

Genus *Podocarpoxylon* Gothan, 1904

1904 Gothan, p. 272.

1995 Cui Jinzhong, p. 637.

Type species: *Podocarpoxylon juniperoides* Gothan, 1904

Taxonomic status: Coniferopsida

Podocarpoxylon juniperoides Gothan, 1904

1904 Gothan, p. 272; coniferous wood; Elmshorn, Prussia, Germany; Pleistocene.

△*Podocarpoxylon dacrydioides* Cui, 1995

1995 Cui Jinzhong, p. 637, pl. 1, figs. 1—5; woods; Huolinhe Coal Field, Inner Mongolia; Early Cretaceous Huolinhe Formation. (Notes: The repository of the type specimens was not mentioned in the original paper)

1995 Li Chengsen, Cui Jinzhong, p. 108 (including figures); fossil wood; Inner Mongolia; Early Cretaceous.

Podocarpoxylon spp.

1995 *Podocarpoxylon* sp., Cui Jinzhong, p. 638, pl. 1, figs. 6—8; pl. 2, fig. 1; woods; Huolinhe Coal-field, Inner Mongolia, China; Eary Cretaceous Huolinhe Formation.

1995 *Podocarpoxylon* sp., He Dechang, pp. 16 (in Chinese), 20 (in English), pl. 13, fig. 2; pl. 16, figs. 1—1c; fusainized woods; Yimin Coal Mine of Ewenke Banner, Inner Mongolia; Early Cretaceous 16th seam of Yimin Formation.

Genus *Podocarpus* L'Heriter, 1807

1984 Zhang Zhicheng, p. 120.

1993a Wu Xiangwu, p. 120.

Type species: (living genus)

Taxonomic status: Pinaceae, Coniferopsida

△*Podocarpus fuxinensis* (Shang) Wang et Shang, 1985

1984 *Cephalotaxopsis fuxinensis* Shang, Shang Ping, p. 63, pl. 6, figs. 1—6; leafy shoots and cuticles; Reg. No.: HT06, HT77, HT85; Haizhou of Fuxin, Liaoning; Early Cretaceous Taiping Member of Haizhou Formation.

1985 Shang Ping, p. 113, pl. 6, figs. 1—8; leafy shoots and cuticles; Reg. No.: HT06, HT77, HT85; Lectotype: TH85 (pl. 6, fig. 1 = Shang Ping, 1984, pl. 6, fig. 1); Repository:

Fuxin Mining Institute; Haizhou of Fuxin, Liaoning; Early Cretaceous Taiping Member of Haizhou Formation.

1987 Shang Ping, pl. 1, fig. 7; leafy twig; Fuxin Basin, Liaoning; Early Cretaceous.

***Podocarpus tsagajanicus* Krassilov, 1976**

1976 Krassilov, p. 43, pl. 3, figs. 1—8; leafy shoots; Bureya Basin, USSR; Cretaceous.

Cf. *Podocarpus tsagajanicus* Krassilov

1984 Zhang Zhicheng, p. 120, pl. 1, fig. 12; leaf; Taipinglinchang of Jiayin, Heilongjiang; Late Cretaceous Taipinglinchang Formation.

1993a Wu Xiangwu, p. 120.

***Podocarpus*? sp.**

1995a *Podocarpus*? sp., Li Xingxue (editor-in-chief), pl. 110, figs. 11, 12; leafy shoots; Luozigou of Wangqing, Jilin; late Early Cretaceous Dalazi Formation. (in Chinese)

1995b *Podocarpus*? sp., Li Xingxue (editor-in-chief), pl. 110, figs. 11, 12; leafy shoots; Luozigou of Wangqing, Jilin; late Early Cretaceous Dalazi Formation. (in English)

Genus *Podozamites* (Brongniart) Braun, 1843

1843 (1839—1843) Braun, in Münster, p. 28.

1867 (1865) Newberry, p. 121.

1963 Sze H C, Lee H H and others, p. 289.

1993a Wu Xiangwu, p. 120.

Type species: *Podozamites distans* (Presl) Braun, in Münster, 1843

Taxonomic status: Podozamitales, Coniferopsida

***Podozamites distans* (Presl) Braun, in Münster, 1843**

1838 (1820—1838) *Zamites distans* Presl, in Sternber, p. 196, pl. 26, fig. 3; leafy shoot; Bavarya, Germany; Late Triassic—Early Jurassic.

1843 (1839—1843) Braun, in Münster, p. 28.

1920 Yabe, Hayasaka, pl. 5, fig. 6; leafy shoot; Cangyuan (Tsangyuan) of Chongren, Jiangxi; Jurassic. [Notes: The specimen was later referred as *Podozamites lanceolatus* (L et H) Braun (Sze H C, Lee H H and others, 1963)]

1979 Hsu J and others, p. 67, pl. 71, figs. 1, 8; leaves; Yongren, Sichuan; Late Triassic lower part of Daqiaodi Formation.

1982 Duan Shuying, Chen Ye, p. 508, pl. 15, fig. 7; leafy shoot; Tanba of Hechuan, Sichuan; Late Triassic Hsuchiaho Formation.

1984 Zhou Zhiyan, p. 51, pl. 33, fig. 1; leafy shoot; Hebutang of Qiyang, Hunan; Early Jurassic Dabakou Member of Guanyintan Formation.

1985 Mi Jiarong, Sun Chunlin, pl. 2, figs. 19, 25; leafy shoots; Bamianshi of Shuangyang, Jilin; Late Triassic upper member of Xiaofengmidingzi Formation.

1986a Chen Qishi, pl. 2, fig. 17; leafy shoot; Chayuanli of Quxian, Zhejiang; Late Triassic Chayuanli Formation.

1986 Ye Meina and others, p. 79, pl. 50, fig. 6; leafy shoot; Jingang of Daxian and Qilixia of Kaijiang, Sichuan; Late Triassic member 7 of Hsuchiaho Formation.

1989 Zhou Zhiyan, p. 154, pl. 19, figs. 5—7; text-figs. 43, 44; leafy shoots and cuticles; Shanqiao Coal Mine of Hengyang, Hunan; Late Triassic Yangbaichong Formation.

1992 Sun Ge, Zhao Yanhua, p. 554, pl. 251, fig. 2; pl. 254, figs. 1, 5; shoots with leaves; North Hill near Lujuanzicun of Wangqing, Jilin; Late Triassic Malugou Formation.

1993 Mi Jiarong and others, p. 147, pl. 45, figs. 5, 8, 9; pl. 46, figs. 1, 2; leafy shoots; Wangqing and Shuangyang, Jilin; Late Triassic Malugou Formation, Dajianggang Formation and upper member of Xiaofengmidingzi Formation; Chengde, Hebei; Late Triassic Xingshikou Formation.

1993 Sun Ge, p. 99, pl. 41, figs. 1, 2, 3; pl. 42, figs. 1—5; leafy shoots; Tianqiaoling and North Hill of Lujuanzicun of Wangqing, Jilin; Late Triassic Malugou Formation.

1993a Wu Xiangwu, p. 120.

1996 Mi Jiarong and others, p. 142, pl. 34, fig. 23; leafy shoot; Shimenzhai of Funing, Hebei; Early Jurassic Beipiao Formation.

1998 Zhang Hong and others, pl. 50, fig. 6; pl. 55, fig. 5; leafy shoots; Baicheng, Xinjiang; Early Jurassic Ahe Formation; Yan'an, Shaanxi; Middle Jurassic lower part of Yan'an Formation.

***Podozamites* cf. *distans* (Presl) Braun in Münster**

1983 Sun Ge and others, p. 455, pl. 3, fig. 4; leaf; Dajianggang of Shuangyang, Jilin; Late Triassic Dajianggang Formation.

***Podozamites distans* (Presl) Braun-*Podozamites lanceolatus* (L et H) Braun**

1954 Hsu J, p. 65, pl. 56, fig. 4; leafy shoot; Yanjiaping, Shaanxi; Late Triassic upper part of Yenchang Formation.

1958 Wang Longwen and others, p. 597 (including figures); leafy shoot; China; Late Triassic—Early Cretaceous.

***Podozamites agardhianus* (Brongniart) Nathorst, 1878**

1828 *Zosterites agadrhianus* Brongniart, p. 115; Sweden; Late Triassic.

1878a Nathorst, p. 24; Sweden; Late Triassic.

1878b Nathorst, p. 27, pl. 3, fig. 14; Sweden; Late Triassic.

***Podozamites* cf. *agardhianus* (Brongniart) Nathorst**

1991 Li Jie and others, p. 56, pl. 2, fig. 10; leafy shoot; Wusitengtage-Karamiran of Kulun Mountain, Xinjiang; Late Triassic Wolonggang Formation.

***Podozamites angustifolius* (Eichwald) Heer, 1865**

1865 (1860—1868) *Zamites angustifolius* Eichwald, p. 39, pl. 2, fig. 7; leafy shoot; Prikaspy; Jurassic.

1876 Heer, p. 45, pl. 26, fig. 11; leafy shoot; Ust'-Balei, Irkutsk Basin, Russia; Jurassic.

1906 Krasser, p. 620; Jiaohe (Thio-ho), Jilin; Jurassic. [Notes: The specimens was later referred as ? *Podozamites schenki* Heer (Sze H C, Lee H H and others, 1963)]

1933 Yabe, Ôishi, p. 233 (39); Jiaohe (Chiaohо), Jilin; Jurassic. [Notes: The specimen was later referred as ? *Podozamites schenki* Heer (Sze H C, Lee H H and others, 1963)]

1982b Yang Xuelin, Sun Liwen, p. 38, pl. 11, fig. 3; leafy shoot; Hongqi of Wanbao and Xishala of Jarud Banner, Da Hingganling; Early Jurassic Hongqi Formation.

1988 Chen Fen and others, p. 82, pl. 69, fig. 2; leafy twig; Tiefa, Liaoning; Early Cretaceous Xiaoming'anbei Formation.

1993a Wu Xiangwu, p. 120.

1995 Deng Shenghui, p. 62, pl. 27, fig. 3; pl. 47, figs. 8, 9; text-fig. 23; leafy shoots and cuticles; Huolinhe Basin, Inner Mongolia; Early Cretaceous Lower Coal Member of Huolinhe Formation.

1997 Deng Shenghui and others, p. 52, pl. 29, fig. 2B; pl. 31, figs. 7, 8; pl. 32, figs. 1—3, 9—12; leafy shoots and cuticles; Jalainur, Inner Mongolia; Early Cretaceous Yimin Formation; Dayan Basin and Mianduhe Basin of Hailar, Inner Mongolia; Early Cretaceous Damoguaihe Formation.

***Podozamites astartensis* Harris, 1935**

1935 Harris, p. 87, pl. 16, fig. 17; text-fig. 35; East Greenland, Denmark; Late Triassic.

1982 Zheng Shaolin, Zhang Wu, p. 325, pl. 21, fig. 12; leafy shoot; Peide of Mishan, Heilongjiang; Middle Jurassic Dongshengcun Formation.

1984 Zhang Wu, Zheng Shaolin, p. 389, pl. 3, fig. 12; text-fig. 5; leafy shoot; Beipiao, Liaoning; Late Triassic Laohugou Formation.

1993 Mi Jiarong and others, p. 147, pl. 45, figs. 1—3, 4b, 6, 7; leafy shoots and leaves; Wangqing, Jilin; Late Triassic Malugou Formation; Chengde, Hebei; Late Triassic Xingshikou Formation.

△*Podozamites austro-sinensis* Wu S Q, 1999 (in Chinese)

1999b Wu Shunqing, p. 46, pl. 5, fig. 3B (?); pl. 40, figs. 5A, 6; pl. 41, figs. 1, 3; pl. 42, figs. 1, 1a, 3, 5; text-fig. 3, figs. 1—3, 5a, 5c; leafy shoots; Col. No.: 铁 X7-K17, ACC-250, 峨 Jh16-1, ACC-303, ACC-250, ACC-281; Rg. No.: PB10536, PB10567, PB10746 — PB10748, PB10752, PB10754, PB10755; Syntypes: PB10746 (pl. 40, fig. 5A), PB10747 (pl. 40, fig. 6), PB10752 (pl. 42, fig. 1); Repository: Nanjing Institute of Geology and Palaeontology, Chinese Academy of Sciences; Emei, Wanyuan, Daxian and Guang'an, Sichuan; Late Triassic Hsuchiaho Formation. [Notes: Based on the relevant article of *International Code of Botanical Nomenclature* (*Vienna Code*) article 37. 2, the type species should be only one speciemen]

△*Podozamites bullus* Wu S Q et Zhou H Z, 1986

1986 Wu Shunqing, Zhou Hanzhong, pp. 642, 646, pl. 6, figs. 1, 2, 6, 8—10; leafy shoots; Col. No.: K320, K322, K324, K325, K327; Reg. No.: PB11795 — PB11801; Syntypes: PB11795, PB11799, PB11801 (pl. 6, figs. 2, 9, 10); Repository: Nanjing Institute of Geology and Palaeontology, Chinese Academy of Sciences; Turpan Basin, Xinjiang; Early

Jurassic Badaowan Formation. [Notes: Based on the relevant article of *International Code of Botanical Nomenclature* (*Vienna Code*) article 37.2, the type species should be only one specimen]

1995 Wu Shunqing, p. 472, pl. 3, figs. 6, 7; leafy shoots; Kuqa of northern Tarim Basin, Xinjiang; Early Jurassic Tariqike Formation.

Podozamites distanstinervis **Fontaine, 1889**

1889 Fontaine, p. 179, pl. 78, fig. 7; pl. 79, fig. 5; foliage shoots; Fredericksburg of Virginia, USA; Early Cretaceous Potomac Group.

1982 Li Peijuan, p. 95, pl. 13, figs. 10, 11; leaves; eastern Tibet; Early Cretaceous Duoni Formation.

Podozamites eichwaldii **Schimper, 1872**

1865 (1860—1868) *Zamites lanceolatus* Eichwald (non Lindely et Hutton), p. 40, pl. 3, fig. 1; Orenburgskoe Priural'e, Russia; Jurassic.

1872 (1869—1874) Schimper, p. 160.

1985 Shang Ping, pl. 2, fig. 4; leaf; Fuxin, Liaoning; Early Cretaceous middle member of Haizhou Formation.

1988 Chen Fen and others, p. 82, pl. 50, fig. 1B; pl. 54, figs. 1A, 2; pl. 68, fig. 4; leafy twigs; Fuxin and Tiefa, Liaoning; Early Cretaceous Fuxin Formation and Xiaoming'anbei Formation.

1993 Mi Jiarong and others, p. 148, pl. 46, figs. 3, 4; leafy shoots; Dongning, Heilongjiang; Late Triassic Luoquanzhan Formation; West Hill, Beijing; Late Triassic Xingshikou Formation.

1996 Mi Jiarong and others, p. 142, pl. 34, figs. 11, 17, 24, 26; pl. 35, figs. 3, 4, 7; leaves; Beipiao of Liaoning and Shimenzhai in Funing of Hebei; Early Jurassic Beipiao Formation; Haifanggou of Beipiao, Liaoning; Middle Jurassic Haifanggou Formation.

1998 Deng Shenghui, pl. 1, fig. 10; leafy shoot; Pingzhuang-Yuanbaoshan Basin, Inner Mongolai; Early Cretaceous Xingyuan Formation.

2003 Xu Kun and others, pl. 7, fig. 12; leafy shoot; Dongsheng of Beipiao, Liaoning; Early Jurassic lower member of Beipiao Formation.

? ***Podozamites eichwaldii*** **Schimper**

1993 Li Jieru and others, p. 236, pl. 1, fig. 3; leafy shoot; Dandong, Liaoning; Early Cretaceous Xiaoling Formation.

Podozamites **cf.** ***eichwaldii*** **Schimper**

1993c Wu Xiangwu, p. 85, pl. 5, fig. 9; leafy shoot; Shangxian, Shaanxi; Early Cretaceous lower member of Fengjiashan Formation.

△*Podozamites emmonsii* **Newberry, 1867**

1867 (1865) Newberry, p. 121, pl. 9, fig. 2; leaf; Zigui, Hubei (Hupeh); Triassic or Jurassic. [Notes: The specimen was later referred as ? *Podozamites lanceolatus* (L et H) Braun (Sze H C, Lee H H and others, 1963)]

△***Podozamites giganteus*** **Sun, 1993**

1992 Sun Ge, Zhao Yanhua, p. 554, pl. 251, figs. 1, 3; pl. 254, figs. 1—3; shoots with leaves; North Hill near Lujuanzicun of Wangqing, Jilin; Late Triassic Malugou Formation. (nom. nud.)

1993 Sun Ge, pp. 100, 139, pl. 43, figs. 1—3; pl. 44, figs. 1, 2a, 3; pl. 45, figs. 1, 2a, 3, 4; pl. 46, figs. 1—4; leafy shoots; No.: T10-80, T11-145A, T11-835, T11-1082, T11-1101, T12-101, T12-141, T12-626, T12-634, T12-1037, T13-1014, T13-1081A, T13-1095; Reg. No.: PB12066—PB12068, PB12070, PB12071, PB12073, PB12074, PB12076—PB12081; Holotype: PB12066 (pl. 43, fig. 1); Paratype 1: PB12070 (pl. 44, fig. 1); Paratype 2: PB12074 (pl. 45, fig. 1); Repository: Nanjing Institute of Geology and Palaeontology, Chinese Academy of Sciences; Tianqiaoling of Wangqing, Jilin; Late Triassic Malugou Formation.

1995a Li Xingxue (editor-in-chief), pl. 79, fig. 3; leaf; Tianqiaoling of Wangqing, Jilin; Late Triassic Malugou Formation (Norian). (in Chinese)

1995b Li Xingxue (editor-in-chief), pl. 79, fig. 3; leaf; Tianqiaoling of Wangqing, Jilin; Late Triassic Malugou Formation (Norian). (in English)

1996 Mi Jiarong and others, p. 142, pl. 35, fig. 5; leaf; Dongsheng of Beipiao, Liaoning; Early Jurassic Beipiao Formation.

2003 Xu Kun and others, pl. 7, fig. 13; leafy shoot; Dongsheng of Beipiao, Liaoning; Early Jurassic upper member of Beipiao Formation.

Podozamites gracilis **Vassilevskaja, 1957**

1957 Vassilevskaja, p. 86, pl. 1, fig. 1; leafy shoot; Lena River Basin, USSR; Early Cretaceous.

1988 Chen Fen and others, p. 83, pl. 54, figs. 4, 5; leafy shoots; Haizhou of Fuxin, Liaoning; Early Cretaceous Fuxin Formation.

Podozamites **cf. *gracilis*** **Vassilevskaja**

1993c Wu Xiangwu, p. 85, pl. 7, fig. 2; leafy shoot; Shangxian, Shaanxi; Early Cretaceous lower member of Fengjiashan Formation.

Podozamites gramineus **Heer, 1876**

1876 Heer, p. 46, pl. 4, fig. 13; Irkutsk Basin; Jurassic.

1883 Schenk, p. 248, pl. 49, figs. 2, 3; leaves; Tumulu, Inner Mongolia; Jurassic. [Notes: The specimen was later referred as *Podozamites*? sp. (Sze H C, Lee H H and others, 1963)]

1885 Schenk, p. 175 (13), pl. 15 (3), figs. 12, 13a; leaves; Huangnibao of Ya'an, Sichuan (Hoa-ni-pu, Se-tschuen); Jurassic. [Notes: The specimen was later referred as *Podozamites* sp. (Sze H C, Lee H H and others, 1963)]

1964 Miki, p. 15, pl. 3, figs. A, B; shoot; Lingyuan, Liaoning; Late Jurassic *Lycoptera* Bed.

Podozamites issykkulensis **Genkina, 1966**

1966 Genkina, p. 112, pl. 56, figs. 6—19; pl. 57, fig. 1; Issykkul; Late Triassic—Early Jurassic.

Podozamites **cf. *P. issykkulensis*** **Genkina**

1986 Ye Meina and others, p. 79, pl. 50, figs. 8—9a; leaves; Jinwo of Tieshan and Qilixia of

Kaijiang, Sichuan; Late Triassic member 7 of Hsuchiaho Formation.

1993 Mi Jiarong and others, p. 148, pl. 46, fig. 5; leaf; Shuangyang, Jilin; Late Triassic upper member of Xiaofengmidingzi Formation.

***Podozamites lanceolatus* (L et H) Braun, 1843**

1836 *Zamites lanceolatus* Lindley et Hutton, pl. 194; Yorkshire, England; Middle Jurassic.

1843 (1839—1843) Braun, in Münster, p. 33.

1867 (1865) Newberry, p. 121, pl. 9, fig. 7; leaf; Zigui, Hubei (Hupeh); Triassic or Jurassic.

1883 Schenk, p. 258, pl. 51, fig. 7; leaf; Guangyuan, Sichuan; Jurassic. [Notes: The specimen was later referred as *Podozamites* sp. (Sze H C, Lee H H and others, 1963)]

1906 Yokoyama, p. 18, pl. 2, figs. 5, 6; leafy shoots; Qingganglin (Chingkanglin) of Pengxian, Sichuan; Jurassic. [Notes: The specimen was later referred as *Podozamites lanceolatus* f. *ovalis* Heer. (Sze H C, Lee H H and others, 1963)]

1906 Yokoyama, p. 33, pl. 11, fig. 3; leafy shoot; Dataishan (Tataishan) of Quanyangou (Chuanyenkou), Liaoning; Jurassic. [Notes: The specimen was later referred as *Podozamites lanceolatus* f. *eichwaldi* Heer. (Sze H C, Lee H H and others, 1963)]

1906 Yokoyama, pp. 21, 22, 26, 37, pl. 4, figs. 1—3, 5, 6; pl. 6, figs. 1b, 2; pl. 7, fig. 3; leaves and leafy shoots; Anyuan and Gaokeng (Kaokang) of Pingxiang, Zhongjiafang (Chungchiafang) of Yichun, Jiangxi; Jurassic; Fangzi of Weixian, Shandong; Jurassic; Shiguanzi (Shihuantzu) of Zhaohua (Chaohua), Sichuan; Early Cretaceous.

1908 Yabe, p. 7, pl. 2, fig. 1b; leaf; Taojiatun (Taochiatun), Jilin; Jurassic.

1911 Seward, pp. 24, 52, pl. 3, figs. 37, 38 (?); leaves; Diam River (left bank) and Kobuk River of Junggar Basin, Xinjiang; Early—Middle Jurassic.

1920 Yabe, Hayasaka, pl. 2, figs. 4, 6; pl. 4, fig. 2; leafy shoots; Hujiafang of Pingxiang, Jiangxi; Late Triassic (Rhaetic)—Early Jurassic (Lias).

1927 Halle, p. 16, pl. 5, fig. 1; leaf; Huili, Sichuan; Late Triassic.

1930 Chang H C, p. 3, pl. 1, figs. 7—10; leaves; Genkou on boundary between Guangdong and Hunan; Jurassic. [Notes: The specimens were later referred as ? *Podozamites* sp. (Sze H C, Lee H H and others, 1963)]

1931 Gothan, Sze, p. 35, pl. 1, fig. 4; leafy shoot; Chinesisch Turkestan, Xinjiang; Jurassic.

1931 Sze C H, pp. 29, 36, 42, 61, pl. 8, fig. 7; leafy shoot; Pingxiang, Jiangxi; Fangzi of Weixian, Shandong; Qixiashan of Nanjing, Jiangsu; Beipiao, Chaoyang and Fuxin, Liaoning; Early Jurassic (Lias).

1933 P'an C H, p. 537, pl. 1, fig. 12; leafy shoot; Liutaizhuang of Fangshan, Hebei (Hopei); Early Cretaceous.

1933a Sze H C, pp. 7, 19, 22, pl. 4, fig. 1; leafy shoot; Sucaowan of Mianxian, Shaanxi; Early Jurassic; Xujiahe (Hsuchiaho) of Guanyuan and Xufu (Yibin), Sichuan; Late Triassic—Early Jurassic.

1933b Sze H C, p. 22, pl. 8, fig. 7; leafy shoot; Jingle, Shanxi; Early Jurassic. [Notes: The specimen was later referred as *Podozamites lanceolatus* (L et H) f. *eichwaldi* Heer (Sze H C, Lee H H and others, 1963)]

1933b Sze H C, pp. 33, 50, 59; Shiguaizi (Shihkuaitsun) in Saratsi of Inner Mongolia, Changting of

Fujian, Sichuan (Upper Yangtze); Early Jurassic.

1933c Sze H C, pp. 69, 73, pl. 9, fig. 8; Xiaoshimengoukou of Wuwei and Sanyanjing of Hongshui, Gansu; Early—Middle Jurassic.

1933d Sze H C, p. 82, pl. 12, fig. 11; leafy shoot; Shipanwan in Heshiyan of Fugu, Shaanxi; Early Jurassic.

1935 Ôishi, p. 94; leaf; Dongning (Tungning), Heilongjiang; Late Jurassic. [Notes: The specimen was later referred as *Podozamites lanceolatus* (L et H) f. *eichwaldi* Heer (Sze H C, Lee H H and others, 1963)]

1936 P'an C H, p. 33, pl. 14, figs. 1—3; pl. 15, figs. 1—3; leafy shoots; Yejiaping of Suide, Shaanxi; Late Triassic upper part of Yenchang Formation.

1939 Matuzawa, pl. 4, fig. 2; pl. 5, figs. 1, 2, 3—3b, 4; pl. 6, figs. 1, 3; leafy shoots; Beipiao Coal Field of Beipiao, Liaoning; Early — Middle Jurassic Beipiao Formation. [Notes: The specimen (pl. 5, fig. 4) was later referred as *Podozamites* sp. (Sze H C, Lee H H and others, 1963)]

1941 Stockmans, Mathieu, p. 46, pl. 6, fig. 1; leaf; Gaoshan (Kaoshan) of Datong, Shanxi; Jurassic.

1949 Sze H C, p. 37, pl. 14, fig. 11; leafy shoot; Xiangxi, Jiajiadian and Daxiakou of Zigui, Caojiayao, Cuijiagou, Baishigang, Hazigou and Matousa of Dangyang, Hubei; Early Jurassic Hsiangchi Coal Series.

1951a Sze H C, pl. 1, fig. 7; leaf; Gongyuan of Benxi, Liaoning; Early Cretaceous.

1952 Sze H C, Lee H H, pp. 10, 30, pl. 4, fig. 8; pl. 6, fig. 3; leafy shoots; Yipinchang of Baxian and Aizishan of Weiyuan, Sichuan; Jurassic.

1955 Lee H H, pp. 37, 44, pl. 1, fig. 1; leafy shoot; Gaoshan (Kaoshan) and Fengzijian of Datong, Shanxi; Middle Jurassic Yungang Series.

1956 Ngo C K, p. 24, pl. 5, figs. 4—6; leaves; Xiaoping (Shiaoping), Guangdong; Late Triassic Siaoping Coal Series.

1956a Sze C H, pl. 52, fig. 1; pl. 53, fig. 1; leafy shoots; Yejiaping of Suide, Shaanxi; Late Triassic Yenchang Formation.

1956b Sze H C, pp. 463, 471, pl. 3, fig. 8; leafy shoot; Junggar Basin, Xinjiang; Early—Middle Jurassic (Lias—Dogger).

1959 Sze C H, pp. 14, 30, pl. 4, fig. 3; pl. 5, fig. 5; leaves; Iqe, Hongliugou and Quanji of Qaidam, Qinghai (Yuchia, Hungliukou and Chuanchi of Tsaidam, Chinghai); Early—Middle Jurassic.

1961 Shen Kuanglung, p. 174, pl. 1, figs. 10, 11A; pl. 2, fig. 7; leafy shoots; Huicheng, Gansu; Middle Jurassic Miensien Group.

1962 Lee H H and others, p. 153, pl. 92, fig. 1; leafy shoot; Yangtze area; Late Triassic—Early Cretaceous.

1963 Lee H H and others, p. 130, pl. 103, fig. 1; leafy shoot; Northwest China; Late Triassic—Early Cretaceous.

1963 Sze H C, Lee H H and others, p. 290, pl. 98, fig. 3; pl. 99, figs. 1, 2B; pl. 100, fig. 7; leafy shoots; Huoshiling (Ho-shi-ling-tza) and Jiaohe (Thiao-ho), Jilin; Shirengou (Shijenkou) of Xifeng, Xiaodonggou, Tianshifu, Pingtaizi and Shahezi of Benxi, Sunjiagou of Fuxin, Chaoyang, Beipiao and Xinglong, Liaoning; Saratsi, Inner Mongolia; Fangzi of Weixian, Shandong; Badachu of West Hill, Beijing; Liutaizhuang of Fangshan, Hebei (Hopei); Gaoshan (Kaoshan) and Fengzijian of Datong, Shanxi; Yejiaping of Suide, Shipanwan in Heshiyan of Fugu, Sucaowan and Dingjiagou of Mianxian, Shaanxi; Beidaban of Wuwei, Gansu; Iqe, Hongliugou and Quanji of Qaidam, Qinghai (Yuchia, Hungliukou and Chuanchi of Tsaidam, Chinghai); Junggar Basin, Xinjiang; Shiguanzi (Shihuantzu) of Zhaohua, Yipinchang of Baxian and Aizishan of Weiyuan, Baiguowan of Huili(?) and Xujiahe of Guangyuan (Hsuchiaho of Kwangyuan), Sichuan; Xiangxi, Jiajiadian and Daxiakou of Zigui, Caojiayao, Cuijiagou, Baishigang and Matousa of Dangyang, Hubei; Pingxiang and Yichun, Jiangxi; Qixiashan (Chihsyashan) of Nanjing, Jiangsu; Changting, Fujiang; Late Triassic—Early Cretaceous.

1965 Tsao Chengyao, p. 524, pl. 6, fig. 8; text-fig. 13; leafy shoot; Gaoming, Guangdong; Late Triassic Xiaoping Formation (Siaoping Series).

1968 *Fossil Atlas of Mesozoic Coal-bearing Strata in Kiangsi and Hunan Provinces*, p. 77, pl. 31, fig. 4; pl. 36, fig. 3; leafy shoots; Jiangxi and Hunan; Late Triassic — Early Cretaceous.

1974 Hu Yufan and others, pl. 2, fig. 6; leafy shoot; Guanhua of Ya'an, Sichan; Late Triassic.

1974a Lee Peichuan and others, p. 361, pl. 193, fig. 12; leafy shoot; Heyewan of Emei, Sichuan; Late Triassic Hsuchiaho Formation.

1976 Chang Chichen, p. 198, pl. 104, fig. 1; leafy shoot; Guyang, Inner Mongolia; Late Jurassic —Early Cretaceous Guyang Formation.

1976 Chow Huiqin and others, p. 211, pl. 115, fig. 3; pl. 117, fig. 8; pl. 118, fig. 3; leafy shoots; Wuziwan in Junggar Banner of Inner Mongolia, Fugu and Shenmu of Shaanxi; Middle Triassic upper part of Ermaying Formation, Late Triassic middle-lower part of Yenchang Formation, Early Jurassic Fuxian Formation.

1977 Feng Shaonan and others, p. 244, pl. 98, fig. 4; leafy shoot; Yuan'an, Hubei; Late Triassic Lower Coal Formation of Hsiangchi Group.

1978 Zhang Jihui, p. 486, pl. 164, fig. 11; leafy shoot; Gulin, Sichuan; Late Triassic.

1978 Yang Xianhe, p. 532, pl. 184, fig. 1; leaf; Tianfu, Sichuan; Late Triassic Hsuchiaho Formation.

1979 He Yuanliang and others, p. 156, pl. 78, fig. 4; leafy shoot; Muli of Tianjun, Qinghai; Early—Middle Jurassic Jiangcang Formation of Muri Group.

1980 Huang Zhigao, Zhou Huiqin, p. 109, pl. 52, fig. 9; pl. 8, fig. 6; pl. 9, fig. 2; leafy shoots; Wenjiapan of Fugu, Shaanxi; Early Jurassic Fuxian Formation; Wuziwan of Junggar Banner, Inner Mongolia; Middle Triassic upper part of Ermaying Formation.

1980 Wu Shuqing and others, p. 115, pl. 31, fig. 5; leafy shoot; Xiangxi of Zigui, Hubei; Early—Middle Jurassic Hsiangchi Formation.

1980 Zhang Wu and others, p. 304, pl. 148, figs. 2, 3; pl. 149, figs. 3, 4; pl. 190, fig. 1; leafy shoots; Beipiao, Liaoning; Early Jurassic Beipiao Formation; Shahezi of Changtu, Liaoning; Early Cretaceous Shahezi Formation.

1981 Zhou Huiqin, pl. 3, fig. 3; leafy shoot; Yangcaogou of Beipiao, Liaoning; Late Triassic Yangcaogou Formation.

1982 Li Peijuan, Wu Xiangwu, p. 56, pl. 17, fig. 5; leafy shoot; Xiangcheng, Sichuan; Late Triassic Lamaya Formation.

1982 Tan Lin, Zhu Jianan, p. 150, pl. 36, figs. 8—10; leafy shoots and leaves; Guyang, Inner Mongolia; Early Cretaceous Guyang Formation.

1982 Wang Guoping and others, p. 289, pl. 127, fig. 8; leafy shoot; Duojiang of Wanzai, Jiangxi; Late Triassic Anyuan Formation.

1982b Yang Xuelin, Sun Liwen, p. 39, pl. 11, figs. 5—7; pl. 12, figs. 2, 3; leafy shoots; Hongqi of Wanbao, Da Hingganling; Early Jurassic Hongqi Formation; p. 56, pl. 24, figs. 1, 2; leafy shoots; Dayoutun and Heidingshan, Da Hingganling; Middle Jurassic Wanbao Formation.

1982 Zhang Wu, p. 192, pl. 2, figs. 15, 16; leaves; Lingyuan, Liaoning; Late Triassic Laohugou Formation.

1983 Duan Shuying and others, pl. 11, figs. 6, 7; leafy shoots; Ninglang, Yunnan; Late Triassic.

1983 Li Jieru, pl. 4, fig. 6; leaf; Houfulongshan of Jinxi, Liaoning; Middle Jurassic member 1 of Haifanggou Formation.

1983 Sun Ge and others, p. 456, pl. 2, fig. 10; leafy shoot; Dajianggang of Shuangyang, Jilin; Late Triassic Dajianggang Formation.

1983 Zhang Wu and others, p. 81, pl. 4, figs. 22, 23; leaves; Linjiawaizi of Benxi, Liaoning; Middle Triassic Linjia Formation.

1984 Chen Fen and others, p. 65, pl. 35, figs. 1, 2; pl. 37, fig. 4; leafy shoots; Mentougou, Datai, Qianjuntai, Da'anshan, Zhaitang, Changgouyu and Fangshandongkuang of West Hill, Beijing; Early Jurassic Lower Yaopo Formation, Middle Jurassic Upper Yaopo Formation and Longmen Formation.

1984 Chen Gongxing, p. 609, pl. 268, fig. 3; leafy shoot; Chengchao of Echeng, Hubei; Early Jurassic Wuchang Formation.

1984 Gu Daoyuan, p. 155, pl. 77, fig. 4; pl. 79, fig. 5; leafy shoots; Yengisar, Xinjiang; Early Jurassic Kangsu Formation; Karamay, Xinjiang; Early Jurassic Badaowan Formation.

1986 Chen Ye and others, pl. 9, figs. 3, 4; leafy shoots; Litang, Sichuan; Late Triassic Lanashan Formation.

1987 Chen Ye and others, p. 127, pl. 40, figs. 1—4; pl. 41, figs. 2—3; leafy shoots; Qinghe of Yanbian, Sichuan; Late Triassic Hongguo Formation and Laotangqing Formation.

1987 He Dechang, pp. 77, 82, pl. 16, fig. 4; pl. 10, fig. 2; leafy shoots; Longpucun near Meiyuan of Yunhe, Zhejiang; Early Jurassic bed 5 of Longpu Formation; Paomaling of Puqi, Hubei; Late Triassic Jigongshan Formation.

1988 Chen Fen and others, p. 82, pl. 55, figs. 2, 3; pl. 67, figs. 4, 5; pl. 68, fig. 1; pl. 69, fig. 3; leafy twigs; Fuxin and Tiefa, Liaoning; Early Cretaceous Fuxin Formation and Xiaoming'anbei Formation.

1989 Mei Meitang and others, p. 110, pl. 61, fig. 3; leafy shoot; North Hemisphere; Late Triassic—Early Cretaceous.

1991 Zhao Liming, Tao Junrong, pl. 1, fig. 7; leafy shoot; Pingzhuang of Chifeng, Inner Mongolia; Early Cretaceous Xingyuan Formation.

1992 Wang Shijun, p. 54, pl. 22, figs. 3, 5, 8; pl. 23, fig. 2; leafy shoots; Guanchun and Ankou of Lechang, Hongweikeng of Qujiang, Guangdong; Late Triassic.

1993 Mi Jiarong and others, p. 149, pl. 46, figs. 6—9; pl. 47, figs. 1, 2, 8; leafy shoots; Dongning, Heilongjiang; Late Triassic Luoquanzhan Formation; Wangqing and Shuangyang, Jilin; Late Triassic Malugou Formation and upper member of Xiaofengmidingzi Formation; Beipiao and Lingyuan, Liaoning; Late Triassic Yangcaogou Formation and Laohugou Formation; Chengde of Hebei and West Hill of Beijing; Late Triassic Xingshikou Formation.

1994 Gao Ruiqi and others, pl. 14, fig. 9; leafy shoot; Shahezi of Changdu, Liaoning; Early Cretaceous Shahezi Formation.

1995 Deng Shenghui, p. 62, pl. 27, figs. 2, 4; leaves; Huolinhe Basin, Inner Mongolia; Early Cretaceous Lower Coal Member of Huolinhe Formation.

1995 Wang Xin, pl. 2, fig. 2; leafy shoot; Tongchuan, Shaanxi; Middle Jurassic Yan'an Formation.

1995 Zeng Yong and others, p. 68, pl. 20, fig. 4; pl. 22, fig. 4; leafy shoots; Yima, Henan; Middle Jurassic Yima Formation.

1996 Mi Jiarong and others, p. 143, pl. 29, fig. 7a; pl. 35, fig. 8; pl. 37, figs. 30, 34; leafy shoots; Beipiao of Liaoning and Shimenzhai in Funing of Hebei; Early Jurassic Beipiao Formation.

1996 Sun Yuewu and others, pl. 1, fig. 12; leaf; Shanggu of Chengde, Hebei; Early Jurassic Nandaling Formation.

1997 Deng Shenghui and others, p. 52, pl. 16, figs. 2, 3A; leafy shoots; Jalainur, Inner Mongolia; Early Cretaceous Yimin Formation; Dayan Basin, Mianduhe Basin and Wujiu Basin of Hailar, Inner Mongolia; Early Cretaceous Damoguaihe Formation.

1998 Deng Shenghui, pl. 2, fig. 6; leafy shoot; Pingzhuang-Yuanbaoshan Basin, Inner Mongolia; Early Cretaceous Yuanbaoshan Formation.

1999 Hu Yufan and others, p. 144, pl. 1, figs. 2—4; leaves and leafy shoots; Ya'an, Sichuan; Late Triassic.

1999 Shang Ping and others, pl. 1, fig. 4; leafy shoot; Turpan-Hami Basin, Xinjiang; Middle Jurassic Xishanyao Formation.

2003 Yuan Xiaoqi and others, pl. 20, fig. 10; leafy shoot; Gaotouyao of Dalad Banner, Inner Mongolia, China; Middle Jurassic Yan'an Formation.

? *Podozamites lanceolatus* (L et H) Braun

1933c Sze H C, p. 70, pl. 9, fig. 8; leaf; Beidaban of Wuwei, Gansu; Early—Middle Jurassic.

1990 Liu Mingwei, p. 209, pl. 34, figs. 7, 8; leaves; Daming and Huangyadi of Laiyang, Shandong; Early Cretaceous member 3 of Laiyang Formation.

***Podozamites* cf. *lanceolatus* (L et H) Braun**

1963 Chow Huiqin, p. 176, pl. 73, fig. 2; leafy shoot; Shima of Guangzhou, Guangdong; Late Triassic.

1987 Chen Ye and others, p. 129, pl. 41, fig. 1; leafy shoot; Qinghe of Yanbian, Sichuan; Late Triassic Hongguo Formation.

Podozamites ex gr. _lanceolatus_ (L et H) Braun, 1843

1976 Lee Peichuan and others, p. 130, pl. 42, figs. 6—8; pl. 43, figs. 1—3; pl. 44, fig. 6; leafy shoots; Mahuangjing of Xiangyun, Yunnan; Late Triassic Xiangyun Formation; Yubacun and Yipinglang of Lufeng, Yunnan; Late Triassic Yipinglang Formation.

1982 Zhang Caifan, p. 539, pl. 352, fig. 6; leaf; Gaojiatian of Liling, Wenjiashi of Liuyang, Daolin of Ningxiang, Guanyintan of Lingling and Zhonghuopu of Chenxi, Hunan; Late Triassic—Early Jurassic.

Podozamites lanceolatus (L et H) f. _eichwaldi_ (Schimper) Heer, 1876

1876 Heer, p. 109, pl. 23, fig. 4; pl. 26, figs. 2, 4, 9; pl. 27, fig. 1; upper reaches of Heilongjiang River and Bureya Basin; Late Jurassic.

1931 Sze C H, p. 28.

1933 *Podozamites lanceolatus* (L et H) *eichwaldi* (Schimper) Heer, Yabe, Ôishi, p. 232 (38), pl. 33 (4), fig. 11; leaf; Shahezi (Shahotzu), Liaoning; Jurassic.

1963 Sze H C, Lee H H and others, p. 291, pl. 99, fig. 5; leafy shoot; Zhaitang and Badachu of West Hill, Beijing; Dongning (Tungjing) of Heilongjiang, Quanyangou (Shan-tscha-kou) in Tieling and Shahezi in Changtu of Liaoning, Jingle of Shanxi; late Late Triassic—Late Jurassic.

Podozamites lanceolatus (L et H) f. _intermedius_ Heer, 1876

1876 Heer, p. 108, pl. 26, figs. 4, 8a; pl. 22, figs. 1c, 4d; upper reaches of Heilongjiang River and Bureya Basin; Late Jurassic.

1933 *Podozamites lanceolatus* (L et H) *intermedius* Heer, Yabe, Ôishi, p. 232 (38), pl. 34 (5), figs. 12, 13; pl 35 (6), figs. 4, 5; shoots; Shirengou (Shihjenkou) and Shahezi (Shaho-tzu), Liaoning; Jurassic. [Notes: The specimen (pl. 35 (6), figs. 4, 5) was later referred as *Podozamites lanceolatus* (L et H) Braun and the specimen (pl. 34 (5), figs. 12, 13) as *Podozamites*? sp. (Sze H C, Lee H H and others, 1963)]

1964 Lee Peichuan, p. 143, pl. 20, fig. 2; leaf; Yangjiaya of Guangyuan, Sichuan; Late Triassic Hsuchiaho Formation.

△_Podozamites lanceolatus_ (L et H) f. _latior_ (Schenk) Sze, 1931

1867 *Zamites distans* var. *latifolius* Schenk, p. 162, pl. 36, fig. 10; Bavaria, Germany; Late Triassic—Early Jurassic.

1931 Sze C H, p. 28, pl. 3, figs. 2, 3; leaves; Pingxiang, Jiangxi; Early Jurassic (Lias).

1963 Sze H C, Lee H H and others, p. 292, pl. 97, fig. 6A; pl. 99, figs. 3, 4; leaves; Tumulu, Inner Mongolia; Zhaitang of Beijing, Beipiao and Tianshifu (Tieshihfu) of Liaoning, Momuk of Xinjiang (Chinesisch Turkestan), Pingxiang of Jiangxi; late Late Triassic—Middle Jurassic.

1977 Feng Shaonan and others, p. 244, pl. 98, fig. 6; leaf; Jinshandian of Daye, Hubei; Early Jurassic.

1980 Zhang Wu and others, p. 304, pl. 148, fig. 6; leaf; Beipiao, Liaoning; Early Jurassic Beipiao Formation.

1982 Li Peijuan, Wu Xiangwu, p. 56, pl. 18, fig. 1B; leaf; Yidun, Sichuan; Late Triassic Lamaya

Formation.

1983a Zheng Shaolin, Zhang Wu, p. 91, pl. 6, fig. 14; Boli, Heilongjiang; middle — late Early Cretaceous Dongshan Formation.

Podozamites lanceolatus (L et H) f. _minor_ (Schenk) Heer, 1876

1867 *Zamites distans minor* Schenk, p. 162, pl. 35, fig. 10; pl. 36, fig. 4; Bavaria, Germany; Late Triassic—Early Jurassic.

1876 Heer, p. 110, pl. 27, figs. 5a, 5b, 6 — 8; upper reaches of Heilongjiang River; Late Jurassic.

1964 Lee Peichuan, p. 142, pl. 20, fig. 1c; leaf; Xujiahe (Hsuchiaho) of Guangyuan, Sichuan; Late Triassic Hsuchiaho Formation.

△_Podozamites lanceolatus_ (L et H) f. _multinervis_ (Tateiwa), Zheng et Zhang, 1982

1929 *Podozamites lanceolatus* (L et H) subsp. *multinervis* Tateiwa, pl, figs. 13, 14; leafy shoots; Renkadô of Tyôsen, Korea; Early Cretaceous Rakutô Bed.

1982 Zheng Shaolin, Zhang Wu, p. 325, pl. 21, figs. 9, 10; leafy shoots; Didao of Jixi, Heilongjiang; Late Jurassic Didao Formation.

Podozamites lanceolatus (L et H) f. _ovalis_ Heer, 1876

1876 Heer, p. 109, pl. 27, fig. 2; Heilongjiang River; Late Jurassic.

1931 Sze C H, p. 28, pl. 1, fig. 8; leaf; Pingxiang of Jiangxi; Early Jurassic (Lias).

1963 Sze H C, Lee H H and others, p. 292, pl. 100, fig. 9; leaf; Pingxiang of Jiangxi and Qingganglin in Pengxian of Sichuan (?); late Late Triassic—Early Jurassic.

1965 Tsao Chengyao, p. 524, pl. 6, fig. 9; leaf; Gaoming, Guangdong; Late Triassic Xiaoping Formation (Siaoping Series).

1974a Lee Peichuan and others, p. 361, pl. 187, fig. 7; leafy shoot; Xujiahe (Hsuchiaho) of Guangyuan, Sichuan; Late Triassic Hsuchiaho Formation.

1977 Feng Shaonan and others, p. 244, pl. 98, fig. 11; leaf; Gaoming, Guangdong; Late Triassic Xiaoping Formation.

1978 Zhang Jihui, p. 486, pl. 164, fig. 2; leaf; Weining, Guizhou; Late Triassic.

1980 Zhang Wu and others, p. 304, pl. 147, figs. 11, 12; leaves; Beipiao, Liaoning; Early Jurassic Beipiao Formation.

1982 Wang Guoping and others, p. 289, pl. 126, fig. 4; leaf; Pingxiang, Jiangxi; Late Triassic—Jurassic.

1987a Meng Fansong, p. 256, pl. 27, fig. 1; leafy shoot; Haihuigou of Jingmen, Hubei; Late Triassic Longwangtan Formation.

Podozamites lanceolatus (L et H) f. _ovalis_? Heer

1986b Chen Qishi, p. 12, pl. 2, fig. 12; leaf; Wuzao of Yiwu, Zhejiang; Late Triassic Wuzao Formation.

△_Podozamites lanceolatus_ (L et H) f. _typica_ Sze, 1931

1837 *Zamites lanceolatus* Lindley et Hutton, pl. 194; Yorkshire, England; Middle Jurassic.

1843 (1839—1843) *Podozamites lanceolatus* (L et H) Braun, in Münster, p. 33.

1931 Sze C H, p. 27.

△*Podozamites lanceolatus* (L et H) var. *brevis* Schenk, 1883

1883 Schenk, p. 251, pl. 50, fig. 1; leaf; Badachu of West Hill, Beijing; Jurassic. [Notes: The specimen was later referred as *Podozamites* sp. (Sze H C, Lee H H and others, 1963)]

***Podozamites lanceolatus* (L et H) var. *distans* (Schimper) Heer, 1876**

1876 Heer, p. 109, pl. 26, fig. 7; pl. 22, figs. 3, 4; upper reaches of Heilongjiang River; Late Jurassic.

1883 Schenk, p. 251, pl. 50, figs. 5a, 6; leaves; Badachu of West Hill, Beijing; Jurassic. [Notes: The specimen was later referred as *Podozamites lanceolatus* (L et H) (Sze H C, Lee H H and others, 1963)]

1885 Schenk, pp. 173 (11), 175 (13), pl. 14 (2), figs. 5a, 8b, 9b; pl. 15 (3), figs. 9, 10; leaves; Guangyuan (Quan-juoen-shien) and Huangnibao of Ya'an, Sichuan (Hoa-ni-pu, Se-tschuen); Jurassic. [Notes: The specimen (pl. 14 (2), figs. 5a, 8b, 9b; pl. 15 (3), fig. 9) was later referred as *Podozamites* sp. (Sze H C, Lee H H and others, 1963)]

1901 Krasser, p. 146, pl. 4, fig. 1; leaf; Xujiahe (Hsü-kia-ho) of Guangyuan, Sichuan; Late Triassic. [Notes: The specimen was later referred as *Podozamites lanceolatus* (L et H) (Sze H C, Lee H H and others, 1963)]

***Podozamites lanceolatus* (L et H) var. *eichwaldi* (Schimper) Heer, 1876**

1876 Heer, p. 109, pl. 23, fig. 4; pl. 26, figs. 2, 4, 9; pl. 27, fig. 1; upper reaches of Heilongjiang River and Bureya Basin; Late Jurassic—Early Cretaceous.

1883 Schenk, pp. 251, 255, pl. 50, figs. 2, 3; pl. 51, fig. 3; pl. 52, fig. 8; leaves; Badachu and Zhaitang of West Hill, Beijing; Jurassic. [Notes: The specimen was later referred as *Podozamites lanceolatus* (L et H) f. *eichwaldi* (Schimper) Heer (Sze H C, Lee H H and others, 1963)]

1906 Krasser, p. 618, pl. 4, figs. 4, 5; leafy shoots; Dongning (Tungjing) of Heilongjiang and Quanyangou (Shan-tscha-kou) of Liaoning; Jurassic. [Notes: The specimen was later referred as *Podozamites lanceolatus* (L et H) f. *eichwaldi* (Schimper) Heer (Sze H C, Lee H H and others, 1963)]

***Podozamites lanceolatus* (L et H) var. *genuina* (Schimper) Heer, 1876**

1876 Heer, p. 108, pl. 26, fig. 10; upper reaches of Heilongjiang River; Late Jurassic.

1883 Schenk, p. 261, pl. 54, fig. 1c; leaf; Zigui, Hubei; Jurassic. [Notes: The specimen was later referred as *Podozamites*? sp. (Sze H C, Lee H H and others, 1963)]

1885 Schenk, p. 175 (13), pl. 15 (3), fig. 11; leaf; Huangnibao of Ya'an, Sichuan (Hoa-ni-pu, Se-tschuen); Jurassic. [Notes: The specimen was later referred as *Podozamites* sp. (Sze H C, Lee H H and others, 1963)]

***Podozamites lanceolatus* (L et H) var. *latifolia* (Schenk) Heer, 1867**

1867 *Zamites distans* var. *latifolius* Schenk, p. 162, pl. 36, fig. 10; Bavaria, Germany; Late Triassic—Early Jurassic.

1876 Heer, p. 109, pl. 26, figs. 5, 6, 8b, 8c; upper reaches of Heilongjiang River; Early Jurassic.

1883 Schenk, p. 248, pl. 49, figs. 4b, 5; leaves; Tumulu, Inner Mongolia; Jurassic. [Notes: The specimen was later referred as *Podozamites lanceolatus* (L et H) f. *latior* (Schenk) Sze (Sze H C, Lee H H and others, 1963)]

1883 Schenk, p. 251, pl. 50, fig. 4; leaf; Badachu of West Hill, Beijing; Jurassic. [Notes: The specimen was later referred as *Podozamites*? sp. (Sze H C, Lee H H and others, 1963)]

1883 Schenk, p. 258, pl. 51, fig. 6; leaf; Guangyuan, Sichuan; Jurassic.

1906 Krasser, p. 618, pl. 4, fig. 7; leafy shoot; Jalainur (Shara-Nor), Inner Mongolia; Jurassic.

1933 *Podozamites lanceolatus* (L et H) *latifolia* (Schenk) Heer, Yabe, Ôishi, p. 232 (38), pl. 35 (6), figs. 3B, 6A; pl 34 (5), fig. 10; shoots; Shahezi (Shahotzu) and Weijiapuzi (Weichiaputzu), Liaoning; Jurassic. [Notes: The specimens (pl. 35 (6), fig. 6A; pl. 34 (5), fig. 10) were later referred as *Podozamites lanceolatus* (L et H) f. *latior* Sze (Sze H C, Lee H H and others, 1963)]

Podozamites lanceolatus (L et H) cf. *latifolius* (Schenk) Heer

1931 Gothan, Sze, p. 35, pl. 1, figs. 5, 6; leafy shoots; Western Xinjiang, Chinesisch Turkestan; Jurassic. [Notes: The specimen was later referred as *Podozamites lanceolatus* (L et H) f. *latior* Sze (Sze H C, Lee H H and others, 1963)]

Podozamites latifolius (Schenk) Krysht. et Prynada, 1934

1867 *Zamites distans latifolius* Schenk, pl. 36, fig. 10; Bavaria, Germany; Late — Early Jurassic.

1934 Kryshtofovichi, Prynada, p. 76, figs. 3, 40; Far East, Russia; Jurassic—Early Cretaceous.

1988 Chen Fen and others, p. 83, pl. 67, fig. 6; leafy twig; Tiefa, Liaoning; Early Cretaceous Xiaoming'anbei Formation.

1996 Zheng Shaolin, Zhang Wu, pl. 4, fig. 14B; leaf; Shahezi Coal Field of Changtu, Liaoning; Early Shahezi Formation.

△*Podozamites latior* (Sze) Ye, 1980

1931 *Podozamites lanceolatus* (L et H) f. *latior* Sze, Sze C H, p. 28, pl. 3, figs. 2, 3; leaves; Pingxiang, Jiangxi; Early Jurassic (Lias).

1980 Ye Meina, in Wu Shuqing and others, p. 116, pl. 32, figs. 1, 2; leafy shoots; Xiangxi and Shazhenxi of Zigui, Hubei; Early—Middle Jurassic Hsiangchi Formation.

1984 Chen Gongxing, p. 608, pl. 267, fig. 4; leafy shoot; Xiangxi and Shazhenxi of Zigui, Jinshandian of Daye, Hubei; Early Jurassic Hsiangchi Formation and Wuchang Formation.

1993 Mi Jiarong and others, p. 149, pl. 47, figs. 3—5, 11; leaves; Chengde of Hebei and Fangshan of Beijing; Late Triassic Xingshikou Formation.

1996 Mi Jiarong and others, p. 143, pl. 35, fig. 2; leaf; Beipiao, Liaoning; Early Jurassic Beipiao Formation.

2002 Zhang Zhenlai and others, pl. 15, fig. 6; leafy shoot; Xietan of Zigui, Hubei; Late Triassic Shazhenxi Formation.

△*Podozamites minutus* Ye, 1980

1980 Ye Meina, in Wu Shuqing and others, p. 116, pl. 30, fig. 3; pl. 32, fig. 3; leafy shoots;

Xiangxi and Shazhenxi of Zigui, Hubei; Early—Middle Jurassic Hsiangchi Formation.

1984 Chen Gongxing, p. 609, pl. 267, fig. 1; pl. 268, fig. 1; leafy shoots; Shazhenxi of Zigui and Xitashan of Puqi, Hubei; Early Jurassic Hsiangchi Formation and Wuchang Formation.

2002 Zhang Zhenlai and others, pl. 15, fig. 5; leafy shoot; Gengjiahe Coal Mine of Xingshan, Hubei; Late Triassic Shazhenxi Formation.

Podozamites mucronatus **Harris, 1935**

1935 Harris, p. 96, pl. 16, figs. 4, 5, 7, 10—12, 14; text-fig. 39; leafy shoots; Scoresby Sound, East Greenland, Denmark; Early Trassic (*Thaumatopteris* Zone).

1986 Ye Meina and others, p. 80, pl. 50, fig. 3; leaf; Dalugou of Xuanhan, Sichuan; Late Triassic member 7 of Hsuchiaho Formation.

1993c Wu Xiangwu, p. 86, pl. 3, figs. 5A, 5aA; pl. 4, figs. 6—8a, 8aA; pl. 5, figs. 8, 8a; pl. 6, figs. 8—10; pl. 7, figs. 1, 1a; leafy shoots; Shangxian of Shaanxi; Early Cretaceous lower member of Fengjiashan Formation.

Podozamites **aff. *mucronatus*** **Harris**

1980 Wu Shuqing and others, p. 116, pl. 30, fig. 5; pl. 31, figs. 3—4b, 6; leaves; Xiangxi of Zigui, Hubei; Early—Middle Jurassic Hsiangchi Formation.

1984 Chen Gongxing, p. 609, pl. 239, fig. 1; leafy shoot; Xiangxi of Zigui, Hubei; Early Jurassic Hsiangchi Formation.

1995 Wang Xin, pl. 3, fig. 17; leaf; Tongchuan, Shaanxi; Middle Jurassic Yan'an Formation.

Podozamites **cf. *mucronatus*** **Harris**

1988 Li Peijuan and others, p. 125, pl. 96, fig. 1; pl. 97, figs. 1, 2; leaves; Dameigou, Qinghai; Early Jurassic *Zamites* Bed of Xiaomeigou Formation.

1996 Sun Yuewu and others, p. 13, pl. 1, figs. 11, 11a; leaf; Shanggu of Chengde, Hebei; Early Jurassic Nandaling Formation.

△*Podozamites nobilis* **Sun, 1993**

1992 Sun Ge, Zhao Yanhua, p. 555, pl. 254, fig. 6; shoot with leaves; North Hill near Lujuanzicun of Wangqing, Jilin; Late Triassic Malugou Formation. (nom. nud.)

1993 Sun Ge, pp. 100, 140, pl. 47, figs. 1—3; leafy shoots; No.: T11-810, T12-613, T12-876; Reg. No.: PB12084—PB12086; Holotype: PB12084 (pl. 47, fig. 1); Paratype: PB12085 (pl. 47, fig. 2); Repository: Nanjing Institute of Geology and Palaeontology, Chinese Academy of Sciences; Tianqiaoling of Wangqing, Jilin; Late Triassic Malugou Formation.

Podozamites olenekensis **Vassilevskaja, 1957**

1957 Vassilevskaja, p. 87, pl. 1, fig. 2; leafy shoot; Lena River Basin, USSR; Early Cretaceous.

1988 Chen Fen and others, p. 83, pl. 55, fig. 1; leafy shoot; Haizhou of Fuxin, Liaoning; Early Cretaceous Fuxin Formation.

△*Podozamites opimus* **Sun, 1993**

1992 Sun Ge, Zhao Yanhua, p. 555, pl. 253, fig. 1; leafy shoot; North Hill near Lujuanzicun of Wangqing, Jilin; Late Triassic Malugou Formation. (nom. nud.)

1993 Sun Ge, pp. 101, 140, pl. 49, figs. 1—5; leafy shoots; No.: T13, 118, T13'-200, T13'-107, T13'-118, T13'-31; Reg. No.: PB12091—PB12094; Holotype: PB12091 (pl. 49, fig. 1); Repository: Nanjing Institute of Geology and Palaeontology, Chinese Academy of Sciences; Tianqiaoling of Wangqing, Jilin; Late Triassic Malugou Formation.

Podozamites ovalis **Nathorst, 1876**

1876 Nathorst, p. 53, pl. 13, fig. 5; Sweden; Late Triassic.

1987 Chen Ye and others, p. 128, pl. 39, fig. 7; leafy shoot; Qinghe of Yanbian, Sichuan; Late Triassic Hongguo Formation.

△***Podozamites paralanceolatus*** **Wu, 1988**

1988 Wu Xiangwu, in Li Peijuan and others, p. 125, pl. 94, fig. 2; pl. 95, fig. 2; pl. 132, figs. 6—8a; pl. 134, figs. 7, 7a; text-fig. 24; leafy shoots and cuticles; Col. No.: 80DP$_1$F$_{28}$; Reg. No.: PB13698, PB13699; Holotype: PB13698 (pl. 94, fig. 2); Repository: Nanjing Institute of Geology and Palaeontology, Chinese Academy of Sciences; Dameigou, Qinghai; Early Jurassic *Cladophlebis* Bed of Huoshaoshan Formation.

Podozamites pulechellus **Heer, 1876**

1876 Heer, p. 38, pl. 9, figs. 10—14; Spitsbergen, Norway; Early Cretaceous. [Notes: The specimen was later as *Pseudotorellia pulechellus* (Heer) Vas. (Sze H C, Lee H H and others, 1963)]

Podozamites **cf.** ***pulechellus*** **Heer**

1996 Sun Yuewu and others, pl. 1, fig. 17; leaf; Shanggu of Chengde, Hebei; Early Jurassic Nandaling Formation.

Podozamites punctatus **Harris, 1935**

1935 Harris, p. 89, pl. 18, figs. 5, 7; text-fig. 36; leafy shoots; Scoresby Sound, East Greenland; Early Jurassic *Thaumatopteris* Zone.

Podozamites **cf.** ***P. punctatus*** **Harris**

1986 Ye Meina and others, p. 80, pl. 51, fig. 1A; leaf; Binlang of Daxian, Sichuan; Late Triassic member 7 of Hsuchiaho Formation.

Podozamites **cf.** ***punctatus*** **Harris**

1988 Li Peijuan and others, p. 127, pl. 93, figs. 2A, 2a; pl. 96, figs. 2, 2a; pl. 97, fig. 3; leaves; Dameigou, Qinghai; Early Jurassic *Cladophlebis* Bed of Huoshaoshan Formation.

△***Podozamites rarinervis*** **Duan et Chen, 1983**

1983 Duan Shuying and Chen Ye, in Duan Shuying and others, pp. 61, 64, pl. 11, fig. 5; leafy shoot; No.: 7677; Ninglang, Yunnan; Late Triassic.

Podozamites reinii **Geyler, 1877**

1877 Geyler, p. 229, pl. 33, fig. 4a; pl. 34, figs. 1, 2, 3b, 4, 5a; leafy shoots; Europe; Late Jurassic—Early Cretaceous.

1982 Chen Fen, Yang Guanxiu, p. 579, pl. 1, fig. 10; leafy shoot; Beijing; Early Cretaceous

Lushangfen Formation of Tuoli Group.

1982 Zheng Shaolin, Zhang Wu, p. 325, pl. 21, figs. 7, 8; leafy shoots; Didao of Jixi, Heilongjiang; Late Jurassic Didao Formation.

1988 Chen Fen and others, p. 84, pl. 54, figs. 7, 8; leafy shoots; Haizhou of Fuxin, Liaoning; Early Cretaceous Fuxin Formation.

Cf. *Podozamites reinii* Geyler

2000 Wu Shunqing, pl. 7, fig. 10; leafy shoot; Angping of Dayushan, Hongkong; Early Cretaceous Repulse Bay Group.

***Podozamites schenki* Heer, 1876**

1876 Heer, p. 45; Bavaria, Germany; Late Triassic—Early Jurassic.

1931 Sze C H, p. 29, pl. 4, fig. 3; leafy shoot; Pingxiang, Jiangxi; Early Jurassic (Lias).

1950 Ôishi, p. 180, pl. 51, fig. 6; leafy shoot; Northeast China; Late Jurassic.

1956 Ngo C K, p. 24, pl. 5, fig. 3; leafy shoot; Xiaoping (Siaoping), Guangdong; Late Triassic Siaoping Coal Series.

1963 Sze H C, Lee H H and others, p. 293, pl. 100, fig. 1; leafy shoot; Pingxiang of Jiangxi and Jiaohe of Jilin(?); late Late Triassic—Middle to Late Jurassic (?).

1965 Tsao Chengyao, p. 524, pl. 6, fig. 10; text-fig. 14; leafy shoot; Gaoming, Guangdong; Late Triassic Xiaoping Formation (Siaoping Series).

1968 *Fossil Atlas of Mesozoic Coal-bearing Strata in Kiangsi and Hunan Provinces*, p. 78, pl. 32, fig. 2; leafy shoot; Jiangxi and Hunan; Late Triassic—Jurassic.

1974 Hu Yufan and others, pl. 2, fig. 5; leafy shoot; Guanhua of Ya'an, Sichuan; Late Triassic.

1976 Lee Peichuan and others, p. 131, pl. 44, fig. 7; leafy shoot; Yubacun and Yipinglang of Lufeng, Yunnan; Late Triassic Yipinglang Formation.

1977 Feng Shaonan and others, p. 244, pl. 98, fig. 5; leafy shoot; Gaoming, Guangdong; Late Triassic Xiaoping Formation.

1978 Zhang Jihui, p. 486, pl. 164, fig. 3; leaf; Maotai of Renhuai, Guizhou; Late Triassic.

1980 He Dechang, Shen Xiangpeng, p. 27, pl. 13, fig. 4; leafy shoot; Chengtanjiang of Liuyang, Hunan; Late Triassic Sanqiutian Formation.

1980 Zhang Wu and others, p. 305, pl. 148, figs. 4, 5; leaves; Beipiao, Liaoning; Early Jurassic Beipiao Formation.

1981 Zhou Huiqin, pl. 3, fig. 4; leafy shoot; Yangcaogou of Beipiao, Liaoning; Late Triassic Yangcaogou Formation.

1982 Duan Shuying, Chen Ye, p. 508, pl. 15, figs. 5, 6; pl. 16, fig. 2; leafy shoots; Tanba of Hechuan, Sichuan; Late Triassic Hsuchiaho Formation.

1982 Li Peijuan, Wu Xiangwu, p. 57, pl. 2, fig. 1C; pl. 20, fig. 3; leafy shoots; Xiangcheng and Daocheng, Sichuan; Late Triassic Lamaya Formation.

1982 Wang Guoping and others, p. 289, pl. 127, fig. 1; leafy shoot; Qianban of Zhangping, Fujian; Late Triassic upper member of Dakeng Formation.

1982b Yang Xuelin, Sun Liwen, p. 38, pl. 11, fig. 2; leafy shoot; Hongqi of Wanbao, Da Hingganling; Early Jurassic Hongqi Formation.

1982 Zhang Caifan, p. 539, pl. 348, fig. 1; leaf; Zhaishang of Lingxian, Keyuan of Liuyang and

Gouyadong of Yizhang, Hunan; Late Triassic—Early Jurassic.

1982 Zhang Wu, p. 191, pl. 2, fig. 10; leaf; Lingyuan, Liaoning; Late Triassic Laohugou Formation.

1983 Duan Shuying and others, pl. 11, fig. 10; leafy shoot; Ninglang, Yunnan; Late Triassic.

1986 Ye Meina and others, p. 80, pl. 50, figs. 4, 5; leaves; Leiyinpu of Daxian, Sichuan; Late Triassic member 7 of Hsuchiaho Formation.

1987 Chen Ye and others, p. 128, pl. 39, figs. 1, 2; leafy shoots; Qinghe of Yanbian, Sichuan; Late Triassic Hongguo Formation.

1987 He Dechang, pp. 74, 82, pl. 11, fig. 1; pl. 16, fig. 7; leafy shoots; Fengping of Suichang, Zhejiang; Early Jurassic bed 2 of Huaqiao Formation; p. 82, pl. 16, fig. 7, leafy shoot; Paomaling of Puqi, Hubei; Late Triassic Jigongshan Formation.

1987a Meng Fansong, p. 256, pl. 31, fig. 1; leafy shoot; Jiuligang near Maoping of Yuan'an, Hubei; Late Triassic Jiuligang Formation.

1989 Mei Meitang and others, p. 110, pl. 61, figs. 1, 2; leafy shoots; North Hemisphere; Late Triassic.

1991 Huang Qisheng, Qi Yue, pl. 1, fig. 9; leafy shoot; Majian of Lanxi, Zhejiang; Early—Middle Jurassic lower member of Majian Formation.

1992 Wang Shijun, p. 54, pl. 22, fig. 7; leafy shoot; Guanchun of Lechang, Guangdong; Late Triassic.

1992 Sun Ge, Zhao Yanhua, p. 555, pl. 254, fig. 4; leafy shoot; Wangqing, Jilin; Late Triassic Malugou Formation.

1993 Mi Jiarong and others, p. 150, pl. 44, figs. 26a, 36; pl. 47, figs. 6, 7, 9, 13; leafy shoots; Dongning, Heilongjiang; Late Triassic Luoquanzhan Formation; Wangqing, Jilin; Late Triassic Malugou Formation; Fangshan, Beijing; Late Triassic Xingshikou Formation.

1993 Sun Ge, p. 101, pl. 48, figs. 1—5; leafy shoots; Tianqiaoling of Wangqing, Jilin; Late Triassic Malugou Formation.

1996 Huang Qisheng and others, pl. 1, fig. 2; leafy shoot; Qilixia of Xuanhan, Sichuan; Early Jurassic lower part of Zhenzhuchong Formation.

1996 Mi Jiarong and others, p. 143, pl. 35, fig. 6; leafy shoot; Shimenzhai of Funing, Hebei; Early Jurassic Beipiao Formation.

1998 Zhang Hong and others, pl. 50, fig. 2; pl. 54, fig. 2A; leafy shoots; Karamay, Xinjiang; Early Jurassic Badaowan Formation.

1999 Hu Yufan and others, p. 144, pl. 1, figs. 1, 5a—5d; leafy shoots and strobili; Ya'an, Sichuan; Late Jurassic.

2000 Sun Chunlin and others, pl. 1, fig. 25; leafy shoot; Hongli of Baishan, Jilin; Late Triassic Xiaoyingzi Formation.

2001 Huang Qisheng and others, pl. 1, fig. 6; leafy shoot; Qilixia of Xuanhan, Sichuan; Early Jurassic lower part of Zhenzhuchong Formation.

2002 Wu Xiangwu and others, p. 171, pl. 11, figs. 6, 7; shoots with leaves; Qingtujing of Jinchang, Gansu; Middle Jurassic lower member of Ningyuanpu Formatin.

△*Podozamites shanximiaoensis* Yang, 1987

1987 Yang Xianhe, p. 8, pl. 1, figs. 8, 9; pl. 2, figs. 10, 11; leafy shoots; Reg. No.: Sp310, Sp311,

Sp321, Sp322; Rongxian, Sichuan; Middle Jurassic Shaximiao Formation. (Notes: The type specimen was not appointed in the original paper)

△*Podozamites sichuanensis* Chen et Duan, 1985

1985 Chen Ye, Duan Shuying, in Chen Ye and others, pp. 320, 325, pl. 2, fig. 4; leafy shoot; No.: 7383; Qinghe of Yanbian, Sichuan; Late Triassic Hongguo Formation.

1987 Chen Ye and others, p. 129, pl. 39, fig. 6; leafy shoot; Qinghe of Yanbian, Sichuan; Late Triassic Hongguo Formation.

1989 Mei Meitang and others, p. 110, pl. 59, fig. 3; leafy shoot; Sichuan; middle — late Late Triassic.

***Podozamites stewartensis* Harris, 1926**

1926 Harris, p. 113, pl. 6, fig. 4; pl. 8, fig. 3; leafy shoots and cuticles; Scorsby Sound, East Greenland, Denmark; Late Triassic (Rhaetic).

***Podozamites* cf. *P. stewartensis* Harris**

1993 Mi Jiarong and others, p. 150, pl. 47, fig. 12; leafy shoot; Wangqing, Jilin; Late Triassic Malugou Formation.

△*Podozamites*? *subovalis* Lee, 1976

1976 Lee Peichuan and others, p. 131, pl. 43, fig. 4; pl. 44, fig. 5; leafy shoots; Col. No.: AARV7-9/99Y; Reg. No.: PB5461, PB5469; Holotype: PB5461 (pl. 43, fig. 4); Repository: Nanjing Institute of Geology and Palaeontology, Chinese Academy of Sciences; Yubacun and Yipinglang of Lufeng, Yunnan; Late Triassic Yipinglang Formation.

***Podozamites* spp.**

1906 *Podozamites* sp., Krasser, p. 620, pl. 4, fig. 6; leafy shoot; Jiaohe (Thiao-ho) and Huoshiling (Ho-shi-ling-tza), Jilin; Jurassic.

1911 *Podozamites* sp., Seward, pp. 24, 52, pl. 3, fig. 39; leaf; Diam River (left bank) of Junggar Basin, Xinjiang; Early — Middle Jurassic. [Notes: The specimen was later referred as *Podozamites*? sp. (Sze H C, Lee H H and others, 1963)]

1920 *Podozamites* sp., Yabe, Hayasaka, pl. 3, fig. 2; leafy shoot; Hujiafang (Fuchiafang) of Pingxiang, Jiangxi; Late Triassic (Rhaetic) — Early Jurassic (Lias).

1928 *Podozamites* sp. aff. *P. lanceolatus* (Lindley et Hutton) Braun, Yabe, Ôishi, p. 12, pl. 3, figs. 6, 7; leafy shoots; Fangzi Coal Field and Ershilipu, Shandong; Jurassic. [Notes: The specimen was later referred as *Potozamites* sp. (Sze H C, Lee H H and others, 1963)]

1928 *Podozamites* sp. aff. *P. angustifolius* Heer, Yabe, Ôishi, p. 12, pl. 3, fig. 8; leafy shoot; Fangzi Coal Field, Shandong; Jurassic. [Notes: The specimen was later referred as *Potozamites* sp. (Sze H C, Lee H H and others, 1963)]

1928 *Podozamites* sp. aff. *P. lanceolatus distans* Heer, Yabe, Ôishi, p. 12, pl. 3, fig. 9; leafy shoot; Fangzi Coal Field, Shandong; Jurassic. [Notes: The specimen was later referred as *Potozamites* sp. (Sze H C, Lee H H and others, 1963)]

1928 *Podozamites* sp. aff. *P. lanceolatus eichwaldi* Heer, Yabe, Ôishi, p. 12, pl. 3, fig. 10; leafy shoot; Fangzi Coal Field, Shandong; Jurassic. [Notes: The specimen was later referred as *Potozamites lanceolatus* f. *eichwaldi* Heer (Sze H C, Lee H H and others, 1963)]

1935 *Podozamites* sp. nov., Ôishi, p. 94, pl. 8, figs. 8, 9; leaves; Dongning (Tungning), Heilongjiang; Late Jurassic. [Notes: The specimen was later referred as *Podozamites lanceolatus* (L et H) f. *latior* Sze (Sze H C, Lee H H and others, 1963)]

1939 *Podozamites* sp. a, Matuzawa, pl. 4, fig. 1; leaf; Beipiao Coal Field of Beipiao, Liaoning; Early— Middle Jurassic Beipiao Coal Formation. [Notes: The specimen was later referred as *Podozamites lanceolatus* (L et H) f. *latior* Sze (Sze H C, Lee H H and others, 1963)]

1939 *Podozamites* sp. b, Matuzawa, pl. 6, fig. 2; leaf; Beipiao Coal Field of Beipiao, Liaoning; Early— Middls Jurassic Beipiao Coal Formation. [Notes: The specimen was later referred as ? *Podozamites lanceolatus* (L et H) f. *latior* Sze (Sze H C, Lee H H and others, 1963)]

1963 *Podozamites* spp., Sze H C, Lee H H and others, p. 294.

Podozamites sp. = *Podozamites lanceolatus* (L et H) var. *brevis* Schenk (Schenk, 1883, p. 251, pl. 50, fig. 1); Badachu of West Hill, Beijing; Early—Middle Jurassic.

Podozamites sp. = *Podozamites lanceolatus* (L et H) (Schenk, 1883, p. 258, pl. 51, fig. 7); Guangyuan, Sichuan; Jurassic.

Podozamites sp. = *Podozamites lanceolatus* (L et H) var. *distans* (Schimper) Heer [Schenk, 1885, pp. 173 (11), 175 (13), pl. 14 (2), figs. 5a, 8b, 9b; pl. 15 (3), figs. 9, 10] and *Podozamites gramineus* Heer [Schenk, 1885, p. 175 (13), pl. 15 (3), figs. 12, 13a]; Guangyuan and Ya'an, Sichuan; Jurassic.

Podozamites sp. = *Podozamites* sp. [Krasser, 1906, p. 620]; Huoshiling (Ho-shi-ling-tza), Jilin; Middle—Late Jurassic.

Podozamites sp. = *Podozamites* sp. [Krasser, 1906, p. 620, pl. 4, fig. 6]; Huoshiling (Ho-shi-ling-tza), Jilin; Middle—Late Jurassic.

Podozamites sp. = *Podozamites* sp. [Yabe, Hayasaka, 1920, pl. 3, fig. 2]; Hujiafang of Pingxiang, Jiangxi; late Late Triassic—Early Jurassic.

Podozamites sp. = *Podozamites* spp. [Yabe, Ôishi, 1928, p. 12, pl. 3, figs. 2—9]; Fangzi and Ershilipu of Weixian, Shandong; Early—Middle Jurassic.

Podozamites sp. = *Podozamites lanceolatus* (L et H) [Matuzawa, 1939, pl. 5, fig. 4]; Beipiao, Liaoning; Early—Middle Jurassic.

1964 *Podozamites* sp., Lee Peichuan, p. 143, pl. 20, fig. 3; leaf; Yangjiaya (Hsuchiaho) (Rongshan) of Guangyuan, Sichuan; Late Triassic Hsuchiaho Formation.

1976 *Podozamites* spp., Lee Peichuan and others, p. 132, pl. 42, figs. 10, 11; pl. 43, fig. 5; leaves; Yubacun and Yipinglang of Lufeng, Yunnan; Late Triassic Yipinglang Formation.

1976 *Podozamites* sp., Lee Peichuan and others, p. 132, pl. 42, fig. 12; pl. 43, fig. 6 (?); leafy shoots; Yubacun and Yipinglang of Lufeng, Yunnan; Late Triassic Yipinglang Formation.

1977 *Podozamites* sp., Duan Shuying and others, p. 117, pl. 1, fig. 11; leaf; Lhasa, Tibet; Early Cretaceous.

1980 *Podozamites* sp. 1, Li Baoxian, in Wu Shuqing and others, p. 82, pl. 5, fig. 4; leafy shoot; Gengjiahe of Xingshan, Hubei; Late Triassic Shazhenxi Formation.

1980 *Podozamites* sp. 2, Li Baoxian in Wu Shuqing and others, p. 82, pl. 5, figs. 5, 6; leafy shoot; Gengjiahe of Xingshan, Hubei; Late Triassic Shazhenxi Formation.

1980 *Podozamites* sp. 1, Wu Shuqing and others, p. 117, pl. 28, fig. 10; pl. 29, fig. 3; pl. 39, fig. 14; leafy shoots; Daxiakou and Huilongsi of Xingshan, Hubei; Early—Middle Jurassic Hsiangchi Formation.

1980 *Podozamites* sp. 2, Wu Shuqing and others, p. 117, pl. 30, figs. 4—4b; leafy shoot; Xiangxi of Zigui, Hubei; Early—Middle Jurassic Hsiangchi Formation.

1980 *Podozamites* sp. 3, Wu Shuqing and others, p. 118, pl. 29, figs. 4—6; leafy shoots; Xiangxi and Shazhenxi of Zigui, Hubei; Early—Middle Jurassic Hsiangchi Formation.

1981 *Podozamites* sp., Liu Maoqiang, Mi Jiarong, p. 28, pl. 3, figs. 14, 17; leafy shoots; Linjiang, Jilin; Early Jurassic Yihuo Formation.

1982 *Podozamites* sp., Li Peijuan, p. 96, pl. 14, fig. 2; leaf; Zhungyaisumdo of Luolong (Lhorong), Tibet; Early Cretaceous Duoni Formation.

1982 *Podozamites* sp., Duan Shuying, Chen Ye, pl. 16, fig. 1; leaf; Tanba of Hechuan, Sichuan; Late Triassic Hsuchiaho Formation.

1982b *Podozamites* sp., Yang Xuelin, Sun Liwen, p. 39, pl. 11, fig. 9; leafy shoot; Hongqi of Wanbao, Da Hingganling; Early Jurassic Hongqi Formation.

1983a *Podozamites* sp., Cao Zhengyao, p. 17, pl. 1, fig. 13; leafy shoot; Yunshan of Hulin, Heilongjiang; Middle Jurassic Longzhaogou Group.

1984 *Podozamites* sp., Kang Ming and others, pl. 1, figs. 14, 15; leafy shoots; Yangshuzhuang of Jiyuan, Henan; Middle Jurassic Yangshuzhuang Formation.

1984 *Podozamites* sp., Zhou Zhiyan, p. 51, pl. 30, fig. 3; pl. 32, figs. 3—6; leaves and cuticles; Huangyangsi of Lingling, Hunan; Early Jurassic middle-lower (?) part of Guanyintan Formation.

1984 *Podozamites* sp. cf. *P. mucronatus* Harris, Zhou Zhiyan, p. 51, pl. 33, figs. 2 (right)—2c; leaves; Hebutang of Qiyang, Hunan; Early Jurassic Dabakou Member of Guanyintan Formation.

1985 *Podozamites* sp., Li Peijuan, pl. 20, fig. 1B; leaf; Wensu, Xinjiang; Early Jurassic.

1985 *Podozamites* sp., Shang Ping, pl. 7, fig. 1; leaf; Bajiazishan of Fuxin, Liaoning; Early Cretaceous.

1986b *Podozamites* sp. 1, Li Xingxue and others, p. 27, pl. 34, fig. 1; leafy shoot; Shansong of Jiaohe, Jilin; late Early Cretaceous Moshilazi Formation.

1986b *Podozamites* sp. 2, Li Xingxue and others, p. 28, pl. 33, fig. 7; pl. 34, fig. 6; leafy shoots; Shansong of Jiaohe, Jilin; late Early Cretaceous Moshilazi Formation.

1986 *Podozamites* sp. (Cf. *P. astartensis* Harris), Ye Meina and others, p. 81, pl. 51, figs. 4—5a; pl. 52, fig. 7; leaves; Tieshan, Sichuan; Late Triassic member 7 of Hsuchiaho Formation; Wenquan of Kaixian, Sichuan; Early Jurassic Zhenzhuchong Formation.

1986 *Podozamites* sp. (Cf. *P. griesbachi* Seward), Ye Meina and others, p. 81, pl. 52, fig. 2;

leaf; Bailin of Dazhu, Sichuan; Late Triassic member 5 of Hsuchiaho Formation.

1986 *Podozamites* sp. (Cf. *P. stewartensis* Harris), Ye Meina and others, p. 80, pl. 51, figs. 3A, 6B; leaves; Bailin of Dazhu and Dalugou of Xuanhan, Sichuan; Late Triassic member 7 of Hsuchiaho Formation.

1987 *Podozamites* sp., He Dechang, p. 74, pl. 9, fig. 7; pl. 12, fig. 2; leaves; Fengping of Suichang, Zhejiang; Early Jurassic bed 2 of Huaqiao Formation.

1988 *Podozamites* sp. 1, Chen Fen and others, p. 84, pl. 54, fig. 6; leafy shoot; Haizhou of Fuxin, Liaoning; Early Cretaceous Fuxin Formation.

1988 *Podozamites* sp. 2, Chen Fen and others, p. 84, pl. 66, fig. 5; leaf; Tiefa, Liaoning; Early Cretaceous Xiaoming'anbei Formation.

1988b *Podozamites* sp., Huang Qisheng, Lu Zongsheng, pl. 9, fig. 4; leafy shoot; Jinshandian of Daye, Hubei; Early Jurassic middle part of Wuchang Formation.

1988 *Podozamites* sp. 1 (Cf. *P. ovalis* Nathorst), Li Peijuan and others, p. 127, pl. 31, fig. 3; leaf; Dameigou, Qinghai; Early Jurassic *Cladophlebis* Bed of Huoshaoshan Formation.

1988 *Podozamites* sp. 2, Li Peijuan and others, p. 127, pl. 54, figs. 4A, 4a; pl. 134, fig. 7; leaves and cuticles; Dameigou, Qinghai; Early Jurassic *Cladophlebis* Bed of Huoshaoshan Formation.

1988 *Podozamites* sp. 3, Li Peijuan and others, p. 128, pl. 93, fig. 3; pl. 97, figs. 4, 4a; leaves; Dameigou, Qinghai; Middle Jurassic *Eboracia* Bed of Yinmagou Formation.

1988 *Podozamites* sp. 4[Cf. *Podozamites distans* (Presl)], Li Peijuan and others, p. 127, pl. 93, fig. 1; leafy shoot; Kuangou of Lvcaoshan, Qinghai; Middle Jurassic *Nilssonia* Bed of Shimengou Formation.

1988 *Podozamites* sp. 5, Li Peijuan and others, p. 127, pl. 93, figs. 4, 4a; pl. 97, fig. 5; leafy shoots; Dameigou, Qinghai; Middle Jurassic *Tyrmia-Sphenobaiera* Bed of Dameigou Formation; Baishushan of Delingha, Qinghai; Middle Jurassic *Nilssonia* Bed of Shimengou Formation.

1990 *Podozamites* sp., Wu Xiangwu, He Yuanliang, p. 307, pl. 8, fig. 6; leafy shoot; Jiezha of Zaduo, Qinghai; Late Triassic Gema Formation of Jiezha Group.

1992b *Podozamites* sp., Meng Fansong, p. 213, pl. 3, figs. 10 — 12; leaves; Yuedong, Hainan; Early Cretaceous Lumuwan Group.

1992 *Podozamites* sp. (Cf. *P. stewartensis* Harris), Sun Ge, Zhao Yanhua, p. 555, pl. 253, fig. 2; leafy shoot; North Hill near Lujuanzicun of Wangqing, Jilin; Late Triassic Malugou Formation.

1992 *Podozamites* sp. 1, Wang Shijun, p. 54, pl. 22, figs. 4, 6, 10; leaves; Ankou of Lechang, Guangdong; Late Triassic.

1992 *Podozamites* sp. 2, Wang Shijun, p. 55, pl. 22, fig. 1; leaf; Guanchun and Ankou of Lechang, Guangdong; Late Triassic.

1992 *Podozamites* sp. 3, Wang Shijun, p. 55, pl. 22, fig. 1c; pl. 23, fig. 3; leafy shoots; Ankou of Lechang, Guangdong; Late Triassic.

1992 *Podozamites* sp. 4, Wang Shijun, p. 55, pl. 23, figs. 5, 5a; leaf; Ankou of Lechang, Guangdong; Late Triassic.

1993 *Podozamites* sp., Mi Jiarong and others, p. 151, pl. 47, fig. 17; leafy shoot; Shuangyang,

Jilin; Late Triassic upper member of Xiaofengmidingzi Formation.

1993 *Podozamites* sp. (Cf. *P. stewartensis* Harris), Sun Ge, p. 102, pl. 46, fig. 8; pl. 49, figs. 6, 7; leafy shoots; North Hill in Lujuanzicun and Tianqiaoling of Wangqing, Jilin; Late Triassic Malugou Formation.

1993 *Podozamites* sp., Sun Ge, p. 102, pl. 50, fig. 1; leafy shoot; North Hill in Lujuanzicun of Wangqing, Jilin; Late Triassic Malugou Formation.

1995a *Podozamites* sp., Li Xingxue (editor-in-chief), pl. 105, fig. 7; leafy shoot; Hegang, Heilongjiang; Early Cretaceous Shitouhezi Formation. (in Chinese)

1995b *Podozamites* sp., Li Xingxue (editor-in-chief), pl. 105, fig. 7; leafy shoot; Hegang, Heilongjiang; Early Cretaceous Shitouhezi Formation. (in English)

1999 *Podozamites* sp. 1, Cao Zhengyao, p. 94, pl. 22, figs. 10 — 12a; leaves; Zhengwan of Wencheng, Zhejiang; Early Cretaceous Guantou Formation.

1999 *Podozamites* sp. 2, Cao Zhengyao, p. 94, pl. 22, fig. 13; leaf; Huangjiawu of Zhuji, Zhejiang; Early Cretaceous Shouchang Formation (?).

1999b *Podozamites* sp., Wu Shunqing, p. 47, pl. 41, fig. 2; leafy shoot; Pengxian, Sichuan; Late Triassic Hsuchiaho Formation.

2001 *Podozamites* sp., Sun Ge and others, pp. 104, 205, pl. 21, fig. 5; pl. 25, fig. 6; pl. 62, figs. 6, 9, 10; leaves; western Liaoning; Late Jurassic Jianshangou Formation.

2001 *Podozamites* sp., Zheng Shaolin and others, pl. 1, figs. 30, 31; leaves; Liujiagou of Beipiao, Liaoning; Middle—Late Jurassic member 3 of Tuchengzi Formation.

Podozamites? spp.

1945 *Podozamites*? sp., Sze H C, p. 52, figs. 6, 7; leaves; Yong'an (Yungan), Fujian (Fukien); Cretaceous Pantou Series.

1963 *Podozamites*? sp., Sze H C, Lee H H and others, p. 293, pl. 100, fig. 5; leaf; Diam River (left bank) of Junggar Basin, Xinjiang; Early—Middle Jurassic.

1963 *Podozamites*? spp., Sze H C, Lee H H and others, p. 294; Tumulu of Inner Mongolia, West Hill of Beijing; Early—Middle Jurassic; Zigui, Hubei; Jurassic; Sanqiao of Guiyang, Guizhou; Late Triassic.

1983 *Podozamites*? sp., Sun Ge and others, p. 456, pl. 3, fig. 11; leaf; Dajianggang of Shuangyang, Jilin; Late Triassic Dajianggang Formation.

1983 *Podozamites*? sp., Zhang Wu and others, p. 82, pl. 4, fig. 24; leaf; Linjiawaizi of Benxi, Liaonin; Middle Triassic Linjia Formation.

1985 *Podozamites*? sp., Cao Zhengyao, p. 282, pl. 3, fig. 11; leaf; Hanshan, Anhui; Late Jurassic Hanshan Formation.

1996 *Podozamites*? sp., Wu Shunqing, Zhou Hanzhong, p. 11, pl. 11, fig. 5; leafy shoot; Kuqa of northern Tarim Basin, Xinjiang; Middle Triassic Karamay Formation.

1999b *Podozamites*? sp., Wu Shunqing, p. 48, pl. 42, fig. 2; leafy shoot; Guang'an, Sichuan; Late Triassic Hsuchiaho Formation.

Cf. _Podozamites_ sp.

1933a Cf. *Podozamites* sp, Sze H C, p. 9; Sanqiao of Guiyang, Guizhou; Early Jurassic. [Notes: The specimen was later referred as *Podozamites*? sp. (Sze H C, Lee H H and others,

1963)]

Genus *Problematospermum* Turutanova-Ketova, 1930

1930 Turutanova-Ketova, p. 160.

2001 Sun Ge and others, pp. 109, 208.

Type species: *Problematospermum ovale* Turutanova-Ketova, 1930

Taxonomic status: incertae sedis or coniferous

Problematospermum ovale Turutanova-Ketova, 1930

1930 Turutanova-Ketova, p. 160, pl. 4, figs. 30, 30a; seed; Karatau, Kazakhsta; Late Jurassic.

2001 Sun Ge, Zheng Shaolin, in Sun Ge and others, pp. 110, 209, pl. 25, figs. 3, 4; pl. 66, figs. 3 — 11; seeds; Jianshangou of Beipiao, western Liaoning; Late Jurassic Jianshangou Formation.

△*Problematospermum beipiaoense* Sun et Zheng, 2001 (in Chinese and English)

2001 Sun Ge, Zheng Shaolin, in Sun Ge and others, pp. 109, 208, pl. 25, figs. 1, 2; pl. 66, figs. 1, 2; pl. 75, figs. 1 — 6; seeds and cuticles; Reg. No.: PB19188; Holotype: PB19188 (pl. 25, fig. 1); Repository: Nanjing Institute of Geology and Palaeontology, Chinese Academy of Sciences; Jianshangou of Beipiao, western Liaoning; Late Jurassic Jianshangou Formation.

Genus *Protocedroxylon* Gothan, 1910

1910 Gothan, p. 27.

1937—1938 Shimakura, p. 15.

1963 Sze H C, Lee H H and others, p. 322.

1993a Wu Xiangwu, p. 122.

Type species: *Protocedroxylon araucarioides* Gothan, 1910

Taxonomic status: wood of Coniferopsida

Protocedroxylon araucarioides Gothan, 1910

1910 Gothan, p. 27, pl. 5, figs. 3 — 5, 7; pl. 6, fig. 1; fossil woods; Green Harbour of Spitsbergen, Norway; Late Jurassic.

1937—1938 Shimakura, p. 15, pl. 3, figs. 7 — 10; text-fig. 4; fossil woods; Chaoyang, Liaoning; Early Cretaceous (?).

1963 Sze H C, Lee H H and others, p. 322, pl. 118, figs. 6—8; pl. 110, figs. 1—5; fossil woods; Chaoyang, Liaoning (?); Early Cretaceous (?).

1993a Wu Xiangwu, p. 122.

△*Protocedroxylon lingwuense* He et Zhang, 1993

1993 He Dechang, Zhang Xiuyi, pp. 263, 264; pl. 3, figs. 1 — 3; pl. 4, figs. 1, 2; mineralized woods; Col. No.: L_{y2c-46}, L_{y2c-10}; Reg. No.: S019—S021; Holotype: S019 (pl. 3, fig. 1); Repository: Xi'an Branch, Central Coal Research Institute; Yangchangwan of Lingwu, Ningxia; Middle Jurassic.

△*Protocedroxylon orietale* He, 1995

1995 He Dechang, pp. 11 (in Chinese), 15 (in English), pl. 10, figs. 1—1d; pl. 12, figs. 1—1d; pl. 14, figs. 2—2b; fusainized woods; No.: 91144; Repository: Xi'an Branch, Central Coal Research Institute; Huolinhe mine of Jarud Banner, Inner Mongolia; Late Jurassic 14th seam of Huolinhe Formation.

Genus *Protocupressinoxylon* Eckhold, 1922

1922 Eckhold, p. 491.

1982 Zheng Shaolin, Zhang Wu, p. 330.

1993a Wu Xiangwu, p. 122.

Type species: *Protocupressinoxylon cupressoides* (Holden) Eckhold, 1922

Taxonomic status: Coniferopsida

Protocupressinoxylon cupressoides (Holden) Eckhold, 1922

1913 *Paracupressinoxylon cupressoides* Holden, p. 538, pl. 39, figs. 15, 16; coniferous woods; Yokshire, England(?); Middle Jurassic.

1922 Eckhold, p. 491; coniferous woods; Yokshire, England; Middle Jurassic.

1993a Wu Xiangwu, p. 122.

△*Protocupressinoxylon mishaniense* Zheng et Zhang, 1982

1982 Zheng Shaolin, Zhang Wu, p. 330, pl. 28, figs. 1 — 11; fossil woods; No.: HP2-2; Repository: Shenyang Institute of Geology and Mineral Resources; Mishan and Baoqing, Heilongjiang; Late Jurassic Yunshan Formation, Early Cretaceous Chengzihe Formation and Muling Formation.

1993a Wu Xiangwu, p. 122.

Protocupressinoxylon sp.

1989 *Protocupressinoxylon* sp., Zhou Zhiyan, Zhang Bole, p. 133, pls. 1—3; sideritic woods; Yima Coal Mine, Henan; Middle Jurassic Yima Formation.

△Genus *Protoglyptostroboxylon* He, 1995

1995 He Dechang, pp. 8 (in Chinese), 10 (in English).

Type species: *Protoglyptostroboxylon giganteum* He, 1995

Taxonomic status: Coniferopsida

△***Protoglyptostroboxylon giganteum*** **He, 1995**

1995 He Dechang, pp. 8 (in Chinese), 10 (in English), pl. 5, figs. 2—2c; pl. 6, figs. 1—1e, 2; pl. 8, figs. 1—1d; fusainized woods; No.: 91363, 91370; Holotype: 91363; Repository: Xi'an Branch, Central Coal Research Institute; Yimin Coal Mine of Ewenke Banner, Inner Mongolia; Early Cretaceous 16th seam of Yimin Formation.

△***Protoglyptostroboxylon yimiense*** **He, 1995**

1995 He Dechang, pp. 9 (in Chinese), 11 (in English), pl. 1, fig. 3; pl. 2, fig. 5; pl. 7, figs. 1—1f; pl. 8, figs. 2, 2a, 4, 4a; pl. 11, fig. 2; fusainized woods; No.: 91403, 91414; Holotype: 91403; Repository: Xi'an Branch, Central Coal Research Institute; Yimin Coal Mine of Ewenke Banner, Inner Mongolia; Early Cretaceous 16th seam of Yimin Formation.

Genus *Protophyllocladoxylon* Kräusel, 1939

1939 Kräusel, p. 16.

1991b Wang Shijun, pp. 66, 69.

Type species: *Protophyllocladoxylon leuchsi* Kräusel, 1939

Taxonomic status: Coniferales, Coniferopsida

Protophyllocladoxylon leuchsi **Kräusel, 1939**

1939 Kräusel, p. 16, pl. 4, figs. 1—5; pl. 3, fig. 3; gymnosperm woods; Egypt; Late Cretaceous.

△***Protophyllocladoxylon chaoyangense*** **Zhang et Zheng, 2000** (in Chinese and English)

2000b Zhang Wu, Zheng Shaolin, in Zhang Wu, Zheng Shaolin, in Zhang Wu and others, pp. 89, 96, pl. 1, figs. 1—9; fossil woods; No.: X1; Holotype: X1 (pl. 1, figs. 1—9); Repository: Shenyang Institute of Geology and Mineral Resources; Xinglonggou near Bianzhangzi of Chaoyang, Liaoning; Early Jurassic Beipiao Formation.

Protophyllocladoxylon francoicum **Vogellehner, 1966**

1966 Vogellehner, p. 311, pl. 27, figs. 1—4; pl. 28, fig. 1; woods; Germany; Jurassic.

2000a Ding Qiuhong, p. 212, pl. 3, figs. 2—6; woods; Yixian, Liaoning; Yixian Formation. (Notes: The age of Yixian Formation was not pointed out in the original paper)

2001 Zheng Shaolin and others, pp. 74, 81, pl. 2, figs. 1—8; text-fig. 4; fossil woods; Liujiagou of Beipiao, Liaoning; Middle—Late Jurassic member 3 of Tuchengzi Formation.

△***Protophyllocladoxylon haizhouense*** **Ding, 2000** (in Chinese and English)

2000a Ding Qiuhong and others, pp. 285, 288, pl. 2, figs. 5, 6; pl. 3, figs. 1—4; fossil woods; Holotype: K1 (pl. 2, figs. 5, 6; pl. 3, figs. 1—4); Repository: Shenyang Institute of Geology and Mineral Resources; Haizhou Coal Mine, Liaoning; Early Cretaceous Fuxin Formation.

△***Protophyllocladoxylon lechangense*** **Wang, 1992**

1992 Wang Shijun, p. 61, pl. 44, figs. 1—7; woods; Repository: Department of Geology, China

University of Mining and Technology; Guanchun of Lechang, Guangdong; Late Triassic.

△***Protophyllocladoxylon szei*** **Wang, 1991**

1991b Wang Shijun, pp. 66, 69, pl. 1, figs. 1 — 8; fossil woods; Guanchun of Lechang, Guangdong; Late Triassic Genkou Group.

1992 Wang Shijun, p. 61; wood; Guanchun of Lechang and Hongweikeng of Qujiang, Guangdong; Late Triassic.

Genus *Protopiceoxylon* Gothan, 1907

1907 Gothan, p. 32.

1945a Mathewws, Ho, p. 27.

1963 Sze H C, Lee H H and others, p. 323.

1993a Wu Xiangwu, p. 123.

Type species: *Protopiceoxylon extinctum* Gothan, 1907

Taxonomic status: Coniferales, Coniferopsida

Protopiceoxylon extinctum **Gothan, 1907**

1907 Gothan, p. 32, pl. 1, figs. 2 — 5; text-figs. 16, 17; coniferous woods; King Karl's Land; Tertiary.

1945a Mathewws, Ho, p. 27; text-figs. 1 — 8; fossil woods; Xiajiagou (Hsia-chia-kou) of Zhuolu (Cho-lu hsien), Hebei; Late Jurassic.

1963 Sze H C, Lee H H and others, p. 325, pl. 110, figs. 6 — 8; text-fig. 60; fossil woods; Xiajiagou (Hsia-chia-kou) of Zhuolu (Cho-lu hsien), Hebei; Late Jurassic.

1993a Wu Xiangwu, p. 123.

△ ***Protopiceoxylon amurense*** **Du, 1982**

1982 Du Naizheng, p. 384, pl. 2, figs. 1 — 9; woods; No.: WB-1-5; Jiayin, Heilongjiang Province; Late Jurassic — Early Cretaceous.

1995 Li Chengsen, Cui Jinzhong, pp. 98, 99 (including figures); fossil woods; Heilongjiang; Late Cretaceous.

1997 Wang Rufeng and others, p. 976, pl. 2, figs. 10, 11, 14 — 16; fossil woods; Jiayin, Heilongjiang; Early Cretaceous.

△***Protopiceoxylon chaoyangense*** **Duan, 2000** (in Chinese and English)

2000 Duan Shuying, pp. 207, 208, figs. 1 — 3; fossil woods; No.: 8443, 8444; Batuyingzi of Chaoyang and Hongqiangzi of Yixian, Liaoning; Middle Jurassic Lanqi Fomation and Early Cretaceous Shahai Formation. (Notes: The type specimen was not appointed, and the repository of the type specimen was not mentioned in the original paper)

△***Protopiceoxylon dakotense*** **(Knowlton) Sze, 1963**

1900 *Pinoxylon dakotense* Knowlton, in Ward, p. 420, pl. 179; wood; South Dakota, USA; Jurassic.

1937—1938 *Pinoxylon dakotense* Knowlton, Shimakura, p. 22, pl. 5, figs. 1—6; text-fig. 6; fossil woods; Benxi (Penhsi), Liaoning; Early Cretaceous (?).

1963 Sze H C, in Sze H C, Lee H H and others, p. 330, pl. 112, figs. 1—4; text-fig. 62; fossil woods; Benxi (Penhsi), Liaoning; Early Cretaceous Damingshan Group.

1993a Wu Xiangwu, p. 123.

△***Protopiceoxylon mohense* Ding, 2000** (in Chinese and English)

2000b Ding Qiuhong, p. 206, pl. 1, figs. 1—8; fossil woods; No.: Zh9; Repository: Shenyang Institute of Geology and Mineral Resources; Huola Basin, Heilongjiang; Early Cretaceous Jiufengshan Formation.

△***Protopiceoxylon xinjiangense* Wang, Zhang et Saiki, 2000** (in English)

2000 Wang Yongdong and others, p. 179, pl. 1, figs. 1—5; pl. 2, figs. 1—4; woods; Col. No.: XJ-9; Holotype: XJ-9; Qitai, Xinjiang; Late Jurassic upper part of Sishugou Group. (Notes: The repository of the type specimens was not mentioned in the original paper)

△***Protopiceoxylon yabei* (Shimakura) Sze, 1963**

1935—1936 *Pinoxylon yabei* Shimakura, p. 289 (23), pl. 19 (8), figs. 1—8; text-figs. 8, 9; fossil woods; Huoshiling (Houshihling), Jilin; Middle Jurassic.

1945 *Pinoxylon* (=*Protopiceoxylon*) *yabei*, Mathews, Ho, p. 27.

1963 Sze H C, Lee H H and others, p. 327, pl. 111, figs. 1—6; text-fig. 61; fossil woods; Huoshiling (Houshihling), Jilin; Middle—Late Jurassic.

△***Protopiceoxylon yizhouense* Duan et Cui, 1995**

1995 Duan Shuying, Cui Jinzhong, in Duan Shuying and others, p. 169, pl. 1, figs. 1—6 (not including figs. 7—9); woods; Yixian, Liaoning; Early Cretaceous Shahai Formation.

1995 Li Chensen, Cui Jinzhong, pp. 96, 97 (including figures); fossil woods; Liaoning; Early Cretaceous.

Genus *Protopodocarpoxylon* Eckhold, 1922

1922 Eckhold, p. 491.

1982 Zheng Shaolin, Zhang Wu, p. 331.

1993a Wu Xiangwu, p. 123.

Type species: *Protopodocarpoxylon blevillense* (Lignier) Eckhold, 1922

Taxonomic status: Coniferales, Coniferopsida

Protopodocarpoxylon blevillense (Lignier) Eckhold, 1922

1907 *Cedroxylon blevillense* Lignier, p. 267, pl. 18, figs. 15—17; pl. 21, fig. 66; pl. 22, fig. 72; coniferous woods; France; Early Cretaceous (Gault).

1922 Eckhold, p. 491; coniferous wood; France; Early Cretaceous (Gault).

1993a Wu Xiangwu, p. 123.

△***Protopodocarpoxylon arnatum*** **Zheng et Zhang, 1982**

1982 Zheng Shaolin, Zhang Wu, p. 331, pl. 29, figs. 1—10; fossil woods; No.: 192; Repository: Shenyang Institute of Geology and Mineral Resources; Jinsha of Mishan, Heilongjiang; Early Cretaceous Huashan Group.

993a Wu Xiangwu, p. 123.

△***Protopodocarpoxylon batuyingziense*** **Zheng et Zhang, 2004** (in Chinese and English)

2004 Zheng Shaolin, Zhang Wu, in Wang Wuli and others, pp. 58 (in Chinese), 457 (in English), pl. 16, figs. 5—7; pl. 17, figs. 1—4; pl. 18, figs. 1—7; fossil woods; Holotype: GJFW-26-1 (pl. 16, figs. 5—7; pl. 17, figs. 1—4; pl. 18, figs. 1—7); Batuyingzi of Beipiao, Liaoning; Late Jurassic Tuchengzi Formation. (Note: The repository of the type specimen was not mentioned in the original paper)

△***Protopodocarpoxylon jinshaense*** **Zheng et Zhang, 1982**

[Notes: The species was later referred as *Cedroxylon jinshaense* (Zheng et Zhang) He (He Dechang, p. 1995)]

1982 Zheng Shaolin, Zhang Wu, p. 331, pl. 30, figs. 1—12; fossil woods; No.: Jin-2; Repository: Shenyang Institute of Geology and Mineral Resources; Mishan, Heilongjiang; Late Jurassic Yunshan Formation.

△***Protopodocarpoxylon jingangshanense*** **Ding, 2000** (in English)

2000a Ding Qiuhong, p. 211, pl. 2, figs. 1 — 7; pl. 3, fig. 3; woods; Holotype: Jin-2; Yixian, Liaoning; Yixian Formation. (Notes: The repository of the type specimens was not mentioned and the age of Yixian Formation was not pointed out in the original paper)

△***Protopodocarpoxylon lalongense*** **Vozenin-Serra et Pons, 1990**

1990 Voznin-Serra, Pons, p. 119, pl. 4, figs. 4—8; pl. 5, figs. 1—3; coniferales woods; Col. No.: XPj 14/2, XPj 14/3, XPj 13 bis/5 (coll. J. J. Jaeger); Reg. No.: n°10470/1—n°10470/3; Syntypes: n° 10470/1 — n° 10470/3; Repository: Laboratoire de Paleobotaniquw et Palynologie evolutives, Universite Pierre et Marie Curie; Luo long, Tibet; Early Cretaceous (Albian). [Notes: Based on the relevant article of *International Code of Botanical Nomenclature* (*Vienna Code*) article 37. 2, the type species should be only one specimen]

Protopodocarpoxylon orientalis **Serra, 1969**

1969 Serra, p. 7, pl. 6, figs. 1—4; pl. 7, figs. 1—5; pl. 8, figs. 1—4; pl. 9, figs. 1—4; text-figs. 1—9; gymnosperm woods; Tho-Chau, Thailand (Golfe de Thailande); Early Cretaceous.

1990 Voznin-Serra, Pons, p. 117, pl. 5, figs. 4—6; pl. 6, fig. 1; gymnosperm woods; Linzhou, Tibet; Early Cretaceous (Aptian).

△**Genus *Protosciadopityoxylon* Zhang, Zheng et Ding, 1999** (in English)

1999 Zhang Wu, Zheng Shaolin, Ding Qiuhong, p. 1314.

Type species: *Protosciadopityoxylon liaoningensis* Zhang, Zheng et Ding, 1999

Taxonomic status: Taxodiaceae, Coniferopsida (fossil wood)

△***Protosciadopityoxylon liaoningense* Zhang, Zheng et Ding, 1999** (in English)

1999 Zhang Wu, Zheng Shaolin, Ding Qiuhong, p. 1314, pls. 1—3; text-fig. 2; fossil woods; No.: Sha. 30; Holotype: Sha. 30 (pls. 1—3); Repository: Shenyang Institute of Geology and Mineral Resources; Bijiagou of Yixian, Liaoning; Early Cretaceous Shahai Formation.

△***Protosciadopityoxylon jeholense* (Ogura) Zhang et Zheng, 2000** (in Chinese and English)

1948 *Araucarioxylon jeholense* Ogura, p. 347, pl. 3, figs. D—F, K—L; fossil woods; Beipiao Coal Mine, Liaoning; Late Triassic(Rhaetic)—Early Jurassic(Lias) Taichi Series (?).

2000b Zhang Wu, Zheng Shaolin, in Zhang Wu and others, pp. 93, 96; text-fig. 2; fossil woods; Taiji Coal Mine of Beipiao, Liaoning; Early Jurassic Beipiao Formation.

△***Protosciadopityoxylon liaoxiense* Zhang et Zheng, 2000** (in Chinese and English)

2000b Zhang Wu, Zheng Shaolin, in Zhang Wu and others, pp. 90, 96, pl. 2, figs. 1—7; pl. 3, figs. 1—3; fossil woods; No.: X10; Holotype: X10 (pl. 2, figs. 1—7; pl. 3, figs. 1—3); Repository: Shenyang Institute of Geology and Mineral Resources; Xinglonggou near Bianzhangzi of Chaoyang, Liaoning; Early Jurassic Beipiao Formation.

Genus *Prototaxodioxylon* Vogellehner, 1968

1968 Vogellehner, pp. 132, 133.

2004 Wang Wuli and others, p. 59.

Type species: *Prototaxodioxylon choubertii* Vogellehner, 1968

Taxonomic status: Protopinaceae, Coniferopsida

***Prototaxodioxylon choubertii* Vogellehner, 1968**

1968 Vogellehner, pp. 132, 133; fossil woods; Morocco, North Africa; Jurassic and Cretaceous (?).

***Prototaxodioxylon romanense* Philippe, 1994**

1994 Philippe, p. 70; text-figs. 3A—3F; France; Jurassic.

2004 Wang Wuli and others, p. 59, pl. 19, figs. 1—4; fossil woods; Batuyingzi of Beipiao, Liaoning; Late Jurassic Tuchengzi Formation.

Genus *Pseudofrenelopsis* Nathorst, 1893

1893 Nathorst, in Felix and Nathorst, p. 52.

1981 Meng Fansong, p. 100.

1993a Wu Xiangwu, p. 124.

Type species: *Pseudofrenelopsis felixi* Nathorst, 1893

Taxonomic status: Cheirolepidiaceae, Coniferopsida

***Pseudofrenelopsis felixi* Nathorst, 1893**

1893 Nathorst, in Felix and Nathorst, p. 52, figs. 6—9; Tlaxiaco, Mexico; Early Cretaceous (Neocomian).

1993a Wu Xiangwu, p. 124.

△*Pseudofrenelopsis dalatzensis* (Chow et Tsao) Cao ex Zhou, 1995

1977 *Manica (Manica) dalatzensis* Chow et Tsao, Chow Tseyen, Tsao Chenyao, p. 171, pl. 3, figs. 5—11; pl. 4, fig. 13; text-fig. 3; leafy shoots and cuticles; Dalazi in Zhixin of Yanji, Jilin; Early Cretaceous Dalazi Formation.

1989 Cao Zhengyao, p. 437; Jilin; late Early Cretaceous.

1995 Zhou Zhiyan, p. 421, pl. 1, figs. 3—5, 10; pl. 2, figs. 1—8; leafy shoots, male cones and cuticles; Holotype: PB6267 (Chow Tseyen, Tsao Chenyao, 1977, pl. 3, fig. 5); Repository: Nanjing Institute of Geology and Palaeontology, Chinese Academy of Sciences; Dalazi in Zhixin of Yanji, Jilin; Early Cretaceous Dalazi Formation (Aptian—Albian).

2005 Deng Shenghui and others, p. 507, pl. 1, figs. 3—11; leafy shoots and cuticles; Jiuquan, Gansu; Early Cretaceous Zhonggou Formation.

***Pseudofrenelopsis* cf. *dalatzensis* (Chow et Tsao) Cao ex Zhou**

1989 Ding Baoliang and others, pl. 2, fig. 9; Luotang of Guixi, Jiangxi; Early Cretaceous Zhoujiadian Formation.

△*Pseudofrenelopsis foveolata* (Chow er Tsao) Cao, 1989

1977 *Manica (Manica) foveolata* Chow et Tsao, Chow Tseyen, Tsao Chenyao, p. 171, pl. 4, figs. 1—7, 14; leafy shoots and cuticles; Haodian of Guyuan and Qianyanghe of Xiji, Ningxia; Early Cretaceous Liupanshan Group.

1989 Cao Zhengyao, p. 439; Haodian of Guyuan and Qianyanghe of Xiji, Ningxia; Early Cretaceous Liupanshan Group.

△*Pseudofrenelopsis gansuensis* Deng, Yang et Lu, 2005 (in English)

2005 Deng Shenghui and others, p. 508, pl. 1, figs. 1, 2; pl. 2, figs. 1—9; text-fig. 2; leafy shoots and cuticles; No.: Chang-101-3926-01; Holotype: Chang-101-3926-01 (pl. 1, fig. 1); Repository: Research Institute of Petroleum Exploration and Development; Jiuquan, Gansu; Early Cretaceous Zhonggou Formation.

△*Pseudofrenelopsis heishanensis*, Zhou, 1995

1995a Zhou Zhiyan, p. 423, pl. 1, figs. 1, 2, 7; pl. 4, figs. 3—7; leafy shoots and cuticles; Holotype: PB17172 (pl. 1, fig. 1); Repository: Nanjing Institute of Geology and Palaeontology, Chinese Academy of Sciences; Heishan in Lingxiang of Daye, Hubei; Early Cretaceous Lingxiang Group (Pre-Aptian).

△*Pseudofrenelopsis papillosa* (Chow et Tsao) Cao ex Zhou, 1995

1977 *Manica* (*Manica*) *papillosa* Chow et Tsao, Chow Tseyen, Tsao Chenyao, p. 169, pl. 2, fig. 15; pl. 3, figs. 1 — 4; pl. 4, fig. 12; text-fig. 2; leafy shoots, cuticles and cones; Xinchang, Zhejiang; Early Cretaceous Guantou Formation; Qingshizui of Guyuan, Ningxia; Early Cretaceous Liupanshan Group.

1979 *Manica* (*Manica*) *papillosa* Chow et Tsao, Zhou Zhiyan, Cao Zhengyao, p. 219, pl. 2, figs. 6 — 10; leafy shoots, cuticles and cones; Xinchang and Linhai, Zhejiang; Early Cretaceous Guantou Formation.

1989 Cao Zhengyao, p. 437; Gansu, Zhejiang; Early Cretaceous.

1989 Ding Baoliang and others, pl. 3, fig. 12; male (?) cone; Suqin of Chengxian, Zhejiang; Early Cretaceous Guantou Formation.

1995a Zhou Zhiyan, p. 425, pl. 1, figs. 6, 8, 9, 11; pl. 3, figs. 1 — 8; pl. 4, figs. 1, 2, 8, 9; leafy shoots, male cones and cuticles; Holotype: PB6266 (Chow Tseyen, Tsao Chenyao, 1977, pl. 3, fig. 1); Repository: Nanjing Institute of Geology and Palaeontology, Chinese Academy of Sciences; Xinchang, Zhejiang; Early Cretaceous Guantou Formation; Guyuan, Ningxia; Early Cretaceous Liupanshan Group.

1995a Li Xingxue (editor-in-chief), pl. 113, figs. 6 — 10; shoots, cuticles and cones; Xinchang, Zhejiang; Early Cretaceous Guantou Formation. (in Chinese)

1995b Li Xingxue (editor-in-chief), pl. 113, figs. 6 — 10; shoots, cuticles and cones; Xinchang, Zhejiang; Early Cretaceous Guantou Formation. (in English)

1999 Cao Zhengyao, p. 92, pl. 22, figs. 16, 16a; pl. 26, figs. 5, 6; pl. 28, fig. 1; pl. 30; pl. 32, fig. 8B; pl. 33, figs. 1 — 3; pl. 37, figs. 8, 8a, 9; pl. 40, figs. 11, 11a, 12, 13; leafy shoots and cuticles; Suqin of Xinchang, Yanglong of Xianju and Dongcheng of Linhai, Zhejiang; Early Cretaceous Guantou Formation; Xialingjiao of Zhuji, Zhejiang; Early Cretaceous Shouchang Formation; Laocun of Shouchang, Zhejiang; Early Cretaceous Laocun Formation.

2005 Yang Xiaoju, pp. 80, 83, pl. 1, figs. 1 — 8; pl. 2, figs. 1 — 5; text fig. 1; shoots with leaves; Hualong, Qinghai; Early Cretaceous Hekou Formation.

***Pseudofrenelopsis* cf. *papillosa* (Chow et Tsao) Cao ex Zhou**

1988 Lan Shanxian and others, pl. 1, figs. 31, 32; leafy shoots; Shuinan of Tiantai, Zhejiang; Early Cretaceous Tangshang Formation.

***Pseudofrenelopsis parceramosa* (Fontaine) Watson, 1977**

1889 *Frenilopsis parceramosa* Fontaine, p. 218, pl. 111, figs. 1 — 5; leafy shoots; Dutch Cap Canal of Virginia, USA; Early Cretaceous Potomac Group.

1977 Watson, p. 720, pl. 85, figs. 1 — 7; pl. 86, figs. 1 — 12; pl. 87, figs. 1 — 10; text-figs. 2, 3; leafy shoots and cuticles; Dutch Cap Canal of Virginia, USA; Early Cretaceous Potomac Group.

1981 Meng Fansong, p. 100, pl. 2, figs. 1 — 9; shoots and cuticles; Lingxiang of Daye, Hubei; Early Cretaceous Lingxiang Group.

1984 Chen Gongxing, p. 608, pl. 270, figs. 7, 8; leafy shoots; Lingxiang of Daye, Hubei; Early

Cretaceous Lingxiang Formation.

1987b Meng Fansong, p. 201, pl. 28, figs. 1—8; shoots and cuticles; Ziyang of Yichang, Hubei; Early Cretaceous Wulong Formation.

1988 Lan Shanxian and others, pl. 1, figs. 33, 34; leafy shoots; Shuinan of Tiantai, Zhejiang; Early Cretaceous Tangshang Formation.

1989 Ding Baoliang and others, pl. 2, figs. 1, 2; leafy shoots; Anhou of Pinghe, Fujian; Early Cretaceous lower member in upper formation of Shimaoshan Group; Jishan of Yong'an, Fujian; Early Cretaceous Jishan Formation.

1989 Cao Zhengyao, pp. 438, 442, pl. 4, figs. 1—7; pl. 5, figs. 1—8; leafy shoots and cuticles; Xinchang, Zhejiang; Early Cretaceous Guantou Formation.

1992 Liang Shijing and others, pl. 2, figs. 2, 5; shoots with leaves; Xiazi and Longdong of Shaxian, Fujian; Early Cretaceous Junkou Formation.

1993a Wu Xiangwu, p. 124.

1994 Cao Zhengyao, fig. 3i; shoot with leaves; Xianju, Zhejiang; Early Cretaceous Guantou Formation.

△*Pseudofrenelopsis sparsa* (Chow et Tsao) Cao, 1989

1979 *Manica* (*Chanlingia*?) *sparsa* Zhou et Cao, Zhou Zhiyan, Cao Zhengyao, p. 220, pl. 2, figs. 11, 11a; leafy shoot; Shanpingxia of Shaxian, Fujian; Early Cretaceous lower part of Shaxian Formation.

1989 Cao Zhengyao, p. 439; Shanpingxia of Shaxian, Fujian; Early Cretaceous lower part of Shaxian Formation.

△*Pseudofrenelopsis tholistoma* (Chow er Tsao) Cao, 1989

1977 *Manica* (*Chanlingia*) *tholistoma* Chow et Tsao, Chow Tseyen, Tsao Chenyao, p. 172, pl. 2, figs. 16, 17; pl. 5, figs. 1—10; text-fig. 4; leafy shoots and cuticles; Changling, Jilin; Early Cretaceous Qingshankou Formation; Fuyu, Jilin; Early Cretaceous Quantou Formation; Lanxi, Zhejiang; Late Cretaceous Qujiang Group.

1979 *Manica* (*Chanlingia*) *tholistoma* Chow et Tsao, Zhou Zhiyan, Cao Zhengyao, p. 219, pl. 2, figs. 1—5; pl. 3, figs. 1—12a; leafy shoots and cuticles; Jinhua and Lanxi, Zhejiang; early Late Cretaceous member 3 of Qujiang Group; Xingguo, Jiangxi; Late Cretaceous upper part of Ganzhou Formation; Shaxian, Fujian; Late Cretaceous upper part of Shaxian Formation.

1989 Cao Zhengyao, p. 439; Jilin, Zhejiang, Jiangxi and Fujian; early Late Cretaceous.

***Pseudofrenelopsis* spp.**

1985 *Pseudofrenelopsis* sp. (Cf. *Pseudofrenelopsis parceramosa* (Font.) Nathorst), Cao Zhengyao, p. 281, pl. 3, figs. 8, 8a; leafy shoot; Hanshan, Anhui; Late Jurassic Hanshan Formation.

1989 *Pseudofrenelopsis* sp., Ding Baoliang and others, pl. 2, fig. 3; Huobashan near Gexi of Yiyang, Jiangxi; Early Cretaceous Shixi Formation.

1992 *Pseudofrenelopsis* sp., Li Jieru, p. 344, pl. 1, fig. 12; pl. 2, figs. 22, 23; pl. 3, figs. 4, 6; shoots; Pulandian, Liaoning; late Early Cretaceous Pulandian Formation.

1995a *Pseudofrenelopsis* sp., Li Xingxue (editor-in-chief), pl. 88, fig. 9; leafy shoot; Hanshan, Anhui; Late Jurassic Hanshan Formation. (in Chinese)

1995b *Pseudofrenelopsis* sp., Li Xingxue (editor-in-chief), pl. 88, fig. 9; leafy shoot; Hanshan, Anhui; Late Jurassic Hanshan Formation. (in English)

Genus *Pseudolarix* Gordon, 1858

1985 Shang Ping, p. 113.

1993a Wu Xiangwu, p. 124.

Type species: (living genus)

Taxonomic status: Pinaceae, Coniferopsida

Pseudolarix asiatica Sodov, 1981

1981 Sodov, p. 128, fig. 1; leafy shoot; Mongolia; Early Cretaceous.

1987 Zhang Zhicheng, p. 380, pl. 4, fig. 7; pl. 6, fig. 3; leafy shoots; Fuxing, Liaoning; Early Cretaceous Fuxin Formation.

1993a Wu Xiangwu, p. 124.

△"*Pseudolarix*" *sinensis* Shang, 1985

1985 Shang Ping, p. 113, pl. 10, figs. 1—3, 5—7; leafy shoots and cuticles; No.: 84-27, 84-46, 84-47; Holotype: 84-27 (pl. 10, fig. 3); Repository: Fuxin Mining Institute; Haizhou of Fuxin, Liaoning; Early Cretaceous Taiping Member of Haizhou Formation.

1987 Shang Ping, pl. 1, fig. 3; leafy twig; Fuxin Basin, Liaoning; Early Cretaceous.

"*Pseudolarix*" sp.

1985 "*Pseudolarix*" sp., Shang Ping, pl. 10, fig. 4; leafy shoot; Fuxin, Liaoning; Early Cretaceous Taiping Member of Haizhou Formation.

Genus *Rhipidiocladus* Prynada, 1956

1956 Prynada, in Kipariaova and others, p. 249.

1978 Yang Xuelin and others, pl. 3, fig. 6.

1993a Wu Xiangwu, p. 130.

Type species: *Rhipidiocladus flabellata* Prynada, 1956

Taxonomic status: Coniferopsida

Rhipidiocladus flabellata Prynada, 1956

1956 Prynada, in Kipariaova and others, p. 249, pl. 42, figs. 3 — 9; foliage and coniferales; Heilongjiang River Valley, Bureya River; Early Cretaceous.

1978 Yang Xuelin and others, pl. 3, fig. 6; shoot with leaves; Shansong of Jiaohe, Jilin; Early Cretaceous Moshilazi Formation.

1980 Li Xingxue, Ye Meina, p. 9, pl. 5, figs. 3, 4 (?), 5 (?); dwarf shoots and long shoots; Shansong of Jiaohe, Jilin; Early Cretaceous Moshilazi Formation.

1980 Zhang Wu and others, p. 305, pl. 189, figs. 4, 5; dwarf shoots and long shoots; Jiaohe, Jilin; Early Cretaceous Moshilazi Formation.

1986a Li Xingxue and others, p. 2, pl. 1, figs. 1—4; pl. 2, fig. 7; text-fig. 1; shoots with leaves and cuticles; Shansong of Jiaohe, Jilin; Early Cretaceous Moshilazi Formation.

1986b Li Xingxue and others, p. 36, pl. 39; pl. 40, fig. 1; pl. 41, fig. 1; text-fig. 8; leafy shoots and cuticles; Shansong of Jiaohe, Jilin; Early Cretaceous Moshilazi Formation.

1988 Chen Fen and others, p. 91, pl. 56, figs. 7—10; text-fig. 23; leafy shoots and cuticles; Haizhou of Fuxin, Liaoning; Early Cretaceous Fuxin Formation.

1992 Sun Ge, Zhao Yanhua, p. 560, pl. 258, fig. 3; leafy shoot; Shansongdingzi of Jiaohe, Jilin; Early Cretaceous uppermost part of Wulin Formation.

1993a Wu Xiangwu, p. 130.

1995a Li Xingxue (editor-in-chief), pl. 109, fig. 4; leafy shoot; Shansongdingzi of Jiaohe, Jilin; Early Cretaceous uppermost part of Wulin Formation. (in Chinese)

1995b Li Xingxue (editor-in-chief), pl. 109, fig. 4; leafy shoot; Shansongdingzi of Jiaohe, Jilin; Early Cretaceous uppermost part of Wulin Formation. (in English)

1996 Mi Jiarong and others, p. 138, pl. 34, fig. 14; leafy shoot; Xinglonggou of Beipiao, Liaoning; Middle Jurassic Haifanggou Formation.

△*Rhipidiocladus acuminatus* Li et Ye, 1980

1980 Li Xingxue, Ye Meina, p. 10, pl. 1, fig. 6; pl. 3, fig. 5; dwarf shoots, long shoots and cuticles; Reg. No.: PB8965; Holotype: PB8965 (pl. 1, fig. 6); Repository: Nanjing Institute of Geology and Palaeontology, Chinese Academy of Sciences; Shansong of Jiaohe, Jilin; Early Cretaceous Moshilazi Formation. (nod. nom.)

1980 Zhang Wu and others, p. 305, pl. 191, fig. 9; shoot with leaves; Jiaohe, Jilin; Early Cretaceous Moshilazi Formation.

1986a Li Xingxue and others, p. 8, pl. 1, fig. 5; pl. 2, figs. 4, 5; pl. 3, fig. 5; text-fig. 7; shoots with leaves and cuticles; Reg. No.: PB8965; Holotype: PB8965 (pl. 1, fig. 5); Repository: Nanjing Institute of Geology and Palaeontology, Chinese Academy of Sciences; Shansong of Jiaohe, Jilin; Early Cretaceous Moshilazi Formation.

1986b Li Xingxue and others, p. 35, pl. 40, figs. 2—2d; text-fig. 9; leafy shoot; Shansong of Jiaohe, Jilin; late Early Cretaceous Moshilazi Formation.

1987 Shang Ping, pl. 1, fig. 5; leafy twig; Fuxin Basin, Liaoning; Early Cretaceous.

1997 Deng Shenghui and others, p. 53, pl. 32, figs. 5, 6; leafy shoots; Jalainur, Inner Mongolia; Early Cretaceous Yimin Formation.

△*Rhipidiocladus hebeiensis* Wang, 1984

1984 Wang Ziqiang, p. 290, pl. 158, fig. 8; leafy shoot; Reg. No.: P0361; Holotype: P0361 (pl. 158, fig. 8); Repository: Nanjing Institute of Geology and Palaeontology, Chinese Academy of Sciences; Luanping, Hebei; Early Cretaceous Jiufotang Formation.

△*Rhipidiocladus mucronata* Li et Ye, 1986

1980 Zhang Wu and others, p. 305, pl. 183, fig. 12; pl. 191, fig. 6; shoots with leaves; Jiaohe,

Jilin; Early Cretaceous Moshilazi Formation. (nom. nud.)

1986a Li Xingxue and others, p. 3, pl. 2, figs. 1—3, 6; pl. 3, figs. 1, 3, 4, 6; text-figs. 2—6; shoots with leaves and cuticles; Reg. No.: PB8975, PB8976, PB11269; Holotype: PB8975 (pl. 2, fig. 3); Repository: Nanjing Institute of Geology and Palaeontology, Chinese Academy of Sciences; Shansong, Jiaohe, Jilin; Early Cretaceous Moshilazi Formation.

1986b Li Xingxue and others, p. 37; pl. 41, figs. 2—4a; pl. 42, figs. 7, 8; pl. 44, fig. 6; text-figs. 10A—10E; leafy shoots and cuticles; Shansong of Jiaohe, Jilin; late Early Cretaceous Moshilazi Formation.

Genus *Ruehleostachys* Roselt, 1955

1955 Roselt, p. 87.

1990a Wang Ziqiang, Wang Lixin, p. 132.

1993a Wu Xiangwu, p. 131.

Type species: *Ruehleostachys pseudarticulatus* Roselt, 1955

Taxonomic status: Coniferopsida

Ruehleostachys pseudarticulatus Roselt, 1955

1955 Roselt, p. 87, pls. 1, 2; microsporangiate fructification; Thuringgia, Germany; Triassic (Lower Keuper).

1993a Wu Xiangwu, p. 131.

△*Ruehleostachys*? *hongyantouensis* (Wang Z Q) Wang Z Q et Wang L X, 1990

1984 *Willsiostrobus hongyantouensis* Wang, Wang Ziqiang, p. 291, pl. 108, figs. 8—10; male cones; Tuncun of Yushe, Shanxi; Early Triassic Liujiagou Formation; Hongyatou of Yushe, Shanxi; Early Triassic Heshanggou Formation. [Notes: Holotype: P0017 (pl. 108, fig. 8)]

1990a Wang Ziqiang, Wang Lixin, p. 132, pl. 7, figs. 5, 6; pl. 14, fig. 7; male cones; Hongyatou of Yushe and Mafang of Heshun, Shanxi; Early Triassic lower member of Heshanggou Formation.

1993a Wu Xiangwu, p. 131.

△Genus *Sabinites* Tan et Zhu, 1982

1982 Tan Lin, Zhu Jianan, p. 153.

1993a Wu Xiangwu, pp. 32, 233.

1993b Wu Xiangwu, pp. 505, 518.

Type species: *Sabinites neimonglica* Tan et Zhu, 1982

Taxonomic status: Cupressaceae, Coniferopsida

△*Sabinites neimonglica* Tan et Zhu, 1982

1982 Tan Lin, Zhu Jianan, p. 153, pl. 39, figs. 2—6; leafy shoots and cones; Reg. No.: GR40, GR65, GR67, GR87, GR103; Holotype: GR87 (pl. 39, figs. 4, 4a); Paratype: GR65 (pl. 39, figs. 3, 3a); Guyang, Inner Mongolia; Early Cretaceous Guyang Formation.

1993a Wu Xiangwu, pp. 32, 233.

1993b Wu Xiangwu, pp. 505, 518.

△*Sabinites gracilis* Tan et Zhu, 1982

1982 Tan Lin, Zhu Jianan, p. 153, pl. 40, figs. 1, 2; leafy shoots and cones; Reg.: GR09, GR66; Holotype: GR09 (pl. 40, fig. 1); Paratype: GR66 (pl. 40, fig. 2); Guyang, Inner Mongolia; Early Cretaceous Guyang Formation.

1993a Wu Xiangwu, pp. 32, 233.

1993b Wu Xiangwu, pp. 505, 518.

Genus *Samaropsis* Goeppert, 1864

1864—1865 Goeppert, p. 177.

1927b *Samaropsis* sp., Halle, p. 16.

1963 Sze H C, Lee H H and others, p. 315.

1993a Wu Xiangwu, p. 133.

Type species: *Samaropsis ulmiformis* Goeppert, 1864

Taxonomic status: Gymnospermae

Samaropsis ulmiformis Goeppert, 1864

1864—1865 Goeppert, p. 177, pl. 10, fig. 11; winged seed; Braunau, Bohemia; Permian.

1993a Wu Xiangwu, p. 133.

△*Samaropsis obliqua* Wu, 1988

1988 Wu Xiangwu, in Li Peijuan and others, p. 140, pl. 99, figs. 1—4, 11A; winged seeds; Col. No.: 80DP$_1$F$_{28}$; Reg. No.: PB13744 — PB13747, PB13784; Holotype: PB13745 (pl. 99, fig. 2); Repository: Nanjing Institute of Geology and Palaeontology, Chinese Academy of Sciences; Dameigou, Qinghai; Early Jurassic *Ephedrites* Bed of Tianshuigou Formation.

Samaropsis parvula Heer, 1876

1876 Heer, p. 82, pl. 14, figs. 21 — 13; winged seeds; Ust'-Balei of Irkutsk Basin, Russia; Jurassic.

1988 Li Peijuan and others, p. 140, pl. 99, fig. 5; pl. 100, figs. 5A, 22A; winged seeds; Dameigou, Qinghai; Early Jurassic *Ephedrites* Bed of Tianshuigou Formation.

△*Samaropsis qinghaiensis* Wu, 1988

1988 Wu Xiangwu, in Li Peijuan and others, p. 141, pl. 1, fig. 5B; pl. 98, fig. 2B; pl. 99, figs. 15

—17 (?), 18A; winged seeds; Col. No.: $80DP_1F_{28}$; Reg. No.: PB11374, PB13752—PB13756; Holotype: PB13756 (pl. 99, fig. 18A); Repository: Nanjing Institute of Geology and Palaeontology, Chinese Academy of Sciences; Dameigou, Qinghai; Early Jurassic *Ephedrites* Bed of Tianshuigou Formation.

△***Samaropsis rhombicus*** **Zhang et Zheng, 1983**

1983 Zhang Wu and others, p. 85, pl. 5, figs. 10, 14, 15; text-fig. 12; winged seeds; No.: 2097, 20102, 20103; Repository: Shenyang Institute of Geology and Mineral Resources; Linjiawaizi of Benxi, Liaoning; Middle Triassic Linjia Formation. (Notes: The type specimen was not appointed in the original paper)

Samaropsis rotundata **Heer, 1876**

1876 Heer, p. 80, pl. 14, figs. 15—20, 27b, 28b, 30b; pl. 15, fig. 1c; pl. 13, fig. 4b; winged seeds; Irkutsk Basin, Russia; Jurassic.

1988 Li Peijuan and others, p. 141, pl. 99, figs. 6—10; winged seeds; Dameigou, Qinghai; Early Jurassic *Ephedrites* Bed of Tianshuigou Formation.

Samaropsis **spp.**

1927b *Samaropsis* sp., Halle, p. 16, pl. 5, fig. 11; winged seed; Liushutang of Huili, Sichuan; Mesozoic.

1963 *Samaropsis* sp., Sze H C, Lee H H and others, p. 315, pl. 102, fig. 24; winged seed; Liushutang of Huili, Sichuan; Mesozoic.

1978 *Samaropsis* sp., Wang Lixin and others, pl. 1, figs. 13, 14; winged seeds; Shangzhuang of Pingyao, Shanxi; Early Triassic Heshanggou Formation.

1979 *Samaropsis* sp., Ye Meina, p. 78, pl. 2, figs. 2, 2a, 3, 3a; winged seeds; Wayaopo of Lichuan, Hubei; Middle Triassic Patung Formation.

1983 *Samaropsis* sp., Zhang Wu and others, p. 85, pl. 4, fig. 28; winged seed; Linjiawaizi of Benxi, Liaoning; Middle Triassic Linjia Formation.

1984 *Samaropsis* sp. 1, Zhou Zhiyan, p. 54, pl. 34, fig. 4; seed; Huangyangsi of Lingling, Hunan; Early Jurassic middle-lower(?) part of Guanyintan Formation.

1984 *Samaropsis* sp. 2, Zhou Zhiyan, p. 55, pl. 32, fig. 3; seed; Huangyangsi of Lingling, Hunan; Early Jurassic middle-lower(?) part of Guanyintan Formation.

1986b *Samaropsis* sp., Li Xingxue and others, p. 43, pl. 42, fig. 6; pl. 43, fig. 4; seeds; Shansong of Jiaohe, Jilin; late Early Cretaceous Moshilazi Formation.

1986 *Samaropsis* sp., Ye Meina and others, p. 88, pl. 53, figs. 6, 6a; seed; Dalugou of Xuanhan, Sichuan; Late Triassic member 7 of Hsuchiaho Formation.

1988 Li Peijuan and others, p. 142, pl. 63, fig. 6; winged seed; Dameigou, Qinghai; Early Jurassic *Ephedrites* Bed of Tianshuigou Formation.

1990a *Samaropsis* sp., Wang Ziqiang, Wang Lixin, p. 138, pl. 18, fig. 16; winged seed; Puxian, Shanxi; Early Triassics lower member of Heshanggou Formation.

1993a *Samaropsis* sp., Wu Xiangwu, p. 133.

1993c *Samaropsis* sp., Wu Xiangwu, p. 87, pl. 3, figs. 4B, 4aB; winged seed; Shangxian, Shaanxi; Early Cretaceous lower member of Fengjiashan Formation.

Genus *Scarburgia* Harris, 1979

1979 Harris, p. 89.

1988 Meng Xiangying, in Chen Fen and others, pp. 85, 162.

1993a Wu Xiangwu, p. 133.

Type species: *Scarburgia hilli* Harris, 1979

Taxonomic status: Coniferopsida

***Scarburgia hilli* Harris, 1979**

1979 Harris, p. 89, pl. 5, figs. 10—17; pl. 6; text-figs. 41, 42; coniferous reproductive organs; Yorkshire, England; Middle Jurassic.

1993a Wu Xiangwu, p. 133.

1995 Wang Xin, pl. 3, fig. 14; seed-bearing cone; Tongchuan, Shaanxi; Middle Jurassic Yan'an Formation.

2001 Sun Ge and others, pp. 97, 200, pl. 19, fig. 5; pl. 55, fig. 7; seed-bearing cones; western Liaoning; Late Jurassic Jianshangou Formation.

△*Scarburgia circularis* Ren, 1997 (in Chinese and English)

1997 Ren Shouqin, in Deng Shenghui and others, pp. 53, 106, pl. 26, figs. 9, 10; pl. 28, figs. 5, 10—14; female cones and seeds; Repository: Research Institute of Petroleum Exploration and Development; Dayan Basin of Hailar, Inner Mongolia; Early Cretaceous Damoguaihe Formation and Yimin Formation. (Notes: The type specimen was not appointed in the original paper)

△*Scarburgia triangularis* Meng, 1988

1988 Meng Xiangying, in Chen Fen and others, pp. 85, 162, pl. 58, figs. 10, 11; pl. 59, figs. 1, 1a, 2; pl. 69, fig. 6; text-fig. 20; seed-bearing cones; Reg. No.: Fx271 — Fx274, Tf91; Repository: China University of Geology; Haizhou and Xinqiu of Fuxin Basin and Tiefa Basin, Liaoning; Early Cretaceous Fuxin Formation. (Notes: The type specimen was not designated in the original paper)

1993a Wu Xiangwu, p. 133.

1995a Li Xingxue (editor-in-chief), pl. 101, fig. 6; pl. 105, fig. 8; segmental strobili; Hegang, Heilongjiang; Early Cretaceous Shitouhezi Formation. (in Chinese)

1995b Li Xingxue (editor-in-chief), pl. 101, fig. 6; pl. 105, fig. 8; segmental strobili; Hegang, Heilongjiang; Early Cretaceous Shitouhezi Formation. (in English)

***Scarburgia* sp.**

1997 *Scarburgia* sp., Deng Shenghui and others, p. 53, pl. 26, fig. 7; female cone; Dayan Basin of Hailar, Inner Mongolia; Early Cretaceous Damoguaihe Formation.

Genus *Schizolepis* Braum F, 1847

1847 Braum F, p. 86.

1933c Sze H C, p. 72.

1963 Sze H C, Lee H H and others, p. 286.

1993a Wu Xiangwu, p. 134.

Type species: *Schizolepis liaso-keuperinus* Braum F, 1847

Taxonomic status: Coniferopsida

Schizolepis liaso-keuperinus Braum F, 1847

1847 Braum F, p. 86; cone-scale; Germany; Late Triassic (Rhaetic). [Notes: The species was later described as *Schizolepis braunii* Schenk (Schenk, 1867 (1865—1867), p. 179, pl. 44, figs. 1—8)]

1993a Wu Xiangwu, p. 134.

1996 Mi Jiarong and others, p. 139, pl. 37, figs. 3, 29; cone-scales; Haifanggou of Beipiao, Liaoning; Middle Jurassic Haifanggou Formation; Shimenzhai of Funing, Hebei; Early Jurassic Beipiao Formation.

2003 Xu Kun and others, pl. 6, fig. 10; cone-scale; Haifanggou of Beipiao, Liaoning; Middle Jurassic Haifanggou Formation.

Schizolepis acuminata Turutanoba-Ketova, 1950

1950 Turutanoba-Ketova, p. 331, pl. 5, figs. 57, 62, 68; cone-scales; Central Asia; Early Jurassic.

1988 Li Peijuan and others, p. 135, pl. 95, figs. 6, 6a; cone-scale; Dameigou, Qinghai; Middle Jurassic *Eboracia* Bed of Yinmagou Formation.

Schizolepis angustipeduncuraris Vassilevskaja, 1957

1957 Vassilevskaja, p. 91, pl. 1, figs. 7, 8; text-fig. 2B; Lena River, USSR; Early Cretaceous.

1997 Deng Shenghui and others, p. 54, pl. 32, fig. 4; cone-scales; Dayan Basin of Hailar, Inner Mongolia; Early Cretaceous Yimin Formation.

△*Schizolepis beipiaoensis* Wu S Q, 1999 (non Zheng, 2001) (in Chinese)

1999a Wu Shunqing, p. 20, pl. 10, figs. 1, 5, 9, 10, 12; pl. 11, figs. 3, 6, 7; pl. 12, figs. 1, 2; pl. 13, figs. 1, 3, 3a, 5, 5a, 6, 6a, 7, 7a; cones; Col. No.: AEO-13, AEO-82, AEO-83, AEO-83a, AEO-84, AEO-86, AEO-87, AEO-247 — AEO-250, AEO-253; Reg. No.: PB18275 — PB18279, PB18292—PB18294, PB18302—PB18306; Holotype: PB18306 (pl. 13, fig. 7); Repository: Nanjing Institute of Geology and Palaeontology, Chinese Academy of Sciences; Huangbanjigou in Shangyuan of Beipiao, Liaoning; Late Jurassic Jianshangou Bed in lower part of the Yixian Formation.

2001 Wu Shunqing, p. 122, figs. 160, 161; cones and cone-scales; Huangbanjigou in Shangyuan of Beipiao, Liaoning; Late Jurassic Jianshangou Bed in lower part of Yixian Formation.

2003 Wu Shunqing, p. 172, figs. 235, 236; cones and cone-scales; Huangbanjigou in Shangyuan of Beipiao, Liaoning; Late Jurassic Jianshangou Bed in lower part of Yixian Formation.

△***Schizolepis beipiaoensis* Zheng, 2001 (non Wu S Q, 1999)** (in Chinese and English)
(Notes: The species name *Schizolepis beipiaoensis* Zheng, 2001 is a heterotypic later homonym of *Schizolepis beipiaoensis* Wu S Q, 1999)

2001 Zheng Shaolin, pp. 71, 79, pl. 1, figs. 17 — 25; cone-scales; No.: BST002 — BST007; Holotype: BST002 (pl. 1, fig. 17); Paratype: BST007 (pl. 1, fig. 25); Repository: Shenyang Institute of Geology and Mineral Resources; Liujiagou of Beipiao, Liaoning; Middle—Late Jurassic member 3 of Tuchengzi Formation.

△***Schizolepis carinatus* Zheng, 2001** (in Chinese and English)

2001 Zheng Shaolin, pp. 72, 80, pl. 1, figs. 26, 27; cone-scales; No.: BST005B, BST006B; Holotype: BST006B (pl. 1, fig. 27); Paratype: BST005B (pl. 1, fig. 26); Repository: Shenyang Institute of Geology and Mineral Resources; Liujiagou of Beipiao, Liaoning; Middle—Late Jurassic member 3 of Tuchengzi Formation.

△***Schizolepis chilitica* Sun et Zheng, 2001** (in Chinese and English)

2001 Sun Ge, Zheng Shaolin, in Sun Ge and others, pp. 96, 199, pl. 18, figs. 6, 7; pl. 24, fig. 6; pl. 40, fig. 11 (?); pl. 63, figs. 5, 6, 8, 11; cones and cone-scales; Reg. No.: PB19135, PB19137, PB19138, PB19170, PB19204; Holotype: PB19137 (pl. 63, fig. 8); Repository: Nanjing Institute of Geology and Palaeontology, Chinese Academy of Sciences; western Liaoning; Late Jurassic Jianshangou Formation.

***Schizolepis cretaceus* Samylina, 1967**

1967 Samylina, p. 155, pl. 14, figs. 7 — 9; cone-scales; Kolyma River Basin, USSR; Early Cretaceous.

1995 Deng Shenghui, p. 62, pl. 28, figs. 5, 6; pl. 41, fig. 9; cone-scales; Huolinhe Basin, Inner Mongolia; Early Cretaceous Lower Coal Member of Huolinhe Formation.

***Schizolepis* cf. *cretaceus* Samylina**

1982 Zheng Shaolin, Zhang Wu, p. 327, pl. 24, fig. 19; seed scale; Yonghong of Hulin, Heilongjiang; Late Jurassic Yunshan Formation.

△***Schizolepis dabangouensis* Zhang et Zheng, 1987**

1987 Zhang Wu, Zheng Shaolin, p. 313, pl. 11, fig. 7; pl. 23, figs. 3, 4; pl. 26, fig. 1; pl. 29, fig. 4; cones and cone-scales; Col. No.: 41; Reg. No.: SG110163 — SG110167; Repository: Shenyang Institute of Geology and Mineral Resources; Beipiao, Liaoning; Middle Jurassic Lanqi Formation. (Notes: The type specimen was not appointed in the original paper)

△***Schizolepis fengningensis* Wang, 1984**

1984 *Schizolepis fenglingensis* Wang, Wang Ziqiang, p. 284, pl. 157, fig. 17; cone-scale; Reg. No.: P0368; Holotype: P0368 (pl. 157, fig. 17); Repository: Nanjing Institute of Geology and Palaeontology, Chinese Academy of Sciences; Fengning, Hebei; Late Jurassic Zhangjiakou Formation. (Notes: According to phonectic letters, this species name cited as *Schizolepis fengningensis* here, for *Schizolepis fenglingensi*)

△*Schizolepis gigantea* Yang et Sun, 1982

1982b Yang Xuelin, Sun Liwen, p. 55, pl. 24, figs. 6, 7; text-fig. 20; cone-scales; No.: L004, L005; Repository: Jilin Institute of Coal Field Geology; Shuangwobao of Bairin Left Banner, Da Hingganling; Middle Jurassic Wanbao Formation. (Notes: The type specimen was not appointed in the original paper)

1985 Yang Xuelin, Sun Liwen, p. 107, pl. 1, figs. 11, 12; cone-scales; No.: L004, L005; Repository: Jilin Institute of Coal Field Geology; Shuangwobao of Bairin Left Banner, Da Hingganling; Middle Jurassic Wanbao Formation.

△*Schizolepis gracilis* Sze, 1949

1949 Sze H C, p. 36, pl. 15, figs. 17 — 19; cone-scales; Xiangxi of Zigui, Baishigang and Cuijiagou of Dangyang, Hubei; Early Jurassic Hsiangchi Coal Series.

1963 Sze H C, Lee H H and others, p. 287, pl. 91, figs. 3—4a; cone-scales; Xiangxi of Zigui, Guanyinsi and Cuijiagou of Dangyang, Hubei; Early Jurassic Hsiangchi Group.

1977 Feng Shaonan and others, p. 243, pl. 98, figs. 9, 10; cone-scales; Dangyang and Zigui, Hubei; Early—Middle Jurassic Upper Coal Formation of Hsiangchi Group.

1984 Chen Gongxing, p. 613, pl. 262, figs. 4, 5; cone-scales; Sanligang of Dangyang and Xiangxi of Zigui, Hubei; Early Jurassic Tongzhuyuan Formation and Hsiangchi Formation.

1986 Ye Meina and others, p. 84, pl. 48, figs. 9B, 9b; pl. 52, figs. 16, 16a; cone-scales; Qilixia (west) of Kaijiang, Sichuan; Late Triassic member 7 of Hsuchiaho Formation; Wenquan of Kaixian, Sichuan; Early Jurassic Zhenzhuchong Formation.

△*Schizolepis heilongjiangensis* Zheng et Zhang, 1982

1982 Zheng Shaolin, Zhang Wu, p. 326, pl. 24, fig. 18; cone-scale; Reg. No.: HCC005; Repository: Shenyang Institute of Geology and Mineral Resources; Chengzihe of Jixi, Heilongjiang; Early Cretaceous Chengzihe Formation.

1988 Chen Fen and others, p. 85, pl. 59, fig. 3; pl. 69, fig. 5a; cones and leaves; Haizhou and Xinqiu of Fuxin Basin and Tiefa Basin, Liaoning; Early Cretaceous Fuxin Formation and Xiaoming'anbei Formation.

1992 Cao Zhengyao, p. 222, pl. 6, fig. 10; cone-scale; Suibin-Shuangyashan area, Heilongjiang; Early Cretaceous Chengzihe Formation.

1995 Deng Shenghui, p. 63, pl. 28, figs. 2 — 4, 8A; cone-scales; Huolinhe Basin, Inner Mongolia; Early Cretaceous Lower Coal Member of Huolinhe Formation.

1995a Li Xingxue (editor-in-chief), pl. 105, figs. 2—4; cone-scales; Hegang, Heilongjiang; Early Cretaceous Shitouhezi Formation. (in Chinese)

1995b Li Xingxue (editor-in-chief), pl. 105, figs. 2—4; cone-scales; Hegang, Heilongjiang; Early Cretaceous Shitouhezi Formation. (in English)

***Schizolepis jeholensis* Yabe et Endo, 1934**

1934 Yabe, Endo, p. 658, figs. 1, 3; strobili and scales; Daxinfangzi of Lingyuan, Liaoning; Early Cretaceous *Lycoptera* Bed.

1950 Ôishi, p. 188, pl. 53, fig. 5; strobilus and scales; Lingyuan, Liaoning; Late Jurassic Fuxin

Series.

1963 Sze H C, Lee H H and others, p. 287, pl. 93, fig. 4; pl. 94, fig. 12; strobili and scales; Daxinfangzi of Lingyuan, Liaoning; Middle—Late Jurassic Jiufotang Group.

1964 Miki, p. 14, pl. 1, fig. G; strobilus; Lingyuan, Liaoning; Late Jurassic *Lycoptera* Bed.

1980 Zhang Wu and others, p. 306, pl. 185, fig. 9; pl. 191, figs. 1, 4, 5; strobili and cone-scales; Lingyuan of Liaoning and Bor Huxu of Ju Ud League, Inner Mongolia; Early Cretaceous Jiufotang Formation.

1984 Wang Ziqiang, p. 284, pl. 154, fig. 11; pl. 156, fig. 6; strobili and cone-scales; Xuanhua and Weichang, Hebei; Early Cretaceous Qingshila Formation and Jiufotang Formation.

1999a Wu Shunqing, p. 20, pl. 12, fig. 4; cone; Huangbanjigou in Shangyuan of Beipiao, Liaoning; Late Jurassic Jianshangou Bed in lower part of Yixian Formation.

2001 Sun Ge and others, pp. 95, 198, pl. 18, figs. 1—3; pl. 52, figs. 1—9, 11, 12; pl. 56, fig. 6; cones and scales; western Liaoning; Late Jurassic Jianshangou Formation.

△*Schizolepis liaoxiensis* (Chang) Wang, 1984

1980 *Pityolepis liaoxiensis* Chang, Chang Chicheng (Zhang Zhicheng), in Zhang Wu and others, p. 293, pl. 174, fig. 5; cone-scale; Lingyuan, Liaoning; Early Cretaceous Jiufotang Formation.

1984 Wang Ziqiang, p. 284, pl. 156, fig. 7; cone-scale; Pingquan, Hebei; Late Jurassic Zhangjiakou Formation.

△*Schizolepis micropetra* Wang, 1997 (in English)

1997 Wang Xin and others, p. 75, pl. 1, figs. 1—7; pl. 2, fig. g; female cones and cone-scales; Reg. No.: 8877b; Holotype: 8877b (pl. 1, figs. 1 — 7); Repository: Laboratory of Palaeobotany, Institute of Botany, Chinese Academy of Sciences; Shajiacun near Baimasi of Jixi, Liaoning; Middle Jurassic Haifanggou Formation.

***Schizolepis moelleri* Seward, 1907**

1907 Seward, p. 39, pl. 7, figs. 64—66; cone-scales; Fergana; Jurassic.

1933c Sze H C, p. 72, pl. 10, figs. 9, 10; cone-scales; Beidaban of Wuwei, Gansu; Early—Middle Jurassic.

1963 Sze H C, Lee H H and others, p. 287, pl. 94, figs. 8, 9; cone-scales; Beidaban of Wuwei, Gansu; Early—Middle Jurassic.

1976 Chang Chichen, p. 198, pl. 102, figs. 10, 11; cone-scales; Siziwang Banner, Inner Mongolia; Late Jurassic Daqingshan Formation.

1982b Yang Xuelin, Sun Liwen, p. 54, pl. 24, figs. 3, 4; cone-scales; Yumin, Da Hingganling; Middle Jurassic Wanbao Formation.

1985 Yang Xuelin, Sun Liwen, p. 107, pl. 1, figs. 13, 13a; cone-scale; Dusheng (Yumin), Da Hingganling; Middle Jurassic Wanbao Formation.

1992 Sun Ge, Zhao Yanhua, p. 558, pl. 256, fig. 1; cone-scale; Liaoyuan, Jilin; Late Jurassic Chang'an Formation.

1993a Wu Xiangwu, p. 134.

1996 Mi Jiarong and others, p. 140, pl. 37, figs. 4, 10; cone-scales; Haifanggou of Beipiao,

Liaoning; Middle Jurassic Haifanggou Formation; Shimenzhai of Funing, Hebei; Early Jurassic Beipiao Formation.

1997 Wang Xin and others, p. 75, pl. 2, figs. 1, 2, a, b; cone-scales; Huolinhe Coal Field, Inner Mongolia; Early Cretaceous Huolinhe Formation.

2001 Sun Ge and others, pp. 95, 198, pl. 18, figs. 4, 5; pl. 33, fig. 23; pl. 52, fig. 10; pl. 53, figs. 1—5; cones and seed scales; western Liaoning; Late Jurassic Jianshangou Formation.

Schizolepis cf. moelleri Seward

1988 Li Peijuan and others, p. 135, pl. 37, figs. 3, 4; cone-scales; Dameigou, Qinghai; Middle Jurassic *Eboracia* Bed of Yinmagou Formation.

Schizolepis exgr. moelleri Seward

1980 Zhang Wu and others, p. 306, pl. 140, figs. 11, 12; pl. 190, figs. 3 — 5; cone-scales; Lingyuan, Liaoning; Bor Huxu of Ju Ud League, Inner Mongolia; Early Cretaceous Jiufotang Formation; Hongqi Coal Mine of Tao'an, Jilin; Early Jurassic Hongqi Formation.

△*Schizolepis neimengensis* Deng, 1995

1995 Deng Shenghui, pp. 64, 114, pl. 28, fig. 7; cone-scale; No.: H17-418; Repository: Research Institute of Petroleum Exploration and Development; Huolinhe Basin, Inner Mongolia; Early Cretaceous Lower Coal Member of Huolinhe Formation.

1997 Deng Shenghui and others, p. 54, pl. 30, fig. 17; cone-scale; Jalainur, Inner Mongolia; Early Cretaceous Yimin Formation; Dayan Basin of Hailar, Inner Mongolia; Early Cretaceous Damoguihe Formation.

△*Schizolepis planidigesita* Wang, 1997 (in English)

1997 Wang Xin and others, p. 77, pl. 2, figs. 5—7, c—e; female cones, cone-scales and seeds; Reg. No.: 8822b; Holotype: 8822b (pl. 2, figs. 5—7); Repository: Laboratory of Palaeobotany, Institute of Botany, Chinese Academy of Sciences; Shajiacun near Baimasi of Jixi, Liaoning; Middle Jurassic Haifanggou Formation.

***Schizolepis prynadae* Samylina, 1967**

1967 Samylina, p. 110, pl. 37, figs. 6, 7; cone-scales; Aldan Basin; Early Cretaceous.

1982 Zheng Shaolin, Zhang Wu, p. 327, pl. 24, fig. 20; seed scale; Mishan, Heilongjiang; Middle Jurassic Peide Formation.

△*Schizolepis pterygoideus* Ren, 1989

1989 Ren Shouqin, Chen Fen, pp. 637, 640, pl. 2, figs. 5—8; cones; Reg. No.: HW014, HW016, HW018, HW019; Holotype: HW019 (pl. 2, fig. 8); Repository: China University of Geology; Wujiu Basin of Hailar, Inner Mongolia; Early Cretaceous Damoguaihe Formation.

△*Schizolepis trilobata* Wang, 1997 (in English)

1997 Wang Xin and others, p. 77, pl. 2, figs. 3, 4, f; cone-scales; Reg. No.: 8774a, 8774b; Holotype: 8774a, 8774b (pl. 2, figs. 3, 4); Repository: Laboratory of Palaeobotany,

Institute of Botany, Chinese Academy of Sciences; Shajiacun near Baimasi of Jixi, Liaoning; Middle Jurassic Haifanggou Formation.

***Schizolepis* spp.**

1951a *Schizolepis* sp. (sp. nov.), Sze H C, pl. 1, figs. 3, 4; strobili; Gongyuan of Benxi, Liaoning; Early Cretaceous.

1963 *Schizolepis* sp. (sp. nov.), Sze H C, Lee H H and others, p. 288, pl. 94, figs. 1, 1a; strobilus; Benxi, Liaoning; Early Cretaceous Damingshan Group.

1979 *Schizolepis* sp., He Yuanliang and others, p. 155, pl. 77, fig. 11; cone-scale; Muli of Tianjun, Qinghai; Early—Middle Jurassic Jiangcang Formation of Muli Group.

1982b *Schizolepis* sp., Yang Xuelin, Sun Liwen, p. 55, pl. 24, fig. 5; cone-scale; Shuangwobao of Bairin Left Banner, Da Hingganling; Middle Jurassic Wanbao Formation.

1985 *Schizolepis* sp., Shang Ping, pl. 6, fig. 2; cone-scale; Fuxin, Liaoning; Early Cretaceous Sunjiawan Member of Haizhou Formation.

1987 *Schizolepis* sp., Zhang Wu, Zheng Shaolin, pl. 19, fig. 8; cone-scale; Harqin Left Wing of Jianchang, Liaoning; Early Jurassic Beipiao Formation.

1992 *Schizolepis* sp., Wang Shijun, p. 57, pl. 23, fig. 17; cone-scale; Hongweikeng of Qujiang, Guangdong; Late Triassic.

1995 *Schizolepis* sp., Zeng Yong and others, p. 69, pl. 21, fig. 1; cone; Yima, Henan; Middle Jurassic Yima Formation.

1998 *Schizolepis* sp., Zhang Hong and others, pl. 47, fig. 8; cone-scale; Wangjiawan of Shandan, Gansu; Middle Jurassic Longfengshan Formation.

2001 *Schizolepis* sp., Zheng Shaolin and others, pl. 1, figs. 28, 28a; cone; Liujiagou of Beipiao, Liaoning; Middle—Late Jurassic member 3 of Tuchengzi Formation.

Genus *Sciadopityoxylon* Schmalhausen, 1879

1879 Schmalhausen, p. 40.

2000b Zhang Wu and others, pp. 93, 96.

Type species: *Sciadopityoxylon vestuta* Schmalhausen, 1879 (Notes: First illustrated species: *Sciadopityoxylon wettsteini* Jurasky, 1828)

Taxonomic status: Taxodiaceae, Coniferopsida

***Sciadopityoxylon vestuta* Schmalhausen, 1879**

1879 Schmalhausen, p. 40; fossil wood; affinities with *Sciadopiyes* (Taxodiaceae); Halbinsel of Mangyschlak, Russia; Jurassic.

***Sciadopityoxylon wettsteini* Jurasky, 1828**

1828 Jurasky, p. 258, figs. 1—5; woods; Rheinland Düren, Germany; Neogene.

△*Sciadopityoxylon heizyoense* (Shimahura) Zhang et Zheng, 2000 (in Chinese and English)

1935—1936 *Phyllocladoxylon heizyoense* Shimahura, p. 281 (15), pl. 16 (5), figs. 4—6; pl. 17

(6), figs. 1—5; text-fig. 5 (?); fossil woods; Korea; Early—Middle Jurassic Daido Formation.

2000b Zhang Wu and others, pp. 93, 96, pl. 3, figs. 5—7; fossil woods; Longfenggou near Nanyingzi of Lingyuan, Liaoning; Early Jurassic Beipiao Formation; Korea; Jurassic.

△***Sciadopityoxylon liaoningensis*** **Ding, 2000** (in Chinese and English)

2000a Ding Qiuhong and others, pp. 284, 287, pl. 1, figs. 1—5; pl. 2, figs. 1—4; fossil woods; Holotype: Fu-1 (pl. 1, figs. 1—5; pl. 2, figs. 1—4); Repository: Shenyang Institute of Geology and Mineral Resources; Fuxin Coal Mine, Liaoning; Early Cretaceous Fuxin Formation.

Genus *Scotoxylon* Vogellehner, 1968

1968 Vogellehner, p. 150.

2000a Zhang Wu, Zheng Shaolin, in Zhang Wu and others, pp. 202, 203.

Type species: *Scotoxylon horneri* (Seward et Bancroft) Vogellehner, 1968

Taxonomic status: Protopinaceae, Coniferopsida

Scotoxylon horneri **(Seward et Bancroft) Vogellehner, 1968**

1913 *Cedroxylon horneri* Seward et Bancroft, p. 883, pl. 2, figs. 22—25; fossil woods; Cromarty and Sutherland, Scotland; Jurassic.

1968 Vogellehner, p. 150; fossil wood; Cromarty and Sutherland, Scotland; Jurassic.

△***Scotoxylon yanqingense*** **Zhang et Zheng, 2000** (in English and Chinese)

2000a Zheng Shaolin, Zhang Wu, in Zhang Wu and others, pp. 202, 203, pls. 1, 2; fossil woods; Repository: Shenyang Institute of Geology and Mineral Resources; Yanqing, Beijing; Late Jurassic Houcheng Formation.

Genus *Sequoia* Endliccher, 1847

1951 Endo, p. 27.

1963 Sze H C, Lee H H and others, p. 280.

1993a Wu Xiangwu, p. 126.

Type species: (living genus)

Taxonomic status: Taxodiaceae, Coniferopsida

Sequoia affinis **Lesquereus, 1874**

1874 Lesquereus, p. 310.

1878 Lesquereus, p. 75, pl. 7, figs. 3—5; pl. 65, figs. 1—4; leafy shoots; Canada; Palaeogene.

1986 Tao Junrong, Xiong Xianzheng, pl. 4, figs. 3, 4, 6; leafy shoots; Jiayin, Heilongjiang; Late Cretaceous Wuyun Formation.

△*Sequoia chinensis* Endo, 1928

1951a Endo, p. 27, pl. 7, figs. 1—5; twigs and cones; Fushun, Liaoning; Palaeogene. [Notes: The specimens (pl. 7, figs. 1, 2, 4) was later referred as *Metasequuoia disticha* (Heer) Miki (*Cenozoic plants from China*, 1978)]

1978 *Cenozoic plants from China*, p. 13, pl. 4, figs. 10, 11; pl. 5, figs. 1, 3; pl. 6, figs. 1, 3, 7; pl. 7, figs. 5, 7; twigs and cones; Fushun, Liaoning; Palaeogene.

△*Sequoia gracilia* Tan et Shu, 1982

1982 Tan Lin, Zhu Jianan, p. 151, pl. 37, figs. 4, 4a; pl. 38, fig. 11; foliage twigs; Reg. No.: GR13, GR129; Holotype: GR129 (pl. 38, fig. 11); Paratype: GR13 (pl. 37, fig. 4); Guyang, Inner Mongolia; Early Cretaceous Guyang Formation.

△*Sequoia jeholensis* Endo, 1951

1951a Endo, p. 17, pl. 2, figs. 1, 2; branchlets; Lingyuan, Liaoning; Middle — Late Jurassic *Lycoptera* Bed. [Notes: The specimens was later referred as *Sequoia*? *Jeholensis* Endo (Sze H C, Lee H H and others, 1963)]

1951b Endo, p. 228; text-figs. 1, 2; branchlets; Lingyuan, Liaoning; Middle — Late Jurassic *Lycoptera* Bed. [Notes: The specimens was later referred as *Sequoia*? *Jeholensis* Endo (Sze H C, Lee H H and others, 1963)]

1964 Miki, p. 15; shoot; Lingyuan, Liaoning; Late Jurassic *Lycoptera* Bed.

1993a Wu Xiangwu, p. 136.

***Sequoia*? *jeholensis* Endo**

1951a *Sequoia jeholensis* Endo, p. 17, pl. 2, figs. 1, 2; branchlets; Lingyuan, Liaoning; Middle—Late Jurassic *Lycoptera* Bed.

1963 Sze H C, Lee H H and others, p. 281, pl. 93, figs. 5, 5a; branchlet; Lingyuan, Liaoning; Middle—Late Jurassic *Lycoptera* Bed of Jiufotang Group.

1980 Zhang Wu and others, p. 298, pl. 188, fig. 3; twig; Lingyuan, Liaoning; Early Cretaceous Jiufotang Formation.

***Sequoia minuta* Sveshniova, 1967**

1967 Sveshniova, p. 189, pl. 2, figs. 11, 12; pl. 3, figs. 6—10; pl. 4, figs. 1—4; pl. 5, figs. 1—5; shoots with leaves and cuticles; Kolyma River Basin; Late Cretaceous.

1988 Chen Fen and others, p. 77, pl. 49, figs. 1, 1a, 2; twigs with leaves; Haizhou and Xinqiu of Fuxin, Liaoning; Early Cretaceous Fuxin Formation.

1997 Deng Shenghui and others, p. 50, pl. 16, fig. 3B; pl. 30, figs. 1—6; leafy shoots; Jalainur and Dayan Basin, Inner Mongolia; Early Cretaceous Yimin Formation.

1998 Deng Shenghui, pl. 2, fig. 5; leafy shoot; Pingzhuang-Yuanbaoshan Basin, Inner Mongolia; Early Cretaceous Yuanbaoshan Formation.

△*Sequoia obesa* Tan et Shu, 1982

1982 Tan Lin, Zhu Jianan, p. 151, pl. 37, figs. 5, 6; foliage twigs; Reg. No.: GR11, GR12; Guyang, Inner Mongolia; Early Cretaceous Guyang Formation. (Notes: The type specimen was not designated in the original paper)

***Sequoia reichenbachii* (Geinitz) Heer, 1886**

1842 *Araucarites reichenbachii* Geinitz, p. 98, pl. 24, fig. 4; sterile shoot; Saxony, Germany; Early Cretaceous.

1886 Heer, p. 83, pl. 43, figs. 1d, 2b, 5a; sterile shoots; Polarlandder.

2000 Guo Shuangxing, p. 231, pl. 1, figs. 10, 14b; twigs; Hunchun, Jilin; Late Cretaceous lower part of Hunchun Formation.

***Sequoia* sp.**

1990 *Sequoia* sp., Tao Junrong, Zhang Chuanbo, pl. 1, fig. 1; cone; Yanji Basin, Jilin; Early Cretaceous Dalazi Formation.

***Sequoia*? spp.**

1988 *Sequoia*? sp., Chen Fen and others, p. 77, pl. 48, figs. 15, 16; twigs with leaves; Haizhou of Fuxin, Liaoning; Early Cretaceous Fuxin Formation.

1993c *Sequoia*? sp., Wu Xiangwu, p. 84, pl. 2, figs. 6, 6a; pl. 3, fig. 7; leafy shoots; Shangxian, Shaanxi; Early Cretaceous lower member of Fengjiashan Formation.

Genus *Sewardiodendron* Florin, 1958

1958 Florin, p. 304.

1989 Yao Xuanli and others, pp. 603 (in Chinese), 1980 (in English).

1993a Wu Xiangwu, p. 136.

Type species: *Sewardiodendron laxum* (Phillips) Florin, 1958

Taxonomic status: Taxodiaceae, Coniferopsida

***Sewardiodendron laxum* (Phillips) Florin, 1958**

1875 *Taxites laxus* Phillips, p. 231, pl. 7, fig. 24; leafy shoot; Yorkshire, England; Middle Jurassic.

1958 Florin, p. 304, pl. 25, figs. 1—8; pl. 26, figs. 1—15; pl. 27, figs. 1—8; leafy shoots; Yorkshire, England; Middle Jurassic.

1989 Yao Xuanli and others, pp. 603 (in Chinese), 1980 (in English), fig. 1; leafy shoot; Yima, Henan; Middle Jurassic Yima Formation.

1993a Wu Xiangwu, p. 136.

1995 Zeng Yong and others, p. 67, pl. 20, fig. 2; pl. 22, fig. 1; leafy shoots; Yima, Henan; Middle Jurassic Yima Formation.

Genus *Sphenolepidium* Heer, 1881

1881 Heer, p. 19.

1911 Seward, pp. 28, 56.

1993a Wu Xiangwu, p. 139.

Type species: *Sphenolepidium sternbergianum* Heer, 1881

Taxonomic status: Coniferopsida

Sphenolepidium sternbergianum Heer, 1881

1881 Heer, p. 19, pl. 13, figs. 1a, 2—8; pl. 14; twigs, foliage and conferales; Valle de Lobos, Portugal; Cretaceous.

1941 Ôishi, p. 174, pl. 37 (2), fig. 3; pl. 38 (3), fig. 4; coniferous vegetative shoots; Luozigou (Lotzukou) of Wangqing, Jilin; Early Cretaceous lower part of Lotzukou Series. [Notes: The specimens were later referred as *Sphenoleps*? (*Pagiophyllum*) sp. (Sze H C, Lee H H and others, 1963)]

1993a Wu Xiangwu, p. 139.

△_Sphenolepidium elegans_ (Chow) Sze, 1945

[Notes: The species was later referred as *Cupressinocladus elegans* (Chow) Chow (Sze H C, Lee H H and others, 1963)]

1923 *Sphenolepis elegans* Chow, Chow T H, pp. 81, 139, pl. 1, fig. 8; leafy twig; Laiyang, Shandong (Shantung); Early Cretaceous Laiyang Series.

1945 Sze H C, p. 51.

1954 Hsu J, p. 65, pl. 55, fig. 8; leafy shoot; Laiyang, Shandong (Shantung); Early Cretaceous Laiyang Formation.

Cf. _Sphenolepidium elegans_ (Chow) Sze

1945 Sze H C, p. 51, figs. 8 — 10; leafy shoots; Yong'an (Yungan), Fujian (Fukien); Cretaceous Pantou Series. [Notes: The specimens was later referred as *Cupressinocladus elegans* (Chow) Chow (Sze H C, Lee H H and others, 1963)]

Sphenolepidium sp.

1911 *Sphenolepidium* sp., Seward, pp. 28, 56, pl. 4, fig. 53; leafy shoot; Diam River (left bank) of Junggar Basin, Xinjiang; Early — Middle Jurassic. [Notes: The specimen was later referred as *Sphenolepis*? (*Pagiophyllum*?) sp. (Sze H C, Lee H H and others, 1963)]

1993a *Sphenolepidium* sp., Wu Xiangwu, p. 139.

Genus _Sphenolepis_ Schenk, 1871

1871 Schenk, p. 243.

1923 Chow T H, pp. 82, 139.

1963 Sze H C, Lee H H and others, p. 281.

1993a Wu Xiangwu, p. 139.

Type species: *Sphenolepis sternbergiana* (Dunker) Schenk, 1871

Taxonomic status: Coniferales, Coniferopsida

Sphenolepis sternbergiana (Dunker) Schenk, 1871

1846 *Muscites sternbergiana* Dunker, p. 20, pl. 7, fig. 10; Norddeutshch; Early Cretaceous (Wealden).

1871 Schenk, p. 243, pl. 37, figs. 3, 4; pl. 38, figs. 3—13; foliage and cones; Minden, Prussia; Early Cretaceous (Wealden).

1986b Li Xingxue and others, p. 32, pl. 36; pl. 37, figs. 5, 6; text-fig. 7; shoots and female cones; Shansong of Jiaohe, Jilin; late Early Cretaceous Moshilazi Formation.

Cf. *Sphenolepis sternbergiana* (Dunker) Schenk

1982a Liu Zijin, p. 135, pl. 74, fig. 6; leafy shoot; Changma of Yumen, Gansu; Early Cretaceous Xinminbao Group.

1994 Cao Zhengyao, fig. 3j; shoot with leaves; Xianju, Zhejiang; Early Cretaceous Guantou Formation.

1995a Li Xingxue (editor-in-chief), pl. 88, fig. 11; pl. 112, fig. 13; leafy shoots; Hanshan, Anhui; Late Jurassic Hanshan Formation; pl. 112, fig. 1; shoot; Xianju, Zhejiang; Early Cretaceous Guantou Formation. (in Chinese)

1995b Li Xingxue (editor-in-chief), pl. 88, fig. 11; pl. 112, fig. 13; leafy shoots; Hanshan, Anhui; Late Jurassic Hanshan Formation; pl. 112, fig. 1; shoot; Xianju, Zhejiang; Early Cretaceous Guantou Formation. (in English)

△*Sphenolepis arborscens* Chow, 1923

1923 Chow T H, pp. 82, 139, pl. 2, fig. 3; leafy twig; Laiyang, Shandong (Shantung); Early Cretaceous Laiyang Series. [Notes: The specimen was later referred as *Cupressinocladus elegans* (Chow) Chow (Sze H C, Lee H H and others, 1963)]

1993a Wu Xiangwu, p. 139.

△*Sphenolepis*? *concinna* Cao, 1984

1984b Cao Zhengyao, pp. 40, 46, pl. 3, fig. 5; pl. 6, figs. 3—4a; shoots with leaves; Col. No.: HM205; Reg. No.: PB10959—PB10961; Holotype: PB10960 (pl. 6, fig. 3); Repository: Nanjing Institute of Geology and Palaeontology, Chinese Academy of Sciences; Mishan, Heilongjiang; Early Cretaceous Tongshan Formation.

△*Sphenolepis*? *densifolia* Cao, 1984

1984b Cao Zhengyao, pp. 41, 46, pl. 4, fig. 13; pl. 6, figs. 1—2a; shoots with leaves; Col. No.: HM205; Reg. No.: PB10962—PB10964; Holotype: PB10963 (pl. 6, fig. 1); Repository: Nanjing Institute of Geology and Palaeontology, Chinese Academy of Sciences; Mishan, Heilongjiang; Early Cretaceous Tongshan Formation.

△*Sphenolepis elegans* Chow, 1923

[Notes: The species was later referred as *Cupressinocladus elegans* (Chow) Chow (Sze H C, Lee H H and others, 1963)]

1923 Chow T H, pp. 81, 139, pl. 1, fig. 8; leafy twig; Laiyang, Shandong (Shantung); Early Cretaceous Laiyang Series.

1993a Wu Xiangwu, p. 139.

△***Sphenolepis gracilis* Cao, 1999** (in Chinese and English)

1999 Cao Zhengyao, pp. 86, 154, pl. 28, figs. 14, 15; leafy shoots; Col. No.: 62MCF57; Reg. No.: PB14512, PB14513; Holotype: PB14513 (pl. 28, fig. 15); Repository: Nanjing Institute of Geology and Palaeontology, Chinese Academy of Sciences; Shantouxu of Linhai, Zhejiang; Early Cretaceous Guantou Formation.

***Sphenolepis kurriana* (Dunker) Schenk, 1871**

1846 *Thuites* (Cupressites?) *kurrianus* Dunker, p. 20, pl. 7, fig. 8; vegetative organ and cone; Norddeutshch; Early Cretaceous (Wealden).

1871 Schenk, p. 243; vegetative organ and cone; Norddeutshch; Early Cretaceous (Wealden).

1982a Yang Xuelin, Sun Liwen, p. 594, pl. 3, figs. 6, 10; leafy shoots with cones; Yingcheng, southern Songhuajiang-Liaohe Basin; Late Jurassic Shahezi Formation.

1982 Zheng Shaolin, Zhang Wu, p. 322, pl. 22, figs. 2—5; pl. 24, fig. 16; leafy shoots; Mishan, Hulin and Jixi Heilongjiang; Late Jurassic Yunshan Formation, Early Cretaceous Chengzihe Formation and Muling Formation.

1983a Zheng Shaolin, Zhang Wu, p. 89, pl. 7, figs. 5—8; text-fig. 16; leafy twigs; Mishan, Heilongjiang; middle—late Early Cretaceous Dongshan Formation.

1995a Li Xingxue (editor-in-chief), pl. 106, figs. 2, 3; leafy shoots with cones; Dongning and Hegang, Heilongjiang; Early Cretaceous Shitouhezi Formation. (in Chinese)

1995b Li Xingxue (editor-in-chief), pl. 106, figs. 2, 3; leafy shoots with cones; Dongning and Hegang, Heilongjiang; Early Cretaceous Shitouhezi Formation. (in English)

1996 Zheng Shaolin, Zhang Wu, pl. 4, figs. 11—13; leafy shoots with cones; Yingcheng Coal Field of Jiutai, Jilin; Early Cretaceous Shahezi Formation.

Cf. *Sphenolepis kurriana* (Dunker) Schenk

1983a Cao Zhengyao, p. 17, pl. 1, fig. 6B; leafy shoot; Yunshan of Hulin, Heilongjiang; Middle Jurassic Longzhaogou Group.

1983b Cao Zhengyao, p. 39, pl. 2, fig. 5; pl. 8, figs. 11—14; shoots with leaves; Hulin, Heilongjiang; Late Jurassic upper part of Yunshan Formation.

1984a Cao Zhengyao, p. 14, pl. 4, fig. 4; leafy shoot; Peide of Mishan, Heilongjiang; Middle Jurassic Peide Formation.

1985 Cao Zhengyao, p. 281, pl. 4, figs. 3—6; leafy shoots; Hanshan, Anhui; Late Jurassic Hanshan Formation.

1988 Liu Zijin, p. 96, pl. 1, fig. 21; leafy shoot; Huating of Ordos Basin, Gansu; Early Cretaceous Jingchuan Formation of Zhidan Group.

1999 Cao Zhengyao, p. 86, pl. 26, figs. 15, 16; leafy shoots; Tianban of Shouchang, Zhejiang; Early Cretaceous Laocun Formation; Dongcun of Shouchang, Zhejiang; Early Cretaceous Shouchang Formation.

***Sphenolepis* cf. *kurriana* (Dunker) Schenk**

1991 Zhang Chuanbo and others, pl. 1, fig. 7; leafy shoot; Yangcaogou of Jiutai, Jilin; Early Cretaceous Dayangcaogou Formation.

Sphenolepis spp.

1982 *Sphenolepis* sp., Wang Guoping and others, p. 284, pl. 132, fig. 4; leafy shoot; Suqin of Shengxian, Zhejiang; Early Cretaceous Guantou Formation.

1994 *Sphenolepis* sp., Xiao Zongzheng and others, pl. 15, fig. 9; leafy shoot; Fangshan, Beijing; Early Cretaceous Lushangfen Formation.

Sphenolepis? spp.

1987 *Sphenolepis*? sp., Zhang Zhicheng, p. 380, pl. 6, fig. 4; leafy shoot; Fuxing, Liaoning; Early Cretaceous Fuxin Formation.

1994 *Sphenolepis*? sp., Cao Zhengyao, fig. 3h; shoot with leaves; Linhai, Zhejiang; Early Cretaceous Guantou Formation.

Sphenolepis? (*Pagiophyllum*?) spp.

1963 *Sphenolepis*? (*Pagiophyllum*?) sp. 1, Sze H C, Lee H H and others, p. 282, pl. 92, figs. 5, 6; vegetative shoots; Luozigou (Lotzukou) of Wangqing, Jilin; Early Cretaceous upper part of Dalazi Formation.

1963 *Sphenolepis*? (*Pagiophyllum*?) sp. 2, Sze H C, Lee H H and others, p. 282, pl. 92, fig. 7 (= *Sphenolepidium* sp., Seward, 1911, pp. 28, 56, pl. 4, fig. 53); leaf; Diam River (left bank) of Junggar Basin, Xinjiang; Early—Middle Jurassic.

△Genus *Squamocarpus* Mo, 1980

1980 Mo Zhuangguan, in Zhao Xiuhu and others, p. 87.

1993a Wu Xiangwu, pp. 37, 236.

1993b Wu Xiangwu, pp. 504, 519.

Type species: *Squamocarpus papilioformis* Mo, 1980

Taxonomic status: Gymnospermae?

△*Squamocarpus papilioformis* Mo, 1980

1980 Mo Zhuangguan, in Zhao Xiuhu and others, p. 87, pl. 19, figs. 13, 14 (counterpart); cone-scales; Col. No.: FQ-36; Reg. No.: PB7085, PB7086; Repository: Nanjing Institute of Geology and Palaeontology, Chinese Academy of Sciences; Qingyun of Fuyuan, Yunnan; Early Triassic "Kayitou Bed".

1993a Wu Xiangwu, pp. 37, 236.

1993b Wu Xiangwu, pp. 504, 519.

Genus *Stachyotaxus* Nathorst, 1886

1886 Nathorst, p. 98.

1968 *Fossil atlas of Mesozoic coal-bearing strata in Kiangsi and Hunan provinces*, p. 77.

1993a Wu Xiangwu, p. 141.

Type species: *Stachyotaxus septentionalis* (Agardh) Nathorst, 1886

Taxonomic status: Coniferopsida

Stachyotaxus septentionalis (Agardh) Nathorst, 1886

1823 *Caulerpa septentionalis* Agardh, p. 110, pl. 11, fig. 7; Sweden; Late Triassic (Rhaetic).

1823 *Sargassum septentionale* Agardh, p. 108, pl. 2, fig. 5; Sweden; Late Triassic (Rhaetic).

1886 Nathorst, p. 98, pl. 22, figs. 20—23, 33, 34; pl. 23, fig. 6; pl. 25, fig. 9; twigs and foliage; Bjuf, Sweden; Late Triassic (Rhaetic).

1993a Wu Xiangwu, p. 141.

△_Stachyotaxus saladinii_ (Zeiller) Hsu et Hu, 1979

1902—1903 *Cycadites saladinii* Zeiller, p. 154, pl. 41, figs. 1—4; Hongay, Vietnam; Late Triassic.

1979 Hsu J, Hu Yufan, in Hsu J and others, p. 68, pl. 43, fig. 2A; pl. 68, fig. 5; pl. 72, figs. 1—6; leafy shoots; Hua-shan and Longshuwan of Yongren, Sichuan; Late Triassic middle-upper part of Daqiaodi Formation.

Stachyotaxus elegana Nathorst, 1886

1908 Nathorst, p. 11, pls. 2, 3; folaege-shoots; Scania, Sweden; Late Triassic (Rhaetic).

1968 *Fossil Atlas of Mesozoic Coal-bearing Strata in Kiangsi and Hunan Provinces*, p. 77, pl. 32, figs. 3, 4, 4a; leafy shoots; Jiangxi and Hunan; Late Triassic.

1978 Zhou Tongshun, p. 119, pl. 28, fig. 12; leafy shoot; Dakeng of Zhangping, Fujian; Late Triassic upper member of Dakeng Formation.

1980 He Dechang, Shen Xiangpeng, p. 27, pl. 11, fig. 3; pl. 14, fig. 5; leafy shoots; Chengtanjiang of Liuyang, Hunan; Late Triassic Anyuan Formation; Gouyadong of Lechang, Guangdong; Late Triassic.

1982 Wang Guoping and others, p. 292, pl. 126, fig. 2; leafy shoot; Dakeng of Zhangping, Fujian; Late Triassic upper member of Dakeng Formation.

1992 Wang Shijun, p. 56, pl. 23, figs. 10, 11; leafy shoots; Guanchun and Ankou of Lechang, Guangdong; Late Triassic.

1993 Sun Ge, p. 105, pl. 55, fig. 8; Tianqiaoling of Wangqing, Jilin; Late Triassic Malugou Formation.

1993a Wu Xiangwu, p. 141.

Stachyotaxus elegana? Nathorst

1986 Xu Fuxiang, p. 422, pl. 1, fig. 5; pl. 2, fig. 5; leafy shoots; Daolengshan of Jingyuan, Gansu; Early Jurassic.

△Genus _Stalagma_ Zhou, 1983

1983b Zhou Zhiyan, p. 63.

1993a Wu Xiangwu, pp. 37, 237.

1993b Wu Xiangwu, pp. 504, 519.

Type species: *Stalagma samara* Zhou, 1983

Taxonomic status: Podocarpaceae, Coniferopsida

△*Stalagma samara* Zhou, 1983

1983b Zhou Zhiyan, p. 63, pl. 3, fig. 7; pls. 4—11; text-figs. 3—6, 7C, 7I, 7J; foliage leaves, fertile shoots, female cones, seeds, pollen grains and cuticles; Reg. No.: PB9586, PB9588, PB9592—PB9605; Holotype: PB9605 (pl. 4, fig. 4; text-fig. 3B); Repository: Nanjing Institute of Geo-logy and Palaeontology, Chinese Academy of Sciences; Shanqiao Coal Mine of Hengyang, Hunan; Late Triassic Yangbaichong Formation.

1989 Zhou Zhiyan, p. 155, pl. 15, figs. 6, 7; pl. 19, fig. 8; text-fig. 47; female cones; Shanqiao Coal Mine of Hengyang, Hunan; Late Triassic Yangbaichong Formation.

1993a Wu Xiangwu, pp. 37, 237.

1993b Wu Xiangwu, pp. 504, 519.

Genus *Storgaardia* Harris, 1935

1935 Harris, p. 58.

1980 He Dechang, Shen Xiangpen, p. 28.

1993a Wu Xiangwu, p. 143.

Type species: *Storgaardia spectablis* Harris, 1935

Taxonomic status: Coniferopsida

Storgaardia spectablis Harris, 1935

1935 Harris, p. 58, pls. 11, 12, 16; coniferous foliage and cuticles; Scoresby Sound, East Greenland, Denmark; Late Triassic (Rhaetic).

1993a Wu Xiangwu, p. 143.

Cf. *Storgaardia spectablis* Harris

1980 He Dechang, Shen Xiangpeng, p. 28, pl. 19, fig. 1; leafy shoot; Huaqiao of Huaihua, Hunan; Early Jurassic Zaoshang Formation.

1986 Ye Meina and others, p. 77, pl. 49, figs. 4, 8B (?); leafy shoots; Leiyinpu of Daxian and Shuitian of Kaixian, Sichuan; Early Jurassic Zhenzhuchong Formation.

1988 Li Peijuan and others, p. 123, pl. 85, figs. 3, 3a; pl. 87, fig. 3; leafy shoots; Dameigou, Qinghai; Early Jurassic *Zamites* Bed of Xiaomeigou Formation.

1992 Sun Ge, Zhao Yanhua, p. 552, pl. 250, fig. 18; leaf; North Hill near Lujuanzicun of Wangqing, Jilin; Late Triassic Malugou Formation.

1993 Sun Ge, p. 106, pl. 52, figs. 3—6, 8; leaves; North Hill near Lujuanzicun of Wangqing, Jilin; Late Triassic Malugou Formation.

1993a Wu Xiangwu, p. 143.

Storgaardia cf. *spectablis* Harris

1986 Xu Fuxiang, p. 422, pl. 2, fig. 4; leafy shoot; Daolengshan of Jingyuan, Gansu; Early

Jurassic.

△*Storgaardia*? *baijenhuaense* Zhang, 1980

1980 Zhang Wu and others, p. 302, pl. 150, figs. 3 — 7; leafy shoots; Reg. No.: D551 — D555; Repository: Shenyang Institute of Geology and Mineral Resources; Baiyinhua in Ar Horqin Banner of Ju Ud League, Inner Mongolia; Middle Jurassic Xinmin Formation. (Notes: The type specimen was not appointed in the original paper)

1993a Wu Xiangwu, p. 143.

△*Storgaardia*? *gigantes* Chen et Dou, 1984

1984 Chen Fen, Dou Yawei, in Chen Fen and others, pp. 66, 122, pl. 36, figs. 2 — 4; leafy shoots; Col. No.: ZCY (L); Reg. No.: BM205 — BM207; Syntypes: BM205 — BM207; Repository: China University of Geology, Beijing; Zhaitang of West Hill, Beijing; Early Jurassic Lower Yaopo Formation. [Notes: Based on the relevant article of *International Botanical Nomenclature* (*Vienna Code*, 37.2), the type species should be only one specimen]

△*Storgaardia gracilis* Duan, 1987

1987 Duan Shuying, p. 58, pl. 21, fig. 4; leaf; Reg. No.: S-PA-86-733; Holotype: S-PA-86-733 (pl. 21, fig. 4); Repository: Department of Palaeobotany, Swedish Museum of Natural History (Sektionen foer palaeobotanyk, Naturhistoriska Riksmuseet, Stockholm); Zhaitang of West Hill, Beijing; Middle Jurassic Yaopo Formation.

△*Storgaardia mentoukiouensis* (Stockmans et Mathieu) Duan, 1987 (non Chen, Duan et Huang, 1984)

[Notes: This specific name *Storgaardia mentoukiouensis* (Stockmans et Mathieu) Duan, 1987 is a later isonym of *Storgaardia*? *mentoukiouensis* (Stockmans et Mathieu) Chen, Duan et Huang, 1984]

1941 *Podocarpites mentoukouensis* Stockmans et Mathieu, p. 53, pl. 7, figs. 5, 6; leafy shoots; Mentougou (Mentoukou), Beijing; Jurassic.

1987 *Storgaardia mentoukiouensis* (Stockmans et Mathieu) Duan, Duan Shuying, p. 57, pl. 21, figs. 2, 3; pl. 22, fig. 3; text-figs. 16, 17; leafy shoots; Zhaitang of West Hill, Beijing; Middle Jurassic Yaopo Formation.

1995a *Storgaardia mentoukiouensis* (Stockmans et Mathieu) Duan, Li Xingxue (editor-in-chief), pl. 94, fig. 2; leafy shoot; Zhaitang of West Hill, Beijing; Middle Jurassic Yaopo Formation. (in Chinese)

1995b *Storgaardia mentoukiouensis* (Stockmans et Mathieu) Duan, Li Xingxue (editor-in-chief), pl. 94, fig. 2; leafy shoot; Zhaitang of West Hill, Beijing; Middle Jurassic Yaopo Formation. (in English)

1996 *Storgaardia mentoukiouensis* (Stockmans et Mathieu) Duan, Mi Jiarong and others, p. 140, pl. 37, figs. 2, 7 — 9; leafy shoots; Shimenzhai of Funing, Hebei; Early Jurassic Beipiao Formation.

2003 *Storgaardia mentoukiouensis* (Stockmans et Mathieu) Duan, Deng Shenghui, pl. 75, fig. 4; leafy shoot; Yima Basin, Henan; Middle Jurassic Yima Formation.

△*Storgaardia*? *mentoukiouensis* (Stockmans et Mathieu) Chen, Duan et Huang, 1984 (non Duan, 1987)

1941 *Podocarpites mentoukouensis* Stockmans et Mathieu, p. 53, pl. 7, figs. 5, 6; leafy shoots; Mentougou (Mentoukou), Beijing; Jurassic.

1984 *Storgaardia*? *mentoukiouensis* (Stockmans et Mathieu) Chen, Duan et Huang, Chen Fen, Duan Shuying, Huang Qisheng, p. 67, pl. 36, figs. 5, 6; leafy shoots; Mentougou, Qianjuntai, Da'anshan and Zhaitang of West Hill, Beijing; Early Jurassic Lower Yaopo Formation; Da'anshan of West Hill, Beijing; Middle Jurassic Upper Yaopo Formation.

△*Storgaardia pityophylloides* Liu et Mi, 1981

1981 Liu Maoqiang, Mi Jiarong, p. 27, pl. 1, fig. 10; pl. 2, figs. 1, 10, 11; leafy shoots; Linjiang, Jilin; Early Jurassic Yihe Formation. (Notes: The type specimen was not appointed in the original paper)

△*Storgaardia sinensis* Mi, Sun C L, Sun Y W, Cui et Ai, 1996 (in Chinese)

1996 Mi Jiarong and others, p. 140, pl. 36, figs. 1—4; pl. 37, fig. 5; leafy shoots and cuticles; No.: BL7038, BL7061; Holotype: BL7038 (pl. 36, fig. 4); Repository: Changchun College of Geology; Beipiao, Liaoning; Early Jurassic Beipiao Formation.

***Storgaardia* sp.**

1999 *Storgaardia* sp., Shang Ping and others, pl. 1, fig. 6; leafy shoot; Turpan-Hami Basin, Xinjiang; Middle Jurassic Xishanyao Formation.

***Storgaardia*? spp.**

1983 *Storgaardia*? sp., Sun Ge and others, p. 455, pl. 2, fig. 9; leaf; Dajianggang of Shuangyang, Jilin; Late Triassic Dajianggang Formation.

1985 *Storgaardia*? sp., Mi Jiarong, Sun Chunlin, pl. 2, figs. 3, 11, 18; leaves; Bamianshi of Shuangyang, Jilin; Late Triassic upper member of Xiaofengmidingzi Formation.

1993 *Storgaardia*? sp., Mi Jiarong and others, p. 153, pl. 48, figs. 7, 10 — 14; leaves; Wangqing, Jilin; Late Triassic Malugou Formation; Shuangyang, Jilin; Late Triassic upper member of Xiaofengmidingzi Formation.

Genus *Strobilites* Lingley et Hutton, 1833

1833 (1831—1837) Lingley, Hutton, p. 23.

1935 Toyama, Ôishi, p. 75.

1963 Sze H C, Lee H H and others, p. 308.

1993a Wu Xiangwu, p. 144.

Type species: *Strobilites elongata* Lingley et Hutton, 1833

Taxonomic status: incertae sedis or coniferals

***Strobilites elongata* Lingley et Hutton, 1833**

1833 (1831—1837) Lingley, Hutton, p. 23, pl. 89; cone; Lyme of Dorsetshire, England; Early

Jurassic (Blue Lias).

1993a Wu Xiangwu, p. 144.

△***Strobilites contigua*** **Chow, 1968**

1968 Chow Tseyen, in *Fossil Atlas of Mesozoic Coal-bearing Strata in Kiangsi and Hunan Provinces*, p. 83, pl. 31, fig. 2; strobilus; Chengtanjiang of Liuyang, Hunan; Late Triassic Anyuan Formation.

△***Strobilites interjecta*** **Sun et Zheng, 2001** (in Chinese and English)

2001 Sun Ge, Zheng Shaolin, in Sun Ge and others, pp. 110, 209, pl. 23, fig. 6; pl. 33, figs. 20, 22; cones; Reg. No.: PB19171; Holotype: PB19171 (pl. 23, fig. 6); Repository: Nanjing Institute of Geology and Palaeontology, Chinese Academy of Sciences; Jianshangou of Beipiao, western Liaoning; Late Jurassic Jianshangou Formation.

△***Strobilites taxusoides*** **Sun et Zheng, 2001** (in Chinese and English)

2001 Sun Ge, Zheng Shaolin, in Sun Ge and others, pp. 110, 209, pl. 20, fig. 1; pl. 63, figs. 2, 3; pl. 68, figs. 12, 14; cones; Reg. No.: PB19149, PB19149A (counterpart); Holotype: PB19149 (pl. 20, fig. 1); Repository: Nanjing Institute of Geology and Palaeontology, Chinese Academy of Sciences; Jianshangou of Beipiao, western Liaoning; Late Jurassic Jianshangou Formation.

△***Strobilites wuzaoensis*** **Chen, 1986**

1986b Chen Qishi, p. 11, pl. 4, figs. 8—12; strobili; Col. No.: 63-3-10; Reg. No.: ZMf-植-0007; Repository: Regional Geological Surveying Team, Zhejiang Bureau of Geology and Mineral Resources; Wuzao of Yiwu, Zhejiang; Late Triassic Wuzao Formation. (Notes: The type specimen was not appointed in the original paper)

△***Strobilites yabei*** **Toyama et Ôishi, 1935**

1935 Toyama, Ôishi, p. 75, pl. 5, figs. 1, 1a; text-fig. 3; strobilus; Jalainur (Chalainor), Inner Mongolia; Jurassic. [Notes: The species was later referred as *Pityocladus yabei* (Toyama et Ôishi) Chang (Chang Chichen, 1976)]

1993a Wu Xiangwu, p. 144.

Strobilites? yabei **Toyama et Ôishi**

1963 Sze C H, Lee H H, p. 309, pl. 101, figs. 1, 1a; strobilus; Jalainur (Chalainor), Inner Mongolia; Late Jurassic Chalainor Group. [Notes: The species was later referred as *Pityocladus yabei* (Toyama et Ôishi) Chang (Chang Chichen, 1976)]

Strobilites **spp.**

1963 *Strobilites* sp. 1, Sze C H, Lee H H, p. 309, pl. 100, fig. 4; strobilus; Badachu of West Hill, Beijing; Early—Middle Jurassic.

1963 *Strobilites* sp. 2, Sze C H, Lee H H, p. 309, pl. 91, fig. 11; strobilus; Silangmiao of Yijun, Shatanping and Gaojia'an of Suide, Shaanxi; Late Triassic Yenchang Formation.

1963 *Strobilites* sp. 3, Sze C H, Lee H H, p. 310, pl. 100, fig. 3; strobilus; Iqe of Qaidam, Qinghai (Yuchia of Tsaidam, Chinghai); Early—Middle Jurassic.

1968 *Strobilites* sp., *Fossil Atlas of Mesozoic Coal-bearing Strata in Kiangsi and Hunan Provinces*, p. 84, pl. 31, fig. 7; strobilus; Youluo of Fengcheng, Jiangxi; Late Triassic member 5 of Anyuan Formation.

1977 *Strobilites* sp., Department of Geological Exploration, Changchun College of Geology and others, pl. 4, fig. 8; strobilus; Shiren of Hunjiang, Jilin; Late Triassic Xiaohekou Formation.

1979 *Strobilites* sp., He Yuanliang and others, p. 156, pl. 77, fig. 13; cone; Iqe of Da Qaidam, Qinghai; Middle Jurassic Dameigou Formation.

1979 *Strobilites* sp., Zhou Zhiyan, Li Baoxian, p. 455, pl. 2, fig. 22; strobilus; Jiuqujiang of Qionghai, Hainan; Early Triassic Jiuqujiang Formation of Lingwen Group.

1980 *Strobilites* sp., Huang Zhigao, Zhou Huiqin, p. 111, pl. 11, fig. 9; strobilus; Hejiafang of Tongchuan, Shaanxi; Middle Triassic upper member of Tongchuan Formation.

1980 *Strobilites* sp., Li Baoxian, Ye Meina, in Wu Shunqing and others, p. 83, pl. 5, figs. 11—12a; strobili; Shazhenxi of Zigui, Hubei; Late Triassic Shazhenxi Formation.

1980 *Strobilites* sp. (sp. nov.?), Wu Shuqing and others, p. 120, pl. 21, figs. 8, 8a, 9; strobiles; Shazhenxi of Zigui, Hubei; Early—Middle Jurassic Hsiangchi Formation.

1982 *Strobilites* sp., Duan Shuying, Chen Ye, pl. 16, fig. 4; strobilus; Tanba of Hechuan, Sichuan; Late Triassic Hsuchiaho Formation.

1982b *Strobilites* sp. 1, Yang Xuelin, Sun Liwen, p. 56, pl. 24, figs. 10, 10a; text-fig. 21; strobilus; Yumin, Da Hingganling; Middle Jurassic Wanbao Formation.

1982b *Strobilites* sp. 2, Yang Xuelin, Sun Liwen, p. 57, pl. 24, figs. 11, 11a; strobilus; Wanbao, Da Hingganling; Middle Jurassic Wanbao Formation.

1982b *Strobilites* sp. 3, Yang Xuelin, Sun Liwen, p. 57, pl. 24, fig. 12; text-fig. 22; strobilus; Dusheng, Da Hingganling; Middle Jurassic Wanbao Formation.

1984 *Strobilites* sp. 1, Chen Fen and others, p. 67, pl. 24, fig. 5; strobilus; Da'anshan of West Hill, Beijing; Middle Jurassic Upper Yaopo Formation.

1984 *Strobilites* sp. 2, Chen Fen and others, p. 68, pl. 36, fig. 6; strobilus; Da'anshan (?) of West Hill, Beijing; Early Jurassic Lower Yaopo Formation (?).

1984 *Strobilites* sp. 1, Li Baoxian and others, p. 144, pl. 1, fig. 9; strobilus; Yongdingzhuang of Datong, Shanxi; Early Jurassic Yongdingzhuang Formation.

1984 *Strobilites* sp. 2, Li Baoxian and others, p. 144, pl. 3, fig. 16; strobilus; Qifengshan of Datong, Shanxi; Early Jurassic Yongdingzhuang Formation.

1986a *Strobilites* sp., Chen Qishi, p. 451, pl. 1, fig. 14; pl. 3, fig. 19; strobili; Chayuanli of Quxian, Zhejiang; Late Triassic Chayuanli Formation.

1986 *Strobilites* sp. (Cf. *Sphaerostrobus clandestinus* Harris), Ye Meina and others, p. 87, pl. 53, figs. 2, 2a; cone; Dalugou of Xuanhan, Sichuan; Late Triassic member 7 of Hsuchiaho Formation.

1986 *Strobilites* sp., Ye Meina and others, p. 87, pl. 52, figs. 14, 14a; cones; Jinwo of Tieshan, Leiyinpu of Daxian and Qilixia of Kaijiang, Sichuan; Early Jurassic Zhenzhuchong Formation.

1987 *Strobilites* sp. 1, Chen Ye and others, p. 136, pl. 41, fig. 4; pl. 45, fig. 4; strobili; Qinghe of Yanbian, Sichuan; Late Triassic Hongguo Formation and Laotangqing Formation.

1987 *Strobilites* sp. 2, Chen Ye and others, p. 136, pl. 46, figs. 5 — 7; strobili; Qinghe of Yanbian, Sichuan; Late Triassic Hongguo Formation .

1988 *Strobilites* sp., Chen Fen and others, p. 92, pl. 59, fig. 11; cone; Haizhou of Fuxin, Liaoning; Early Cretaceous Fuxin Formation.

1992a *Strobilites* sp., Meng Fansong, pl. 8, figs. 21, 22; cones; Jiuqujiang of Qionghai, Hainan; Early Triassic Lingwen Formation.

1992a *Strobilites* sp. 2, Meng Fansong, pl. 8, figs. 18—19a; cones; Jiuqujiang of Qionghai, Hainan; Early Triassic Lingwen Formation.

1992 *Strobilites* sp., Wang Shijun, p. 57, pl. 23, fig. 22; strobilus; Ankou of Lechang, Guangdong; Late Triassic.

1993 *Strobilites* sp., Mi Jiarong and others, p. 153, pl. 48, figs. 19, 24; strobili; Dongning, Heilongjiang; Late Triassic Luoquanzhan Formation; Hunjiang, Jilin; Late Triassic Dajianggang Formation and Beishan Formation (Xiaohekou Formation).

1993 *Strobilites* sp. 1, Sun Ge, p. 108, pl. 31, figs. 5 — 7; strobili; Tianqiaoling of Wangqing, Jilin; Late Triassic Malugou Formation.

1993 *Strobilites* sp. 2, Sun Ge, p. 108, pl. 52, figs. 10, 11; pl. 38, fig. 4; strobili; Tianqiaoling of Wangqing, Jilin; Late Triassic Malugou Formation.

1995 *Strobilites* sp. 1, Zeng Yong and others, p. 69, pl. 19, fig. 3; pl. 22, fig. 3; strobili; Yima, Henan; Middle Jurassic Yima Formation.

1995 *Strobilites* sp. 2, Zeng Yong and others, p. 69, pl. 7, fig. 5; strobilus; Yima, Henan; Middle Jurassic Yima Formation.

1996 *Strobilites* sp., Huang Qisheng and others, pl. 1, fig. 3; strobilus; Qilixia of Xuanhan, Sichuan; Early Jurassic lower part of the Zhenzhuchong Formation.

1998 *Strobilites* sp., Wang Rennong and others, pl. 27, fig. 4; strobilus; Tancheng-Lujiang Fault System in Zhonghuashan of Linshu, Shandong; Early Cretaceous.

1999b *Strobilites* sp., Wu Shunqing, p. 52, pl. 44, figs. 7, 7a; strobilus; Daxian, Sichuan; Late Triassic Hsuchiaho Formation.

2005 *Strobilites* sp. 1, Miao Yuyan, p. 528, pl. 2, fig. 18; cone; Baiyang River of Junggar Basin, Xinjiang; Middle Jurassic Xishanyao Formation.

2005 *Strobilites* sp. 2, Miao Yuyan, p. 528, pl. 2, fig. 15; cone; Baiyang River of Junggar Basin, Xinjiang; Middle Jurassic Xishanyao Formation.

Strobilites? sp.

1968 *Strobilites*? sp., *Fossil Atlas of Mesozoic Coal-bearing Strata in Kiangsi and Hunan Provinces*, p. 84, pl. 31, fig. 8; strobilus; Chengtanjiang of Liuyang, Hunan; Late Triassic Zijiachong Member of Anyuan Formation.

△Genus *Suturovagina* Chow et Tsao, 1977

1977 Chow Tseyen, Tsao Chenyao, p. 167.

1982 Watt, p. 38.

1993a Wu Xiangwu, pp. 38, 237.

1993b Wu Xiangwu, pp. 505, 519.

Type species: *Suturovagina intermedia* Chow et Tsao, 1977

Taxonomic status: Cheirolepidiaceae, Coniferopsida

△*Suturovagina intermedia* Chow et Tsao, 1977

1977 Chow Tseyen, Tsao Chenyao, p. 167, pl. 2, figs. 1—14; text-fig. 1; leafy shoots and cuticles; Reg. No.: PB6256—PB6260; Holotype: PB6256 (pl. 2, fig. 1); Repository: Nanjing Institute of Geology and Palaeontology, Chinese Academy of Sciences; Yanziji of Nanjing, Jiangsu; Early Cretaceous Gecun Formation.

1979 Zhou Zhiyan, Cao Zhengyao, p. 220; Yanziji of Nanjing, Jiangsu; Early Cretaceous Gecun Formation.

1980 Zhang Wu and others, p. 303, pl. 187, figs. 4, 4a; leafy shoot; Dalazi of Yanji, Jilin; Early Cretaceous Dalazi Formation.

1982 Wang Guoping and others, p. 285, pl. 133, figs. 3—7; leafy shoots and cuticles; Yanziji of Nanjing, Jiangsu; Early Cretaceous Gecun Formation.

1982 Watt, p. 38.

1983a Zhou Zhiyan, p. 792, pls. 75—77; pl. 80, fig. 8; text-figs. 1A—1G, 2A—2J, 3A—3C; leafy shoots and cuticles; Qixia of Nanjing, Jiangsu; Early Cretaceous Gecun Formation.

1984 Chen Qishi, pl. 1, figs. 1, 2, 5, 8; leafy shoots; Jinqu, Zhejiang; Late Cretaceous Qujiang Group; Yushan, Jiangxi; Late Cretaceous Nanxiong Group.

1986 Zhang Chuanbo, pl. 2, fig. 11; leafy shoot; Dalazi in Zhixin of Yanji, Jilin; middle—late Early Cretaceous Dalazi Formation.

1992 Li Jieru, p. 343, pl. 1, figs. 1—11; shoots; Pulandian, Liaoning; late Early Cretaceous Pulandian Formation.

1993a Wu Xiangwu, pp. 38, 237.

1993b Wu Xiangwu, pp. 505, 519.

1995a Li Xingxue (editor-in-chief), pl. 114, figs. 2—7; shoots and cuticles; Nanjing, Jiangsu; Early Cretaceous Pukou Formation. (in Chinese)

1995b Li Xingxue (editor-in-chief), pl. 114, figs. 2—7; shoots and cuticles; Nanjing, Jiangsu; Early Cretaceous Pukou Formation. (in English)

Suturovagina sp.

1984 *Suturovagina* sp., Chen Qishi, pl. 1, figs 28, 29; leafy shoots; Xinchang, Zhejiang; Early Cretaceous Fangyan Formation.

Genus *Swedenborgia* Nathorst, 1876

1876 Nathorst, p. 66.

1949 Sze H C, p. 37.

1963 Sze H C, Lee H H and others, p. 294.

1993a Wu Xiangwu, p. 144.

Type species: *Swedenborgia cryptomerioides* Nathorst, 1876

Taxonomic status: Coniferales?

Swedenborgia cryptomerioides **Nathorst, 1876**

1876 Nathorst, p. 66, pl. 16, figs. 6—12; cones; Pålsjö, Sweden; Early Jurassic (Hörssandstein, Lias).

1949 Sze H C, p. 37, pl. 15, fig. 28; cone-scale; Baishigang of Dangyang, Hubei; Early Jurassic Hsiangchi Coal Series.

1956a Sze C H, pp. 57, 162, pl. 51, figs. 1—3; cones; Tanhegou near Silangmiao and Qimuqiao near Xingshuping of Yijun, Shaanxi; Late Triassic Yenchang Formation. [Notes: The specimens (pl. 51, figs. 2, 3) was later referred as *Stenorachis lepida* (Heer) Seward (Sze H C, Lee H H and others, 1963)]

1963 Lee H H and others, p. 126, pl. 93, figs. 1, 2; strobili; Northwest China; Late Triassic—Early Cretaceous.

1963 Sze H C, Lee H H and others, p. 296, pl. 100, figs. 8, 8a; pl. 101, fig. 2; cone-scales; Baishigang of Dangyang, Hubei; Early Jurassic Hsiangchi Formation; Silangmiao of Yijun, Shaanxi; Late Triassic Yenchang Formation; Hongliugou of Qaidam, Qinghai (Hungliukou of Tsaidam, Chinghai); Early—Middle Jurassic (?).

1980 Wu Shunqing and others, p. 119, pl. 33, figs. 4 — 6; cone-scales; Shazhenxi of Zigui, Hubei; Early—Middle Jurassic Hsiangchi Formation.

1983 Huang Qisheng, pl. 4, fig. 9; cone; Muling of Huaining, Anhui; Early Jurassic lower part of Xiangshan Group.

1984 Chen Gongxing, p. 612, pl. 261, fig. 1; cone-scale; Shazhenxi of Zigui, Hubei; Early Jurassic Hsiangchi Formation.

1984 Li Baoxian and others, p. 143, pl. 3, fig. 14; strobilus; Yongdingzhuang of Datong, Shanxi; Early Jurassic Yongdingzhuang Formation.

1984 Wang Ziqiang, p. 293, pl. 128, figs. 11, 12; cone-scale; Chengde, Hebei; Early Jurassic Jiashan Formation.

1986 Xu Fuxiang, p. 423, pl. 2, figs. 6, 8; cones and cone-scale; Daolengshan of Jingyuan, Gansu; Early Jurassic.

1986 Ye Meina and others, p. 84, pl. 49, figs. 8A, 8a; cone-scales; Shuitian of Kaixian, Sichuan; Early Jurassic Zhenzhuchong Formation.

1987 Chen Ye and others, p. 131, pl. 38, figs. 5, 5a; cone-scales; Qinghe of Yanbian, Sichuan; Late Triassic Hongguo Formation.

1987 Zhang Wu, Zheng Shaolin, pl. 27, figs. 6, 7; pl. 28, fig. 11; pl. 29, fig. 5; cone-scales; Beipiao, Liaoning; Late Triassic Shimengou Formation.

1988b Huang Qisheng, Lu Zongsheng, pl. 10, fig. 7; cone-scale; Jinshandian of Daye, Hubei; Early Jurassic middle part of Wuchang Formation.

1993 Mi Jiarong and others, p. 151, pl. 47, figs. 10, 15, 16; pl. 48, figs. 3 — 5; strobili; Wangqing, Shuangyang and Hunjiang, Jilin; Late Triassic Malugou Formation, Dajianggou Formation, upper member of Xiaofengmidingzi Formation and Beishan

Formation (Xiaohekou Formation); Chengde, Hebei; Late Triassic Xingshikou Formation.

1993a Wu Xiangwu, p. 144.

1996 Mi Jiarong and others, p. 146, pl. 38, figs. 9—14; cone-scales; Beipiao of Liaoning and Shimenzhai in Funing of Hebei; Early Jurassic Beipiao Formation.

1998 Wang Qisheng and others, pl. 1, fig. 8; cone-scale; Miaoyuan near Qingshui of Shangrao, Jiangxi; Early Jurassic member 5 of Linshan Formation.

? *Swedenborgia cryptomerioides* Nathorst

1959 Sze C H, pp. 14, 30, pl. 4, fig. 4; cone; Hongliugou of Qaidam, Qinghai (Hungliukou of Tsaidam, Chinghai); Early—Middle Jurassic.

1979 He Yuanliang and others, p. 156, pl. 77, fig. 12; strobilus; Hongliugou of Mang'ai, Qinghai; Middle Jurassic Dameigou Formation.

***Swedenborgia* cf. *cryptomerioides* Nathorst**

1977 Department of Geological Exploration, Changchun College of Geology and others, pl. 2, fig. 8; pl. 3, fig. 6; cone-scales; Shiren of Hunjiang, Jilin; Late Triassic Xiaohekou Formation.

△*Swedenborgia linjiaensis* Zhang et Zheng, 1983

1983 Zhang Wu, Zheng Shaolin, in Zhang Wu and others, p. 82, pl. 4, figs. 25—26A; text-fig. 10; cone-scales; No.: LMP20166 (1—2); Repository: Shenyang Institute of Geology and Mineral Resources; Linjiawaizi of Benxi, Liaoning; Middle Triassic Linjia Formation.

***Swedenborgia minor* Harris, 1935**

1935 Harris, p. 109, pl. 19, figs. 13, 14, 17; cones; East Greenland, Denmark; Early Jurassic *Thaumatopteris* Zone.

1980 Zhang Wu and others, p. 306, pl. 111, figs. 5—8; strobili; Shiren of Hunjiang, Jilin; Late Triassic Beishan Formation.

***Swedenborgia* spp.**

1977 *Swedenborgia* sp., Department of Geological Exploration, Changchun College of Geology and others, pl. 4 fig. 9; cone-scale; Shiren of Hunjiang, Jilin; Late Triassic Xiaohekou Formation.

1982 *Swedenborgia* sp., Zhang Caifan, p. 537, pl. 347, fig. 10; cone-scale; Yuelong of Liuyang, Hunan; Early Jurassic Yuelong Formation.

1984a *Swedenborgia* sp., Cao Zhengyao, p. 17, pl. 4, fig. 12; text-fig. 6; cone-scale; Yonghong of Hulin, Heilongjiang; Middle Jurassic Qihulin Formation.

***Swedenborgia*? sp.**

1990 *Swedenborgia*? sp., Wu Shunqing, Zhou Hanzhong, p. 455, pl. 1, figs. 10B, 10aB, 12B, 12a; cone-scales; Kuqa, Xinjiang; Early Triassic.

Genus *Taxites* Brongniart, 1828

1828 Brongniart, p. 47.

1867 (1865) Newberry, p. 123.

1993a Wu Xiangwu, p. 145.

Type species: *Taxites tournalii* Brongniart, 1828

Taxonomic status: Coniferopsida

***Taxites tournalii* Brongniart, 1828**

1828 Brongniart, p. 47, pl. 3, fig. 4; leafy shoot; Armissan, France; Oligocene.

1993a Wu Xiangwu, p. 145.

△*Taxites latior* Schenk, 1885

1885 Schenk, p. 173 (11), pl. 13 (1), fig. 12; pl. 14 (2), figs. 6c, 7, 8c, 9a; pl. 15 (3), fig. 14; leaves; Guangyuan, Sichuan (Quan-juoen-shien, Se-tschuen); Jurassic. [Notes: The specimen was later referred as *Pityophyllum longifolium* (Nathorst) Moeller, 1902 (Sze H C, Lee H H and others, 1963)]

△*Taxites spatulatus* Newberry, 1867

1867 (1865) Newberry, p. 123, pl. 9, fig. 5; leaf; Zhaitang of West Hill, Beijing; Jurassic. [Notes: The specimen (in part) was later referred as ? *Pityophyllum staratshini* (Heer), and as ? "*Podocarpites*" *mentoukouensis* Stockmans et Mathieu (Sze H C, Lee H H and others, 1963)]

1993a Wu Xiangwu, p. 145.

Genus *Taxodioxylon* Hartig, 1848

1848 Hartig, p. 169.

1931 Kubart, p. 361 (50).

1963 Sze H C, Lee H H and others, p. 339.

1993a Wu Xiangwu, p. 146.

Type species: *Taxodioxylon goepperti* Hartig, 1848

Taxonomic status: Coniferales

***Taxodioxylon goepperti* Hartig, 1848**

1848 Hartig, p. 169; fossil wood; North Germany; Tertiary (Braunkohlen).

1993a Wu Xiangwu, p. 146.

***Taxodioxylon cryptomerioides* Schonfeld, 1953**

1953 Schonfeld, p. 198, pl. 9, figs. 19—22.

1995 Li Chensen, Cui Jinzhong, p. 109 (including figures); fossil wood; Heilongjiang Province; Late Cretaceous.

1997 Wang Rufeng and others, p. 975, pl. 1, figs. 7, 8; pl. 2, figs. 9, 12, 13; fossil woods; Jiayin, Heilongjiang; Late Cretaceous.

Taxodioxylon sequoianum **(Mercklin) Gothan, 1906**

1855 ? *Cupressinoxylon sequoianum* Mercklin, p. 65, pl. 17; fossil wood; Germany; Tertiary.

1883 *Cupressinoxylon sequoianum* Mercklin, Schmalhausen, p. 325 (43), pl. 12; fossil wood; Russia; Tertiary.

1906 Gothan, p. 164.

1919 *Cupressinoxylon* (*Taxodioxylon*) *sequoianum* Mercklin, Seward, p. 201; text-fig. 720C; fossil wood; Germany; Tertiary.

1931 Kubart, p. 361 (50), pl. 1, figs. 1—7; fossil woods; Liuhejie, Yunnan (Lühogia, Yünnan); Late Cretaceous or Tertiary.

1963 Sze H C, Lee H H and others, p. 340, pl. 116, figs. 5—9; fossil woods; Liuhejie (?), Yunnan (Lühogia, Yünnan); Late Cretaceous or Tertiary.

1993a Wu Xiangwu, p. 146.

△***Taxodioxylon szei*** **Yang et Zheng, 2003** (in English)

2003 Yang Xiaoju, Zheng Shaolin, p. 654, figs. 2, 3; fossil woods; Holotype: PB19874 (thin sections numbered PB19874a—PB19874d); Repository: Nanjing Institute of Geology and Palaeontology, Chinese Academy of Sciences; Jixi, Heilongjiang; Early Cretaceous Muling Formation.

Genus *Taxodium* Richard, 1810

1984 Zhang Zhicheng, p. 119.

1993a Wu Xiangwu, p. 146.

Type species: (living genus)

Taxonomic status: Taxodiaceae, Coniferopsida

Taxodium olrokii **(Heer) Brown, 1962**

1868 *Taxites olrikii* Heer, p. 95, pl. 1, figs. 21—24c; pl. 45, figs. 1a, 1b; leafy shoots; Tsagayanica of Bureja Basin, Russia; Late Cretaceous.

1962 Brown, p. 50, pl. 10, figs. 7, 11, 15; pl. 11, figs. 4—6; leafy shoots; Tsagayanica of Bureja Basin, Russia; Late Cretaceous.

1984 Zhang Zhicheng, p. 119, pl. 1, figs. 6—10, 15; leafy shoots; Yong'antun and Taipinglinchang of Jiayin, Heilongjiang; Late Cretaceous Yong'antun Formation and Taipinglinchang Formation.

1993a Wu Xiangwu, p. 146.

2000 Guo Shuanxing, p. 230, pl. 1, fig. 14c; pl. 6, fig. 8; twigs; Hunchun, Jilin; Late Cretaceous Hunchun Formation.

Genus *Taxoxylon* Houlbert, 1910

1910 Houlbert, p. 72.

1995 He Dechang, pp. 10 (in Chinese), 13 (in English).

Type species: *Taxoxylon falunense* Houlbert, 1910

Taxonomic status: Coniferopsida

***Taxoxylon falunense* Houlbert, 1910**

1910 Houlbert, p. 72, pl. 3; petrified coniferous wood; Manthelan-Bossee-Paulmy, France; Tertiary.

△***Taxoxylon liaoxiense* Duan, 2000** (in Chinese and English)

2000 Duan Shuying, pp. 207, 209, figs. 15—19; fossil woods; No.: 8450; Hongqiangzi of Yixian, Liaoning; Early Cretaceous Shahai Formation. (Notes: The repository of the type specimen was not mentioned in the original paper)

△***Taxoxylon pulchrum* He, 1995**

1995 He Dechang, pp. 10 (in Chinese), 13 (in English), pl. 8, figs. 3, 3a; pl. 9, figs. 1—1f; fusainized woods; No.: 91368; Repository: Xi'an Branch, Central Coal Research Institute; Yimin Coal Mine of Ewenki Banner, Inner Mongolia; Early Cretaceous 16th seam of Yimin Formation.

Genus *Taxus* Linné, 1754

1988 Meng Xiangying, Chen Fen, in Chen Fen and others, p. 80.

1993a Wu Xiangwu, p. 146.

Type species: (living genus)

Taxonomic status: Taxaceae, Coniferopsida

△***Taxus acuta* Deng, 1995**

1995 Deng Shenghui, pp. 59, 113, pl. 26, figs. 5—8; pl. 46, figs. 5, 6; pl. 47, figs. 5—7; pl. 48, figs. 1—3; text-fig. 22; leafy shoots and cuticles; Reg. No.: H14-407—H14-409; Repository: Research Institute of Petroleum Exploration and Development; Huolinhe Basin, Inner Mongolia; Early Cretaceous Lower Coal Member of Huolinhe Formation. (Notes: The type specimen was not appointed in the original paper)

△***Taxus intermedium* (Hollick) Meng et Chen, 1988**

1930 *Cephalotaxopsis intermedium* Hollick, p. 54, pl. 17, figs. 1—3; Alaska, USA; Late Cretaceous.

1988 Meng Xiangying, Chen Fen, in Chen Fen and others, p. 80, pl. 52, figs. 4, 4a, 5—10; pl.

67, figs. 1a, 1b; twigs with leaves; Haizhou of Fuxin and Tiefa Basin, Liaoning; Early Cretaceous Fuxin Formation and Xiaoming'anbei Formation.

1993 Hu Shusheng, Mei Meitang, pl. 2, figs. 1—3; leafy shoots; Xi'an Mine of Liaoyuan, Jilin; Early Cretaceous Lower Coal-bearing Member of Chang'an Formation.

1993a Wu Xiangwu, p. 146.

1996 Zheng Shaolin, Zhang Wu, pl. 4, fig. 14A; leaf; Shahezi Coal Field of Changtu, Liaoning; Early Cretaceous Shahezi Formation.

1997 Deng Shenghui and others, p. 51, pl. 29, figs. 9A, 10—14; leafy shoots and cuticles; Jalainur, Inner Mongolia; Early Cretaceous Yimin Formation.

1998 Deng Shenghui, pl. 2, fig. 8; leafy shoot; Pingzhuang-Yuanbaoshan Basin, Inner Mongolia; Early Cretaceous Yuanbaoshan Formation.

2000 Hu Shusheng, Mei Meitang, pl. 1, fig. 5; leafy shoot; Xi'an Mine of Liaoyuan, Jilin; Early Cretaceous Lower Coal-bearing Member of Chang'an Formation.

Genus *Thomasiocladus* Florin, 1958

1958 Florin, p. 311.

1982 Wang Guoping and others, p. 292.

1993a Wu Xiangwu, p. 148.

Type species: *Thomasiocladus zamioides* (Leckenby) Florin, 1958

Taxonomic status: Cephalotaxaceae, Coniferopsida

Thomasiocladus zamioides (Leckenby) Florin, 1958

1864 *Cycadites zamioides* Leckenby, p. 77, pl. 8, fig. 8; leafy shoot; Yorkshire, England; Middle Jurassic (Middle Deltaic).

1958 Florin, p. 311, pl. 29, figs. 2—14; pl. 30, figs. 1—7; leafy shoots and cuticles; Yorkshire, England; Middle Jurassic (Middle Deltaic).

1993a *Thuites*? sp., Wu Xiangwu, p. 148.

Cf. *Thomasiocladus zamioides* (Leckenby) Florin, 1958

1982 Wang Guoping and others, p. 292, pl. 128, fig. 2; leafy shoot; Yushanjian of Lanxi, Zhejiang; Middle Jurassic Yushanjian Formation.

1993a Wu Xiangwu, p. 148.

Genus *Thuites* Sternberg, 1825

1825 (1820—1838) Sternberg, p. 38.

1945 Sze H C, p. 53.

1993a Wu Xiangwu, p. 148.

Type species: *Thuites aleinus* Sternberg, 1825

Taxonomic status: Coniferopsida

***Thuites aleinus* Sternberg, 1825**

1825 (1820 — 1838) Sternberg, p. 38, pl. 45, fig. 1; coniferous foliage twig; Bohemia; Cretaceous.

1993a Wu Xiangwu, p. 148.

***Thuites*? sp.**

1945 *Thuites*? sp., Sze H C, p. 53; leafy shoot; Yong'an, Fujian; Early Cretaceous Pantou Series. [Notes: The specimens was later referred as *Cupressinocladus*? sp. (Sze H C, Lee H H and others, 1963)]

1993a *Thuites*? sp., Wu Xiangwu, p. 148.

Genus *Thuja* Linné

1895 Newberry, p. 53.

1986 Tao Junrong, Xiong Xianzheng, p. 122.

1993a Wu Xiangwu, p. 148.

Type species: (living genus)

Taxonomic status: Pinaceae, Coniferopsida

***Thuja cretacea* (Heer) Newberry, 1895**

1882 *Libocedrus cretacea* Heer, p. 49, pl. 29, figs. 1—3; pl. 43, fig. 1d; Greenland, Denmark.

1895 Newberry, p. 53, pl. 4, figs. 1, 2.

1986 Tao Junrong, Xiong Xianzheng, p. 122, pl. 4, figs. 1, 2; leafy shoots; Jiayin, Heilongjiang; Late Cretaceous Wuyun Formation.

1993a Wu Xiangwu, p. 148.

△*Thuja heilongjiangensis* Zheng et Zhang, 1994

1994 Zheng Shaolin, Zhang Ying, pp. 759, 763, pl. 2, figs. 1—9; pl. 3, fig. 1; leafy shoots and cuticles; Reg. No.: HS0004; Repository: Research Institute of Exploration and Development, Daqing Petroleum Administrative Bureau; Songhuajiang-Liaohe Basin; Late Cretaceous members 2—3 of Nenjiang Formation.

Genus *Torreya* Annott, 1838

1978 Yang Xuelin and others, pl. 3, fig. 5.

1993a Wu Xiangwu, p. 149.

Type species: (living genus)

Taxonomic status: Taxaceae, Coniferopsida

△*Torreya borealis* Meng, 1988

1988 Meng Xiangying, in Chen Fen and others, pp. 81, 161, pl. 53, figs. 1—7; pl. 67, figs. 2, 3; leafy twigs and cuticles; No.: Fx241—Fx243, Tf67, Tf103; Repository: China University of Geology; Fuxin and Tiefa, Liaoning; Early Cretaceous Fuxin Formation and Xiaoming'anbei Formation. (Notes: The type specimen was not appointed in the original paper)

△*Torreya*? *chowii* Li et Ye, 1980

1980 Li Xingxue, Ye Meina, p. 10, pl. 3, fig. 4; pl. 4, fig. 4a; leafy shoots; Reg. No.: PB4609; Holotype: PB8977a (pl. 4, fig. 4a); Repository: Nanjing Institute of Geology and Palaeontology, Chinese Academy of Sciences; Shansong of Jiaohe, Jilin; Early Cretaceous Moshilazi Formation.

1980 Zhang Wu and others, p. 304, pl. 190, figs. 2, 10; leafy shoots; Jiaohe, Jilin; Early Cretaceous Moshilazi Formation.

1985 Shang Ping, pl. 12, fig. 8; leafy shoot; Fuxin, Liaoning; Early Cretaceous Shuiquan Formation.

1986b Li Xingxue and others, p. 32, pl. 37, figs. 1—4; pl. 38, figs. 1—4a; leafy shoots; Reg. No.: PB4609, PB8977, PB11645, PB11652, PB11653, PB11655, PB11657; Holotype: PB8977 (pl. 37, fig. 1); Repository: Nanjing Institute of Geology and Palaeontology, Chinese Academy of Sciences; Shansong of Jiaohe, Jilin; late Early Cretaceous Moshilazi Formation.

***Torreya*? cf. *chowii* Li et Ye**

1993c Wu Xiangwu, p. 84, pl. 7, fig. 5; leafy shoot; Huangtuling near Mashiping of Nanzhao, Henan; Early Cretaceous Mashiping Formation.

***Torreya fargesii* Franch**

1982 Tan Lin, Zhu Jianan, p. 154, pl. 40, figs. 9—13; leafy shoots; Guyang, Inner Mongolia; Early Cretaceous Guyang Formation.

△*Torreya fangshanensis* Xiao, 1994

1991 Xiao Zongzheng, in Bureau of Geology and Mineral Resources of Beijing Municipality, pl. 17, fig. 11; leafy shoot; Fangshan, Beijing; Early Cretaceous Lushangfen Formation. (nom. nud.)

1994 Xiao Zongzheng and others, pl. 15, fig. 7; leafy shoot; Reg. No.: PL033; Fangshan, Beijing; Early Cretaceous Lushangfen Formation. (Notes: The repository of the type specimen was not mentioned in the original paper)

△*Torreya haizhouensis* (Shang) Wang et Shang, 1985

1984 *Cephalotaxopsis haizhouensis* Shang, Shang Ping, p. 62, pl. 5, figs. 1—7; leafy shoots and cuticles; Haizhou of Fuxin, Liaoning; Early Cretaceous Taiping Member of Haizhou Formation.

1985 Shang Ping, p. 113, pl. 9, fig. 3; pl. 13, fig. 6; leafy shoots; Reg. No.: HT02, HT04, HT71, HT83; Lectotype: TH71 (pl. 9, fig. 3 = Shang Ping, 1984, pl. 5, fig. 1); Repository: Fuxin

Mining Institute; Haizhou of Fuxin, Liaoning; Early Cretaceous Taiping Member of Haizhou Formation.

1987 Shang Ping, pl. 2, fig. 1; leafy twig; Fuxin Basin, Liaoning; Early Cretaceous.

1989 Mei Meitang and others, p. 113, pl. 55, fig. 1; leafy shoot; North China; Early Cretaceous.

Torreya? sp.

1978 *Torreya*? sp. (sp. nov.), Yang Xuelin and others, pl. 3, fig. 5; shoot with leaves; Shansong of Jiaohe, Jilin; Early Cretaceous Moshilazi Formation.

1993a *Torreya*? sp. (sp. nov.), Wu Xiangwu, p. 149.

? Torreya sp.

1984 ? *Torreya* sp., Wang Ziqiang, p. 288, pl. 153, fig. 8; leafy shoot; Pingquan, Hebei; Early Cretaceous Jiufotang Formation.

△Genus *Torreyocladus* Li et Ye, 1980

1980 Li Xingxue, Ye Meina, p. 10.

1993a Wu Xiangwu, pp. 42, 240.

1993b Wu Xiangwu, pp. 504, 520.

Type species: *Torreyocladus spectabilis* Li et Ye, 1980

Taxonomic status: Coniferopsida

△*Torreyocladus spectabilis* Li et Ye, 1980

1980 Li Xingxue, Ye Meina, p. 10, pl. 4, fig. 5; leafy shoot; Reg. No.: PB8973; Genotype: PB8973 (pl. 4, fig. 5); Repository: Nanjing Institute of Geology and Palaeontology, Chinese Academy of Sciences; Shansong of Jiaohe, Jilin; Early Cretaceous Moshilazi Formation. [Notes: The specimen was later referred as *Rhipidiocladus flabellata* Prynada (Li Xingxue and others, 1986)]

1993a Wu Xiangwu, pp. 42, 240.

1993b Wu Xiangwu, pp. 504, 520.

△Genus *Tricrananthus* Wang Z Q et Wang L X, 1990

1990a Wang Ziqiang, Wang Lixin, p. 137.

1993a Wu Xiangwu, pp. 43, 241.

1993b Wu Xiangwu, pp. 504, 520.

Type species: *Tricrananthus sagittatus* Wang Z Q et Wang L X, 1990

Taxonomic status: Coniferopsida

△*Tricrananthus sagittatus* Wang Z Q et Wang L X, 1990

1990a Wang Ziqiang, Wang Lixin, p. 137, pl. 21, figs. 13—17; pl. 26, fig. 6; male cone scales; No.:

Z16-417,Z16-418,Z16-422,Z16-422a,Z16-426,Iso19-29;Holotype:Z16-422 (pl. 21,fig. 15);Repository: Nanjing Institute of Geology and Palaeontology, Chinese Academy of Sciences;Tuncun of Yushe and Mafang of Heshun, Shanxi; Early Triassic base part of Heshanggou Formation.

1993a Wu Xiangwu, pp. 43, 241.

1993b Wu Xiangwu, pp. 504, 520.

△*Tricrananthus lobatus* Wang Z Q et Wang L X, 1990

1990a Wang Ziqiang, Wang Lixin, p. 137, pl. 26, figs. 5, 10; male cone scales; No.: Iso15-11, Iso8304-3; Syntypes: Iso15-11, Iso8304-3 (pl. 26, figs. 5, 10); Repository: Nanjing Institute of Geology and Palaeontology, Chinese Academy of Sciences; Puxian, Shanxi; Early Triassic base part of Heshanggou Formation. [Notes: Based on the relevant article of *International Code of Botanical Nomenclature* (*Vienna Code*) article 37. 2, the type species should be only one specimen]

1993a Wu Xiangwu, pp. 43, 241.

1993b Wu Xiangwu, pp. 504, 520.

Genus *Tricranolepis* Roselt, 1958

1958 Roselt, p. 390.

1990a Wang Ziqiang, Wang Lixin, p. 136.

1993a Wu Xiangwu, p. 150.

Type species: *Tricranolepis monosperma* Roselt, 1958

Taxonomic status: Coniferopsida

Tricranolepis monosperma Roselt, 1958

1958 Roselt, p. 390, pls. 1—4; seed-scales and coniferales; Bedheim and Irmelshausen of south Thuringia, Germany; Triassic (Lower Keuper).

1993a Wu Xiangwu, p. 150.

△*Tricranolepis obtusiloba* Wang Z Q et Wang L X, 1990

1990a Wang Ziqiang, Wang Lixin, p. 136, pl. 25, figs. 8, 9; seed-scales; No.: Iso19-27, Iso19-28; Holotype: Iso19-28 (pl. 25, fig. 9); Repository: Nanjing Institute of Geology and Palaeontology, Chinese Academy of Sciences; Puxian, Shanxi; Early Triassic Lower Member of Heshanggou Formation.

1993a Wu Xiangwu, p. 150.

Genus *Tsuga* Carriere, 1855

1982 Tan Lin, Zhu Jianan, p. 149.

1993a Wu Xiangwu, p. 151.

Type species: (living genus)

Taxonomic status: Pinaceae, Coniferopsida

△*Tsuga taxoides* Tan et Zhu, 1982

1982 Tan Lin, Zhu Jianan, p. 149, pl. 36, figs. 2—4; foliage twigs; Reg. No.: GR15, GR18, GR206; Holotype: GR15 (pl. 36, fig. 3); Paratype: GR18 (pl. 36, fig. 4); Guyang, Inner Mongolia; Early Cretaceous Guyang Formation.

1993a Wu Xiangwu, p. 151.

Tsuga sp.

1993c *Tsuga* sp., Wu Xiangwu, p. 84, pl. 6, figs. 11, 12; leafy shoots; Shangxian, Shaanxi; Early Cretaceous lower member of Fengjiashan Formation.

Genus *Ullmannia* Goeppert, 1850

1850 Goeppert, p. 185.

1947—1948 Mathews, p. 239.

1993a Wu Xiangwu, p. 152.

Type species: *Ullmannia bronnii* Goeppert, 1850

Taxonomic status: Coniferopsida

Ullmannia bronnii Goeppert, 1850

1850 Goeppert, p. 185, pl. 20, figs. 1—26; cones and foliage; Frankenberg of Saxony, Germany; Permian (Zechstein).

1993a Wu Xiangwu, p. 152.

Ullmannia sp.

1947—1948 *Ullmannia* sp., Mathews, p. 239; text-fig. 1; impression of a male cone; West Hill, Beijing; Permian (?) or Triassic (?) Shuangquan Group.

1993a *Ullmannia* sp., Wu Xiangwu, p. 152.

Genus *Ussuriocladus* Kryshtofovich et Prynada, 1932

1932 Kryshtofovich, Prynada, p. 372.

1980 Zhang Wu and others, p. 301.

1993a Wu Xiangwu, p. 153.

Type species: *Ussuriocladus racemosus* Halle ex Kryshtofovich et Prynada, 1932

Taxonomic status: Coniferopsida

Ussuriocladus racemosus Halle ex Kryshtofovich et Prynada, 1932

1932 Kryshtofovich, Prynada, p. 372; Primorski Krai, USSR; Early Cretaceous.

1993a Wu Xiangwu, p. 153.

△*Ussuriocladus antuensis* Zhang, 1980

1980 Zhang Wu and others, p. 301, pl. 189, figs. 6, 7; leafy shoots; Reg. No.: D549, D550; Repository: Shenyang Institute of Geology and Mineral Resources; Dashahe of Antu, Jilin; Early Cretaceous Tongfosi Formation. (Notes: The type specimen was not appointed in the original paper)

1993a Wu Xiangwu, p. 153.

Genus *Voltzia* Brongniart, 1828

1828 Brongniart, p. 449.

1979 Zhou Zhiyan, Li Baoxian, p. 451.

1993a Wu Xiangwu, p. 155.

Type species: *Voltzia brevifolia* Brongniart, 1828

Taxonomic status: Voltziaceae, Coniferopsida

Voltzia brevifolia Brongniart, 1828

1828 Brongniart, p. 449, pl. 15; pl. 16, figs. 1, 2; reproductive organs and foliage twigs; Vosges Mountains, France; Early Triassic.

1993a Wu Xiangwu, p. 155.

△*Voltzia curtifolis* Meng, 1995

1995 Meng Fansong and others, p. 26, pl. 9, figs. 9—11; leafy shoots and ultimate shoots with strobili at the top; Reg. No.: B93087, B93088; Syntypes: B93087, B93088 (pl. 9, figs. 9, 10); Repository: Yichang Institute of Geology and Mineral Resources; Furongqiao of Sangzhi, Hunan; Middle Triassic member 2 of Badong Formation. [Notes: Based on the relevant article of *International Code of Botanical Nomenclature* (*Vienna Code*) article 37.2, the type species should be only one speciemen]

1996 Meng Fansong, pl. 4, fig. 9; an ultimate shoot with strobilus at the top; Furongqiao of Sangzhi, Hunan; Middle Triassic member 2 of Badong Formation.

Voltzia heterophylla Brongniart, 1828

1828 Brongniart, p. 451; leafy shoot; Vosges Mountains, France; Early Triassic.

1979 Zhou Zhiyan, Li Baoxian, p. 451, pl. 2, figs. 1—5, 20; text-fig. 1; leafy shoots; Jiuqujiang of Qionghai, Hainan; Early Triassic Jiuqujiang Formation of Lingwen Group.

1992a Meng Fansong, p. 181, pl. 6, figs. 6—9; pl. 8, figs. 1—5; leafy shoots; Jiuqujiang of Qionghai, Hainan; Early Triassic Lingwen Formation.

1993a Wu Xiangwu, p. 155.

1995a Li Xingxue (editor-in-chief), pl. 63, figs. 6 — 10; leafy shoots and ovuliferous scales; Jiuqujiang of Qionghai, Hainan; Early Triassic Lingwen Formation. (in Chinese)

1995b Li Xingxue (editor-in-chief), pl. 63, figs. 6 — 10; leafy shoot and ovuliferous scales;

Jiuqujiang of Qionghai, Hainan; Early Triassic Lingwen Formation. (in English)

1995 Meng Fansong and others, p. 25, pl. 7, fig. 4; pl. 8, figs. 1—3; leafy shoots; Furongqiao of Sangzhi, Hunan; Middle Triassic member 2 of Badong Formation.

1996 Meng Fansong, pl. 4, figs. 1—4; leafy shoots; Furongqiao of Sangzhi, Hunan; Middle Triassic member 2 of Badong Formation.

***Voltzia* cf. *heterophylla* Brongniart**

1990a Wang Ziqiang, Wang Lixin, p. 133, pl. 18, fig. 4; pl. 23, figs. 9, 10; pl. 24, figs. 7, 8; twigs; Tuncun of Yushe and Puxian, Shanxi; Early Triassic upper part of Heshanggou Formation; Yiyang, Henan; Early Triassic upper part of Heshanggou Formation.

***Voltzia* cf. *koeneni* Schuetze**

1990 Meng Fansong, pl. 1, figs. 3, 4; leafy shoots; Jiuqujiang of Qionghai, Hainan; early Middle Triassic Lingwen Formation (Anisian).

1992a Meng Fansong, p. 181, pl. 6, figs. 4, 5; leafy shoots; Jiuqujiang of Qionghai, Hainan; Early Triassic Lingwen Formation.

△*Voltzia quinquepetala* Wang Z Q et Wang L X, 1990

1990a Wang Ziqiang, Wang Lixin, p. 133, pl. 21, figs. 10—12; pl. 26, figs. 1—3, 7—9; cone-scales; No.: Z16-621, Z802-12, Z802-13, Z8304-3 — Z804-5, Z8304-9, Iso-23 — Iso-25; Holotype: Z802-13 (pl. 21, fig. 12); Repository: Nanjing Institute of Geology and Palaeontology, Chinese Academy of Sciences; Hongyatou of Yushe and Mafang of Heshun, Shanxi; Early Triassic lower member of Heshanggou Formation.

***Voltzia walchiaeformis* Fliche, 1910**

1910 Fliche, p. 198, pl. 21; leafy shoot; Vosges Mountains, France; Early Triassic.

***Voltzia* cf. *walchiaeformis* Fliche**

1980 Huang Zhigao, Zhou Huiqin, p. 109, pl. 4, fig. 4; pl. 7, fig. 5; leafy shoots; Zhangjia of Wubao, Shaanxi; Middle Triassic upper part of Ermaying Formation.

1995a Li Xingxue (editor-in-chief), pl. 66, fig. 9; ultimate leafy shoot; Wuziwan of Jungar Banner, Inner Mongolia; Middle Triassic upper part of Ermaying Formation. (in Chinese)

1995b Li Xingxue (editor-in-chief), pl. 66, fig. 9; ultimate leafy shoot; Wuziwan of Jungar Banner, Inner Mongolia; Middle Triassic upper part of Ermaying Formation. (in English)

***Voltzia weismanni* Schimper, 1870**

1870—1872 Schimper, p. 242; Oberer Muschelklk von Crailsheim; Triassic.

1990 Meng Fansong, pl. 1, figs. 1, 2; leafy shoots; Jiuqujiang of Qionghai, Hainan; early Middle Triassic Lingwen Formation (Anisian).

1992a Meng Fansong, p. 181, pl. 6, figs. 1—3; leafy shoots; Jiuqujiang in Qionghai, Hainan; Early Triassic Lingwen Formation.

1995a Li Xingxue (editor-in-chief), pl. 63, fig. 12; ultimate leafy shoot; Jiuqujiang of Qionghai, Hainan; Early Triassic Lingwen Formation. (in Chinese)

1995b Li Xingxue (editor-in-chief), pl. 63, fig. 12; ultimate leafy shoot; Jiuqujiang of Qionghai, Hainan; Early Triassic Lingwen Formation. (in English)

Voltzia spp.

1978 *Voltzia* sp., Wang Lixin and others, pl. 4, figs. 3, 4; male cones; Hongyatou of Yushe, Shanxi; Early Triassic Heshanggou Formation.

1979 *Voltzia* spp., Zhou Zhiyan, Li Baoxian, pl. 2, figs. 7—9, 10 (?) —14 (?); leafy shoots; Jiuqujiang of Qionghai, Hainan; Early Triassic Jiuqujiang Formation of Lingwen Group.

1989 *Voltzia* sp., Wang Ziqiang, Wang Lixin, p. 35, pl. 4, fig. 12; twig; Peijiashan of Jiaocheng, Shanxi; Early Triassic middle-upper part of Liujiagou Formation.

1990b Wang Ziqiang, Wang Lixin, p. 311, pl. 7, fig. 11; twig; Sizhuang of Wuxiang, Shanxi; Middle Triassic base part of Ermaying Formation.

1992a *Voltzia* sp., Meng Fansong, pl. 7, figs. 12, 13; leafy shoots; Jiuqujiang of Qionghai, Hainan; Early Triassic Lingwen Formation.

1995 *Voltzia* sp., Meng Fansong and others, pl. 7, figs. 1, 2; leafy shoots; Furongqiao of Sangzhi, Hunan; Middle Triassic member 2 of Badong Formation.

1996 *Voltzia* sp., Meng Fansong, pl. 4, fig. 5; leafy shoot; Furongqiao of Sangzhi, Hunan; Middle Triassic member 2 of Badong Formation.

Voltzia? spp.

1978 *Voltzia*? sp., Wang Lixin and others, pl. 4, fig. 5; male cone; Hongyatou of Yushe, Shanxi; Early Triassic Heshanggou Formation.

1996 *Voltzia*? sp. (Cf. *Voltzia walchiaeformis* Fliche), Wu Shunqing, Zhou Hanzhong, p. 11, pl. 8, figs. 10 — 12; leafy shoots; Kuqa, Xinajiang; Middle Triassic Karamay Formation.

Genus *Willsiostrobus* Grauvogel-Stamm et Schaarschmidt, 1978

1978 Grauvogel-Stamm, Schaarschmidt, p. 106.

1982 Watt, p. 42.

1984 Wang Ziqiang, p. 291.

1993a Wu Xiangwu, p. 156.

Type species: *Willsiostrobus willsii* (Townrow) Grauvogel-Stamm et Schaarschmidt, 1978

Taxonomic status: Coniferopsida

Willsiostrobus willsii (Townrow) Grauvogel-Stamm et Schaarschmidt, 1978

1962 *Masculostrobus willsii* Townrow, p. 25, pl. 1, figs. e, h; pl. 2, fig. i; male strobilis; England; Early Triassic.

1978 Grauvogel-Stamm, Schaarschmidt, p. 106.

1993a Wu Xiangwu, p. 156.

Willsiostrobus cf. *willsii* (Townrow) Grauvogel-Stamm et Schaarschmidt

1984 Wang Ziqiang, p. 292, pl. 112, fig. 4; male cone; Shilou, Shanxi; Middle — Late Triassic

Yenchang Group.

1993a Wu Xiangwu, p. 156.

Willsiostrobus cordiformis (Grauvogel-Stamm) Grauvogel-Stamm et Schaarschmidt, 1978

1969a *Masculostrobus ligulatus* Grauvogel-Stamm, p. 99, pl. 1, figs. 4, 5; text-fig. 2c; male cones; Vosges Mountains, France; Early Triassic.

1969b *Masculostrobus cordiformis* Grauvogel-Stamm, p. 356.

1978 Grauvogel-Stamm, Schaarschmidt, p. 106.

Willsiostrobus cf. _cordiformis_ (Grauvogel-Stamm) Grauvogel-Stamm et Schaarschmidt

1990a Wang Ziqiang, Wang Lixin, p. 134, pl. 23, figs. 11—14; pl. 25, figs. 1, 4; text-figs. 7b—7d; male cones; Tuncun of Yushe, Mafang of Heshun and Jingshang, Shanxi; Early Triassic middle-lower part of Heshanggou Formation.

1995 Meng Fansong and others, p. 26, pl. 8, fig. 8; pl. 9, figs. 14, 15; male strobili; Furongqiao of Sangzhi, Hunan; Middle Triassic member 2 of Badong Formation.

1996 Meng Fansong, pl. 4, fig. 7; male strobile; Furongqiao of Sangzhi, Hunan; Middle Triassic member 2 of Badong Formation.

Willsiostrobus denticulatus (Grauvogel-Stamm) Grauvogel-Stamm et Schaarschmidt, 1978

1969a *Masculostrobus denticulatus* Grauvogel-Stamm, p. 102, pl. 2, fig. 1; text-fig. 5; male cone; Vosges Mountains, France; Early Triassic.

1969b *Masculostrobus denticulatus* Grauvogel-Stamm, p. 356.

1978 Grauvogel-Stamm, Schaarschmidt, p. 106.

Willsiostrobus cf. _denticulatus_ (Grauvogel-Stamm) Grauvogel-Stamm et Schaarschmidt

1990a Wang Ziqiang, Wang Lixin, p. 135, pl. 25, figs. 2, 3, 7; text-figs. 7f, 7g; male cones; Mafang of Yushe and Puxian, Shanxi; Early Triassic lower part of Heshanggou Formation.

△_Willsiostrobus hongyantouensis_ Wang, 1984

1984 Wang Ziqiang, p. 291, pl. 108, figs. 8—10; male cones; Reg. No.: P0017, P0029, P0030; Holotype: P0017 (pl. 108, fig. 8); Repository: Nanjing Institute of Geology and Palaeontology, Chinese Academy of Sciences; Tuncun of Yushe, Shanxi; Early Triassic Liujiagou Formation; Hongyatou of Yushe, Shanxi; Early Triassic Heshanggou (Heshankou) Formation. [Notes: The species was later referred as *Ruehleostachys? hongyantouensis* Wang Z Q et Wang L X (Wang Ziqiang, Wang Lixing, 1990)]

1985 Wang Ziqiang, pl. 4, figs. 8, 9; male cones; Tuncun of Yushe, Shanxi; Early Triassic Heshanggou (Heshankou) Formation; Mafang of Heshun, Shanxi; Early Triassic Heshanggou (Heshankou) Formation. [Notes: The species was later referred as *Ruehleostachys? hongyantouensis* Wang Z Q et Wang L X (Wang Ziqiang, Wang Lixing, 1990)]

1993a Wu Xiangwu, p. 156.

Willsiostrobus ligulatus (Grauvogel-Stamm) Grauvogel-Stamm et Schaarschidt, 1978

1969a *Masculostrobus ligulatus* Grauvogel-Stamm, p. 98, pl. 1, fig. 3; text-fig. 2b; male cone;

Vosges Mountains, France; Early Triassic.

1978 Grauvogel-Stamm, Schaarschidt, p. 106.

1990a Wang Ziqiang, Wang Lixin, p. 134, pl. 23, figs. 4—8; pl. 25, figs. 5, 6; text-figs. 7a, 7e; male cones; Tuncun of Yushe and Mafang of Heshun, Shanxi; Early Triassic lower part of Heshanggou Formation.

Willsiostrobus sp.

1989 *Willsiostrobus* sp., Wang Ziqiang, Wang Lixin, p. 35, pl. 3, fig. 16; male cone; Wucheng of Xixian, Shanxi; Early Triassic upper part of Liujiagou Formation.

Genus *Xenoxylon* Gothan, 1905

1905 Gothan, p. 38.

1929 Chang C Y, p. 250.

1963 Sze H C, Lee H H and others, p. 341.

1993a Wu Xiangwu, p. 156.

Type species: *Xenoxylon latiporosus* (Cramer) Gothan, 1905

Taxonomic status: Coniferales, Coniferopsida

Xenoxylon latiporosum (Cramer) Gothan, 1905

1868 *Pinites latiporosus* Cramer, in Heer, p. 176, pl. 40, figs. 1—8; Spitzbergen, Norway; Early Cretaceous.

1905 Gothan, p. 38.

1933 Gothan, Sze H C, p. 91, pl. 14, figs. 1—3; woods; Erfomiao of Jinxi, Liaoning; Jurassic.

1935—1936 Shimakura, p. 278 (12), pl. 14 (3), figs. 7, 8; pl. 15 (4), figs. 7, 8; pl. 16 (5), figs. 1—3; text-fig. 4; fossil woods; Shahezi (Shahotzu) of Jilin, Dabao (Tapao) and Chaoyang, Liaoning; Jurassic.

1951b Sze H C, pp. 443, 444, pl. 1, figs. 1—3; pl. 2, figs. 2, 3; text-figs. 1A—1C; coniferous woods; Huashuquan of Huachuan, Heilongjiang; Late Jurassic.

1963 Sze H C, Lee H H and others, p. 341, pl. 114, figs. 5—7; pl. 115, figs. 1—7; fossil woods; Erfomiao of Jinxi, Liaoning; Jurassic; Huashuquan of Huachuan, Heilongjiang; Late Jurassic (?).

1982 Du Naizheng, p. 383, pl. 1, figs. 1—6; woods; Jiayin, Heilongjiang; Late Jurassic—Early Cretaceous.

1986 Duan Shuying, p. 333, pl. 1, figs. 1—4; pl. 2, figs. 1—5; woods; Xiadelongwan of Yanqing, Beijing; Middle Jurassic Houcheng Formation.

1988 Li Jieru, pl. 7, figs. 1—5; woods; Suzihe Basin, eastern Liaoning; Early Cretaceous.

1993a Wu Xiangwu, p. 156.

1995 Duan Shuying and others, p. 170, pl. 2, figs. 5—8; woods; Yixian, Liaoning; Early Cretaceous Shahai Formation.

1995 Li Chengsen, Cui Jinzhong, pp. 112, 113 (including figures); fossil woods; Liaoning;

Early Cretaceous.

2000a Ding Qiuhong, p. 212, pl. 5, figs. 1 — 4; woods; Yixian, Liaoning; Late Jurassic Yixian Formation.

2000b Ding Qiuhong and others, p. 240; wood; Liaoning, Jilin and Heilongjiang; Early Jurassic —Early Cretaceous.

2000 Wang Yongdong and others, p. 180, pl. 3, figs. 1 — 6; woods; Qitai, Xinjiang; Late Jurassic.

2004 Wang Wuli and others, p. 60, pl. 19, figs. 1 — 4; fossil woods; Batuyingzi of Beipiao, Liaoning; Late Jurassic Tuchengzi Formation.

Xenoxylon conchylianum **Fliche, 1910**

1910 Fliche, p. 234, pl. 23, figs. 1, 5; fossil woods; Vosges Mountains, France; Early Triassic.

1995 Wang Xin, in Li Chensen, Cui Jinzhong, pp. 110, 111 (including figures); woods; Hebei; Jurassic.

2000b Ding Qiuhong and others, p. 240; wood; Hebei; Middle Jurassic.

Xenoxylon ellipticum **Schultze-Motel, 1960**

1960 Schultze-Motel, p. 15, pl. 2, figs. 4 — 6; pl. 3, figs. 7 — 10; fossil woods; Deutschland; Jurassic (Lias).

1991b Wang Shijun, p. 810, pl. 1, figs. 1—9; fossil woods; Guanchun of Lechang, Guangdong; Late Triassic Hongweikeng Formation of Genkou Group.

1992 Wang Shijun, p. 61; fossil wood; Guanchun of Lechang, Guangdong; Late Triassic.

2000b Ding Qiuhong and others, p. 240; wood; Guanchun of Lechang, Guangdong; Late Triassic Genkou Group; Liujiagou near Sanbaoying of Beipiao, Liaoning; Late Jurassic Tuchengzi Formation.

2001 Zheng Shaolin, pp. 75, 81, pl. 3, figs. 1—10; text-fig. 5; fossil woods; Liujiagou of Beipiao, Liaoning; Middle—Late Jurassic member 3 of Tuchengzi Formation.

△***Xenoxylon fuxinense*** **Ding, 2000** (in Chinese and English)

2000b Ding Qiuhong and others, pp. 240, 243, 245, pl. 1, figs. 1—6; woods; Holotype: Fx-3 (pl. 1, figs. 1 — 6); Repository: Shenyang Institute of Geology and Mineral Resources; Haizhou Coal Mine of Fuxin, Liaoning; Early Cretaceous Fuxin Formation.

△***Xenoxylon hopeiense*** **Chang, 1929**

1929 Chang C Y, p. 250, pl. 1, figs. 1—4; woods; Xiajiagou of Zhuolu, Hebei; Late Jurassic.

1963 Sze H C, Lee H H and others, p. 343, pl. 116, figs. 1—4; text-fig. 69; woods; Xiajiagou of Zhuolu, Hebei; Late Jurassic.

1993a Wu Xiangwu, p. 156.

2000a Ding Qiuhong, p. 212, pl. 4, figs. 1 — 5; woods; Yixian, Liaoning; Late Jurassic Yixian Formation.

2000b Ding Qiuhong, p. 240; wood; Liaoning; Early Jurassic—Early Cretaceous.

△***Xenoxylon huolinhense*** **Ding, 2000** (in Chinese and English)

2000b Ding Qiuhong and others, pp. 240, 244, 246, pl. 2, figs. 1—6; woods; Holotype: H14 (pl.

2, figs. 1 — 6); Repository: Shenyang Institute of Geology and Mineral Resources; Huolinhe Coal Field, Inner Mongolia; Early Cretaceous Huolinhe Formation.

***Xenoxylon japonicum* Vogellehner, 1968**

1968 Vogellehner, p. 145; fossil wood; Japan; Jurassic.

2000b Ding Qiuhong and others, p. 240; wood; Xinglonggou of Chaoyang, Liaoning; Early Jurassic Beipiao Formation; Dabaoshan near Tieling and Shahezi of Changtu, Liaoning; Early Cretaceous Shahezi Formation.

△*Xenoxylon liaoningense* Duan et Wang, 1995

1995 Duan Shuying, Wang Xin, in Duan Shuying and others, pp. 168, 170, pl. 1, figs. 7—9; pl. 2, figs. 1—4 (not including figs. 5—8); woods; Yixian, Liaoning; Early Cretaceous Shahai Formation.

1995 Li Chengsen, Cui Jinzhong, pp. 114, 115 (including figures); fossil woods; Liaoning; Early Cretaceous.

2000b Ding Qiuhong and others, p. 240; wood; Yixian, Liaoning; Early Cretaceous Shahai Formation.

? *Xenoxylon liaoningense* Duan et Wang

2000 Wang Yongdong and others, p. 180, pl. 4, figs. 1 — 5; woods; Qitai, Xinjiang; Late Jurassic.

△*Xenoxylon peidense* Zheng et Zhang, 1982

1982 Zheng Shaolin, Zhang Wu, p. 332, pl. 31, figs. 1 — 10; fossil woods; No.: HP39; Repository: Shenyang Institute of Geology and Mineral Resources; Peide of Mishan, Heilongjiang; Middle Jurassic Dongshengcun Formation.

1995 He Dechang, pp. 15 (in Chinese), 19 (in English), pl. 15, figs. 1—1d, 2, 2a; pl. 16, figs. 2, 2a; fusainized woods; Huolinhe Coal Field of Jarud Banner, Inner Mongolia; Late Jurassic top layer in 14th seam of Huolinhe Formation.

2000b Ding Qiuhong and others, p. 240; wood; Liaoning, Heilongjiang and Inner Mongolia; Early Jurassic—Early Cretaceous.

△*Xenoxylon yixianense* Zhang et Shang, 1996 (in Chinese and English)

1996 Zhang Wu, Shang Ping, p. 389, pl. 1, figs. 1—5; pl. 2, figs. 1—5; woods; No.: SZ001; Holotype: SZ001 (pls. 1, 2); Repository: Fuxin Mining Institute; Baitazigou of Yixian, Liaoning; Early Cretaceous Shahai Formation.

2000b Ding Qiuhong and others, p. 240; wood; Baitazigou of Yixian, Liaoning; Early Cretaceous Shahai Formation.

***Xenoxylon* sp.**

1986 *Xenoxylon* sp., Duan Shuying, p. 333, pl. 2, figs. 6—8; woods; Xiadelongwan of Yanqing, Beijing; Middle Jurassic Houcheng Formation.

△Genus *Yanliaoa* Pan, 1977

1977 Pan K, p. 70.

1993a Wu Xiangwu, pp. 47, 243.

1993b Wu Xiangwu, pp. 504, 521.

Type species: *Yanliaoa sinensis* Pan, 1977

Taxonomic status: Taxodiaceae, Coniferopsida

△*Yanliaoa sinensis* Pan, 1977

1977 Pan K, p. 70, pl. 5; twig with cone; Reg. No: L0027, L0034, L0040A, L0064; Repository: The Company of Geological Explortation of Coal Fied, Liaoning; Jinxi, Liaoning; Middle—Late Jurassic. (Notes: The type specimen was not appointed in the original paper)

1983 Li Jieru, pl. 4, figs. 8—13, 15—17; twigs with cones; Pandaogou in Houfulongshan of Jinxi, Liaoning; Middle Jurassic member 3 of Haifanggou Formation.

1987 Zhang Wu, Zheng Shaolin, pl. 29, figs. 7—9; twigs with cones; Nanpiao of Jinxi, Liaoning; Middle Jurassic Haifanggou Formation.

1993a Wu Xiangwu, pp. 47, 243.

1993b Wu Xiangwu, pp. 504, 521.

Yanliaoa cf. *sinensis* Pan

1984 Wang Ziqiang, p. 287, pl. 147, figs. 4, 5; leafy twigs; Qinglong, Hebei; Late Jurassic Houcheng Formation.

Genus *Yuccites* Martius, 1822 (non Schimper et Mougeot, 1844)

1822 Martius, p. 136.

1970 Andrews, p. 229.

1993a Wu Xiangwu, p. 158.

Type species: *Yuccites microlepis* Martius, 1822

Taxonomic status: Coniferopsida or incertae sedis

Yuccites microlepis Martius, 1822

1822 Martius, p. 136.

1970 Andrews, p. 229.

1993a Wu Xiangwu, p. 158.

Genus *Yuccites* Schimper et Mougeot, 1844 (non Martius, 1822)

[Notes: This generic name *Yuccites* Schimper et Mougeot, 1844 is a homonym junius of *Yuccites*

Martius, 1822 (Wu Xiangwu, 1993a)]

1844 Schimper, Mougeot, p. 42.

1970 Andrews, p. 229.

1978 Wang Lixin and others, pl. 4, figs. 6—8.

1993a Wu Xiangwu, p. 158.

Type species: *Yuccites vogesiacus* Schimper et Mougeot, 1844

Taxonomic status: Coniferopsida or incertae sedis

***Yuccites vogesiacus* Schimper et Mougeot, 1844**

1844 Schimper, Mougeot, p. 42, pl. 21; leaf; Soulz-les-Bains, Alsace-Lorraine; Triassic.

1970 Andrews, p. 229.

1986 Zheng Shaolin, Zhang Wu, p. 180, pl. 4, figs. 7—11; leaves; Yangshugou of Harqin Left Wing, Liaoning; Early Triassic Hongla Formation.

1993a Wu Xiangwu, p. 158.

1995a Li Xingxue (editor-in-chief), pl. 65, fig. 5; leaf; Mahekou of Sangzhi, Hunan; early Middle Triassic member 2 of Badong Formation. (in Chinese)

1995b Li Xingxue (editor-in-chief), pl. 65, fig. 5; leaf; Mahekou of Sangzhi, Hunan; early Middle Triassic member 2 of Badong Formation. (in English)

1995 Meng Fansong, p. 25, pl. 7, figs. 6—8; leaves; Sangzhi, Hunan; Middle Triassic member 2 of Badong Formation.

1996 Meng Fansong, pl. 4, fig. 11; leaf; Furongqiao of Sangzhi, Hunan; Middle Triassic member 2 of Badong Formation.

△*Yuccites anastomosis* Wang Z Q et Wang L X, 1990

1990a Wang Ziqiang, Wang Lixin, p. 136, pl. 22, figs. 1—8; leaves; No.: Z13-277, Z15-267, Z16-235, Z16-546, Z16-552, Z22-253, Z22-256, Z802-23; Holotype: Z22-253 (pl. 22, figs. 2, 2a); Repository: Nanjing Institute of Geology and Palaeontology, Chinese Academy of Sciences; Tuncun of Yushe, Mafang of Heshun and Puxian, Shanxi; Early Triassic lower part of Heshanggou Formation.

1995a Li Xingxue (editor-in-chief), pl. 65, fig. 6; leaf; Mahekou of Sangzhi, Hunan; early Middle Triassic member 2 of Badong Formation. (in Chinese)

1995b Li Xingxue (editor-in-chief), pl. 65, fig. 6; leaf; Mahekou of Sangzhi, Hunan; early Middle Triassic member 2 of Badong Formation. (in English)

1995 Meng Fansong, p. 25, pl. 7, fig. 5; pl. 8, fig. 5; leaves; Sangzhi, Hunan; Middle Triassic member 2 of Badong Formation.

1996 Meng Fansong, pl. 4, fig. 8; leaf; Hongjiaguan of Sangzhi, Hunan; Middle Triassic member 2 of Badong Formation.

△*Yuccites decus* Zhang et Zheng, 1987

1987 Zhang Wu, Zheng Shaolin, p. 316, pl. 28, fig. 7; text-fig. 41; leafy shoot; Col. No.: 42; Reg. No.: SG110144; Repository: Shenyang Institute of Geology and Mineral Resources; Beipiao, Liaoning; Middle Jurassic Lanqi Formation.

△*Yuccites ensiformis* Meng, 1992

1992a Meng Fansong, p. 179, pl. 4, figs. 3, 4; leaves; Col. No.: WSP-1; Reg. No.: HP86029, HP86030; Holotype: HP86030 (pl. 4, fig. 4); Paratype: HP86029 (pl. 4, fig. 3); Repository: Yichang Institute of Geology and Mineral Resources, Chinese Academy of Geological Sciences; Jiuqujiang of Qionghai, Hainan; Early Triassic Lingwen Formation.

1995a Li Xingxue (editor-in-chief), pl. 63, fig. 11; leaf; Wenshanshangcun in Jiuqujiang of Qionghai, Hainan; Early Triassic Lingwen Formation. (in Chinese)

1995b Li Xingxue (editor-in-chief), pl. 63, fig. 11; leaf; Wenshanxiacun in Jiuqujiang of Qionghai, Hainan; Early Triassic Lingwen Formation. (in English)

***Yuccites spathulata* Prynada, 1952**

1952 Prynada, pl. 15, figs. 1—12; leaves; Kazakhstan; Late Triassic.

1984 Gu Daoyuan, p. 154, pl. 77, figs. 1, 2; leaves; Kuqa, Xinjiang; Late Triassic Tariqike Formation.

1987 Hu Yufan, Gu Daoyuan, p. 227, pl. 1, figs. 1a — 1d; leaves; Xinjiang; Middle — Late Triassic Xiaoquangou Group.

***Yuccites* spp.**

1984 *Yuccites* sp., Wang Ziqiang, p. 291, pl. 110, figs. 13, 14; leaves; Yushe, Shanxi; Early Triassic Liujiagou Formation; Wuxiang, Shanxi; Middle Triassic Ermaying Formation.

1990b *Yuccites* sp., Wang Ziqiang, Wang Lixin, p. 311, pl. 4, figs. 1, 2; leaves; Shiba of Ningwu, Shanxi; Middle Triassic base part of Ermaying Formation.

***Yuccites*? sp.**

1978 *Yuccites*? sp., Wang Lixin and others, pl. 4, figs. 6—8; leaves; Hongyatou of Yushe and Shangzhuang of Pingyao, Shanxi; Early Triassic Heshanggou Formation.

1993a *Yuccites*? sp., Wu Xiangwu, p. 158.

Coniferae Incertae Sedis

1933b Coniferae Incertae Sedis, Sze H C, p. 53, pl. 12, figs. 1, 2; leafy shoots; Mentougou of West Hill, Beijing; Jurassic. [Notes: The specimen was later referred as "*Podocarpites*" *mentoukouensis* Stockmans et Mathieu (Sze H C, Lee H H and others, 1963)]

Undetermined Coniferous Shoot

1979 Undetermined Coniferous Shoot, Zhou Zhiyan, Li Baoxian, p. 454, pl. 2, fig. 15; coniferous twig; Jiuqujiang of Qionghai, Hainan; Early Triassic Jiuqujiang Formation of Lingwen Group.

Indeterminable Coniferous Wood

1935—1936 Indeterminable Coniferous Wood, Shimakura, p. 297 (31); fossil wood; near Dalainor Lake of Hulun Buir League, Inner Mongolia; Jurassic (?).

1963 Indeterminable Coniferous Wood, Sze H C, Lee H H, p. 345; fossil wood; near Dalainor Lake of Hulun Buir League, Inner Mongolia; Jurassic (?).

Cheirolepidiaceaus Fragments

1998 Cheirolepidiaceaus Fragments, Wang Rennong and others, pl. 27, figs. 2, 3, 6—8; leafy fragments; Tangcheng-Lujiang Fault System in Zhonghuashan of Linshu, Shandong; Early Cretaceous.

Scale

1933c Scale, Sze H C, p. 73, pl. 10, fig. 12; scale; Beidaban of Wuwei, Gansu; Early—Middle Jurassic. [Notes: The specimen was later referred as *Pityolepis*? sp. (Sze H C, Lee H H and others, 1963)]

1979 Undetermined Isolated Conie Scales, Zhou Zhiyan, Li Baoxian, p. 455, pl. 2, figs. 17, 17a, 18; text-fig. 2; coniferae scales; Jiuqujiang of Qionghai, Hainan; Early Triassic Jiuqujiang Formation of Lingwen Group.

Semen Pterophorum

1963 Semen Pterophorum, Sze H C, Lee H H and others, p. 316, pl. 104, fig. 3; winged seed; Beidaban of Wuwei, Gansu; Early—Middle Jurassic.

Cortious Impressions

1990a Cortious Impressions Wang Ziqiang, Wang Lixin, pl. 19, figs. 9, 9a; corticous impression; Tuncun of Yushe, Shanxi; Early Triassic base part of Heshanggou Formation.

APPENDIXES

Appendix 1 Index of Generic Names

[Arranged alphabetically, generic names and the page numbers (in English part / in Chinese part),"△" indicates the generic name established based on Chinese material]

L

M

N

O

P

Y

Yuccites 似丝兰属 ········· 453/179

Appendix 2 Index of Specific Names

(Arranged alphabetically, generic names or specific names and the page numbers (in English part / in Chinese part), "△" indicates the generic or specific name established based on Chinese material)

A

C

D

E

F

G

H

L

M

N

R

S

T

U

V

W

X

Y

Appendix 3 Table of Institutions that House the Type Specimens

English Name	中文名称
Changchun College of Geology (College of Earth Sciences, Jilin University)	长春地质学院 (吉林大学地球科学学院)
Research Institute of Exploration and Development, Daqing Petroleum Administrative Bureau	大庆石油管理局勘探开发研究院
Fuxin Mining Institute (Liaoning Technical University)	阜新矿业学院 (辽宁工程技术大学)
Bureau of Geology and Mineral Resources of Hubei Province	湖北省地质局
Hubei Institute of Geological Sciences (Hubei Institute of Geosciences)	湖北省地质科学研究所 (湖北省地质科学研究院)
Regional Geological Surveying Team of Hubei	湖北省区测队陈列室
Geology Museum of Hunan Province	湖南省地质博物馆
North China Institute of Geological Science	华北地质科学研究所
Regional Geological Surveying Team, Geological Bureau of Jilin (Regional Geological Surveying Team of Jilin Province)	吉林省地质局区域地质调查大队 (吉林省区域地质调查大队)
Jilin Institute of Coal Field Geology (Coal-geological Exploration Institute of Jilin Coal Field Geological Bureau)	吉林省煤田地质研究所 (吉林省煤田地质勘察设计研究院)
Laboratoire de Paleobotanique et Palynologie evolutives, Universite Pierre et Marie Curie, Paris	居里夫人大学古植物和孢粉实验室(巴黎)
The Company of Geological Exploitation of Coal Field, Liaoning	辽宁煤田地质勘探公司
Regional Geological Surveying Team, Liaoning Bureau of Geology and Mineral Resources	辽宁区测队
Xi'an Branch, China Coal Research Institute	煤炭科学研究总院西安分院
Swedish Museum of Natural History	瑞典国家自然历史博物馆

continued table

English Name	中文名称
Shenyang Institute of Geology and Mineral Resources (Shenyang Institute of Geology and Mineral Resources, China Geological Survey)	沈阳地质矿产研究所 (中国地质调查局沈阳地质调查中心)
Tianjin Institute of Geology and Mineral Resources, Chinese Academy of Geological Sciences	天津地质矿产研究所
Beijing Graduate School, Wuhan College of Geology [China University of Geosciences (Beijing)]	武汉地质学院北京研究生部 [中国地质大学(北京)]
Xi'an Institute of Geology and Mineral Resources (Xi'an Institute of Geology and Mineral Resources, China Geological Survey)	西安地质矿产研究所 (中国地质调查局西安地质调查中心)
Yichang Institute of Geology and Mineral Resources (Wuhan Institute of Geology and Mineral Resources, China Geological Survey)	宜昌地质矿产研究所 (中国地质调查局武汉地质调查中心)
Regional Geological Surveying Team, Zhejiang Bureau of Geology and Mineral Resources	浙江省区测队
Xinchang County Archives of Zhejiang Province	浙江省新昌县档案馆
Department of Palaeontology, China University of Geosciences (Wuhan)	中国地质大学(武汉)古生物教研室
China University of Geology (Beijing)	中国地质大学(北京)
Nanjing Institute of Geology and Palaeontology, Chinese Academy of Sciences	中国科学院南京地质古生物研究所
Department of Palaeobotany, Institute of Botany, Chinese Academy of Sciences	中国科学院植物研究所古植物研究室
National Museum of Plant History of China, Institute of Botany, Chinese Academy of Sciences	中国科学院植物研究所中国植物历史自然博物馆
Department of Geology, University of Mining and Technology	中国矿业大学地质系古生物教研室
Research Institute of Petroleum Exploration and Develoment, PetroChina	中国石油天然气股份有限公司石油勘探开发研究院

Appendix 4 Index of Generic Names to Volumes Ⅰ - Ⅵ

(Arranged alphabetically, generic name and the volume number / the page number in English part / the page number in Chinese part, "△" indicates the generic name established based on Chinese material)

A

B

C

D

E

F

G

K

L

M

N

O

P

Q

R

S

T

U

V

W

X

Y

Z

REFERENCES

Alvin K L, Spicer C J, Watson J, 1978. A *Classopollis*-containing male cone associated with *Pseudofrenelopsis*. Palaeontalogy, 21 (4): 847-856, pls. 96-98.

Andrae C J, 1855. Tertiär-Flora von Szakadat und Thalheim in Siebenbürgen. Kgl. -k. Geol. Reichsanst. Abh., v. 2, Abt. 3: 1-48, pls. 1-12.

Andrews H N Jr, 1970. Index of generic names of fossil plants (1820—1965). U. S. Geological Survey Bulletin (1300): 1-354.

A old C A, Lowther J S, 1955. A new Cretaceous conifer from northern Alaska: Am. Jour. Botany, v. 42: 522-528.

Blazer Anna M, 1975. Index of generic names of fossil plants (1966—1973). U. S. Geological Survey Bulletin (1396): 1-54.

Braun C F W, 1847. Die fossilen Gewächse aus den Granzschichten zwischen dem Lias und Keuper des neu aufgefundenen Pflanzenlagers in dem Steinbruche von Veitlahm bei Culmback: Flora, v. 30: 81-87.

Brongniart A, 1828a — 1838. Histoire des végétaux fossiles ou Recherches botaniques et géologiques sur lesvégétaux renfermés dans les diverses couches du globe. Paris, G. Dufour and Ed. D'Ocagne: v: 1-136 (1828a); 137-208 (1829); 209-248 (1830); 249-264 (1834); 337-368 (1835?); 369-488 (1836); v. 2: 1-24 (1837); 25-72 (1838). Plates appeared irregularly, v. 1, pls. 1-166; v. 2, pls. 1-29.

Brongniart A, 1828b. Prodrome d'une histoire des végétaux fossils. Dictionnaire Sci. Nat, v. 57: 16-212.

Brongniart A, 1828c. Notice sur les plantes d'Armissan près Narbonne. Annales Sci. Nat. ser. 1, v. 15: 43-51, pl. 3.

Brongniart A, 1828d. Essai d'une Flore du grès bigarré. Annales Sci. Nat. ser. 1, v. 15: 435-460.

Brongniart A, 1874. Notes sur les plantes fossiles de Tinkiako (Shensi meridionale), envoyees en 1873 par M. l'abbé A. David. Bulletin de la Societe Geologique de France, 3 (2): 408

Bureau of Geology and Mineral Resources of Beijing Municipality (北京市地质矿产局), 1991. Regional geology of Beijing Municipality. People's Republic of China, Ministry of Geology and Mineral Resources, Geological Memoirs, 1 (27): 1-598, pls. 1-30. (in Chinese with English summary)

Bureau of Geology and Mineral Resources of Ningxia Hui Autonomous Region (宁夏回族自治区地质矿产局), 1990. Regional geology of Ningxia Hui Autonomous Region. People's Republic of China, Ministry of Geology and Mineral Resources, Geological Memoirs, 1 (22): 1-522, pls. 1-14. (in Chinese with English summary)

Cai Chongyang (蔡重阳), Jin Jianhua (金建华), Zhong Chuangjian (钟创坚), Li Ruiquan (李润权), Li Heqing (李河清), 1996. On the occurrence of fossil wood in Dongguan, Guangdong. Acta Scientiarum Naturalium Universitatis Sunyatseni, 35 (2): 90-95, pls. 1,

2, fig. 1. (in Chinese with English summary)

Cao Zhengyao (曹正尧), 1983a. Fossil plants from the Longzhaogou Group in eastern Heilongjiang Province (Ⅰ) // Research Team on the Mesozoic Coal-bearing Formation in eastern Heilongjiang. Fossils from the Middle-Upper Jurassic and Lower Cretaceous in eastern Heilongjiang Province, China (part Ⅰ). Harbin: Heilongjiang Science and Technology Publishing House: 10-21, pls. 1, 2. (in Chinese with English summary)

Cao Zhengyao (曹正尧), 1983b. Fossil plants from the Longzhaogou Group in eastern Heilongjiang Province (Ⅱ) // Research Team on the Mesozoic Coal-bearing Formation in eastern Heilongjiang. Fossils from the Middle—Upper Jurassic and Lower Cretaceous in eastern Heilongjiang Province, China (part Ⅰ). Harbin: Heilongjiang Science and Technology Publishing House: 22-50, pls. 1-9. (in Chinese with English summary)

Cao Zhengyao (曹正尧), 1984a. Fossil plants from the Longzhaogou Group in eastern Heilengjiang Province (Ⅲ) // Research Team on the Mesozoic Coal-bearing Formation in Eastern Heilongjiang. Fossils from the Middle—Upper Jurassic and Lower Cretaceous in eastern Heilongjiang Province, China (part Ⅱ). Harbin: Heilongjiang Science and Technology Publishing House: 1-34, pls. 1-9, text-figs. 1-6. (in Chinese with English summary)

Cao Zhengyao (曹正尧), 1984b. Fossil plants from Early Cretaceous Tonshan Formation in Mishan County of Heilengjiang Province // Research Team on the Mesozoic Coal-bearing Formation in Eastern Heilongjiang ed. Fossils from the Middle—Upper Jurassic and Lower Cretaceous in eastern Heilongjiang Province, China (part Ⅱ). Harbin: Heilongjiang Science and Technology Publishing House: 35-48, pls. 1-6, text-figs. 1, 2. (in Chinese with English summary)

Cao Zhengyao (曹正尧), 1985. Fossil plants and geological age of the Hanshan Formation at Hanshan County, Anhui. Acta Palaeontologica Sinica, 24 (3): 275-284, pls. 1-4, text-figs. 1-4. (in Chinese with English summary)

Cao Zhengyao (曹正尧), 1989. Some Lower Cretaceous Gymnospermae from Zhejiang with study on their cuticules. Acta Palaeontologica Sinica, 28 (4): 435-446, pls. 1-5, text-fig. 1. (in Chinese with English summary)

Cao Zhengyao (曹正尧), 1991. On four new species of *Pagiophyllum* from Guantou Formation, Xinchang, Zhejiang. Acta Palaeontologica Sinica, 30 (5): 596-600, pls. 1-5, text-figs. 1, 2. (in Chinese with English summary)

Cao Zhengyao (曹正尧), 1992a. Fossil plants from Chengzihe Formation in Suibin-Shuangyashan region of eastern Heilongjiang. Acta Palaeontologica Sinica, 31 (2): 206-231, pls. 1-6, text-fig. 1. (in Chinese with English summary)

Cao Zhengyao (曹正尧), 1994. Early Cretaceous floras in Circum-Pacific region of China. Cretaceous Research (15): 317-332, pls. 1-5.

Cao Zhengyao (曹正尧), 1999. Early Cretaceous flora of Zhejiang. Palaeontologia Sinica, Whole Number 187, New Series A, 13: 1-174, pls. 1-40, text-figs. 1-35. (in Chinese and English)

Cao Zhengyao (曹正尧), 2001. Occrrence of *Ruffordia* and *Nageiopsis* from Early Cretaceous Yixian Formation of western Liaoning and its stratigraphic significance. Acta Palaeontologica Sinica, 40 (2): 214-218, pl. 1. (in Chinese with English summary)

Cao Zhengyao (曹正尧), Liang Shijing (梁诗经), Ma Aishuang (马爱双), 1995. Fossil plants from Early Cretaceous Nanyuan Formation in Zhenghe, Fujian. Acta Palaeontologica Sinica, 34 (1): 1-17, pls. 1-4. (in Chinese with English summary)

Cao Zhengyao (曹正尧), Wu Shunqing (吴舜卿), Zhang Ping'an (张平安), Li Jieru (李杰儒), 1998. Discovery of fossil monocotyledons from Yixian Formation, western Liaoning. Chinese Science Bulletin, 43 (3): 230-233, pls. 1, 2, figs. 1, 2.

Cao Zhengyao (曹正尧), Zhang Yaling (张亚玲), 1996. A new species of *Coniopteris* from Jurassic of Gansu. Acta Palaeontologica Sinica, 35 (2): 241-247, pls. 1-3. (in Chinese with English summary)

Chaney R W, 1951. A Revision of Fossil *Sequoia* and *Taxodium* in Western North America based on the recent discovery of *Metasequoia*. Trans. Amer. Phil. Soc., 40 (3): 171-262, pls. 1-12.

Chang Chichen (张志诚), 1976. Plant kingdom // Bureau of Geology of Inner Mongolia Autonomous Region, Northeast Institute of Geological Sciences. Palaeotologica atlas of North China, Inner Mongolia (volume Ⅱ). Mesozoic and Cenozoic. Beijing: Geological Publishing House: 179-204. (in Chinese)

Chang C Y (张景钺), 1929. A new *Xenoxylon* from North China. Bulletin of Geological Society of China, 8 (3): 243-255, pl. 1, text-figs. 1-7.

Chang Hsichih (张席禔), 1930b. Some Jurassic plants from the coal pits of Keng Kou, on the boundary between Kwangtung and Hunan provinces. Palaeontological Memoirs of the Geological Survey of Kwangtung and Kwangsi, 1 (2): 1-9, pl. 1.

Chen Fen (陈芬), Deng Shenghui (邓胜徽), 1990. Three species of *Athrotaxites* — Early Cretaceous conifer. Geoscience, 4 (3): 27-37, pls. 1-3, figs. 1, 2. (in Chinese with English summary)

Chen Fen (陈芬), Dou Yawei (窦亚伟), Huang Qisheng (黄其胜), 1984. The Jurassic flora of West Hill, Beijing (Peking). Beijing: Geological Publishing House: 1-136, pls. 1-38, text-figs. 1-18. (in Chinese with English summary)

Chen Fen (陈芬), Meng Xiangying (孟祥营), Ren Shouqin (任守勤), Wu Chonglong (吴冲龙), 1988. The Early Cretaceous flora of Fuxin Basin and Tiefa Basin, Liaoning Province. Beijing: Geological Publishing House: 1-180, pls. 1-60, text-figs. 1, 24. (in Chinese with English summary)

Chen Fen (陈芬), Yang Guanxiu (杨关秀), 1982. Lower Cretaceous plants from Pingquan, Hebei Province and Beijing, China. Acta Botanica Sinica, 24 (6): 575-580, pls. 1, 2. (in Chinese with English summary)

Chen Fen (陈芬), Yang Guanxiu (杨关秀), 1983. Early Cretaceous fossil plants in Shiquanhe area, Tibet, China. Earth Science — Journal of Wuhan College of Geology (1): 129-136, pls. 17, 18, figs. 1, 2. (in Chinese with English summary)

Chen Fen (陈芬), Yang Guanxiu (杨关秀), Zhou Huiqin (周惠琴), 1981. Lower Cretaceous flora in Fuxin Basin, Liaoning Province, China. Earth Science — Journal of the Wuhan College of Geology (2): 39-51, pls. 1-4, fig. 1. (in Chinese with English summary)

Chen Gongxin (陈公信), 1984. Pteridophyta, Spermatophyta // Regional Geological Surveying Team of Hubei Province. The palaeontological atlas of Hubei Province. Wuhan: Hubei

Science and Technology Press: 556-615, 797-812, pls. 216-270, figs. 117-133. (in Chinese witn English title)

Chen Qishi (陈其奭), 1984. A prelimimary study on the Age and correlation of the Fangyan Formation in Zhejiang. Oil Geology of Zhejiang, 1984 (1): 21-34, pl. 1. (in Chinese)

Chen Qishi (陈其奭), 1986a. Late Triassic plants from Chayuanli Formation in Quxian, Zhejiang. Acta Palaeontologica Sinica, 25 (4): 445-453, pls. 1-3. (in Chinese with English summary)

Chen Qishi (陈其奭), 1986b. The fossil plants from the Late Triassic Wuzao Formation in Yiwu, Zhejiang. Geology of Zhejiang, 2 (2): 1-19, pls. 1-6, text-figs. 1-3. (in Chinese with English summary)

Chen Ye (陈晔), Chen Minghong (陈明洪), Kong Zhaochen (孔昭宸), 1986. Late Triassic fossil plants from Lanashan Formation of Litang district, Sichuan Province // The Comprehensive Scientific Expedition to the Qinghai-Tibet Plateau, Chinese Academy of Sciences. Studies in Qinghai-Tibet Plateau-special issue of Hengduan Mountains scientific expedition (Ⅱ). Beijing: Beijing Science and Technology Press: 32-46, pls. 3-10. (in Chinese with English summary)

Chen Ye (陈晔), Duan Shuying (段淑英), Zhang Yucheng (张玉成), 1985. A preliminary study of Late Triassic plants from Qinghe of Yanbian district, Sichuan Province. Acta Botanica Sinica, 27 (3): 318-325, pls. 1, 2. (in Chinese with English summary)

Chen Ye (陈晔), Duan Shuying (段淑英), Zhang Yucheng (张玉成), 1987. Late Triassic Qinghe flora of Sichuan. Botanical Research, 2: 83-158, pls. 1-45, fig. 1. (in Chinese with English summary)

Chow Huiqin (周惠琴), 1963. Plants// The 3rd Laboratory of Academy of Geological Sciences, Ministry of Geology. Fossil atlas of Nanling. Beijing: Industry Press: 158-176, pls. 65-76. (in Chinese)

Chow Huiqin (周惠琴), Huang Zhigao (黄枝高), Zhang Zhicheng (张志诚), 1976. A supplement of the plant kingdom // Bureau of Geology of Inner Mongolia Autonomous Region, Northeast Institute of Geological Sciences. Palaeotologica atlas of North China, Inner Mongolia (volume Ⅱ). Mesozoic and Cenozoic. Beijing: Geological Publishing House: 204-213. (in Chinese)

Chow T H (周赞衡), 1923. A preliminary note on some younger Mesozoic plants from Shantung. Bulletin of Geological Survey of China, 5 (2): 81-141, pls. 1, 2. (in Chinese with English)

Chow Tseyen (周志炎), Tsao Chenyao (曹正尧), 1977. On eight species of conifers from the Cretaceous of East China with reference to their taxonomic position and phylogenetic relationship. Acta Palaeontologica Sinica, 16 (2): 165-181, pls. 1-5, text-figs. 1-6. (in Chinese with English summary)

Conwentz H, 1885. Sobre algunos árboles fósiles del Río Negro. Acad. Nac. Cienc. Coerdoba Bol., v. 7: 435-456.

Cui Jinzhong (崔金钟), 1995. Studies on the fusainized-wood fossils of *Podocarpaceae* from Huolinhe Coalfield, Inner Mongolia, China. Acta Botanica Sinica, 37 (8): 636-640, pls. 1, 2. (in Chinese with English summary)

Cui Jinzhong (崔金钟), Liu Junjie (刘俊杰), 1992. A new species of the genus *Phyllocladoxylon xinqiuensis* sp. nov. from the Fuxin Formation in western Liaoning. Acta Botanica Sinica, 34 (11): 883-885, pl. 1. (in Chinese with English summary)

Deng Longhua (邓龙华), 1976. A review of the "bamboo shoot" fossils at Yenzhou recorded in "Dream pool essays" with notes on Shen Kuo's contribution to the development of palaeontology. Acta Palaeontologica Sinica, 15 (1): 1-6, text-figs. 1-4. (in Chinese with English summary)

Deng Shenghui (邓胜徽), 1995. Early Cretaceous flora of Huolinhe Basin, Inner Mongolia, Northeast China. Beijing: Geological Publishing House: 1-125, pls. 1-48, text-figs. 1-23. (in Chinese with English summary)

Deng Shenghui (邓胜徽), 1998. Plant fossils from Early Cretaceous of Pingzhuang-Yuanbaoshan Basin, Inner Mongolia. Geoscience, 12 (2): 168-172, pls. 1, 2. (in Chinese with English summary)

Deng Shenghui (邓胜徽), Ren Shouqin (任守勤), Chen Fen (陈芬), 1997. Early Cretaceous flora of Hailar, Inner Mongolia, China. Beijing: Geological Publishing House: 1-116, pls. 1-32, text-figs. 1-12. (in Chinese with English summary)

Deng Shenghui (邓胜徽), Yang Xiaoju (杨小菊), Lu Yuanzheng (卢远征), 2005. Pseudofrenelopsis (Cheirolepidiaceae) from the Lower Cretaceous of Jiuquan, Gansu, northwestern China. Acta Palaeontologica Sinica, 44 (4): 505-516, pls. 1-2. (in English with Chinese summary)

Deng Shenghui (邓胜徽), Yao Yimin (姚益民), Ye Dequan (叶德泉), Chen Piji (陈丕基), Jin Fan (金帆), Zhang Yijie (张义杰), Xu Kun (许坤), Zhao Yingcheng (赵应成), Yuan Xiaoqi (袁效奇), Zhang Shiben (张师本), et al, 2003. Jurassic System in the North of China (volume Ⅰ). Stratum Introduction. Beijing: Petroleum Industry Press: 1-399, pls. 1-105. (in Chinese with English summary)

Ding Baoliang (丁保良), Lan Shanxian (蓝善先), Wang Yingping (汪迎平), 1989. Nonmarine Juro-Cretaceous volcano-sedimentary strata and biota of Zhejiang, Fujian and Jiangxi. Nanjing: Jiangsu Science and Technology Publishing House: 1-139, pls. 1-13, figs. 1-31. (in Chinese with English summary)

Ding Qiuhong (丁秋红), 2000a. Research on fossil wood from the Yixian Formation in western Liaoning Province, China. Acta Palaeontologica Sinica, 39 (Supplement): 209-219, pls. 1-5. (in English with Chinese summary)

Ding Qiuhong (丁秋红), 2000b. *Protopiceoxylon moheense* sp. nov. from the Jiufengshan Formation in Heilongjiang Province. Chinese Bulletin of Botany, 17 (Special Issue): 206-209, pl. 1. (in Chinese with English summary)

Ding Qiuhong (丁秋红), Zhang Wu (张武), Zheng Shaolin (郑少林), 2000a. Research on fossil woods from the Fuxin Formation in West Liaoning. Liaoning Geology, 17 (4): 284-291, pls. 1-3. (in Chinese with English summary)

Ding Qiuhong (丁秋红), Zheng Shaolin (郑少林), Zhang Wu (张武), 2000b. Mesozoic fossil woods of genus *Xenoxylon* from Northeast China and its palaeoecology. Acta Palaeontologica Sciences, 39 (2): 237-249, pls. 1, 2. (in Chinese with English summary)

Duan Shuying (段淑英), 1986. A petrified forest from Beijing. Acta Botanica Sinica, 28 (3):

331-335, pls. 1, 2, figs. 1, 2. (in Chinese with English summary)

Duan Shuying (段淑英), 1987. The Jurassic flora of Zhaitang, West Hill of Beijing. Department of Geology, University of Stockholm, Department of Palaeonbotang, Swedish Museum of Natural History, Stockholm: 1-95, pls. 1-22, text-figs. 1-17.

Duan Shuying (段淑英), 1989. Characteristics of the Zhaitang flora and its geological age// Cui Guangzheng, Shi Baoheng. Approach to geosciences of China. Beijing: Peking University Press: 84-93, pls. 1-3. (in Chinese with English summary)

Duan Shuying (段淑英), 1998. The oldest angiosperm-a tricarpous female reproductive fossil from western Liaoning Province. Science in China, series. D, 41 (1): 14-20, figs. 1-4.

Duan Shuying (段淑英), 2000. Several fossil woods from Mesozoic of western Liaoning Province, Northeast China. Acta Botanica Sinica, 42 (2): 207-213, figs. 1-19. (in Chinese with English summary)

Duan Shuying (段淑英), Chen Ye (陈晔), 1982. Mesozoic fossil plants and coal formation of eastern Sichuan Basin // Compilatory Group of Continental Mesozoic Stratigraphy and Palaeontology in Sichuan Basin. Continental Mesozoic stratigraphy and palaeontology in Sichuan Basin of China (part Ⅱ) (Paleontological professional papers). Chengdu: People's Publishing House of Sichuan: 491-519, pls. 1-16. (in Chinese with English summary)

Duan Shuying (段淑英), Chen Ye (陈晔), Chen Minghong (陈明洪), 1983. Late Triassic flora of Ninglang district, Yunnan// The Comprehensive Scientific Expedition to the Qinghai-Tibet Plateau, Chinese Academy of Sciences. Studies in Qinghai-Tibet (Xizang) Plateau-special issue of Hengduan Mountains scientific expedition (Ⅰ). Kunming: Yunnan People's Press: 55-65, pls. 6-12. (in Chinese with English summary)

Duan Shuying (段淑英), Chen Ye (陈晔), Niu Maolin (牛茂林), 1986. Middle Jurassic flora from southern margin of Eerduosi Basin. Acta Botanica Sinica, 28 (5): 549-554, pls. 1, 2. (in Chinese with English summary)

Duan Shuying (段淑英), Cui Jinzhong (崔金钟), Wang Xin (王鑫), Xiong Bingkun (熊炳昆), Wang Yongqiang (王永强), 1995. Fossil woods from the Early Cretaceous of western Liangning, China. Prof. Inter. Tree Anatomy & Wood Formation 1995, Wood Anatomy Research: 166-171.

Duan Shuying (段淑英), Dong Chuanwan (董传万), Pan Jiang (潘江), Zhu Guoqiang (竺国强), 2002. Study on the fossil woods found in Xinchang, Zhejiang Province, China. Chinise Bulletin of Botany, 19 (1): 78-86, pl. 1. (in Chinese with English summary)

Duan Shuying (段淑英), Peng Guangzhao (彭光照), 1998. Study on the fossil woods found in Zigong, Sichuan, China. Acta Botanica Sinica, 40 (7): 675-679, pl. 1, figs. 1, 2. (in Chinese with English summary)

Du Naizheng (杜乃正), 1982. Two fossil woods from Heilongjiang Sheng of China. Acta Botanica Sinica, 24 (4): 383-387, pls. 1, 2. (in Chinese with English summary)

Dutt C P. 1916. Pitystrobus macrocephalus, L. and H. — A Tertiary cone showing ovular structures. Annais Botany, v. 30: 529-549, pl. 15.

Eckhold Walter, 1922. Die Hoftüpfel bei rezenten und fossilen Koniferen. Preussische geol. Landesanst. Jahrb., v. 42: 472-505, pl. 8.

Endlicher S, 1847. Synopsis Coniferarum. Scheifilin and Zollikofer, Sangalli: 368.

Endoe R, 1933. Manchuriophycus, nov. gen. from a Sinian formation of south Manchuria: Japanese Jour. Geology and Geography Trans. and Abs. , v. 11: 43-48, pls. 6, 7.

Endo S, 1928. A new Paleogene species of *Sequoia*. Japanese Journal of Geology and Geography, 6 (1-2): 27-29, pl. 7, text-figs. 1-5.

Endo S, 1951a. *Sequoia* from South Manchuria, oldest in the world. Transactions and Proceedings of Palaeontological Society of Japan, new series. (1): 17, 18, pl. 1.

Endo S, 1951b. A record of *Sequoia* from the Jurassic of Manchuria. Botanical Gazette, 113 (2): 228-230, text-figs. 1, 2.

Felix J, Nathorst A G, 1893. Versteinerungen aus dem mexicanischen Staat Oaxaca, in Felix, Johannes, and Lenk, Hans, Beiträge Geologie und Palacontologie der Republick. Mexico, Teil 2; Leipzig: 39-54, pls. 1-3.

Feng Shaonan (冯少南), Ma Jie (马洁), 1993. The discovery of *Cupressinocladus elegans* and *Frenelopsis* in Xuanhan of Sichuan and its significance. Regional Geology of China (4): 376-380. (in Chinese with English summary)

Feng Shaonan (冯少南), Meng Fansong (孟繁嵩), Chen Gongxing (陈公信), Xi Yunhong (席运宏), Zhang Caifan (张采繁), Liu Yongan (刘永安), 1977. Plants // Hupei Institute Geological Sciences, et al. Fossil atlas of Middle-South China, Ⅲ. Beijing: Geological Publishing House: 195-262, pls. 70-107. (in Chinese)

Fliche P, 1900. Contribution *à* la flore fossile de la Haute-Marne. Soc. Sci. Nancy Bull. , ser. 2, v. 16: 11-31, pls. 1, 2.

Florin R, 1958. On Jurassic Taxads and Conifers from North-Western Europe and Eastern Greenland. Acta Horti Bbergiani, Band, 17 (10).

Fontaine W M, 1899. The Potomac or younger Mesozoic flora. Monogr. U. S. Geological Survey, 15: 1-377.

Forin R, 1958. On Jurassic taxads and conifers from nouthwestern Europe and eastern Greenland. Acta Horti Bergiani, v. 17, no. 10: 257-402, pls. 1-56.

Gagel C, 1904. Uber einige Bohreregebnisse und ein neues pflanzenfuhrendes Interglazial aus der Gegend von Elmshorn. Preussische Geol. Landesanst. Jahrb. , v. 25: 246-281, pls. 8-11.

Gao Ruiqi (高瑞祺), Zhang Ying (张莹), Cui Tongcui (崔同翠), 1994. Cretaceous oil and gas strata of Songliao Basin. Beijing: The Petroleum Industry Press: 1-333, pls. 1-22. (in Chinese with English title)

Gothan W, 1905. Zur anatomie lebender und fossile Gymnospermum Hoeelzer. Preussische Geol. Landesanst. Abh. , new ser. , no. 44: 1-108.

Gothan W, 1906. Die fossilen Coniferenboelzer von Senftenberg. Preussische, Geol. Landesanst. Abh. , v. 46: 155-171.

Gothan W, 1907. Die fossilen Hoelzer von Koenin Karis Land. Kgl. Svenska vetenskapsakad. Handlingar, v. 42: 1-44, pl. 1.

Gothan W, 1910. Die fossilen Hoelzreste von Sptzbergen. Kgl. Svenska vetenskapszkad. Handlingar, v. 45: 1-56, pls. 1-7.

Gothan W, Sze H C (斯行健), 1931. Pflanzenreste aus dem Jura von Chinesisch Turkestan (Provinz Sinkiang). Contributions of National Research Institute Geology, Academia

Sinica, 1: 33-40, pl. 1.

Gothan W, Sze H C (斯行健), 1933. Über fossile Holzer aus China. Memoirs of National Research Institute Geology, Academia Sinica, 13: 87-104, pls. 13-15.

Göppert H R, 1845. Description des végétaux fossiles recueillis par M. P. do Tchihatcheff en Scherie, in Tchihatcheff, Pierre, Voyage scientifque dans l'Altai Oriental et les parties adjacentes de la frontieere do la Chine. Paris: 379-390, pls. 25-35.

Göppert H R, 1850. Monographie der fossilen Coniferen. Hollandsche Maatschappyye Wetensch. Ntuurk. Verh, v. 6: 1-286, pls. 1-58.

Göppert H R, 1864—1865a. Die fossile Flora der permischen Formation. Palaeontographica, v. 12: 1-224, pls. 1-40 (1864); 225-316, pls. 41-64 (1865a).

Grauvogel-Stamm L, 1969a. Nouveaux types d'organes reproducteurs mâles de coniféres du Grés *à* Voltzia (Trias inférieur) des Vosges. Bull. Serv. Carte Géol., Als. Lorr., 22 (2): 93-1120, 13Abb., Taf. 1-3.

Grauvogel-Stamm L, 1969b. Complément*à* *á* la note: Nouveaux types d'organes reproducteurs mâles de coniféres du Grés *à* Voltzia (Trias inférieur) des Vosges (Grauvogel-Stamm L, 1969a). Désignation des holotypes et des paratypes. Bull. Serv. Carte Géol. Als. Lorr., 22 (4): 355-357.

Grauvogel-Stamm L, Schaarschmidt F, 1978. Zur Nomenklatur von *Masculostrobus* Seward. Sci. Géol., Bull., 31 (2): 105-107.

Gu Daoyuan (顾道源), 1984. Pteridiophyta and Gymnospermae// Geological Survey of Xinjiang Administrative Bureau of Petroleum, Regional Surveying Team of Xinjiang Geological Bureau eds. Fossil atlas of Northwest China, Xinjiang Uygur Autonomous Region (Volume Ⅲ) Mesozoic and Cenozoic. Beijing: Geological Publishing House: 134-158, pls. 64-81. (in Chinese)

Guo Shuangxing (郭双兴), 1979. Late Cretaceous and Early Tertiary floras from the southern Guangdong and Guangxi with their stratigraphic significance // Institute of Vertebrate Palaeontology and Paleoanthropology, Nanjing Institute of Geology and Palaeontology, Academia Sinica. Mesozoic and Cenozoic red beds of South China. Beijing: Science Press: 223-231, pls. 1-3. (in Chinese)

Guo Shuangxing (郭双兴), 2000. New material of the Late Cretaceous flora from Hunchun of Jilin, Northeast China. Acta Palaeontologica Sinica, 39 (Supplement): 226-250, pls. 1-8. (in English with Chinese summary)

Guo Shuangxing (郭双兴), Li Haomin (李浩敏), 1979. Late Cretaceous flora from Hunchun of Jilin. Acta Palaeontologica Sinica, 18 (6): 547-560, pls. 1-4. (in Chinese with English summary)

Guo Shuanxing (郭双兴), Wu Xiangwu (吴向午), 2000. *Ephedrites* from latest Jurassic Yixian Formation in western Liaoning, Northeast China. Acta Palaeontologica Sinica, 39 (1): 81-91, pls. 1, 2. (in Chinese and English)

Gu Zhiwei (顾知微), Huang Weilong (黄为龙), Chen Deqiong (陈德琼), 1963. "Cretaceous" and Tertiary strata of western Zhejiang. Collections of academic reports of All-Nation Congress of Stratigraphy -western Zhejiang Meeting. Beijing: Science Press: 87-114, pls. 1, 2. (in Chinese)

HalleT G,1913. The Mesozoic flora of Graham Land. Schwedischen Süedpolar-Exped. 1901-03,Nordenskjold Wiss,Ergebnisse,v. 3,no. 14: 1-123.

Halle T G,1927a. Fossil plants from southwestern China. Palaeontologia Sinica,Series A,1 (2): 1-26,pls. 1-5.

Halle T G,1927b. Palaeozoic plants from central Shansi. China Geol. Survey,Palaeontologia Sinica,series A,v. 2,pt. 1: 1-316,pls. 1-64.

Harris T M,1935. The fossil flora of Scoresby Sound,east Greenland—Part 4,Ginkgoales, coniferales,lycopodiales and isolated fructifications. Medd,om Grunland,v. 112,no. 1: 1-176,pls. 1-29.

Harris T M,1979. The Yorkshire Jurassic flora,V. Coniferales. British Museum (Nat Hist), London: 1-166.

Hartig T,1848a. Beiträge zur Geschichte der Pflanzen und zur Kenntniss der norddeutschen Braunkohlen-Flora. Bot. Zeitung,v. 6: 166-172.

Hartig T,1848b. Beiträge zur Geschichte der Pflanzen und zur Kenntniss der norddeutschen Braunkohlen-Flora: Bot. Zeitung,v. 6:137-146.

Hartig T,1848c. Beiträge zur Geschichte der Pflanzen und zur Kenntniss der norddeutschen Braunkohlen-Flora: Bot. Zeitung,v. 6: 185-190.

He Dechang (何德长),1987. Fossil plants of some Mesozoic coal-bearing strata from Zhejing, Hubei and Fujiang// Qian Lijun,Bai Qingzhao,Xiong Cunwei,Wu Jingjun,Xu Maoyu,He Dechang,Wang Saiyu Mesozoic coal-bearing strata from South China. Beijing: China Coal Industry Press:1-322,pls. 1-69. (in Chinese)

He Dechang (何德长), 1995. The coal-forming plants of Late Mesozoic in Da Hinggan Mountains. Beijing: China Coal Industry Publishing House: 1-35, pls. 1-16. (in Chinese and English)

He Dechang (何德长),Shen Xiangpeng (沈襄鹏),1980. Plant fossils // Institute of Geology and Prospect,Chinese Academy of Coal Sciences ed. Fossils of the Mesozoic coal-bearing series from Hunan and Jiangxi provinces (Ⅳ). Beijing: China Coal Industry Publishing House:1-49,pls. 1-26. (in Chinese)

He Dechang (何德长),Zhang Xiuyi (张秀仪),1993. Some species of coal-forming plants in the seams of the Middle Jurassic in Yima,Henan Province and Ordos Basin. Geoscience,7 (3): 261-265,pls. 1-4. (in Chinese with English summary)

Heer O,1855. Flora tertiaria helvetiae. Winterthur,v. 1: 1-117,pls. 1-50.

Heer O,1874a. Die Kreide-Folra der arctischen Zone,in Flora fossilis arctica,Band 3,Heft 2. Kgl. Svenska vetenskapsakad. Handlingar,v. 12,no. 6: 1-140,pls. 1-38.

Heer O,1874b. Uebersicht der miocemen Flora der arctischen Zone. Zurich: 1-24.

Heer O,1874c. Beiträge zur Steinkohlen-Flora der arctischen Zone,in Flora fossilis arctica, Band 3,Heft 1. Kgl. Svenska vetenskapssakad. Handlingar,v. 12: 1-11,pls. 1-6.

Heer O,1874d. Nachtraege zur miocene Flora Gruenlands,in Flora fossilis arctica,Band 3, Heft 3. Kgl. Svenska vetenskapsakad. Handlingar,v. 13: 1-29,pls. 1-5.

Heer O,1874e. Uebersicht der miocemen Flora der arctischen Zone,in Flora fossilis arctica, Band 3,Heft 4. Zurich: 1-24.

Heer O,1876a. Flora fossile halvetiae—Teil I,Die Pflanzen der steinkohlen Periode. Zurich: 1-

60,pls. 1-22.

Heer O,1876b. Beiträge zur fossilen Flora Spitzbergens,in Flora fossilis arctica,Band 4,Heft 1. Kgl. Svenska vetenskapsakad. Handlingar,v. 14: 1-141,pls. 1-32.

Heer O, 1876c. Beiträge zur Jura-Flora Ostsibitiens und des Amurlandes, in Flora fossilis arctica,Band 4,Heft 2. Acad. Imp. Sci. St.-Peetersbourg Meem. , v. 22: 1-122, pls. 1-31.

Heer O,1881. Contributions ae la flore fossile du Portugal. Zurich: 1-51,pl. 28.

He Yuanliang (何元良),Wu Xiuyuan (吴秀元),Wu Xiangwu (吴向午),Li Peijuan (李佩娟), Li Haomin (李浩敏),Guo Shuangxing (郭双兴),1979. Plants // Nanjing Institute of Geology and Palaeontology, Academia Sinica, Qinghai Institute of Geological Sciences. Fossil atlas of Northwest China Qinghai (volume Ⅱ). Beijing: Geological Publishing House:129-167,pls. 50-82. (in Chinese)

Hollick A,Jeffrey E C. 1909. Studies of Cretaceous coniferous remains from Kreischervile,N. Y. New York Bot. Garden Mem. ,v. 3: 1-76,pls. 1-29.

Houlbert C,1910. Les bois des Faluns de Touraine. Feuille Jeunes Naturalistes,v. 40: 70-76, pls. 3-8.

Hörhammer L, 1933. Über die Coniferen-Gattungen Cheirolepis Schimper und Hirmeriella nov. gen. aus dem Räth-Lias von Franken. Bibliotheca Botanica,v. 27,no. 107: 1-33, pls. 1-7.

Hsü J (徐仁),1953. On the occurrence of a fossil wood in association with fungous hyphae from Chimo of East Shantung. Acta Palaeontologica Sinica,1 (2): 80-86,pl. 1,text-figs.1-4. (in Chinese and English)

Hsü J (徐仁),1954. Mesozoic plants // Sze H C and Hsü J. Index fossils of Chinese plants. Beijing: Geological Publishing House:1-83,pls. 1-68. (in Chinese)

Hsü J (徐仁),Chu C N (朱家楠),Chen Yeh (陈晔),Tuan Shuying (段淑英),Hu Yufan (胡雨帆),Chu W C (朱为庆),1979. Late Triassic Baoding flora, Southwester Sichuan. Beijing: Science Press:1-130,pls. 1-75,text-figs.1-18. (in Chinese)

Huang Qisheng (黄其胜),1983. The Early Jurassic Xiangshan flora from the Yangzi River Valley in Anhui Province of eastern China. Earth Science—Journal of Wuhan College of Geology (2): 25-36,pls. 2-4. (in Chinese with English summary)

Huang Qisheng (黄其胜), 1984. A preliminary study on the age of Lalijian Formation in Huaining area,Anhui. Geological Review, 30 (1): 1-7, pl. 1, figs. 1, 2. (in Chinese with English summary)

Huang Qisheng (黄其胜),1985. Discovery of pholidophorids from the Early Jurassic Wuchang Formation in Hubei Province, with notes on the Lower Wuchang Formation. Earth Science—Journal of Wuhan College of Geology, 10 (Special issue): 187-190, pl. 1. (in Chinese with English summary)

Huang Qisheng (黄其胜),1988. Vertical diversities of the Early Jurassic plant fossils in the middle—lower Changjiang Valley. Geological Review,34 (3): 193-202,pls. 1,2,figs.1-3. (in Chinese with English summary)

Huang Qisheng (黄其胜),2001. Early Jurassic flora and paleoenvironment in the Daxian and Kaixian Countries,north border of Sichuan basin,China. Earth Science—Journal of China

University of Geosciences,26 (3): 221-228. (in Chinese with English summary)

Huang Qisheng (黄其胜), Lu Zongsheng (卢宗盛), 1988a. Late Triassic fossil plants from Shuanghuaishu of Lushi County, Henan Province. Professional Papers of Stratigraphy and Palaeontology, 20: 178-188, pls. 1, 2. (in Chinese with English summary)

Huang Qisheng (黄其胜), Lu Zongsheng (卢宗盛), 1988b. The Early Jurassic Wuchang flora from south-eastern Hubei Province. Earth Science — Journal of China University of Geosciences, 13 (5): 545-552, pls. 9-10, figs. 1-4. (in Chinese with English summary)

Huang Qisheng (黄其胜), Lu Zongsheng (卢宗盛), 1992. Coal-bearing strata and fossil assemblage of Early and Middle Jurassic// Li Sitian, Chen Shoutian, Yang Shigong, Huang Qisheng, Xie Xinong, Jiao Yangquan, Lu Zhongsheng, Zhao Genrong. Sequence stratigraphy and depositional system analysis of the northeastern Ordos Basin — the fundamental research for the formation, distribution and prediction of Jurassic coal rich units. Beijing: Geological Publishing House: 1-10, pls. 1-3. (in Chinese with English title)

Huang Qisheng (黄其胜), Lu Zongsheng (卢宗盛), Huang Jianyong (黄剑勇), 1998. Early Jurassic Linshan flora from Northeast Jiangxi Province, China. Earth Science — Journal of China University of Geosciences, 23 (3): 219-224, pl. 1, fig. 1. (in Chinese with English summary)

Huang Qisheng (黄其胜), Lu Zongsheng (卢宗盛), Lu Shengmei (鲁胜梅), 1996. The Early Jurassic flora and palaeoclimate in northeastern Sichuan, China. Palaeobotanist, 45: 344-354, pls. 1, 2, text-figs. 1, 2.

Huang Qisheng (黄其胜), Qi Yue (齐悦), 1991. The Early — Middle Majian flora from western Zhejiang Province. Earth Science — Journal of China University of Geosciences, 16 (6): 599-608, pls. 1, 2, figs. 1, 2. (in Chinese with English summary)

Huang Zhigao (黄枝高), Zhou Huiqin (周惠琴), 1980. Fossil plants// Mesozoic stratigraphy and palaeontology from the basin of Shaanxi, Gansu and Ningxia (Ⅰ). Beijing: Geological Publishing House: 43-104, pls. 1-60. (in Chinese)

Hu Hsenhsu (胡先骕), Cheng Wanchun (郑万钧), 1948. On the new family Metasequoiaceae and *Metasequoia glyptostroboides*, a living species of the genus *Metasequoia* found in Szechuan and Hupeh. Bull. Fan. Mem. Inst. Boil.: 153-161.

Hu Shusheng (胡书生), Mei Meitang (梅美棠), 1993. The Late Mesozoic floral assemblage from the Lower Coal-bearing Member of Changan Formation ("Liaoyuan Formation") in Liaoyuan Coalfield. Memoirs of Beijing Natural History Museum (53): 320-334, pls. 1, 2, figs. 1, 2. (in Chinese with English summary)

Hu Shusheng (胡书生), Mei Meitang (梅美棠), 2000. The studies of fossil plants from Early Cretaceous coal-bearing strata in Liaoyuan, Jilin. Chinese Bullitin of Botany, 17 (Special issue): 210-219, pl. 1. (in Chinese with English summary)

Hu Yufan (胡雨帆), 1984. Fossil plants from the original "Huairen Group" in Meiyukou, Datong, Shanxi, and correction of their age. Geological Review, 30 (6): 569-574, fig. 1. (in Chinese with English summary)

Hu Yufan (胡雨帆), Gu Daoyuan (顾道源), 1987. Plant fossils from the Xiaoquangou Group of the Xinjiang and its flora and age. Botanical Research, 2: 207-234, pls. 1-5. (in Chinese with English summary)

Hu Yufan (胡雨帆), Lu Yongsheng (吕永胜), Ma Jie (马 洁), 1999. On the discovery of *Cycadocarpidium and Podozamites* in same specimen from Sichuan// Chen Jiarui (Chen Chiajui). Biology and conservation of cycads-Proceedings of the Fourth International Conference on Cycad Biology (Panzhihua, China). Beijing: International Academic Publishers: 142-148, pl. 1, fig. 1.

Hu Yufan (胡雨帆), Tuan Shuying (段淑英), Chen Yeh (陈晔), 1974. Plant fossils of the Mesozoic coal-bearing strata of Ya'an, Szechuan, and their geological age. Acta Botanica Sinica, 16 (2): 170-172, pls. 1, 2, text-fig. 1. (in Chinese)

Ôishi S, 1933. A study on the cuticles of some Mesozoic gymnospermous plants from China and Manchuria. Science Reports of Tohoku University, series 2, 12 (2): 239-252, pls. 36-39.

Ôishi S, 1935. Notes on some fossil plants from Tung-Ning, Province Pinchiang, Manchoukuo. Journal of Faculty of Sciences of Hokkaido Imperial University, series 4, 3 (1): 79-95, pls. 6-8, text-figs. 1-8.

Ôishi S, 1940. The Mesozoic Floras of Japan. Journal of Faculty of Sciences of Hokkaido Imperial University, series 4, vol. 5, Nos. 2-4.

Ôishi S, 1941. Notes on some Mesozoic plants from Lo-Tzu-Kou, Province Chientao, Manchoukuo. Journal of Faculty of Sciences of Hokkaido Imperial University, series 4, 6 (2): 167-176, pls. 36-38.

Ôishi S, 1950. Illustrated catalogue of East-Asiatic fossil plants. Kyoto: Chigaku-Shiseisha: 1-235. (two volumes: text and plates) (in Japanese)

Ôishi S, Takahashi E, 1938. Notes on some fossil plants from the Moulin and the Mishan Coalfields, Province Pinchiang, Manchoukuo. Journal of Faculty of Science of Hokkaido Imperial University, series 4, 4 (1-2): 57-63, pl. 5 (1).

Ôishi S, Yamasite K, 1936. On the fossil Dipteridaceae. Hokkaido Univ. Fac. Sci. Jour., ser. 4, v. 3: 135-184.

Ju Kuixiang (鞠魁祥), Lan Shanxian (蓝善先), 1986. The Mesozoic stratigraphy and the discovery of *Lobatannularia* Kaw. in Lujiashan, Nanjing. Bulletin of the Nanjing Institute of Geology and Mineral Rescurces, Chinese Academy of Geological Sciences, 7 (2): 78-88, pls. 1, 2, figs. 1-5. (in Chinese with English summary)

Ju Kuixiang (鞠魁祥), Lan Shanxian (蓝善先), Li Jinhua (李金华), 1983. Late Triassic plants and bivalves from Fanjiachang, Nanjing. Bulletin of the Nanjing Institute of Geology and Mineral Rescurces, Chinese Academy of Geological Sciences, 4 (4): 112-135, pls. 1-4, figs. 1, 2. (in Chinese with English summary)

Jung W, 1968. *Hirmerella munsteri* (Sehenk) Jung nov. eomb. Eine bedeutsame Konifere des Mesozoikums. Palaeontgr. B., Bd. 122, Nr. 1-3: 55-73.

Jurasky K A, 1828. Ein neuer fund von *Sciadopitys* in der Braunkohle (*Sciadopityoxylon wettsteini* n. sp.). Senckenbergiana, v. 10, no. 6: 255-264.

Kang Ming (康明), Meng Fanshun (孟凡顺), Ren Baoshan (任宝山), Hu Bin (胡斌), Cheng Zhaobin (程昭斌), Li Baoxian (厉宝贤), 1984. Age of the Yima Formation in western Henan and the establishment of the Yangshuzhuang Formation. Journal of Stratigraphy, 8 (4): 194-198, pl. 1. (in Chinese with English title)

Kiangsi and Hunan Coal Exploring Command Post, Ministry of Coal (煤炭部湘赣煤田地质会

战指挥部), Nanjing Institute of Geology and Palaeontology, Chinese Academy of Sciences (中国科学院南京地质古生物研究所), 1968. Fossil Atlas of Mesozoic Coal-bearing Strata in Kangsi and Hunan Provinces: 1-115, pls. 1-47, text-figs. 1-24. (in Chinese)

Kipariaova L S, Markovski B P, and Radchenko G P, 1956. Novye semeistva i rody, Materialy po paleontologii [New families and genera, Records of palaeontology]: Ministerstvo Geologii i Okhrany Nedr, SSSR, Vses. Naouchno-Issled. Geol. Inst. (VSEGEI), Paleontologiia, new series, no. 12: 1-266, pls. 1-43.

Kon'no E, 1962a. Some species of Neocalamites and Equisetites in Japan and Korea. Tohoku Univ. Sci. Repts. ser. 2, Geol., Spec., v. 5: 21-47, pls. 9-18.

Kon'no E, 1962b. Some coniferous male fuctifications from the Carnic formation in Yamaguchi Preecture, Japan. Tohoku Univ. Sci. Repts. ser. 2(Geol.), Spec., v. 5: 9-19, pls. 1-8.

Kraeusel R, 1939. Ergebnisse der Forschungsreisen Prof. E. Stromers in den Wuesten Aegyptens-[Part] 4, Die fossilen Floren Aegyptens. Bayerischen Akad. Wiss. Abh., Math-Naturw. Abt., new ser., no. 47: 1-140, pls. 1-23.

Kraeusel R, 1949. Die fossilen Koniferen-Hoelzer. Palaeontographica, v. 89, Abt. B: 83-203.

Krasser F, 1901. Die von W. A. Obrutschew in China und Centralasien 1893-1894: geasmmelten fossilien Pflanzen. Denkschriften der Könnenglische Akadedmie der Wissenschaften, Wien. Mathematik-Naturkunde Classe, 70: 139-154, pls. 1-4.

Krasser F, 1906. Fossile Pflanzen aus Transbaikalien, der Mongolei und Mandschurei. Denkschriften der Könglische Akadedmie der Wissenschaften, Wien. Mathematik-Naturkunde Classe, 78: 589-633, pls. 1-4.

Krassilov V A, 1982. Early Cretaceous flora of Mongolia. Palaeontographica Abt. B, 181: 1-43, pls. 1-20.

Kryshtofovich A N, 1924. Remains of Jurassic plants from Pataoho, Manchuria. Bulletin of Geological Society of China, 3 (1): 105-108.

Kryshtofovich A N, Prinada V, 1932. Contribution to the Mesozoic Flora of the Ussuriland. Bull. Unit. Geol. Prosp., Serv., Moscow, 51: 363-373, pls. 1, 2.

Kubart B, 1931. Zwei fossile Holzer aus China. Denkschriften der Könglische Akadedmie der Wissenschaften, Wien. Mathematik-Naturkunde Classe, 102: 361-366, pls. 1, 2.

Lan Shanxian (蓝善先), Wang Yingping (汪迎平), Ding Baoliang (丁保良), 1988. On the age of the Tangshang Formation in eastern Zhejiang Province. Bulletin of the Nanjing Institute of Geology and Mineral Rescurces, Chinese Academy of Geological Sciences, 9 (1): 43-50, pl. 1, figs. 1-3. (in Chinese with English summary)

Lee H H (李星学), 1951. On some *Selaginellites* remains from the Tatung Coal Series. Science Record, 4 (2): 193-196, pl. 1, text-fig. 1.

Lee H H (李星学), 1955. On the age of the Yunkang Series of the Tatung Coal Field in North Shansi. Acta Palaeontologica Sinica, 3 (1): 25-46, pls. 1, 2, text-figs. 1-4. (in Chinese and English)

Lee H H (李星学), Li P C (李佩娟), Chow T Y (周志炎) Guo S H (郭双兴), 1964. Plants// Wang Y. Handbook of index fossils of South China. Beijing: Science Press: 21-25, 81, 82, 87, 88, 91, 114-117, 123-125, 128-131, 134-136, 139, 140. (in Chinese)

Lee H H (李星学), Wang S (王水), Li P C (李佩娟), Chang S J (张善桢), Ye Meina (叶美

娜),Guo S H (郭双兴),Tsao Chengyao (曹正尧),1963. Plants// Chao K K. Handbook of index fossils in Northwest China. Beijing: Science Press:73,74,85-87,97,98,107-110,121-123,125-131,133-136,143,144,150-155. (in Chinese)

Lee H H (李星学),Wang S (王水),Li P C (李佩娟),Chow T Y (周志炎),1962. Plants// Wang Y ed. Handbook of index fossils in Yangtze area. Beijing: Science Press:20-23,77,78,89,96-98,103,104,125-127,134-137,146-148,150-154,156-158. (in Chinese)

Lee P C (李佩娟),1964. Fossil plants from the Hsuchiaho Series of Kwangyuan, northern Szechuan. Memoirs of Institute Geology and Palaeontology, Academia Sinica, 3: 101-178, pls. 1-20, text-figs. 1-10. (in Chinese with English summary)

Lee P C (李佩娟),Tsao Chenyao (曹正尧),Wu Shunqing (吴舜卿),1976. Mesozoic plants from Yunnan// Nanjing Institute of Geology and Palaeontology, Academia Sinica. Mesozoic plants from Yunnan (Ⅰ). Beijing: Science Press: 87-150, pls. 1-47, text-figs. 1-3. (in Chinese)

Lee P C (李佩娟),Wu Shunqing (吴舜卿),Li Baoxian (厉宝贤),1974a. Triassic plants// Nanjing Institute of Geology and Palaeontology, Chinese Academy of Sciences. Handbook of stratigraphy and palaeontology in Southwest China. Beijing: Science Press:354-362, pls. 185-194. (in Chinese)

Lee P C (李佩娟),Wu Shunching (吴舜卿),Li Baoxian (厉宝贤),1974b. Early Jurassic plants // Nanjing Institute of Geology and Palaeontology, Academia Sinica. Handbook of stratigraphy and palaeontology in Southwest China. Beijing: Science Press:376,377, pls. 200-202. (in Chinese)

Liang Shijing (梁诗经), Cao Baosen (曹宝森), Ma Aishuang (马爱双), 1992. On the chronogensis and correlation of Cretaceous red beds in Fujian. Fujian Geology, 11 (4): 263-282, pls. 1-3, figs. 1-6. (in Chinese with English summary)

Liao Zhuoting (廖卓庭),Wu Guogan (吴国干),1998. Oil-bearing strata (Upper Devonian to Jurassic) of the Santanghu Basin in Xinjiang, China. Nanjing: Southeast University Press: 1-138, pls. 1-31. (in Chinese with English summary)

Li Baoxian (厉宝贤),Hu Bin (胡斌),1984. Fossil plants from the Yongdingzhuang Formation of the Datong Coalfield, northern Shanxi. Acta Palaeontologica Sinica, 23 (2): 135-147, pls. 1-4. (in Chinese with English summary)

Li Chengsen (李承森),Cui Jinzhong (崔金钟),1995. Atlas of fossil plant anatomy in China. Beijing: Science Press:1-132, pls. 1-117.

Li Jieru (李杰儒),1983. Middle Jurassic flora from Houfulongshan region of Jingxi, Liaoning. Bulletin of Geological Society of Liaoning Province, China (1): 15-29, pls. 1-4. (in Chinese with English summary)

Li Jieru (李杰儒),1985. Discovery of *Chiaohoella* and *Acanthopteris* from eastern Liaoning and their significance. Liaoning Geology (3): 201-208, pls. 1, 2. (in Chinese with English summary)

Li Jieru (李杰儒),1988. A study on Mesozoic biostrata of Suzihe Basin. Liaoning Geology (2): 97-124, pls. 1-7. (in Chinese with English summary)

Li Jieru (李杰儒),1992. New discovery of plant fossils from the Pulandian Formation. Liaoning Geology (4): 343-352, pls. 1-3, fig. 1. (in Chinese with English summary)

Li Jieru (李杰儒), Li Chaoying (李超英), Sun Changling (孙常玲), 1993. Mesozoic stratigraphic-palaeontology in Dandong area. Liaoning Geology (3): 230-243, pls. 1, 2; figs. 1-3. (in Chinese with English summary)

Li Jie (李洁), Zhen Baosheng (甄保生), Sun Ge (孙革), 1991. First discovery of Late Triassic florule in Wusitentag-Karamiran area of Kulun Mountain of Xinjiang. Xinjiang Geology, 9 (1): 50-58, pls. 1, 2. (in Chinese with English summary)

Lindley J, Hutton W, 1831. The fossil flora of Great Britain, or figures and descriptions of the vegetable remains found in a fossil state in this country. v. 1: 1-48, pls. 1-14.

Lindley J, Hutton W, 1833. The fossil flora of Great Britain, or figures and descriptions of the vegetable remains found in a fossil state in this country. v. 1: 167-218, pls. 50-79 (1833a); v. 2: 1-54, pls. 80-99(1833b).

Li Peijuan (李佩娟), 1982. Early Cretaceous plants from the Tuoni Formation of eastern Tibet // Regional Geological Surveying Team, Bureau of Geology and Mineral Resources of Sichuan Province, Nanjing Institute of Geology and Palaeontology, Academia Sinica. Stratigraphy and palaeontology in W. Sichuan and E. Xizang, China (Part 2). Chengdu: People's Publishing House of Sichuan: 71-105, pls. 1-14, figs. 1-5. (in Chinese with English summary)

Li Peijuan (李佩娟), 1985. Flora of Early Jurassic Epoch // The Mountaineering Party of the Scientific Expedition, Chinese Academy of Sciences. The Geology and palaeontology of Tuomuer region, Tianshan Mountain. Ürümqi: People's Publishing House of Xinjiang: 147-149, pls. 17-21. (in Chinese with English title)

Li Peijuan (李佩娟), He Yuanliang (何元良), Wu Xiangwu (吴向午), Mei Shengwu (梅盛吴), Li Bingyou (李炳有), 1988. Early and Middle Jurassic strata and their floras from northeastern border of Qaidam Basin, Qinghai. Nanjing: Nanjing University Press: 1-231, pls. 1-140, text-figs. 1-24. (in Chinese with English summary)

Li Peijuan (李佩娟), Wu Xiangwu (吴向午), 1982. Fossil plants from the Late Triassic Lamaya Formation of western Sichuan // Regional Geological Surveying Team, Bureau of Geology and Mineral Resources of Sichuan Province, Nanjing Institute of Geology and Palaeontology, Chinese Academy of Sciences. Stratigraphy and palaeontology in W. Sichuan and E. Xizang, China, (Part 2). Chengdu: People's Publishing House of Sichuan: 29-70, pls. 1-22. (in Chinese with English summary)

Li Peijuan (李佩娟), Wu Yimin (吴一民), 1991. A study of Lower Cretaceous fossil plants from Gerze, western Tibet // Sun Dongli, Xu Juntao, et al. Stratigraphy and palaeontology of Permian, Jurassic and Cretaceous from the Rutog region, Tibet. Nanjing: Nanjing University Press: 276-294, pls. 1-11, figs. 1-5. (in Chinese with English summary)

Liu Maoqiang (刘茂强), Mi Jiarong (米家榕), 1981. A discussion on the geological age of the flora and its underlying volcanic rocks of Early Jurassic Epoch near Linjiang, Jilin Province. Journal of the Changchun Geological Institute (3): 18-39, pls. 1-3, figs. 1, 2. (in Chinese with English title)

Liu Mingwei (刘明谓), 1990. Plants of Laiyang Formation // Regional Geological Surveying Team, Shandong Bureau of Geology and Mineral Resources. The stratigraphy and palaeontology of Laiyang Basin, Shandong Province. Beijing: Geological Publishing House:

196-210, pls. 31-34. (in Chinese with English summary)

Liu Yusheng (刘裕生), 1997. Fruits, seeds and angiospermous leaves from the Ping Chau Formation, Hongkong // Lee C M, Chen Jinhua, He Guoxiong. Stratigraphy and palaeontology of Hongkong, Ⅱ. Beijing: Science Press: 66-81, pls. 1-5. (in Chinese)

Liu Yusheng (刘裕生), Guo Shuangxing (郭双兴), Ferguson D K, 1996. A catalogue of Cenozoic megafossil plants in China. Palaeontographica, B, 238: 141-179. (in English)

Liu Zijin (刘子进), 1982a. Vegetable kingdom // Xi'an Institute of Geology and Mineral Resources. Paleontological atlas of Northwest China, Shaanxi, Gansu Ningxia volume (part Ⅲ). Mesozoic and Cenozoic. Beijing: Geological Publishing House: 116-139, pls. 56-75. (in Chinese with English title)

Liu Zijin (刘子进), 1982b. A Preliminary study of Early Jurassic beds and the Flora in eastern Gansu. Bulletin of Xi'an Institute of Geology and Mineral Resouces, Chinese Academy of Geological Sciences (5): 88-100, pl. 1. (in Chinese with English summary)

Liu Zijin (刘子进), 1988. Plant fossil from the Zhidan Group between Huating and Longxian, southwestern part of Ordos Basin. Bulletin of the Xi'an Institute of Geology and Mineral Resources, Chinese Academy of Geological Sciences, 24: 91-100, pls. 1, 2. (in Chinese with English summary)

Li Xingxue (李星学), 1995a. Fossil floras of China through the geological ages. Guangzhou: Guangdong Science and Technology Press: 1-542, pls. 1-144. (in Chinese)

Li Xingxue (李星学), 1995b. Fossil floras of China through the geological ages. Guangzhou: Guangdong Science and Technology Press: 1-695, pls. 1-144. (in English)

Li Xingxue (李星学), Ye Meina (叶美娜), 1980. Middle—late Early Cretacous floras from Jilin, EN China. Paper for the 1st Conf. IOP London & Reading, 1980. Nanjing Institute Geology Palaeontology Academia Sinica. Nanjing: 1-13, pls. 1-5.

Li Xingxue (李星学), Ye Meina (叶美娜), Zhou Zhiyan (周志炎), 1986a. On *Rhipidiocladus* —a unique Mesozoic coniferous genus from northeastern Asia. Acta Palaeobotanica and Palynologica Sinica, 1: 1-12, pls. 1-3, figs. 1-7. (in Chinese with English summary)

Li Xingxue (李星学), Ye Meina (叶美娜), Zhou Zhiyan (周志炎), 1986b. Late Early Cretaceous flora from Shansong, Jiaohe, Jilin Province, Northeast China. Palaeontologia Cathayana, 3: 1-53, pls. 1-45, text-figs. 1-12.

Marion A F, 1890. Sur le Gomphostrobus heterophylla, conifere prototypque du permien de Lodeve. Acad. Sci. [Paris] Comptes rendus, 110: 892-894.

Martius D C, 1822. De plantis nonnullis antediluvianis ope specierum inter tropicos viventium illustrandis. Kgl. Bayer. Bot. Gesell. Denkschr. , v. 2: 121-147, pls. 2, 3.

Mathews G B, 1947—1948. On some fructifications from the Shuantsuang Series in the West Hill of Beijing. Bulletin of National History Peking, 16 (3-4): 239-241.

Mathews G B, Ho G A (何佐治), 1945a. On the occurrence of *Protopiceoxylon* in China. Geobiologia, 2 (1): 27-35, pl. 1, text-figs. 1-8.

Mathews G B, Ho G A (何佐治), 1945b. A new fossil wood from China. Geobiologia, 2 (1): 36-41, pl. 1, text-figs. 1-4.

Matuzawa I, 1939. Fossil flora from the Peipiao Coal-field, Manchoukuo and its geological age. Reports of First Sciencific Expedition to Manchoukuo, 2 (4): 1-16, pls. 1-7.

Mei Meitang (梅美棠), Tian Baolin (田宝霖), Chen Ye (陈晔), Duan Shuying (段淑英), 1988. Floras of coal-bearing strata from China. Xuzhou: China University of Mining and Technology Publishing House: 1-327, pls. 1-60. (in Chinese with English summary)

Meng Fansong (孟繁松), 1981. Fossil plants of the Lingxiang Group of southeastern Hubei and their implications. Bulletin of the Yichang Institute of Geology and Mineral Resources, Chinese Academy of Geological Sciences, 1981 (special issue of stratigraphy and palaeontology): 98-105, pls. 1, 2, fig. 1. (in Chinese with English summary)

Meng Fansong (孟繁松), 1987a. Fossil plants // Yichang Institute of Geology and Mineral Resources, CAGS. Biostratigraphy of the Yangtze Gorges area (4) Triassic and Jurassic. Beijing: Geological Publishing House: 239-257, pls. 24-37, text-figs. 18-20. (in Chinese with English summary)

Meng Fansong (孟繁松), 1987b. Plant // Yichang Institute of Geology and Mineral Resources, CAGS. Biostratigraphy of the Yangtze Gorges area (5) Cretaceous and Tertiary. Beijing: Geological Publishing House: 201, pl. 28. (in Chinese with English summary)

Meng Fansong (孟繁松), 1990. New observation on the age of the Lingwen Group in Hainan Island. Guangdong Geology, 5 (1): 62-68, pl. 1. (in Chinese with English summary)

Meng Fansong (孟繁松), 1992a. Plants of Triassic System // Wang Xiaofeng, Ma Daquan, Jiang Dahai. Geology of Hainan Island, I Stratigraphy and palaeontology. Beijing: Geological Publishing House: 175-182, pls. 1-8, text-figs. Ⅷ-1 - ⅧI-2. (in Chinese)

Meng Fansong (孟繁松), 1992b. Plants of the Cretaceous System // Wang Xiaofeng, Ma Daquan, Jiang Dahai. Geology of Hainan Island, I Stratigraphy and palaeontology. Beijing: Geological Publishing House: 210-212, pl. 3. (in Chinese)

Meng Fansong (孟繁松), 1996. Middle Triassic lycopsid flora of South China and its palaeoecological significance. Palaeobotanist, 45: 334-343, pls. 1-4, text-figs. 1, 2.

Meng Fansong (孟繁松), Li Xubing (李旭兵), Chen Huiming (陈辉明), 2003. Fossil plants from Dongyuemiao Member of the Ziliujing Formation and Lower-Middle Jurassic boundary in Sichuan Basib, China. Acta Palaeontologica Sinica, 42 (4): 525-536, pls. 1-4, text-figs. 1-2. (in Chinese with English summary)

Meng Fansong (孟繁松), Xu Anwu (徐安武), Zhang Zhenlai (张振来), Lin Jinming (林金明), Yao Huazhou (姚华舟), 1995. Nonmarine biota and sedimentary facies of the Badong Formation in the Yangtze and its neighbouring areas. Wuhan: Press of China University of Geosciences: 1-76, pls. 1-20, figs. 1-18. (in Chinese with English summary)

Meng Xiangying (孟祥营), Chen Fen (陈芬), Deng Shenghui (邓胜徽), 1988. Fossil plant *Cunninghamia asiatica* (Krassilov) comb. nov. Acta Botanica Sinica, 30 (6): 649-654, pls. 1-3. (in Chinese with English summary)

Miao Yuyan (苗雨雁), 2005. New material of Middle Jurassic plants from Baiyang River of northwastern Junggar Basin, Xinjiang, China. Acta Palaeontologica Sinica, 44 (4): 517-534. (in Englisg with Chinese summary)

Mi Jiarong (米家榕), Sun Chunlin (孙春林), 1985. Late Triassic fossil plants from the vicinity of Shuangyang-Panshi, Jilin. Journal of the Changchun Geological Institute (3): 1-8, pls. 1, 2, figs. 1-4. (in Chinese with English summary)

Mi Jiarong (米家榕), Sun Chunlin (孙春林), Sun Yuewu (孙跃武), Cui Shangsen (崔尚森),

Ai Yongliang (艾永亮),1996. Early—Middle Jurassic phytoecology and coal-accumulating environments in northern Hebei and western Liaoning. Beijing: Geological Publishing House:1-169,pls. 1-39,text-figs.1-20. (in Chinese with English title)

Mi Jiarong (米家榕),Zhang Chuanbo (张川波),Sun Chunlin (孙春林),Luo Guichang (罗桂昌),Sun Yuewu (孙跃武), et al,1993. Late Triassic stratigraphy, palaeontology and paleogeography of the northern part of the Circum Pacific Belt, China. Beijing: Science Press:1-219,pls. 1-66,text-figs.1-47. (in Chinese with English title)

Miki S,1964. Mesozoic flora of *Lycoptera* Bed in South Manchuria. Bulletin of Mukogawa Women's University (12): 13-22. (in Japanese with English summary)

Miller C N,Lapasha C A,1984. Flora of the Early Cretaceous Kootenai Formation in Montana, Conifers. Palaeontographica,B,193: 1-17,pls. 1-8.

Muenster G G,1839—1843. Beiträge zur Petrefacten-Kunde. pt. 1: 1-125,pls. 1-18 (1839); pt. 5: 1-131,pls. 1-15 (1842); pt. 6,p. 1-100,pls. 1-13 (1843).

Nathorst A G, 1876. Bidrag till Sveriges fossila flora. Kgl. Svenska vetenskapsakad. Handlingar,v. 14: 1-82,pls. 1-16.

Nathorst A G,1886a. Über die Benennung fossiler Dikotylenblätter. Bot. Centralbl. ,v. 25: 52-55.

Nathorst A G,1886b. Nouvelles observations sur des traces d'animaux et autres phénomènes d'origine purement mécanique décrits comme " algues fossils ". Kgl. Svenska vetenskapsakad. Handlingar,v. 21,no. 14: 1-58,pls. 1-5.

Nathorst A G, 1886c. Om floran Skånes kolförande bildningar. Sveriges Genol. Undersoekning,ser. C,no. 85: 85-131,pls. 19-26.

Nathorst A G, 1897. Zur mesozoischen Flora Spitzbergens. Kgl. Svenska vetenskakad. Handlingar,v. 30,no. 1: 1-77,pls. 1-6.

Nathorst A G, 1899. Fossil plants from Franz Josef Land, in The Norwegian North Polar Expedition 1893-96 Scientific Results. Christiania: 1-26,pls. 1,2.

Newberry J S,1867 (1865). Description of fossil plants from the Chinese coal-bearing rocks// Pumpelly River. Geological researches in China,Mongolia and Japan during the years 1862—1865. Smithsonian Contributions to Knowledge (Washington),15 (202): 119-123,pl. 9.

Ngo C K (敖振宽),1956. Preliminary notes on the Rhaetic flora from Siaoping Coal Series of Kwangtung. Journal of Central-South Institute of Mining and Metallurgy (1): 18-32,pls. 1-7,text-figs.1-4. (in Chinese)

Ogura Y,1944. Notes on fossil woods from Japan and Manchoukuo. Japanese Journal of Botany, 13: 345-365,pls. 3-5.

P'an C H (潘钟祥),1933. On some Cretaceous plants from Fangshan Hsien, Southwest of Peiping. Bulletin of Geological Society of China,12 (2): 533-538,pl. 1.

P'an C H (潘钟祥),1936. Older Mesozoic plants from North Shensi. Palaeontologia Sinica, Series A,4 (2): 1-49,pls. 1-15.

Pan Guang (潘广), 1983. Notes on the Jurassic precursors of angiosperms from Yan-Liao region of North China and the origin of angiosperms. A Monthly Journal of Science (Kexue Tongbao),28 (24): 1520. (in Chinese)

Pan Guang (潘广), 1984. Notes on the Jurassic precursors of angiosperms from Yan-Liao region of North China and the origin of angiosperms. A Monthly Journal of Science (Kexue Tongbao), 29 (7): 958-959. (in English)

P'an K (潘广), 1977. A Jurassic conifer *Yanliaoa sinensis* gen. et sp. nov. from Yanliao region. Acta Phytotaxonomica Sinica, 15 (1): 69-71, pl. 1. (in Chinese with English summary)

Potonie H, 1903. Pflanzenreste aus der Juraformation. Aus "Durch Asien", herausgegeb. von Fuherer K, Band 3, Lieferung 1, fig. 1-3.

Qian Lijun (钱丽君), Bai Qingzhao (白清昭), Xiong Cunwei (熊存卫), Wu Jingjun (吴景均), He Dechang (何德长), Zhang Xinmin (张新民), Xu Maoyu (徐茂钰), 1987. Jurassic coal-bearing strata and the characteristics of coal accumlation from northern Shaanxi. Xi'an: Northwest University Press: 1-202, pls. 1-56, text-figs. 1-31. (in Chinese)

Ren Shouqin (任守勤), Chen Fen (陈芬), 1989. Fossil plants from Early Cretaceous Damoguaihe Formation in Wujiu Coal Basin, Hailar, Inner Mongolia. Acta Palaeontologica Sinica, 28 (5): 634-641, pls. 1-3, text-figs. 1, 2. (in Chinese with English summary)

Roselt G, 1955—1956. Eine neue männliche Gymnospermenfruktifikation aus dem Unteren Keuper von Thüringen and ihre Beziehungen zu anderen Gymnospermen. Friedrich-Schiller-Univ. Wiss. Zeitschr., Jahrg. 5: 75-118, pls. 1-12.

Roselt G, 1958. Neue Koniferen aus dem unteren Keuper and ihre Beziehungen zu verwandten fossilen und rezenten. Friedrich-Schiller-Univ. Wiss. Zeitschr., Jahrg. 7, Math-Naturw. Reihe, no. 4-5: 387-409, pls. 1-6.

Saporta G, 1872a—1873b. Paléontologie française ou Description des fossiles de la France, plantes jurassiques. Paris, v. 1, Algues, Equisetaceees, Characeees, Fougeeres: 1-432 (1872a); 433-506 (1873a); Atlas, pls. 1-60 (1872b); pls. 61-70 (1873b).

Saporta G, 1872c. Sur une determination plus precise de certains genres de conifères jurassiques par l'observation de leurs fruits. Acad. Sci [Paris] Comptes rendus, v. 74: 1053-1056.

Saporta G, 1894. Flore fossile du Portugal. Lisbon, Acad. Royale des Sci.: 1-288, pls. 1- 39.

Schenk A, 1869. Beiträge zue Flora vorwelt. Palaeontographica, v. 19: 1-34, pls. 1-7.

Schenk A, 1871. Beiträge zue Flora vorwelt—Die Flora der nordwestdeutschen Weal-den-formation. Palaeontographica, v. 19: 203-266, pls. 22-43.

Schenk A, 1883. Pflanzliche Versteinerungen. Pflanzen der Juraformation // Richthofen F (Von). China (Ⅳ). Berlin: 245-267, Taf. 46-54.

Schenk A, 1885. Die während der Reise des Grafen Bela Szechenyi in China gesammelten fossilen Pflanzen. Palaeontographica, 31 (3): 163-182, pls. 13-15.

Schimper W P, 1837. Observations in Voltz' "Notice sur le grès bigarre de la Carrière de Soultz-les Bains". Soc. Mus. Histoire Nat. Strasbourg Meem., v. 2: 9-14.

Schimper W P, 1869—1874. Traité de paléontologie végétale, ou, La flore du monde primitive. Paris, J. B. Baillieere et Fils, v. 1: 1-74, pls. 1-56 (1869); v. 2: 1-522, pls. 57-84 (1870); 523-698, pls. 85-94 (1872); v. 3: 1-896, pls. 95-110 (1874).

Schimper W P, Mougeot A, 1844. Monographie des plantesfossiles du grès bigarrè de la Chaine des Vosges. Leipzig: 1-83, pls. 1-40.

Schlotheim E F, 1820. Die Petrefactenkunde auf ihrem jetzig Standpunkte durch die Beschreibung seiner Sammlung versteinerter und fossiler Überreste des Their und Pflanzenreichs der Vorwelt erlaeuter. Gotha, lxii: 437.

Schmalhausen J,1879. Beiträge zue Jura-Flora Russlands. Acad. Imp. Sci. St.-Peetersbourg Meem.,v. 27: 1-96,pls. 1-16.

Seward A C, 1907. Jurassic Plants from Caucasin and Turkestan Meem. Com. Geeol. St-Peetersbourg, Livr. 38.

Seward A C, 1911a. New genus of fossil plants from the Stormberg series of Cape Colony. Geol. Mag.,5th decade, v. 8: 298-299, pl. 14.

Seward A C,1911b. The Jurassic flora of Sutherland. Royal Soc. Edinburgh Trans.,v. 47: 643-709,pls. 1-10.

Seward A C, 1911. Jurassic plants from Chinese Junggar collected by Prof. Obrutschew. Mémoires du Comité Géologique, Nouvelle Série, 75: 1-61, pls. 1-7. (in Russian and English)

Seward A C,1919. Fossil plants. Cambrige: Cambridge University Press, v. 4: 1-542.

Seward A C, 1919. Fossil Plants (vol. Ⅳ), Ginkgoales, Coniferales, Gnetales. Cambrige: Cambrige University Press. (in English)

Seward A C, 1926. The Cretaceous plant-bearing rocks of western Greenland. Royal Soc. London Philos. Trans.,v. 215B: 57-174, pls. 4-12.

Shang Hua (尚华), Cui Jinzhong (崔金钟), Li Chengsen (李承森), 2001. *Pityostrobus yixianensi* sp. nov., a pinnaceous cone from the Lower Cretaceous of Northeast China. Botanical Journal of the Linnean Society, 136: 427-437, figs. 1-26.

Shang Ping (商平), 1984. Two new species of *Cephalotaxopsis* from Haizhou Formation in Fuxin, Liaoning Province. Journal of Fuxin Mining Institute, 3 (3): 59-66, pls. 1-5. (in Chinese with English summary)

Shang Ping (商平), 1985. Coal-bearing strata and Early Cretaceous flora in Fuxin Basin, Liaoning Province. Journal of Mining Institute (4): 99-121. (In Chinese with English summary)

Shang Ping (商平), 1987. Early Cretaceous plant assemblage in Fuxin Coal-basin of Liaoning Province and its significance. Acta Botanica Sinica, 29 (2): 212-217, pls. 1-3, figs. 1,2. (in Chinese with English summary)

Shang Ping (商平), Fu Guobin (付国斌), Hou Quanzheng (侯全政), Deng Shenghui (邓胜徽), 1999. Middle Jurassic fossil plants from Turpan-Hami Basin, Xinjiang, Northwest China. Geoscience, 13 (4): 403-407, pls. 1,2. (in Chinese with English summary)

Shen K L (沈光隆), 1961. Jurassic fossil plants from Mienhsien Series in the vicinity of Huicheng Hsien of S. Kansu. Acta Palaeontologica Sinica, 9 (2): 165-179, pls. 1,2. (in Chinese with English summary)

Shimakura M, 1935—1936. Studies on Fossil Woods from Japan and adjacent Lands. Contr. I. Sci. Rep. Tohoku Imp. Univ.,ser. 2(Geol.),18 (3).

Shimakura M, 1935—1936. Studies on fossil woods from Japan and adjacent lands (Ⅰ). Science Reports of Tohoku Imperial University, series 2 (Geology), 18 (3): 267-301, pls. 1-11, text-figs. 1-11.

Shimakura M, 1937—1938. Studies on fossil words from Japan and adjacent lands (Ⅱ). Science Reports of Tohoku Imperial University, series 2 (Geology), 19 (1): 1-73, pls. 1-15, text-figs. 1-20.

Sodov Zh, 1981. New material of Cretaceous flora from Mongolia. Palaeontol. Zh., 1981 (3): 128-130, fig. 1. (in Russian)

Special Subject Group of Sichuan Institute of Geology and Mineral Resources (四川省地质矿产研究所专题研究组), 1987. Triassic stratigraphy and sedimentary facies of Yanyuan-Lijiang Region. Beijing: Geological Publishing House: 1-143, pls. 1-4. (in Chinese with English title)

Stanislavskii F A, 1976. Sredne-Keyperskaya flora Donetskogo basseyna [Middle Keuper flora of ghe Donets Basin]. Kiev, Izd, Nauka Dumka: 1-168.

Sternberg Grafen Kaspar, 1820—1838. Versuch einer geognostischen botanischen Darstellung der Flora der Vorwelt. Leipsic and Prague, v. 1, pt. 1: 1-24 (1820); pt. 2: 1-33 (1822); pt. 3: 1-39 (1823); pt. 4: 1-24 (1825); 2, pt. 5, 6: 1-80 (1833); pt. 7, 8: 81-220 (1838).

Stockmans F, Mathieu F F, 1941. Contribution a l'etude de la flore jurassique de la Chine septentrionale. Bulletin du Musee Royal d'Histoire Naturelle de Belgique: 33-67, pls. 1-7.

Sun Bainian (孙柏年), Shi Yajun (石亚军), Zhang Chengjun (张成君), Wang Yunpeng (王云鹏), 2005. Cuticular analysis of fossil plants and its application. Beijing: Science Press: 1-116, pls. 1-24. (in Chinese with English summary)

Sun Chunlin (孙春林), Mi Jiarong (米家榕), Sun Yuewu (孙跃武), 2000. Late Triassic flora from Hongli vicinity of Baishan, Jilin, China. Chinese Bulletin of Botany, 17 (Special issue): 199-201, pl. 1. (in Chinese with English summary)

Sun Ge (孙革), 1979. On the discovery of *Cycadocarpidium* from the Upper Triassic of eastern Jilin. Acta Palaeontologica Sinica, 18 (3): 312-325, pls. 1, 2. (in Chinese with English summary)

Sun Ge (孙革), 1993. Late Triassic flora from Tianqiaoling of Jilin, China. Changchun: Jilin Science and Technology Publishing House: 1-157, pls. 1-56, figs. 1-11. (in Chinese with English summary)

Sun Ge (孙革), Mei Shengwu (梅盛吴), 2000. Plants// Yumen Oilfield Company, Petro China Co., Ltd., Nanjing Institute of Geology and Palaeontology, Chinese Academy of Sciences. Cretaceous and Jurassic Stratigraphy and Environment of the Chaoshui and Yabulai Basins, NW China. Hefei: University of and Technology of China Press: 46, 47, pls. 5-11. (in Chinese)

Sun Ge (孙革), Shang Ping (商平), 1988. A brief report on preliminary research of Huolinhe coal-bearing Jurassic—Cretaceous plant and strata from eastern Inner Mongolia, China. Journal of Fuxin Mining Institute, 7 (4): 69-75, pls. 1-4, figs. 1, 2. (in Chinese with English summary)

Sun Ge (孙革), Zhao Yanhua (赵衍华), 1992. Paleozoic and Mesozoic plants of Jilin// Jilin Bureau of Geology and Mineral Resources. Palaeontological atlas of Jilin. Changchun: Jilin Science and Technology Press: 500-562, pls. 204-259. (in Chinese with English title)

Sun Ge (孙革), Zhao Yanhua (赵衍华), Li Chuntian (李春田), 1983. Late Triassic plants from Dajianggang of Shuangyang County, Jilin Province. Acta Palaeontologica Sinica, 22 (4): 447-459, pls. 1-3, figs. 1-5. (in Chinese with English summary)

Sun Ge (孙革), Zheng Shaoling (郑少林), David L D, Wang Yongdong (王永栋), Mei Shengwu (梅盛吴), 2001. Early Angiosperms and their Associated Plants from western

Liaoning, China. Shanghai: Shanghai Scientific and Technological Education Publishing House: 1-227. (in Chinese and English)
Sun Ge (孙革), Zheng Shaolin (郑少林), Mei Shengwu (梅盛吴), 2000. Discovery of *Liaoningocladus* gen. nov. from the lower part of Yixian Formation (Upper Jurassic) in western Liaoning, China. Acta Palaeontologica Sinica, 39 (Supplement): 200-208, pls. 1-4, text-fig. 1. (in English with Chinese summary)
Sun Yuewu (孙跃武), Liu Pengju (刘鹏举), Feng Jun (冯君), 1996. Early Jurassic fossil plants from the Nandalong Formation in the vicinity of Shanggu, Chengde of Hebei. Journal of Changchun University of Earth Sciences, 26 (1): 9-16, pl. 1. (in Chinese with English summary)
Surveying Group of Department of Geological Exploration of Changchun College of Geology, Regional Geological Surveying Team, the 102 Surveying Team of Coal Geology Exploration Company of Kirin Province, 1977. Late Triassic stratigraphy and plants of Hunkiang, Kirin. Journal of Changchun College of Geology (3): 2-12, pls. 1-4, text-fig. 1. (in Chinese)
Sze H C (斯行健), 1931. Beiträge zur liasischen Flora von China. Memoirs of National Research Institute of Geology, Academia Sinica, 12: 1-85, pls. 1-10.
Sze H C (斯行健), 1933a. Fossils Pflanzen aus Shensi, Szechuan und Kueichow. Palaeontologia Sinica, series A, 1 (3): 1-32, pls. 1-6.
Sze H C (斯行健), 1933b. Beiträge zur mesozoischen Flora von China. Palaeontologia Sinica, series A, 4 (1): 1-69, pls. 1-12.
Sze H C (斯行健), 1933c. Mesozoic plants from Kansu. Memoirs of National Research Institute of Geology, Academia Sinica, 13: 65-75, pls. 8-10.
Sze H C (斯行健), 1933d. Jurassic plants from Shensi. Memoirs of National Research Institute of Geology, Academia Sinica, 13: 77-86, pls. 11, 12.
Sze H C (斯行健), 1945. The Cretaceous flora from the Pantou Series in Yunan, Fukien. Journal of Palaeontology, 19 (1): 45-59, text-figs. 1-21.
Sze H C (斯行健), 1949. Die mesozoische Flora aus der Hsiangchi Kohlen Serie in Westhupeh. Palaeontologia Sinica, Whole Number 133, new series A, 2: 1-71, pls. 1-15.
Sze H C (斯行健), 1951a. Über einen problematischen Fossilrest aus der Wealdenformation der suedlichen Mandschurei. Science Record, 4 (1): 81-83, pl. 1.
Sze H C (斯行健), 1951b. Petrified wood from northern Manchuria. Science Record, 4 (4): 443-457, pls. 1-7, text-figs. 1-3. (in English with Chinese summary)
Sze H C (斯行健), 1952. Pflanzenreste aus dem Jura der Inneren Mongolei. Science Record, 5 (1-4): 183-190, pls. 1-3.
Sze H C (斯行健), 1955. On a *Phyllocladopsis*-like remain of the Tatung Coal Series, northern Shansi. Acta Palaeontologica Sinica, 3 (2): 125-130, pl. 1. (in Chinese and English)
Sze H C (斯行健), 1956a. Older Mesozoic plants from the Yenchang Formation, northern Shensi. Palaeontologia Sinica, Whole Number 139, new series A, 5: 1-217, pls. 1-56, text-fig. 1. (in Chinese and English)
Sze H C (斯行健), 1956b. The fossil flora of the Mesozoic oil-bearing deposits of the Junggar-Basin, northwestern Sinkiang. Acta Palaeontologica Sinica, 4 (4): 461-476, pls. 1-3, text-fig. 1. (in Chinese and English)

Sze H C (斯行健), 1959. Jurassic plants from Tsaidam, Chinghai Province. Acta Palaeontologica Sinica, 7 (1): 1-31, pls. 1-8, text-figs. 1-3. (in Chinese and English)

Sze H C (斯行健), Lee H H (李星学), 1952. Jurassic plants from Szechuan. Palaeontologia Sinica, Whole Number 135, new series A, (3): 1-38, pls. 1-9, text-figs. 1-5. (in Chinese and English)

Sze H C (斯行健), Lee H H (李星学), et al, 1963. Fossil plants of China, 2 Mesozoic plants from China. Beijing: Science Press: 1-429, pls. 1-118, text-figs. 1-71. (in Chinese)

Tan Lin (谭琳), Zhu Jianan (朱家楠), 1982. Palaeobotany// Bureau of Geology and Mineral Resources of Inner Mongolia Autonomous Region. The Mesozoic stratigraphy and palaeontology of Guyang Coal-bearing Basin, Nei Monggol Autonomous Region, China. Beijing: Geological Publishing House: 137-160, pls. 33-41. (in Chinese with English title)

Tao Junrong (陶君容), Xiong Xianzheng (熊宪政), 1986. The latest Cretaceous flora of Heilongjiang Province and the floristic relationship between East Asia and North America. Acta Phytotaxonomica Sinica, 24 (1): 1-15, pls. 1-16, fig. 1; 24 (2): 121-135. (in Chinese with English summary)

Tao Junrong (陶君容), Zhang Chuanbo (张川波), 1990. Early Cretaceous angiosperms of the Yanji Basin, Jilin Province. Acta Botanica Sinica, 32 (3): 220-229, pls. 1, 2, fig. 1. (in Chinese with English summary)

Teihard de Chardin P, Fritel P H, 1925. Note sur queques grés mesozoiques a plantes de la Chine septentrionale. Bulletin de la Société Geologique France, serie 4, 25 (6): 523-540, pls. 20-24, text-figs. 1-7.

The 5th Department of North China Institute of Geological Sciences, 1976. The fossil plants *Cephalotaxopsis* from Inner Mongolia. Acta Palaeontologica Sinica, 15 (2): 165-174, pls. 1, 2, text-figs. 1-4. (in Chinese with English summary)

Toyama B, Ôishi S, 1935. Notes on some Jurassic plants from Chalainor, Province North Hsingan, Manchoukuo. Journal of Faculty of Science of Hokkaido Imperial University, series 4, 3 (1): 61-77, pls. 3-5, text-figs. 1-4.

Tsao Zhengyao (曹正尧), 1965. Fossil plants from the Siaoping Series in Kaoming, Kwangtung. Acta Palaentologica Sinica, 13 (3): 510-528, pls. 1-6, text-figs. 1-14. (in Chinese with English summary)

Tuan Shuying (段淑英), Chen Yeh (陈晔), Keng Kuochang (耿国仓), 1977. Some Early Cretaceous plant from Lhasa, Tibetan Autonomous Region, China. Acta Botanica Sinica, 19 (2): 114-119, pls. 1-3. (in Chinese with English summary)

Turutanova-Ketova A I. 1930. Jurassic Flora of the Chain Kara-Tau (Tian Shan). Mus. Geol. Acad. Sci. URSS, Travaux, v. 6: 131-172, pls. 1-6.

Unger F, 1849. Einige interessante pflanzenabdrücke aus der königl Petrefaktensammlung in Muenchen. Bot. Zeitung, v. 7: 345-353, pl. 5.

Vackrameev V A, 1980a. The Mesozoic higher spolophytes of Soviet Union. Moscow: Science Press: 1-230. (in Russian)

Vackrameev V A, 1980b. The Mesozoic Gymnosperms of Soviet Union. Moscow: Science Press: 1-124. (in Russian)

Vogellehner D, 1966. Zwei nneue Vertreter der fossilen sekundaerholzgattung

Protophyllocladoxylon Kräusel aus dem deutschen Mesozoikum. Geol. JB. 84：307-326.
Vogellehner D, 1968. Zur Anatomie und Phylogenie Mesozoischer Gymnospermenhölzer, 7：Prodromus zu einer Monographie der Protopinaceae II. Die Protopinoiden Hölzer des Jura. Palaeontographica, ABT. B, 1968, 124 (4-6)：125-162.
Vozenin-Serra C, Pons D, 1990. Interets phylogenetique et paleoelogigue des structures ligneuses homoxyles decouvertes dams le Cretace inferieur du Tibetmeridional. Palaeontographica, B, 216 (1-4)：107-127, pls. 1-6, tex-figs. 1-3 (新增).
Wang Guoping (王国平), Chen Qishi (陈其奭), Li Yunting (李云亭), Lan Shanxian (蓝善先), Ju Kuixiang (鞠魁祥), 1982. Kingdom plant (Mesozoic) // Nanjing Institute of Geology and Mineral Resources. Paleontological atlas of East China (3), Volume of Mesozoic and Cenozoic. Beijing：Geological Publishing House：236-294, 392-401, pls. 108-134. (in Chinese with English title)
Wang Lixin (王立新), Xie Zhimin (解志民), Wang Ziqiang (王自强), 1978. On the occurrence of *Pleuromeia* from the Qinshui Basin in Shaanxi Province. Acta Palaeontologica Sinica, 17 (2)：195-212, pls. 1-4, text-figs. 1-3. (in Chinese with English summary)
Wang Longwen (汪龙文), Zhang Renshan (张仁山), Chang Anzhi (常安之), Yan Enzeng (严恩增), Wei Xinyu (韦新育), 1958. Plants // Index fossil of China. Beijing：Geological Publishing House：376-380, 468-473, 535-564, 585-599, 603-625, 541-663. (in Chinese)
Wang Rennong (王仁农), Li Guichun (李桂春), Guan Shiqiao (关世桥), Xu Feng (徐峰), Xu Jiamo (徐嘉谟) // Wang Rennong, Li Guichun, 1998. Evolution of coal basins and coal-accumulating laws in China. Beijing：China Coal Industry Publishing House：1-186, pls. 1-48, text-figs. 1-56. (in Chinese with English summary)
Wang Rufeng (王如峰), Wang Yufei (王宇飞), Chen Yongzhe (陈永喆), 1997. Fossil woods from Late Cretaceous of Heilongjiang Province, Northeast China, and their palaeoenviromental implications. Acta Botanica Sinica, 39 (10)：972-978, pls. 1, 2, fig. 1. (in Chinese with English summary)
Wang Shijun (王士俊), 1991a. The occurrence of *Xenoxylon ellipticum* in the Late Triassic from North Guangdong, China. Acta Botanica Sinica, 33 (10)：810-812, pl. 1. (in Chinese with English summary)
Wang Shijun (王士俊), 1991b. A new permineralized wood of Late Triassic from northern Guangdong Province. Acta Scientiarum Naturalium Universitatis Sunyatseni, 30 (3)：66-69, pl. 1. (in Chinese with English summary)
Wang Shijun (王士俊), 1992. Late Triassic plants from northern Guangdong Province, China. Guangzhou：Sunyatsen University Press：1-100, pls. 1-44, text-figs. 1-4. (in Chinese with English summary)
Wang Wuli (王五力), Zhang Hong (张宏), Zhang Lijun (张立君), Zheng Shaolin (郑少林), Yang Fanglin (杨芳林), Li Zhitong (李之彤), Zheng Yuejuan (郑月娟), Ding Qiuhong (丁秋红), 2004. Standard Sectins of Tuchengzi Stage and Yixian Stage and their Stratigraphy, Palaeontology and Tectoni-Volcanic Actions. Beijing：Geological Publishing House：1-514, pls. 1-37. (in Chinese with English summary)
Wang Xifu (王喜富), 1984. A supplement of Mesozoic plants from Hebei // Tianjin Institute of Geology and Mineral Rescurces. Palaeontological atlas of North China (Ⅱ). Mesozoic.

Beijing: Geological Publishing House: 297-302, pls. 174-178. (in Chinese)

Wang Xin (王鑫), 1995. Study on the Middle Jurassic flora of Tongchuan, Shaanxi Province. Chinese Journal of Botany, 7 (1): 81-88, pls. 1-3.

Wang Xin (王鑫), Duan Shuying (段淑英), Cui Jinzhong (崔金钟), 1997. Several species of *Schizolepis* and their significance on the evolution of conifer. Taiwania, 42 (2): 73-85.

Wang Yongdong (王永栋), Zhang Wu (张武), Saiki K, 2000. Fossil woods from the Upper Jurassic of Qitai, Junggar Basin, Xinjiang, China. Acta Palaeontologica Sinica, 39 (Supplement): 176-185, pls. 1-4, text-figs. 1, 2. (in English with Chinese summary)

Wang Ziqiang (王自强), 1984. Plant kingdom // Tianjin Institute of Geology and Mineral Resources. Palaeontological atlas of North China (Ⅱ). Mesozoic. Beijing: Geological Publishing House: 223-296, 367-384, pls. 108-174. (in Chinese with English title)

Wang Ziqiang (王自强), 1985. Palaeovegetation and plate tectonics: palaeophytogeography of North China during Permian and Triassic times. Palaeogeography, Palaeoclimatology, Palaeoecology, 49 (1): 25-45, pls. 1-4, text-figs. 1, 2.

Wang Ziqiang (王自强), Wang Lixin (王立新), 1989. Earlier Early Triassic fossil plants in the Shiqianfeng Group in North China. Shanxi Geology, 4 (1): 23-40, pls. 1-5, figs. 1, 2. (in Chinese with English summary)

Wang Ziqiang (王自强), Wang Lixin (王立新), 1990a. Late Early Triassic fossil plants from upper part of the Shiqianfeng Group in North China. Shanxi Geology, 5 (2): 97-154, pls. 1-26, figs. 1-7. (in Chinese with English summary)

Wang Ziqiang (王自强), Wang Lixin (王立新), 1990b. A new plant assemblage from the bottom of the mid-Triassic Ermaying Formation. Shanxi Geology, 5 (4): 303-315, pls. 1-10, figs. 1-5. (in Chinese with English summary)

Ward L F, 1990a. Status of the Mesozoic floras of the United States—the older Mesozoic. U. S. Geological Survey, 20th Ann. Rept., pt. 2: 213-430, pls. 21-179.

Ward L F, 1990b. Description of a new genus and twenty new species of fossil cycadean trunks from the Jurassic of Wyoming: Washington Acad. Sci. Proc., v. 1: 253-300, pls. 14-21.

Watson J, 1974. *Manica*: a new fossil conifer genus. Taxon, 23: 428.

Watson J, 1977. Some Lower Cretaceous Conifers of the Cheirolepidiaceae from the USA and England. Palaeontalogy, 20 (4): 715-749, pls. 85-97.

Watson J, Fisher H L, 1984. A new conifer genus from the Lower Cretaceous Glen Rose formation, Texas. Palaeontalogy, 27 (4): 719-727, pls. 64, 65.

Watt A D, 1982. Index of generic names of fossil plants (1974—1978). U. S. Geological Survey Bulletin (1517): 1-63. (in English)

Watt Arthur D, 1982. Index of generic names of fossil plants (1974—1978). U. S. Geological Survey Bulletin (1517): 1-63.

Wu Shuibo (吴水波), Sun Ge (孙革), Liu Weizhou (刘渭州), Xie Xueguang (谢学光), Li Chun-tian. (李春田), 1980. The Upper Triassic of Tuopangou, Wangqing of eastern Jilin. Journal of Stratigraphy, 4 (3): 191-200, pls. 1, 2, text-figs. 1-5. (in Chinese with English title)

Wu Shunqing (吴舜卿), 1995. Lower Jurassic plants from Tariqike Formation, northern Tarim Basin. Acta Palaeontologica Sinica, 34 (4): 468-474, pls. 1-3. (in Chinese with English

summary)
Wu Shunqing (吴舜卿), 1999a. A preliminary study of the Jehol flora from western Liaoning. Palaeoworld, 11: 7-57, pls. 1-20. (in Chinese with English summary)
Wu Shunqing (吴舜卿), 1999b. Upper Triassic plants from Sichuan. Bulletin of Nanjing Institute of Geology and Palaeontology. Academia Sinica, 14: 1-69, pls. 1-52, fig. 1. (in Chinese with English summary)
Wu Shunqing (吴舜卿), 2000. Early Cretaceous plants from Hongkong. Chinese Bulletin of Botany, 17 (Special issue): 218-228, pls. 1-8. (in Chinese with English summary)
Wu Shunqing (吴舜卿), 2001. Land plants // Chang Meemann. The Jehol Biota. Shanghai: Shanghai Scientific & Technical Publishers: 1-150, figs. 1-183. (in Chinese)
Wu Shunqing (吴舜卿), 2003. Land plants // Chang Meemann. The Jehol Biota. Shanghai: Shanghai Scientific & Technical Publishers: 1-208, figs. 1-268. (in English)
Wu Shunqing (吴舜卿), Lee C M (李作明), Lai K W (黎权伟), He Guoxiong (何国雄), Liao Zhuoting (廖卓庭), 1997. Discovery of Early Jurassic plants from Tai O, Hongkong// Lee C M, Chen Jinghua, He Guoxiong. Stratigraphy and palaeontology of Hongkong (Ⅰ). Beijing: Science Press: 163-174, pls. 1-5, fig. 1. (in Chinese)
Wu Shunqing (吴舜卿), Ye Meina (叶美娜), Li Baoxian (厉宝贤), 1980. Upper Triassic and Lower and Middle Jurassic plants from Hsiangchi Group, western Hubei. Memoirs of Nanjing Institute of Geology and Palaeontology, Academia Sinica, 14: 63-131, pls. 1-39, text-fig. 1. (in Chinese with English summary)
Wu Shunqing (吴舜卿), Zhou Hanzhong (周汉忠), 1986. Early Liassic plants from East Tianshan Mountains. Acta Palaeontologica Sinica, 25 (6): 636-647, pls. 1-6. (in Chinese with English summary)
Wu Shunqing (吴舜卿), Zhou Hanzhong (周汉忠), 1990. A preliminary study of Early Triassic plants from South Tianshan Mountains. Acta Palaeontologica Sinica, 29 (4): 447-459, pls. 1-4. (in Chinese with English summary)
Wu Shunqing (吴舜卿), Zhou Hanzhong (周汉忠), 1996. A preliminary study of Middle Triassic plants from northern margin of the Tarim Basin. Acta Palaeontologica Sinica, 35 (Supplement): 1-13, pls. 1-15. (in Chinese with English summary)
Wu Xiangwu (吴向午), 1982a. Fossil plants from the Upper Triassic Tumaingela Formation in Amdo-Baqen area, northern Tibet// The Comprehensive Scientific Expedition Team to the Qinghai-Tibet Plateau, Chinese Academy of Sciences. Palaeontology of Tibet (Ⅴ). Beijing: Science Press: 45-62, pls. 1-9. (in Chinese with English summary)
Wu Xiangwu (吴向午), 1982b. Late Triassic plants from eastern Tibet// The Comprehensive Scientific Expedition Team to the Qinghai-Tibet Plateau, Chinese Academy of Sciences. Palaeontology of Tibet (Ⅴ). Beijing: Science Press: 63-109, pls. 1, 20, text-figs. 1-4. (in Chinese with English summary)
Wu Xiangwu (吴向午), 1993a. Record of generic names of Mesozoic megafossil plants from China (1865—1990). Nanjing: Nanjing University Press: 1-250. (in Chinese with English summary)
Wu Xiangwu (吴向午), 1993b. Index of generic names founded on Mesozoic — Cenozoic specimens from China in (1865—1990). Acta Palaeontologica Sinica, 32 (4): 495-524. (in

Chinese with English summary)

Wu Xiangwu (吴向午), 1993c. Early Cretaceous fossil plants from Shangxian Basin of Shaanxi and Nanzhao district of Henan, China. Palaeoworld, 2: 76-99, pls. 1-8, text-fig. 1. (in Chinese with English title)

Wu Xiangwu (吴向午), 2006. Record of Mesozoic-Cenozoic megafossil plant generic names founded on Chinese specimens (1991—2000). Acta Palaeontologica Sinica, 45 (1): 114-140. (in Chinese with English abstract)

Wu Xiangwu (吴向午), Deng Shenghui (邓胜徽), Zhang Yaling (张亚玲), 2002. Fossil plants from the Jurassic of Chaoshui Basin, Northwest China. Palaeoworld, 14: 136-201, pls. 1-17. (in Chinese with English summary)

Wu Xiangwu (吴向午), He Yuanliang (何元良), 1990. Fossil plants from the Late Triassic Jiezha Group in Yushu region, Qinghai// Qinghai Institute of Geological Sciences, Nanjing Institute of Geology and Palaeontology, Chinece Academy of Sciences. Devonian—Triassic stratigraphy and palaeontology from Yushu region of Qinghai, China (part Ⅰ). Nanjing: Nanjing University Press: 289-324, pls. 1-8, figs. 1-6. (in Chinese with English summary)

Wu Xiangwu (吴向午), He Yuanliang (何元良), Mei Shengwu (梅盛吴), 1986. Discovery of *Ephedrites* from the Lower Jurassic Xiaomeigou Formation, Qinghai. Acta Palaeontologica et Palynologica Sinica, 1: 13-22, pls. 1-3, text-figs. 1-4. (in Chinese with English summary)

Xiao Zongzheng (萧宗正), Yang Honglian (杨鸿连), Shan Qingsheng (单青生), 1994. The Mesozoic stratigraphy and biota of the Beijing area. Beijing: Geological Publishing House: 1-133, pls. 1-20. (in Chinese with English title)

Xu Fuxiang (徐福祥), 1986. Early Jurassic plants of Jingyuan, Gansu. Acta Palaeontologica Sinica, 25 (4): 417-425, pls. 1, 2, text-fig. 1. (in Chinese with English summary)

Xu Kun (许坤), Yang Jianguo (杨建国), Tao Minghua (陶明华), Liang Hongde (梁鸿德), Zhao Chuanben (赵传本), Li Ronghui (李荣辉), Kong Hui (孔慧), Li Yu (李瑜), Wan Chuanbiao (万传彪), Peng Weisong (彭维松), 2003. Jurassic System in the Noth of China (Volume Ⅶ), the Stratigraphic Region of Northeast China. Beijing: Petroleum Industry Press: 1-261, pls. 1-22. (in Chinese with English summar)

Yabe H, 1905. Mesozoic Plants from Korea. Journal of College of Sciences, Imperial University, Tokyo, v. 23, art. 8.

Yabe H, 1908. Jurassic plants from Tao-Chia-Tun, China. Japanese Journal of Geology and Geography, 21 (1): 1-10, pls. 1, 2.

Yabe H, 1922. Notes on some Mesozoic plants from Japan, Korea and China. Science Reports of Tohoku Imperial University, Sendai, series 2 (Geology), 7 (1): 1-28, pls. 1-4, text-figs. 1-26.

Yabe H, Edno S, 1934. Strobilus of *Schizolepis* from the *Lycoptera* Beds of Jehol. Proceedings of Imperial Academy, Tokyo, 10 (10): 658-660, text-figs. 1-3.

Yabe H, Hayasaka I, 1920. Palaeontology of southern China // Tokyo Geographical Society. Tokyo: Reports of Geographical Research of China (1911-1916), 3: 1-222, pls. 1-28.

Yabe H, Ôishi S, 1928. Jurassic plants from the Fang-Tzu Coal-field, Shantang. Japanese Journal of Geology and Geography, 6 (1-2): 1-14, pls. 1-4.

Yabe H, Ôishi S, 1933. Mesozoic plants from Manchuria. Science Reports of Tohoku Imperial

University, Sendai, series 2 (Geology), 12 (2): 195-238, pls. 1-6, text-fig. 1.

Yang Xianhe (杨贤河), 1978. The vegetable kingdom (Mesozoic) // Chengdu Institute of Geology and Mineral Reseures (The Southwest China Institute of Geological Science). Atlas of fossils of Southwest China Sichuan volume (part Ⅱ): Carboniferous to Mesozoic. Beijing: Geological Publishing House: 469-536, pl. 156-190. (in Chinese with English title)

Yang Xianhe (杨贤河), 1982. Notes on some Upper Triassic plants from Sichuan Basin // Compilatory Group of Continental Mesozoic Stratigraphy and Palaeontology in Sichuan Basin ed. Continental Mesozoic stratigraphy and palaeontology in Sichuan Basin of China (part Ⅱ) (paleontological professional papers). Chengdu: People's Publishing House of Sichuan: 462-490, pls. 1-16. (in Chinese with English title)

Yang Xianhe (杨贤河), 1987. Jurassic plants from the Lower Shaximiao Formation of Rongxian, Sichuan. Bulletin of the Chengdu Institute of Geology and Mineral Rescurces, Chinese Academy of Geological Sciences, 8: 1-16, pls. 1-3. (in Chinese with English summary)

Yang Xiaoju (杨小菊), 2003. New material of fossil plants from the Early Cretaceous Muling Formation of Jixi Basin, eastern Heilongjiang Province, China. Acta Palaeontologica Sinica, 42 (4): 561-584, pls. 1-7. (in English with Chinese summary)

Yang Xiaoju (杨小菊), 2005. A scanning electron microscopical observation on a cheiroleceous conifer from the Lower Cretaceous of Hualong, Qinghai. Acta Palaeontologica Sinica, 44 (1): 79-86, pls. 1-2. (in Chinese with English summary)

Yang Xiaoju (杨小菊), Zheng Shaolin (郑少林), 2003. A new species of *Taxodioxylon* from the Lower Jixi Basin, east Heilongjiang, China. Cretaceous Research, 24: 653-660. (in English)

Yang Xuelin (杨学林), Li Baoxian (厉宝贤), Li Wenben (黎文本), Chow Tseyen (周志炎), Wen Shixuan (文世宣), Chen Piji (陈丕基), Ye Meina (叶美娜), 1978. Younger Mesozoic continental strata of the Jiaohe Basin, Jilin. Acta Stratigraphica Sinica, 2 (2): 131-145, pls. 1-3, text-figs. 1-3. (in Chinese)

Yang Xuelin (杨学林), Sun Liwen (孙礼文), 1982a. Fossil plants from the Shahezi and Yingcheng formations in southern part of the Songhuajiang-Liaohe Basin, Northeaster China. Acta Palaeontologica Sinica, 21 (5): 588-596, pls. 1-3, text-figs. 1-3. (in Chinese with English summary)

Yang Xuelin (杨学林), Sun Liwen (孙礼文), 1982b. Early-Middle Jurassic coal-bearing deposits and flora from the south-eastern part of Da Hinggan Mountains, China. Coal Geology of Jilin, 1982 (1): 1-67. (in Chinese with English summar)

Yang Xuelin (杨学林), Sun Liwen (孙礼文), 1985. Jurassic fossil plants from the southern part of Da Hinggan Mountains, China. Bulletin of the Shenyang Institute of Geology and Mineral Rescurces, Chinese Academy of Geological Sciences, 12: 98-111, pls. 1-3, figs. 1-5. (in Chinese with English summary)

Yang Zunyi (杨遵仪), Yin Hongfu (殷洪福), Xu Guirong (徐桂荣), Wu Shunbao (吴顺宝), He Yuanliang (何元良), Liu Guangcai (刘广才), Yin Jiarun (阴家润), 1983. Triassic of the South Qilian Mountains. Beijing: Geological Publishing House: 1-224, pls. 1-29. (in Chinese with English summary)

Yao Huazhou (姚华舟), Sheng Xiancai (盛贤才), Wang Dahe (王大河), Feng Shaonan (冯少

南),2000. New material of Late Triassic plant fossils in the Yidun Island-arc Belt, western Sichuan. Regional Geology of China, 19 (4): 440-444, pls. 1-3. (in Chinese with English title)

Yao Xuanli (姚宣丽), Zhou Zhiyan (周志炎), Zhang Bole (章伯乐), 1989. On the occurrence of *Sewardiodendron laxum* Florin (Taxodiaceae) in the Middle Jurassic from Yima, Henan. Chinese Science Bulletin (Kexue Tongbao), 34 (23): 1980-1982, fig. 1.

Ye Meina (叶美娜), 1979. On some Middle Triassic plants from Hupeh and Sichuan. Acta Palaeontologica Sinica, 18 (1): 73-81, pls. 1, 2, text-fig. 1. (in Chinese with English summary)

Ye Meina (叶美娜), Liu Xingyi (刘兴义), Huang Guoqing (黄国清), Chen Lixian (陈立贤), Peng Shijiang (彭时江), Xu Aifu (许爱福), Zhang Bixing (张必兴), 1986. Late Triassic and Early-Middle Jurassic fossil plants from northeastern Sichuan. Hefei: Anhui Science and Technology Publishing House: 1-141, pls. 1-56. (in Chinese with English summary)

Yokoyama M, 1906. Mesozoic plants from China. Journal of College of Sciences, Imperial University, Tokyo, 21 (9): 1-39, pls. 1-12, text-figs. 1, 2.

Yuan Xiaoqi (袁效奇), Fu Zhiyan (傅智雁), Wang Xifu (王喜富), He Jing (贺静), Xie Liqin (解丽琴), Liu Suibao (刘绥保), 2003. Jurassic System in the Noth of China (volume Ⅵ), The Stratigraphic Region of North China. Beijing: Petroleum Industry Press: 1-165. (in Chinese with English summary)

Zalessky M D, 1937a. Flores permiennes de la plaine russe: Problems Palaeontology, Moscow Univ. Palaeontology Lab. Pub., v. 2-3: 9-32.

Zalessky M D, 1937b. Sur la distinction de l'étage bardien dans le permien de l'Oural et sur sa flore fossile. Problems Palaeontology, Moscow Univ. Palaeontology Lab. Pub., 2-3: 37-101.

Zalessky M D, 1937c. Contribution *à* la flore permienne du bassin de Kousnetzk. Problems Palaeontology, Moscow Univ. Palaeontology Lab. Pub., 2-3: 125-142.

Zalessky M D, 1937d. Sur quelques végétaux fossiles nouveaux des terrains carbonifère et permien du bassin du Donetz. Problems Palaeontology, Moscow Univ. Palaeontology Lab. Pub., 2-3: 155-193.

Zalessky M D, 1937e. Sur deux végétaux nouveaux du dévonien supérieur. Bull. Soc. Géol. France, ser. 5, v. 7: 587-592.

Zalessky M D, 1937f. Sur les végétaux dévoniens du versant oriental de l'Oural et du bassin de Kousnetzk. Akad. Nauk SSSR, Palaeophytographica: 5-42, pls. 1-9, text-figs. 1-20.

Zeng Yong (曾勇), Shen Shuzhong (沈树忠), Fan Bingheng (范炳恒), 1995. Flora from the coal-bearing strata of Yima Formation in western Henan. Nanchang: Jiangxi Science and Technology Publishing House: 1-92, pls. 1-30, figs. 1-9. (in Chinese with English summary)

Zhang Caifan (张采繁), 1982. Mesozoic and Cenozoic plants // Geological Bureau of Hunan. The palaeontological atlas of Human. People's Republic of China, Ministry of Geology and Mineral Resources, Geological Memoirs, series 2, 1: 521-543, pls. 334-358. (in Chinese)

Zhang Caifan (张采繁), 1986. Early Jurassic flora from eastern Hunan. Professional Papers of Stratigraphy and Palaeontology, 14: 185-206, pls. 1-6, figs. 1-10. (in Chinese with English summary)

Zhang Chuanbo (张川波),1986. The middle—late Early Cretaceous strata in Yanji Basin,Jilin Province. Journal of the Changchun Geological Institute (2): 15-28,pls. 1,2,figs. 1-3. (in Chinese with English summary)

Zhang Chuanbo (张川波),Zhao Dongpu (赵东甫),Zhang Xiuying (张秀英),Ding Qiuhong (丁秋红),Yang Chunzhi (杨春志),Shen De'an (沈德安),1991. The coal-bearing horizon of the Late Mesozoic in the eastern edge of the Songliao Basin,Jilin Province. Journal of Changchun University of Earth Sciences,21 (3): 241,249,pls. 1,2. (in Chinese with English summary)

Zhang Hong (张泓),Li Hengtang (李恒堂),Xiong Cunwei (熊存卫),Zhang Hui (张慧),Wang Yongdong (王永栋),He Zonglian (何宗莲),Lin Guangmao (蔺广茂),Sun Bainian (孙柏年),1998. Jurassic coal-bearing strata and coal accumulation in Northwest China. Beijing: Geological Publishing House: 1-317, pls. 1-100. (in Chinese with English summary)

Zhang Jihui (张吉惠),1978. Plants // Stratigraphical and Geological Working Team,Guizhou Province. Fossil atlas of Southwest China, Guizhou (volume Ⅱ). Beijing: Geological Publishing House:458-491,pls. 150-165. (in Chinese)

Zhang Shanzhen (张善桢), Cao Zhengyao (曹正尧), 1986. On the occurrence of *Cupressinoxylon* from the Jurassic of Anhui. Acta Palaeobotanica et Palynologica Sinica,1: 23-30,pls. 1,2. (in Chinese with English summary)

Zhang Shanzhen (张善桢), Wang Qingzhi (王庆之), 1987. Notes on a new fossil wood *Araucarioxylon jimoense* from Early Cretaceous of Qingdao, Shandong. Acta Palaeontologica Sinica,26 (1): 65-70,pls. 1,2. (in Chinese with English summary)

Zhang Wu (张武),1982. Late Triassic fossil plants from Lingyuan County,Liaoning Province. Bulletin of the Shenyang Institute of Geology and Mineral Resources,Chinese Academy of Geological Sciences,3: 187-196,pls. 1,2,text-figs. 1-6. (in Chinese with English summary)

Zhang Wu (张武),Chang Chichen (张志诚),Chang Shaoquan (常绍泉),1983. Studies on the Middle Triassic plants from Linjia Formation of Benxi,Liaoning Provence. Bulletin of the Shenyang Institute of Geology and Mineral Resources, Chinese Academy of Geological Sciences,8: 62-91,pls. 1-5,text-figs. 1-12. (in Chinese with English summary)

Zhang Wu (张武), Shang Ping (商平), 1996. *Xenoxylon yixianense* sp. nov. from Lower Cretaceous of Yixian,western Liaoning,China. Palaeobotanist,45: 389-392,pls. 1,2,text-fig. 1.

Zhang Wu (张武), Zhang Zhicheng (张志诚), Zheng Shaolin (郑少林), 1980. Phyllum Pteridophyta,subphyllum Gymnospermae // Shenyang Institute of Geology and Mineral Resources. Paleontological atlas of Northeast China (Ⅱ). Mesozoic and Cenozoic. Beijing: Geological Publishing House: 222-308, pls. 112-191, text-figs. 156-206. (in Chinese with English title)

Zhang Wu (张武), Zheng Shaolin (郑少林), 1984. New fossil plants from the Laohugou Formation (Upper Triassic) in the Jinlingsi-Yangshan Basin, western Liaoning. Acta Palaeontologica Sinica,23 (3): 382-393,pls. 1-3. (in Chinese with English summary)

Zhang Wu (张武),Zheng Shaolin (郑少林),1987. Early Mesozoic fossil plants in western Liaoning, Northeast China // Yu Xihan, et al. Mesozoic stratigraphy and palaeontology of western Liaoning, 3. Beijing: Geological Publishing House: 239-338, pls. 1-30, figs. 1-42. (in Chinese with English summary)

Zhang Wu (张武), Zheng Shaolin (郑少林), Ding Qiuhong (丁秋红), 1999. A new genus (*Protosciadopityoxylon* gen. nov.) of Early Cretaceous fossil wood from Liaoning, China. Acta Botanica Sinica, 41 (2): 1312-1316, pls. 1, 2. (in Chinese with English summary)

Zhang Wu (张武), Zheng Shaolin (郑少林), Ding Qiuhong (丁秋红), 2000a. First discovery of a genus *Scotoxylon* from China. Chinese Bulletin of Botany, 17 (Special issue): 202-205, pls. 1, 2. (in Chinese with English summary)

Zhang Wu (张武), Zheng Shaolin (郑少林), Ding Qiuhong (丁秋红), 2000b. Early Jurassic coniferous woods from Liaoning, China. Liaoning Geology, 17 (2): 88-100, pls. 1-3, figs. 1, 2. (in Chinese with English summary)

Zhang Ying (张莹), Zhai Peimin (翟培民), Zheng Shaolin (郑少林), Zhang Wu (张武), 1990. Late Cretaceous — Paleogene plants from Tangyuan, Heilongjiang. Acta Palaeontologica Sinica, 29 (2): 237-245, pls. 1-3, text-figs. 1-4. (in Chinese with English summary)

Zhang Zhenlai (张振来), Xu Guanghong (徐光洪), Niu Zhijun (牛志军), Meng Fansong (孟繁松), Yao Huazhou (姚华舟), Huang Zhaoxian (黄照先), 2002. Triassic. Wang Xiaofeng et al. Protection of precise geological Remains in the Yangtze Gorges Area, China with the Study of the Archean—Mesozoic Multiple stratigraphic Subdivision and Sea-level Change. Beijing: Geological Publishing House: 229-266, pls. 1-21. (in Chinese)

Zhang Zhicheng (张志诚), 1984. The Upper Cretaceous fossil plant from Jiayin region, northern Heilongjiang. Professional Papers of Stratigraphy and Palaeontology, 11: 111-132, pls. 1-8, figs. 1, 2. (in Chinese with English summary)

Zhang Zhicheng (张志诚), 1987. Fossil plants from the Fuxin Formation in Fuxin district, Liaoning Province // Yu Xihan, et al. Mesozoic stratigraphy and palaeontology of western Liaoning, 3. Beijing: Geological Publishing House: 369-386, pls. 1-7. (in Chinese with English summary)

Zhang Zhicheng (张志诚), Xiong Xianzheng (熊宪政), 1983. Fossil plants from the Dongning Formation of the Dongning Basin, Heilongjiang Province and their significance. Bulletin of the Shenyang Institute of Geology and Mineral Resources, Chinese Academy of Geological Sciences, 7: 49-66, pls. 1-7. (in Chinese with English summary)

Zhao Liming (赵立明), Tao Junrong (陶君容), 1991. Fossil plants from Xingyuan Formation, Pingzhuang. Chifeng, Nei Monggol. Acta Botanica Sinica, 33 (12): 963-967, pls. 1, 2. (in Chinese with English summary)

Zhao Xiuhu (赵修祜), Mo Zhuangguan (莫壮观), Zhang Shanzhen (张善桢), Yao Zhaoqi (姚兆奇), 1980. Late Permian flora from W. Guizhou and E. Yunnan // Nanjing Institute Geology and Palaeontology, Chinese Academy of Sciences. Stratigraphy and palaeontology of Upper Permian coal measures W. Guizhou and E. Yunnan. Beijing: Science Press: 70-99, pls. 1-23. (in Chinese)

Zheng Shaolin (郑少林), Zhang Wu (张武), 1982. Fossil plants from Longzhaogou and Jixi groups in eastern Heilongjiang Province. Bulletin of the Shenyang Institute of Geology and Mineral Resources, Chinese Academy of Geological Sciences, 5: 227-349, pls. 1-32, text-figs. 1-17. (in Chinese with English summary)

Zheng Shaolin (郑少林), Zhang Wu (张武), 1983. Middle — late Early Cretaceous flora from the Boli Basin, eastern Heilongjiang Province. Bulletin of the Shenyang Institute of Geology and Mineral Resources, Chinese Academy of Geological Sciences, 7: 68-98, pls. 1-8, text-figs. 1-16. (in Chinese with English summary)

Zheng Shaolin (郑少林), Zhang Wu (张武), 1986. New discovery of Early Triassic fossil plants from western Liaoning Province. Bulletin of the Shenyang Institute of Geology and Mineral Resources, Chinese Academy of Geological Sciences, 14: 173-184, pls. 1-4, figs. 1-3. (in Chinese with English summary)

Zheng Shaolin (郑少林), Zhang Wu (张武), 1989. New materials of fossil plants from the Nieerku Formation at Nanzamu district of Xinbin County, Liaoning Province. Liaoning Geology (1): 26-36, pl. 1, figs. 1, 2. (in Chinese with English summary)

Zheng Shaolin (郑少林), Zhang Wu (张武), 1990. Early and Middle Jurassic fossil flora from Tianshifu, Liaoning. Liaoning Geology (3): 212-237, pls. 1-6, fig. 1. (in Chinese with English summary)

Zheng Shaolin (郑少林), Zhang Wu (张武), 1996. Early Cretaceous flora from central Jilin and northern Liaoning, Northeast China. Palaeobotanist, 45: 378-388, pls. 1-4, text-fig. 1.

Zheng Shaolin (郑少林), Zhang Wu (张武), Ding Qiuhong (丁秋红), 2001. Discovery of fossil plants from Middle — Upper Jurassic Tuchengzi Formation in western Liaoning, China. Acta Palaeontologica Sinica, 40 (1): 68-82, pls. 1-3, text-figs. 1-5. (in Chinese with English summary)

Zheng Shaolin (郑少林), Zhang Ying (张 莹), 1994. Cretaceous plants from Songliao Basin, Northeast China. Acta Palaeontologica Sinica, 33 (6): 756-764, pls. 1-4. (in Chinese with English summary)

Zhou Huiqin (周惠琴), 1981. Discovery of the Upper Triassic flora from Yangcaogou of Beipiao, Liaoning // Palaeontological Society of China. Selected papers from 12th Annual Conference of the Palaeontological Society of China. Beijing: Science Press: 147-152, pls. 1-3, text-fig. 1. (in Chinese with English title)

Zhou Tongshun (周统顺), 1978. On the Mesozoic coal-bearing strata and fossil plants from Fujian Province. Professional Papers of Stratigraphy and Palaeontology, 4: 88-134, pls. 15-30, text-figs. 1-5. (in Chinese)

Zhou Zhiyan (周志炎), 1983a. A heterophyllous cheirolepidiaceous conifer from the Cretaceous of East China. Palaeontology, 26: 789-811, pls. 75-80, text-figs. 1-4.

Zhou Zhiyan (周志炎), 1983b. *Stalagma samara*, a new podocarpaceous conifer with monocolpate pollen from the Upper Triassic of Hunan, China. Palaeontographica, B, 185: 56-78, pls. 1-12, text-figs. 1-7.

Zhou Zhiyan (周志炎), 1984. Early Liassic Plants from southeastern Hunan, China. Palaeontologia Sinica, Whole Number 165, New Series A, 7: 1-91, pls. 1-34, text-figs. 1-14. (in Chinese with English summary)

Zhou Zhiyan (周志炎), 1987. *Elatides harrisii*, sp. nov., from the Lower Cretaceous of Liaoning, China. Review of Palaeobotany and Palynology, 51: 189-204, pls. 1-4, text-fig. 1.

Zhou Zhiyan (周志炎), 1989. Late Triassic plants form Shanqiao, Hengyang, Hunan Province.

Palaeontologia Cathayana, 4: 131-197, pls. 1-15, text-figs. 1-46.

Zhou Zhiyan (周志炎), 1995a. On some Cretaceous pseudofrenelopsids with a brief review of cheirolepidiaceous conifers in China. Review of Palaeobotany and Palynology, 84: 419-438, pls. 1-5, text-fig. 1.

Zhou Zhiyan (周志炎), 1995b. Jurassic flora// Li Xingxue. Fossil floras of China through the geological ages. Guangzhou: Guangdong Science and Technology Press: 343-410.

Zhou Zhiyan (周志炎), Cao Zhengyao (曹正尧), 1979. Some Cretaceous conifers from South China and their stratigraphic significance // Institute of Vertebrate Palaeontology and Paleoanthropology, Nanjing Institute of Geology and Palaeontology, Chinese Academy of Sciences. Mesozoic and Cenozoic red beds of South China. Beijing: Science Press: 218-222, pls. 1-3. (in Chinese)

Zhou Zhiyan (周志炎), Li Baoxian (厉宝贤), 1979. A preliminary study of the Early Triassic plants from the Qionghai district, Hainan Island. Acta Palaeontologica Sinica, 18 (5): 444-462, pls. 1, 2, text-figs. 1, 2. (in Chinese with English summary)

Zhou Zhiyan (周志炎), Li Haomin (李浩敏), Cao Zhengyao (曹正尧), Nau P S (纽伯燊), 1990. Some Cretaceous plants from Pingzhou (Ping Chau) Island, Hongkong. Acta Palaeontologica Sinica, 29 (4): 415-426, pls. 1-4, text-fig. 1. (in Chinese with English summary)

Zhou Zhiyan (周志炎), Thévénard F, Barale G, Guignard G, 2000. A new xeromorphic conifer from the Cretaceous of East China. Palaeontology, 43 (3): 561-572, pls. 1-3, text-figs. 1, 2.

Zhou Zhiyan (周志炎), Wu Yimin (吴一民), 1993. Upper Gondwana plants from the Puna Formation, southern Tibet. Palaeobotanist, 42 (2): 120-125, pl. 1, text-figs. 1-4.

Zhou Zhiyan (周志炎), Zhang Bole (章伯乐), 1989. A sederitic *Protocupressinoxylon* with insect borings and frass from the Middle Jurassic, Henan, China. Review of Palaeobotany and Palynology, 56: 133-143, pls. 1-3.